# 中国科学发展报告

# 2010

牛文元 主编

科学出版社
北京

## 内 容 简 介

本书是一部深入探讨科学发展内涵、总结科学发展实践、定量评估各地区科学发展能力的研究报告。

本书以自然科学与人文科学的交叉研究为特征，系统阐述了发展理论和发展观的历史演进历程，重点解析了绿色发展的战略内涵、宏观判定、战略目标、路线图和科技支撑体系，对中国31个省（自治区、直辖市）（暂不包括香港特别行政区、澳门特别行政区和台湾省）的绿色发展进程进行了宏观识别，并设计了它们的绿色发展路线图。从市、县（区）、镇、村、企业多个层面，介绍了唐山科学发展示范区建设的最新成果。在深刻揭示科学发展内涵的“动力表征”、“质量表征”和“公平表征”的基础上，全面、定量地对中国31个省（自治区、直辖市）进行了“科学发展水平”的统一判别，并作出了相应的“发展能力资产负债”分析，定量监测和评估了各地科学发展的动态水平。

本书可供各级决策与管理部门、规划部门、从事科学发展研究的理论工作者和实践参与者以及高等院校师生参考。

**图书在版编目(CIP)数据**

中国科学发展报告 2010／牛文元主编．—北京：科学出版社，2010

ISBN 978-7-03-027788-6

Ⅰ．中…　Ⅱ．牛…　Ⅲ．科学技术－发展战略－研究报告－中国－2010　Ⅳ．N12

中国版本图书馆 CIP 数据核字(2010)第 098673 号

责任编辑：李　敏　张　菊／责任校对：陈玉凤

责任印制：钱玉芬／封面设计：王　浩

科学出版社 出版

北京东黄城根北街 16 号

邮政编码：100717

http://www.sciencep.com

中国科学院印刷厂 印刷

科学出版社发行　各地新华书店经销

*

2010年7月第　一　版　　开本：787×1092　1/16

2010年7月第一次印刷　　印张：33 1/2　插页：2

印数：1—2 500　　字数：750 000

**定价：88.00 元**

（如有印装质量问题，我社负责调换）

## 《中国科学发展报告》专家指导委员会

（按姓氏汉语拼音排序）

白津夫　中共中央政策研究室
费洪平　国家发展和改革委员会
冯　飞　国务院发展研究中心
冯之浚　国务院参事室
李成勋　中国社会科学院
齐　晔　清华大学
王玉民　中国科学院
叶文虎　北京大学
叶裕民　中国人民大学
张玉柱　河北联合大学

## 《中国科学发展报告》研究编纂委员会

主　编　牛文元
副主编　刘学谦　杨多贵
成　员　（按姓氏汉语拼音排序）
付　允　何新生　康大臣　雷莹莹
李倩倩　刘怡君　马平川　唐　玲
王　丽　王新玉　魏占学　尹海华
郑爱丽　周志田

# 《中国科学发展报告2010》主要执笔人

第一章　杨多贵　马平川
第二章　杨多贵　雷莹莹
第三章　唐　玲　周志田
第四章　周志田　杨多贵
第五章　周志田　杨多贵
第六章　刘怡君　王　丽
第七章　李倩倩　周志田
第八章　杨多贵　王　丽
第九章～第十九章　刘学谦　周志田
第二十章～第二十一章　付　允
第二十二章～第二十四章　付　允　王新玉　李倩倩

# 序　言
# 转变发展方式　推进科学发展

新世纪的第二个十年已经到来。连续保持多年快速成长的中国经济，正在经历又一场深刻变革，就是必须把加快发展方式的转变提到战略意义的高度。

中国发展方式的转变迫在眉睫，目的在于突破三大基本瓶颈：其一，如何走出高速发展30年后，可能陷入的发展停滞的魔咒和怪圈，如日本的发展进程、亚洲四小龙的发展进程以及类似于拉美陷阱那样的状况。其二，如何解决经济发展中的不均衡、不协调、不可持续等许多深层次矛盾和问题，以及如何通过建成创新型国家来赢取在新一轮世界经济竞争中的地位。其三，如何尽快通过需求拉动和收入分配的调整，解决中国的贫富差异、城乡差异、区域差异等基础民生问题，通过公共服务均质化的实现，使得社会真正获得公平正义与稳定和谐。中国进入到这样一个发展的新阶段，要成功摆脱一系列挑战的瓶颈，要破除一些国家发展停滞的魔咒，转变发展方式必然成为我国发展战略内涵的核心与支点。

改革开放30年，中国解决了发展的方向和路径，解决了战略上往哪里走的问题，成功实现了以经济建设为中心、从计划经济向社会主义市场经济的转变。中国已经在30年间从原来积弱积贫的状态，成为世界上举足轻重的经济体。未来的30年，中国需要重点解决发展战略的内生问题，即通过发展方式的加速转变，扫除实现现代化目标可能遭遇到的基本障碍。这里至少应解消三大方面的问题：第一，资源环境“瓶颈”的约束问题；第二，出口、投资、需求拉动的平衡问题；第三，社会民生与区域发展的公平问题。这三个问题已经呈现在我们的面前，而全球金融危机的出现更加深化了我们对于这些问题的认识。

目前，中国虽然已经成为世界上举足轻重的经济体，然而，在经济发展过程中，传统的增长方式即高投入、高消耗、高排放、高污染、高碳特征的模式与拼资源、拼消耗、拼廉价劳动力的粗放特征依然占据主导地位，主要靠投资拉动和出口拉动的局面依然是中国发展的主要动力。在我国人均GDP达到3000美元，经济密度达到每平方公里300万元人民币以上，第二产业比重超过50%，能源消耗仍处于总量上升的态势，环境质量总体尚未到达库兹涅茨倒U型曲线拐点的位置，城乡居民收入差距仍高于3.3∶1，基尼系数仍高达0.46，二元结构指数仍在3.0以上，人均受教育年龄还未达到12年，人文发展指数低于0.850等状况下，此时正好对应着“人与自然”关系和“人与人”关系的瓶颈约束期，也是发展路径要求重塑的转型期，表现出“经济容易失调、社会容易失序、心理容易失衡、效率与公平需要调整和重建”的关键位阶。

在下一个30年，中国必然面对五大严峻挑战：其一，中国如何继续保持经济增长规模与速度处于全球前列的挑战。据国家统计局公布的数据，中国对于世界经济的贡献率达到14.5%，仅次于美国的22.8%，居世界第二位，比欧盟的13.1%高出1.4个百分点，比日本的7.8%高出6.7个百分点。只有保持高速发展的势头，遇到的国内外问题才可以迎刃而解。其二，中国如何应对自身是世界最大民生工程建设体的挑战。中国内地总人口达到13.5亿，分别居住在330万个自然村，62万个行政村，3.7万个乡，2.1万个建制镇，660多个城市和8万多个社区，中国必须解决占世界20%的人口的粮食、就业、住房、教育、医疗、保险、环境与公共服务等基础民生问题。其三，中国如何应对全球最大资源消耗国之一的挑战。2008年，中国GDP总量约占全世界的6.5%，消耗世界石油的7.5%，世界煤炭的29%，世界钢铁的25%，世界铝材的23%，世界水泥的40%。其四，中国如何应对全球最大污染排放国之一的挑战。据统计，2009年中国的煤炭消费约30亿t，二氧化硫排放量为2500万t，化学需氧量（COD）排放量为1200万t，废水排放量为482亿t，固体废弃物为1800万t。其五，中国如何应对全球最大的二氧化碳排放国之一的挑战。2008年全国二氧化碳排放总量约为60亿t，平均每平方公里约排放550t，人均排放约4.1t，全国地级以上城市（287座）二氧化碳排放总量为4308亿t，占全国排放总量的73%。全国经济规模最大的前100座城市二氧化碳排放总量为31.1亿t，占全国排放总量的51.8%。要妥善应对上述五大挑战所带来的压力，加速转变发展方式是最主要、最有效也是最基本的战略举措。

加速转变发展方式，必须下决心调整经济结构。在传统的意义上，似乎人们一说到调整经济结构，想到的就只是调整产业结构。我们必须认识到，发展方式的转变，单是调整产业结构还远远不到位，发展方式转变、调整经济结构需要打出一套“组合拳”。至少包括以下几点。

一要调整空间结构，充分考虑中国各地的战略优势与特点，有效进行地域分工，加强区域互补，从而实现均衡发展。

二要调整发展结构，出口、投资、需求三者应有机匹配，尤其应把扩大内需放在中心位置，从而实现安全发展。

三要调整产业结构，在第二产业进一步提升的基础上，发展战略性新兴产业，发展现代服务业，尤其是生产服务型产业，从而实现跨越发展。

四是调整能源结构，在未来的30年中，把清洁能源的比例提高到占中国能源总量的30%以上，从而实现绿色发展。

五是调整分配结构，让劳动者进行体面的劳动，过上有尊严的生活，从而实现公平发展。

六是调整人才结构，将中国人力资源的能力建设置于优先位置，从而实现创新发展。

此外，结构调整还包括投资结构调整、金融结构调整、贸易结构调整、社会结构调整等，这些都应该包括在结构调整的整体范畴之中。

当前，加快发展方式转变首先要从解决民生问题入手，要把老百姓最关心的几大问题，如就业、住房、教育、医疗、保险、社会保障、环境安全等，放在实现加快发展方式转变的核心位置。把老百姓最关心的问题解决了，不仅能拉动需求，还能增加国家的整体实力，更重要的是能促进社会的和谐稳定、缩小贫富差异、实现公平正义。

推进发展方式转变的内涵，在理论上可以凝练出三大基本元素。其一，寻求实现可持续发展的“动力元素”。即发展的目标是否采用了创新型的思维、先进的制度和先进的生产力去实现。其二，维系实现可持续发展的“质量元素”。即发展的方式与过程是否在自然承载力允许阈值之内，实现了发展与环境的平衡，尤其是在少消耗能源、少消耗资源、少牺牲环境的前提下，实现了社会财富的增加与积累，真正达到资源节约与环境友好的要求。其三，完成实现可持续发展的“公平元素”。即发展的成果是否普惠全体社会成员，达到共同富裕和全民幸福，尤其是要提升贫困人口、弱势群体和边远地区的收入水平，缩小贫富差异、城乡差异和区域差异，解决最广大的民生问题，取得公共服务的均质化与真正享受国民待遇的机会平等。可以认为，“动力、质量、公平”三大元素的各自表现和共同作用，必将成为衡量发展方式转变的基本标准。

我们知道，国际金融危机对中国经济的冲击，表面上是对增长速度的冲击，实质上是对发展方式的冲击。只有通过调整结构推动发展方式转变，才可以解决中国经济发展的深层次问题，才可以保证中国经济未来的可持续发展。转变发展方式的最后结果必然是中国综合实力的大提升，必然是资源节约与环境友好的大提升，必然是实现社会公平正义的大提升，也就是达到民富、国强、幸福、和谐，人民真正过上有尊严生活的目标。

牛文元

2010年6月

# 目　录

## 第二篇　科学发展案例分析(唐山)

## 第三篇　科学发展指标体系设计



## 第四篇　中国科学发展统计报告

# 第一篇

# 科学发展理论

# 第一章　绿色发展的理论解析

## 第一节　从增长到发展的转变

### 一、增长的概念和内涵

经济增长（economic growth）的概念最早可以追溯到 18 世纪末的英国工业革命。苏格兰商人 Patrick Colquhoun 在 1814 年如此写道："反观过去 30 年，英国制造业所取得的进步实在令人叹为观止"（增长与发展委员会，2008）。《大英百科全书》把"经济增长"定义为：国民财富跨时期增长的过程。美国经济学家库兹涅茨（Simon Smith Kuznets）给经济增长下了一个经典型的定义：一个国家的经济增长，可以定义为给居民提供种类繁多的经济产品的能力长期上升。萨缪尔森（Paul A. Samuelson）在其经典著作《经济学》教科书中将经济增长的含义论述为："经济增长是指一个国家潜在的国民力量，或者潜在的实际国内生产总值（GDP）的扩展。经济增长可看做是生产可能性边缘随着时间向外推移。"可见，经济增长通常是指在一个较长的时间跨度上，一个国家人均产出（或人均收入）水平的持续增加，即意味着国家财富和劳务生产增加以及人均国民生产总值（GNP）提高。根据《现代经济学词典》，经济增长"一般指国民生产净值的实际水平的增加，虽然其计量易受国民产值计量方法的影响"。经济总量增长通常用 GDP 或国民生产总值等指标来衡量；经济增长速度的度量，通常用经济增长率来表示。经济增长率的高低体现了一个国家或地区在一定时期内经济总量的增长速度，也是衡量一个国家或地区总体经济实力增长速度的标志。

人类从未停息追求经济增长的步伐，而且增长的步伐越来越快。根据美国加利福尼亚大学伯克利分校经济学家德隆的研究，在人类历史上，从旧石器时代到公元 2000 年的 250 万年间，人类花了 99.4% 的时间，即到15 000年前，世界人均 GDP 达到了 90 国际元（这是按照 1990 年国际购买力核定的一个财富度量单位）。然后，又花了 0.59% 的时间，到 1750 年，世界人均 GDP 翻了一番，达到 180 国际元。从 1750 年开始，到 2000 年，即在 0.01% 的时间内，世界人均 GDP 增加了 37 倍，达到 6600 国际元。换句话说，人类 97% 的财富，是在过去 250 年——也就是 0.01% 的时间里创造的（图 1-1）。马克思主义经济社会形态理论指出，社会存在决定社会意识；物质生活决定政治生活及精神生活；物质文明决定政治文明、精神文明；生产力决定生产关系；经济基础决定上层建筑。国民财富的增长是国家维持独立发展的保障，同时，它为国家带来的好处会通过创造就业和其他经济机会的形式使国民受惠，因此保持经济增长通常是一个国家核心的经济政策目标之一。改革开放30年来，我国之所以能经得起各种风浪的考验，国际地位和影响力不断提高，人民生活水平日益提高，很重要的原因就是以经济建设为中心保持经济持续快速发展。相比之下今天的非洲，贫困问题亟待解决，经济增长速度要紧盯攀升的人口增长速度，其面临的主要任务就是尽可能实现物质财富的增长。萨缪尔森从经济学角度精辟地概括了经济增长的意义："经济增长竞赛中速度最快的国家，例如19世纪的英国和20世纪的美国，已经成为其他国家寻求富裕之路的典范。相反，一些经济滑坡的国家却常常遭受政治与社会的动荡。1989～1991年发生在东欧和苏联的转变，也是由于经济停滞和经济增长率低而引发的。经济增长已经成为各国长期经济成就的一个最重要的标志。"

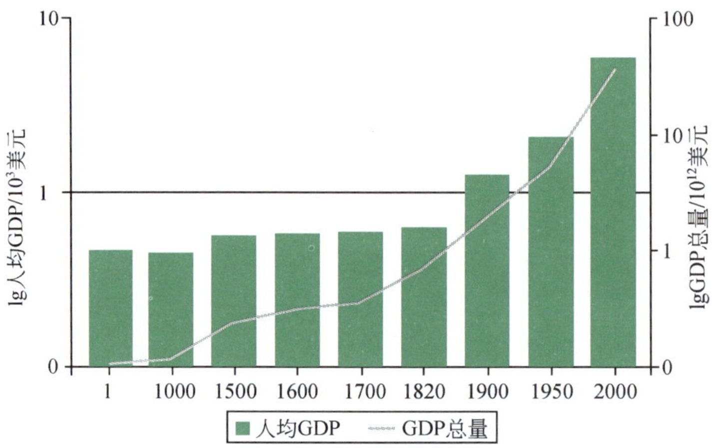


图1-1　过去2000年全球GDP总量和人均GDP的演变情况

注：按1990年美元国际PPP计算，PPP为购买力平价

资料来源：Maddison，2007

对于经济增长的研究可以追溯到古典经济学时代，以亚当·斯密（Adam Smith）、大卫·李嘉图（David Ricardo）和马尔萨斯（Thomas Robert Malthus）为主要代表的英国古典经济学家是研究经济增长理论的杰出前驱。在1776年，"现代经济学之父"亚当·斯密出版了著名的《国民财富的性质和原因的研究》（*An Inquiry into the Nature and Causes of the Wealth of Nations*），简称《国富论》，来探寻国家经济增长的奥秘，彻底奠定了经济学的基础，开创了古典经济学时代。萨缪尔森认为《国富论》是"一部可以题为'如何使GNP增长'的实用手册"。在微观方面，斯密的价值论把劳动看成是价值的唯一源泉，指出"每个人改善自身境况的一致的、经常的、不断的努力是社会财富、国民财富以及私人财富赖以产生的重大因素"（亚当·斯密，1972）；在宏观方面，他关心的是经济增长的性质和动态化过程。到了19世纪初，英国资产阶级革命已经波及各个行业，英国的机器大工业生产普遍建立，如何促使资本主义经济进一步发展，成为当时经济学的主

要研究目标。大卫·李嘉图的《政治经济学及其赋税原理》正是在这一历史条件下完成的，他的经济思想反映了工业资产阶级与封建残余势力作斗争，以发展生产力和扩大自身利益的要求。和斯密一样他也认为经济增长表现为社会物质财富的增长，强调国际贸易对经济增长的贡献。马尔萨斯强调人口与经济增长的关系，他的两部重要著作《人口原理》（1803 年出版）和《政治经济学原理》（1820 年出版）集中反映了其经济增长思想。《人口原理》致力于探求使一国人口限制在实际供应所容许的水平的原因，而《政治经济学原理》的研究目的是要说明影响这些供应的主要原因是什么，或者使生产能力发挥因而财富增加的主要原因是什么。卡尔·马克思（Karl Marx）继承了英国古典经济学注重国民财富增长过程研究的传统，他于 1867 年出版的《资本论》，除去对社会经济形态，特别是资本主义生产方式演变的动态分析外，还分析了既定制度下经济的稳定和增长问题。他阐明了资本积累的规律和一般趋势，揭示了资本主义扩大再生产即经济增长必须满足的条件，认为扩大再生产可以通过两条基本途径来实现：一是增加积累，即增加生产要素的投入量；二是提高生产要素的使用效率，即提高生产要素产出率。

20 世纪 30 年代资本主义世界经过了大萧条，整个资本主义经济面临着一场深刻的变革。1936 年，凯恩斯（John Maynard Keynes）发表了他的代表作《就业、利息和货币通论》（简称《通论》），于是西方经济学界掀起了一场所谓的凯恩斯革命。他以 30 年代经济危机为时代背景，适应垄断资产阶级的迫切需要，创建了以需求管理的政府干预为中心思想的收入分析宏观经济学，对西方国家垄断资本主义的发展以及对西方经济学的发展都有巨大而深远的影响。20 世纪 50 年代中期，英国经济学家哈罗德（Harrod）和美国经济学家多马（Domar），以凯恩斯理论为基础，把经济增长作为一个独立的、专门的研究领域进行研究，开创了现代经济增长理论。哈罗德 1939 年发表的《论动态理论》和 1948 年出版的《动态经济学导论》，提出了经济学界的第一个经济增长理论模型，使经济增长问题的研究从定性走向了定量，1946～1947 年美国经济学家多马发表了两篇有关经济增长的论文。哈罗德—多马经济增长模型（Harrod-Domar model）以发达资本主义经济为背景，试图以凯恩斯的有效需求理论为基础，重点研究发达经济的长期稳定增长的必要条件，并寻找一种平稳而持续的经济运行所必需的经济增长率。哈罗德—多马模型，奠定了经济增长理论的基础，其后西方经济学中产生了多种经济增长理论，对经济增长问题进行了全面的研究。

20 世纪 50 年代和 60 年代，西方资本主义经济经历了经济增长的一个高峰时期，与此相应，西方经济学界有关经济增长问题相继出现了新古典经济增长模型、新剑桥经济增长模型等著名理论。从 50 年代中期起，新古典经济学派开始研究增长理论，最著名的有以托宾（Tobin）、索洛（Solow）、斯旺（Swan）、米德（Meade）等经济学家为代表的新古典增长理论。其中，索洛提出了发展经济学中的著名模型——索洛经济增长模型（Solow growth model），又称为新古典经济增长模型、外生经济增长模型。该模型提出了一种强调技术进步的经济增长论，即把经济增长的来源区分为两种：由要素数量增加而产生的“增长效应”和因要素技术水平提高而带来的经济增长。该模型把后者称之为“水平效应”，其含义是指在不增加要素投入的情况下，技术进步可以通过改变生产函数，使生产函数向上移动，从而达到经济增长的目的。新剑桥学派的经济增长理论和新古典学派的经济增长理论，几乎是在同一时期形成的。新剑桥增长理论是由罗宾逊（Robinson）、卡尔多（Kaldor）、帕西内蒂（Pasinetti）等经济学家建立和发展起来的。新剑桥经济增长模型的特点是把经济增长同收入分配结合在一起，着重考察随着经济的增长，分配结构将有怎样的变动趋势以及决定这种变动的基本因素是什么，论述如何通过收入分配的改变来实现稳定的经济增长，在经济增长中收入又是如何变化的，把收入分配作为经济稳定增长、实现充分就业的重要因素。

## 二、增长的困惑和悖论

经济增长理论指导人们创造更多的物质财富，促使人类向自然界的广度和深度探索挑战，来满足永无止境的增长需求。然而毫无约束的增长就像不受控制的“癌症”，随着“癌症细胞”无限制地复制终将其“寄主”（地球）消耗并毁坏殆尽。工业革命以来，生产力得到提高，人们对于物质财富增长的要求更是空前提升。沉浸于“征服自然”胜利中的人们，自然推崇使得物质财富不断增加的经济增长模式，发达国家的现代化过程以及发展中国家走向现代化的过程，足以显示追求增长的吸引力。然而，自然的供给和恢复能力有限，对于增长的无限追求更加突出了人的需要与可能提供的物质资料之间的矛盾关系。竭泽而渔，增长带来的就不再是福音，我们所目睹的无限制的增长主要依赖于不断增加的化石燃料的消耗，等到无节制的增长消耗掉最后的石化资源和能源，也将是地球和人类的末日。到20世纪60年代，人们已经看到片面地将经济增长当做发展的弊端和不足，日益深刻地认识到产业革命以来的经济增长模式所倡导的“人类征服自然”，其后果是使人与自然处于尖锐的矛盾之中，人类沿着传统西方工业文明的发展道路已走到十字路口。

传统工业化的增长道路，已经导致全球性的人口激增、资源短缺、环境污染和生态破坏，使人与自然的关系越来越不和谐，大规模的、无序的人类活动已打破了自然界的生态平衡和生态结构，正深刻地影响和改变地球生态系统的演化路径与方向，地球生命支持系统正在发生着有史以来最剧烈的生态退化，直接造成人类陷入生态赤字、生态贫困和生态危机之中，严重威胁着人类的生存和发展。“如果在世界人口、工业化、污染、粮食生产和资源消费方面按现在的趋势继续下去，这个行星上的极限将在今后一百年中发生，最可能的结果将是人口与工业生产力双方有相当突然的和不可控制的衰退”（丹尼斯·米都斯等，1997）。《增长的极限》第一次提出了地球的极限和人类社会发展极限的观点，就人们在有限的地球上无止境地追求增长所带来的必然后果提出了警示。世界观察研究所发布的《2000世界现状》研究报告指出，随着全球经济的扩张，地球生态系统的崩溃正在加速。人们不断追逐经济的增长，满足了自身的需求，也陷入了增长的“困境”。不仅如此，在过度追求增长的环境之下，效率与公平严重失衡，不平等加剧（图1-2），一边是财富积累的日益增长，另一边是人类贫困的日益增长。由于发展失衡导致的社会不稳定，甚至社会危机和动乱，反过来严重地约束了经济增长本身。增长被异化为贫困的增长、无发展的增长、无幸福的增长。例如，在过去的近30年里，拉丁美洲和非洲无疑是世界上贫困率最高的地区，也是“增长性贫困”最典型的地区。该社会经济现象在拉丁美洲的表现主要是：一方面经济呈低速增长态势，但另一方面增长却没为减困作出较大贡献，贫困率日益上升。世界银行前任首席经济学家兼主管发展经济学的高级副行长弗朗索瓦·布吉尼翁指出，“经济增长对于减贫至关重要”，但统计数据显示，世界各地区的减贫效果并非完全与其经济增长呈正相关。例如，撒哈拉以南非洲1995～2004年的GDP年均增长率为3.4%，人均0.9%，超过拉丁美洲和加勒比海地区此阶段的2.1%和人均0.6%的增长率，但是撒哈拉以南非洲2002年的贫困率却高达44%（3亿人口），而2002年拉丁美洲地区的贫困率也同样是44%。

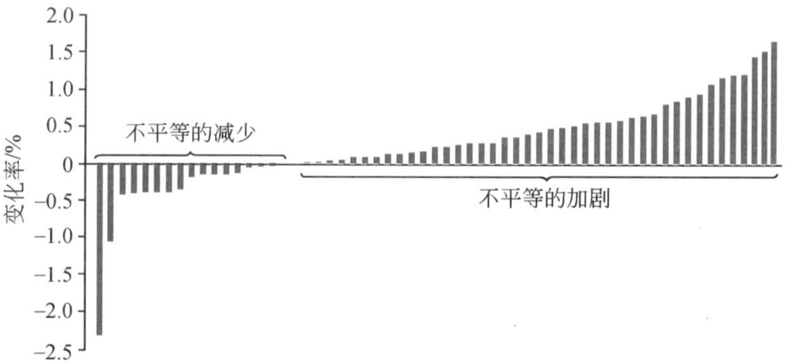


图1-2　基尼系数的年度变化

注：时间段依数据的可利用性而变。一般是从20世纪80年代末和90年代初到90年代末和21世纪初期。基尼系数指，在全部居民收入中，用于进行不平均分配的那部分收入占总收入的百分比

资料来源：世界银行，2008

增长的目的本该是为人们提供更加优越的生活方式，一般而言，收入水平高且分配相对公平的国家，国民幸福指数也会相对较高。然而，增长的悖论告诉我们经济增长与人们的幸福感的正相关是有条件的。单纯追求经济增长，过度追捧经济增长的意义，会形成一个对物质和金钱无限热爱的社会，在这个社会里人们的生活水平和幸福感并没有随着收入提高而得到相应提高，形成了一个经济增长的“悖论”。从通货膨胀角度来讲，非自愿消费的增加使得人们很难回到并依赖于曾经使他们生活得很好的收入水平。这不是因为人们已经习惯了较高的生活水平，而是因为旧有的节俭生活体系已经不复存在了（理查德·杜思韦特，2008）。随着收入的增加，消费者非自愿消费的比例随之上升。经济学家威廉·诺德豪斯（William Nordhaus）和詹姆斯·托宾（James Tobin）认为，因为制造商可以影响消费者的需求，如通过广告手段，因此，“生产性活动只能满足它所引发的需求，除此之外别无益处”，就人类满足感来说没有任何净利益（威廉·诺德豪斯和詹姆斯·托宾，1972）。

剑桥大学教授亚瑟·庇古（Arthur Pigou）于20世纪20年代在其著作《福利经济学》一书中开创性地使用“福利”一词。社会哲学家杰里米·本瑟姆（Jeremy Bentham）认为社会福利是社会中所有个人满足的总和，即“最大多数人的最大幸福”。20世纪70年代，美国南加利福尼亚大学经济学教授理查德·伊斯特林（R. Easterlin）通过研究发现了经济增长与国民快乐的不一致性问题，即收入增长到一定程度，国民的快乐与幸福感不再随着收入增长而增长。美国、日本等一些发达国家均出现了这种“伊斯特林悖论”现象（亦称“财富悖论”现象，图1-3和图1-4）。由于只顾物质利益，当收入增长到一定程度，社会发展仍然以GDP为中心，而不是以人的全面发展为中心时，导致经济增长方向与创造快乐幸福社会发展方向偏离，国民幸福指数也就难以提升，增长悖论现象由此形成。

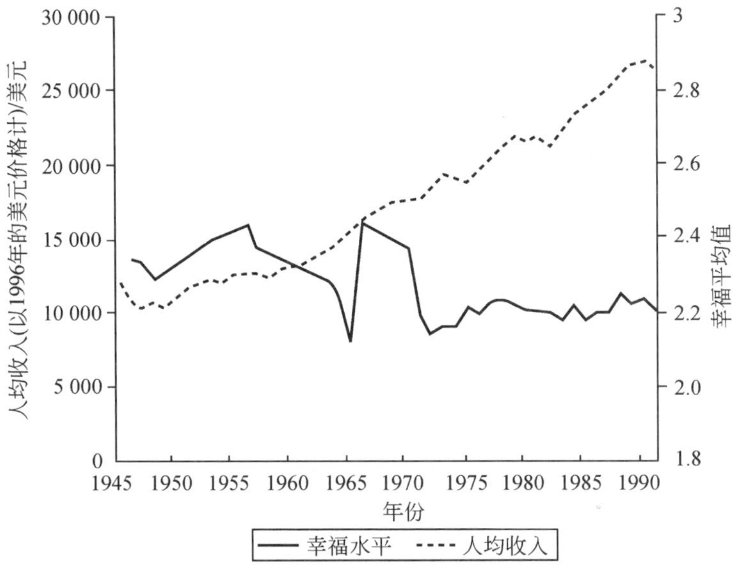


图1-3　1946~1991年美国的幸福与平均收入情况

资料来源：世界幸福数据库（World Database of Happiness）、美国商务部经济分析局（Bureau of Economic Analysis of the US Department of Commerce）和美国人口统计局（US Bureau of the Census）

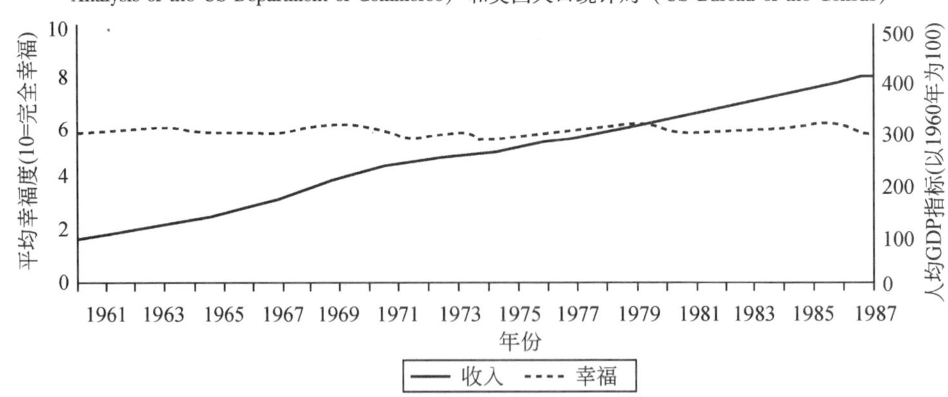


图1-4　日本平均幸福水平与平均收入水平的对比

资料来源：路易吉诺·布鲁尼和皮尔·路易吉·波尔塔，2007

马克思在指出物质第一性的同时告诉我们，社会意识对社会存在、精神对物质、上层建筑对经济基础进而对生产力起制约和反作用，政治、文化及政治文明、精神文明对经济、物质文明起制约和反作用。经济增长是基础和前提，但它只是整个社会发展的组成部分，经济产出和消耗不受控制的、差别的整体增长并不是最终的目的。社会的进步要求增加商品和服务来满足贫困人口的基本需求，同时减少富有群体的有害消费，其目的是福利的正增长，即便这会以牺牲经济上所讲的生产的增长为代价。发展的全面性、协调性和可持续性需要代替增长的概念，引导人类社会进入一种有序的经济状态和发展轨道，为每个人提供一种高质量的、满足的生活，同时与我们所处的自然环境之间保持一种更可持续的平衡。

## 三、发展概念的提出

发展问题是伴随近代经济增长而出现的问题，在人类社会的进程中增长与发展有着密切的联系。“发展”这一术语，最初虽然由经济学家定义为“经济增长”，但是它的内涵早已超出了这层含义，更加丰富而深刻。1912 年，熊彼特（J. A. Schumpeter）在其《经济发展理论》一书中提出经济发展理论，他认为经济增长“就是指连续发生的经济事实的变动，其意义就是每一单位时间的增多或减少，能够被经济体系所吸收而不会受到干扰”。它主要是一种数量上的变化，“没有产生在质上是新的现象，而是同一种适应过程，像在自然数据中的变化一样”。而发展是一个“动态的过程”，“可以定义为执行新的组合”（熊彼特，1990）。《大英百科全书》对于“发展”的释义是：“虽然该术语有时被当做经济增长的同义语，但是一般说来，‘发展’被用来叙述一个国家的经济变化，包括数量上与质量上的改善。”可见发展强调的是质和量的双重改观。

联合国前秘书长吴丹（U Thant）在制订第二个十年（1970～1980 年）国际发展战略时，将发展概括为“经济增长 + 社会变革”，这正反映了对发展作为一个多方面变化过程的认识。1987 年布伦特兰委员会的报告更是涉及以人的需求为中心和社会领域中那些具有进步意义的变革，指出“满足人的需要和进一步的愿望，应当是发展的主要目标，它包含着经济和社会的有效变革”。到了 1990 年，世界银行资深研究员戴尔和库伯（Daly and Cobb，1990）在他们合著的一部书中进一步建议：“‘发展’应指在与环境的动态平衡中，经济体系的质的变化。”强调经济系统与环境系统之间保持某种动态平衡，是衡量国家或区域发展的最高原则。《1999 年中国可持续发展战略报告》指出，在更普遍的意义上，“发展是在人的生存条件被基本满足之后，为其更进一步的需求和愿望所付出的行为总和。发展是在一个‘自然—社会—经济’复杂系统中的正向行为轨迹。该矢量将导致此复杂系统朝向日趋合理、更为协调的方向进化”。

从行为哲学上来说，“增长方式”只注重用什么办法增加经济总量，而“发展方式”则更关注用什么样的经济结构、什么样的环境代价换取增长的问题。可见发展较之增长具有更广泛的含义，预示着经济学及其所应用的分析方法，必将发生某种根本的变革。发展已经远远超过了“满足人类生存”这一简单的基本需求，到达以人的全面发展为主线的社会整体进化阶段，它是一个多方面的变化过程，不仅要求重视经济规模扩大和效率提高，而且强调经济增长过程中发展的协调性、可持续性以及成果共享性，因为增长本身不是目的，增长的目的是发展，是社会的全面进步，必须追求有发展的增长。发展不仅局限于经济增长，更是集社会、科技、文化、环境等多项因素于一体的完整现象，既包括产出的扩大，也包括分配结构的改善、不平等和贫困的减少或消除，社会文明的进步、社会结构的变迁、大众心态和国家制度的改变，人与自然的和谐相处、生活水平和质量的提高以及自由选择范围的扩大与公平机会的增加，当然还包括生态保护和环境的改善。发展能力更是经济能力、科技创新能力、社会发展能力、政府调控能力、生态系统服务能力等各方面的综合体现。这种“新发展观”突破性地挖掘出“发展”的内涵，指出其三个最基本的特征，即“整体”、“内生”和“综合”的含义。

“整体”是指在系统各种因果关联的具体分析之中，不仅仅考虑人类生存与发展所面对的各种外部因素，而且还要考虑其内在关系中必须承认的各个方面的不协调。尤其对于一个国家或整个世界而言，发展的本质在于如何从整体观念上去协调各种不同利益集团、各种不同规模、不同层次、不同结构、不同功能的实体的存在合理性。发展的总进程应如实地被看做是实现“妥协”（compromise）和相对公平的结果。

“内生”，依照数学上的常规表达，是指描述系统内在关系和状态的方程组中各个因变量的相互作用以及对这些变量的调控将影响行为的总体结果。在实际应用上，“内生”的概念常被认为是一个国家或地区的内部动力、内部潜力和内部的创造力，如其资源的储量与承载力、环境的容量与缓冲力、科技的水平与转化力等。

“综合”不是简单的叠加，它代表着涉及发展的各个要素之间互相作用的组合。这种相互作用组合包含了各种关系（线性的与非线性的、连续的与离散的、确定的与随机的等）的层次思考、时序思考、空间思考与耦合式思考。既要考虑内聚力，也要考虑排斥力；既要考虑向心力，也要考虑离心力；既要考虑幸福指数，也要考虑痛苦指数；既要考虑增量，也要考虑减量。最终要把发展视为影响它的各种要素的关系的“总矢量”。

联合国教育科学及文化组织在20世纪70年代就把发展总结为“发展越来越被看做是社会灵魂的一种觉醒”（UNESCO，1982）。事实上，人类社会自工业革命以来，已经意识到必须突破工业文明的旧框架，对工业文明的增长形态改弦更张，寻找一条发展之路。人们逐渐从过去注重经济和物质生活的传统观念中解脱出来，遵循以人为本的科学发展观，树立现代生态平衡意识，建立公正、平等、和谐的社会新秩序和文化观念，能够为消除各种危机、实现人类社会全面发展提供正确的指导。从“增长”到“发展”更符合科学发展观的本质内涵。

## 第二节　发展理论的历史演进

对于发展的研究可以追溯到对于经济发展的研究，这些萌芽思想对当代经济发展理论的形成产生了极大的影响。由于这些早期发展思想实际上研究的是发达国家本身的增长问题，当时许多不发达国家还都是发达国家的殖民地和附属国，以发展中国家的经济发展作为研究对象的发展经济学并不可能出现，因此此时还不能称为发展理论。自第二次世界大战以来，尤其到20世纪50年代，帝国主义殖民体系崩溃，民族民主运动空前高涨，广大的亚、非、拉地区的殖民地和附属国纷纷获得了独立。这些国家和地区为了振兴经济，消除贫困，获得在世界体系中的地位，开始了工业化的进程，掀起了发展的大潮流。自此，以发展中国家经济发展为研究对象，以现代化问题为核心内容的发展理论兴起。随着发展理论在世界范围内的兴起，以及发展中国家发展实践的不断发展，人们对于发展问题的认识不断得到深化，发展观也在经历不断的演进，其研究的范围和层次都得到了迅速的拓展。纵观其发展历程，大致形成了五代不同发展观。

### 一、增长发展观

20世纪60年代以前的早期发展阶段的发展观，基本上是将发展等同于经济增长的发展观。长期以来，支配西方社会发展的是以单纯追求经济增长为特征的传统发展理论，正是受到西方这种发展观的影响，发展研究主要着眼于经济增长意义方面的发展，增长成为发展理论产生和研究的基础。这是对近代以来资本主义工业化实践的反映，同时，由于发展中国家在获得政治独立之后迫切需要发展经济，而制约经济发展的主要问题是物质资源匮乏，只有解决了物质资本的积累问题，才能实现经济的独立和较快的发展，因此，这一阶段强调的是物质生产资料的增长，把社会的发展视为一种经济现象，将现代化过程片面地理解为单纯的物质财富增长过程，发展理论基本上是“单纯经济发展论”。这一阶段的理论以结构主义为思路，认为在发展中国家内部存在着与发达国家不同的社会经济结构，如二元经济、劳动剩余、隐蔽性失业等问题，结构学派经济学家借助于发达国家的经验，结合西方经济学的某些现成原理，着力于促进经济增长，从多方面入手研究，对发展中国家的经济发展提出了若干设想。结构主义学派特别强调资本积累、工业化、计划化对于经济发展的重要性，因此，这一阶段的观点可以称之为“唯资本论”、“唯工业化论”、“唯计划化论”。

唯资本论的观点认为，资本积累是经济发展的真正的核心，物质资本投入的多少直接决定了本国的经济发展水平。英国著名的发展经济学家罗森斯坦·罗丹（Rosenstein Rodan）于1943年在《东欧和东南欧国家工业化的若干问题》一文中提出来“大推进”理论。该理论的核心是在发展中国家或地区对国民经济的各个部门同时进行大规模投资，以促进这些部门的平均增长，从而推动整个国民经济的高速增长和全面发展。纳克斯认为，由于发展中国家的人均收入水平低，投资的资金供给（储蓄）和产品需求（消费）都不足，这就限制了资本形成，使发展中国家长期陷于贫困之中，此即“贫困的恶性循环论”。

1949 年 5 月，阿根廷经济学家普雷维什（Raul Prebisch）向联合国拉丁美洲和加勒比经济委员会（简称拉美经委会）递交了一份题为《拉丁美洲的经济发展及其主要问题》的报告，提出中心外围理论，认为在世界资本主义体系中，存在着“中心—外围”这样的经济结构。中心指资本主义工业发达国家，外围指生产和出口初级产品的发展中国家。中心与外围之间的关系是一种不平等的经济关系，在这样的经济结构中，中心居支配地位并在整个世界资本主义体系中起主导作用，外围只是被动地从属于中心。出口初级产品、进口工业发达的中心国家的工业制成品的贸易格局对发展中国家的经济发展是极为不利的，为此，普雷维什提出外围国家要获得发展就必须实行“进口替代”的工业化政策。十几年间拉丁美洲等地一些发展中国家以此为指导，大力发展经济，特别是国家的经济结构逐步向多样性经济结构转变，工业取代了农业成为经济发展的主导部门，国家在经济上的自给能力有所提高，经济上取得了一些令人瞩目的成就。

美国普林斯顿大学经济学教授刘易斯（William Arthur Lewis）坚持“二元经济论”，认为造成发展中国家贫困的原因是发展中国家存在二元经济结构，即同时存在着传统与现代经济部门，并认为随着不断发展，一国经济会从传统经济向现代经济转化，并最终实现现代经济“一元化”（威廉·阿瑟·刘易斯，1989）。和当时西方的主流经济学家一样，刘易斯也是着重从经济的角度看待发展问题，1955 年他出版了一本在相当长的一段时间里被西方学术界公认为研究发展问题的权威性著作——《经济增长理论》，指出衡量经济增长的标准就是人均 GNP、人均国民收入等主要经济指标的增长率。在此影响下，20 世纪 50 年代末和 60 年代末联合国的决策机构针对发展中国家的问题制订了以一些经济指标为主的“发展十年计划”。

1960 年，美国经济学家华尔特·惠特曼·罗斯托（Walt Whitman Rostow）在《经济成长的阶段》中提出了他的“经济成长阶段论”，将一个国家的经济发展过程分为 5 个阶段，依次是传统社会阶段、准备起飞阶段、起飞阶段、走向成熟阶段、大众消费阶段（1971 年他在《政治和成长阶段》中增加了超越大众消费阶段）。其经济成长阶段理论是以对资本、投资率、利润率、储蓄率、出口率、工农业生产的增长率等纯经济因素的分析，来判断社会所处的发展阶段的。其中“走向成熟阶段”系指国民经济各部门基本上已经实现了现代化装备的阶段，由于国民经济各部门有了现代化的装备，生产率不断提高，人们的收入不断增加，社会随之进入“大众消费阶段”。

沃尔特·加伦森和哈维·莱本斯坦两位学者认为，富人把自己的收入进行高比例的储蓄和投资，而穷人将收入花在消费品上，由于 GNP 增长率是国内收入储蓄比例的函数，这个国家的收入分配越向高收入层倾斜，储蓄和增长率就越高，而且增长越快，收入越会通过市场机制向低收入层“滴落”（C. P. 欧曼和 G. 韦格纳拉加，2000），因此认为高度的收入分配不均等对以储蓄促进投资和增长是必要的，“滴落”机制以及储蓄增加对发展中国家的经济有重要作用。滴落效应（trickle-down effect）也称为涓滴理论（trickle-down theory），是指在经济发展过程中并不给予贫困阶层、弱势群体或贫困地区特别的优待，而是由优先发展起来的群体或地区通过消费、就业等方面惠及贫困阶层或地区，带动其发展和富裕。

赫希曼（Albert Otto Hirschman）从主要稀缺资源应得到充分利用的认识出发，提出了不平衡增长。“不平衡增长理论”认为，发展道路是一条“不均衡的链条”，从主导部门通向其他部门。首先选择具有战略意义的产业部门进行投资，可以带动整个经济发展。在投资资源有限的情况下，发展中国家取得经济增长的最有效途径是实施优先发展的不平衡增长战略，即发展中国家应当精心选择和优先发展国民经济产业结构中关联效应最大的产业。

发展中国家通过十多年单纯经济增长的发展模式，固然经济增长率提高了，主要经济指标上去了，但是整个社会并没有很大的发展进步。发展中国家在经济发展中出现了一些新问题，人民的生活水平、健康状况、文化素质并未有相应的改善和提高，而且经济与社会不平等加剧、高失业率、经济增长缺乏动力、通货膨胀等问题出现，许多国家出现了“有增长而无发展”的现象。更有甚者，工业化政策损害了农业的发展，农业反过来拖累了工业化的进程。同时，这一阶段联合国第一个“发展十年计划”（1960～1970 年）也以失败告终。仅从经济结构和经济体系的变革上求得国家的发展，不从政治、文化等其他方面的社会结构着手，使得发展理论陷入危机之中。

## 二、协调发展观

通过对将发展等同于增长的发展观进行反思，20 世纪 60 年代中期到 80 年代中期的发展研究提出了经济社会全面发展的经济社会协调的发展观。发展理论研究者认识到发展是建立在经济增长基础上的社会多维变化过程，当时的联合国秘书长吴丹在制订第二个十年（1970～1980 年）国际发展战略时，提出：发展 = 经济增长 + 社会变革。20 世纪 70 年代以后，由于资本主义经济出现了滞胀问题，西方经济学界关注的焦点从经济增长转移到了滞胀，凯恩斯主义走入低谷；同时，新古典经济增长模型由于无法解释技术因素而面临山重水复疑无路的境况。随着对发展问题认识的深化，发展理论研究人群从发达国家学者扩展到世界各国广大学者，发展研究从单一经济学研究逐渐转向跨学科研究。拉尼斯（Gustav Ranis）在论述80 年代发展经济学“智力生产函数”的移动时，专门介绍了“政策变化经济学”，并且认为分析组织和政策选择因素“如同从统计观察上分析经济结构和经济运行的变化一样重要”（拉尼斯，1987）。这一阶段的发展经济学在理论研究上，出现了引人注目的变化，即新古典政治经济学的兴起，以结构研究为主转向以组织和政策研究为主。

1968 年，瑞典发展经济学家缪尔达尔（Gunnar Myrdal）在对南亚和东南亚发展中国家的考察的基础上，出版了《亚洲的戏剧：对一些国家贫困问题的研究》，该书指出，"'发展'意味着从'不发达'中解脱出来，消除贫困的过程"，"'发展'意味着全部社会体系的向上运动"（缪尔达尔，1992）。缪尔达尔认为经济制度是发展着的社会过程的一部分，而在一个动态的社会过程中，社会的各因素之间存在互为因果的关系，某一社会因素的变化，会引起另一些社会因素的变化，经济的发展就是在这种相互影响的变化中进行的，从整体的观点来看，经济学绝不仅仅涉及有关经济的领域，它还涉及各种社会制度。他由此提出了"循环积累因果说"，他认为所有"非经济"因素——政治的、社会的及经济的结构、制度和态度以及所有人与人的关系——必须包括在分析之中。他指出发展是摆脱贫困、实现现代化的过程，发展中国家应该实行社会改革政策来谋求发展。

1969 年 1 月萨塞克斯大学发展研究所的达德利・西尔斯在新德里召开的国际开发协会第 11 届世界大会上发表的《发展的意义》致词中曾指出，把发展与经济发展以及经济发展与经济增长相混淆，是我们十分轻率的表现。因此，就一个国家的发展而言，可以提出如下问题：对于贫穷发生了什么改变？对于失业发生了什么改变？对于不平等发生了什么改变？如果这些问题中有一两个问题，特别是所有三个问题趋向恶化，即使人均收入成倍增加，把这种结果称为发展，也将使人感到不可思议。

法国著名的社会学家、经济学家佩鲁（Francois Perroux）将发展定义为"思想结构和社会习俗的改变。这种改革不但能够促使实际总产值增长，而且能够使个别领域的进步变成整个社会的进步"（佩鲁，1996）。他在评价经济增长时提出文化价值内涵（佩鲁，1987），明确指出："'各种文化价值在经济增长中起着根本性的作用'，经济增长不过是手段而已。各种文化价值是抑制和加速增长的动机的基础，并且决定着增长作为一个目标的合理性。"佩鲁的发展观还十分强调社会结构（包括社会的经济结构和政治结构）对于发展的重要性，指出发展等于经济增长加社会进步。佩鲁认为经济空间和社会空间不是均质的，发展中国家社会发展的不均质现象有其深层的社会结构上的原因，因此他提出，发展中国家要获得真正的社会进步，其中重要的一条是必须使经济和社会结构向着最佳一般结构的方向发展。这种阐明发展必须对组成发展过程的各个方面和各个部门之间的相互关系与比较进行协整，以使各种结构朝着良性循环的方向变化的发展观，是发展观念的重大更新、重大进步，开拓了发展研究的新方向。

对全球性环境和发展关系问题的反思使得环境和发展关系问题在 20 世纪 60 年代以后上升为全球性问题，它要求人们必须从总体上思考和解决科技发展对于社会发展的正反效应的问题。人们为了了解和把握新科技革命带来的深刻变化及其发展趋势，对社会的前途和命运作出预测成为人们的迫切愿望，70 年代未来主义由此应运而生。未来主义在描述所谓的下一个社会发展阶段时很注意对单纯经济增长思想的扬弃和超越，采取了对单纯追求经济增长观点的批判态度。未来学大师托夫勒（Alvin Toffler）认为单纯追求经济发展的工业主义致力于最大限度地增加物质福利，在这样一种物质福利至上主义思想指导下的体制中，经济增长成了最高目标。这种单纯以追求物质财富的增加为目的的经济发展过程，已经使工业社会成为以消耗大量物质资源为目标的庞大经济怪物，社会大众成了千人一面的以消耗更多的物质财富为目的的经济动物。托夫勒呼吁人们应当从过去那种把发展问题仅仅归结为经济发展问题的思维模式中解放出来。他认为应研究未来发展中这样一些可能出现的情况：在未来的社会里，社会生活将由“经济化”、“商品化”向“心理化”、“情感化”转化。他认为，“超工业革命”将为人们的个性发展带来大好机遇，它必将造成经济目标的“心理化”，还将造成社会的多样化、人的个性化，还将带来人们价值观念的变化（托夫勒，1984）。经济社会协调发展观的出现标志着人们对发展问题有了新的认识，这说明人们已经逐渐认识到在发展问题上，社会观念、社会结构和人的因素的重要性。

20 世纪 80 年代后期，美国发展经济学家托达罗（Todaro）在《经济发展与第三世界》一书中也指出，每个国家都在为发展而奋斗，虽然经济进步是基本的组成部分，但它不是唯一的一部分。他指出：“发展不单纯是一个经济现象。从最终意义上说，发展不仅仅包括人们生活的物质和经济方面，还包括其他更广泛的方面。因此，应该把发展看为包括整个经济和社会体制的重组与重整在内的多维过程”（托达罗，1992）。他还认为，虽然通常是从涉及范围程度来看发展的，但发展的普遍实现也可能使得对国际经济和社会体系进行根本性修正成为必要。所以，必须把发展看做是涉及社会结构、人的态度和国家制度以及加速经济增长、减少不平等与根除绝对贫困等主要变化的多方面过程。D. 亨特认为有必要走出经济这一“纯洁的堡垒”，重新重视 50 年代初强调的非经济因素（社会、政治、文化、道德等）分析。因此，发展研究就不能仅从经济学角度进行，而是必须结合历史学、社会学、人口学、政治学以及各个部门经济学和技术经济学等，展开深层次的和综合性的跨学科研究。

## 三、可持续发展观

工业文明之后的全球生态危机标志着单纯依靠土地和消耗地球资源的生存发展模式已经难以为继，人类必须制止或逆转生态环境的退化。20 世纪 80 年代初期以人与自然统一的生态和谐发展为核心的新发展观——可持续发展观——逐渐兴起。可持续发展观作为一种与传统增长模式截然不同的发展观，不仅把经济与生态环境、自然资源、人口、制度、文化、技术进步等因素结合起来，而且还把人与自然、当代与未来、个别民族国家与整个人类共同体联系在一起考虑。1980 年 3 月 5 日，联合国向全世界发出呼吁：“必须研究自然的、社会的、生态的、经济的以及利用自然资源过程中的基本关系，确保全球持续发展。”

20 世纪六七十年代，正当大多数人沉浸于科学技术和工业发展所带给人类的福祉之时，人类未来的发展正因此而萌发新的危机。增长的极限理论认为：由于人口、环境、资源等的制约，经济增长将最终停滞。它提醒人们：当时的经济增长存在着缺陷。1962 年美国女科学家 R. 卡逊出版的《寂静的春天》，以大量的事实论证了工业污染对地球上的生命形式包括人类自身的损害，陈述了工业技术革命的生态破坏后果，从而提出了人类如何同自然和谐相处的问题，向人类敲响了生态危机的警钟，拉开了“生态学时代”的序幕。10 年之后，罗马俱乐部的活动及其主持发表的一系列研究报告，特别是《增长的极限》，在世界各地引起了巨大的反响，它“在人们面前打开了一个在过去实际上被人们搁置一边的生死攸关问题的重大领域”。罗马俱乐部为解决人类目前和未来的困境，提出了“零增长”理论。同年，美国学者 B. 沃德和生物学家 R. 杜博斯出版了《只有一个地球》一书，指出在茫茫宇宙中只有地球这颗小小的行星是人类安身立命的处所，为了人类未来的生存和发展，每个人都应当关怀和维护地球。人类务必以积极的姿态来解决这些全球性问题，寻求可持续的绿色发展道路，不仅要重视经济发展和人的发展，更重要的是要把人与自然的协调以及子孙后代的发展都作为发展观的问题来考虑。可以说，正是在对人类当代发展的种种问题的反省过程中，对人类未来发展的深谋远虑促成了发展观的新变革。

1972 年联合国斯德哥尔摩会议通过的《人类环境宣言》，提出了经济与社会发展必须同保护和改善环境相协调的观念，从此，国际上应对气候变化的计划和政策不断得以确立。处在“文化大革命”中期的中国，首次组团出席了这次会议，成为具有重大历史意义的一次事件，载入中国环境与发展历程的史册。

1980 年，受联合国环境规划署的委托，国际自然保护联盟制订了《世界自然保护大纲》，文件中第一次提出“可持续发展”的概念并且阐述了实现可持续发展的前景和途径。1981 年美国世界观察研究所所长布朗的《建设一个可持续发展的社会》一书问世，标志着人们对于发展的认识逐渐走向深化和完整。

1984 年 5 月，联合国成立了由各国有影响的政治家和科学家组成的世界环境与发展委员会（WCED），标志着环境与发展问题终于成为全人类共同关心的重大问题。该委员会在 1984 年举行的首次会议中，提出 8 个基本问题进行讨论，即能源问题、工业问题、人口问题、粮食安全、人居环境、国际合作、决策系统和全球经济关系，并在其后的工作中提出了包括中国在内的约 80 个报告文本，涉及各有关领域的多项实质性问题。该委员会成立后，经过历时 3 年的调查研究工作，于 1987 年发表了题为《我们共同的未来》的报告，正式提出了“可持续发展”的概念，并对其作出了定义和阐述。可持续发展被定义为“既满足当代人需要，又不对后代人满足其需要的能力构成危害的发展”。该报告对当前人类在经济社会发展与环境保护方面存在的问题进行了全面、系统的评价，明确提出了可持续发展战略。

1992 年，联合国环境与发展大会上一百多个国家和政府领导人共同签署了《里约环境与发展宣言》（即《地球宣言》），普遍接受了可持续发展的理念与行动指南，把实现可持续发展作为国际社会共同的发展战略。中国政府时任国务院总理的李鹏出席了会议，向世界庄严地承诺了中国走可持续发展道路的决心。同年，国务院批准发布《中国环境与发展的十大对策》。

1993 年中国率先在国际上编制了《21 世纪议程》。作为全世界人口数量第一的大国，在人均资源相对短缺、生态环境先天脆弱，但是经济发展又处于高速成长期的条件下，中国积极稳妥并坚定不移地走上可持续发展之路，对全世界和全人类作出一项伟大贡献。

1995 年 3 月在丹麦首都哥本哈根举行的联合国社会发展世界首脑会议明确指出：人是可持续发展的中心，人类有权享有与环境相协调的健康、有活力的生活。人是存在的主体，也是发展的主体，可持续发展的中心问题就是人的发展问题。哥本哈根会议通过的《哥本哈根宣言》阐明：经济发展、社会发展和环境保护既彼此独立又相互作用，是可持续发展的有机组成部分。同年，中国正式将可持续发展作为国家的基本战略，表明了中国领导人的远见卓识与战略魄力。

1997 年 12 月 11 日，《联合国气候变化框架公约》第三次缔约方大会第三次世界气候大会在日本召开。149 个国家和地区的代表通过了关于减少温室气体排放的《京都议定书》，它规定 2008 ~ 2012 年，主要工业发达国家的温室气体排放量要在 1990 年的基础上平均减少 5.2%，其中欧盟将 6 种温室气体的排放削减 8%，美国削减 7%，日本削减 6%。

2002 年 8 月 26 日至 9 月 4 日，联合国地球峰会——世界可持续发展会议在南非约翰内斯堡召开，这是自 1992 年里约热内卢的地球峰会之后的又一次盛会。2002 年是《地球宣言》签署 10 周年，联合国召开的这次更大规模的“Rio + 10 世界首脑会议”评估了上次峰会以来全球环境保护的进展和活动。联合国秘书长安南举出会议上要重点讨论的 5 个领域，可以用 5 个英文字母 WEHAB 概括，即水（water）、能源（energy）、健康（health）、农业生产力（agricultural productivity）和生物多样性/生态系统管理（biodiversity/ecosystem management）。

2007 年 12 月 3 日至 12 月 15 日，联合国气候变化大会在印度尼西亚巴厘岛举行。会议着重讨论 2012 年后应对气候变化的措施安排等问题，特别是发达国家应进一步承担的温室气体减排指标。大会产生了“巴厘岛路线图”，决定在 2009 年前就应对气候变化问题的新安排举行谈判。“巴厘岛路线图”是各方妥协的产物，没有明确规定 2012 年后发达国家减排温室气体的明确目标，在是否能有效向发展中国家转让和推广相关技术方面尚有很大不确定性，但是它确定了今后加强落实《联合国气候变化框架公约》（United Nations Framework Convention on Climate Change）的领域，为进一步落实《联合国气候变化框架公约》指明了方向，成为人类应对气候变化历史中的一座新里程碑。

2009 年 12 月 7 日至 12 月 18 日，在丹麦首都哥本哈根召开了《联合国气候变化框架公约》缔约方第十五次会议。192 个国家的环境部长和其他官员们参加了此次联合国气候会议，商讨《京都议定书》一期承诺到期后的后续方案，就未来应对气候变化的全球行动签署新的协议。哥本哈根会议虽然无功而返，但是其宣示的意义却非常重大，未来环保和低碳的概念必然将使可持续发展理念深入人心，碳税和碳关税会逐渐成为国际经济生态和贸易生态的一个主要的环境，低碳经济造就的新经济和贸易生态将重塑全球格局。联合国秘书长潘基文说，在哥本哈根举行的联合国气候变化大会朝着正确的方向迈出了一步。

可持续发展观已然成为全球或国家的战略目标选择，也是诊断区域开发及其健康运行的标准。在可持续发展观的指导下，人们必须重新审视人与自然的关系，重新检讨人类以往的文明意识，以对自然的权利和人类对自然的义务相统一的原则以及公平的原则，在有节制地、合理地利用自然资源谋求自身发展的同时，更加妥善地保护自然资源和生态环境，建立一种人与自然和谐相处的新型关系和新型生态文明，从而造福于子孙后代。

## 四、以人为中心的发展观

当代发展理论在20世纪后期经历了深刻的转变，体现在由单纯追求物质财富的经济增长观到以人为中心的综合发展观的转变。西方许多学者开始摒弃传统的发展观，即单纯用GNP来衡量一国发展的方法，要求把发展看做是历史文化传统、政治经济价值等多种因素共同作用的过程，看做人的素质的全面发展和人的生活质量的提高，发展理论实践进一步将研究重点转移到以人为中心、满足人的更高层次需求和人的全面发展，体现了以人为中心的综合发展观。以人为中心的综合发展观是当代西方新的发展理论，并得到国际社会普遍认同。

1983年佩鲁的著作《新发展观》问世，书中写道："发展同作为主体和行为者的人有关，同人类社会及其目标和显然正在不断演变的目的有关。一旦接受了发展的观念，就可望出现一系列新的发展，与之相应的是人类价值观念方面的相继变革。"佩鲁（1987）指出："任何发展都不是脱离主体的抽象发展，而是与人的进步和完善紧密联系在一起的。社会进步与发展实际上只是人的进步和发展的表现形式而已。"他认为发展要以人为中心，市场为人而设而非相反，资源的分配也应以人为中心，要从"人的活动以及能力"研究发展问题，并实现经济、政治和文化的协调发展。他提出了"整体的、内生的、综合的"，"以人为中心的"，"关注文化价值的"新发展理论，并称之为"新发展观"。新发展观指出只有不仅在经济领域而且在整个社会其他领域都得到发展时，才称得上社会获得了进步，经济、政治与社会的各种制度的演进只是为了给人的发展创造一种更好的社会环境。1987年，埃德加·欧文斯在《发展中世界的自由前景：伴随政治改革的经济发展》中进一步提出："现在该是我们把政治与经济理论结合起来考虑问题的时候了——不仅考虑社会能够变得更有生产力的方式，而且考虑社会应该变得更有生产力的质量，即是说人的发展重于物的发展"。在这种发展理论潮流的影响下，对经济发展的最终检验不再是普通的物的指标，而是人的发展程度。

从1990年开始，联合国开发计划署（UNDP）每年发表一份不同主题的《人类发展报告》。该报告围绕人类发展每年汇报一个主题，比如人类发展的概念和测量、人类发展的财政支持、全球范围内的人类发展、人类安全等问题。其中，在《1990年人类发展报告》中对传统的GNP指标作提了挑战，提出了用以衡量联合国各成员国经济社会发展水平的指标——人类发展指数（human development index，HDI）。HDI超越了经济方面的指标，通过寿命指标、教育指标和人均收入指标对 GNP 指标作出有益补充，在经济与道德、效率与公平、工具与目的、眼前与长远、局部与全局的关系上，力图沟通、平衡与和谐。

世界银行在《1991 年世界发展报告》中提出："发展的挑战……提高了生活质量。特别是世界上那些最贫困的国家，生活质量的改善总是要求一个更高的收入——但是它所包含的内容更为广泛。这意味着最终他们将接受更好的教育，拥有更高水准的健康与营养，减少贫困，有一个更为清洁的环境，有更加平等的机会，更广泛的个人自由和一个幸福多彩的文化生活。"《1994 年人类发展报告》对这一以人为中心的发展观作了更为明确的表述："人类带着潜在的能力来到这个世界上。发展的目的就在于创造出一种环境，在这一环境中，所有的人都能施展他们的能力，不仅为这一代，也能为下一代提供发展机会……人类选择会远远超越经济福利。"

以人为中心的综合发展观实现了从以经济增长为核心到以社会全面发展为宗旨这一发展观念上的转变，从实质上讲是从狭义的发展到广义的发展的转变。这种转变扩大了"发展"概念的外延，将社会的发展看做是全面的、综合的、协调的发展过程。

## 五、科学发展观

人类对实现现代化的不断探索，在认识上的不断深化，推动了发展观的演进和升华。然而凡此种种的演进并没有阻止 20 世纪 80 年代"失去的 10 年"和 90 年代"危机的 10 年"，现代化除了在少数发展中国家和地区取得重要进展外，多数发展中国家陷入了停滞和衰退。我们在肯定西方发展理论历史进步作用的同时，还应看到，在阶级压迫与阶级斗争存在的社会里，西方学者人学理论的抽象性、普遍性是不可能真正实现的。

改革开放 30 年来，中国共产党带领全国人民开创了举世瞩目的发展成就。以胡锦涛为总书记的新一届党中央把马克思主义基本原理同当代中国实际和时代特征相结合，从新世纪新阶段的中国国情出发，深刻总结改革开放以来的成就、经验与教训，汲取人类关于发展的有益成果，把握人类发展的客观规律，着眼于丰富人类发展内涵、创新发展观念、开拓发展思路、破解发展难题，提出了"坚持以人为本，全面、协调、可持续"的科学发展观。

科学发展观是立足社会主义初级阶段基本国情，总结我国发展实践，借鉴国外发展经验，适应新的发展要求提出的重大战略思想，是对中国共产党执政规律、社会主义建设规律和人类社会发展规律长期探索的结果，是对党的三代中央领导集体关于发展的重要思想的继承和发展，是马克思主义关于发展的世界观和方法论的集中体现，是同马克思列宁主义、毛泽东思想、邓小平理论和"三个代表"重要思想既一脉相承又与时俱进的科学理论，是我国经济社会发展的重要指导方针，是发展中国特色社会主义必须坚持和贯彻的重大战略思想，是实现全面建设小康社会与建设社会主义现代化国家必须长期坚持的发展观和指导思想。科学发展观反映了当代最新的发展理念，顺应了当今世界的发展潮流，是对人类社会发展经验的深刻总结、高度概括、智慧的结晶。

科学发展观理论的具体形成经历了 4 个阶段。第一阶段：2003 年 8 月 28 日至 9 月 1 日，胡锦涛总书记在江西考察工作时，明确使用了“科学发展观”的概念。随后，中国共产党十六届三中全会通过的《中共中央关于完善社会主义市场经济体制若干重大问题的决定》中第一次明确了科学发展观的基本概念，提出：“坚持以人为本，树立全面、协调、可持续的发展观，促进经济社会和人的全面发展。”第二阶段：2004 年 3 月，胡锦涛总书记在全国人口与资源环境工作会议上发表了重要讲话，对科学发展观的概念作了系统全面的阐发。第三阶段：2005 年中国共产党十六届五中全会通过的《中共中央关于制定国民经济和社会发展第十一个五年规划的建议》中，强调把经济社会发展切实转入全面协调可持续发展的轨道。第四阶段：2006 年中国共产党十六届六中全会通过的《中共中央关于构建社会主义和谐社会若干重大问题的决定》指出以科学发展观统领经济社会发展全局，科学发展观是指导中国社会主义现代化建设必须长期坚持的重要思想。

胡锦涛总书记在党的十七大报告中进一步指出：“科学发展观，第一要义是发展，核心是以人为本，基本要求是全面协调可持续，根本方法是统筹兼顾。……必须坚持以人为本。全心全意为人民服务是党的根本宗旨，党的一切奋斗和工作都是为了造福人民。要始终把实现好、维护好、发展好最广大人民的根本利益作为党和国家一切工作的出发点与落脚点，尊重人民主体地位，发挥人民首创精神，保障人民各项权益，走共同富裕道路，促进人的全面发展，做到发展为了人民、发展依靠人民、发展成果由人民共享”。

必须坚持把发展作为党执政兴国的第一要义。要牢牢抓住经济建设这个中心，坚持聚精会神搞建设、一心一意谋发展，不断解放和发展社会生产力。要着力把握发展规律、创新发展理念、转变发展方式、破解发展难题，提高发展质量和效益，实现又好又快发展。

必须坚持以人为本。要始终把实现好、维护好、发展好最广大人民的根本利益作为党和国家一切工作的出发点与落脚点，尊重人民主体地位，发挥人民首创精神，保障人民各项权益，走共同富裕道路，促进人的全面发展，做到发展为了人民、发展依靠人民、发展成果由人民共享。

必须坚持全面协调可持续发展。要按照中国特色社会主义事业总体布局，全面推进经济建设、政治建设、文化建设、社会建设，促进现代化建设各个环节、各个方面相协调，促进生产关系与生产力、上层建筑与经济基础相协调。

必须坚持统筹兼顾。要正确认识和妥善处理中国特色社会主义事业中的重大关系，统筹个人利益和集体利益、局部利益和整体利益、当前利益和长远利益，充分调动各方面积极性。既要总揽全局、统筹规划，又要抓住牵动全局的主要工作、事关群众利益的突出问题，着力推进、重点突破。

## 专栏 1-1

### 紧紧抓住历史机遇承担起历史使命 毫不动摇地加快经济发展方式转变

2010 年 2 月 3 日，胡锦涛总书记在省部级主要领导干部深入贯彻落实科学发展观加快经济发展方式转变专题研讨班上发表重要讲话。他强调，我们必须紧紧抓住机遇，承担起历史使命，把加快经济发展方式转变作为深入贯彻落实科学发展观的重要目标和战略举措，毫不动摇地加快经济发展方式转变，不断提高经济发展质量和效益，不断提高我国经济的国际竞争力和抗风险能力，使我国发展质量越来越高、发展空间越来越大、发展道路越走越宽。

胡锦涛强调，党的十七大提出了加快转变经济发展方式的战略任务，强调要促进经济增长由主要依靠投资、出口拉动向依靠消费、投资、出口协调拉动转变，由主要依靠第二产业带动向依靠第一、第二、第三产业协同带动转变，由主要依靠增加物质资源消耗向主要依靠科技进步、劳动者素质提高、管理创新转变。国际金融危机使我国转变经济发展方式问题更加突显出来，国际金融危机对我国经济的冲击表面上是对经济增长速度的冲击，实质上是对经济发展方式的冲击。综合判断国际国内经济形势，转变经济发展方式已刻不容缓。我们必须见事早、行动快、积极应对，为我国加快转变经济发展方式、保持经济平稳较快发展增添推动力。

胡锦涛指出，加快经济发展方式转变是适应全球需求结构重大变化、增强我国经济抵御国际市场风险能力的必然要求，是提高可持续发展能力的必然要求，是在后国际金融危机时期国际竞争中抢占制高点、争创新优势的必然要求，是实现国民收入分配合理化、促进社会和谐稳定的必然要求，是适应实现全面建设小康社会奋斗目标新要求、满足人民群众过上更好生活新期待的必然要求。我们只有加快经济发展方式转变，才能实现我们党对全国各族人民作出的庄严承诺，更好满足广大人民群众日益增长的物质文化需要。

胡锦涛强调，加快经济发展方式转变是我国经济领域的一场深刻变革，关系改革开放和社会主义现代化建设全局。全党全国必须增强主动性、紧迫感、责任感，深化认识，统一思想，加强规划引导，突出战略重点，明确主要任务，兼顾当前和长远，处理好速度和效益、局部和整体的关系，调动各方面积极性，推动经济发展方式转变不断取得扎扎实实的成效。胡锦涛指出，转变经济发展方式，关键是要在“加快”上下工夫、见实效。他就加快经济发展方式转变重点工作提出 8 点意见。第一，加快推进经济结构调整，把调整经济结构作为转变经济发展方式的战略重点，按照优化需求结构、供给结构、要素投入结构的方向和基本要求，加快调整国民收入分配结构，加快调整城乡结构，加快推进城镇化，加快调整区域经济结构和国土开发空间结构，既着眼于化解过去积累的矛盾和问题，又为经济不断迈上新台阶、长期保持平稳较快发展创造条件。第二，加快推进产业结构调整，适应需求结构变化趋势，完善现代产业体系，加快推进传统产业技术改造，加快发展战略性新兴产业，加快发展服务业，促进三次产业在更高水平上协同发展，全面提升产业技术水平和国际竞争力。第三，加快推进自主创新，紧紧抓住新一轮世界科技革命带来的战略机遇，更加注重自主创新，加快提高自主创新能力，加快科技成果向现实生产力转化，加快科技体制改革，加快建设宏大的创新型科技人才队伍，谋求经济长远发展主动权、形成长期竞争优势，为加快经济发展方式转变提供强有力的科技支撑。第四，加快推进农业发展方式转变，坚持走中国特色农业现代化道路，加快构建粮食安全保障体系，加快构建现代农业产业体系，加快推进农业科技创新，加快推进农业经营体制机制创新，大幅提高农业综合生产能力，大幅降低农业生产经营成本，大幅增强农业可持续发展能力，全面提高农业现代化水平，扎实推进社会主义新农村建设。第五，加快推进生态文明建设，深入实施可持续发展战略，大力推进资源节约型、环境友好型社会建设，加快推进节能减排，加快污染防治，加快建立资源节约型技术体系和生产体系，加快实施生态工程，推动整个社会走上生产发展、生活富裕、生态良好的文明发展道路。第六，加快推进经济社会协调发展，针对社会发展和民生领域的突出问题，大力推进以改善民生为重点的社会建设，加快提高教育现代化水平，加快实施扩大就业的发展战略，加快社会保障体系建设，加快发展面向民生的公益性社会服务，更好推进经济社会协调发展。第七，加快发展文化产业，在重视发展公益性文化事业的同时，坚持经济效益与社会效益相统一，深化文化体制改革，加快公共文化服务体系建设，加快发展经营性文化产业，加快开拓文化市场。第八，加快推进对外经济发展方式转变，坚持对外开放的基本国策，坚持互利共赢的开放战略，统筹好国内发展和对外开放，加快调整出口贸易结构，加快调整进口贸易结构，加快提高利用外资质量和水平，加快实施“走出去”战略，不断提高开放型经济水平。

胡锦涛强调，加快经济发展方式转变，既是一场攻坚战，也是一场持久战，必须通过坚定不移深化改革来推动。要坚持社会主义市场经济的改革方向，提高改革决策的科学性、增强改革措施的协调性，深化经济体制、政治体制、文化体制、社会体制以及其他各方面体制改革，努力在重要领域和关键环节实现改革的新突破，着力构建充满活力、富有效率、更加开放、有利于科学发展的体制机制，形成有利于加快经济发展方式转变的制度安排，推动全国上下齐心协力加快经济发展方式转变，努力促进经济社会又好又快发展。

注：该文是胡锦涛2010年2月3日在省部级主要领导干部深入贯彻落实科学发展观加快经济发展方式转变专题研讨班上发表的重要讲话的报道

资料来源：李章军，2010

## 第三节　绿色发展的内涵诠释

绿色，代表生命，象征希望和活力，是生命世界有机能量的来源；绿色，代表源泉和根基，是21世纪人类文明新形态的基础；绿色，代表和谐，是健康发展的本质内核。绿色以其巨大的势能成为当今发展的风向标，发展的主题定位于以绿色为基调的发展。所谓绿色发展是指国家的生理代谢、运行机制和行为方式等建立在遵循自然规律、有利于保护生态环境的基础之上；国家经济社会发展要与生态环境容量相适应，不以损害和降低生态环境的承载能力、危害和牺牲人类健康幸福为代价；追求经济、社会与生态环境协调可持续发展，以实现生产、生活与生态三者互动和谐、共生共赢为目标。

绿色发展模式与科学发展观是一脉相承、相辅相成的，它将是支撑中国崛起的发展模式，应被视为新一代发展战略的核心。科学发展观以人为本，要求以统筹兼顾的根本方法实现全面协调可持续发展，这要求我们既要通过发展增加社会物质财富、不断改善人民生活，又要通过发展保障社会公平正义、不断促进社会和谐，积极促进绿色发展。当今世界发展的核心是人类发展，人类发展的主题是绿色发展，实现绿色发展是贯彻落实科学发展观的必然要求。

绿色发展不仅是一场价值观念的革命，更是一场思维方式的革命。2002年联合国开发计划署发表的《2002年中国人类发展报告：绿色发展，必选之路》中，首次提出中国应当选择绿色发展之路，这不同于长期以来实行“增长优先”的传统发展模式。中国科学院—清华大学国情中心主任胡鞍钢认为，绿色发展就是强调经济发展与保护环境的统一和协调，即更加积极的、以人为本的可持续发展之路（胡鞍钢，2008）。绿色发展注重社会、经济、文化、资源、环境、生活等各方面协调发展，其宗旨是既能相对满足当代人的需求，又不能对后代人的发展构成危害，并且要求这些方面的各项指标组成的向量的变化呈现单调增态势（强可持续性发展），至少其总的变化趋势不是单调减态势（弱可持续性发展）。从“黑色发展”到“绿色发展”的尽快转型是中国的根本出路。

“绿色程度”可以用来表示对于环境和发展问题的不同思考，其中浅绿色的观念是20世纪六七十年代第一次环境运动的基调，它建立在环境与发展分离的思想基础上；而深绿色的观念则是90年代以来以可持续发展为标志的绿色新思想，它要求将环境与发展进行整合性思考，是真正能够促进跨越式发展的绿色发展思想。从“浅绿”到“深绿”的转变，是绿色发展思潮的成功演进，标志着真正的绿色发展时代的到来。本报告从国家环境代谢量（如人均污染物的排放量）、环境效益（如单位产值污染物的排放量）、能源消费的“绿化”程度（如可再生能源占能源消费的比例）以及资源消耗和环境污染带来的损失4个角度，选取相应的指标，建立衡量一个国家绿色发展的指标体系，计算出世界108个国家的绿色发展指数（green development index，GDI）。GDI处在0～1，1表示绿色发展程度最高。此外，进一步分析了国家绿色发展指数与国家经济发展水平之间的关系（图1-5）。

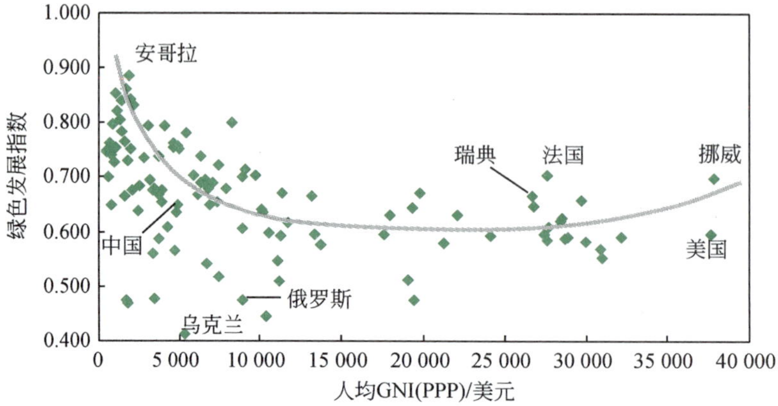


图 1-5 国家绿色发展指数与国家经济发展水平的关系

注：GNI 指国民总收入

从图 1-5 可以看出，绿色发展指数与国家经济发展水平呈现出一种不对称的“U”形曲线，大多数经济发展水平较低的国家的绿色发展指数相对较高，随着经济发展水平的提高，绿色发展指数逐渐下降。人均 GNI 大于10 000美元时，绿色发展指数相对稳定，但各个国家之间也是有差别的。比如，挪威和美国的人均 GNI 基本相同，但挪威的绿色发展指数却优于美国；法国的人均 GNI 要低于挪威，但绿色发展指数却略高于挪威。从国家绿色发展的角度来看，我们可以把国家发展分为 3 个阶段。

第一阶段称之为“黄色发展”阶段。这一发展阶段主要体现为农业文明，人类活动以农业生产为主，工业化程度很低，对自然的利用程度不高，污染物的排放强度较低，相应的对自然和生态的破坏程度较低。这一时期的能源消费主要以可再生能源为主（比较初级的可再生能源利用，以生物质能的直接利用为主）。当前，诸如冈比亚、莫桑比克等以农业生产为主的欠发达国家处于这一阶段。虽然这一阶段呈现出较高的绿色发展指数，但人类发展水平也很低，国家环境治理能力较差（表 1-1），随着国家经济发展，国家绿色发展指数迅速下降。该阶段不是人类所追求的、真正的绿色发展模式。

**表 1-1 全球环境治理绩效指数（EPI）排名前 10 位与后 10 位国家**

| 环境治理绩效指数前 10 位国家 | | | 环境治理绩效指数后 10 位国家 | | |
|---|---|---|---|---|---|
| 国 家 | EPI 数值 | 排 名 | 国 家 | EPI 数值 | 排 名 |
| 新西兰 | 88.0 | 1 | 苏 丹 | 44.0 | 124 |
| 瑞 典 | 87.8 | 2 | 孟加拉 | 43.5 | 125 |
| 芬 兰 | 87.0 | 3 | 布基纳法索 | 43.2 | 126 |
| 捷 克 | 86.0 | 4 | 巴基斯坦 | 41.1 | 127 |
| 英 国 | 85.6 | 5 | 安哥拉 | 39.3 | 128 |
| 奥地利 | 85.2 | 6 | 埃塞俄比亚 | 36.7 | 129 |
| 丹 麦 | 84.2 | 7 | 马 里 | 33.9 | 130 |

续表

| 环境治理绩效指数前 10 位国家 | | | 环境治理绩效指数后 10 位国家 | | |
|---|---|---|---|---|---|
| 国　家 | EPI 数值 | 排　名 | 国　家 | EPI 数值 | 排　名 |
| 加拿大 | 84.0 | 8 | 毛里塔尼亚 | 32.0 | 131 |
| 马来西亚 | 83.3 | 9 | 乍　得 | 30.5 | 132 |
| 爱尔兰 | 83.3 | 10 | 尼日尔 | 25.7 | 133 |

资料来源：Yale Center for Environmental Law and Policy，Yale University，Center for International Earth Science Information Network，Columbia University. 2005 Environmental Sustainability Index，Pilot 2006 Environmental Performance Index

第二阶段称之为“黑色发展”阶段。这一发展阶段主要以工业为主，大量消耗化石能源，如石油、煤炭等。在这一阶段人类发展取得了很大成就，但同时也付出了资源大量消耗和环境严重污染的巨大代价，人与自然的不和谐程度不断加深，当前大多数国家都处于这一阶段。“黑色发展”阶段内含“工业化”和“后工业化”两个阶段。正处于工业化阶段的国家，如中国、印度等，对化石能源的需求增长旺盛，资源环境压力有不断增大的趋势，国家绿色发展指数还有进一步下降的趋势；处于后工业化时期的国家，如美国、英国等发达国家，已基本完成了工业化过程，虽然经济发展水平不断提高，环境治理能力也较强，但是从总体上看，国家发展理念仍停留在“黑色发展”阶段，国家绿色发展指数没有随着 GNP 的提高而实现稳步提高。

第三阶段称之为“绿色发展”阶段。该阶段具有相对理想的绿色发展的基本模式，国家经济社会发展模式发生了根本性变革，基本具备“绿色国家”的核心特征。从国家环境代谢的微观指标层面看，国民人均废水废气等污染物排放总量低，对资源利用效率大大提高，能源利用结构不断改善，以可再生能源为主，环境治理力度加大，国家污染排放总量控制在国家（或区域）环境自净能力的范围之内，接近或达到“零排放”或“零污染”的理想环境效率区间。从国家生态环境的宏观表征层面看，随着国家的财富增长，环境质量获得持续改善，人均享受生态服务价值获得增值，基本实现生产、生活与生态三者互动和谐、共生共赢，经济社会环境可持续发展。

绿色发展既是一种新的发展观，又是崭新的道德观和文明观。绿色发展所体现的是生态文明和绿色文明，它既反对人类中心主义，又反对自然中心主义，是以人类社会与自然界相互作用、保持动态平衡为中心，强调人与自然的整体、和谐双赢式的发展。它体现的是尊重自然、师法自然、保护自然，与之和谐相处，积极地肩负起自己的责任，自觉地调整人类自身的行为，力求正确认识和运用自然规律，通过相互依赖、互惠互补，与自然界和谐相处、协调发展的可持续发展观念。绿色文明更关心财富的使用，注重如何使有限的财富带来更大的幸福，而不是如何获取最大限度的财富；更关注内在的心性满足，而非对社会资源的占有；倡导回归大自然，赞颂俭朴，号召人们用心灵去贴近大自然，热爱大自然，与自然融为一体，防止因为对物质财富的过度占有和消费而加剧自然资源的枯竭以及道德的忽视。

## 一、生态健康

绿色发展把保持自然生态系统健康作为基本内核。生态系统是维持人类赖以生存和发展的生命支持系统，是国家生存之基，国家财富之源，国家经济社会发展要以不损害生命支持系统服务功能和健康状况为基本原则，该原则称之为“生态健康”原则。生态系统为人类提供着生态服务，包括生态系统与生态过程所形成及所维持的人类赖以生存的各种自然环境条件和效用。生态系统以其缓冲能力、抗逆能力和自净能力的总和来维护人类经济社会的发展，人类的经济与社会的发展不能超越资源和环境的承载能力，人对自然的索取必须与人向自然的回馈相平衡。维护自然生态系统健康，实现人与自然的友好共存、协同进化和可持续发展，这是绿色发展要实现的第一个目标。绿色发展以生态平衡、自然保护、资源的永续利用和环境的治理等为基本内容，并力图把“环境保护与经济发展之间取得合理平衡”作为绿色发展的重要指标和基本手段。

人类的生存总是依赖于生物圈及其生态系统所提供的各项服务功能（ecological services）。1997 年 Daily 主编的《自然的服务——社会对自然生态系统的信赖》对生态系统的服务功能进行了系统性分析，Costanza 教授在 *Nature* 杂志上发表了测算的生态服务价值，1998 年卢伯钦科（Jane Lubchenco）教授在 *Science* 杂志上撰文，对“生态服务”及其价值作了专门的解释。在《联合国千年生态系统评估报告》中，将生态系统服务功能概括为供给功能、调节功能、支持功能和文化功能。其中，供给功能如生态系统供给的产品，包括食物、燃料和纤维等；调节功能如调节气候和控制疾病的功能；非物质效益如精神与美学效益。高生产力的生态系统及其服务功能，可以为全球、国家等提供应对自然灾难和社会剧变的重要资源和保障条件，进而成为一个国家和国民健康安全的基础屏障。对生态系统的高水平管理可有效降低一个国家的生态风险和脆弱性，反之，则往往可能增加洪涝、干旱、农作物歉收以及疾病等灾难的发生，从而进一步加剧国家风险与脆弱性。根据 Costanza 等人估算结果，目前全球生态系统服务的年度价值为 16 万亿～54 万亿美元，平均值为 33 万亿美元，相当于同期全球 GNP（28 万亿美元）的 1.18 倍（表 1-2）。虽然我们认为真正的价值不能用金钱来表示，特别是生命和维持生命的要素不能商品化，但是通过对生态系统服务功能的价值量化，可以更加深刻理解人与自然之间的内在关系及地球生命支持系统的重要价值。由于世界各国没有“绿化”的经济社会发展模式，加上对生态系统服务非理性的需求，导致目前全球尺度的生态系统提供服务功能的能力日益衰退，在一些区域尺度甚至走到了崩溃的边沿。一个国家发展经济的根本目的在于为人类福祉服务，为地球健旺服务；一个国家走绿色发展之路，应该把保育“生态健康”摆在突出位置；一个国家的生态系统服务功能的价值是否实现了随着国家财富的增长而保值、增值，是否实现了由被动的生态治理（ecological governance）到主动的生态修复（ecological repair）、由严峻的生态赤字（ecological deficit）到丰裕的生态盈余（ecological surplus）的根本转变，构成了判断一个国家是否是绿色国家的基础指标。

**表 1-2　全球生态系统服务的年度平均值**（按生态系统类型）

| 生态系统 | 面积/($10^6 hm^2$) | 每公顷年价值/[美元/($hm^2 \cdot a$)] | 全球价值/($10^{12}$美元/a) |
|---|---|---|---|
| 大　洋 | 33 200 | 252 | 8.4 |
| 海　岸 | 3 102 | 4 052 | 12.6 |
| 热带森林 | 1 900 | 2 007 | 3.8 |
| 其他森林 | 2 955 | 302 | 0.9 |
| 草　地 | 3 898 | 232 | 0.9 |
| 湿　地 | 330 | 14 785 | 4.9 |
| 湖泊与河流 | 200 | 8 498 | 1.7 |
| 耕　地 | 1 400 | 92 | 0.1 |
| 全球生态系统服务总价值 | | | 33.3 |

注：未计沙漠、冻土、城区、冰/岩石等生态系统

资料来源：Costanza et al.，1997

## 二、经济绿化

绿色发展强调“自然规律先于经济规律”，把遵循自然规律、按自然法则办事，作为首要的原则，对传统“黑色经济形态”进行绿化，建立以绿色经济为主导的“绿色经济形态”。传统的以经济增长为主导的发展（称之为“黑色发展”）强调的是“经济第一”原则，认为市场是配置资源和平衡供需的一种非凡有效的工具，国家发展过程中遭遇的生态环境困境可以通过利用市场这只“无形的手”予以根本解决。但是，绿色发展认为经济规律、市场规律与自然法则、生态规律并不属于一个层次之上的规律，国家经济系统是生态环境系统的一个子系统，经济子系统量的扩张不能超过生态环境母系统所能承受的规模，国家财富增长和积累是建立在自然法则与生态环境基础之上的，因此，经济规律、市场规律最终要受到自然法则、生态规律的约束。

在过去全球经济规模小时，地球生态系统的容量完全能够满足经济发展的需求，在那时能够运行良好的经济系统在今天却难以良好地运作。而在当前全球经济每年以 1 万亿美元速度增长的情况下，管理日益紧张的全球市场经济和地球生态系统（它的容量基本保持不变）之间的关系，正变得越来越困难。当经济需求正在逼近自然系统的极限的情况下，如果还单纯依赖经济指标来指导国家经济社

会活动的决策，那将是灾难性的处方，因此，迫切需要把生态原则纳入经济社会决策之中，而且“经济原则”要让位于“自然原则”；迫切需要对国家经济社会系统进行“绿化”，也就是师法自然，按照自然法则对经济社会系统进行革命性的重组和调整，按照自然生态系统物质循环和能量流动规律重构人类的经济活动与能量利用系统，使人类的活动和谐地纳入自然生态系统的物质循环过程中，建立起一种新形态的经济，使之变为绿色的、环境友好型的经济，最终实现国家环境代谢的“零排放”、“零污染”。

经济绿化就是要求经济发展必须是自然环境和人类自身可以承受的，不会因盲目追求经济增长而造成社会分裂和生态危机，不会因为自然资源耗竭而使经济无法持续发展，主张从社会及其生态条件出发，建立一种“可承受的经济”。经济绿化不仅要求对传统产业部门实施“绿色化”改造，降低资源消耗和污染排放，还要加快建立更为清洁的、新的产业部门和经济增长点，以及推出更为清洁的技术和产品。同时，要把发展绿色经济理念贯穿到经济决策和经济发展规划之中，贯穿到生产、消费、贸易和投资等经济再生产的全过程。

## 三、社会公平

绿色发展坚持以人为本，把社会公平、社会发展、社会分配、利益均衡等作为基本内容，把“经济效率与社会公平取得合理的平衡”作为绿色发展的重要指标和基本手段。公平是发展成果社会分配优化程度的表达，它更多地注重人们基本权利的享有、机会平等的实现、财富分配的合理、社会保障体系的健全、社会组织结构的有序、社会心理的稳定健康等一系列目标的实现，它体现出人与人之间的和谐。一个国家或地区的“分配制度”、“共同富裕”程度及其对于贫富差异和城乡差异的克服程度，是构成该国家或地区绿色发展的公平表征。

公平是一个传统的哲学主题，古希腊柏拉图曾指出，“如果一个政体要避免社会瓦解，就不能允许在公民共同体的任何部分出现绝对的贫困和富庶，因为这两者都会引发祸乱”。John（1998）认为公平要求能够获得平等机会的政策。他承认个人应该为其自身的福利承担一定的责任，但他同时指出个人所不能控制的外部环境不仅影响到其投资的努力程度，而且影响到其最终能够到达的福利水平。在当代，具有决定意义的定义是美国哲学家罗尔斯（John Rawls）和庞德（Roscoe Pound）提出的社会正义，即社会基本结构的正义。现代观点认为，所谓社会基本结构的公平正义包括两个方面：一是社会各种资源、利益和负担全面分配的公平正义，即实体公平正义（主要由宪法进行大的框架分配，再由一系列法律进行具体分配，如税法、兵役法、劳动法）；二是社会利益冲突解决上的公平正义，即形式正义或者诉讼正义，由法律和执法互动加以解决（如合同法、刑法、保险法等）。国家的发展不仅是要搞好经济建设，而且要推进社会的公平正义，促进人的全面和自由的发展，这三者不可偏废。社会的建设和发展，需要全体人民共同奋斗，人人尽责，只有使劳动贡献与收入分配、创造与享受和谐统一，全体人民都能享受到改革发展的成果，方显社会公平正义，也才能“调动一切积极因素，努力形成社会和谐人人有责、和谐社会人人共享的生动局面”。

实现社会的公平正义、满足人的基本民生需求、消除贫困和机会平等是绿色发展的出发点与落脚点。胡锦涛总书记指出，“公平正义”是指社会各方面的利益关系得到妥善协调，人民内部矛盾和其他社会矛盾得到正确处理，社会公平正义得到切实维护和实现。集中精力发展生产，其根本目的是满足人们日益增长的物质文化需求，而社会公平正义，是社会稳定的基础。温家宝总理更是对公正予以极高度的重视，感言“公平正义比太阳还要有光辉”。公平正义是人民的呼声，也是时代的潮流，它比太阳更有光辉，可见其具有的宝贵价值和无穷力量。只有在一个讲求公平正义的社会，发展成果才会真正为广大人民所共享，个人的尊严和幸福才会更加真实可靠，人的全面和自由发展才会有根本保障，社会和谐稳定才会有坚实基础。

绿色发展的社会公平内涵不仅强调共同生活在当代的个人之间的公平问题，更对公平理念作出多维度的伸展：不仅关注同代中横向的代内公平，即同一代人中一部分人的发展不应当损害另一部分人的利益，而且强调世代之间纵向资源共享的代际公平，即当代人在发展与消费时应努力做到使后代人有同样的发展机会；在代内公平方面，不仅关注当代人个体之间微观的人际公平，而且强调人的集合体之间（尤其是国与国之间）宏观的平等参与的区际公平，即在满足自己地区需求的同时不损害其他地区满足其需求的能力。寻求发展公平，将发展成果惠及全体社会成员，坚持统筹城乡发展，要坚持将改善民生问题作为出发点和落脚点，始终将代内公平、代际公平、区际公平三大宏观识别同时包容在发展进程的不同阶段之中。从政治学角度看，就是执政党要保护人民的基本人权，保障社会多元化、防止社会分裂；从社会学角度看，就是执政党要调节各社会成员间不同利益群体的关系，缩小社会收入贫富差距；从经济学角度看，就是执政党要在经济增长与资源环境、公平与效率之间找到平衡（潘岳，2004）。

## 四、人民幸福

人民幸福是绿色发展的核心要义之一。幸福可以理解为人们根据自己的价值标准和主观偏好对于自身生活状态的满意评价，是人们的渴求在得到满足或部分得到满足时而得到的精神上的愉悦。古希腊哲学家亚里士多德称，“幸福就是灵魂的一种合乎德性的现实活动”，德国哲学家费尔巴哈（1804－1872）说，“幸福必须是生活的，生活必须是幸福的”。幸福虽然是行为主体的个体感受，但它是对客观世界的现实反映，能够从主观体验中反映出社会的发展状况和现实问题。幸福体验对于每个人而言，是具体的、专有的，而个人也很难影响和改变外界环境；但从国家的角度看，个人幸福并不仅仅是个人的事情，国家和社会负有更大的责任，国民是否幸福以及幸福水平的高低是检验国家发展的最终标准。美国《独立宣言》中写到："我们认为下面这些真理是不言而喻的：人人生而平等，造物者赋予他们若干不可剥夺的权利，其中包括生命权、自由权和追求幸福的权利。为了保障这些权利，人类才在他们之间建立政府，而政府之正当权力，是经被治理者的同意而产生的。当任何形式的政府对这些目标具破坏作用时，人民便有权力改变或废除它，以建立一个新的政府；其赖以奠基的原则，其组织权力的方式，务使人民认为唯有这样才最可能获得他们的安全和幸福。"

追求幸福是人类生活的永恒主题和社会发展的强大动力。发展经济是增强幸福的手段，而幸福才是目的。人民幸福是国家发展的最终目标，也是检验国家发展的最终标准。2006 年 4 月 21 日，胡锦涛总书记在美国耶鲁大学演讲时指出："坚持以人为本，就是要坚持发展为了人民、发展依靠人民、发展成果由人民共享，关注人的价值、权益和自由，关注人的生活质量、发展潜能和幸福指数，最终是为了实现人的全面发展。"2010 年两会《政府工作报告》提出"让人民生活得更加幸福、更有尊严"，引发了全社会的强烈共鸣，也带来了对幸福图景的再次审视。实现人民幸福的最大化是政府公共管理的最重要职责，一个国家应始终把国家经济社会发展的宗旨定位于尽最大努力为全体国民创造幸福生活，致力于更好、更快、更大地提升国民幸福水平。

走绿色发展之路，必须建设"幸福型"国家。它需要世界各国对以财富观、力量观为主导的传统国家发展理念、模式和行为进行深刻的、根本性变革，它要求国家的领导者、决策者和管理者尽快突破"为民创富"、"藏富于民"及"民富国强"等这些传统国家发展理念与发展战略的窠臼，更加深刻理解、把握和执行"为民谋福"、"藏福于民"、"民福国康"等新一代国家发展理念与发展战略；建设"幸福型"国家，不仅要"让一切创造社会财富的源泉充分涌流"，而且更要"让一切创造国民幸福的源泉充分涌流"。一方面应从国家绩效基本评价制度建设入手，尽快建立国民幸福核算体系，科学计量和发布国民幸福指数；另一方面，应千方百计提高国民的生活质量、发展潜能和幸福指数，变革国民生产和消费模式，以国民幸福最大化为目标，科学地创造和消费幸福。

## 第四节　绿色发展的属性分析

绿色发展作为崭新的发展观和文明观，体现了"生态健康、经济绿化、社会公正和人民幸福"四者之间的有机统一，它是21 世纪全球发展的新模式，也是21 世纪中国复兴的必然模式选择。理解和把握绿色发展的核心要义，要紧紧抓住绿色发展低碳、节约、循环、创新、责任、平衡六大基本属性。

### 一、低碳属性

绿色发展必然要求走"低碳发展之路"。低碳是应对温室气体减排国际压力、能源供需矛盾和生态日益恶化问题的主要手段，是谋求绿色发展的客观需要。温室气体排放浓度持续增长导致的全球气候变化有目共睹，气候持续变暖将在全球范围内威胁人类的生存，不仅人类赖以生存的自然生态系统遭到直接损害，自身的生命健康、财产安全和社会发展也将受到直接或潜在的威胁，降低碳排放成为绿色发展的重要议题。气候变化不仅会影响粮食安全、水资源的供应和利用、海岸带和低洼地区的人居环境与社会经济，而且还将会对社会经济等其他领域产生深远影响，其影响将是全方位、大尺度、多层次、长期性甚至不可逆的。在应对气候变化的同时，人类同样面临着煤炭、石油等化石能源耗竭的危机。因此，降低碳排放强度就成为保护我们共同的地球，实现清洁发展、低成本发展、低代价发展的方式。

自从联合国政府间气候变化专门委员会（IPCC）发布第三次报告以来，全球气候变化问题成为重要的国际政治议题，低碳发展模式得到广泛的认同。低碳发展是指在保证经济社会健康、快速和可持续发展的条件下实现最大限度减少碳排放的社会发展方式。低碳发展，重点在低碳，目的在发展，它是一种更具竞争力、更可持续的发展。随着西方国家发展高碳经济逐渐走到尽头，发达国家希望通过打造新产业来创造新的经济增长点，使国家经济启动新一轮的持续发展。美国和欧盟国家大多将新能源和可再生能源作为扶持重点，“奥巴马新政”的核心内容之一就是发展新能源。减少二氧化碳排放量已经广泛但不同程度地纳入人类的发展目标，碳基燃料趋向减少和被替代，碳足迹、低碳技术、低碳生活、低碳城市、低碳世界等新概念、新政策应运而生，无论是低碳生产还是低碳生活，其实质都是指社会经济体系的构建和发展能够实现“低碳”排放，低碳体现着人类发展价值观的变革。

低碳约束将制约经济发展方向的选择，决定经济社会向低温室气体排放的方向演化发展。在保持现有经济发展模式和技术水平不变的条件下，碳排放的总量约束会限制经济发展的速度；而在保持现有经济发展速度和质量不变甚至更优的条件下，通过改善能源结构、调整产业结构、提高能源效率、增强技术创新能力、增加碳汇等措施可以实现碳排放总量和单位排放量的减少。由此，为了实现温室气体排放量降低和经济规模持续增长的双重目标，需要在实践中运用低碳经济理论组织经济活动，将传统经济发展模式改造成低碳型的新经济发展模式。具体来说，低碳经济发展模式就是以低能耗、低污染、低排放和高效能、高效率、高效益（三低三高）为基础，以低碳发展为发展方向，以节能减排为发展方式，以碳中和技术为发展方法的绿色经济发展模式。

低碳经济概念强调生产方式转变以及新技术和新产品带来的巨大商机，低碳社会强调生活和消费方式的转变。因此，绿色发展要求以“低碳经济”为发展模式，以“低碳生活”为理念和行为特征，强调“低碳生产”和“低碳消费”，着力构建“低碳城市”，最终通过经济发展模式、消费理念和生活方式的转变，建设“低碳型社会”。低碳发展模式预示着人类正朝着绿色发展调整自己的行为方式，标志着人类向绿色文明更进了一步。

## 专栏 1-2

### 中国向低碳转轨的道路

4 月 22 日，国务院总理、国家能源委员会主任温家宝主持召开国家能源委员会第一次全体会议，强调要下大力气落实 2020 年非化石能源消费比重提高到 15% 的目标。这是中国加快能源调整、优化结构，大力培育新能源产业提出的更为具体的要求。

观国情，发达国家上百年工业化过程中分阶段出现的环境问题，在我国改革开放三十余年的快速发展中集中出现，呈现结构性、压缩性、复合性、区域性和全球性五大基本特征。随着我国工业化、城镇化和新农村建设进程的加快，经济社会发展与资源环境约束的矛盾越来越显现出来，环境形势十分严峻。

回顾过去 30 年发展道路，如果改革开放是新中国经济社会发展的第一次转型，那么“绿色革命”将是当代中国社会的又一次伟大转型，伴随转型而来的潜力将为经济发展释放巨大的空间。而应对气候变化、走低碳之路的探索，将铺就中国未来增长模式的新道路。

诚然，中国经济在转轨的过程中或面临着资金和技术的难题，也必经发展方式转变带来之阵痛，同时还要面对未来工业化和城市化道路上的环境压力的挑战，低碳之路将多艰，但转变经济发展方式、推进经济产业结构调整已经刻不容缓。

最重要的是，向低碳转轨的道路是中国科学发展的体现，更是保证经济又好又快、持续发展的动力支撑。不断提高经济发展质量和效益，不断提高我国经济的国际竞争力和抗风险能力，使我国发展质量越来越高、发展空间越来越大、发展道路越走越宽，这些都有赖于转变发展方式的路径选择。这是中国对自己的未来负责，也是对世界的贡献。

用世界自然基金会总干事詹姆斯·利普接受《瞭望》新闻周刊专访时的话说，“未来属于领先新能源技术的国家”。

资料来源：王仁贵，2010

## 二、节约属性

绿色发展必然要求走“节约发展之路”。建设节约型社会是实现绿色发展紧迫而艰巨的任务。人类需求的无限性和地球资源的有限性之间的矛盾是人类生存与发展面临的永恒矛盾，直到科技高度发达的今天，资源供求这一矛盾并没有因为生产力提高而得到缓解，反而越发突出，面临全球资源的严峻形势，建设节约型社会、走节约型国家发展与建设之路是必然选择。资源节约型社会把节约的理念贯穿于生产、流通、消费和社会生活的各个领域，通过法律、经济和行政等综合性措施，提高资源利用效率，以最少的资源消耗获得最大的经济和社会收益，保障经济社会可持续发展。节约型社会的核心内涵是节约资源，不仅包括对人力、财力、物力以及时间的节约，还包含对人力、财力、物力以及时间的科学、合理和高效使用，通过资源的合理配置、高效和循环利用、有效保护与替代，使经济社会发展与资源环境承载能力相适应，塑造可持续发展和人与自然和谐的社会。

早在两千多年前，中国古代思想家荀子就提出“强本而节用，则天不能贫”，“本荒而用侈，则天不能使之富”的思想，墨子有“俭节则昌，淫佚则亡”之论，司马光提出“由俭入奢易，由奢入俭难”和“取之有度，用之有节，则常足”。可以说崇俭和节用，既是中国古代治国安邦、修身齐家的经验总结，也是中华民族的传统美德。“历览前贤国与家，成由勤俭破由奢”的历史经验告诉我们，一个国家、一个民族乃至一个家庭，只有崇俭和节用，以勤俭立德，才能兴旺发达，实现永续健康发展。节约型国家是一种全新的、引领时代潮流的国家发展模式，它是指一个国家在经济社会发展过程中，把节约资源作为一个基本国策，通过对资源的科学配置、高效和循环利用、有效保护与替代，使国家经济社会发展与资源环境承载能力相适应，实现资源的利用效率以及资源的经济、社会、生态综合效益最大化。其重要特征是国家经济社会发展呈现“非物质化”（dematerialization）特征。“非物质化”贯穿于生产、流通、消费和社会生活的各个领域，“资源生产率”高低成为衡量国家经济社会发展的核心指标，节约资源成为国家、企业和公民等各类组织或个人自觉、自愿与自律的行为法则，“节约光荣、浪费可耻”、“以艰苦奋斗为荣、以骄奢淫逸为耻”成为国家精神文明的基本理念和时代风尚。

建设节约型国家是世界各国共同的责任和追求的目标，也是实现健康、可持续发展的必然选择。1997 年以前挪威首相布伦特兰（Brundtland）夫人为首的国际 10 倍因子俱乐部在其《对政府和产业界的卡诺勒斯（Carnoules）宣言》中提出在未来一代人的时间内，在不增加能源和资源消费的基础上，将国民财富提高 5 ~ 10 倍，以实现能源和资源利用效率的 10 倍跃进的奋斗目标。中国共产党十六届五中全会从我国国情出发明确提出“两型社会”，即资源节约型、环境友好型社会。党的十七大报告指出：“坚持节约资源和保护环境的基本国策，关系人民群众切身利益和中华民族生存发展。必须把建设资源节约型、环境友好型社会放在工业化、现代化发展战略的突出位置，落实到每个单位、每个家庭。”温家宝总理在《政府工作报告》中提出：“要在全社会大力倡导节约、环保、文明的生产方式和消费模式，让节约资源、保护环境成为每个企业、村庄、单位和每个社会成员的自觉行动，努力建设资源节约型和环境友好型社会。”节约体现了人类发展的现代理念，也是未来社会发展的重要特征。

## 三、循环属性

绿色发展必然要求走“循环发展之路”。循环发展律是自然界的基本规律，揭示了自然运动的变化方向，它同时也是辩证唯物主义自然观的重要组成部分。绿色发展要求缓解资源环境对发展的瓶颈制约，循环发展是人类社会发展到一定阶段重新审视人与自然关系的必然选择，是师法自然的结晶，更是缓解资源约束矛盾、从根本上减轻环境污染以及提高经济效益的根本出路。自然界在人类生产生活过程中既承担着资源生产者的角色，又承担着分解者、还原者的角色，是生产生活不可或缺的重要组成部分，必须有自然界的共同参与，人类活动才能构成一个完整的系统。同时，人类以其为媒介不断创造财富，给生态环境造成压力却创造不了物质，因此，人类应该也必须承担起部分废弃物分解、还原和资源再生的角色，这体现了人在生态系统中的主观能动作用以及调节人类既是自然界的栖居者又是操纵者这二者之间双重关系的自觉性。

1965 年美国经济学家鲍尔丁（Kenneth Ewert Boulding）在《地球像一艘宇宙飞船》（*Earth as a Space Ship*）一文中提出人是生态系统中的一员，并用了“循环其废物”（recycle its wastes）及“循环流”（circular-flow）等词语来说明人的生存能力依赖于具有闭路循环特征的世界生态系统上所有元素和人的共生关系。1990 年，英国环境经济学家大卫·皮尔斯（D. W. Pearce）和图奈（R. K. Turner）第一次使用循环经济（circular economy）一词。循环经济是指在人、自然资源和科学技术的大系统内，在资源投入、企业生产、产品消费及其废弃的全过程中，把传统的依赖资源消耗的线形增长的经济，转变为依靠生态型资源循环来发展的生态经济。其最大特点是实现了物质闭路循环流动，从物质流动的方向看循环经济是一种按照“资源→产品→再生资源”的反馈式流程组成的“闭环式”经济，表现为“低开采—高利用—低排放”的特点。恩格斯指出：“自然界不是循环一个永远一样的不断重复的圆圈运动，而是经历着实在的历史。”他认为不能把循环理解为周而复始的平面上的简单的圆圈，而应当既从重复又从发展中加以把握。同样，循环经济的内在运行机理是按照自然生态系统内部物质循环和能量流动规律，以生态规律来指导人类的经济活动，也是不断发展运动的过程。在这个过程中循环经济把清洁生产、资源综合利用、生态设计和可持续消费等融为一体，使整个生产和消费过程中不产生或少产生废物。因此，循环经济的基本原则可归纳为“5R”，即“减量化”（reduce）、“资源化”（reuse）、“再循环”（recycle）、“重组化”（reorganize）和“再修复（repair）”有机联系的整体。

“减量化”是指在生产、流通和消费等过程中减少资源消耗与废物产生，以资源投入最小化为目标。针对产业链的源头，要求用较少的原料和能源投入来达到既定的生产目的或消费目的，以期尽可能地减少进入生产和消费过程的物质流与能源流，进而从经济活动的源头就注意节约资源和减少污染。生产者通过减少产品原料投入与优化制造工艺来节约资源和减少排放；消费者通过优先选购包装简易、循环耐用的产品，减少废弃物的产生，从而提高资源物质循环的利用率和环境同化能力。

“资源化”是指将废物直接作为原料进行利用或者对废物进行再生利用，以废物利用最大化为目标。针对产业链的中间环节，消费者采取过程延续方法，最大可能增加产品使用方式和次数，有效延长产品的寿命和产品的服务效能；生产者采取产业群体间的精密分工和高效协作，使产品到废弃物的转化周期加长，保障经济系统物质流、能量流的高效运转，实现资源产品的使用效率最大化。

“再循环”是使垃圾不再污染环境，而且可以变废为宝，以污染排放最小化为目标。针对产业链的输出端——废弃物，提升绿色工业技术水平，通过对废弃物的多次回收和再用，实现废物多级资源化和资源的闭合式良性循环，实现废弃物的最少排放。

“重组化”是指针对整个经济运行系统，从系统整体出发，进行减物质化设计重组，以经济系统最优化运行为目标。通过对影响经济系统全局的关键点、要害点和敏感点重新改进，优化产业结构和产品结构，从而达到系统的整体最优化，进而减少资源消耗，提高经济效益和质量。

“再修复”是指对生态系统停止人为干扰，不断地修复被人类活动破坏的生态系统，以减轻负荷压力，以生态系统健康化为目标。需要依靠生态系统的自我调节能力辅以人工措施使其向有序的良性循环方向发展。主要指致力于那些在自然突变和人类活动影响下受到破坏的自然生态系统的恢复与重建工作。

循环经济的发展要注重从不同层面协调发展，即小循环（企业层面）、中循环（区域层面）、大循环（社会层面）加上静脉产业。中、小循环是从生产源头实现减少资源消耗和废弃物产生的；大循环是将节约资源、控制污染的思想从生产领域拓展到消费领域，它要求适度消费、合理使用，以及物品的反复利用和再生循环利用。小循环，是在企业层面，以生态效率理念通过产品生态设计、清洁生产等措施进行企业生态工业试点，减少产品与服务中物料和能源的使用量，实现污染物排放的最小化。中循环，是在区域层面，按照工业生态学原理，通过企业间的物质集成、能量集成和信息集成，在企业间形成共生关系，建立工业生态园区。大循环，是在社会层面，进行循环型城市和省区的建立，最终建成循环经济型社会。

## 四、创新属性

绿色发展必然要求走“创新发展之路”。创新是人类特有的认识能力和实践能力，是人类对于其实践范畴的扩展性发现、创造的结果以及主观能动性的高级表现形式，是推动民族进步和社会发展的不竭动力。近代以来人类文明进步所取得的丰硕成果，主要得益于科学发现、技术创新和工程技术的不断进步，得益于科学技术应用于生产实践中形成的先进生产力，得益于近代启蒙运动所带来的人们思想观念的巨大解放。人类社会从低级到高级、从简单到复杂、从原始到现代的进化历程，就是一个不断创新的过程。创新在人类历史上首先表现为个人行为，在近代实验科学发展起来后，创新在不同领域就不断成为一种集体性行为。创新促进发展，科技引领未来，科技创新是引领国家经济社会发展和人类文明进步的革命性、主导性的力量，并将成为推动经济社会科学和谐协调持续发展的基石。

创新是一个民族进步的灵魂、一个国家兴旺发达的不竭动力，也是一个政党永葆生机的源泉。历史和现实都告诉我们，只有创新型的国家才能实现繁荣富强，只有创新型的民族才能兴旺发达。一个国家在其成长、崛起和兴盛之时，无不具有与时俱进、开拓创新、自我革新的品格；反之，则必然由盛转衰，甚至最终走向衰亡。英国历史学家汤因比（Arnold J. Toynbee）在研究过21种在历史上曾经出现后来相继消亡的文明后，得到的结论是这些文明消亡的原因无一例外都是失去了进取创新的活力，被历史淘汰出局。国家创新行为涉及国家社会生活各个领域，包括理论创新、制度创新、科技创新、文化创新以及其他各方面的创新活动。其中，理论创新是引导人类社会前进的强大动力；科技创新是推动人类社会发展的根本动力；制度创新是实现人类社会变革的直接动力；文化创新是促进人类社会进步的精神动力。走创新发展道路，建设创新型国家（innovation-oriented country），推动国家经济增长方式从要素驱动型（resource-driven）、资本驱动型（investment-driven）向创新驱动型（innovation-driven）的根本转变，使得创新真正成为国家经济社会发展的内在动力和全社会的普通行为，已成为世界各国发展经验的共识。一个民族要想走在时代前列，就一刻也不能停止理论创新，一刻也不能放松自主创新，如果说科学技术是第一生产力，那么自主创新就是第一竞争力。

创新是当代国家必然的生存方式和发展选择。面对汹涌澎湃的世界新科技革命浪潮，前科学技术部部长徐冠华表示，要始终把提高自主创新能力摆在突出位置。增强自主创新能力是建设创新型国家的根本途径，只有增强自主创新能力，进入创新型国家行列，才能为全面建设小康社会提供强有力的支撑。党中央、国务院作出的建设创新型国家的决策，是事关社会主义现代化建设全局的重大战略决策。建设创新型国家，核心就是把增强自主创新能力作为发展科学技术的战略基点，走出中国特色自主创新道路，推动科学技术的跨越式发展；就是把增强自主创新能力作为调整产业结构、转变增长方式的中心环节，建设资源节约型、环境友好型社会，推动国民经济又好又快发展；就是把增强自主创新能力作为国家战略，贯穿到现代化建设各个方面，激发全民族创新精神，培养高水平创新人才，形成有利于自主创新的体制机制，大力推进理论创新、制度创新、科技创新，不断巩固和发展中国特色社会主义伟大事业。走中国特色自主创新之路，就是要在科学发展观的指引下，不断提高创新能力，坚持自主创新、重点跨越、支撑发展、引领未来的方针，以科学技术的不断创新推动经济社会的跨越式发展。

提升国家自主创新能力，建设创新型国家，应坚持科技引领经济社会发展，科技适度优先经济社会发展，树立科技创新的“先导观”；应坚持以科技为轴心调整和安排国家经济社会体系，充分发挥科技对国家政治、经济、社会等领域活动的关键和核心作用，树立科技创新的“中心观”；应坚持人才资源是“第一资源”的观念，科技创新的最终目的是为广大人民创造更多的福祉、机会和权利，树立科技创新的“人本观”；应坚持对科技创新进行战略性投资，要把科技创新投入作为国家和社会最为重要的公共战略性投资，持续提升国家“创新储蓄”水平，树立科技创新的“投资观”；应坚持科技创新与经济社会发展形成良好的“生态系统”，构建一个充满活力的、健康的国家创新系统，提升国家整体自主创新能力，树立科技创新的“系统观”。

## 五、责任属性

绿色发展必然要求走“责任发展之路”。责任是指由一个人的资格所赋予，并与此相适应的从事某些活动、完成某些任务以及承担相应后果的法律的和道德的要求。责任问题涉及社会生活的一切方面，西塞罗（Marcus Tullius Cicero）曾说：“任何一种生活，无论是公共的还是私人的，事业的还是家庭的，所作所为只关系到个人的还是牵涉他人的，都不可能没有其道德责任；因为生活中一切有德之事均由履行这种责任而出，而一切无行之事皆因忽视这种责任所致”。美国伟大的思想家爱默生（Ralph Waldo Emerson）说过：“责任具有至高无上的价值，它是一种伟大的品格，在所有价值中它处于最高的位置。”人生活在社会中，享受着社会生活的种种便利，就要根据自己在社会分工系统和更广的社会交换系统中的地位承担起对社会的相应责任，对于国家亦如此。责任是人类和谐共存，社会持续发展的根本保证。一个伟大的国家往往并不是因为她比别的国家富裕和强大而被世人尊敬，而是因为她的“人格魅力”、“道德情操”、“诚信友爱”等品质而使世人“诚服”和“仰慕”。正如温家宝总理指出：“如果我们的国家有比黄金还要贵重的诚信、有比大海还要宽广的包容、有比高山还要崇高的道德、有比爱自己还要宽广的博爱，那么我们这个国家就是一个具有精神文明和道德力量的国家。”

绿色发展关注的不是狭隘的个人或群体，乃至国家或民族的利益，而是超越其上的全体人类和整个自然界的命运。它要求人们站在更高层次上共谋和谐，把生态环境问题与社会问题联系起来，即与生存问题联系起来，从人类的可持续发展着眼，倡导全球意识、和平思想、宽容原则、克服精神与合作态度，在一定程度上超越社会制度、局部利益与意识形态的分歧，共担发展责任。联合国《千年宣言》指出：“我们认识到，除了各国要单独承担自己那部分责任外，我们还有在全球范围实现人类尊严、平等和公平原则的集体责任。”联合国前秘书长科菲·安南离任前在《我的遗嘱》一文中，总结经验教训，告诫世人：“在当今世界，我们所有人都对其他人的安全负有责任。没有一个国家能够借助相对于其他人的优势地位来保证自己不受核武器扩散、气候变化、全球性流行疾病或恐怖主义的威胁。只有我们同时为其他人带来安全，我们才会为我们自己获得长久的安全。”

国家责任（national responsibility）是一种与生俱来的国家使命，它伴随着每一个国家生命历程的始终，在全球化的今天，国家责任对一个国家生存与发展的作用日渐凸显，国家的分量体现于国家的责任。国家责任是指国家不仅要为其国民的生存、发展承担责任和义务，创造一个良好、自由、公平、创新的环境，让人民能拥有独立思考的能力，并能一代一代发展下去。同时，作为国际社会中的一员，出于道义和社会责任，国家还应为全人类的发展贡献力量。从某种意义上来说，国家责任本身也是一种国家财富和国家能力，而且往往胜于国家财富和国家能力。国家有大小、发展水平有高低，在国际社会中所扮演的角色也不尽相同，但都要讲责任。任何一个国家的“言行举止”，都对其他国家负有责任，这已成为一个新的国际社会法则和道德法则。只有那些勇于承担责任的国家，才有可能被赋予更多的历史使命，才有资格获得更大的信誉和尊严。如果一个国家放弃了自己对国际社会的责任，就意味着放弃了自身在这个国际社会中更好生存与发展的机会，失去了国际社会的认可、信任与尊重。

世界经济、政治与文化的一体化趋势使全人类求生存求发展的根本利益获得了某种统一，生态危机更使人类的共同利益进一步得到凸现。自然界的行为是没有国界的，地球是一个整体，全人类是一个命运共同体，对他人负责也是对自己负责。讲国家责任要求一个国家能够时刻保持自觉、自律和自省，在国际事务中恪守信誉与道义，履行应尽的责任和义务，为富仁义，为武不黩，树立良好的国家形象，维护和建设公正合理的国际社会体系，以促进世界不同文化、文明的融合以及社会的和谐发展。

## 六、平衡属性

绿色发展必然要求走“平衡发展之路”。党的十六届三中全会提出的“统筹城乡发展、统筹区域发展、统筹经济社会发展、统筹人与自然和谐发展、统筹国内发展和对外开放”的新要求，是新一届党中央领导集体对发展内涵、发展要义、发展本质的深化和创新，蕴含着全面发展、协调发展、平衡发展、可持续发展和人的全面发展的科学发展观。国家作为一个“自然—经济—社会”（NES）复合系统，不仅要实现经济的增长和社会的进步，更要求建立稳健可持续的发展模式，其核心是维系动态平衡发展。一个平衡发展的国家，必然是一个各方面统筹协调发展的国家，其生存与发展的诸要素、诸方面、诸层次之间在质量上相互适应、在数量上比例合理、在功能上相互促进，在整体上呈现一种良好的状态和有序的过程。这种生存与发展的诸要素、诸方面、诸层次之间有机统一、相互耦合的国家协调，不仅包含了不同“质态”之间、不同“量态”之间和不同“能态”之间的协调，而且也包含“质态—量态—能态”三者之间的协调。

绿色发展要求在表征国家发展与进步程度的“物质文明、精神文明、政治文明、生态文明”四者之间保持平衡协调。物质文明是基础，它对政治文明、精神文明起决定作用；精神文明是关键，它对物质文明、政治文明起能动作用，为物质文明和政治文明提供强有力的精神动力与智力支持；而政治文明是核心，它对物质文明、精神文明起保障作用；生态文明是物质文明、政治文明和精神文明的前提。科学发展是四者之间平衡协调、共同作用的“协同效应”、“综合贡献”和“整体表达”。

绿色发展是“多维度”平衡协调的集合表达。在人口与资源关系方面，表现为实现人类自身再生产的总规模、总水平与资源承载能力之间的动态平衡和协调；在环境与发展关系方面，表现为维持环境与发展之间的动态平衡和协调；在发展与公平关系方面，表现为维护国家财富积累增长与社会公平正义提升之间的动态平衡和协调；在政府与市场关系方面，表现为发挥市场微观调节与政府宏观调控之间的动态平衡和协调；在人与自然关系方面，表现为人类从自然的索取与向自然回馈之间的动态平衡和协调。其中，上述任何一组关系的失衡、失调和失控，都会影响和破坏国家整体协调发展，从而直接或间接地对国家健康发展产生负面效应和严重损害。

绿色发展要求在全球经济复苏之下实现多维平衡发展。党的十七大报告在“必须坚持统筹兼顾”的论述中，除了阐述统筹城乡发展、区域发展、经济社会发展、人与自然和谐发展、国内发展和对外开放这“五个统筹”之外，还特别提出“统筹国内国际两个大局”，并且要摆上一个重要的位置。2009 年 9 月，胡锦涛总书记在二十国集团领导人第三次金融峰会上指出，当前，我们的首要任务仍然是应对国际金融危机、推动世界经济健康复苏，同时要坚定不移推进国际金融体系改革，在解决全球发展不平衡进程中实现世界经济全面持续平衡发展。在全球后金融危机时代，实现绿色复苏，是世界各国面临的重大挑战。而首要之道是，寻求以下 7 个方面的动态平衡：一是储蓄和消费的平衡；二是内需和外需的平衡；三是政府干预与市场调解之间的平衡；四是短期经济增长的目标与长期优化结构之间要保持平衡；五是虚拟经济和实体经济的平衡；六是经济增长和可持续发展的平衡；七是经济全球化和地区一体化的平衡。

## 参考文献


埃德加·欧文斯 . 1987. 发展中世界自由的未来：作为政治改革的经济发展 . 牛津：帕加蒙出版社

丹尼斯·米都斯等 . 1997. 增长的极限 . 李宝恒译 . 长春：吉林人民出版社

胡鞍钢 . 2008. 绿色发展就是绿色贡献 . 绿叶，4：22

胡锦涛 . 2007. 高举中国特色社会主义伟大旗帜 为夺取全面建设小康社会新胜利而奋斗——在中国共产党第十七次全国代表大会上的报告 . 北京：人民出版社

拉尼斯 . 1987. 发展经济学——下一步迈向何处？北京：经济科学出版社

李章军 . 2010-02-04. 紧紧抓住历史机遇承担起历史使命　毫不动摇地加快经济发展方式转变 . 人民日报，第一版

理查德·杜思韦特 . 2008. 增长的困惑 . 李斌，姜锋，宫庆彬译 . 北京：中国社会科学出版社

路易吉诺·布鲁尼，皮尔·路易吉·波尔塔 . 2007. 经济学与幸福 . 傅红春等译 . 上海：人民出版社

马克思，恩格斯 . 1965. 马克思恩格斯选集 . 第三卷 . 北京：人民出版社

缪尔达尔 . 1992. 亚洲的戏剧——对一些国家贫困问题的研究 . 北京：北京经济学院出版社

潘岳 . 2004. 环境保护与社会公平（上）. 中国国情国力，12：4—7

佩鲁 . 1987. 新发展观 . 北京：华夏出版社

佩鲁 . 1996. 增长、发展个别领域进步与普遍进步 . 张培刚译 . 北京：商务印书馆

世界银行 . 2009. 2008 年全球监测报告 . 北京：中国金融出版社

托达罗 . 1992. 经济发展与第三世界 . 北京：中国经济出版社

托夫勒 . 1984. 第三次浪潮 . 北京：读书·生活·新知三联书店

王仁贵 . 2010. 中国向低碳转轨的道路 . 瞭望，17：10—11

威廉·阿瑟·刘易斯．1989．二元经济论．北京：北京经济学院出版社

威廉·诺德豪斯，詹姆斯·托宾．1972．增长过时了吗？北京：中国经济出版社

西塞罗．1998．西塞罗三论．北京：商务印书馆

熊彼特．1990．经济发展理论．北京：商务印书馆

亚当·斯密．1972．国民财富的性质和原因的研究．上卷．北京：商务印书馆

增长与发展委员会．2008．增长报告——可持续增长和包容性发展的战略．北京：中国金融出版社

C. P. 欧曼，G. 韦格纳拉加．2000．战后发展理论．北京：中国发展出版社

Costanza R，d'Arge R，Rudolf de G，et al. 1997. The value of the world's ecosystem services and natural capital. Nature，387：253—260

Daly G C，Cobb J B. 1990. For the common Goods：Redirecting the Economy toward Community and a Sustainable Future. Boston：Beacon Press

John E. 1998. Roemer. Equality of Opportunity. Cambridge：Harvard University Press

Maddison A. 2007. Contours of the World Economy，I-2030 AD. Oxford：Oxford University Press

UNESCO. 1982. 1977 – 1982 Middle Plan. Paris：UNISCO

# 第二章　绿色发展的战略内涵

## 第一节　绿色发展的战略演进

绿色发展战略本质是以发展绿色经济为基本内容，以经济与生态、社会协调可持续发展为核心的发展战略。人类的历史和现实都充分表明，传统工业经济发展模式，是一种资源消耗型、环境污染型与生态毁灭型的经济发展模式，是经济不可持续发展的深刻根源。要实现经济可持续发展，必须构建生态—经济协调可持续发展的绿色经济发展战略模式。以绿色经济为基本内容的绿色发展战略，就是要实现人们经济活动从高资源消耗、高环境污染与高生态损害的非持续发展经济，向资源消耗最少化、环境污染最轻化与生态损害最小化的可持续发展经济的根本转变，达到生态—经济协调、可持续发展。绿色发展的战略演进大概分为 A 模式、B 模式、C 模式和 G 模式 4 个阶段。A 模式作为传统的工业化模式，是以牺牲环境来换取经济利益的经济模式，存在资源生产率低的特点。西方发达国家经济取得飞速发展之后，开始省视环境问题，并在可持续发展概念的基础上提出了 B 模式——经济与环境并举的经济发展模式。而中国作为发展中国家，不具备发达国家发展 B 模式的条件，因而，提出了一种适合当前情况的经济发展模式——C 模式。G 模式是在前两者的基础上，提出的一种具有普适性的绿色发展模式，即既适用于发达国家，又适用于发展中国家，四者关系如图 2-1 所示。

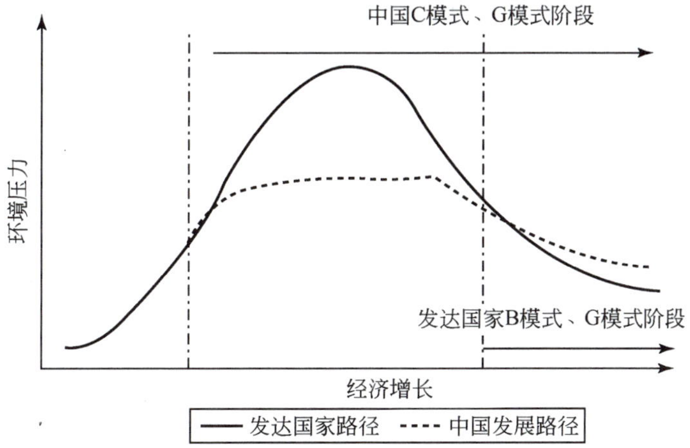


图 2-1　经济发展模式

## 一、A 模 式

所谓 A 模式，就是莱斯特 R. 布朗（2003）提出的以化石燃料为基础，以汽车为中心的用后即弃型经济，并建立在环境是经济一部分的理论之上，认为自然界取之不尽，用之不竭。其实质就是高资源消耗、高环境污染的经济发展模式，它以人为过度消耗地球自然资源为代价，其经济特征是“生产—分配—交换—消费”单向度的线性经济，表现为经济增长和环境压力同步发展，经济高效率的取得，以生态之无价、资源和自然环境巨大破坏为代价。今天，绝大多数发展中国家仍然处于 A 模式的发展状态。传统 A 模式以经济增长为中心，以追求 GDP 为唯一目标；随着世界人口的不断增长，造成资源枯竭，环境急剧恶化，生态破坏日益严重，社会分化急速加剧，人类文明陷入困境。

## 二、B 模 式

人类文明所处的困境和面临的危机呼唤着新的发展模式与理念，莱斯特 R. 布朗提出了一种综合性的发展模式——B 模式。B 模式是要求经济发展与环境绝对脱钩（delinking）的减物质化模式，它要求经济增长的同时实现大规模的减物质化。其目标是：在经济持续正增长的同时，环境压力出现零增长甚至负增长，经济发展与环境压力二者之间开始“脱钩”。它为全球经济持续发展，避免因环境继续恶化终而导致经济衰退提供了切实可行的途径，使 A 模式存在的问题不至于发展到失控的地步。

B 模式是目前西方发达国家正在实施的发展模式，欧洲国家提出了在 21 世纪要实现总生态经济效率为“倍数 4”的发展目标，“倍数 4”就是经济增长增加 1 倍，而物质消耗和污染排放量比现在要减少一半（魏茨察克等，2001）。莱斯特 R. 布朗（2009）提出的 B 模式的目标包括：消除贫困，稳定人口；恢复地球本来面貌；让 80 亿人吃饱吃好；设计以人为本的城市；提高能效；调节能源结构，转向可再生能源。同时提出实施 B 模式的路径：稳定人口规模，稳定气候，改善生态环境；建立能反映环境成本的市场机制；税项转移，补贴转移。

## 三、C 模 式

资源的短缺和环境压力的增大迫使我国不能再延续传统的 A 模式，同时我国的发展阶段、科技水平和管理能力与发达国家又有一定的差距，因此西方发达国家的 B 模式也不适用于我国的经济发展。鉴于我国加快全面建设小康社会进程，保持经济持续快速增长，资源消费的增加是难以避免的，我国学者诸大建和钱斌华（2006）提出了适合我国国情的经济发展模式，简称 C（China）模式。在 C 模式中，中国的经济仍保持大幅度的增长，同时资源消耗和污染产生量先减速增长，然后再趋于稳定，最后在我国的科技水平提高到较高水平的基础上大幅度地减少资源消耗和污染物排放，使环境压力趋于回落。

C 模式也称 1.5 ~2 倍数发展战略，就是中国到 2020 年经济总量翻两番，同时允许资源的消耗和污染产生量最多增加 1 倍左右，用不高于 2 倍的自然资本消耗换取 4 倍的经济增长和相应的社会福利。该模式赋予我国的经济社会发展一个 15 ~20 年左右的缓冲时间，并希望经过这样一个阶段的增长方式调整，最终达到一种相对稳定的减物质化阶段。一方面，在资源消耗和污染产生方面，它比传统的 A 模式有一半以上的大幅度降低；另一方面，它符合生态经济的公平要求，即在给中国 13 亿人改善生活、提供合理发展空间的同时，也为世界创造更加安全的生存环境。到 2020 年以后，中国将有可能实行"倍数 4"的更进一步的绿色发展战略，即经济总量继续翻一番，但资源消耗和污染产生实现减半，从而使得中国的经济发展与环境压力实现脱钩发展。而在中国，对于上海、北京、广东等东部沿海发达地区，由于发展阶段领先于其他地区，因此需要率先实行大幅度的减物质化战略，以便到 2020 年能够在经济与环境双赢的意义上基本实现现代化。

作为对中国发展模式的一种探索，C 模式是由一系列的具体领域和政策保障来支撑的（图 2-2）。要推行 C 模式，需要从生产、消费和空间三大领域以及科技和体制两大层面加以支撑。具体而言，要通过新型产业化，从产业结构中挖掘提高资源生产率的宏观潜力；通过新型现代化或者可持续消费，从产品功能上挖掘提高资源生产率的微观潜力；通过新型城市化，从城乡空间中挖掘提高资源生产率的中观潜力。除此之外，在科技层面，需要技术性改进和结构性改进同时并举来提高资源生产率；在制度层面，需要行政性推进与体系性推进同时并举来提高资源生产率。

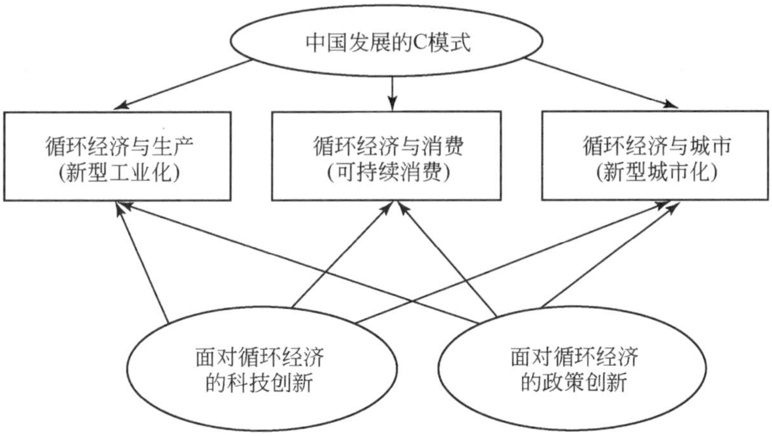


图 2-2　中国循环经济的模式、领域与保障

资料来源：诸大建，2008

## 四、G 模 式

鉴于B模式只适用于经济发展水平较高的发达国家，而C模式是符合中国经济发展阶段的循环经济模式，本章提出一种普适性的发展模式——G模式。所谓G模式，就是绿色发展模式，是以绿色新政为引领，以绿色能源为基础，以绿色消费为导向，以绿色城市为载体，以绿色经济为核心的可持续发展模式。

在2008年全球遭遇金融危机的大背景下，经济受挫之时，各国政府也将此次危机作为经济结构转型的重要契机。在联合国环境规划署的倡导下，各国纷纷施行绿色新政，以此引领国家发展模式的变革。推行绿色新政，其主要内容包括：发展绿色经济，实行绿色能源政策。传统经济模式带来的后果，多是由于大量使用传统能源，造成资源耗竭，环境污染，要改变这一状况，就必须大力发展绿色能源，减少生态环境压力，以此为基础来推动绿色经济。绿色经济区别于传统的高污染、高消耗经济，追求以最少的资源消耗、环境污染来发展经济，是G模式的核心内容。同时，绿色经济倡导绿色消费，不仅要求现代人的消费应环保、节约资源，还应是可持续的，即不仅要满足当代人的需要，还要满足子孙后代的消费需要。发展绿色经济，倡导绿色消费的主要载体是城市，营造绿色城市，离不开绿色能源的支持；另外，绿色城市的建立，也能为绿色能源的推广，绿色经济的深化发展缔造条件。

**专栏2-1**

### 携手推进亚洲绿色发展和可持续发展

习近平

尊敬的各位贵宾，女士们、先生们、朋友们：

在21世纪第一个10年刚刚过去之时，在自然界万物复苏，全球经济开始回暖之际，我们迎来了博鳌亚洲论坛2010年年会。在这里，我谨代表中国政府，对年会的召开表示热烈的祝贺，向各位来宾表示诚挚的欢迎！

博鳌亚洲论坛是在人类社会跨入21世纪时应运而生的。论坛成立9年来，立足亚洲、面向世界，为增进亚洲各国人民相互了解和相互交流发挥了积极作用，为促进亚洲和世界的和平与发展作出了重要贡献。本届年会以“绿色复苏：亚洲可持续发展的现实选择”为主题，对促进全球经济复苏和持久繁荣具有重要意义。

20世纪90年代后期以来，亚洲经受住两次金融危机的严重冲击，经济持续发展，国际影响力不断提升。去年年底以来，亚洲又率先实现经济企稳回升，为促进世界经济复苏发挥了重要引擎作用。同时，两次金融危机特别是这次国际金融危机的严重冲击也启迪我们，亚洲要保持经济良性发展势头，继续拉动世界经济增长，必须更加注重完善发展模式，走出一条符合时代潮流、具有亚洲特色的绿色发展和可持续发展之路。

女士们、先生们！

胡锦涛主席在2008年博鳌亚洲论坛年会开幕式上的讲话中指出，世界上没有放之四海而皆准的发展道路和发展模式，也没有一成不变的发展道路和发展模式，必须适应国内外形势的新变化、顺应人民过上更好生活的新期待，不断探索和完善适合本国情况的发展道路和发展模式。这一论述的前瞻眼光和深刻含义正随着形势的发展日益显现出来。中国改革开放三十多年来，充分发挥比较优势，实现了年均9.8%的持续快速增长，与此同时，环境和资源对发展的瓶颈制约也日益突出。我们以实事求是的科学态度及时总结经验，创新发展理念，推动中国发展道路和发展模式在实践中不断完善。

从20世纪90年代中期、特别是进入新世纪新阶段以来，我们提出，要坚持以人为本、全面协调可持续发展的科学发展观；要以极其认真负责的历史责任感对待环境与发展问题，坚持走可持续发展道路；要实施科教兴国战略，实行经济结构战略性调整，积极推动创新发展；要把经济发展建立在主要依靠国内市场的基础上，高度重视以内需特别是消费需求拉动发展；要努力开创生产发展、生活富裕、生态良好的文明发展道路；要走出一条科技含量高、经济效益好、资源消耗低、环境污染少、人力资源优势得到充分发挥的中国特色新型工业化道路；要把节约资源作为基本国策，发展循环经济，保护生态环境，加快建设资源节约型、环境友好型社会，促进经济发展与人口资源环境相协调。

要呵护人类赖以生存的地球家园，建设生态文明，形成节约能源资源和保护生态环境的产业结构、增长方式、消费模式，把建设资源节约型、环境友好型社会落实到每个单位、每个家庭；要以对中华民族和全人类长远发展高度负责的精神，全面加强应对气候变化能力建设，为中国和全球可持续发展作出不懈努力；要更加自觉地认识到，加快经济发展方式转变刻不容缓，必须在发展中促转变、在转变中谋发展等。

这些理念同国际社会倡导的绿色发展和可持续发展高度契合，其核心就是科学发展，就是把握发展规律、创新发展理念、转变发展方式、破解发展难题，提高发展质量和效益，实现又好又快发展；就是实现以人为本、全面协调可持续发展；就是实现各方面事业有机统一、社会成员团结和睦的和谐发展；就是实现既通过维护世界和平发展自己、又通过自身发展维护世界和平的和平发展。我们坚持科学发展，就是适应经济全球化发展的新形势，用科学的理念、开放的战略、统筹的方法、共赢的途径去实现生产发展、生活富裕、生态良好的发展目标。

中国在树立和落实科学发展观、推进绿色发展和可持续发展方面是知行统一、说到做到的。举例来说，中国是最早通过《21世纪议程》、最早制定《节能减排综合性工作方案》和《应对气候变化国家方案》的发展中国家。2006年，中国在制定国民经济和社会发展第十一个五年规划时提出了到2010年坚决控制温室气体排放、基本遏制生态环境恶化趋势的奋斗目标。截至2009年年底，中国“十一五”规划所覆盖的前4年单位GDP能耗已累计下降14.38%，化学需氧量、二氧化硫排放量分别下降9.66%和13.14%，相当于减少排放近9亿t二氧化碳。2009年，中国水电装机容量、核电在建规模、太阳能热水器集热面积和太阳能光伏发电累计容量均居世界第一位。

中国在应对全球气候变化、加强应对气候变化能力建设方面是积极主动、严肃认真的。我们认为，应对全球气候变化关乎各国共同利益，地球安危各国有责。当前，中国正处于全面建设小康社会的关键时期，正处于工业化、城镇化加快发展的重要阶段，发展经济、改善民生的任务十分繁重，但我们仍然以最大决心和最积极态度，按照联合国所确定的共同但有区别的责任原则，参与全球应对气候变化共同行动。中国从2007年开始主动加快淘汰落后产能，关停大批污染严重的小火电、小煤矿、炼钢、水泥、造纸、化工和印染企业。2009年，中国又为推动哥本哈根气候变化大会取得成功并最终达成《哥本哈根协议》发挥了积极作用。目前，我们已根据协议要求向《联合国气候变化框架公约》秘书处通报了中国自主减排行动信息，并明确将中国列入支持《哥本哈根协议》的国家名单。

按照中国去年公布的控制温室气体排放的行动目标，到2020年，我国单位GDP二氧化碳排放将比2005年下降40%～45%；非化石能源占一次能源消费比重将达到15%左右；森林面积将比2005年增加4000万$hm^2$，森林蓄积量将比2005年增加13亿$m^3$。其中，仅降低能耗这一项，今后5年就可以节省能源6.2亿tce，相当于减少排放15亿t二氧化碳。这是中国加快经济发展方式转变和经济结构调整的实际行动，也是对亚洲和世界应对气候变化的积极贡献。

女士们、先生们！

绿色发展和可持续发展是当今世界的时代潮流。为了实现亚洲和世界的绿色发展和可持续发展，为了使人类赖以生存的大气、淡水、海洋、土地和森林等资源环境得到永续发展，我们亚洲各国应该统筹经济增长、社会发展、环境保护。我们愿意同亚洲各国一道，进一步从以下6个方面作出努力。

第一，转变发展方式，努力实现绿色发展。加快经济发展方式转变和经济结构调整，是积极应对气候变化，实现绿色发展和人口、资源、环境可持续发展的重要前提，也是亚洲和世界各国政府、企业的共同责任。要大力弘扬生态文明理念和环保意识，使坚持绿色发展、绿色消费和绿色生活方式，呵护人类共有的地球家园，成为每个社会成员的自觉行动。

第二，高度重视科技，支撑实现创新发展。在利用高新技术降低消耗、提高能源资源利用效率方面，亚洲同世界先进水平差距很大，但潜力也很大。要加快开发低碳技术，推广高效节能技术，提高新能源和可再生能源比重，为亚洲各国绿色发展和可持续发展提供坚强的科技支撑。发达国家要为技术转让提供便利，在保护知识产权前提下，实现技术共享。

第三，坚持扩大开放，不断实现和谐发展。当今世界是开放的世界，亚洲各国的发展离不开世界，世界的发展也离不开亚洲。要坚持和扩大市场开放，坚决反对和抵制各种形式的保护主义，维护公正自由开放的全球贸易和投资体系。

同时，应该充分利用好亚洲各种区域和次区域对话与合作机制，促进亚洲同世界的和谐与可持续发展。

第四，继续加强合作，持续实现共同发展。坚持务实合作、实现互利共赢是亚洲各国实现可持续发展的必然选择。在国际金融危机、气候变化、能源资源安全等严峻挑战面前，任何国家都不可能独自应对和独善其身。应该继续加强宏观经济政策协调，大力推动国际新兴产业合作，尤其是加强节能减排、环保、新能源等领域合作，携手推进亚洲和世界经济可持续发展。

第五，着力消除贫困，逐步实现平衡发展。全球南北发展严重不平衡是世界经济失衡的重要根源。现在，亚洲每天生活在1.25美元贫困线以下的赤贫人口有9亿，约占亚洲总人口的1/4。我们呼吁进一步完善促进平衡发展的国际机制，增加发达国家对发展中国家的援助规模，加强南南合作和南北合作，推动联合国千年发展目标的实现，确保可持续发展成果真正惠及贫困地区国家和人民。

第六，大力培养人才，推动实现全面发展。绿色发展和可持续发展的根本目的是改善人民生存环境和生活水平，推动人的全面发展，而这在很大程度上有赖于创新人才的成批涌现。要创造人尽其才、各尽所能的体制机制和社会环境，加强对各类人才的教育培养，使亚洲绿色发展和可持续发展同人的全面发展相互促进、相辅相成。

女士们、先生们！

让我们继续发扬2009年同舟共济应对国际金融危机冲击的精神，坚持凝聚共识，加强团结合作，在实践中走出一条绿色发展和可持续发展之路，造福亚洲，造福世界。

最后，预祝本届年会取得圆满成功！

谢谢大家！

注：2010年4月10日，博鳌亚洲论坛2010年年会在海南博鳌开幕。中国国家副主席习近平出席开幕式并发表题为《携手推进亚洲绿色发展和可持续发展》的主旨演讲。此文是演讲全文

资料来源：习近平，2010

## 专栏2-2

### 推动绿色发展　促进世界经济健康复苏和可持续发展
### ——在绿色经济与应对气候变化国际合作会议开幕式上的演讲

李克强

各位来宾，女士们、先生们、朋友们：

很高兴参加这次会议的开幕式。在国际社会继续应对金融危机、积极应对全球气候变化的背景下，来自各国的智库代表、政要和前政要、专家学者、企业家、政府官员以及国际组织代表齐聚北京，就绿色经济与应对气候变化国际合

作问题进行深入研讨，这不仅对于促进世界经济的健康复苏，而且对于推动中国经济的可持续发展，都很有意义。在这里，我谨代表中国政府对会议的召开表示诚挚的祝贺！对各位的到来表示热烈的欢迎！

当今世界，发展绿色经济已经成为一个重要趋势。人类进入工业社会后，发展步伐超过了以往一切时代。当人们享受经济增长带来的好处时，也不得不面对日益突出的资源环境问题。几十年来，国际社会为化解这个矛盾、探索可持续发展，付出了艰辛努力。进入新世纪特别是近年来，许多国家注重把发展绿色产业作为推动经济结构调整的重要举措。在这次应对金融危机中，不少国家在应对政策上都更加突出“绿色”的理念和内涵，实施所谓“绿色新政”，并以此来谋划后危机时代的发展。各方普遍认识到，发展绿色经济不仅可以节能减排，而且能够更加有效地利用资源、扩大市场需求、提供新的就业，是保护环境与发展经济的重要结合点。

中国政府高度重视发展绿色经济与应对气候变化。我们从自身实际出发，借鉴国际经验，把可持续发展作为国家战略，把建设资源节约型、环境友好型社会作为重大任务，把节能减排作为“十一五”国民经济和社会发展规划的约束性指标，对控制温室气体排放提出了明确要求，而且公布了中国政府《节能减排综合性工作方案》和《应对气候变化国家方案》。

近年来，我们加快调整产业结构，大力关闭高耗能、高排放的落后生产能力，努力从源头上减少消耗；推进重点领域、重点行业、重点工程和重点企业节能，着力提高能源利用效率；积极发展循环经济和节能环保产业，采取多种措施推动节能增效。同时，加大重点流域水污染防治力度，加快污水处理厂建设步伐；加强大气污染治理，对火电厂进行大规模脱硫改造。实施天然林保护、退耕还林、退牧还草等重点生态工程，增加了大量森林碳汇。过去四年，中国单位GDP能耗下降了14.38%，化学需氧量和二氧化硫排放量分别下降了9.66%和13.14%。中国节能减排和发展绿色经济取得积极成效。

但我们也清醒地看到，中国仍属于发展中国家，正处在工业化、城镇化加快发展的进程中，同时面临着发展经济、消除贫困和控制污染、减缓温室气体排放等多重压力。很多长期积累的环境矛盾尚未解决，新的环境问题又不断出现。尽管我们作出了很大努力，但节约资源、保护环境、应对气候变化的形势依然严峻。今年一季度，随着经济的回升，一些高耗能行业增长加快，单位GDP能耗不降反升，这又向我们提出新的挑战，增加了完成“十一五”规划节能减排目标的难度。对此，我们已经并将继续坚定不移地采取有力有效的措施加以解决。

面向未来，中国将坚持走科学发展的道路，努力促进经济社会与资源环境相协调。坚持建设生态文明，加快形成有利于节能环保的产业结构、生产方式和消费模式。坚持以人为本、环保为民，着力解决影响群众健康的突出环境问题，使人民群众在经济发展中不断提高生活水平，在环境改善中不断提高生活质量。中国政府提出，到2020年单位GDP二氧化碳排放比2005年下降40%～45%，非化石能源占一次能源消费比重达到15%左右，大力增加森林碳汇，大力发展绿色经济。这不仅是中国加快经济结构调整和发展方式转变的自主行动，是我们应对全球气候变化的必要措施，而且也是中国这样一个有13亿人口的大国破解能源资源“瓶颈”制约难题，实现和平发展和现代化的客观要求和必然选择。

女士们、先生们！

气候变化问题既是环境问题，也是发展问题，已经成为人类社会面临的共同挑战。我们不应忘记，目前世界上仍有约10亿人口生活在贫困线以下，离实现联合国提出的千年发展目标还有很大差距。为应对气候变化而延缓实现发展目标，或者忽视气候变化的影响而片面追求经济增长，都不符合人类社会的共同利益。绿色经济的发展表明，人类社会可以找到一种既符合应对气候变化、保护生态环境要求，又有利于提高经济效率、促进经济发展的新模式。当前，绿色经济在全世界方兴未艾，但如何将这种新的发展模式与应对气候变化国际合作结合起来，还有很多问题需要深入探讨。为此，我提出三点建议。

第一，加快转变经济发展方式，积极推动绿色发展。传统的经济增长模式主要依靠增加要素投入、消耗自然资源、追求数量扩张来实现增长。随着资源环境等矛盾日益突出，这种粗放型的增长模式越来越难以为继。因此，必须加快调整经济结构、推动经济发展方式转变，按照以人为本、全面协调可持续的要求，培育壮大绿色经济，着力推动绿色发展。尤其是要加快形成有利于绿色发展的体制机制，通过政策激励和制度约束，增强推动绿色发展的自觉性、主动性，抑制不顾资源环境承载能力盲目追求增长的短期行为。这也是深化中国经济体制改革的重要内容。当前，在世界经济大调整大变革中，无论是发展中国家还是发达国家，都应当抓住绿色经济发展带来的契机，更加注重培育以低碳排放为特征的新的经济增长点，更加注重调整改造传统产业和发展新能源、节能环保等新兴产业，更加注重推动生产、流通、分配、消费和建设等环节的节能增效，更加注重保护生态环境。各国政府都应当实施有利于绿色发展的政策措施，形成经济社会与资源环境相互协调的良性运行机制，引导企业大力开发绿色技术、生产绿色产品、发展绿色经济，最大限度地实现资源的持续利用和生态环境的持续改善，促进世界经济健康复苏和可持续发展。

第二，牢固树立生态文明的理念，大力倡导绿色消费。人类的文明发展与自然环境息息相关。近代以来，人类征服自然的能力迅速增强，但随之而来的环境危机、生态退化表明，一个缺乏生态环保意识的社会，其繁荣是难以持久的，并终将会为此付出沉重的代价。发展绿色经济，需要我们树立起人与自然和谐相处的价值观念，把节约文化、环境道德纳入社会运行的公序良俗，把资源承载能力、生态环境容量作为经济活动的重要条件，进而改变人们的生产生活方式和行为模式。在大力推行绿色生产、绿色流通的同时，特别要积极倡导绿色消费，引导公众自觉选择节约环保、低碳排放的消费模式，着力建设资源节约型、环境友好型社会。

第三，完善经济全球化机制，形成有利于绿色经济发展的环境。国际金融危机没有改变全球化发展的大趋势，应对全球气候变化需要在国际合作中节约能源资源、提高生产要素配置效率。我们主张，国际社会应当把推进贸易自由化、便利化作为发展绿色经济的助推器，反对各种形式的贸易保护主义，包括一些采取“绿色壁垒”措施而行贸易保护之实的做法，制定并实施鼓励绿色经济发展的贸易政策，促进各国绿色经济成长壮大，发达国家尤其应当通过技术转让、资金援助、市场开放等方式，帮助发展中国家培育绿色经济，支持新兴经济体可持续发展。

女士们、先生们！

发展绿色经济与应对气候变化，是后危机时代国际社会面临的重大机遇和挑战，也是实现中国经济社会发展和生态文明建设目标的重要内容，需要广泛的国际合作和切实有效的节能减排行动。思想的碰撞、智慧的交流是产生创意和灵感的基础。在哥本哈根会议之后，这次会议发挥民间智库渠道的作用，开展有关各方的沟通与互动，机会十分难得。我真诚地希望各位代表，围绕会议的主题，广泛交流、深入研讨，汇集各方面的智慧，为推动全球绿色经济发展和国际气候变化合作发挥积极作用。

最后，预祝本次会议取得圆满成功！祝各位来宾工作顺利、生活愉快、身体健康！谢谢大家。

资料来源：李克强，2010

## 第二节　绿色发展模式的引领——绿色新政

### 一、绿色新政的内涵

金融危机席卷全球，为稳定金融体系和经济增长，各国相继或联合推出了激进的货币政策和财政政策，制订了上万亿美元的大规模救市方案。如果把目前的救市资金（再加上在等候时机的投资者的数万亿美元）盲目地投入到旧产业以及穷途末路的经济模式中，只会导致污染加剧、生态恶化，经济即便走向复苏，也将付出沉重的代价。为此，联合国环境规划署（UNEP）在2008年10月推出了全球“绿色新政”（green new deal）的概念，目的是应对当前的经济危机，通过大力发展环保产业来扩大需求，刺激经济增长。前任世界银行首席经济学家斯特恩爵士认为，有效执行绿色新政是脱离当下经济困境的最佳出路，因为这不仅是简单的凯恩斯派刺激方针，更是为将来的可持续发展奠定良好的基础。

2009年3月19日，UNEP发表了《全球绿色新政政策纲要》（以下简称《纲要》）。二十国集团峰会4月2日在伦敦举行，会议就如何摆脱当前世界经济危机进行了讨论，《纲要》敦促二十国集团领导人抓住机会，促使世界经济向绿色经济

（低碳、节能型经济）转变。二十国集团峰会在解决当今经济危机的同时，也应当着眼于今后几十年世界所面临的气候变化、自然资源短缺和缺乏体面工作等问题。目前各国为了刺激经济所投入的巨额资金不应导致危机过后一切照旧，而是应当用来开创一种具有可持续发展前景的新的经济发展模式，将绿色新政作为主要手段。

《纲要》分析指出，2008 年全球经历了自 20 世纪 30 年代以来最为严重的经济危机，再加上气候变化加剧、能源危机、粮食危机和水资源危机，使得全球面临多重危机的重压，严重影响了世界实现繁荣和完成千年发展目标的努力，并恶化了失业、社会经济动荡和贫困等威胁到发达国家以及发展中国家社会稳定的、长期存在的社会问题。

《纲要》指出，尽管导致这些危机的原因不尽相同，但究其根源，都有一个共同点：对资本的错误分配和使用。在过去 20 年里，大部分资本涌入了房产、矿物燃料以及金融衍生资产，但很少有资金投入可再生能源、能效、公共交通、可持续农业以及土地和水资源保护领域。

《纲要》认为，一些国家的政府正在推行大规模的经济刺激计划以恢复经济增长和扩大就业，而这些投资和支出有望恢复经济增长和扩大就业。然而，尚不清楚的是，危机过后的经济发展是否是可持续的，或者说，是否会成为一种复苏的、具有低能效、使用不可再生能源、高物耗、不可持续地利用生态环境和破坏气候等特点的“棕色经济”？如果这些经济资源被投向那些发展不可持续的领域，世界将面临再度失衡的危险，也使目前困扰世界的多重危机存在继续发生的风险。

UNEP 倡议的全球绿色新政，其目的就是要在应对这些风险的同时，寻求一条有效而可持续地解决这些多重危机的道路，确保后危机时代的经济遵循一种可持续发展的模式，避免继续加重当今社会面临的两个最严重的危险：生态资源紧缺和气候不稳定。实施全球绿色新政有 3 个目标：从短期来看，促进全球经济复苏，保留和创造就业机会，保护弱势人群。从中期来看，降低对于碳的依赖，遏止生态系统退化，使经济走上一条清洁和稳定的发展之路。从中长期来看，促进可持续的、广泛的增长以及千年发展目标的实现，到 2025 年消除极端贫困。

《纲要》建议将全世界 GDP 的 1%，即 7500 亿美元投入到建筑、可再生能源、生态基础设施、可持续运输和可持续农业 5 个主要领域，从而带动“绿色新政”的产生。在这些领域的投资，连同采取的其他措施，在强化气候变化、环境退化和与贫困作斗争的同时，将可以在振兴全球经济和促进就业方面发挥重要作用。

### （一）建筑领域

这个领域的主要目标是提高新旧建筑物的能效。全球建筑产业年营业额高达 3 万亿美元，雇用了大量的劳动力，同时这些建筑物产生了 30%~40% 的温室气体，是 IPCC 认定的解决气候变暖问题最有效的领域之一。投资该领域不仅能够以很好的性能价格比解决气候变暖问题，而且能够产生很可观的就业机会。例如，美国刺激经济的计划将投资 94 亿美元把联邦政府办公楼的能耗减少 20%，同时投资

62 亿美元帮助 100 万户低收入家庭解决家居节能改造问题。据粗略估计，在 4 年内，美国将在建筑节能领域投资 1000 亿美元，可以产生 200 万个就业机会。《纲要》预测，如果全球都来解决建筑节能问题，在该领域内可创造 1.1 亿个以上的就业机会和转岗“绿色工作”的机会。

### （二）可再生能源领域

《纲要》预测，到 2025 年，如果以环境友好的方式来满足日益增长的能源需求（即实现绿色能源革命），需要投入 45 万亿美元。到 2030 年，将有 6300 亿美元投入可再生能源领域，至少可创造 2000 万个就业机会，其中风能领域将超过 200 万个、太阳能发电领域将有 630 万个、生物燃料领域将有 1200 万个。而目前石油和天然气产业总就业人数才刚刚超过 200 万。对于发展中国家，该领域的投资将带来更多的就业机会。例如，尼日利亚的以甘蔗等为原料的生物燃料产业可创造 20 万个就业机会；到 2025 年，印度的生物质气化产业可创造 90 万个就业机会；在孟加拉，由于安装了约 20 万套家用太阳能发电设备、6000 个沼气池和 2 万个节能灶具，至少可创造 2 万个就业机会。

### （三）可持续交通领域

《纲要》预测，如果加速投资节能车辆，包括混合动力车和替代能源车，可在全世界创造 400 万个就业机会，再加上销售、修理和售后服务等还可创造 1900 万个就业机会。如果推广已有的绿色节能车技术，每年可减少的二氧化碳排放量将高达 2 万亿 t。同时，对更清洁、更高效的城市公共交通的投资将会产生二次就业乘数效应：1 个直接就业机会产生 4 个二次就业机会。例如，韩国未来 3 年内将有 70 亿美元投入到城市轻轨交通系统，预计将创造将近 14 万个就业机会。

### （四）清洁水和生态基础设施领域

《纲要》预测，目前全球供水、消毒和节水市场的产值估计超过 2500 亿美元，到 2020 年有可能增长到 6600 亿美元。每年投资 150 亿美元使没有饮水安全和基本消毒的人群到 2015 年减少一半的计划年产值将有 380 亿美元，其中将有 150 亿美元来自非洲撒哈拉以南地区。美国刺激经济的计划中将有 40 亿美元和 20 亿美元分别投向清洁水基础设施和饮用水基础设施。韩国刺激经济的计划中有 120 亿美元投资用于改善 4 条主要河流的水质。

《纲要》呼吁，发展中国家政府和国际发展组织要投资保护其他生态基础设施，如土壤、森林、海洋、珊瑚礁和湿地等。《纲要》认为，建立一个海洋保护区网络，其中包括关闭 20% 的捕鱼场，每年可以维持价值 800 亿 ~ 1000 亿美元的捕鱼量，从而保证未来有 2700 万与渔业有关的工作机会和创造 100 万个有关的工作岗位。

### （五）可持续农业领域

《纲要》呼吁，发达国家把部分刺激经济计划的投资投向国内和发展中国家的可持续农业。这样不仅支持了减贫计划，而且改善了食品安全和减少对生态系统的压力。《纲要》提倡发展有机农业。根据 UNEP 和联合国贸发会议对非洲 14 个案例的调查，当转向有机农业生产后，产量提高超过了 100%。《纲要》认为，有机农业真正为发展中国家提供了减少贫困和贸易机会，因为农业收入的 97% 在欧洲和北美产生，而其产地有 80% 以上在亚洲、非洲和拉丁美洲。《纲要》指出，可持续农业将有可能通过降低温室气体的排放量、节能和增加碳捕获来减轻气候变化。据联合国粮食及农业组织（FAO）的一项研究，有机农业系统中每公顷二氧化碳的排放量比传统农业要低 48% ~68%。由于有机农业需要的劳动力要比传统农业多出 30%，从而 2007 年在墨西哥创造了 17 万个就业机会。

## 二、国外绿色新政实践

发端于欧洲的以新能源为代表的低碳绿色经济变革，在 2008 年 9 月中下旬“百年一遇”的全球性金融危机爆发以来迅速成为世界的宠儿。当前，欧盟国家、美国、日本等主要发达国家及不少发展中国家力图利用此次全球多重危机中的机遇，纷纷制定和推进短期内刺激经济复苏、中长期以应对气候变化向低碳经济转型为核心的绿色发展规划，试图通过绿色经济和绿色新政，在新一轮经济发展进程中促进经济转型，实现自身的可持续发展。

### （一）英国、德国、法国引领绿色潮流

2009 年 3 月 9 日，欧盟委员会在布鲁塞尔宣布，欧盟将在 2013 年之前投资 1050 亿欧元支持欧盟地区的“绿色经济”，促进就业和经济增长，保持欧盟在“绿色技术”领域的世界领先地位。欧盟所投入的这笔巨额款项全部用于环保项目以及与其相关的就业项目，其中 540 亿欧元将用于帮助欧盟成员国落实和执行欧盟的环保法规，280 亿欧元将用于改善水质和提高对废弃物的处理和管理水平。

英国把发展绿色能源放在绿色经济政策的首位。2009 年 7 月 15 日，英国发布了《低碳转换计划》和《可再生能源战略》国家战略文件，这是继出台《气候变化法》之后，英国政府绿色新政的又一新动作，是迄今为止发达国家中应对气候变化最为系统的政府白皮书，也标志着英国成为世界上第一个在政府预算框架内特别设立碳排放管理规划的国家。按照英国政府的计划，到 2020 年可再生能源在能源供应中要占 15% 的份额，其中 40% 的电力来自可再生能源、核能、清洁煤等低碳能源、绿色能源领域，这包括对依赖煤炭的火电站进行“绿色改造”，更重要的是发展风电等绿色能源，目标是把英国建设成为更干净、更绿色、更繁荣的国家。

德国发展绿色经济的重点是发展生态工业。2009 年 6 月，德国公布了一份旨在推动德国经济现代化的战略文件，在这份文件上，德国政府强调生态工业政策应成为德国经济的指导方针。德国的生态工业政策主要包括 6 个方面的内容：严格执行环保政策；制定各行业能源有效利用战略；扩大可再生能源使用范围；可持续利用生物质能；推出刺激汽车业改革创新措施；实行环保教育、资格认证等方面的措施。

法国的绿色经济政策重点是发展核能和可再生能源。2008 年 12 月，法国环境部公布了一揽子旨在发展可再生能源的计划，这一计划有 50 项措施，涵盖了生物能源、风能、地热能、太阳能以及水力发电等多个领域。除了大力发展可再生能源之外，2009 年，法国政府还投资 4 亿欧元，用于研发清洁能源汽车和“低碳汽车”。此外，核能一直是法国能源政策的支柱，也是法国绿色经济的一个重点。

### （二）美国、日本、韩国力推绿色新政

美国“绿色新政”可细分为节能增效、开发新能源、应对气候变化等多个方面。其中，新能源的开发是绿色新政的核心，2009 年 2 月 15 日，总额达到 7870 亿美元的《美国复苏与再投资法案》将发展新能源作为主攻领域之一，重点包括发展高效电池、智能电网、碳储存和碳捕获、可再生能源（风能和太阳能）等，同时美国还大力促进节能汽车、绿色建筑等的开发。

2009 年 4 月，日本政府公布了名为《绿色经济与社会变革》的政策草案，目的是通过实行削减温室气体排放等措施，强化日本的绿色经济，重点则在于支持政府当前采取环境、能源措施刺激经济，对中长期则提出了实现低碳社会、实现与自然和谐共生的社会目标。2009 年 5 月，日本正式启动支援节能家电的环保点数制度，通过日常的消费行为将其固定为社会主流意识，集中展示绿色经济的社会影响力。同时，日本率先提出建设低碳社会，声称欲引领世界低碳经济革命，提出要把日本打造成全球第一个绿色低碳社会。

2009 年 1 月 6 日，韩国总统李明博主持新年的第一次国务会议，会上通过了政府提出的“绿色工程”计划。该计划将在未来 4 年内投资 50 万亿韩元（约 380 亿美元）开发 36 个生态工程，并因此创造大约 96 万个工作岗位，用以拉动国内经济，并为韩国未来的发展提供新的增长动力。这一庞大计划被称为“绿色新政”。其主要内容为：基础设施建设、低碳技术开发和创建绿色生活工作环境。具体来说，治理四大江河、建设绿色交通系统、普及绿色汽车和绿色能源；扩增替代水源以及建设中小规模的环保型水坝等。韩国政府将推动全国范围的绿色交通系统建设，包括建设低碳铁路、自行车道路和公交系统。修建中小型环保型水坝，增加河流的储水功能，并减轻洪水和其他水灾。政府将投资生产低碳汽车，开发混合型汽车和开发太阳能、风能及其他可再生的清洁能源。作为环保努力的一部分，将投资 3 万亿韩元用于扩大森林面积，提供 23 万个就业岗位；在全国修建 200 万个绿色住宅和办公室，即建设 200 万户具备太阳能热水器等的绿色家庭，并将 20% 的公共照明设施更换为节能型灯泡。

## （三）各国实践绿色新政的国际承诺

气候变化是世界各国面临的共同问题，减少温室气体排放是世界各国的共同责任。国际社会在对付全球气候变化问题上进行国际合作，1992 年 5 月 22 日联合国政府间谈判委员会就气候变化问题达成《联合国气候变化框架公约》，并于 1992 年 6 月 4 日在巴西里约热内卢举行的联合国环境与发展大会（地球首脑会议）上通过，截至目前，共有 192 个缔约方。其目标是减少温室气体排放，减少人为活动对气候系统的危害，减缓气候变化，增强生态系统对气候变化的适应性，确保粮食生产和经济可持续发展。之后，每年召开缔约方会议，于 1997 年签订了《京都议定书》，承诺在 2012 年前共同削减温室气体排放、并帮助脆弱地区应对变暖带来的灾害。于 2007 年 12 月通过了“巴厘岛路线图”，启动了加强《联合国气候变化框架公约》和《京都议定书》全面实施的谈判进程，致力于在 2009 年年底前完成《京都议定书》第一承诺期 2012 年到期后全球应对气候变化新安排的谈判并签署有关协议。

截至 2009 年年底，各国（地区）都作出了减排目标的承诺（表 2-1）。

**表 2-1　2009 年底各国（地区）减排目标**

| 类　别 | 国家（地区） | 减排承诺 |
|---|---|---|
| 发达经济体 | 美　国 | 2020 年温室气体排放量在 2005 年的基础上减少 17%（约为在 1990 年基础上减排 4%），到 2025 年减排 30%，2030 年减排 42%，2050 年减排 83% |
| | 欧　盟 | 通过包括气候与能源一揽子计划和各种能效措施，无条件承诺到 2020 年将温室气体排放量较 1990 年减少 20% 以上。同时承诺抬高减排幅度至 30%，前提是各发达经济体同意相当水平的减排力度，同时发展中经济体做出重大贡献，共同促成国际条约的签署 |
| | 日　本 | 若哥本哈根会议能达成协议，日本将把减排目标定为在 1990 年的基础上对温室气体减排 25% |
| | 韩　国 | 在 2020 年前将本国的温室气体年排放量在 2005 年的基础上减少 4%，相当于在 1990 年基础上减少 30% |
| | 挪　威 | 首个承诺到 2020 年较 1990 年温室气体减排达 40%，这与发展中国家要求富裕发达国家做出的减排承诺幅度一致 |
| | 澳大利亚 | 承诺到 2020 年在 2000 年基础上实现温室气体减排 5% ~25%（后一个数字均是有条件承诺），但这个目标已被议会两次否决 |
| | 新西兰 | 承诺到 2020 年在 1990 年基础上实现温室气体减排 10% ~20% |
| | 加拿大 | 承诺到 2020 年在 2006 年基础上实现温室气体减排 20%，相当于在 1990 年基础上减排 2% |
| | 新加坡 | 承诺到 2020 年该国温室气体排放量将较“如常运作”排放量削减 16% |

续表

| 类 别 | 国家（地区） | 减排承诺 |
|---|---|---|
| 金砖四国 | 中 国 | 制订了一系列控制温室气体排放的目标及行动，包括在2020年前，把单位GDP温室气体的排放量，较2005年减少40%～45% |
| | 巴 西 | 计划到2020年将温室气体排放量在预期基础上减少36.1%～38.9%。巴西国家气候变化计划涵盖了目标远大的林业发展措施，包括到2020年将森林非法砍伐面积减少80% |
| | 俄罗斯 | 承诺2020年前把温室气体排放量在1990年基础上减少25% |
| | 印 度 | 计划到2020年实现单位GDP温室气体比2005年下降20%～25% |
| 发展中经济体 | 印度尼西亚 | 承诺自愿使用国家预算到2020年对温室气体减排26%。印尼总统尤多约诺同时承诺，如果国际提供资金援助，能源和林业部门将减少41%的碳排放量 |

国际能源署《世界能源展望2009》指出：“要想成功阻止气候变化，一个至关重要的因素是各国政府履行其承诺的速度”。其中，特别是发达国家要尽快承诺并履行其应该承担的减排目标。

目前，各主要经济体大力实施的“绿色新政”，是以能源技术革命为核心的新一轮工业革命，具有显著的战略意义：一是以发展绿色经济作为新的增长引擎，力图借此刺激经济复苏摆脱目前的经济衰退；二是谋求确立一种长期稳定增长与资源消耗、环境保护“绿色”关系的新经济发展模式；三是力争占领全球新一轮绿色工业革命制高点和全球经济的主导权。

## 三、中国绿色新政现状

“绿色新政”既是应对和化解当前危机的必要举措，也将为全球经济的可持续发展奠定坚实的基础。联合国的研究已经证明，投资于自然保护领域或所谓生态基础设施领域的经济回报和劳动就业的收益，要远远高于传统的汽车制造、钢铁、信息等部门或产业，它们可以成为经济增长的新引擎。

中国经济目前正面临两个重要背景：其一，全球金融危机和经济衰退必然对中国经济产生影响，全球性的产业革命已经引爆，中国必须在新一轮竞争中抢占先机。其二，中国经济自身正迎来产业结构调整、转型、升级的关键时期，中国需要选择正确的发展模式化解经济增长中的深层矛盾、跃升新的台阶，增强发展后劲。面对这两个重要背景，培养新的经济增长点，以绿色经济为突破口，加快产业结构调整与升级的步伐，在新的一轮国际竞争中取得优势地位，成为必然之路。

那么，中国的“绿色新政”是什么呢？其实，以提出科学发展观为标志，中国的发展已经烙上“绿色”标记。从社会经济发展的全局看，以人为本、全面协调可持续发展是科学发展观的总纲，落实科学发展观就是要达到人与人和谐、人与自然和谐的和谐社会。从资源环境角度来看，中国提出了构建生态文明社会；从创新性原则出发，中国提出了又好又快发展，这些本质上就是绿色新政的体现。

事实上，作为世界上最大的发展中国家，中国已成为“绿色新政”的主要践行者。我国政府2008年年底公布的4万亿元的经济刺激计划中，有3400亿元用于绿色项目。2009年，我国政府为应对金融危机，确定了“保增长、扩内需、调结构”的总体策略，特别针对经济活动中资源能源消耗高和污染物排放量大、资源利用效率低和污染物排放强度高等问题，实施了节能减排、发展循环经济、加快构建中国环境经济政策体系等行动。此外，中央以贷款贴息为主的方式，安排了200亿元技术改造专项资金对六方面给予重点支持，其中新能源产业占据其二：发展新能源汽车，支持节能、环保、安全等关键技术开发；大力发展风电机组关键零部件及核电关键设备、关键组件等。除了对购置节能与新能源汽车给予财政补贴外，财政部日前发布《太阳能光电建筑应用示范项目申报指南》，明确将对三类太阳能光电建筑应用示范项目进行补贴。

2009年6月17日，中共中央政治局常委、国务院副总理李克强在全国节能工作座谈会上，再次强调指出：要深入贯彻落实科学发展观，坚持节约资源、保护环境的基本国策，把推进节能减排、建设生态文明作为应对国际金融危机、促进经济平稳较快发展的重要任务，加快发展资源消耗低、环境污染少、经济效益好的绿色产业，培育新的经济增长点，实现可持续发展。

李克强说，发展绿色产业是世界产业结构调整变化的一大趋势，发展前景十分广阔。在我国推进节能减排、发展绿色经济，是当前扩内需、保增长、惠民生的重要举措之一，也是从我国国情出发，调整经济结构、增强发展后劲、化解资源环境瓶颈制约的长远之计。针对节能减排面临的新形势，李克强指出，发展绿色产业和绿色经济，要继续抓好工业、交通、建筑等重点领域节能，扎实推进污染防治和生态建设。加快发展新能源、节能环保产业和循环经济，既重视节能环保产品生产和设备制造，又重视节能环保的管理服务，用节能环保技术改造传统产业。大力推进技术创新，广泛推广应用新技术新产品新服务。抓紧健全鼓励节能环保的政策，创新体制机制，从生产、流通、消费各个环节加以引导，逐步构建绿色的产业结构、增长方式和消费模式，拓展新的发展空间，实现节约发展、清洁发展、高效发展。

## 第三节 绿色发展模式的核心——绿色经济

### 一、绿色经济的内涵

人类文明自驶入工业化轨道之后，对物质生活无节制的追求，使得经济发展以对大自然进行掠夺式的开发和破坏为代价，致使人类自身生存与发展的自然环境遭到极其严重的威胁。自然环境对经济社会发展的强制约束作用，使得环境问题已被急迫地提到了国际经济社会的战略高度。

“绿色经济”一词源自英国环境经济学家皮尔斯于 1989 年出版的《绿色经济蓝图》一书。皮尔斯认为，经济发展必须是自然环境和人类自身可以承受的，不会因盲目追求生产增长而造成社会分裂和生态危机，不会因为自然资源耗竭而使经济无法持续发展，主张从社会及其生态条件出发，建立一种“可承受的经济”。

所谓绿色经济，是以生态经济和知识经济为基础，以市场为导向，以经济与环境的和谐及可持续发展为目的建立和发展起来的一种崭新的经济形式，是产业经济为适应人类环保与健康需要而产生并表现出来的一种发展状态。多维度、全方位认识绿色经济，包括以下一些重要内涵。

绿色经济遵循“开发需求、降低成本、加大动力、协调一致、宏观有控”等准则，得以实现可持续发展。“绿色经济”既是指具体的一个微观单位经济，又是指一个国家的国民经济，甚至是全球范围的经济。

绿色经济的本质是以生态、经济协调发展为核心的可持续发展经济，是以维护人类生存环境，合理保护资源、能源以及有益于人体健康为特征的经济发展方式，是一种平衡式经济。在绿色经济模式下，环保技术、清洁生产工艺等众多有益于环境的技术被转化为生产力，通过有益于环境或与环境无对抗的经济行为，实现经济的可持续增长。其产业范围很广，包括生态农业、生态工业、生态旅游、环保产业、绿色服务业等。

从国家治理角度而言，绿色经济是一个行政的表述，包含着环境友好型经济、资源节约型经济、循环经济的取向和特征。在社会经济生活中，很多和环境保护、资源节约、循环有关的概念、行为、活动都把“绿色”作为一个形象的说法。由此可见，“绿色经济”包含着深层的社会意义与价值理念，它揭示了经济增长的实质：经济增长的本来目的是增进人类的福利，是人本主义必然的逻辑，但是幸福、福利有短期和长期、局部和全局、持续和不可持续之分，为了短期利益污染环境、破坏资源，是与人本主义背道而驰的，也是与绿色经济的价值取向背道而驰的。

绿色经济与传统经济比较，绿色经济是以维护人类生存环境、合理保护资源与能源、有益于人体健康为特征的经济，是一种平衡式经济；传统经济则是以破坏生态平衡、大量消耗能源与资源、损害人体健康为特征的经济，是一种损耗式经济。前者是以可持续发展为基本的产业模式，这主要表现在以下四个方面：绿色经济模式强调经济、社会和环境的一体化发展；绿色经济能够体现出自然环境的价值；绿色经济的自然资源利用具有公平性；绿色经济可以引导产业结构的优胜劣汰。

## 二、国外绿色经济实践

在当前全球金融危机和经济衰退以及能源、粮食等多重危机下，全球正在兴起一种“绿色经济”的浪潮，试图把绿色经济作为解决当前全球多重危机下经济发展困境和维持经济增长的一条新的发展之路，也作为实现可持续发展的根本之策。

## （一）美国绿色经济的发展

面对金融危机，美国新政府在其8270亿美元的经济刺激计划中提出，在未来两年将用1000亿美元，约合美国GDP的0.7%用于绿色经济恢复计划，其中包含200亿美元用于清洁能源免税，320亿美元用于升级电网促进清洁能源利用，160亿美元用于降低公共建筑能耗。美国政府在其提出的“绿色振兴计划”中，将建立1500亿美元的“清洁能源研发基金”，在未来10年进行可再生能源技术开发，在整个经济领域实施限额与贸易机制来控制温室气体排放以及积极投入联合国气候变化谈判进程，并且由此创造500万个绿色就业机会，使整个社会经济加快向以新能源为代表的低碳经济转型，带动整体经济增长。

## （二）欧盟绿色经济的发展

欧盟将在2013年之前投资1050亿欧元支持欧盟地区的“绿色经济”，促进就业和经济增长，保持欧盟在“绿色技术”领域的世界领先地位。欧盟所投入的这笔巨额款项全部用于环保项目以及与其相关的就业项目，其中540亿欧元将用于帮助欧盟成员国落实和执行欧盟的环保法规，280亿欧元将用于改善水质和提高对废弃物的处理和管理水平。欧盟认为，支持绿色经济和环境保护符合欧盟地区政策所规定的实现可持续增长、创造就业和提高竞争力的目标，特别在当前金融危机的困难形势下，这项计划将有助于创造长期的就业机会和振兴地区经济，履行欧盟对应对气候变化的承诺。欧盟在2007年3月通过的一项能源战略计划中，承诺到2020年将其温室气体排放量在1990年基础上至少减少20%，到2020年将可再生清洁能源占总能源的比例提高到20%，将煤、石油、天然气等一次性能源消耗量减少20%。其中，英、德、法三国成为发展绿色经济的主导力量。

## （三）日本绿色经济的发展

自从20世纪90年代实施可持续发展战略以来，日本正在把发展绿色经济、建立循环型社会看做是实施可持续发展战略的重要途径和方式。日本发展绿色经济的战略取向如下。

首先，加速各种模式的转变。

1）环境保全模式的转变。在推进环境保全过程中，从废弃物被动的/末端处理转向以在生产和消费的源头控制废物产生的“管端预防”为主，配合废物回收再利用和减量化，形成了一整套系统的避免废物产生的机制。

2）建立资源生产和消费领域的循环经济模式。依照循环经济的理念，在资源生产和消费领域设计出3种不同维度的循环模式：第一，通过企业内部的循环，促进原料和能源的循环利用；第二，通过企业之间的循环，组成生态工业链，形成共享资源和互换副产品的产业共生组合；第三，通过社会整体循环，大力发展绿色消费市场和资源回收产业，完成循环经济的闭合回路。

3）建立一种新兴产业模式。日本提出发展循环经济战略的目的之一，就是要建立生态化的产业模式。即产业依据自然生态的有机循环原理建立发展模式，在不同的工业和企业、不同类别的产业之间形成类似于自然生态链的关系，从而达到充分利用资源、减少废物产生、物质循环利用、消除环境破坏、提高经济发展规模和质量的目的。

4）建立一种新的工业生产模式。日本强调实现工业体系中物质的闭环循环，其中一个重要的方式是建立工业体系中不同工业流程和不同行业之间的横向共生。

其次，构建绿色经济发展的法律体系。

日本促进绿色经济发展的法律法规体系比较健全，可以分成3个层面：第一层面为基础层，其法律有《促进建立循环社会基本法》；第二层面是综合性法律，其法律有《固体废弃物管理和公共清洁法》和《促进资源有效利用法》；第三层面是根据各种产品的性质制定的法律法规，其分别是《促进容器与包装分类回收法》、《家用电器回收法》、《建筑及材料回收法》、《食品回收法》及《绿色采购法》等。

再次，完善绿色经济发展的政策机制。

1）强化行政管理机制。在环境省之外，针对国内环境问题，谋求建立循环经济体系和循环型社会体系，日本政府还设置了“环之国”会议机制，其基本理念是谋求建立“以可持续发展为基本理念的简洁、高质量的循环型社会”，以及“以清洁生产、资源综合利用、生态设计和可持续消费等为指导思想的、运用生态学规律来指导人类社会经济活动的循环经济发展模式”。

2）建立有效的政策机制。日本政府一直积极支持循环利用项目，其中“返还”制度起到了十分重要的激励作用，日本环保产业的发展也得益于该政策的实施。为了促进循环经济的发展，制定了一系列资金投入政策，在预算制度、融资制度上都对发展循环经济给予支持，如对废弃物再资源化工艺设备生产者给予相当于生产、实验费的1/2的补助；对引进先导型合理利用能源设备予以补贴，其补贴率为1/3，补贴金额最高上限为2亿日元；对从事3R研究开发、设备投资、工艺改进等活动的各民间企业，根据不同情况分别享受政策贷款利率等等。日本在其绿色经济方案中提出，要扩大绿色经济市场，对环境友好型企业实行零利率的贷款政策，创造100万个新的绿色就业机会。

3）构建循环经济系统结构。日本进行了如下循环系统结构的构筑。一是构建“循环经济”的三维产业体系；二是发展绿色工业；三是大力发展分解产业；四是构建区域循环经济；五是注重风能、太阳能、地热资源等可再生能源的开发利用，实现从“能源耗竭型”经济向“能源再生型”经济的转型；六是构建“循环经济”的技术体系；七是提高社会公众的参与意识。

2009年4月，日本公布了名为《绿色经济与社会变革》的政策草案，目的是通过实行削减温室气体排放等措施，强化日本的“绿色经济”。5月，日本正式启动支援节能家电的环保点数制度，通过日常的消费行为固定为社会主流意识，集中展示绿色经济的社会影响力。在对企业执行国家节能环保标准的监督管理方面，日本有一套完整的“四级管理”模式——首相→经济产业省→其下属的资源能源厅→各县的经济产业局。在政府的引导下，日本企业纷纷将节能视为企业核心竞争力的表现，重视节能技术的开发。日本政府还通过改革税制，鼓励企业节约能源，大力开发和使用节能新产品。

### （四）其他国家或地区绿色经济的发展情况

墨西哥 GDP 位居拉丁美洲第二位，处于发展中国家中现代化地位较高的水平，走的是“先污染后治理”的发展道路，通过严格执法与经济杠杆实现绿色经济。墨西哥作为发展中国家，由于资金不足，防污、排污设施缺乏，污染情况十分严重。污浊的空气令人难以接受，使政府不得不在街头设立氧气室，供行人吸用。生态的严重恶化，使墨西哥政府意识到不能再继续原有的发展模式，必须转变发展方式，加大环境治理和保护水平。出于环保治理的需要，1990 年 6 月墨西哥政府公布了《全国生态保护纲要》，内容是创建自然保护区，保护水质，消除污染源。目前，墨西哥已建立了 60～70 个不同形式的自然保护区，总计面积达 570 多万公顷。1990 年 10 月开始实施反污染整体计划，目标是改善燃料质量和城市交通结构，利用先进技术控制工业和交通污染，实现环境的根本好转（王豪，2004）。作为一个发展中国家，在消除“三废”污染方面，也采取了一些很有价值的措施。墨西哥市先后设立了由 50 多个自动监测站组成的大气检测网，以随时监测大气污染状况，并通过新闻媒介及时向社会公布。同时，政府还要求石油公司供应低含硫柴油与无铅汽油，果断关闭了位于市区的“3. 18 炼油厂”；修建了地铁线，减少了小汽车的行驶；通过使用新型低污染的轿车替代老式公共汽车，而且对 1991 年生产的汽车加注了防污催化剂；规定排污不合格的汽车不能在马路上行驶，要求工业企业用天然气代替燃油作为能源与动力，以尽力减少二氧化碳的排放量；禁止新建有污染的企业；对污染企业实行严厉的监督与管理；将铸造厂和冶炼厂搬出城外，资助企业安装防污设备，取消非法垃圾场，扩建城市排污管道。在生态环境改善与恢复方面也取得了显著成效。墨西哥政府不但在城市实施植被计划，保护树木、植树造林，用 1 亿株树木绿化了墨西哥城，栽种下了数不尽的鲜花和绿草，覆盖、美化裸露的土地；而且还建立了生物圈保护区、国家公园、野生动植物群落保护区。作为发展中国家，率先采用了绿色 GDP。1990 年，在联合国支持下，墨西哥将石油、各种用地、水、空气、土壤和森林列入环境经济核算范围，再将这些自然资产及其变化编制成实物指标数据，最后通过估价将各种自然资产的实物数量数据转化为货币数据。即在传统国内生产净产出基础上，得出了石油、木材、地下水的耗减成本和土地转移引起的损失成本，并进一步得出了环境退化成本。

加拿大已实施绿色经济发展战略。由于加拿大有较好的相关产业和科技基础，加拿大政府正在与企业共同建立一种联合机制，进行绿色经济科技的发展与进步工作，推动解决本国和世界的环境与资源问题。加拿大政府以及环保产业正在从管道末端污染的控制技术转向污染预防和更加有效、清洁的生产，同时，也向如何彻底解决环境污染与适应环境需要的方向努力。在确定的发展战略中，联邦政府强调加大污染防治工作的力度；公布有毒物质清单；建立全国性的污染防治信息发布机构，并通过它使得工业界和环保产业界在污染防治活动过程中可分享信息和技术；对于防治污染工作有成效的机构予以奖励。在控制有毒物质排放方面，建立更加有效的确认、识别、评估和管理有毒物质的程序；有效清除最危险物质；制定达标时间表，同时，使其他各种有毒物质得到控制。另外，从燃料、机动车尾气及其他发动机的废气排放出发，制定新的全国标准，指定执法部门；确定全国燃料指标。建立全国“安全网络”处理紧急情况。加拿大政府发展绿色经济主要着眼于创建一个健康的环境；减少环境灾害的安全体系；建设一个绿色社会。政府的主要做法包括：一是确认国家意义上的环境事务（如空气、水的质量、濒危物种等），确保国家环保政策、标准得到贯彻执行。二是在发展绿色经济中担当重要角色，与工业界及其他伙伴相互理解、支持；与加拿大人民一起促进绿色经济的发展。三是执行联邦既定计划，确保支持国家经济基础设施的完善，以科技为基础，创造良好自然环境，提高人类健康水平；建设、完善全国绿色经济预测、警报系统；第四，帮助原驻地居民搞好环境与资源的管理。第五，加强国际间的合作，承担国际责任，促进全球行动。

韩国依靠“低碳绿色增长”振兴经济。金融危机伊始，韩国就提出了“低碳绿色增长”的经济振兴战略，依靠发展绿色环保技术和新再生能源，以实现节能减排、增加就业、创造经济发展新动力三大目标。2009 年 7 月，韩国公布绿色增长国家战略及五年计划，未来五年间韩国将累计投资 107 万亿韩元发展绿色经济。韩国政府还计划在大城市开展“变废为能”活动，充分利用废弃资源，到 2012 年在全国建立 14 个“环境能源城”，到 2020 年建成 600 个利用农业副产品实现能源 40% 自给的“低碳绿色村庄”。

## 三、中国绿色经济现状

中国开展了一些与绿色经济相关的战略部署、实践、行动和做法。从本世纪开始，中国开始进入新的发展阶段。中国政府提出了以人为本、全面协调和可持续的科学发展观，确立了以“人与人、人与自然和谐相处”为核心价值的建设和谐社会的发展目标。实现这一发展目标，我们将指导经济增长的原则从“又快又好”调整为“又好又快”；对内，通过走一条科技含量高、经济效益好、资源消耗低、环境污染少、人力资源优势得到充分发挥的新型工业化道路来转变发展模式；对外，通过走和平发展道路，促进建立和谐世界。

从环境与发展的关系看，中国也进入了一个重要的战略转型期。在 2007 年，中国政府将环境保护作为关系到人类发展文明全局的大问题来认识，提出建设生态文明的新理念。确定了建设资源节约型、环境友好型社会的奋斗目标。为了协调好环境保护与经济发展的关系，中国政府提出要实现 3 个“历史性转变”，即从重经济增长轻环境保护转变为保护环境与经济增长并重，从环境保护滞后于经济发展转变为环境保护和经济发展同步，从主要用行政办法保护环境转变为综合运用法律、经济、技术和必要的行政办法解决环境问题。

可以看出，中国政府在近几年提出的一系列新思维和新战略，就是重构发展模式，推动绿色经济发展的战略部署，其基本目标就是将目前以高资源能源消耗、高污染排放为特征的生产和消费体系改变为资源节约型和环境友好型的体系，并培育和壮大环境产业等新型的无污染产业。

第一，针对经济活动中资源能源消耗高和污染排放大的问题，中国政府实施了声势浩大的节能减排行动，规定到2010年，万元GDP能耗比2005年要降低20%左右，主要污染物排放总量要减少10%。这两个目标是各级政府必须完成的约束性目标。经过艰苦努力，通过采取淘汰落后工业产能、建设污染治理设施和加强管理3项措施，从2007年开始，节能减排工作取得突破性进展。例如，与2006年相比，2007年能耗强度降低3.72%，二氧化硫排放量降低4.7%，化学需氧量降低3.2%；2008年上半年与2007年同期相比，上述3项指标又分别降低了2.88%、3.96%和2.48%。麦肯锡的研究表明，通过一系列的政府政策和行业举措，中国已经在过去的15年里持续地提高了经济领域的“碳效率”，将每单位GDP的二氧化碳和其他温室气体排放量平均每年减少了4.9%，而在美国和德国，这一数字仅为1.7%和2.7%。

第二，针对经济活动中由于资源利用方式简单而造成的资源利用效率低和污染排放强度高的问题，中国政府从本世纪初开始大力倡导发展循环经济，并以企业、工业园区和区域等为重点迅速进入试点示范阶段。截至2009年4月，共有27个省市、29个再生产业园区、79家企业、4个农业村镇或企业、19个工业园区开展了循环经济试点工作。2008年8月中国颁布了世界上第一部直接以循环经济冠名的《循环经济促进法》，并于2009年1月1日正式实施。该项法律的实施，意味着中国的循环经济进入全面发展的阶段，对转变中国的生产和消费模式将会发挥重要的作用。

第三，积极探索低碳经济。低碳经济是当前及未来国际社会的潮流与方向，是降低温室气体排放和减缓气候变化的根本途径。在借鉴国际经验的同时，中国目前正在积极探索低碳经济发展问题，开展相关战略、政策和技术研究，希望能尽快进入低碳经济的试点和全面推进阶段。

第四，大力发展和完善环境经济政策体系。2007年以来，中国环境保护部与有关部委合作，加快了构建中国环境经济政策体系的进程。该体系包括了环境税费、绿色信贷、绿色保险、绿色证券、排放交易、生态补偿、绿色贸易政策等。目前各项经济政策的研究、制定和实施进展顺利，特别是绿色信贷政策在颁布实施的一年多来取得了突破性进展。中国的绿色信贷政策是指，商业银行根据环境保护部门提供的企业环境违法的信息，对环境违法企业采取限贷、停贷、收回贷款等措施，促进企业治理污染、保护环境。例如，中国的广东省金融机构根据环境违法信息，一年对7家环境违法企业限贷4亿元。在该项政策的鼓励下，中国的兴业银行在2008年加入了赤道原则银行，按照国际标准履行环境保护责任。

## 专栏 2-3

# 中国绿色经济发展战略路径

张晓强

只有大力发展绿色经济，才能有效突破资源环境瓶颈制约，在经济社会长远发展中占据主动和有利位置。

伴随着对传统工业化和城市化模式所存在问题的不断质疑，绿色理念的提出已经有五十多年。这是人类对自身生产、生活方式的反省。

1962 年，美国人卡逊发表了《寂静的春天》，对传统工业文明造成环境破坏作了反思，引起各界对环境保护的重视。1972 年，罗马俱乐部发表了《增长的极限》，对西方工业化国家高消耗、高污染的增长模式的可持续性提出了严重质疑。

但在当时，绿色理念主要集中在污染的末端治理方面。1987 年，世界环境和发展委员会发表《我们共同的未来》，强调通过新资源的开发和有效利用，提高现有资源的利用效率，同时降低污染排放；1989 年，英国环境经济学家皮尔斯等人在《绿色经济蓝图》中首次提出了绿色经济的概念，强调通过对资源环境产品和服务进行适当的估价，实现经济发展和环境保护的统一，从而实现可持续发展。

近两年，在实现经济复苏和应对气候变化的双重压力下，美国、欧盟、日本、韩国纷纷提出了绿色发展战略，实施“绿色新政”，绿色经济发展迅速，代表着国际经济发展的新趋势。我国同样在作出发展战略抉择。

**选择绿色发展的现实需求**

破解我国资源环境约束的必然要求。当前，我国正处在工业化、城市化高速发展的阶段。根据国际经验，这一过程需要消耗大量的资源能源；只有人均收入达到一万美元左右，人均能源消耗和污染排放增速才会放缓，最后保持稳定或略有下降。我国资源总量虽然比较丰富，但人均资源占有量低，水资源、耕地人均拥有量仅分别为世界平均水平的 28%、43%，石油、天然气人均储量不到世界平均水平的 10%。同时，工业废水、废气和固体废弃物排放量保持较高的增长，给生态环境造成很大压力。主要江河湖泊水质恶化；水土流失、荒漠化严重；大规模矿产资源开采造成土地沉陷，水位下降，植被破坏，等等；由于环境问题造成的损害群众健康问题时有发生。

扩大内需的必然要求。国际金融危机之后，全球经济结构面临着重大而深刻的调整，我国经济增长高度依赖国际市场、投资率偏高、消费率偏低的格局必将难以持续，这就要求我们努力开拓国内市场，扩大内需，增强抵御国际市场风险的能力。以节能环保产业为例，从国际经验看，日本在 20 世纪 70 年代，节能环保投资约占全社会固定资产投资的 33% 左右，不仅有助于解决经济起飞阶段的资源环境问题，而且有效拉动了经济增长。我国节能环保产业市场广阔，2008 年总产值即达 1.55 万亿元，就业人数达 3700 多万。据保守估计，未来三年，节能环保产业总产值可以翻一番。

加快经济发展方式转变、提高国际竞争力的必然要求。当前，世界主要国家纷纷把新能源、新材料、生物医药、节能环保作为新一轮产业发展的重点，抢占未来经济发展制高点。与传统产业相比，我国在若干新技术领域与发达国家的差距较小。如新能源，我国初步形成规模较大、体系相对完善的新能源产业，加上广阔的市场前景，可望形成与发达国家相比具有成本优势、与发展中国家相比具有技术优势的独特竞争力。大力发展绿色经济，可以推动产业结构优化升级，形成新的经济增长点，在国际经济技术竞争中赢得主动。

应对气候变化的必然要求。我国政府高度重视应对气候变化问题，制定并实施了应对气候变化国家方案，并承诺到2020年，单位GDP二氧化碳排放比2005年下降40%～45%，非化石能源占一次能源消费的比重达到15%左右。要实现这一目标，必须大力调整经济结构和能源结构，加快发展战略性新兴产业和现代服务业，使经济发展由主要依靠增加物质资源消耗向主要依靠科技进步、劳动者素质提高、管理创新转变，使经济变“绿”。

**五个产业着力点**

绿色经济以传统产业升级改造为支撑，以发展绿色新兴产业为导向，在保持经济稳定增长的同时，促进技术创新，创造就业机会，降低经济社会发展对资源能源的消耗及对生态环境的负面影响。

一是传统产业升级改造。加强资源节约、环境保护技术的研发和引进消化，对重点行业、重点企业、重点项目以及重点工艺流程进行技术改造，提高资源生产效率，控制污染物和温室气体排放。制定更加严格的环境、安全、能耗、水耗、资源综合利用技术标准，严格控制高耗能、高污染工业规模。依法关闭一批浪费资源、污染环境和不具备安全生产的落后产能。采用信息技术改造提升传统产业。

二是节能产业。据测算，我国技术可行、经济合理的节能潜力超过4亿tce，可带动上万亿元投资。推动节能产业发展，一要加大节能关键和共性技术、装备与部件研发和攻关力度，重点攻克低品位余热发电、高效节能电机、高性能隔热材料、中低浓度瓦斯利用等量大面广的节能技术和装备。二要采取财政、税收等措施，促进成熟的技术、装备和产品的推广应用，继续实施“十大重点节能工程”、“节能产品惠民工程”等。三要创新机制，大力发展节能服务产业。

三是资源综合利用产业。我国累计堆存工业固体废弃物近70亿t，大量的废旧资源没有得到回收利用，随着蓄积量的不断增加，产业发展空间很大。一要组织开展共伴生矿产资源和大宗固体废物综合利用、“城市矿产”餐厨废弃物资源化利用、秸秆综合利用等循环经济重点工程。二要大力推动再制造产业发展。三要加强再生资源回收体系建设，尽快建设完善以城市社区和乡村分类回收站和专业回收为基础、集散市场为核心、分类加工为目的的“三位一体”再生资源回收体系。四要推动再生资源国际大循环，增强国际再生资源的获取能力。

四是新能源产业。新能源具有低碳清洁的特点，目前几乎供应着世界电力的1/5。其中风能发电正以每年30%的速度增长，太阳能增速超过40%，有关机构预计，到2050年清洁能源占一次能源结构的比重将达到32.2%。我国新能源发展潜力巨大，每年可再生能源资源可获得量达73亿tce，而现在开发量不足5000万tce，提升空间巨大。近年来，我国新能源快速发展。太阳能集热面积居世界首位；2009年风电装机容量突破2000万kW，已居世界第二位，在建规模达到1000万kW；在建百万千瓦级的核电机组已达19台；国内第一个兆瓦级大型太阳能光伏发电示范项目已经开展。生物质能利用也得到了较快发展。

五是环保产业。研究表明，环保投资对GDP的投资乘数约为1.4，预计"十二五"期间环保投资约为3.1万亿元，增加GDP约为4.34万亿元。一要加强水环境保护。加快城镇污水处理厂及配套管网建设，推进重点领域水污染防治，推动严重缺水城镇污水再生利用设施建设；二要加强大气环境保护。深入推进燃煤电厂脱硫设施建设，加快推进重点耗能行业二氧化硫综合整治；加快实施燃煤电厂和机动车氮氧化物控制示范工程；实施城市空气清洁行动计划；三要加强固体废弃物处理设施建设。加快城镇生活垃圾处理设施建设，推动垃圾焚烧发电场建设，大力推进污泥无害化处置和医疗废物及危险废物处理设施建设，加强重金属污染综合治理。

此外，绿色经济还包括大力发展电子技术、生物、航空航天、新材料、海洋等战略性新兴产业。

**发展绿色经济的政策措施**

完善政策体系，健全激励机制。进一步推进资源性产品价格改革，落实好成品油价格和税费改革方案，完善天然气价格形成机制。继续实行差别电价、脱硫电价、煤层气发电电价附加、余热余压发电上网等政策，完善可再生能源发电电价管理和费用分摊机制。落实健全污水垃圾处理费征收和使用管理，提高重金属污染物排污费缴纳标准。推进建立生态环境补偿机制。完善矿产资源有偿使用制度。加大税收、金融对绿色经济的支持力度。

加强规划指导，落实工作责任。我国"十一五"国民经济与社会发展规划纲要中首次将节能减排作为约束性指标列入规划，确定了多项节能减排、环境保护重大工程及淘汰落后产能目标，并实行了严格的节能减排分省考核制度。通过各方面的共同努力，2006～2009年，我国单位GDP能耗已累计降低14.38%，二氧化硫、化学需氧量排放量分别下降13.14%和9.66%。实践证明，制定科学全面，针对性、操作性强的规划，符合我国国情，取得了明显成效。同时，在编制"十二五"国民经济与社会发展规划纲要时，要把发展绿色经济作为重要内容加以突出。进一步明确指导思想、发展目标、主要措施。同时，要抓紧研究编制"十二五"以至更长时期的发展绿色经济、节能减排、生态环保、发展新能源等专项中长期规划。在实际工作中要进一步明确各级政府在节能减排等方面的责任、考核评价体系，加大监督检查力度，使各项工作落到实处。

突出自主创新，强化科技支撑。加强技术创新体系和能力建设，突破核心关键技术瓶颈，保护知识产权。在提高能效、煤炭清洁利用、污染综合治理、新能源、生物、航空航天、新材料等领域，攻克一批关键和共性技术。加快科技成果转化和产业化示范，加大先进成果和技术的推广应用。积极引进、消化、吸收国际先进技术。

加大资金投入，实施重点工程。加大各级财政对绿色经济的支持力度，加快推进“十大节能工程”、资源循环利用工程、大规模环保治理工程建设，支持水电、核能、风能、太阳能等加快发展，大力推广高效节能环保产品，推行清洁生产和技术改造，积极构建绿色建筑、绿色交通体系，形成对绿色经济最直接、最有效的需求拉动。

完善服务体系，优化市场环境。推广合同能源管理新机制，探索多种实现模式。鼓励BOT等多种建设营运模式。开展烟气脱硫特许经营试点，规范城镇污水垃圾处理特许经营。完善准入标准，打破地方保护，为企业创造公平竞争的市场环境。

加强宣传教育，倡导绿色消费。加强资源环境国情教育，倡导绿色消费、适度消费理念。积极推行能效、环境标志制度，提高消费者绿色消费力。

发展绿色经济既是一场攻坚战，也是一场持久战。要把发展绿色经济作为调整经济结构，转变发展方式的重要抓手，促进经济社会又好又快发展。

资料来源：张晓强，2010

以UNEP认定的绿色经济的8个范畴为框架，参照但不拘泥于现有的国民经济和各行业统计体系，2005～2007年中国绿色经济产业发展和投资如表2-2所示。虽然由于表2-2中所列各项可能存在小部分交叉，但其基本上能够反映中国绿色经济发展的现状情况。

**表2-2　2005～2007年中国绿色经济发展状况**

| 领域与部门 | 单位 | 2005年 | 2006年 | 2007年 |
|---|---|---|---|---|
| 1. 环保污染治理投资 | 亿元 | 2 388.0 | 2 566.0 | 3 384.6 |
| 建设项目“三同时” | 亿元 | 640.1 | 767.2 | 1 367.4 |
| 城市环境基础设施 | 亿元 | 1 289.7 | 1 314.9 | 1 467.8 |
| 工业污染源治理 | 亿元 | 458.2 | 483.9 | 549.1 |
| 2. 生态基础设施建设和生物多样性 | | | | |
| 珍稀、濒危动物繁殖场 | 个 | 313 | 164 | 164 |
| 珍稀植物引种栽培场 | 个 | 127 | 77 | 77 |
| 自然保护区个数 | 个 | 2 194 | 2 349 | 2 395 |
| 保护区面积 | 万 $hm^2$ | 14 822 | 14 994 | 15 153 |
| 保护区占国土面积 | % | 14.8 | 15.0 | 15.8 |
| 生态示范区建设试点地区和单位 | 个 | 528 | 528 | 528 |

续表

| 领域与部门 | 单位 | 2005 年 | 2006 年 | 2007 年 |
|---|---|---|---|---|
| 国家级自然保护区个数 | 个 | 38 | 39 | 69 |
| 国家级自然保护区投资 | 亿元 | 23.5 | 27.1 | 58.8 |
| 当年全国造林面积 | 万 $hm^2$ | 480 | 310 | 179 |
| 林业基础设施投资 | 亿元 | 404.0 | 446.8 | 470.8 |
| 3. 清洁技术 | 亿元 | 3 966.1 | 4 561.0 | 5 245.2 |
| 4. 可再生能源 | 亿元 | 5 927.6 | 6 114.4 | 6 736.3 |
| 农村非商品能源生活消费情况 | 万 tce | 27 022.3 | 26 761.8 | 27 984.9 |
| 沼气 | 万 tce | 398.9 | 492.7 | 508.5 |
| 秸秆 | 万 tce | 14 579.9 | 15 959.6 | 17 790.8 |
| 薪柴 | 万 tce | 12 043.5 | 10 309.5 | 9 685.6 |
| 水力发电量 | 亿 kW·h | 3 535 | 3 970 | 4 358 |
| 风电 | 万 tce | | | 2.81 |
| 太阳能总利用量 | 万 tce | | | 1 454 |
| 地热总利用量 | 万 tce | | | 218 |
| 核电发电量 | 亿 kW·h | 505 | 531 | 548 |
| 5. 废物管理投资 | 亿元 | 458.2 | 483.9 | 549.1 |
| 6. 绿色建筑 | | | | |
| 采暖区供热计量及节能改造 | 亿 $m^2$ | | | 1.5 |
| 高效照明产品 | 万支 | | | 5 000 |
| 绿色建筑节能折算成价值量 | 亿元 | 38.7 | 38.7 | 38.7 |
| 7. 可持续交通 | 亿元 | 2 187.8 | 2 870.0 | 3 365.9 |
| 轿车年总产量 | 辆 | 2 779 425 | 3 869 689 | 4 797 706 |
| 排量≤1.0L 机动车数 | 辆 | 426 348 | 410 817 | 246 825 |
| 1.0L≤排量≤1.6L 机动车数 | 辆 | 1 277 728 | 1 993 208 | 2 586 449 |
| 排量≤1.6L 机动车数占比 | % | 61.31 | 62.12 | 59.05 |
| 公共交通 | | | | |
| 公共交通车辆总数 | 辆 | 313 296 | 307 869 | 344 489 |
| 公共交通客运总量 | 万人次 | 4 836 930 | 4 659 247 | 5 325 857 |
| 8. 环保产业 | 亿元 | 4 572.1 | 5 257.9 | 6 046.6 |
| 中国 GDP | 亿元 | 183 867.9 | 210 871.0 | 246 619.0 |
| 绿色经济投资总额（1~7 之和） | 亿元 | 15 370.4 | 17 080.8 | 19 790.6 |

资料来源：王金南等，2004

分析表 2-2 可以得出如下结论：首先，目前绿色经济以及含有绿色元素的经济成分，已经成为国民经济中一支重要的力量，且近年来增长较快，基本与同期 GDP 保持了同样的快速增长率，其占 GDP 的比重已经达到 8% ~11%，对整个国民经济有举足轻重的贡献和影响力；其次，在上述8个绿色经济领域中，环保污染治理投资、清洁技术、可再生能源与可持续交通领域在绿色经济中所占比例最大，其中可持续交通和环保污染治理投资增长最快，2005～2007年间分别增长了53.8%和41.7%。

**专栏2-4**

**鄱阳湖生态经济区科学发展动态**

旅游业是无烟产业，是一种低碳产业，是打造鄱阳湖生态经济区“十大”生态旅游区的核心要素。鄱阳湖生态经济研究中心李志松博士认为鄱阳湖生态经济区旅游发展策略如下。

一是做到科学规划，合理利用生态旅游资源，正确处理好生态旅游开发与保护的关系，树立可持续发展的观念。科学分析项目可行性，合理划分功能区，注重资源和环境保护，进一步加强环境承载力和旅游开发后续影响力的研究。

二是树立和落实科学发展观，树立正确的政绩观与建立生态旅游补偿机制。发展生态旅游必须要以科学的干部政绩考核体系为制度保障，既要有经济发展的指标，更要有生态质量的要求。建议完善建立生态经济区生态旅游补偿机制。

三是突出生态旅游产品设计主题，差异化定位，突出小范围内亮点。打造鲜明、突出、独特、持久的区域名片，依托资源优势，发展针对不同游客群体的多层次旅游产品，建立多种旅游活动为一体的，综合科技与特色的复合型生态旅游区。

四是加强区域营销与合作，完善基础设施和配套服务。生态经济区发展必须导入“营销管理”理念，使旅游开发和区域形象、社会经济发展、扶贫工程结合，以政府为主导，加强整体促销、区域促销等横向促销方式和与旅游企业及相关部门合作的纵向促销方式。

五是加快培养生态旅游高素质专门人才，强化环境保护意识。首先，引进大专院校毕业生人才资源促进生态经济区发展；其次开办知识讲座或培训班提高现有保护工作人员的素质，并以环境教育活动作为生态经济区核心产品推出。

资料来源：中国科学院交叉科学研究中心唐山科学发展研究院，2010

## 第四节 绿色发展模式的基础——绿色能源

### 一、绿色能源的内涵

从广义上讲，绿色能源不但包括新能源，而且包括在能源的生产及其消费过程中，选用对生态环境低污染或无污染的能源，如天然气和清洁煤（将煤通过化学反应转变成煤气或“煤”油，通过高新技术严密控制的燃烧转变成电力）等等。其中，新能源又称作非常规能源，包括传统能源之外的各种能源形式，指刚开始开发利用或正在积极研究、有待推广的能源，如太阳能、地热能、风能、海洋能、生物质能和核聚变能等。从狭义上讲，绿色能源就是新能源，下文所讲的绿色能源都是狭义上的。相对于传统能源，绿色能源普遍具有污染少、储量大的特点，对于解决当今世界严重的环境污染和资源枯竭问题具有重要意义。虽然今天各国仍然以化石燃料为主，但发展绿色能源势在必行。此举客观反映了各国对清洁能源利用的重视，也更切合当今倡导绿色经济的实际。绿色可再生能源能够让世界能源可持续发展，而且可以减少二氧化碳的排放，减缓全球变暖的趋势，这也成为一个不争的事实。为此，世界各国都在全力以赴地开发新的绿色能源。

世界能源委员会的一份报告显示，2020 年全球绿色能源市场的商机有望达到 2 万亿美元，其中风能、太阳能、乙醇和生物燃料等绿色能源将成为投资的热点。可以说，谁能够把握住绿色能源蕴涵的巨大商机，谁就能在未来的可持续发展中抢得先机。

相对于常规能源而言，在不同的历史时期和科技水平情况下，绿色能源有不同的内容。UNDP 把绿色能源分为以下三大类：大中型水电；新可再生能源，包括小水电（small-hydro）、太阳能（solar）、风能（wind）、现代生物质能（modernised biomass）、地热能（geothermal）、海洋能（ocean，或称潮汐能）；传统生物质能（traditional biomass）。当今社会，绿色能源通常指核能、太阳能、风能、地热能、氢气等。

## 二、国外绿色能源实践

鉴于绿色能源的优势及其巨大的经济、社会效益，各国都大力发展绿色能源。

### （一）风能

当前，风力发电是目前发展速度最快的一种能源，在过去的 5 年里，一直以每年 25% ~30% 的速度增长。风电发展较快的国家主要有美国、西班牙和丹麦。此外中国、印度、英国和新西兰也具有相当的潜力。

#### 1. 德国

德国在风电装机容量上一直处于世界前列，2008 年占到全球市场份额的 19.8%，装机容量已经超过23 000MW。德国制订了一个新的风电发展长远计划，设定到 2025 年风电至少占总用电量的 25%，到 2050 年占总用电量的 50%。风电发展主要将来自海上风场和对现有项目的改造。德国陆上风电的潜力很大，年发电量可达到 50TW · h，海上风电的潜力预计在 110 TW · h/a。德国风电发展与地方政府的支持密不可分。一些州政府制定本州风电发展规划，为风电投资者提供低息贷款。通过投资风电抵税等措施，德国政府鼓励中小投资者和私人资本参与风电投资（王大中，2007）。

**2. 美国**

美国在过去的几年中，风电发展极为迅速，并且已经超过德国，成为全球风电市场新的领头羊，至2008年底，美国风电场市场份额已经达到了20.8%，超过德国1个百分点，位居世界第一名。目前美国许多州采用可再生能源配额制（RPS）等优惠政策鼓励风电发展。RPS是一项法定要求，即要求每个供应商在满足客户总体电力需求时，提供一定比例由可再生能源生产的电能。1999年德克萨斯州施行RPS取得了极大的成功。纽约州的目标是2012年可再生能源在发电中的份额将达到25%。

**3. 西班牙**

近年来，西班牙风电异军突起，1993年装机容量仅为52MW，而2008年底已经达到16 754MW，居世界第三位。西班牙风电发展主要源于两大优势：一是地广人稀、资源丰富的场址；二是政府的支持。西班牙政府于1994年立法支持可再生能源的持续发展，要求所有电网公司必须以保证的优惠电价购买绿色电力；1998年立法确定2010年可再生能源至少要达到12%的全国用电量，同时明确了各类绿色电力的电价定价原则。

**4. 亚洲**

亚洲是国际风电增长最强劲的地区之一，2008年新增装机容量已经和欧洲、北美相差无几。亚洲2008年新增装机容量8589MW，这使得其装机达24 368MW。亚洲新兴国家越来越多地部署风电系统，研究与技术发展活动在可再生能源的研究框架内正发挥越来越重要的作用。亚洲前三位的风电国家分别是中国、印度和日本。

## （二）核能

欧盟决策咨询机构联合研究所主席罗兰·申克尔表示，核能将是未来几十年内替代化石燃料、满足全球能源需求的最好选择。华盛顿核能研究所称，每个1000MW的反应堆一年可以节省790万桶石油或340万t煤炭，可避免排放3.4万t二氧化硫和1.1万t二氧化碳。

截至2005年底，全球正在运行的核动力堆总数达到443个，核电发电量约占世界发电量的16%。这一百分比自1986年来保持稳定。表明近20年来的世界核电发展一直与全球电力市场的稳定增长保持同步。中国、俄罗斯等国家在和平利用核能方面是目前世界上最具有核电发展潜力的国家（钱伯章，2007）。

欧洲1/3的电力来自核能。西班牙现有核电站9座，发电量达到57 594.74kW·h，占全国电力的19.7%。西班牙核电站可利用系数为84.32%，是世界上最高的利用系数之一。核电避免了向大气排放二氧化碳5000万t，这个数字相当于西班牙全部汽车尾气排放量的75%。每年为西班牙节省进口石油和天然气费用25亿欧元。西班牙国家能源委员会准备将核能发电比例提高到发电总量的30%。在欧洲建一座核电站的周期为7年，每兆瓦时需要投资2000欧元。目前法国和芬兰各计划建设一座发电能力为160 MW的核电站，法国的预算为34亿欧元，芬兰预算为30亿欧元。

法国电力公司的报告显示，2005年核电站已占法国总发电量的85%，充足的电力不仅满足了国内的需求，还可以向欧洲邻国出口。20世纪70年代，西方石油危机造成油价猛涨。1976年，法国政府作出大规模发展核电的决定。通过发展核电，法国的能源自主率从1973年的22.7%提高到了目前的50%。法国因此每年减少石油进口8800万t，节约240亿欧元。法国现有54台核电机组，政府目前正在考虑更换这些机组中的核反应堆，并考虑以第三代反应堆——欧洲压水反应堆（简称EPR）替代现有反应堆。欧盟委员会于2006年11月初宣布，批准法国在北部地区建造一座核电站，并发给法国政府同意投资压水式反应堆核电项目的意见。该核电站的发电容量为1630MW。EPR的设计早于20世纪90年代就开始由德国的西门子公司和法国的法玛通核能公司合作进行。ERP项目的目标是核电设施的安全性、环保型和经济型都能达到最高的级别，同时，还能比当前法国已经投入运营的核反应堆节省17%的燃料。新核电站工程已于2007年初开始，整个项目耗资预计将达到33亿欧元。

英国政府公布的能源报告中建议，英国应在未来三四十年内建设6座新一代核电站，以减少二氧化碳排放，降低英国对进口能源的依赖。

据美国能源情报委员会发布的2007年度能源展望报告，预计美国通过现有装置改造和新增能力，核能发电能力将增加到2030年的112 600MW。总的核能发电量将从2005年的7800亿kW·h增加到2030年的8960亿kW·h。但尽管增加，核能发电量占美国总发电量比例仍将从2005年的20%下降至2030年的15%。

由于经济快速增长，亚洲正在大力发展核能，以满足其对能源的巨大需求。韩国是世界上第二大煤炭进口国和第三大石油进口国，其40%的电力供应依赖于核反应堆，韩国表示要在2035年前将这一比例增加到60%。日本1/3的电力依赖核电厂，该国计划在2050年前将其核发电能力提高一倍。据称，亚洲正在建18个反应堆，约占世界在建反应堆总数的70%。

印度从20世纪70年代开始就将发展核电作为保障能源独立的重要突破口。目前，印度一共有14座民用核电站，核电装机容量基本上每年以1000MW的速度快速增长，到2008年，正在建造中的8座核电站初步竣工投产。根据印度原子能委员会主席卡科得卡的一份报告称，印度将致力于实现2020年核电生产达到2万MW、装机容量占全国25%的远景目标。印度非常注重发展自主核能技术，在核能研发与利用领域在第三世界中位居前列，除了个别核电站是当年美国和加拿大援建的外，绝大部分都是印度自行设计建造的。

## （三）生物质能

目前全世界消费的可再生能源中一半以上为生物质能。生物质能在世界能源消费总量中约占14%，居于第四位，仅次于煤炭、石油和天然气的消费量，也是人类赖以生存的重要能源，在全球整个能源系统中占有重要地位。生物质能资源包括各种速生植物，如薪炭林、经济林、用材林、灌木林、各种农作物废弃物，林业加工残余物以及各类有机垃圾等。作为唯一可以转化为清洁燃料的可再生能源，生物质以其产量巨大、可储存、碳循环等优点已经引起全球的广泛关注。将可再生的生物质能转化为洁净的高品位燃料以替代化石燃料用于电力、交通运输、城乡生活燃料等方面，不仅可使人类减轻对有限的化石燃料资源的过分依赖、有利于能源安全、而且能够大幅度削减大气污染物及温室气体的排放，保护生态环境，实现生物质能利用的跨越式发展。

自1990年以来，生物质发电在欧美许多国家开始大发展。2002年，约翰内斯堡可持续发展世界峰会以后，全球加快推进了生物质能的开发利用。截至2004年，世界生物质发电装机已达3900万kW，年发电量约2000亿kW·h，可替代7000万tce，是风电、光电、地热等可再生能源发电量的总和。

美国利用生物质发电处于世界领先地位，已经成为大量工业生产用电的选择。据美国能源信息署（EI）的统计数字，生物质能发电的总装机容量已超过10 000MW，单机容量达10MW～25MW，占美国可再生能源发电装机的40%以上。预计到2010年，美国将新增约1100万kW的生物质发电装机。根据美国政府制定的生物质能发展规划，生物质发电将达到13 000MW装机容量，届时有400万英亩的能源农作物和生物质剩余物用作气化发电的原料。另外，美国开发出利用纤维素废料生产乙醇的技术，建立了1MW的稻壳发电示范工程，年产乙醇2500t。到2012年纤维乙醇至少要占到美国乙醇总产量的3%，到2022年增至44%。到2022年美国汽油燃料的替代性燃料（比如乙醇）掺混量达到360亿gal①，是目前水平的5倍。

欧洲各国对生物柴油都实行了零税率，生物柴油的大型生产厂主要集中在欧洲。法国和意大利是生物柴油使用最广的欧洲国家。德国利用原料化方法生成完全无焦油的燃气，经FT（费托）催化合成生产生物柴油。芬兰和瑞士通过并联直接燃烧和气化发电来生产热能（CHP），以提供区域性电力和采暖。

丹麦在1988年就建设了第一座秸秆生物质发电厂。目前，丹麦已建立了15家大型生物质直燃发电厂，年消耗农林废弃物约150万t，提供丹麦全国5%电力供应。同时，丹麦还有100多台用于供热的生物质锅炉。近十几年来，丹麦新建的热电联产项目都是以生物质为燃料，还将过去许多燃煤供热厂改成了燃烧生物质的热电联产项目。

自1975年以来，巴西开展了世界上最大规模的燃料乙醇开发计划。巴西还研究开发了乙醇和汽油混用的汽车发动机，目前巴西销售的新车一半以上是这种

① 1gal（美制）=3.785 43L

"灵活燃料"汽车。巴西政府计划在未来7年内，甘蔗产量将从目前的4.27亿t增加到6.27亿t，新建89家乙醇燃料生产厂。到2013年，乙醇燃料的年产量将扩大到350亿L，其中约100亿L将用于出口。

### （四）太阳能

有专家分析，如果把地球表面0.1%的太阳能转化为电能，转变率为5%，则每年的发电量相当于目前世界耗能的40倍左右。根据欧洲、日本等能源机构预测，2020年，光伏发电将占到全球发电的1%，2040年将占到全球发电量的21%，2050年左右，太阳能将成为全球主力替代能源。太阳能主要用于太阳能光伏电池、太阳能热水器和太阳能热发电。

#### 1. 日本

日本从1974年以后分别推出了"阳光计划"及"新阳光计划"，取得了举世瞩目的成绩，1997~2004年日本的太阳能普及率增长率保持在90%，在研究超高效太阳能电池方面，日本已经能够做到在锗和硅片上形成结晶，并使1$cm^2$单晶上的能量转换率分别达到约31%和18%，居世界领先水平。

2000年日本太阳能发电装机容量为64万kW，占世界太阳能发电装机容量的5%，2003年末，日本太阳能发电量达到约86万kW。

日本2007年开始停止住户太阳能奖励方案，部分太阳能业者认为，该方案去除主要即是为公平起见，因为安装太阳能发电系统的住户所取得补贴，正是全国纳税人的钱。2007年日本太阳能市场已出现萎缩情况，2007年4~6月总产出190MWp，仅为2006年的86%，其中，日本内需为43MWp，为2006年的62%（中国能源投资网，2007）。

#### 2. 德国

德国2005年太阳能投资为37亿欧元，与风电和生物能电一样同属发展最快的新能源之一。太阳能仅占德国能源需求不到1%，到2020年将超过5%。政策方面，德国政府倾向于提升每年补助的租税降幅，从以往规定每年降5%提升到降7%，市场臆测该政策急转弯，主要是为不落入图利少数生产厂商的争议，预估该项法案一旦实施，德国太阳能市场增长将受到冲击。

#### 3. 美国

2007年美国国会打算将太阳能投资抵减税额相关规定，自能源法案中去除，这种降低或去除太阳能补助办法的作法并不是首例，全球前两大太阳能市场德国及日本，政府策略也是朝这个方向前进，这些政府的策略方针改变，亦是未来几年最需担忧的市场变量之一。

### （五）海洋能

海洋能的主要能量形式有：潮汐能、波浪能、海水温差能、盐差能和海流能。英国、日本、法国、美国、加拿大、荷兰、挪威、印度、印度尼西亚和俄罗斯等国家都是海洋能资源十分丰富的国家，它们在20世纪70年代后，为保证社会所需能源得到稳定而持久的发展，而又不危及生态环境和后代人的生存，各国均对海洋能的开发，从摸清资源状况、制订发展计划、组织科技项目到实用技术的试验和商业化，均投入了大量人力物力。

英国从20世纪70年代以来，制定了强调多元能源的能源政策，鼓励发展包括海洋能在内的各种可再生能源。1992年联合国环发大会后，为实现对资源和环境的保护，又进一步加强了海洋能资源的开发利用，把波浪发电研究放在新能源开发的首位，投资1700多万英镑研究波浪能装置，使英国在波浪能发电技术方面处于世界领先地位。

日本于1974年制定了包括海洋能在内的发展新能源的“阳光计划”，1978年制定了有关节能的“月光计划”，1989年又推出“地球环境技术开发计划”，1993年将这3项计划全部纳入“新阳光计划”。在这项中长期综合性新能源技术开发计划中，从1993年至2020年研究经费总额预计为150亿美元。在海洋能开发利用方面，成立了海洋能转移委员会，仅从事波浪能技术研究的科技单位就有日本海洋科学技术中心等十多个，还成立了海洋温差发电研究所，并在海洋热能的发电系统和热交换器技术上领先于美国，取得了举世瞩目的成就。

法国早在1966年就投巨资建造了世界上第一座至今仍然容量最大的潮汐发电站；印度尼西亚在挪威的帮助下，从1988年开始在巴厘岛建造一座1500kW的波力电站，并制定了建造数百座波力电站，实现联站并网的发电计划。

由此可见，为克服化石燃料能源的不足，适应社会可持续发展的需要，世界上一些主要海洋国家纷纷把目光转向海洋加大投入，促进和加快了人类开发利用海洋能的步伐（刘全根，1999）。

## 三、中国绿色能源现状

根据我国的中长期发展规划，能源发展的结构思路是“煤为基础、多元发展”应根据本国能源现状实现多元发展，形成以煤炭为主体，电力为中心，油气、新能源全面发展的能源结构。在全国的能源消费总量中，煤炭的消费量占了67%。当然，在倡导环保和节能减排的前提下，实现清洁煤的发展是必由之路。与此同时，大力发展天然气也是我国在改善能源结构方面必须要做的。我们不能重复西方经济发展初期走粗放型的老路，能源发展的核心内容是“节能优先、效率为本”。

我国“十一五”规划纲要明确提出，“十一五”期间单位GDP能耗降低20%左右，主要污染物排放总量减少10%。这一目标的制定是贯彻落实科学发展观、构建社会主义和谐社会的重大举措，也是建设资源节约型、环境友好型社会，推进经济结构调整，转变增长方式的必然选择。

要发展绿色能源，最根本的是节能减排。绿色能源已经开始在我国的能源供应中发挥出越来越重要的作用，并将在未来的能源构成中占据举足轻重的一席之地。绿色能源能有效地保护生态环境，发展前景广阔，投资潜力巨大，是可持续发展的必然选择。

## （一）中国风电发展现状

据国家气象局资料，中国风能储量大，分布广，陆地和海上可开发的风能资源储量分别为2.5亿kW和7.5亿kW，大大超过可利用的3.78亿kW水能资源。

### 1. 中国风电进入规模化发展阶段

第一，风电单机容量增大。2006年，我国共有风电机组6469台，其中兆瓦级机组占21.2%，2007年，这个比例跃升为38.1%，提高了16.9个百分点。

第二，风电装备制造企业增多。2007年我国风电装备制造企业近100家，其中整机制造企业40多家，制造出兆瓦级机组并在风电场中安装使用的有11家。在2007年新增装机容量中，内资企业份额占55.9%，首次超过外资和合资企业，比2006年提高14.6个百分点；国产风机更是崭露头角，2007年，国产风电机组装机容量首次超过进口，且国产化兆瓦级风电机组装机累计容量比重达19%。

第三，零部件生产能力增强。目前，我国不仅能生产叶片、轴承、电机、齿轮箱、控制系统、变频器等风力发电的主要零部件，而且还能出口轮毂、机舱底座等零部件。

第四，风电技术水平逐步提高。目前，我国已掌握兆瓦级以下风电机组的设计技术和制造技术，并正在自主研发兆瓦级风电机组，有些企业已生产出产品（艾瑞咨询集团，2009）。

### 2. 中国风电装机及并网生产加速增长

为了加快我国风电的发展，2003年以来，国家大力推行大型风电场建设运营特许权方式，即选择100 MW级及以上大型风电场，由政府负责落实风电场资源、土地、环保、交通、电网接入和按中标电价收购风电可发电量等建设条件，通过公开招标选择投资者。特许权招标方式的推行，不仅加大了风电建设规模，而且大大降低了上网电价，增强了风电的市场竞争力，我国风电建设进入了新的规模化发展阶段。

2007年中国除台湾省外新增风电机组3155台，装机容量330.4万kW。与2006年当年新增装机133.7万kW相比，2007年当年新增装机增长率为147.1%。2007年中国除台湾省外累计有风电机组6469台，装机容量590.6万kW，风电场158个，分布在21个省（自治区、直辖市、特别行政区），比前一年增加了北京、山西、河南、湖北、湖南等6个省（直辖市）。与2006年累计装机259.9万kW相比，2007年累计装机增长率为127.2%。2007年风电上网电量估计约52亿kW·h。

2007年，我国并网生产风电设备容量达到403万kW，同比增长94.4%，也就是说，2007年风电并网生产的装机容量实现了翻番，一年的发展规模相当于2007年之前所有年份的发展成果。

### 3. 风电设备制造业发展现状

我国风电设备制造业发展经历了3个阶段：一是1985~1996年，通过建设运营风电场，开始学习国外风力发电设备制造技术；二是1996~2000年，通过引进技术实现本地化风电机组制造；三是2000年至今，正在进行风电设备产业化生产、兆瓦级风电机组的研发工作。

经过二十多年的努力，我国风电设备制造取得了一定成果。全行业整机制造企业近3年来保持了年均100%以上的增长速度。截至2005年，全国累计安装国产风电机组达28.68万kW，占累计装机容量的22.7%；目前，我国600kW、750kW风电机组国产化率已达到90%以上，运行时间也超过6年；兆瓦级、变速恒频、无齿轮箱直接驱动等不同技术的风电机组也正在产业化的进程中；风电项目每千瓦造价下降30%；多家科研院所开展风电研究，几十家企业进入风电整机制造或零部件制造领域。通过运用中外合资、技术引进、自主开发、外商独资等不同发展模式，中国风电设备制造业已初步形成包括齿轮箱、叶片、发电机、偏航系统、电控系统、钢结构件及整机制造厂在内的制造资源。

2007年，我国风电市场新增份额中，内资风电设备制造商份额超过50%，达到55.91%，首次超过国外制造商份额，由此标志着我国大型风电设备制造业进入了一个新的发展阶段。目前中国内资风机制造商中，金风科技规模大、实力较强，具备与外国制造商竞争实力；华锐和东汽等大型国企依靠雄厚的资金实力，良好的制造基础，正迎头赶上；同时，行业内也新涌现出华创、南车时代等一批优秀企业。

### 4. 中国风电技术现状

近年来，世界风电发展技术日益成熟，单机容量不断扩大，兆瓦级及以上机组渐成为主力机型。风力发电技术主要包括风能资源评估与预测、风力发电装备制造技术、风电机组测试、近海风电技术、风电对公共电网的影响等几个方面。我国风电装机虽然以较高的速度在发展，但我国风电产业基础薄弱，面临着诸多方面的制约。

## （二）中国核电发展现状

我国是重视核能发电的。早在1956年制定的《1956—1967年科学技术发展远景规划》中就明确指出，“用原子能发电是动力发展的新纪元，是有远大前途的”，“在有条件下应用原子能发电，组成综合动力系统”。但是，由于受“文化大革命”的干扰，我国核电起步较晚。1974年3月31日周恩来总理主持中央专门委员会，批准了 30 万千瓦级的压水堆核电方案，作为科技开发项目列入国家计划，核电才开始起步。这就是“728 工程”（秦山核电站）的由来。“728 工程”是第一座由我国自主创新建成的核电工程，于 1983 年基本完成研究开发和工程设计，1985 年 3 月 20 日正式开工建设，1991 年 12 月 15 日并网发电，从而结束了我国大陆无核电的历史，实现了我国核电技术的重大突破。我国从法国成套进口的两台 90 万千瓦级的核电机组也于 1987 年在广东大亚湾开工，两套机组分别于 1993 年和 1994 年并网发电。秦山核电站和大亚湾核电站的建成发电，为我国核电发展打下了良好的基础。

目前，我国大陆已有 11 套核电机组总装机容量 911 万 kW 在运行发电，已超过了台湾省的总容量（6 套机组，514 万 kW）。

**表 2-3　我国已商业开发的核电机组**

| 电站名称 | 额定电功率/万 kW | 堆　型 |
|---|---|---|
| 秦山一期 | 31 | 压水堆 |
| 秦山二期 | 2×65 | 压水堆 |
| 秦山三期 | 2×72 | 重水堆 |
| 大亚湾 | 2×98 | 压水堆 |
| 岭澳一期 | 2×99 | 压水堆 |
| 田　湾 | 2×106 | 压水堆 |
| 合　计 | 911 | |

我国核电建设在以我为主，中外合作，引进技术，推进自主化的方针指导下，采用成熟的先进技术，实现标准化、系列化发展。不断提高核电的安全性、经济性和可靠性，实现大型核电机组建设的自主化和本地化，形成有较高水平和较大规模的核电产业。在核电发展步骤方面，我国采用“热堆—快堆—聚变堆”三步走的核电发展方针，近期以压水堆核电站为主。目前，积极引进第三代先进压水堆机组。一种是引进美国西屋公司的 AP1000 压水堆机组和技术，作为主力核电机型；另一种是引进欧洲阿海珐公司的 EPR170 万 kW 压水堆核电机组作为商用堆型发电。引进 AP1000 压水堆核电机组的发展路径设计是：通过几台自主化驱动项目，推动自主化、国产化发展；引进 EPR 压水堆核电机组，采用与外方合资、合营，掌握技术，为我所用，还可以到国际市场竞争（周全之，2009）。

### （三）中国生物质能产业发展现状

#### 1. 中国在生物质能发电领域取得重大进展

我国拥有丰富的生物质能资源，理论上每年有生物质能资源 50 亿 t 左右，其中农作物残留物占一半多。据初步估算，仅农作物秸秆技术可开发量就有 6 亿 t，其中除部分用于农村炊事取暖等生活用能、满足养殖业、秸秆还田和造纸需要之外，我国每年废弃的农作物秸秆约有 1 亿 t，折合标准煤 5000 万 t。照此计算，预计到2020年，全国每年秸秆废弃量将达2亿t以上，折合标准煤1亿t，相当于煤炭大省河南一年的产煤量。

国家电网公司、五大发电集团等大型国有、民营以及外资企业纷纷投资参与我国生物质发电产业的建设运营。截至2007年底，国家与各省发展和改革委员会已核准项目87个，总装机规模220万kW。全国已建成投产的生物质直燃发电项目超过15个，在建项目30多个。

#### 2. 中国生物燃料产业还处于起步阶段

我国以燃料乙醇为代表的生物质液体燃料产业于20世纪90年代开始起步。十多年来，我国利用成熟的乙醇生产技术和大规模的乙醇生产能力，以定点生产、定向流通、封闭运行的原则，分别在河南、安徽、吉林和黑龙江建设了以陈化粮为原料的4家燃料乙醇生产厂，年产能达102万t，目前全国已有9个省开展车用乙醇汽油销售。截至2006年12月底，全国4个生产企业共生产销售燃料乙醇243万t，2006年全国共销售乙醇汽油1300万t，占全国汽油消费量的23.3%，我国已经成为全球第三大燃料乙醇生产国，仅次于巴西和美国。

在积极推进燃料乙醇开发的同时，国家还努力倡导生物柴油的研发。目前全国有20多家企业正在进行生物柴油生产，生产能力约为30万t。近年来，在双低油菜与杂种优势利用的结合上达到国际领先水平，在油菜、油葵等主要作物上已开发出高含油量种子，含油量高达51.6%。还开发了麻风树果实、黄连木籽以及利用季节性闲地种植油菜等生产生物柴油技术，初步具备了产业化发展的条件。但是，我国在生物燃料产业发展还存在着自主研发能力弱和成本较高的问题。

### （四）中国太阳能行业发展情况

据国家发展和改革委员会消息，中国太阳能产业规模已位居世界第一，是全球太阳能热水器生产量和使用量最大的国家和重要的太阳能光伏电池生产国。在中国，太阳能热水器已基本实现了商业化，并带动了玻璃、金属、保温材料和真空设备等相关行业的发展，成为一个产业规模迅速扩大的新兴产业，截至2007年底，在国内具有一定规模的生产企业达到1300多家，且民营占据主导地位。2008年，中国热水器年产量达到2925万$m^2$，保有量达13 284万$m^2$。

此外，中国光伏电池及组件生产厂已有20多家，年生产能力约150万kW。无锡尚德太阳能电力有限公司已跻身世界光伏行业前10强。目前85%以上的光伏电池生产厂家和产品均为多晶硅电池，产品也因价格高大约95%以上只能出口，真正并网型的太阳能光伏市场远未形成，中国太阳能光伏核心技术因不能商业化而远远落后于发达国家。

中国太阳能光伏发电产业正在迅速扩张，2007年高纯度硅材料、硅锭、硅片、电池和组件生产能力分别达到25MW、580MW、500MW、1400MW和1087MW，居全球第三。2000年以前，中国的太阳电池基本上是自给自足，2002年，国家实施“送电到乡”工程时，国内总生产能力只有10MW，有一半太阳电池依靠进口。2003年以后，国内太阳电池产量迅速增加，2004～2006年是中国太阳电池大量出口的3年，2004年太阳电池年产量50MW，国内安装10MW，80%出口；2005年太阳电池年产量150MW，国内安装5MW，96.7%出口，2006年太阳电池产量370MW，国内安装仅10MW，95%以上出口，到了2007年，中国已经成为世界上第一大电池生产国，电池产量达1200MW，2008年达到2000MW，90%以上产品仍是出口国外。

#### （五）我国海洋能开发利用现状

我国海洋能开发已有近40年的历史，迄今建成的潮汐电站8座，20世纪80年代以来，浙江、福建等地对若干个大中型潮汐电站，进行了考察、勘测和规划设计、可行性研究等大量的前期准备工作。我国的海洋发电技术已有较好的基础和丰富的经验，小型潮汐发电技术基本成熟，已具备开发中型潮汐电站的技术条件。但是现有潮汐电站整体规模和单位容量还很小，单位千瓦造价高于常规水电站，水工建筑物的施工还比较落后，水轮发电机组尚未定型标准化。这些均是我国潮汐能开发现存的问题。其中关键问题是中型潮汐电站水轮发电机组技术问题没有完全解决，电站造价亟待降低。

我国波力发电技术研究始于20世纪70年代，80年代以来获得较快发展，航标灯浮用微型潮汐发电装置已趋商品化，现已生产数百台，在沿海海域航标和大型灯船上推广应用。与日本合作研制的后弯管型浮标发电装置，已向国外出口，该技术属国际领先水平。在珠江口大万山岛上研建的岸边固定式波力电站，第一台装机容量3 kW的装置，1990年已试发电成功。“八五”科技攻关项目总装机容量20 kW的岸式波力试验电站和8 kW摆式波力试验电站，均已试建成功。总之，我国波力发电虽起步较晚，但发展很快。微型波力发电技术已经成熟，小型岸式波力发电技术已进入世界先进行列。但我国波浪能开发的规模远小于挪威和英国，小型波浪发电距实用化尚有一定的距离。

潮流发电研究国际上开始于20世纪70年代中期，主要由美国、日本和英国等进行潮流发电试验研究，至今尚未见有关发电实体装置的报导。我国潮流发电研究始于70年代末，首先在舟山海域进行了8 kW潮流发电机组原理性试验。80年代一直进行立轴自调直叶水轮机潮流发电装置试验研究，目前正在采用此原理进行70 kW潮流试验电站的研究工作，在舟山海域的站址已经选定。我国已经开始研建实体电站，在国际上居领先地位，但尚有一系列技术问题有待解决。

## 第五节　绿色发展模式的载体——绿色城市

### 一、绿色城市的内涵

2005年，全球城市人口为31.8亿，占全球人口的49%，城市化水平还在不断提高。工业化和城市化的快速推进不仅给城市的经济发展带来了机遇，同时也给其资源环境带来了挑战。纵观世界城市发展史，城市观念经历了两次重要的变革。19 世纪的产业革命导致了城市观念的第一次变革，当时城市观念是一种以视觉艺术为基础的城市美学观念。20 世纪 20 年代以后，现代主义为适应工业发展的需要，以功能、效果、经济和技术为准则，在继承“物质形态决定论”的同时，更突出的是“房屋是居住的机器”等城市观念，用以适应现代城市的高速发展的需要。60 年代起，环境心理学、行为科学、符号学、文脉主义、结构主义、系统论、控制论等新学科逐渐渗入城市观念，人们开始对现代主义城市观念中的“人类中心主义”及“拟机器”论的发展观进行了反思和修正。

1987 年联合国世界环境与发展委员会明确提出了“可持续发展”的概念——“既满足当代人的需要，又不对后人满足其需要的能力构成威胁的发展”。1992 年里约热内卢世界环境与发展大会，使可持续发展的城市观念，从专家学者的研究课题扩展为政治家们关心的议题。会议形成的《21 世纪议程》，意味着人类自觉全面地对待城市环境与发展问题的时代即将到来。基于“可持续发展”城市的观念，以往的人本主义的城市观念已不能满足现代城市对环境、功能的要求。“绿色城市”的观念由此而生，并逐渐形成了城市发展领域内的第二次变革。

“绿色城市”是一个生态系统，应在一个确定的范围内实现其内部平衡。它包含了减少资源消耗、增加资源重复利用和资源循环再生等因素。“绿色城市”是一个具有可持续发展的体系，主要体现在其结构内部协调，功能要素协调以及其区域性平衡。结构内部协调指城市环境系统中各要素之间的内在联系具有较严密的组织构成、合理的比例和规范的秩序：功能要素协调指城市环境系统中各要素的相互配合。在一定的时期内，保持其相对的稳定性。单独的城市环境系统是无法存在的，必须与区域乃至地球相互平衡。绿色城市具有阶段性，不同时期有不同的目标、形态以及环境表现。

在绿色城市中，生态优先是最基本的内涵，它尊重自然，摆脱以人为先，忽视支撑人类生命的其他环境系统。充分意识到人是自然的一分子，我们应该珍惜自然并与之共存，决不能干扰地球自然生物，危害地球的生命支持系统。在绿色城市中，局部利益必须置于整体环境利益之下，暂时性利益必须服从于长期利益，城市发展不能单纯注重生产和获取而忽视有机体和生物群等稳定因素的积累。

Beatly（2002）描述了绿色城市在欧洲的实践，归结出绿色城市体现在不同国家、不同城市的各个层面——紧缩城市、优先发展公共交通、生态城市以及生态管理与可持续经济。随着城市不断发展，城市生态环境的影响愈来愈重要，并将成为城市未来发展中的决定性要素而制约城市发展的质量和趋势。绿色城市建设的目标是通过追求城市整体综合功能最佳来满足人与自然健康发展的需要，达到资源能源清洁高效、自然环境健康宜人、基础设施完善舒适、社会环境和谐文明。绿色城市的建设，是以绿色能源为基础，是发展绿色经济的载体。

## 二、国外绿色城市实践

国外一些城市对于应对气候变化行动需要的反应以及在“绿色城市”建设方面都起到了领跑者的作用，也为城市的可持续发展进程提供了可贵的经验。他们不仅制定了合理的战略政策和绿色城市规划，也安排了不同规模的保障投资。地方政府是能源服务的主要购买者，它们有能力在绿色能源和低碳建筑项目方面起到催化剂作用。

### （一）阿姆斯特丹：鼓励环保交通工具

阿姆斯特丹政府每年会拨出4000万美元的预算用于城市基础设施的环保改造。在阿姆斯特丹，37%的市民都骑车出行。不久前，阿姆斯特丹市政府还公布了一项限制旧汽车进入市中心的计划，规定从2009年底开始，所有1991年前生产的汽车都将被禁止进入阿姆斯特丹市中心区域，以减少城市的空气污染。

### （二）芝加哥：氢气燃料、风力发电

芝加哥市长理查德·达利从1989年上任至今一直带头植树，为芝加哥创造了50万棵新树的环保纪录。2001年，芝加哥大规模推行的通过“屋顶绿化”储存太阳能和过滤雨水以节省能源的举措取得很大成效，每年为芝加哥市政府节约1亿美元的能源开支。市政府还将位于市中心的机场改建为公园，并在千禧公园内建造了一座可容纳1万辆自行车的“车站”。芝加哥也是全美第一座安装氢气燃料站的城市。风力发电也是这座“风之城”最可利用的能源之一。

### （三）库里蒂巴：公交系统独特独到

巴西南部巴拉那州首府库里蒂巴市，是全球第一批被联合国列为“最适宜居住的五大城市”之一，早在1990年，就被联合国授予“巴西生态之都”和“世界三大生活质量最佳的城市之一”的称号。库里蒂巴市长是建筑师出身，擅长调整城市中的设施、布局，达到环保目标。他设计了一种独特的公交系统，候车站犹如巨大的玻璃圆筒，两头分别设出入口，且入口处设有旋转栅栏，以保证有序。公交车地盘与路面持平，使乘客上下车如履平地，以此吸引更多市民放弃私家车，乘坐同样方便舒适的公交车。此外，库里蒂巴市政府早在数十年前就禁止市区和近郊兴建工厂。

### （四）弗赖堡：太阳能发电

弗赖堡是德国黑森林地区附近的一座小城。20世纪70年代，这里的市民曾对政府要在这里建核电站的举措进行抗议，因此，弗赖堡的市民普遍环保意识都比较高。弗赖堡是成功将太阳能转化为能源的城市之一。无论市中心的车站、医院、

足球场、还是城市花园和当地的酿酒厂屋顶或顶篷上都安装了太阳能电池板。1/3的市民出行选择骑自行车。此外，弗赖堡从20世纪80年代开始，就注意垃圾的回收利用，至今，该地区的垃圾数量已减少2/3。

### （五）加德满都：屋顶绿化、建筑限高

尼泊尔首都加德满都依然保留了昔日原始建筑风貌，但这座城市的环保措施，如“屋顶绿化”、利用太阳能发电和加热等即使在一些欧洲主流城市也属于先进的理念和技术。此外，为了最大限度减少能耗，加德满都政府要求所有建筑高度限制在9英尺①（约2.7m）以下。

### （六）伦敦：环保规划出台

2007年，英国首都伦敦市长肯·利文斯通宣布了一项综合环保规划，计划在20年内将二氧化碳排放量减少60%，把伦敦建成全球最环保的城市。新规划的改革措施覆盖家庭、企业、供电系统和交通4个领域：要求伦敦居民减少看电视的时间、换用节能灯泡，政府还将提供大量补贴，帮助提高住房的保暖性能；在商业领域，在节能和环保方面表现出色的企业和政府机构将被授予绿色奖章；全城1/4的供电系统将得到改造，一些发电站将被迁至居民区附近，以避免电力能源传输过程中的浪费；在交通领域，在最繁华地段向过往车辆收取“环保费”，今后还将根据交通工具的二氧化碳排放量收费，并在伦敦街头推出自行车出租服务。

在克林顿气候变化行动（Clinton Climate Initiative，CCI）的帮助下，伦敦已成为世界上第一座建立起以受认证能源供给公司为基础的城市架构模式的城市，此架构中通过政府政令来创建一个灵巧的金融扶持模式以帮助公众机构对其建筑施行建筑节能改造。

伦敦还通过施行一系列政策应对气候变化，改善伦敦居住环境：一是建立公共自行车租赁设施、建立“自行车高速公路”；二是截止到2012年，帮助至少20万户家庭实现“零碳排放”改造；三是伦敦公交改为混合动力为主；四是一项支持促进电动车辆普及的综合计划。

### （七）雷克雅未克：氢燃料巴士、地热

冰岛地热资源丰富，在冰岛语中，其首都雷克雅未克的意思就是“冒烟的城市”，“烟”就是岛上温泉的水蒸气。冰岛政府在雷克雅未克大力推行地热和水力作为取暖和电力能源的措施，此外，还推动氢燃料巴士和“百公里耗油量低于5L环保型汽车可以在市区免费停车”等环保活动。预计到2050年，雷克雅未克将彻底告别石油燃料，成为欧洲最洁净的城市。

---

① 1英尺（ft）=0.3048米（m）

### （八）波特兰：绿色建筑、发展轻轨

波特兰是美国第一个将节能减排作为一项法律推行的城市。除了“绿色建筑中心”，该城市还大力推行环保交通工具，轻轨、巴士和自行车是波特兰市民主要的出行工具。为了鼓励更多市民选择亲近自然的生活方式，波特兰市政府在城内开辟了近56万亩①的绿地以及长为120km、供市民散步和骑脚踏车的专用道。

### （九）新加坡：“零能耗”建筑

作为亚洲的“花园城市”，新加坡在环保方面的努力一直有目共睹，长达12年的口香糖进口禁止令就是例证。2009年，新加坡第一座“零能耗”建筑也将竣工。这座由旧楼改造的建筑，能源利用率将比常规建筑高60%，屋顶采用总面积达1300$m^2$的太阳能板供电，并与公共电力网相连，可做到电力的互相补充，内部还装有感应器，能自动调节室内的冷气系统。

### （十）多伦多：LED照明系统、深层湖水冷却系统

早在2002年，多伦多为解决“热岛效应”（由于城市化发展，导致城市中的气温高于外围郊区的现象），就已开始在城市建筑的屋顶种上绿色植物，改善环境质量。此外，多伦多宣布将用LED照明系统取代传统灯泡和霓虹光管，以节省用电，在维护夜景的同时，减少城市的光污染。此外，多伦多市的一些建筑将利用安大略湖的湖水冷却降温，以缓解电力供应。

### （十一）其他

东京——该城市在规划中考虑到了住宅的节能和环保等要素。目前在示范阶段的一个项目，主要是利用市内天然气发电的同时，把发电产生的余热给家庭提供热水。其效率可以达到常规方式的两倍以上，节能效果得到了很大的提高。同时，日本也提出了建设“低碳社会”的口号。

柏林——该城市已经制定了有效的气候变化战略和能源战略，它通过热电联产来实现节约能源和减少温室气体的目标。目前，柏林是世界上区域供热网络最大的城市之一，同时它也大力发展微型发电。

哥本哈根——该城市已经建立了广阔的热电联产和区域供热网络，并逐步使用低碳燃料。市民的需求已经驱使主要的项目和投资都侧重于联合发电模式的风力发电领域。

马尔默——该城市已经强化了它的低碳身份，通过示范一种分布式能源的综合方法，弥补了该城市现存能源网络的不足。

---

① 1亩≈666.7平方米（$m^2$）

巴塞罗纳——该城市已经执行了规划要求，即所有新的开发建设都应该使用太阳能集热器。这一规划要求也被西班牙的其他城市所采用。

## 三、中国绿色城市现状

根据国家统计局公布的数据，2008 年，我国的城市化水平达到 45.8%，已迈入了城市化加速发展时期。从工业结构来看，中国工业化进程仍处于重化工业比重不断提高的阶段。根据国家统计局发布的信息，中国总体处于工业化中期阶段，距完成工业化还有相当长的一段路要走。工业化进程使我国资源和环境的承载能力受到严重挑战，并严重威胁着城市的可持续发展。同时，城市化本身的快速发展也衍生出一系列资源环境问题，如城市空间拓展而造成的用地扩张、大规模城市基础设施建设和住房建设、居民生活方式和消费方式改变所带来的资源浪费、能源消耗过高以及环境污染等问题。因此，建设绿色城市显得尤为必要。

全国人民代表大会环境与资源保护委员会主任委员曲格平先生提出了建设绿色城市的 6 条标准和 9 条途径。这 6 条标准是：①合理的规划布局；②完善的城市基础设施；③有效地控制污染，环境质量达到优良状态；④选择使用清洁能源；⑤城市有一定比例的绿化覆盖；⑥居民有强烈的环境意识。9 条途径是：①制定科学合理的城市规划；②推行以循环经济为核心的经济运行模式；③建设功能齐全的城市环境基础设施；④建立快捷便利和清洁的城市交通系统；⑤建立以清洁能源为主体的能源体系；⑥建设环境优美、服务配套和高品质环境质量的生态居住区；⑦开发和研制对环境有利的技术支撑体系；⑧完善可持续发展的法律体系；⑨提高全社会的环境保护意识和资源节约意识，倡导生态价值观和绿色消费观，公众特别是领导人树立牢固的可持续发展思想，在决策和消费时能够符合环境保护的要求。这 6 条标准和 9 条途径不仅从环保和生态的角度为绿色城市指引了发展目标，也指出了绿色城市的建设途径，为中国绿色城市的发展提供重要的引导。

从 2008 年开始，我国每年进行“中国十佳绿色城市”的评选，旨在发现走在绿色经济浪潮前列的城市，展示这些城市经济增长与资源、生态环境和谐发展的成果，为中国的绿色经济发展提供借鉴和参考。初评得分由改善空气质量、减少废物和污染气体的排放、改善能源和水的利用效率、加强城市绿地建设、加强政府对环境治理的力度和鼓励公众参与这 6 个客观指标决定。第二阶段评选指标共 4 项：公众环境质量评价、群众性环境诉求事件发生数量、当地政府对中央各项环保法规政策的落实纳入情况、专家和组委会对整个城市的整体形象评价，主要通过网络投票、专家评审会、群众参与等办法完成。该评选能反映城市自然生境、生态环境的绿色发展水平，并鼓励城市为绿色发展作出努力，为整个城市的社会、经济的持续发展创造条件，同时，为政府确定绿色城市的发展、规划及决策等提供科学依据，推进了中国绿色城市的发展进程。除此之外，通过这些活动涌现了一批中国绿色城市（区域）的典范，如日照、北京石景山区、炎陵、广州、个旧、无锡、呼和浩特等。

### （一）山东日照

日照早在1087年因“日出初光先照”而得名，作为山东半岛上一个300万人口的海滨城市，其建筑有一个共同的但却是独一无二的外貌：大多数房顶和墙面被一些小板子覆盖，这些板子就是太阳能收集装置。在中心城区里，99%的住户都是用太阳能热水器，而且大部分的交通信号灯、路灯和公园照明都是由光伏太阳能电池提供电力。在市郊和农村，超过30%的住户是用太阳能热水器，而且超过6000住户使用太阳能炉灶。6万多个温室通过太阳能面板加热，为附近地区的农民减轻高额费用。该城区总计有超过50万 $m^2$ 的太阳能热水面板——相当于大约0.5MW的电热水器。日照所取得的成绩主要归功于三个因素：一是政府鼓励使用太阳能的政策和投入资金支持研究发展；二是当地太阳能板生产企业抓住机会并改进其产品；三是城市领导对采用太阳能的强烈政治愿望。太阳能的广泛使用减少了对煤炭的消耗，改善了日照市的环境质量，同时也给城市带来了社会、经济和文化效益。

### （二）北京石景山区

绿色是对石景山最好的定位。截至2009年，人均绿地面积73.03$m^2$，人均公共绿地面积22.52$m^2$，城市绿化覆盖率达到47.03%。石景山用青山绿水印制了一张“新名片”，成了名副其实的北京“绿肺”。如今，石景山区已经成为环境优美、生态良好、生机盎然的绿色首都新城区。未来10年，石景山区将围绕首都休闲娱乐中心（CRD）发展定位，坚持“生态立区、文化兴区、商务强区”理念，以产业调整为主线，以环境优化为支撑，以重大功能区建设为突破口，重点抓好产业、文化、环境和景观等四大建设，构建新的高端产业功能区，打造出一个具有文化魅力、产业活力、环境引力、社会合力的现代化首都新城区。作为新型绿色城市，今后的石景山区将紧密围绕绿色发展的主线，重点建设以中关村科技园区石景山园为代表的绿色科技园区，以五里坨为中心的绿色生态区，以“金融魔方”为财富地标的京西会展商务区，以首钢工业区原址为核心的绿色新兴产业培育区，为首都人民奉献一片山清水秀、生态文明、经济发展、社会和谐、生机勃勃、舒适健康的京西绿城。

### （三）湖南炎陵县

炎陵县古属荆地，汉代属长沙郡、茶陵县，史称“长沙茶乡之尾”。因“邑有圣陵”——炎帝陵，1994年更县名为炎陵。炎陵县拥有82.6%的森林覆盖率，一直以生态立县作为一项发展战略，严格保护生态环境，大力发展以炎帝陵为依托的生态旅游业，小水电、竹木加工为主的无烟工业，以炎陵白鹅、无公害蔬菜等为主的绿色农业。炎陵县拥有目前中国仅存的“华南—华中—华东交会区系”

原始森林，总面积达10万亩，堪称华中“绿心”。炎陵县神农谷国家森林公园发现一处巨型空气“负离子吧”，“珠帘瀑布”附近甲水、万阳河、镜花溪流域全长15km的溪河两侧，很多地方空气负离子含量都达到1.3万个/$cm^3$以上。该区域是亚洲都很罕见的天然巨型空气“负离子吧”。近年来，炎陵县委、县政府按照“打造炎陵旅游国际品牌，塑造炎陵国际形象”的战略定位，加快了“寻根祭祖、野趣休闲、健身康复、山水探源”特色旅游项目开发，努力将炎陵建设成为一个“拜始祖炎帝、踏伟人足迹、探原始森林、吸负氧离子”，文化内涵丰富、自然韵味十足、娱乐项目丰富的综合性旅游目的地。

**专栏2-5**

### 2010年上海世界博览会

世界博览会（World Exhibition or Exposition）又称国际博览会及世界博览会，简称世博会、世博、World Expo，是一项由主办国政府组织或政府委托有关部门举办的有较大影响和悠久历史的国际性博览活动。参展者向世界各国展示当代的文化、科技和产业上正面影响各种生活范畴的成果。世博起源于1851年英国伦敦的万国工业博览会，截至2009年12月31日，国际展览局成员国共计154个。

中国2010年上海世界博览会，于2010年5月1日至10月31日在上海举行。

**主题**

城市，让生活更美好（Better City，Better Life）。

**目标**

1）提高公众对“城市时代”中各种挑战的忧患意识，并提供可能的解决方案；

2）促进对城市遗产的保护；使人们更加关注健康的城市发展；

3）推广可持续的城市发展理念，成功实践和创新技术；寻求发展中国家的可持续的城市发展模式；

4）促进人类社会的交流融合和互相理解。

**核心思想**

城市是人创造的，它不断地演进演化和成长为一个有机系统。人是这个有机系统中最具活力和最富有创新能力的细胞。人的生活与城市的形态和发展密切互动。随着城市化进程的加速，城市的有机系统与地球大生物圈和资源体系之间相互作用也日益加深和扩大。人、城市和地球三个有机系统环环相扣，这种关系贯穿了城市发展的历程，三者也将日益融合成为一个不可分割的整体。

# 第六节　绿色发展模式的导向——绿色消费

## 一、绿色消费的内涵

20世纪中叶以来，全球的淡水使用量增加了3倍，化石燃料的使用量增加了5倍，各种消费加速增长，这种消费需求不仅开始损害我们所赖以生存的自然体系，影响人与自然的关系，而且开始降低人类的生活质量，污染、拥挤越来越严重，另一方面，贫困人口的基本需求却难以满足。以西方发达国家“奢侈型”消费模式主导的消费主义已成为全球可持续发展的最大障碍之一。世界环境与发展委员会主席、前挪威首相布伦特兰夫人曾指出北美洲的人均消费是印度或中国的20倍，或者孟加拉国的60~70倍，不可能使全球都维持西方的消费水平。实际上如果70亿人都按照西方的消费水平来消耗能源和资源，那么，为满足人们的需求需要10个地球，而不是1个。

1996年Wackernagel等提出生态足迹（ecological footprint，简称EF）或称生态空间占用，其含义为“维持人类自然资源消费和吸纳人类的废弃物排放所必需的生物生产性土地面积和海洋面积”，以此衡量全球不同国家人均占用的资源环境状况。1997年Wackernagel等发布了《国家生态足迹》报告，对52个国家和地区的生态足迹进行了计算，研究结果表明，生态足迹最大的是美国，人均10.9 gha（全球公顷，global hectare），孟加拉国最低，人均仅为0.7 gha，中国1997年的人均生态足迹为1.2 gha，低于世界2.3 gha的平均值。2004年10月，世界自然基金会（WWF）与UNEP世界保护监测中心（WCMC）、全球生态足迹网络（Global Footprint Network）联合发布了最新的《生命行星报告2004》，该报告定量分析了全球150个国家或地区的生态足迹，研究表明2001年全球人均生态足迹为2.2 gha，而地球生物圈的生物生产面积仅为人均1.8 gha，2001年地球人均生态足迹赤字0.4 gha，相当于人类占用了1.2个地球（表2-4）。

**表2-4　中国与世界若干大国人均生态足迹的国际比较**（2001年）

| 国　家 | 人口/百万 | 人均国民总收入/美元 | 人均生态足迹/gha |
|---|---|---|---|
| 澳大利亚 | 19.4 | 19 530 | 7.7 |
| 巴　西 | 174.0 | 2 830 | 2.2 |
| 加拿大 | 31.0 | 22 390 | 6.4 |
| 法　国 | 59.6 | 22 240 | 5.8 |
| 德　国 | 82.3 | 22 740 | 4.8 |
| 印　度 | 1 033.4 | 470 | 0.8 |
| 印度尼西亚 | 214.4 | 710 | 1.2 |
| 意大利 | 57.5 | 19 080 | 3.8 |
| 日　本 | 127.3 | 34 010 | 4.3 |
| 墨西哥 | 100.5 | 5 920 | 2.5 |

续表

| 国　家 | 人口/百万 | 人均国民总收入/美元 | 人均生态足迹/gha |
| --- | --- | --- | --- |
| 俄罗斯 | 144.9 | 2 130 | 4.4 |
| 英　国 | 59.1 | 25 510 | 5.4 |
| 美　国 | 288.0 | 35 400 | 9.5 |
| 中　国 | 1 292.6 | 960 | 1.5 |

绿色消费是人们对环境问题有了深刻认识之后逐渐形成的。现代工业的发展，提供了丰富的物质财富，满足了人们的物质需求，带来了人类社会空前的繁荣。但工业社会的发展也使人类陷入了前所未有的困境。温室效应、臭氧层空洞、酸雨、土地沙漠化、水资源短缺、动植物物种锐减等全球性生态环境问题已成为21世纪人类生存和发展的最大威胁。在发达国家，许多人逐渐认识到传统工业“高消耗、高污染、低产出”的生产模式存在的严重弊端，是人类社会可持续发展的阻碍因素。其中包括：过度的消费，大量消耗资源；片面的物质消费，损害人的身心健康，影响人的全面发展；为争夺资源和财富，加剧了社会矛盾，影响了社会稳定。生态环境的恶化，激发了人们对青山绿水、蓝天白云和生机勃勃的自然环境的渴望以及对良好环境质量需求的日益增加。多方面的作用，促成了绿色消费观念的形成和绿色需求的产生。对于绿色消费的内涵，国内外有许多的界定。

最初，英国在1987年出版的《绿色消费者指南》中将绿色消费定义为避免使用下列商品的一种消费：①危害到消费者和他人健康的商品；②在生产使用和丢弃时，造成大量资源消耗的商品；③因过度包装，超过商品物质或过短的生命期而造成不必要消费的商品；④使用出自稀有动物或自然资源的商品；⑤含有对动物残酷或不必要的剥夺而生产的商品；⑥对其他国家尤其是发展中国家有不利影响的商品（林白鹏和臧旭恒，2000）。

1994年UNEP的报告《可持续消费的政策因素》中指出，绿色消费是指“提供服务以及相关产品以满足人类的基本需求，提高生活质量，同时使自然资源和有毒材料的使用量减少，使服务或产品的生命周期中所产生的废物和污染物最少，从而不危及后代的需求”。

国际环保专家将绿色消费概括成“5R”原则：节约资源，减少污染（reduce）；绿色生活，环保选购（reevaluate）；重复使用，多次利用（reuse）；分类回收，循环再生（recycle）；保护自然，万物共存（rescue）。

国内学者唐锡阳把绿色消费概括为“3R”和“3E”：reduce，减少非必要的浪费；reuse，修旧利废；recycle，提倡使用再生原料制成的产品；economics，讲究经济实惠；ecological，讲究生态效益；equitable，符合平等、人性原则。

中国消费者协会（2001）对绿色消费的定义是：一是倡导消费者在消费时选择未被污染或有助于公众健康的产品；二是在消费过程中注重对垃圾的处理，不造成污染；三是引导消费者转移消费观念，崇尚自然，追求健康，在追求生活舒适的同时，注重环保，节约资源和能源，实现可持续发展。不仅要满足当代人的需要，还要满足子孙后代的消费需要。

通过对绿色消费不同含义的考察，我们认为绿色消费有狭义与广义之分。狭义的绿色消费是指消费者意识到环境恶化已经影响其生活质量及生活方式，自觉抵制那些破坏环境的物品，以减轻对环境危害的消费方式。广义的绿色消费不仅包括购买绿色产品或享用绿色服务以及对“环境不友好”物品的抵制，而且还包括消费过程中处处体现的节约资源、减少污染的环保意识，涵盖了与绿色消费相关的、有利于环境保护的理论和实践。本文采用的是广义的绿色消费含义。

## 二、国外绿色消费实践

20 世纪 80 年代后半期，英国掀起的“绿色消费者运动”席卷了欧美各国。这个运动主要是号召消费者选购有益于环境的产品，从而促使生产者也转向制造有益于环境的产品。这是一种靠消费者来带动生产者，靠消费领域影响生产领域的环境保护运动。这一运动主要在发达国家掀起，许多公民表示愿意在同等或略贵条件下选择购买有益于环境保护的商品。

据联合国统计署调查统计“绿色消费”在各发达国家均受到消费者极大的重视。90% 的德国人、84% 的荷兰人和 89% 的美国人购物会考虑消费品的环境标准；85% 的瑞典消费者，愿意为环境清洁而支付较高的价格；80% 的加拿大消费者愿意多支付 10% 的钱，购买对环境有益的商品。下面我们以日本为例，对其绿色消费现状进行介绍。

日本政府于 2002 年制定出“绿色采购法”，要求政府、企业和个人都需要进行保护环境的采购活动。2005 年，日本政府有关部门曾经对绿色采购的实际成果进行了调查，结果表明，在 2003 年被定为必须重点推进筹备的环境物品中，大多数筹备率高达 95% 以上，特别是再生纸类、文具、（办公自动化）机器、家电制品、空调等。之所以能够取得如此好的成效，在很大程度上归功于日本政府在政策宣传方面的长期努力。调查显示，60% 以上的市民回答说，他们常常留意购买对环境友好的商品。40% 以上的市民回答，在价格相同的时候，他们会选择购买再生产品。与此同时，许多企业包括几乎所有的大型企业联合结成了一个绿色采购网，它们不仅自己从事环保经营活动，并且在购买原材料时也主动购买部分绿色产品，以便让更多的企业加盟绿色采购网。与其他发达国家一样，日本也以建立循环经济为切入口来保护环境和进行绿色消费，而且政府、企业和民众为绿色产品愿意付出的代价和绿色消费的意识都很高。

为促进节能环保，振兴国民经济，2009 年初，日本启动了 15 万亿日元刺激资金，包括 1.1 万亿日元投入农业生产领域，600 亿日元支持旅游业和提高“软实力”等项目。麻生太郎首相宣称，其中 2.2 万亿日元是“低碳革命”专项资金，用于对购买节能环保汽车、家电产品以及安装太阳能设备进行补贴。与之配套，政府实施了鼓励绿色产品消费、刺激经济复苏的三大政策措施。

一是购买绿色汽车享受免税政策和现金返还。2009 年，日本汽车销量跌至近 30 年来的谷底，丰田汽车年度销售缩水率则达到自 1937 年公司成立以来的最高水平。因此，政府调整了税收政策，规定购买混合动力汽车免交购置税，以期在拉动节能环保汽车消费的同时，减少汽车废气排放总量。现在，买一辆丰田 Prius 混合动力车，可以节省购置税开支 15 万日元。与美国“旧车换现金”计划类似，日本出台了出售旧车返还现金政策。在美国，如果卖掉一辆高能耗汽车，同时购买一辆节能环保汽车，最高可获得 4500 美元的购物券。在日本，购买一辆节能环保汽车，可获得 10 万日元的现金返还，如果同时卖掉一辆使用年限超过 13 年的旧车，则可得到 25 万日元的现金返还。

免税和现金返还政策使丰田 Prius 和本田 Insight 这两款混合动力车成为政策推出后两个月中最畅销的汽车。与此同时，传统动力汽车销量明显滑坡。瑞士信贷集团汽车分析师 KojiEndo 预计，绿色汽车激励政策将使日本汽车年销售量至少增加 10 万辆。而日本第一生命经济研究所称，绿色汽车的年销售量将达到 45 万 ~ 151 万辆。

二是购买节能电器可获“生态积分”并兑换商品。日本环境省建立了一套积分系统，即消费者购买指定的节能环保产品时，可获得相应的“生态积分”。当积分达到一定标准，可以换取政府目录内的节能环保商品或服务。目前，指定的产品包括两千多种家电。出台“生态积分”政策，旨在拉动内需，扶持自主品牌产品，提高就业率。

政府给“生态积分”计划产品贴上标签，消费者参与这项计划须提交申请表，以后凭购物单据和保修卡换领积分，1 分价值 1 日元，消费积分一般相当于商品售价的 5%，如果购买能够收看数字地面广播的电视机可获 10% 的积分。“生态积分”于 5 月中旬启动，有效期至 2010 年 4 月底，但兑换商品或服务活动则从 7 月份开始，2012 年 3 月底截止，凭积分可以在百货商场、电器商店、邮局等场所消费或搭乘公共交通工具。经产省宣称，近一个月家电销量提高了 50%。据 GFK 市场调查公司统计，纯平彩电销量同比增长了 60%。

“生态积分”政策不仅受到消费者的青睐，也受到生产企业的欢迎。松下电器公司总裁 Fumio Ohtsubo 高度评价了其积极作用：“纯平数字电视、电冰箱、空调机是松下的旗舰产品，对保护全球环境作出了贡献。政府出台优惠消费政策，不仅刺激了松下产品的生产和销售，而且激活了生产链中的上下游企业。”

三是安装太阳能设施可申领政府能源补贴。日本利用太阳能技术在世界处于领先水平，拥有夏普、三洋、京瓷等众多著名公司。政府计划到 2020 年，把太阳能产品应用量提高 10 倍，并将它们全球市场份额由目前的 25% 提高到 33%，这样就可以增加 11 万个就业岗位，使经济增长 10 万亿日元。

政府一方面筹划对太阳能产品生产企业进行资助，一方面对用户发放能源补贴，补贴总额为 1.07 亿日元，其中 6000 万日元针对中小学，4700 万日元将发放给居民和公共机构。政府为安装太阳能设备的家庭按每千瓦 7 万日元标准给予补贴，约占太阳能板安装费用的 10%。已有约33 700个家庭申领了补贴。京瓷公司表示，能源补贴政策实施后，其太阳能产品订单增加了 50%。同时，议会决定通过立法，给予那些安装节太阳能设备作为补充能源的家庭以更多的补贴资金。

## 三、中国绿色消费现状

改革开放以来，我国城乡居民消费水平持续快速提高，但目前从总体上看，我国城乡居民人均收入和人均消费还处于低水平。据2004年世界银行统计，2002年中国人均GNP为960美元，处于世界银行划分的下中等收入国家的下限水平。虽然人均消费水平还较低，但是我国是一个人均资源禀赋先天不足的国家，加之，当前我国正处在工业化和城市化加快发展的经济快速“起飞”阶段，国际经验表明，这是一个资源消耗强度加大的阶段，这更加剧了资源短缺的矛盾。资源短缺已成为我国经济社会发展的一个重大“瓶颈”，也使得我国在提高居民消费水平方面面临越来越大的压力。

1994年中国政府在全球率先发布了第一个国家级可持续发展行动纲领——《中国21世纪议程》，在该议程中明确指出：“消费模式的变化同人口的增长一样，在社会经济持续发展的过程中有着重要的作用。合理的消费模式和适度的消费规模不仅有利于经济的持续增长，同时还会减缓由于人口增长带来的种种压力，使人们赖以生存的环境得到保护和改善。但越来越多的事实表明，人口的迅速增长加上不可持续的消费形态，对有限的能源、资源已构成巨大压力，尤其是低效、高耗的生产和不合理的生活消费极大破坏了生态环境，由此危及人类自身生存条件的改善和生活水平的提高。”

**专栏2-6**

### 中国可持续消费的目标与行动

**目标**

1）在确保2000年人民生活达到小康的同时，保持人均能源及材料消费不再相应增加，并减少有害废物对环境的污染。

2）改进居民消费结构，促进社会消费多样化，基本满足不同层次的消费要求。

3）实行按劳分配及公平与效率兼顾的分配原则，防止在物质消费水平方面高低过于悬殊，缩小贫富差距，追求共同富裕。

**行动**

1）大力发展生产力，建立一个低耗、高效、少污染或无污染的生产体系，增加生活资料的数量、多样性和提高质量。

2）建立与合理消费结构相适应的产品结构。

3）积极推行分配制度改革，解决社会资源和收入分配不公的问题，调动广大人民的积极性。实行以按劳分配为主体，其他分配方式为补充，兼顾公平和效率的分配方式。

4）政府引导和促进居民消费结构的改善和社会消费的多样化。

资料来源：《中国21世纪议程》编委会，1994

中国的绿色消费兴起的较晚，不过也在逐步形成和完善。“九五”期间，我国制定并开始实施《中国跨世纪绿色工程计划》；1999 年，国家环境保护总局等 6 个部门启动了以开辟绿色通道、培育绿色市场、提倡绿色消费为主要内容的“三绿工程”；“十五”计划也提出“重视生态建设和环境保护，实现可持续发展”的战略目标；2001 年，中国消费者协会适时地将“绿色消费”确定为该年的消费主题，有力地促进了绿色消费观念的普及，这个主题将贯穿于整个 21 世纪。中国消费者协会于 2001 年 3 ~6 月在全国进行的“千万个绿色消费志愿者在行动”的大型调查活动结果显示：95% 以上消费者认可和支持绿色消费。对全国 36 个副省级以上的城市的调查也表明：98.9% 的消费者愿意为推动绿色消费而尽力；97% 以上的消费者愿意将垃圾分类投入，并进行节约用水；97.4% 的受调查者愿意选择绿色家居和环保装修，支持发展公共交通，拒绝野生动物制品；有 95% 的人赞同尽量不用塑料袋、一次性筷子和餐具。绿色消费的氛围在中国也开始形成。

虽然我国绿色消费发展迅速，但由于起步较晚，发展现状还不容乐观，在企业，政府及消费者方面都存在着很多不容忽视的问题。一是企业方面存在的问题：开发力度不足，提供绿色产品的动力不足；绿色产品价格偏高；绿色产品制造业未形成规模，生产管理水平落后；对绿色产品的市场调研不足，宣传不到位，营销手段滞后。二是政府方面存在的不足：对环保工作缺乏明确的考核制度；绿色教育力度不足；政府在绿色消费相关政策的制定上缺乏力度。三是消费者方面存在的制约：消费者收入水平低的制约；绿色消费观念还未深入人心；绿色消费行为不够成熟，消费仍然比较盲目。四是产品市场方面存在的障碍：绿色产品入市难；绿色产品流通不畅；绿色市场秩序混乱。

## 参考文献


艾瑞咨询集团 . 2009. 2009 年新能源行业研究报告 . 上海：艾瑞咨询集团

李克强 . 2010. 推动绿色发展 促进世界经济健康复苏和可持续发展 . http://news. xinhuanet. com/politics/2010 – 05/09/c_ 1282797. htm [2010-05-10]

莱斯特 R. 布朗 . 2009. B 模式 3.0：紧急动员拯救文明 . 刘志广等译 . 北京：东方出版社

莱斯特 R. 布朗 . 2003. B 模式：拯救地球延续文明 . 林自新等译 . 北京：东方出版社

林白鹏，臧旭恒 . 2000. 消费经济大辞典 . 北京：经济科学出版社

刘全根 . 1992. 海洋能开发利用现状及趋势 . 能源工程，2：38—44

欧阳予 . 2008. 世界核电国家的发展战略历程与我国核电发展. 中国核电 .

钱伯章 . 2007. 新能源——后石油时代的必然选择 . 北京：化学工业出版社

世界银行 . 2005. 2004 世界发展指标 . 北京：中国财政经济出版社

世界自然基金会等 . 2004. 生命行星报告 2004. 瑞士：世界自然基金会

王大中 . 2007. 21 世纪中国能源科技展望 . 北京：清华大学出版社

王豪 . 2004. 生态 · 环境知识读本——生态的恶化与环境治理 . 北京：化学工业出版社

王金南，李晓亮，葛察忠 . 2009. 中国绿色经济发展现状与展望. 环境保护，(05)：53—56

魏茨察克等 . 2001. 四倍跃进——用一半的资源消耗创造双倍的财富 . 北京：中华工商联合出版社

习近平 . 2010. 携手推进亚洲绿色发展和可持续发展 . http://www. boaoforum. org/Html/Home. asp

[2010-04-22]

张晓强. 2010. 中国绿色经济发展战略路径. http://www.lwgcw.com/NewsShow.aspx?newsId=5909 [2010-05-15]

中国科学院交叉科学研究中心唐山科学发展研究院. 2010. 鄱阳湖生态经济区科学发展动态. 科学发展新动态, 2: 5

中国能源投资网. 2007. 海外太阳能行业政策的变化. http://www.negyuan.cc/20071116/Info200711161320.html [2010-03-22]

《中国21世纪议程》编委会. 1994. 中国21世纪议程. 北京: 中国环境科学出版社

中国消费者协会. 2001. 中国消费者协会"绿色消费"年主题宣传提纲. 北京: 中国工商出版社

中国经济信息网. 2008. 2008中国行业年度报告系列之新能源. http://wenku.baidu.com/view/72a9b7eb19e8b8f67c/cb92a.html [2010-04-07]

周全之. 2009. 中国核电发展概况及展望. 大众用电, (04): 45—47

诸大建, 钱斌华. 2006. 循环经济的C模式及保障体系研究. 铜业工程, 1: 6—10

诸大建. 2008. 循环经济深化研究的一个框架. 中国科学院院刊, (05): 444—452

Timothy Beatly. 2000. Green Urbanism: Learning from European Cities. Washington D. C.: Island Press

# 第三章　绿色发展进程的宏观判定

我们研究了当代国际上从最穷的发展中国家到最富的发达国家的发展谱，以63个国家的现状作为基础，应用“各态历经假说”（ergodic hypothesis）获得了简单明确和完整可信的三大宏观判据组，分别对应于绿色发展理论的三大本质内涵。

第一宏观判据为表达绿色发展进程动力特征的倒U型曲线。本研究分析了中国整个国家绿色发展水平，明显看出中国整体仍处于倒U型曲线左侧的上升位置。在国内外经济格局不断变化的时期内，中国也面临巨大的挑战。因此应加快推进产业结构的调整，并推进工业结构调整与升级，这关系到中国实现绿色发展进程实现的快慢。

第二宏观判据为表达绿色发展进程公平特征的倒U型曲线。本研究中国东部省份与西部省份在经济密度、人均财富和经济总量上的差异。可以看出中国均处于倒U型曲线的左侧位置。这也明确地告诉我们中国在实现绿色发展的进程中，还有相当艰巨的任务。无论是整个国家或者各个省份，在达到绿色发展程度时，必须经受第二宏观判据的检验，即必须把绿色发展进程所带来的社会公平体现出来、把绿色发展为全体社会成员所带来的福祉，公正地显现出来。否则，社会财富的总量即使已经达到或超过某个规定的界限，如果这些财富只能被少数人支配的话，那就不是真正的绿色发展。

第三宏观判据为表达绿色发展进程质量特征的倒U型曲线。中国在近20年的发展中也存在着环境倒U型曲线的明显特征，本研究引用了废气排放指数和固体废弃物排放指数的变化作为典型例子，可以看出我国仍处于倒U型曲线的左侧，尚未达到其转折点，更未处于环境质量从整体上逐渐变优的右侧部分。这表示随着经济的增长，中国目前的环境质量仍处于“局部改善、整体恶化”的状态，对于中国各个省、市、自治区而言，要想率先实现绿色发展，除开“动力因子”（第一宏观判据）、“公平因子”（第二宏观判据）必须达到转折点并向右侧进展外，第三宏观判据亦应落入到它的倒U型曲线的右侧。

此外本研究还对中国31个省（自治区、直辖市）① 绿色发展进程的宏观识别作了分析。由于自然禀赋、历史条件等不同，我国经济发展有着明显的梯度特征，各地区倒U型曲线拐点出现的时间有早有晚，除了少数几个发达城市处在倒U型

① 本书数据暂未包括香港特别行政区、澳门特别行政区和台湾省的数据

曲线的右侧之外，其余的省、自治区、直辖市均在倒 U 型曲线的左侧。因此要争取让曲线的拐点前移，是各个省、自治区、直辖市共同努力的目标。

以上三大宏观判据的总体倒 U 型转换，已经成为衡量绿色发展程度的基本工具。中国要实现到 2050 年达到世界中等发达国家的水平，其三大宏观判据的倒 U 型转换，肯定会在 2050 年以前完全实现，加上中国后发优势的发挥，我国可以不走发达国家已经走过的弯路，可以采用最新的技术加以武装，可以制定更合理的政策进行规范，一定会在三大倒 U 型转换中比世界发达国家节省更多的时间，为我国胜利实现第三步走战略目标增加更大的保证率。

## 专栏 3-1

### “各态历经假说”的理论内涵

“各态历经假说”亦称“各态遍历假说”，是统计物理学中的一个基本假设，是诠释微观世界运动统计规律的最基本假设之一，其核心理念是指热力学系统处于热平衡态时，应接近于遍历相空间的任意点，如果遍历态发生破缺，系统就处于凝结状态。可持续发展学科把“各态遍历假设”这一物理学范式移植到可持续发展学科研究领域之中，认为“自然—经济—社会”复杂巨系统这一研究对象的演化也应遵守“各态遍历假说”，并且提出可持续发展学科的“各态遍历假说”。该假说认为：“在一个充分大的空间内，同一区域在不同时段的发展状态（时间序列谱）可以从同一时间不同区域的发展状态（空间局域谱）中获得识别，反之亦然。”该假说成立的一个基本前提条件是，研究对象所处的空间尺度与研究对象本身相比，应当足够大。

从哲学意义上来说，时间和空间是事物存的基本形式，时间和空间对于运动着的事物来说是统一不可分的。时间表现为事物运动过程的持续属性和发展顺序属性，空间表现为事物运动的广延属性和发展状态属性。实质上可持续发展学科研究的对象是“自然—经济—社会”这一复杂巨系统，可持续发展理论研究的基本任务是去深刻地揭示“自然—经济—社会”这一复杂巨系统蕴涵的基本规律，不但要揭示其“时间序列谱”和“空间局域谱”基本特征和基本规律，而且要充分去把握“时间序列谱”与“空间局域谱”二者“互振耦合”的基本特征和基本规律，唯有如此，才能对博大精深的可持续发展理给予完美的表达。从方法论的角度来说，“各态遍历假说”为可持续发展研究提供了两种基本方法：一是空间截面分析法，又称“空序普分析法”；二是时间序列分析法，又称“时序谱分析法”。例如，在研究可持续发展领域中的有关“空间分布”问题时，若“空间分布”的某个地点的数据出现缺失，可以通过从其相对应的“时间序列”的某个瞬时点上，去挖掘所需数据，然后再对挖掘数据进行修订。反之，亦然。两种方法相互联系、相互识别、相互补充，如同一只飞鸟的双翼，共同支撑着可持续发展研究的方法论体系。

"时间序列谱"与"空间局域谱"之间的"互振耦合"是可持续发展内在客观规律，而"各态历经假说"正是体现二者"互振耦合"最基本理论假说。就可持续发展理论的研究对象、研究时空范围而言，"各态遍历假说"不仅完全适用，而且也为该假说的丰富和发展提供了更加有力的实证。"时间序列谱"与"空间局域谱"之间相互联系、相互识别、相互补充，是该假说对时空统一、时空耦合最重要的贡献。"时间序列谱"的某种缺失，有可能从"空间局域谱"中得到启示和补足；同样，"空间局域谱"的某种缺陷，亦有可能从"时间序列谱"中得到启迪和弥补。

资料来源：①中国科学院可持续发展战略研究组，2001；②杨多贵等，2003

## 第一节　绿色发展的产业结构调整的宏观判据

工业化是一个伴随着工业发展的社会经济全面变革与发展的过程。在这个过程中，服务业以其高度创新性、广泛渗透性、效率倍增性和深度产业关联的优势，对制造业起着增加价值的重要作用。由于服务业存在特有的分离效应和分裂效应，使最初体现在一个人和一种产品中的服务可以从服务中分离出来，变成一种新的商品，从而增加了产出，达到以尽可能少的物化劳动耗费取得较多的经济效益的目的。没有服务业发展的支撑，工业化只能停留在比较初级的粗放的阶段，很难深化。更为重要的是，与第一、第二产业相比，服务业的发展具有资源消耗低、环境污染小的优势，大力发展服务业，提高其在国民经济中的比重，就能降低经济增长的资源消耗和环境污染。

根据国际经验以及学者研究发现，一个国家的经济发展水平与其产业结构存在一定的对应关系。美国经济学家西蒙·库兹涅茨在1941年的著作《国民收入及其构成》中就阐述了国民收入与产业结构间的重要联系。他通过对大量历史经济资料的研究得出重要结论而提出。库兹涅茨在继承克拉克研究成果的基础上，把第一、第二、第三产业分别称为农业部门、工业部门、服务部门，根据十多个国家国民收入和劳动力在产业间分布结构的大量统计数据，从时间系列分析和横断面分析中得出如下结论：①农业部门实现的国民收入的相对比重和劳动力在全部劳动力中的相对比重都处在不断下降之中，并且农业的国民收入相对比重下降的程度超过劳动力相对比重下降的程度。农业部门的相对国民收入在大多数国家都低于工业部门和服务部门，相对国民收入则大于。因此，在大多数国家农业劳动力减少的趋势仍不会停止。②工业部门国民收入的相对比重呈上升趋势，而劳动力的相对比重则大体不变；从横断面分析看，国民收入相对比重上升是各国的普遍现象；虽然劳动力相对比重因不同国家工业化水平而有差异，但综合起来看没有大的变化。③服务部门的劳动力相对比重几乎在所有国家中都是上升的，而国民收入的相对比重大体不变，略有上升；从时间系列的分析中看，服务部门的相对国民收入（比较劳动生产率）一般呈下降趋势：在服务部门中，教育与科研及政府部门中的劳动力在总劳动力中的比重上升最快。

著名发展经济学家钱纳里从经济发展的长期过程中考察了制造业内部各产业部门的地位和作用的变动，揭示制造业内部结构转换的原因，即产业间存在着产业关联效应，为了解制造业内部的结构变动趋势奠定了基础，他通过深入考察，发现了制造发展受人均 GNP、需求规模和投资率的影响大，而受工业品和初级品输出率的影响小。钱纳里利用第二次世界大战后发展中国家，特别是其中的 9 个准工业化国家（地区）1960～1980 年的历史资料，建立了多国模型，利用回归方程建立了 GDP 市场占有率模型，提出了标准产业结构。即根据人均 GDP，将不发达经济到成熟工业经济整个变化过程划分为 3 个阶段 6 个时期，从任何一个发展阶段向更高一个阶段的跃进都是通过产业结构转化来推动的。

《1991 年世界发展报告》提供了 1989 年各收入组别国家和地区的 GDP 结构。依据世界银行标准，中国第二产业比重相对偏高标准 10 个百分点左右，而第三产业偏低 10 个百分点左右（表 3-1）。

**表 3-1　人均收入 1000 美元左右时的产业结构标准及中国现状**

| 产业 \ 标准 | 库兹涅茨标准 | 钱纳里标准 | 世界银行标准 | 中国三次产业结构的现状（2008 年） |
|---|---|---|---|---|
| 第一产业占 GDP 比重/% | 9.2 | 22.8 | 14.0 | 11.3 |
| 第二产业占 GDP 比重/% | 50.2 | 39.2 | 35.0 | 48.6 |
| 第三产业占 GDP 比重/% | 40.6 | 37.8 | 51.0 | 40.1 |

注：中国 2008 年数据来自《中国统计年鉴 2009》

工业化水平指数是否实现了倒 U 型曲线从左侧向右侧的转移，是衡量绿色发展的产业结构调整的宏观判据。

其内涵所表达的实质是，绿色发展进程中的“动力”因子，亦即推动绿色发展进程不断向前的“合力”矢量，其大小和强度，对于绿色发展动态轨迹所产生的影响程度和态势映射，在时代交接和过渡的时期（如从工业时代向信息时代的转移），必然呈现出倒 U 型曲线的宏观特征。这里应用工业产值在 GNP 中所占的比重，随着人均财富（人均 GNP）的增长呈现倒 U 型曲线的明显特征去加以判断，即在人均 GNP 较低时，随着人均 GNP 的增长，该比重不断增长到达临界位置后，随着人均 GNP 的进一步增加，工业产值在整个 GNP 中所占比重开始呈下降趋势。就这个倒 U 型曲线的表达形态而言，随着人均财富的增长，工业产值占据 GNP 的份额先从倒 U 型的左侧上升，经过最高的临界点，而后进入倒 U 型的右侧并下降。当代发达国家（集团），全部已越过倒 U 型曲线的临界点，处于其右侧；而中国及众多的发展中国家仍处于倒 U 型曲线的左侧位置。

我们分析统计了 2007 年全球 63 个国家的工业化水平指数倒 U 型分布图（图 3-1），依照“各态历经假说”的原理，进行了统一规范：纵坐标以各国第二产业占该国 GNP 比重作为工业化水平的指数，横坐标以人均财富（人均 GNP 的对数值）作为发展程度的标志，点出了全球整体发展态势图，其中分割出 5 个区域，从左到右分别为：低收入国家（包括世界最穷的国家）、中收入国家的低档次、中收入国家的中档次、中收入国家的高档次、高收入国家（包括全世界最富的国家）。可以明显地判断出，中收入国家的中档次组，目前正经历着倒 U 型曲线的转折区（即最大临界区），而中收入国家的高档次组和全部的高收入国家（发达国家）落入到倒 U 型曲线的右侧部分。与此相比，中国目前的图像显示，仍处于中收入国家的低档次组，即仍处于倒 U 型曲线的左侧部分。

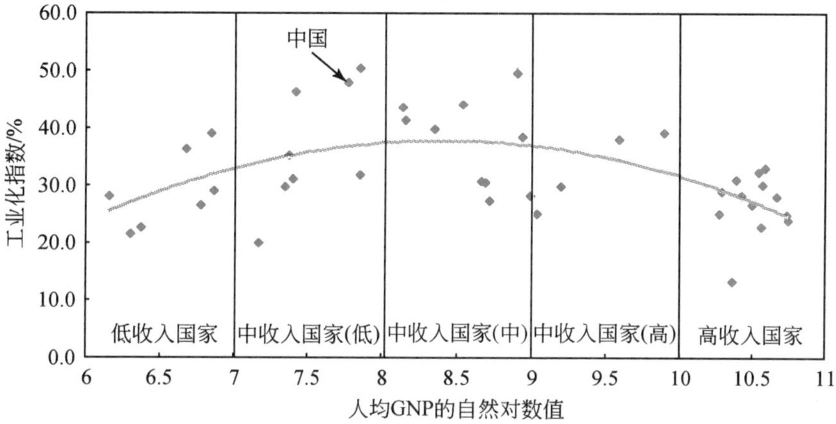


图 3-1　绿色发展进程第一宏观判据的倒 U 型对比

资料来源：中华人民共和国国家统计局，2009

为何发达国家经历过发展中国家那样的进程并能够进入倒 U 型曲线的右侧区呢？主要原因是他们从事生产高附加值的产品、高科技含量的产品、信息化水平高的产品、资本服务性产品、技术服务性产品和精神服务性产品，标志着绿色发展程度的实质，是国家信息化水平带动工业化水平的能力和潜力。什么时候工业化指数尚未通过倒 U 型的临界区并且开始处于下降的右侧，从宏观判断上就不能算作实现了绿色发展。

自 1960 年以来的五十余年中，世界的发展呈现出明显的趋势与规律：发达国家（高收入国家）的工业产值所占比例，随着年代的进展，逐步地、先后地并最终稳定地处于下降的趋势，它直接意味着其国民财富的积累，已经明显地不再依赖传统工业化水平的高低去表征；而中等收入国家（处于发展中国家的前列和发达国家的后列）大约在 1980 ~ 1985 年，工业化水平达到了倒 U 型曲线的顶峰，并开始缓慢下降，并去追赶发达国家的步伐，从而也开始了不主要依赖传统工业化水平的高低去决定自己国民财富的总体积累；至于低收入国家的发展中国家，自 1960 年以来，依旧以传统工业比重迅猛上升的势头，表达了国民财富中的主要部分，仍然依靠着工业化水平的增高去实现（即通俗所谓的“无工不富”），到了 1995 ~ 2008 年，从总体趋势上去看，似乎仍未达到其倒 U 型曲线的顶点位置，这代表着其绿色发展水平与发达国家相距在 50 年以上，而与中等收入国家相距 25

年以上。中国目前处于中等收入国家的低档位次，因此实现绿色发展的路程还十分艰巨，再用40年的时间到2050年全面赶上（当时的）中等发达国家水平，仍需作出重大的努力。以上的分析是图3-2对全球所有国家统计分析的结果。

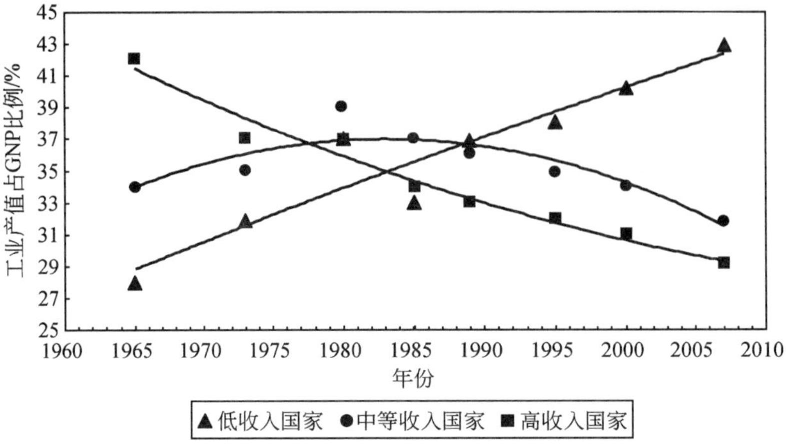


图3-2 世界高中低收入国家工业产值占GNP比例变化趋势

进一步阐述工业化水平指数的倒U型曲线变化，如何可以作为国家绿色发展宏观判据的表征，中国科学院可持续发展战略研究组精细地刻画了1980～2007年的全球综合性发展趋势。把全世界各类国家的工业化水平统一考虑在一个基础模型中，可以清晰地发现，全球在1985年，综合工业化水平指数处于倒U型曲线的临界最高点，此后呈规律性下降，这个趋势的表达十分清晰，其间的相关系数高达0.9278，并且凸现出倒U型曲线的总体轮廓，从中可以感到发达国家对于全球经济变化的明显拉动作用和它所占据的主流地位。这种工业化指数变化的倒U型变化，从国家分类统计（图3-1）、依照50年发展阶段的分析（图3-2）和对于全球综合分析（图3-3），全部证明了工业化指数倒U型变化，在判定一个国家和地区实现绿色发展程度中的宏观价值。

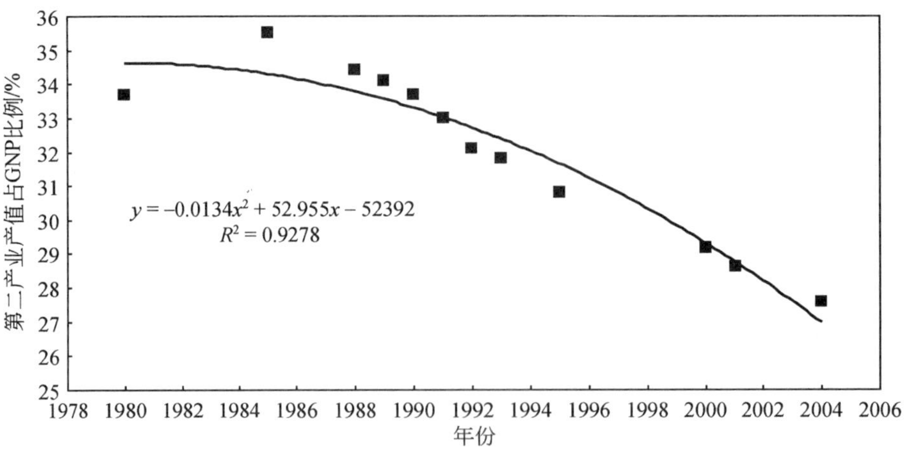


图3-3 全球第二产业产值占GNP比例变化趋势

为了更加详尽地阐述绿色发展的第一宏观判据，本报告又分析了美国 1820 ~ 2007 年共 187 年的发展过程（图 3-4）。从分析中可以十分可信地指出，在约 190 年的历程中，第一产业的劳动力占全美总劳力之比例，从约 80% 下降到不足 2%；而第三产业从 1820 年的 10% 左右，上升到目前的 77% 以上；而最具代表性的传统工业或指第二产业（即通常所谓工业化水平指数的基本组成部分）呈现出完美的倒 U 型曲线，并显示出在 1950 ~ 1960 年到达了倒 U 型曲线的顶点临界区，此后第二产业所拥有劳动力占全美总劳动力的比例，开始较快速度的下降，这种下降的趋势目前仍在持续中。应该可以肯定的是，当美国的工业化水平发展到一定程度时，开始了培育信息化和以此为标志的高新技术产业，它们相对于传统工业化水平指数而言，在财富积累方面作出了更大的贡献，对于绿色发展水平的提高和绿色发展水平的推进，起到了主导地位的发动机作用。

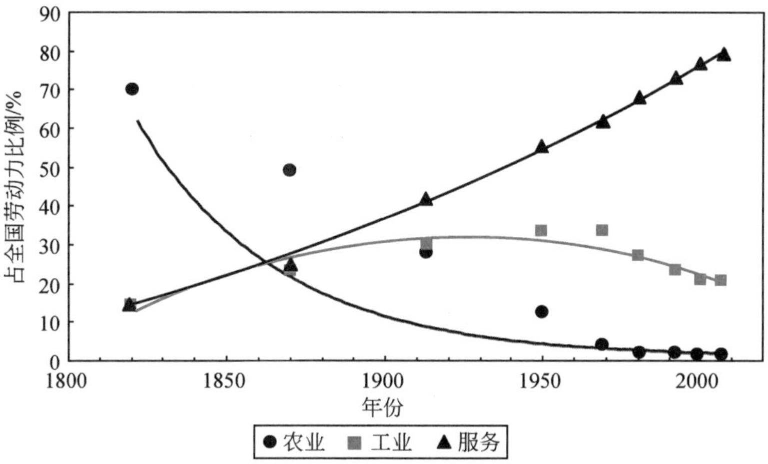


图 3-4　1820 ~ 2007 年美国农业、工业、服务业占全国劳动力比例变动趋势

美国摩根斯坦利财团的迪安威特公司首席经济学家、全球经济分析主任罗奇指出："在过去的 20 年，美国实行了三大重建模式，其一逐渐减少制造业的比重；其二减少对服务业的控制；其三加大信息技术的投资。"罗奇的分析为我们的第一宏观判据作了进一步的印证。

因此，关于工业化水平指数（通指工业时代所谓的传统工业水平）的倒 U 型变化，已经在一个国家（如美国）、国家集团（如发达国家和发展中国家）、全球整体（如所取的 133 个国家的综合分析），都得到了明确无误的验证。在第四节中，我们也应用"第一宏观判据"即第一个关于绿色发展进程的判别原则，分析了中国整个国家和各省、市、自治区的绿色发展水平，明显看出中国整体仍处于倒 U 型曲线左侧的上升位置，这种位置的移动方向和速度对应着中国的绿色发展进程，并以此去衡量中国在绿色发展进程中所处的位置、动态变化、未来发展、距离目标函数的差距等，希望能作出更加科学、更加合理的检验和判断，以供决策者在制订规划、确定战略时加以参考（图 3-5）。

本质上，"第一宏观判据"所显示的是绿色发展进程的动力判别，包括促进绿

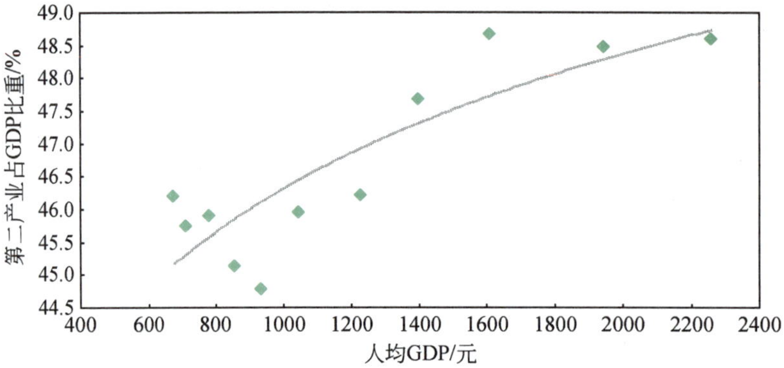


图 3-5　中国人均 GDP 增长与第二产业比例倒 U 型曲线（1998 ~ 2008 年）

色发展的推动力、推动规模、推动速度和推动的可持续能力。第一宏观判据较好地符合了在绿色发展理论中，如何衡量其动力基础的客观表达，它必然是一个国家或地区对于其自然资本、生产资本、人力资本、社会资本的总体运用形式的总结果；也是对上述四大资本如何进行科学重组、优化协调以及对于国家创新能力培育和对发展道路战略选择的总结果。

## 专栏 3-2

### 加快产业结构调整　促进工业转型升级

李毅中

日前，胡锦涛同志在省部级主要领导干部专题研讨班上强调，经济发展方式转变的一个重点是加快推进产业结构的调整。在国内外经济格局发生深刻变化的关键时期，不失时机地推进工业结构调整与升级，这关系到改革开放与社会主义现代化建设全局，是摆在我们面前的重大战略任务。

**一、我国工业经受住国际金融危机的严峻考验，实现了回升向好的重大转变**

2009 年是进入新世纪以来我国经济社会发展最为困难的一年。面对挑战，我们紧紧围绕“保工业，就是保增长、保就业、保稳定”大局，多措并举，狠抓落实，在较短时间内实现了工业增速回升向好的“V”形反转，全年累计增长 11%，为经济平稳较快发展作出了突出贡献。

着力扩大内需、稳定出口。推动实施家电、农机、汽车摩托车下乡以及汽车、家电以旧换新、1.6L 以下小排量乘用车购置税减半等政策，有效地拉动消费、惠及民生。其中，汽车产销量分别为 1379 万辆、1364 万辆，均居世界第一。推动国家 7 次下调出口退税率，全年为工业新增退税额 1530 亿元，为扭转我国出口急剧下滑，确保工业出口降幅收窄发挥了重要作用。截至2009年11月，规模以上工业出口交货值同比增长5.3%，结束了连续12个月同比下降的局面。

着力推进重点产业调整和振兴规划的实施。在工业发展最困难的时候，党中央、国务院提出了重点产业调整和振兴规划。围绕这一战略部署，国家发展和改革委员会与工业和信息化部编制完成了十大产业调整和振兴规划，提出了165项实施细则并逐项推动落实，全面加强行业指导。这些政策的实施，有效提振了企业信心，保障了重点行业的稳步发展。

着力发挥企业技术改造的突出作用。通过努力，国务院设立了200亿元的中央财政技术改造专项资金，重点支持企业在品种质量、节能降耗、环境保护、装备水平、安全生产和促进信息化与工业化融合等薄弱环节进行技术改造。2009年，拿出230亿元支持了4441个项目，合计拉动了6326亿元的社会总投资，拉动系数为28倍。

着力兼并重组、淘汰落后和节能减排。机械、冶金、汽车、有色、电子信息等重点行业的并购重组加速推进，行业集中度进一步提高。炼钢、炼铁、水泥、平板玻璃、电解铝、焦炭等行业淘汰落后产能取得初步成效，全年分别淘汰落后产能1691万t、2113万t、7416万t、600万重量箱、31万t、1809万t。2009年规模以上单位工业增加值能耗同比下降9%以上，化学需氧量和二氧化硫排放量继续呈下降趋势。

着力培育战略性新兴产业。重点支持电子信息、高端装备制造、新能源、新材料、生物医药等新兴产业以及软件服务、现代物流等生产性服务业发展。通过发放3G牌照和促进TD等3G产业发展，快速形成了新的增长点，当年直接投资1609亿元，带动了网络、服务和新业务的快速发展。应用信息技术改造提升传统产业效果明显，正在催生一批新的增长点。

着力改善中小企业发展环境，增强发展活力。积极发挥牵头部门作用，从政策法规、融资信贷、财税扶持、政府服务平台等方面，为中小企业发展创造更好环境。2009年，4800户担保机构为中小企业提供了8500亿元的贷款担保。截至2009年9月，中小企业贷款占企业贷款的59%，小企业贷款增加1.1万亿元，增长27%。中央财政安排了96亿元中小企业发展资金和30亿元技术改造资金，中小企业技术改造、开拓市场的能力进一步增强。

着力科技创新和质量品牌建设。在关键领域取得一批重大自主创新成果，重大装备自主化和本土化水平不断提高，一批科技专项成果正在加速产业化。国防科技工业重大项目进展良好。以品种、质量、品牌、服务为重点，全面加强工业产品质量管理，引导消费，拉动发展。完成2.3万项标龄10年以上行业标准复审，发布国家标准和行业标准3120项。

## 二、把握好工业转型升级的战略机遇

中央经济工作会议强调，要更加注重结构调整和经济发展方式转变。今后一个时期，我国工业面临的形势错综复杂，任务艰巨紧迫。

一是我国工业和信息化发展面临深刻变革和挑战。从外部发展环境看，全球经济结构加速调整，新的格局正在形成。发达国家重新重视发展实体经济，提出了“再工业化”、“低碳经济”、“智慧地球”等新的理念，加快布局新能源、新材料、信息、环保、生命科学等领域发展，抢占未来科技和产业发展制高点，这从客观上对我国经济发展形成了巨大的压力和制约。从内部发展环境看，在国际金融危机的冲击下，我国工业的深层次矛盾和问题更加突出。主要表现为：产业结构不合理，部分行业产能过剩严重，过度依赖投资和出口，自主创新能力不强，缺乏核心技术和品牌，总体上处于国际产业分工体系的中低端。我国工业目前仍主要依靠大量消耗物质资源，资源环境难以支撑，发展不可持续。要赢得这些挑战，必须按照胡锦涛同志提出的痛下决心、狠下工夫，坚决打好转方式、调结构这场硬仗的要求，加快产业结构调整，促进工业转型升级。与此同时，也要看到：我国工业结构调整和转型升级面临着前所未有的战略机遇。全球经济的深度调整为我国加快结构调整、转变发展方式提供了时间和空间。主要发达国家在国际金融危机中遭受重创，市场需求、供给结构和贸易结构都面临深度调整，经济复苏缓慢乏力，结构调整优化需要较长的过程，这在客观上为我国加快结构调整、缩短与发达国家差距提供了宝贵的时间和空间。同时，经济下行时的“倒逼机制”往往也给结构调整、产业升级增添压力和动力。

二是我国已进入必须以结构调整和转型升级促发展的新阶段。我国工业经历长期高速发展后，面临新的周期性调整压力，进入需要推动转型升级的发展新阶段。同时，我国工业发展也具备了加快结构调整的有利条件和物质基础。面对工业化、信息化和城镇化的发展趋势，我国工业必须努力推进转型升级。

三是中央一系列重大政策措施为促进我国工业转型升级提供了强大动力。应对国际金融危机，中央出台了一系列扩大内需、促进消费的政策措施，着力扩大消费需求，培育消费热点；启动总额达 4 万亿元的两年投资计划，引导带动社会资金投入；制定实施重点产业调整和振兴规划；改善中小企业的融资和发展环境；大力培育战略性新兴产业；重视推进技术改造和自主创新，加快实施国家重大科技专项；深化社会保障改革，扩大就业渠道等。这些重大政策的实施都将为推进工业转型升级提供重要保障。

总体看，我国工业发展的条件和动力正在发生重要变化。我们要把经受国际金融危机的切肤之痛转化为加快结构调整和转型升级的动力，抢抓发展机遇，促进工业由大变强。

### 三、推进结构调整、加快工业转型升级的思路与措施

推进工业结构调整和转型升级的主要目标是：从主要依靠规模扩张、过度消耗能源资源的粗放发展向注重效率、注重发展质量和效益的可持续发展方向转变，促进我国工业良性循环，加快走中国特色新型工业化道路的步伐。

促进工业平稳较快发展，为推进结构调整和转型升级打好基础。当前，要坚持把改善供给结构、促进扩大内需作为保持工业平稳较快发展的根本途径，着眼于完善促进消费各项政策，增强消费需求对工业增长的带动作用。抓住3G发展、三网融合等新机遇，开拓新型消费领域。促进出口产品结构调整，稳定劳动密集型产品出口，扩大传统优势产品和自主品牌产品出口，实现内外需均衡发展。

抓住当前战略性机遇，加快工业结构调整。一是调整工业产业结构。根据工业化进程和消费结构升级要求，调整轻重工业结构，推动协调发展；推动制造业与服务业结合，推动劳动力密集与资金密集、技术密集型产业协调发展。二是改善产业组织结构。按照市场竞争、规模经济、专业分工、产业配套的原则，提高产业集中度，形成以产业链为纽带，骨干企业为龙头，大中小企业协作配套、产业链上下游企业共同发展的产业组织结构。三是提升技术和产品结构。开发生产各具优势和特色的产品，引导消费、扩大消费。四是优化工业区域布局。坚持工业区域功能化、差异化发展，形成与地区资源、能源及环境容量相适应、主导产业特色优势突出的区域协调发展新格局。建立产业区域协调互动机制，引导沿海地区与内地产业有序转移。

抓住主要环节，切实推进发展方式转变。一是加快企业技术改造，推动工业内涵式发展。尽快建立起推动企业技术改造的长效机制，使持续的技术改造贯穿于我国新型工业化发展的全过程。二是推进兼并重组和淘汰落后产能，抑制部分行业产能过剩和重复建设。综合运用法律、经济、技术和必要的行政手段，形成有利于落后产能退出的市场环境和长效机制。把住土地、信贷两个“闸门”，提高能源消耗、环境保护等方面的准入门槛，抑制部分行业产能过剩和重复建设。三是大力推进工业领域节能降耗和减排治污，促进资源节约型和环境友好型工业发展。四是以产业基地和工业园区为载体，促进产业集聚、集约式发展。

以促进信息技术的深度应用为途径，提升信息化与工业化融合水平。从企业、行业和区域3个层面，促进信息化与工业化的全方位、多层次、高水平融合。加快利用信息技术改造提升传统产业，制定实施鼓励物联网发展的政策措施，催生新型产业。推进国产软硬件的研发应用，推动电子商务、电子政务发展。

以加强自主创新为动力，走创新驱动、内生增长的发展轨道。以实施重大科技专项为契机，整合科技资源，突破核心技术和关键技术。强化企业技术创新主体作用，以市场为导向、产学研用相结合，引导创新要素和资源向企业聚集。实施工业产品质量振兴和自主品牌战略，推进产品和市场创新，有效拉动消费，提升消费结构。实施标准和知识产权战略，形成一批核心自主知识产权和技术标准。引导企业实施财务资金、人力资源、战略规划和市场营销等关键环节的管理创新，提高管理效率和水平。

深化体制机制改革，完善政策保障体系。坚持市场机制和宏观调控相结合，协调解决结构调整和工业转型升级中的重大问题。制定支持淘汰落后产能、企业兼并重组、信息化与工业化融合、工业园区等财税、金融、环保、土地、进出口措施，完善有利于工业转型升级的社保、人才、就业等相关政策，为推进工业转型升级提供制度保障。

资料来源：李毅中，2010

## 第二节　绿色发展的发展与公平的宏观判据

社会公平程度指数是否实现了倒 U 型曲线从左侧向右侧的转移是衡量绿色发展进程的第二宏观判据。

其内涵所表达的实质是，绿色发展进程中应当带来的社会公平、区域公平以及可持续发展的代际公平，即绿色发展理论中所应包括的“公平”因子，如何在绿色发展进程中得到清晰的反映，并且评价出此种反映与第一宏观判据的“动力”因子反映的相互关系，以便共同对于国家和地区的现代化程度，作出更进一步的判断。第二宏观判据的总体要求是：社会贫富差异或区域贫富差异，随着人均财富的增长，将会呈现出开始时由左侧逐渐增大，经过顶点的临界区后，又逐渐进入右侧并不断下降的总体趋势。第二宏观判据的倒 U 型曲线，评判一个国家是否进入了绿色发展的范畴，其贫富差异指数（或一个地区的贫富差异指数），至少应当越过最高点的临界区，进入到随着人均财富的继续增长，贫富差异逐渐缩小的总体趋势。如果仍然处于倒 U 型曲线的左侧，即随着初期人均财富的增加而扩大其区域贫富差异时，就不可能被认为是进入了绿色发展的轨道。

1975 年诺贝尔经济奖获得者西蒙·库兹涅茨在研究人均财富差异（公平问题）与人均财富增长（发展问题）之间关系时，首次提出公平与发展遵循倒 U 型曲线规律。库兹涅茨在其经典论文《经济增长与收入不平等》中表述：“在从前工业文明向工业文明极为快速转变的经济增长早期，不平等扩大，一个时期变得稳定；后期不平等缩小”，这就是著名的“库兹涅茨假说”（S. Kuzneets hypothesis）最早提法，学术界亦称库兹涅茨倒 U 型曲线。在对该假说进行实证研究时，又通常将其表达为几何形式：以人均财富为横坐标，以人均财富差异为纵坐标，在人均财富较低时，随着人均财富的增加，人均财富差距逐渐增大，当差异达到临界最大值之后，再随着人均财富的增长，则人均财富差异呈现逐渐下降趋势，整个变化过程呈现倒U型曲线的特征（图3-6）。该假说实质上揭示了人均财富积累与社会分配之间对应的内在基本规律，也提示了财富累积对社会分配机制所带来的内在冲击与影响。

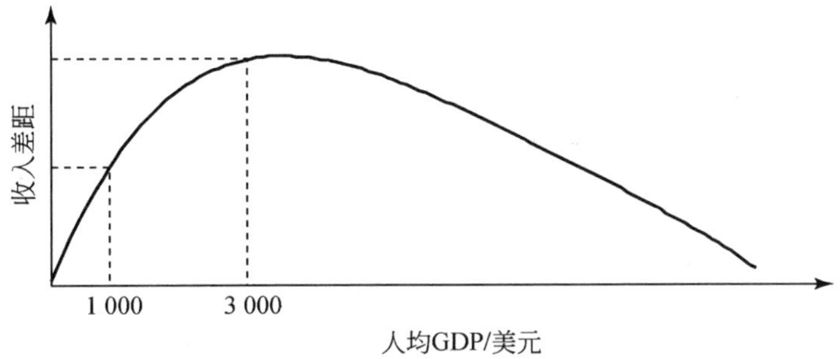


图3-6　库兹涅茨倒U型曲线

库兹涅茨倒U型曲线理论发表之后，在国际学术界引起了很大的反响，当然也不乏争议。库兹涅茨本人以美、英等发达国家的统计资料为基础得出发达国家收入分配不平等状况经历了先恶化后改善的过程，同时，又横向对比发展中国家与发达国家收入分配情况，发现发达国家收入分配公平程度优于发展中国家。著名经济学家H. 钱纳里（H. Chenery）和M. 赛尔奎（M. Syrquin）等对该假说基本持赞同意见，并且在其研究中吸取了库兹涅茨的研究成果，H. 钱纳里在《以增长进行分配》一文中，提出“只有通过国民生产总值的增加，才有足够的东西供分配”的观点；而持异议者认为“为了发展的利益漫漫下流，直到达到最穷困阶层，要等待几个世代，这从人性上是不再能接受的，从政治上说是不负责任的”。

库兹涅茨倒U型曲线所揭示的是一个客观存在的普适性的规律，但是它成立要满足3个隐含的基本前提条件：第一，经济发展是否具有较高的自由度。从经济体制方面来说，只有在实行自由市场经济体制的国家或区域，经济发展具有较高的自由度，库兹涅茨假说才可能成立，在实行计划经济体制的国家或区域不可能出现。第二，政府是否能够成功地担负起“道德人”的角色。在人均财富积累达到一定水平之后，政府要能够担负起“道德人”的角色，适时地实施积极、有效的宏观干预政策和财政转移支付手段，库兹涅茨假说才能成立，否则人均财富差异将随着人均财富的增加而扩大，而不会出现人均财富差异逐渐缩小的特征。第三，经济增长是否仍处于一个长波周期之内。在一个经济增长周期之内，国家或区域经济增长要先后经历发动、起飞和成熟阶段，人均财富增长与人均财富差异遵循库兹涅茨倒U型曲线假说。如果不是在一个长波周期之内，而是在跨两个长波周期之内，则不可能呈现库兹涅茨倒U型曲线特征。目前多数发展中国家的主流经济学家、公共政策的制定者和经济社会改革的具体操作者仍把库兹涅茨倒U型曲线作为实施国家或区域经济社会的“梯度发展战略”、“雁式发展战略”，乃至诠释不平等和生产贫困的重要理论依据。尤其是在该倒 U 型曲线中，由人均财富差异临界点所标识的这种“阶段性”，为评估一个国家或区域经济社会发展水平提供了最基础的宏观理论判据。

在我们的研究中，这种倒 U 型曲线从本质上反映了绿色发展进程中必须具备社会公平特征和全民富裕特征的出现，否则只谈论社会财富总量，是无法全面表达绿色发展的整体内容的。我们在研究中一共列出三组曲线，用以说明中国在绿色发展进程中，仍然处于社会分配差异增大的过程中。换言之，在所绘制的倒 U 型曲线中，中国目前的现状还处在倒 U 型曲线的左侧，尚未整体地到达顶点临界区，即尚未转向右侧使得社会公平程度越来越大的阶段。我们相信，通过国家实施西部大开发战略和扶贫攻坚计划，这种反映中国东部和西部收入差异的距离，会尽快地转移到倒 U 型曲线的右侧，但是在目前，这种转移尚在进行中，与第一宏观判据一样，如不完成第二宏观判据对于社会公平的倒 U 型曲线的转折，在中国到 2050 年实现绿色发展的整体目标就会受到很大的影响。对于每一个省、市、自治区而言，第二宏观判据是衡量能否率先实现绿色发展进程的必不可少的又一标准。

改革开放 30 年来，中国经济建设取得了举世瞩目的成就，与此同时，中国东、中、西部地区经济差距也日益呈现扩大的趋势，研究中国地区差距产生、发展的内在规律，寻求发展与公平的平衡点与结合点，不仅仅是当前学术研究的热点问题，更是中国政府关注，并力求解决的焦点问题之一。本研究采集了中国 1978 ~ 2008 年的 30 年间，东部 12 个省（自治区、直辖市）与西部 10 个省（自治区、直辖市）经济发展数据，以对中国公平与发展的库兹涅茨倒 U 型曲线假说进行验证（表 3-2）。

**表 3-2　1978 ~ 2008 年中国东部地区与西部地区经济发展差异**

| 年　份 | 人均 GDP 差异倍数（东部人均/西部人均） | 经济密度差异倍数（东部密度/西部密度） | 经济总量差异倍数（东部总量/西部总量） |
|---|---|---|---|
| 1978 | 1.7 | 14.7 | 3.5 |
| 1979 | 1.7 | 14.7 | 3.5 |
| 1980 | 1.8 | 15.1 | 3.6 |
| 1981 | 1.8 | 15.5 | 3.7 |
| 1982 | 1.8 | 15.4 | 3.7 |
| 1983 | 1.8 | 15.1 | 3.6 |
| 1984 | 1.8 | 15.5 | 3.7 |
| 1985 | 1.9 | 15.9 | 3.8 |
| 1986 | 1.9 | 16.0 | 3.8 |
| 1987 | 2.2 | 19.1 | 4.5 |
| 1988 | 2.0 | 16.6 | 4.0 |
| 1989 | 2.0 | 16.6 | 4.0 |

续表

| 年　份 | 人均 GDP 差异倍数（东部人均/西部人均） | 经济密度差异倍数（东部密度/西部密度） | 经济总量差异倍数（东部总量/西部总量） |
|---|---|---|---|
| 1990 | 1. 8 | 15. 6 | 3. 7 |
| 1991 | 1. 9 | 16. 0 | 3. 8 |
| 1992 | 2. 0 | 17. 2 | 4. 1 |
| 1993 | 2. 2 | 18. 8 | 4. 5 |
| 1994 | 2. 3 | 19. 5 | 4. 6 |
| 1995 | 2. 4 | 20. 0 | 4. 8 |
| 1996 | 2. 3 | 17. 3 | 4. 1 |
| 1997 | 2. 3 | 17. 4 | 4. 1 |
| 1998 | 2. 3 | 17. 5 | 4. 2 |
| 1999 | 2. 4 | 17. 3 | 4. 1 |
| 2000 | 2. 4 | 17. 9 | 4. 3 |
| 2001 | 2. 5 | 18. 1 | 4. 3 |
| 2002 | 2. 5 | 18. 4 | 4. 4 |
| 2003 | 2. 6 | 18. 8 | 4. 5 |
| 2004 | 2. 5 | 18. 9 | 4. 5 |
| 2005 | 2. 5 | 19. 4 | 4. 6 |
| 2006 | 2. 4 | 19. 3 | 4. 6 |
| 2007 | 2. 4 | 19. 1 | 4. 6 |
| 2008 | 2. 3 | 18. 5 | 4. 4 |

我们采用的第一组数据，是 1978～2008 年的 30 年间，中国东部省（自治区、直辖市）与西部省（自治区、直辖市）在经济密度上的差异。这里所谓的经济密度是单位面积（例如 $1km^2$）所承载的经济实力（GDP 数值）。随着年代的递增（其中隐含着社会财富即 GDP 的逐年增长），中国东西部在经济密度上的差异倍数呈现增长趋势（图 3-7）。

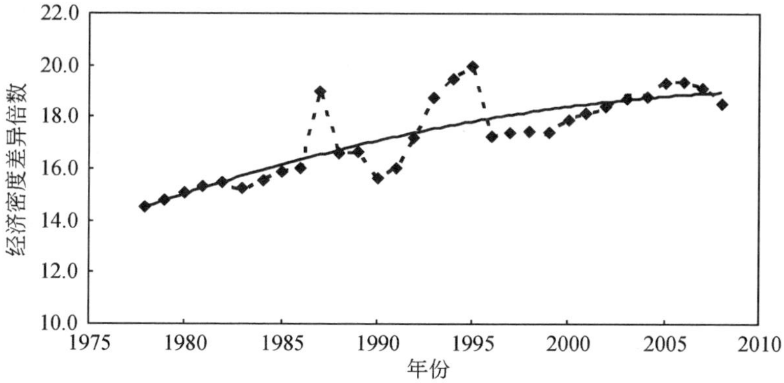


图 3-7　中国东西部经济密度差异倒 U 型曲线

我们采用的第二组数据，是 1978～2008 年的 30 年当中，中国东部省份与西部省份在人均财富上的差异。这里所谓的人均财富是按人平均的 GDP 数量。随着年代的递增，东西部在人均财富上的差异程度同样表现为增加趋势，即同经济密度的差异一样，都还处于倒 U 型曲线的左侧（图 3-8）。

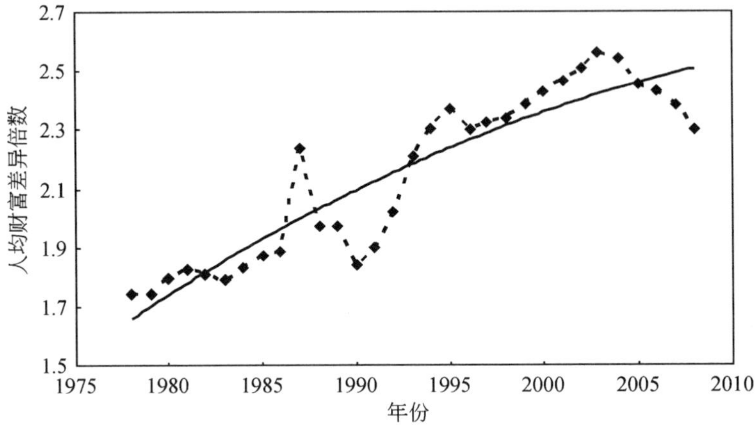


图 3-8　中国东西部人均财富差异倒 U 型曲线（1978～2008 年）

所采用的第三组数据，是 1978～2008 年的 30 年当中，中国东部与西部在经济总量上的差异。此种差异同样具有递增的特征，与前述的第一组和第二组数据相似，中国也处于倒 U 型曲线的左侧位置（图 3-9）。

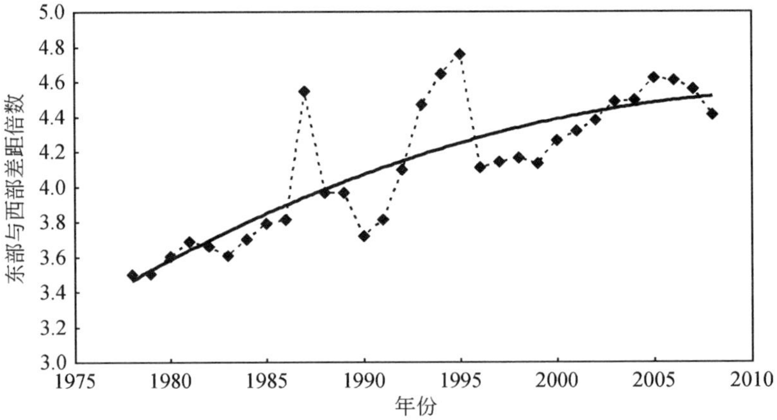


图 3-9　中国东西部经济总量差异的倒 U 型曲线（1978～2008 年）

以上 3 组数据的表现形式，明确地告诉我们中国在实现绿色发展的进程中，还有相当艰巨的任务。无论是整个国家或者各个省份，在达到绿色发展程度时，必须经受第二宏观判据的检验，即必须把绿色发展进程所带来的社会公平体现出来、把绿色发展为全体社会成员所带来的福祉公正地显现出来。否则，社会财富的总量即使已经达到或超过某个规定的界限，如果这些财富只能被少数人支配的话，那就不是真正的绿色发展。

## 专栏 3-3

### 国家内部的不平等包括多个方面

1996 年的收入不平等分为两个部分，一是来源于个人无法控制的 4 个先天因素的不平等（种族、出生地区、父母的教育程度和出生时父母的职业），另一个是其他决定因素造成的不平等。在工人收入的总体差别中，有 1/4 来源于这四个先天因素。需要指出的是，在机会的决定因素中，还有其他在出生时已先天决定的因素（例如性别、家庭财富或小学的质量），在这里没有加以考虑。因为在对不平等进行"分解"时没有考虑这些变量，所以这里的结果可以看做是对巴西机会不平等的下限估计。

然而，先天性（同时也是与道德无关的）因素所决定的不仅仅是未来的收入。教育和健康都具有内在价值，并影响个体参与经济、社会和政治生活的能力。几乎在所有地区的人口中，儿童面对的学习机会和过上健康生活的机会均存在巨大的差别，主要取决于资产拥有量、地理位置或父母的教育程度。各国富人和穷人在享受系列基础免疫服务方面的差别之大，从中可见一斑。

在享受服务方面存在巨大的不平等，例如埃及几乎每个人都能获得一揽子基础免疫服务（左侧），而乍得有超过 40% 的儿童无法享受这些服务（右侧）。另外，国家内部的差别，可能与样本中各国之间的差别一样大。例如在厄立特里亚，最富裕的 20% 人口中，儿童几乎完全可以获得免疫服务，而最穷的 20% 人口中近半数儿童被排除在服务范围之外。

这些不平等通常与个体的"能动性"有关，即社会经济、文化和政治因素决定的、塑造自身周围世界的能力。此类差别造成在制度和规则上出现对权势较大、特权较强群体有利的偏差。在现实当中，这种情况有多种多样的体现形式，例如在印度农村中，要改变世袭的种姓，可能性很小，又例如在厄瓜多尔，奇楚亚人经常遭到歧视。不同群体在权力和地位上持续性的差别，可能会内化为将不平等永久化固定下来的行为、志向和喜好。

机会不平等还存在代际传递。如果父母较贫穷、社会地位较低，子女在教育、健康、收入和社会地位方面的机会也较差。这一点从年龄很小的时候即开始存在。在厄瓜多尔，无论来自哪个社会经济群体，3 岁儿童的词汇识别测验分数基本相同，与标准的国际基准人群的测验分数很接近。但是到了 5 岁，相对于国际基准人群，除了属于最富裕群体的儿童和父母受教育程度最高的儿童，其他儿童的测验分数均全面下降。父母受教育年限为 0～5 年的儿童，与父母受教育年限为 12 年或更多的儿童，在词汇识别能力上如此巨大的差别，在他们一旦进入小学后很可能转变为学习成绩上的巨大差别，并且以后可能继续存在。在富裕国家也观察到代际不流动性：来自美国（均等机会是美国的一大神话）的新证据显示，社会经济地位的代际继承性很高：最新的估计显示，收入为全国平均水平一半的家庭，要达到全国平均收入水平，要花五代人的时间 。不流动性在非洲裔美国人身上体现得作为明显。

从公平角度出发分析问题，在发展政策制定方面提供了3个新的视角，至少是3个往往被忽视的视角。

第一，最好的减贫政策应涉及对主导群体的影响力、特权或补贴进行再分配。政治权力畸形集中带来高度不平等的财富分配，从制度渠道推行基础广泛的个人权利和财产权可能受到阻碍，从而导致服务提供和市场运转出现扭曲。除非迫使主导群体向机会较少的群体出让发言权、影响力和政治资源，否则不可能改变这种状况。

第二，这种提高公平程度的（权力、政府开支受益权和市场准入权）再分配往往能够提高效率，但是在政策设计上也需要评估各种可能的取舍方案。某些时候，通过提高税率来筹集经费增设面向最贫穷人口的学校，会极大地打击人们的进取心或投资动力（具体程度取决于税率的高低），以致应该停止。在作出此类需要权衡取舍的政策选择时，应充分考虑提高公平程度所带来效益的价值。如果从长期看，除了改进学校教育所带来的眼前的具体好处之外，通过增加用于面向低种姓儿童的学校的开支，可以削弱社会上的角色定位模式化心理，并随之提高学生的成绩，那么就不应忽视这些收益。

第三，将增长政策和具体旨在实现公平的政策割裂开来是错误的。机会分配和增长过程，两者不是孤立的关系。影响一个人的政策也会影响另一个人。这不是说，每项政策均需要逐个考虑个体的公平：例如，对某项贸易改革带来的不公平效应，最好的处理方式未必总是调整贸易政策本身（这种方式可能导致贸易政策更容易被操纵），而是通过社会安全网、劳动力流动和教育方面的配套政策进行处理。关键在于总体的一揽子政策和相关程序的公平性。

资料来源：世界银行，2007

## 第三节　绿色发展的环境与发展的宏观判据

当今世界，资源短缺和环境污染已成为人类社会可持续发展所面临的共同问题，除了自然因素外，资源与环境的主要原因：一是对自然资源的过度开发超过了资源的承载能力和更新速度；二是在资源利用过程中向环境排放污染物超过了环境的容量，从而导致了环境污染和生态破坏。因此环境污染是经济发展过程中的副产品，即伴随着经济发展，环境质量会受到不同程度的影响。从发达国家和地区的经济发展史看，大多经历过为促进经济增长而引致环境恶化的发展阶段。

那么经济的持续增长是否会给一个国家或地区造成更大的危害？最近十几年来对经济与环境质量关系的研究引起了学术界的关注。经济学家 Grossman 和 Krueger（1991）在环境经济学的研究中，首次提出了“环境库兹涅茨曲线”的现象。以后，哈佛大学国际发展研究所 Panayotou（1993）证实了环境库兹涅茨曲线（environmental kuznets curve，EKC），列出了低收入期、转折期和高收入期的环境质量特征值。随之美国哥伦比亚大学的科恩作了进一步的验证。许多发达国家也证明了库兹涅茨倒 U 型环境曲线假设是成立的。一般意义上的环境库兹涅茨曲线就是指，在经济发展的初期环境污染或环境破坏会随经济的增长而加重，当经济发展到某一水平时环境污染程度达到最大，而后经济继续发展，环境污染却随之下降，环境质量逐渐变好。

理论模型中，在 GDP 增长指数及环境污染指标都很高的情况下才出现拐点。但是随着经济发展、社会进步和科技发展，越来越多的污染物能够被治理，发展中国家不需要走发达国家的老路，我们应该努力实现在 GDP 增长指数及环境污染指标都在相对较低的情况下既能实现转折点（图 3-10）。

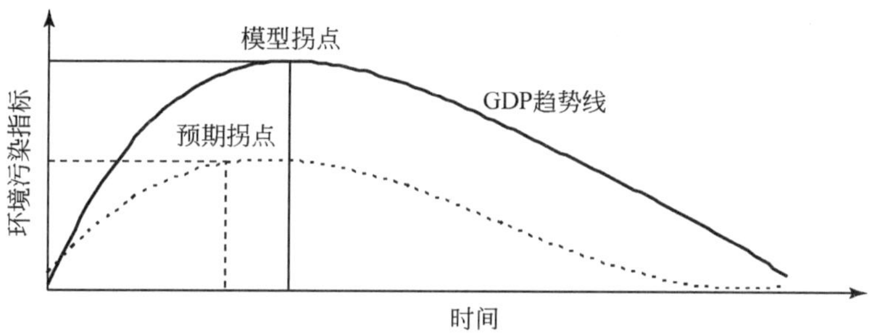


图 3-10　环境库兹涅茨倒 U 型曲线

环境质量指数是否实现了倒 U 型曲线从其左侧逐渐上升（变差）经过顶部临界区再落入右侧不断下降（变好），这个转移过程是衡量绿色发展进程的第三宏观判据。

第三宏观判据所表达的内涵实质是，绿色发展进程中应当带来的文明进步和生活质量的提高（以生态环境质量的整体变化作为代表），是绿色发展理论中必须包括的“质量”因子及其如何在实现绿色发展过程中得到体现。该宏观判据（检测绿色发展的“质量”）与第一宏观（检测绿色发展的“动力”）和第二宏观判据（检测绿色发展的“公平”）一道，共同构建了判定一个国家和地区实现绿色发展的程度、态势和走向。因此，上述关于绿色发展的三大宏观判据，是整体检验和统一度量绿色发展的密不可分的三把尺子，只有当三者共同的图像——倒 U 型曲线，全部完成了从左侧向右侧的转换，我们才能说这个国家或地区迈入了绿色发展的门槛。

从总体而言，这种环境质量同经济增长呈倒 U 型曲线的关系，就其本质去分析，是同整个绿色发展进程紧密联系在一起的，即低收入国家（发展中国家）与高收入国家（发达国家）在生态环境质量的整体变化中，有比较明确的轨迹可寻。这个动态变化的轨迹被证明可以作为判定绿色发展实现过程中的程度和方向。经过仔细对比分析和进一步的研究，尤其是与第一宏观判据、第二宏观判据进行了相关探索后，可以肯定地将第三宏观判据并列为检测绿色发展的一个标准度量，从而形成“三大宏观判据族”，共同监测绿色发展的进程并且从宏观上把握绿色发展进程的动态变化。

在对中国绿色发展的研究中，中国科学院可持续发展战略研究组采用了国际上不同类型国家，分别以 62 个国家 14 年的数据系列，48 个国家 20 年的数据系列，以及 100 个国家 25 年的数据系列，进行了环境质量同经济增长之间的倒 U 型曲线关系分析，获得了比较一致的倒 U 型曲线。中国在近 20 年的发展中也存在着环境倒 U 型曲线的明显特征，图 3-11 引用了废气排放指数的变化作为典型个例，去代表这种倒 U 型的形态。

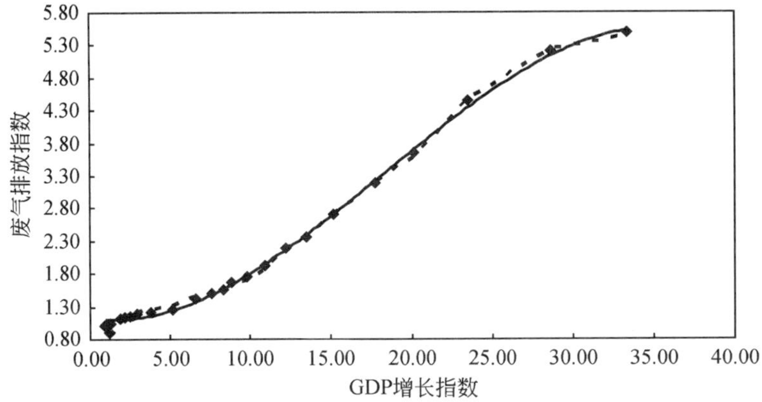


图 3-11　中国废气排放倒 U 型曲线（1985～2008 年）

图 3-11 指出，随着经济的增长（GDP 增长指数），中国目前的环境质量仍处于“局部改善、整体恶化”的状态，从图像上看仍处于倒 U 型曲线的左侧，尚未达到其转折点，更未处于环境质量从整体上逐渐变优的右侧部分。对于中国各个省、市、自治区而言，要想率先实现绿色发展，除开“动力因子”（第一宏观判据）、“公平因子”（第二宏观判据）必须达到转折点并向右侧进展外，第三宏观判据亦应落入到它的倒 U 型曲线的右侧。与此相似，中国的固体废弃物排放，同样亦呈现出倒 U 型曲线的形态（图 3-12）。

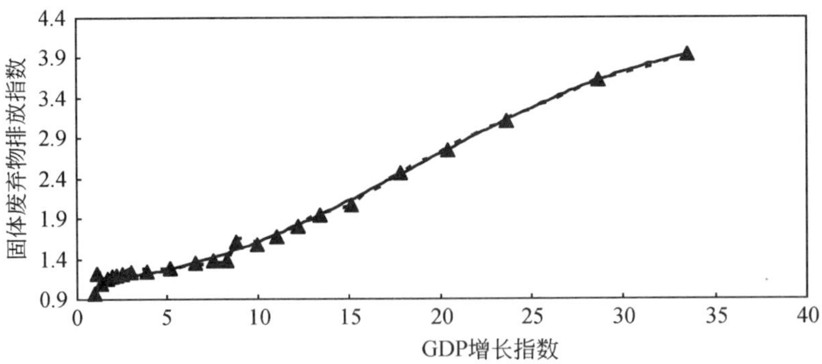


图 3-12　中国固体废弃物排放的倒 U 型曲线（1985～2008 年）

以上三大宏观判据的总体倒U型转换，已经成为衡量绿色发展程度的基本工具。中国要实现到2050年达到世界中等发达国家的水平，其三大宏观判据的倒U型转换，肯定会在2050年以前完全实现，加上中国后发优势的发挥，我国可以不走发达国家已经走过的弯路，可以采用最新的技术加以武装，可以制定更合理的政策进行规范，一定会在三大倒U型转换中比世界发达国家节省更多的时间，为我国胜利实现第三步走战略目标增加更大的保证率。

## 专栏3-4

### 凝聚共识　加强合作　推进应对气候变化历史进程

温家宝

近30年来，中国现代化建设取得的成就已为世人瞩目。在这里我还要告诉各位，中国在发展的进程中高度重视气候变化问题，从中国人民和人类长远发展的根本利益出发，为应对气候变化作出了不懈努力和积极贡献。

——中国是最早制定实施《应对气候变化国家方案》的发展中国家。先后制定和修订了节约能源法、可再生能源法、循环经济促进法、清洁生产促进法、森林法、草原法和民用建筑节能条例等一系列法律法规，把法律法规作为应对气候变化的重要手段。

——中国是近年来节能减排力度最大的国家。我们不断完善税收制度，积极推进资源性产品价格改革，加快建立能够充分反映市场供求关系、资源稀缺程度、环境损害成本的价格形成机制。全面实施十大重点节能工程和千家企业节能计划，在工业、交通、建筑等重点领域开展节能行动。深入推进循环经济试点，大力推广节能环保汽车，实施节能产品惠民工程。推动淘汰高耗能、高污染的落后产能，2006～2008年共淘汰低能效的炼铁产能6059万t、炼钢产能4347万t、水泥产能1.4亿t、焦炭产能6445万t。截至2009年上半年，中国单位GDP能耗比2005年降低13%，相当于少排放8亿t二氧化碳。

——中国是新能源和可再生能源增长速度最快的国家。我们在保护生态基础上，有序发展水电，积极发展核电，鼓励支持农村、边远地区和条件适宜地区大力发展生物质能、太阳能、地热、风能等新型可再生能源。2005～2008年，可再生能源增长51%，年均增长14.7%。2008年可再生能源利用量达到2.5亿tce。农村有3050万户用上沼气，相当于少排放二氧化碳4900多万t。水电装机容量、核电在建规模、太阳能热水器集热面积和光伏发电容量均居世界第一位。

——中国是世界人工造林面积最大的国家。我们持续大规模开展退耕还林和植树造林，大力增加森林碳汇。2003～2008年，森林面积净增2054万$hm^2$，森林蓄积量净增11.23亿$m^3$。目前人工造林面积达5400万$hm^2$，居世界第一。

中国有13亿人口，人均GDP刚刚超过3000美元，按照联合国标准，还有1.5亿人生活在贫困线以下，发展经济、改善民生的任务十分艰巨。我国正处于工业化、城镇化快速发展的关键阶段，能源结构以煤为主，降低排放存在特殊困难。但是，我们始终把应对气候变化作为重要战略任务。1990~2005年，单位GDP二氧化碳排放强度下降46%。在此基础上，我们又提出，到2020年单位GDP二氧化碳排放比2005年下降40%~45%，在如此长时间内这样大规模降低二氧化碳排放，需要付出艰苦卓绝的努力。我们的减排目标将作为约束性指标纳入国民经济和社会发展的中长期规划，保证承诺的执行受到法律和舆论的监督。我们将进一步完善国内统计、监测、考核办法，改进减排信息的披露方式，增加透明度，积极开展国际交流、对话与合作。

应对气候变化需要国际社会坚定信心，凝聚共识，积极努力，加强合作。必须始终牢牢把握以下几点。

第一，保持成果的一致性。应对气候变化不是从零开始的，国际社会已经为之奋斗了几十年。《联合国气候变化框架公约》及其《京都议定书》是各国经过长期艰苦努力取得的成果，凝聚了各方的广泛共识，是国际合作应对气候变化的法律基础和行动指南，必须倍加珍惜、巩固发展。本次会议的成果必须坚持而不能模糊公约及其议定书的基本原则，必须遵循而不能偏离"巴厘路线图"的授权，必须锁定而不能否定业已达成的共识和谈判取得的进展。

第二，坚持规则的公平性。"共同但有区别的责任"原则是国际合作应对气候变化的核心和基石，应当始终坚持。近代工业革命200年来，发达国家排放的二氧化碳占全球排放总量的80%。如果说二氧化碳排放是气候变化的直接原因，谁该承担主要责任就不言自明。无视历史责任，无视人均排放和各国的发展水平，要求近几十年才开始工业化，还有大量人口处于绝对贫困状态的发展中国家承担超出其应尽义务和能力范围的减排目标，是毫无道理的。发达国家如今已经过上富裕生活，但仍维持着远高于发展中国家的人均排放，且大多属于消费型排放；相比之下，发展中国家的排放主要是生存排放和国际转移排放。今天全球仍有24亿人以煤炭、木炭、秸秆为主要燃料，有16亿人没有用上电。应对气候变化必须在可持续发展的框架下统筹安排，绝不能以延续发展中国家的贫穷和落后为代价。发达国家必须率先大幅量化减排并向发展中国家提供资金和技术支持，这是不可推卸的道义责任，也是必须履行的法律义务。发展中国家应根据本国国情，在发达国家资金和技术转让支持下，尽可能减缓温室气体排放，适应气候变化。

第三，注重目标的合理性。中国有句成语：千里之行，始于足下。西方也有句谚语：罗马不是一天建成的。应对气候变化既要着眼长远，更要立足当前。《京都议定书》明确规定了发达国家至2012年第一承诺期的减排指标。但从实际执行情况看，不少发达国家的排放不减反增。目前发达国家已经公布的中期减排目标与协议的要求和国际社会的期望仍有相当距离。确定一个长远的努力方向是必要的，更重要的是把重点放在完成近期和中期减排目标上，放在兑现业已作出的承诺上，放在行动上。一打纲领不如一个行动，我们应该通过切实的行动，让人们看到希望。

第四，确保机制的有效性。应对气候变化，贵在落实行动，重在机制保障。国际社会要在公约框架下做出切实有效的制度安排，促使发达国家兑现承诺，向发展中国家持续提供充足的资金支持，加快转让气候友好技术，有效帮助发展中国家，特别是小岛屿国家、最不发达国家、内陆国家、非洲国家加强应对气候变化的能力建设。

最后，我要强调的是，中国政府确定减缓温室气体排放的目标是中国根据国情采取的自主行动，是对中国人民和全人类负责的，不附加任何条件，不与任何国家的减排目标挂钩。我们言必信、行必果，无论本次会议达成什么成果，都将坚定不移地为实现，甚至超过这个目标而努力。

注：本文是温家宝总理在气候变化会议领导人会议上的讲话

资料来源：温家宝，2009

# 第四节　中国31个省、自治区、直辖市绿色发展进程的宏观识别

## 一、中国31个省、自治区、直辖市的产业结构调整的宏观判据

本研究分析统计了2008年全国31个省、自治区、直辖市工业化水平指数倒U型分布（图3-13），纵坐标以各个省、自治区、直辖市的第二产业占该地GNP比

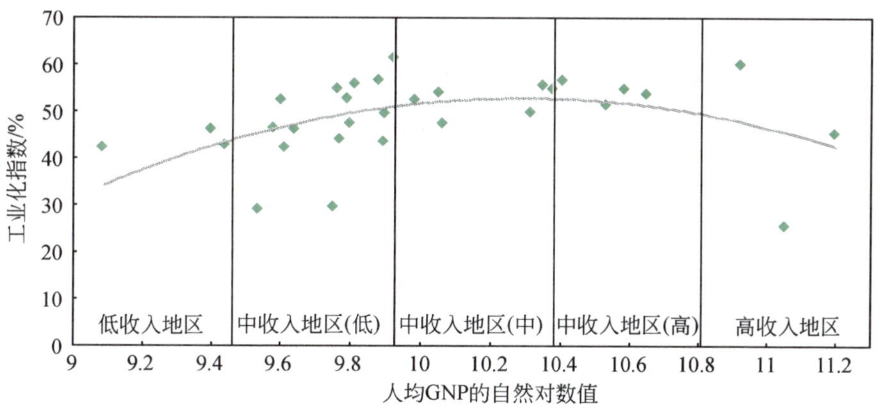


图3-13　绿色发展进程第一宏观判据的倒U型对比

重作为工业化水平的指数，横坐标以人均财富（人均 GNP 的对数值）作为发展程度的标志，点出了全国整体发展态势图，其中分割出 5 个区域，从左到右分别为：低收入地区、中收入地区的低档次、中收入地区的中档次、中收入地区的高档次、高收入地区。可以明显地判断出，大部分地区仍处于中收入地区的低档次组，即仍处于倒 U 型曲线的左侧部分。

从表 3-3 中可以看出，低收入地区有 4 个，分别是西藏、云南、甘肃、贵州；高收入地区有 3 个，分别是上海、北京、天津。我国大部分省、自治区、直辖市都处于中收入地区低级的地区，仍处于倒 U 型曲线的左侧位置。因此这些地区应该提高附加值产品的生产高知识性产品的生产、高科技含量产品的生产、高信息化程度产品的生产、资本服务性产品的生产、技术服务性产品的生产和文化服务性产品的生产等。这样才能保证我国绿色发展进程的顺利进行。

**表 3-3　中国 31 个省、自治区、直辖市绿色发展进程所处的位置**

| 所在地区 | 低收入地区 | 中收入地区（低） | 中收入地区（中） | 中收入地区（高） | 高收入地区 |
|---|---|---|---|---|---|
| 省、自治区、直辖市 | 西藏、云南、甘肃、贵州 | 山西、新疆、湖北、河南、陕西、重庆、宁夏、湖南、青海、海南、四川、广西、江西、安徽 | 内蒙古、辽宁、福建、吉林、河北、黑龙江 | 浙江、江苏、广东、山东 | 上海、北京、天津 |

进一步阐述中国 31 个省、自治区、直辖市绿色发展的第一宏观判据，我们分别计算了近 10 年来第二产业占 GNP 的比例，可以得出各个省、自治区、直辖市在倒 U 型曲线中的位置（表 3-4）。

**表 3-4　中国 31 个省、自治区、直辖市第二产业占 GNP 比例所处位置**

| 第二产业占 GNP 比例所处位置 | 在倒 U 型曲线的左侧 | 转折点 | 在倒 U 型曲线的右侧 |
|---|---|---|---|
| 北　京 | | | √ |
| 天　津 | √ | | |
| 河　北 | √ | | |
| 山　西 | √ | | |
| 内蒙古 | √ | | |
| 辽　宁 | √ | | |
| 吉　林 | √ | | |
| 黑龙江 | √ | | |
| 上　海 | | | √ |
| 江　苏 | | √ | |
| 浙　江 | √ | | |
| 安　徽 | √ | | |
| 福　建 | √ | | |

续表

| 第二产业占 GNP 比例所处位置 | 在倒 U 型曲线的左侧 | 转折点 | 在倒 U 型曲线的右侧 |
|---|---|---|---|
| 江 西 | √ | | |
| 山 东 | √ | | |
| 河 南 | √ | | |
| 湖 北 | √ | | |
| 湖 南 | √ | | |
| 广 东 | √ | | |
| 广 西 | √ | | |
| 海 南 | √ | | |
| 重 庆 | √ | | |
| 四 川 | √ | | |
| 贵 州 | √ | | |
| 云 南 | √ | | |
| 西 藏 | √ | | |
| 陕 西 | √ | | |
| 甘 肃 | √ | | |
| 青 海 | √ | | |
| 宁 夏 | √ | | |
| 新 疆 | √ | | |

可以看出，除了北京、上海处在倒 U 型曲线的右侧之外，其余的省、自治区、直辖市均处在倒 U 型曲线的左侧，因此中国目前的现状还未实现真正的绿色发展，我们应当加快其他省、自治区、直辖市绿色发展的步伐，进而实现整体上的飞跃。

## 二、中国 31 个省、自治区、直辖市发展与公平的宏观判据

各个省、自治区、直辖市社会公平程度指数即第二宏观判据在前面已经说明，这里不再赘述。以辽宁、北京、天津、河北、山东、上海、江苏、浙江、福建、广东、广西及海南为代表的中国东部省（自治区、直辖市）与以重庆、四川、贵州、云南、西藏、陕西、甘肃、青海、宁夏及新疆西部省（自治区、直辖市）在人均财富上的差异目前依然较大，中国在绿色发展进程中，仍然处于社会分配差异增大的过程中。加快体制与制度的改革与创新，快速提升政府的汲取财政能力，是中央政府应当优先考虑的政策选择。因此只有以中央政府强大的汲取财政能力作为后盾，才能从容构筑经济安全体系、社会保障体系、社会危机快速反应体系，积极地寻求发展与公平的结合点与平衡点，以保障中国在人均财富偏低的情况下，尽快实现由发展与公平“两难”区间到“双赢”区间的顺利转换。

## 三、中国31个省、自治区、直辖市环境与发展的宏观判据

环境库兹涅茨倒U型曲线这一概念，正在刷新我们环境保护和生态建设的理念，引领各地谋求经济发展与环境保护的双赢。如果经济发展了，生活富裕了，但人居环境恶化了，当地的老百姓就不会认可是全面绿色发展的社会。要争取让曲线的拐点前移，是各个省、自治区、直辖市共同努力的目标，但是由于自然禀赋、历史条件等不同，我国经济发展有着明显的梯度特征，各地区倒U型曲线拐点出现的时间有早有晚。因此我们引用了废气排放指数的变化和固体废弃物排放指数变化得到环境质量同经济增长之间的倒U型曲线关系，进而得到各个省、自治区、直辖市在倒U型曲线中的位置（表3-5）。

**表3-5 中国31个省、自治区、直辖市废气排放和固体废弃物排放指数所处位置**

| 地 区 | 废气排放 | | | 固体废弃物排放 | | |
|---|---|---|---|---|---|---|
| | 在倒U型曲线的左侧 | 转折点 | 在倒U型曲线的右侧 | 在倒U型曲线的左侧 | 转折点 | 在倒U型曲线的右侧 |
| 北 京 | | √ | | | √ | |
| 天 津 | √ | | | √ | | |
| 河 北 | | √ | | √ | | |
| 山 西 | √ | | | √ | | |
| 内蒙古 | √ | | | | √ | |
| 辽 宁 | √ | | | √ | | |
| 吉 林 | √ | | | √ | | |
| 黑龙江 | | √ | | √ | | |
| 上 海 | √ | | | √ | | |
| 江 苏 | √ | | | √ | | |
| 浙 江 | | √ | | √ | | |
| 安 徽 | √ | | | √ | | |
| 福 建 | | √ | | √ | | |
| 江 西 | √ | | | √ | | |
| 山 东 | √ | | | √ | | |
| 河 南 | √ | | | √ | | |
| 湖 北 | √ | | | √ | | |
| 湖 南 | √ | | | | √ | |
| 广 东 | √ | | | √ | | |
| 广 西 | | √ | | √ | | |
| 海 南 | √ | | | √ | | |
| 重 庆 | | √ | | √ | | |

续表

| 地　区 | 废气排放 | | | 固体废弃物排放 | | |
|---|---|---|---|---|---|---|
| | 在倒U型曲线的左侧 | 转折点 | 在倒U型曲线的右侧 | 在倒U型曲线的左侧 | 转折点 | 在倒U型曲线的右侧 |
| 四　川 | | √ | | | √ | |
| 贵　州 | | √ | | | √ | |
| 云　南 | √ | | | √ | | |
| 西　藏 | √ | | | √ | | |
| 陕　西 | | √ | | √ | | |
| 甘　肃 | | √ | | √ | | |
| 青　海 | √ | | | √ | | |
| 宁　夏 | √ | | | √ | | |
| 新　疆 | √ | | | √ | | |

可以看出，除了少数几个地区处在倒U型曲线的转折点之外，其余地区处在倒U型曲线的左侧，没有一个地区在倒U型曲线的右侧，因此中国目前的环境问题还是比较突出，我们应该从生产和消费的源头上治理污染，重视经济技术创新体系的构建，从而推动整个经济的可持续发展。各个地区也应根据自身的情况制定相应的环境措施与法规，这样才能更快推动我国的绿色发展进程。

## 参考文献


国家统计局．2001～2009．国际统计年鉴．北京：中国统计出版社

李毅中．2010．加快产业结构调整　促进工业转型升级．http：//www.qstheory.cn/zxdk/2010/201006/201003/t20100314_23626.htm［2010-06-01］

世界银行．1991．1991年世界发展报告．北京：中国财政经济出版社

世界银行．2007．2006年世界发展报告：公平与发展．http：//www.worldbank.org.cn/Chinese/［2010-04-30］

温家宝．2009．凝聚共识　加强合作　推进应对气候变化历史进程．http：//news.xinhuanet.com/world/2009-12/18/content_12668033.htm［2010-01-22］

杨多贵等．2003．各态遍历假说及其在可持续发展研究中的应用．科学管理研究，（5）：1—5

中华人民共和国国家统计局．2009．国际统计年鉴2009．北京：中国统计出版社

中国科学院可持续发展研究组．2001．2001中国可持续发展报告．北京：科学出版社

中国科学院可持续发展战略研究组．2001．2001中国可持续发展战略报告．北京：科学出版社

Grossman G M，Krueger A B．1991．Environmental Impacts of the North American Free Trade Agreement．Cambridge：NBER

Panayotou T．1993．Emprical tests and policy analysis of environmental degradation at different stages of economic development．Geneva：International Labour Office

Syrquin M，Chenery H．1989．Three decades of industrialization．The World Bank Economic Review，3（2）：145—181

# 第四章　绿色发展的战略目标

绿色发展模式，是以发展为第一要义，以资源节约和环境友好为基础，全面践行科学发展观，实现经济社会的全面、协调和可持续发展，不断提高国民幸福感和促进人的全面发展。绿色发展模式是实施可持续发展战略的最基本的经济社会形式，是科学发展观和可持续发展思想的集中体现。

绿色发展的目标函数是实现经济效益、社会效益和环境效益的最大化，也就是尽最大努力满足经济、社会和环境需求（图 4-1）。其中，经济需求包括生产集约、经济繁荣、创新开放和循环发展，社会需求包括以人为本、生活富裕、主观幸福和社会和谐，环境需求包括生态优美、环境友好、资源节约和资源持续。

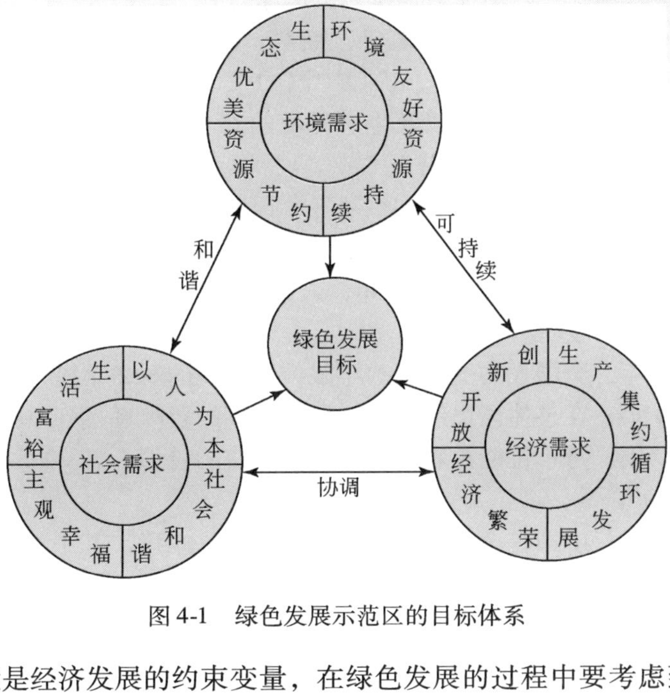


图 4-1　绿色发展示范区的目标体系

资源环境是经济发展的约束变量，在绿色发展的过程中要考虑到资源的可持续性和环境容量的约束性，因此环境与经济之间的存在可持续发展的问题；环境是人类赖以生存的场所，良好的环境可以提高人类的生存质量，而当前人类不断向环境索取资源，破坏了环境自身系统的平衡，环境呈现逐渐恶化的趋势。如果人类继续破坏环境，那么人类社会内在的和谐势必受到破坏，因此绿色发展要注意协调好环境与社会的关系，保证人类向自然的索取与人类对自然的回馈相平衡，实现环境和社会的和谐；经济发展是社会发展的保障和前提，经济发展的数量、质量和公平直接影响到社会的和谐与稳定，经济和社会的发展必须相协调，偏颇其一，必会出现问题。只重视经济发展，忽视社会发展，会导致社会失衡和失序。只重视社会发展，而忽视经济建设，就是使社会失去了前进的动力和源泉。所以经济建设与社会的协调是实现社会进步和经济健康发展的基础。

在“后危机”时代，在全球气候变暖的大背景下，要按照科学发展观的指导思想和原则，转变重增长轻发展、重经济轻民生、重生产轻环境、重物质轻文化、重眼前轻长远的思维方式，实现增长与发展的并重，促进经济与民生的共同发展，推进人与自然、人与人的和谐发展，建设惠及全民的更高幸福水平的小康社会，构建重发展、重创新、重民生、重生态、重文化的绿色发展模式。

为实现绿色发展，经济、社会、文化、生态和科教五大方面的具体发展目标都必须以绿色发展这一宗旨来制定，力求实现经济更加发达、社会更加和谐、文化更加繁荣、生态环境更加优美、科教水平更加发达。因此，绿色发展的目标体系就是在总体目标的基础上，实现经济建设、社会建设、文化建设、生态建设和科教建设五大方面的逻辑自洽和五位一体。

1）中国要在未来40年的时间内，全面达到世界中等发达国家的绿色发展水平，进入到世界总体绿色发展能力前十名的国家行列。

2）到2050年，能有效地克服人口、粮食、能源、资源、生态、环境、社会公平等制约可持续发展的“瓶颈”，确保中国的人口安全、食物安全、能源安全、信息安全、经济安全、社会安全以及生态环境的安全；基本实现“人与自然”关系的平衡和“人与人”关系的和谐。

3）到2050年，中国人口的平均预期寿命预计达到85岁。

4）到2050年，中国的四大基本社会民生指数控制在：恩格尔系数平均在0.15以下；基尼系数平均在0.35～0.40；人文发展指数平均在0.900以上；二元结构系数平均在1.5左右。

5）到2050年，全国人均受教育的年限，从现在的8.2年提升到14年以上。

6）到2050年，在整体国民经济中，科技进步的贡献率达到80%以上。

7）到2050年，每单位能源和资源消耗所创造的价值，在2005年的基础上要分别提高15～20倍。

8）到2050年，中国在全国范围内基本消除“贫困”。其中，到2020年，中国在全国范围内基本消除“贫困县”；到2030年，中国在全国范围内基本消除“贫困乡”；到2040年，中国在全国范围内基本消除“贫困村”；到2050年，中国在全国范围内基本消除“贫困户”。

9）到2050年，中国要依次通过三条倒U型曲线的顶点，实现从左侧到右侧的良性逆转：到2030年，基本实现人口自然增长率的“零增长”；到2040年，基本实现能源和资源消耗速率的“零增长”；到2050年，基本实现生态环境退化速率的“零增长”。

# 第一节　绿色发展的经济战略目标

改革开放以来的三十多年间，我国经济获得长足发展，年均增速达到 9% 以上，经济实力和国际地位都得到很大提升。但同时，我们也应该看到为经济增长所付出的代价：资源的超长利用，生态环境的恶化，消费需求不足，重复建设频繁，传统行业产能过剩，国民收入比重下降，社会矛盾凸显。调整经济结构，转变经济发展方式，促进经济增长由主要依靠投资、出口拉动向依靠消费、投资、出口协调拉动转变，是今后我国经济发展的战略重点。调整国民收入分配格局，不断提高居民收入水平，增加居民收入在 GDP 中的比重，是扩大消费和内需，实现消费、投资和出口结构平衡的关键。改变高污染、高能耗、低效益的传统发展方式，建立以低能耗、低污染、低排放和高效能、高效率、高效益（三低三高）为基础，以绿色、低碳、节能、清洁为方向的绿色经济发展模式。

绿色经济发展的总体战略目标是：坚持以邓小平理论和“三个代表”重要思想为指导，深入贯彻落实科学发展观，毫不动摇地加快转变经济发展方式，加速调整产业结构和经济结构，加快调整居民收入分配格局，提高居民收入在 GDP 中的比重，逐步减少出口依赖，加速提升消费需求，形成消费、投资和出口协调拉动的增长格局，重点发展低碳绿色产业，着重发展现代农业和现代服务业，建立绿色经济发展模式。

表 4-1 展示了结构调整、民富国强、经济安全、低碳循环经济 4 个方面的目标指标。各个目标之间有着紧密的相关性和内在的逻辑联系，共同构建成一个“又快又好”的经济发展目标体系。2050 年的目标值以 2008 年的实际值为基础，按 2010 年，2020 年，2030 年和 2050 年 4 个阶段设置。

**表 4-1　绿色发展的经济战略目标体系**

| 目　标 | 单　位 | 现　状 | 目标值 | | | |
|---|---|---|---|---|---|---|
| | | 2008 年 | 2010 年 | 2020 年 | 2030 年 | 2050 年 |
| 结构调整 | | | | | | |
| 产业结构（第三产业比重） | % | 40.1 | 43 | 50 | 60 | 75 |
| 工业结构（轻重工业结构比） | — | 28.9:71.1 | 30：70 | 40：60 | 50：50 | 55:45 |
| 分配结构（居民收入占 GDP 比重） | % | 43 | 45 | 55 | 60 | 65 |
| 城乡结构（城市化率） | % | 45.7 | 48 | 55~60 | 60~65 | 65~70 |
| 贸易结构（进出口结构比） | — | 1:1.26 | 1:1.15 | 1:1.10 | 1:1.05 | 1:1.00 |
| 民富国强 | | | | | | |
| 城镇居民可支配收入* | 万元 | 1.58 | 1.91 | 4.12 | 8.11 | 19.52 |
| 农村居民纯收入* | 万元 | 0.48 | 0.56 | 1.27 | 2.87 | 7.96 |

续表

| 目　标 | 单　位 | 现　状 | 目标值 | | | |
|---|---|---|---|---|---|---|
| | | 2008 年 | 2010 年 | 2020 年 | 2030 年 | 2050 年 |
| 民富国强 | | | | | | |
| 城镇居民恩格尔系数 | — | 37.9 | 35 | 30 | 25 | 20 |
| 农村居民恩格尔系数 | — | 43.7 | 39 | 35 | 30 | 25 |
| 人均 GDP* | 万　元 | 2.35 | 2.66 | 4.50 | 7.90 | 17.42 |
| GDP 总量* | 万亿元 | 31.41 | 36.22 | 64.86 | 116.16 | 254.28 |
| 财政收入* | 万亿元 | 6.13 | 7.24 | 12.97 | 23.23 | 50.85 |
| 人均财政收入* | 万　元 | 0.46 | 0.53 | 0.90 | 1.58 | 3.48 |
| 经济安全 | | | | | | |
| 石油对外依存度 | % | 49.8 | 54 | 60 | 60 | 50 |
| 铁矿石对外依存度 | % | 55.4 | 65 | 70 | 65 | 40 |
| 耕地面积 | 亿　亩 | 18.26 | 18.20 | 18 | 18 | 18 |
| 低碳循环经济 | | | | | | |
| 单位 GDP 能耗 | tce/万元 | 0.91 | 0.85 | 0.65 | 0.40 | 0.20 |
| 二氧化碳排放强度 | $tCO_2$/万元 | 2.24** | 2.00 | 1.15 | 0.56 | 0.21 |
| 新能源比重 | % | 8.9 | 10 | 15 | 20 | 30 |
| 万元 GDP 耗水量 | t/万元 | 188 | 180 | 160 | 130 | 80 |
| 万元 GDP 水泥消耗量 | t/万元 | 0.44 | 0.40 | 0.40 | 0.35 | 0.25 |
| 万元 GDP 钢材消耗量 | t/万元 | 0.17 | 0.15 | 0.15 | 0.10 | 0.05 |

* 指标的预测值以 2008 年不变价为基准；** 根据能源消费量估算得到

## 一、结构调整

结构决定功能，调整结构可以增强系统动力和改善系统功能。当我国经济系统发展到一定程度，靠人口红利、资源红利的动力因素逐渐减小，必须需求新的支撑我国经济新一轮增长的动力。改善不利于经济发展的结构现状，也许是最佳动力源。调整经济结构有利于扩大内需，有利于实现经济增长方式从粗放型向集约型转变，有利于提高经济效益，有利于扩大就业，推动国企改革。结构调整涉及的领域较多，包括产业结构（三产）、工业结构（轻重工业）、分配结构、城乡结构和贸易结构等。

当前我国仍然是以重化工产业为主，这些往往是高耗能、高污染产业，给能源安全和环境保护带来了前所未有的挑战，不利于经济的低碳、绿色发展，所以必须扭转现有的不合理产业格局，建立以现代服务业、高新技术产业、新能源产业为主的现代产业结构，实现轻重工业的协调，实现第一、第二和第三产业之间的协调。我国当前的产品过剩是一种结构性过剩，表现在一些技术含量低、质量差的产品供过于求，而一些技术含量高、质量好、绿色低碳的产品却供不应求。

要扩大内需，促进经济发展，既要着眼于分配对消费的影响，改革现有居民收入分配格局，逐步提高收入在 GDP 中的比重，创造条件增加城乡居民的收入，以刺激和鼓励消费。

城乡隔离的二元结构也不利于经济的发展，更不利于全面小康社会的建设，所以需要加快城市化进程，鼓励农民到中小城市和城镇落户，逐步消除户籍对农民市民化的制度障碍，尽快降低农民市民化的成本（主要是住房成本），最重要的是要实现城乡制度的均等化，城乡建设规划的统筹化，城乡就业体系的一体化，城乡经济发展的协同化。在国际贸易方面，过去出口对我国经济增长的贡献很大，由于国际市场的不确定性、波动性，这种靠出口实现的增长风险很大。金融危机发生后，尤其当我国成为世界第一大贸易国，西方国家开始对中国实施围堵战略，以美国和欧盟为首的发达国家频频对实施反倾销围剿。因此，依靠出口拉动经济增长的方式已经不再可靠，必须经济增长转变到依靠消费拉动上来。

1）2020 年第三产业比重提高到 50%，2030 年提高到 60%，2050 年提高到 75%；

2）2020 年轻重工业比例为 40∶60，2030 年比例为 50∶50，2050 年比例为 60∶40；

3）2020 年居民收入占 GDP 比例为 55%，2030 年居民收入占 GDP 比例为 60%，2050 年居民收入占 GDP 比例为 65%；

4）2020 年城市化率为 55%～60%，2030 年城市化率为 60%～65%，2050 年城市化率为 65%～70%；

5）2020 年进出口结构比为 1∶1.10，2030 年进出口结构比为 1∶1.05，2050 年进出口结构比为 1∶1.00。

## 二、民富国强

“民富国强”最早由国家信息中心预测部高级经济师王远鸿提出，这一提法将“民富”摆在更加重要的位置，对于调整居民收入分配，扩大内需，改变经济发展方式，具有重要意义。王远鸿认为，目前国家分配格局上偏向于政府，在政府中又偏向于中央政府，税费所占比重较高；在企业方面，垄断企业在经济增长中拉动多，分配也向其倾斜。也就是说，在分配中大部分偏向政府，在个人分配中的小部分中又主要偏向较少部分个人。这就造成了作为社会大部分的个人所占份额较小。国家在底子较弱的时候强调效率，政府集中力量可以办大事，比如强调国企的支柱地位等，但当我国经济进入调整期，居民收入不平衡的问题就制约了经济发展，消费能力的不足致使发展动力不足，因此必须将“民富”放在更加重要的位置（吴芳兰，2009）。

从“民富”和“国强”的内在逻辑关系来看，两者相互依存，相得益彰。民富为国强奠定基础，国强为民富提供保障。这里的民富不是小部分人的富裕，而是大部分人的富裕，是将收入差距控制在一定范围内的富裕。只有大部分老百姓都富裕起来，只有大部分国民都受惠于经济发展，才能更有利于经济的又好又快发展，才能真正让国民享用到发展的成果。当然，没有国家的强大，没有国家综合国力的提升，老百姓的全面富裕将失去保障。所以，本报告建议在“十二五”期间甚至更长的时间里，我国应该在“民富”上下工夫，利用内需推动经济的持续发展。

1）2020 年城镇居民可支配收入为 4.12 万元，2030 年为 8.11 万元，2050 年为 19.52 万元；

2）2020 年农民纯收入为 1.27 万元，2030 年 2.87 万元，2050 年为 7.96 万元；

3）2020 年 GDP 为 64.86 万亿元，2030 年 GDP 为 116.16 万亿元，2050 年 GDP 为 254.28 万亿元；

4）2020 年财政收入为 12.97 万亿元，2030 年财政收入为 23.23 万亿元，2050 年财政收入为 50.85 万亿元。

## 三、经济安全

经济安全是指在生产要素充分供应保障的基础上，政府利用经济手段、行政手段和外交手段消减经济运行过程中的各种风险，保障经济的健康、持续和快速发展。能源安全是经济安全的基础，没有能源的安全保障，经济发展的风险将大大增加。粮食安全也是经济安全的重要组成部分，因为一方面粮食是工业的原材料，另一方面粮食是人们生存的基础，粮食得不到保障，社会将会动乱，经济将会停滞。另外，经济竞争力是经济安全的核心，提高经济竞争力的关键在于科学发展经济。经济安全运行是国家可持续发展的支撑，是保障社会稳定的根本物质基础。经济安全涉及的因素很多，它需要资源、人才、制度、科技等多种因素协调协同实现这一目标。本章设计的经济安全目标主要包括能源安全、资源安全、金融安全、粮食安全等最为基础性和根本性的要素。能源安全主要是石油的对外依赖程度，也就是进口石油占石油总消费量的比例，这一比重越大，经济越不安全，越会受制于石油出口国。资源的对外依赖方面主要是铁矿石，它的价格波动将会对我国经济造成重大影响，增加经济运行的风险。

另外，我国是人口大国，绝不能指望依赖粮食进口来满足需求，我们必须保证粮食的供给能力达到90%以上，否则粮食的安全保障将受到威胁，这也就要求到2050 年在约 120 万 $km^2$ 的国土面积上产出 6 亿 t 粮食。这条保障线是养活未来中国人口达到最高值 15 亿人口的生存安全空间。15 亿人口需要的粮食供给不可能依靠世界市场，过多依赖国际市场，会受到多方面的挤压。按照国际标准，一个国家的粮食自给率达到 9 成以上，生存就能得到基本保证，就获得了基本的国家生存安全。如果要达到粮食 9 成以上自给，就需严格控制现有 18 亿亩耕地的规模和提升 40 亿亩草地的质量，这必须成为国家的一个刚性指标。按每人每年平均消费 400kg 粮食的低限来计算，中国在达到 15 亿人口时，每年需供应的粮食 6 亿 t。目前中国年产粮食约为 5 亿 t，离生存安全的目标还有一定距离，加之每年受自然灾害的影响，18 亿亩耕地每年平均还需扣下约 2 亿亩的损失，这样就要求剩余的

16 亿亩耕地，每年每亩平均产出 380kg。因此，现有的耕地规模必须严格控制和保护下来，不然，中国必将面临严重的生存危机。确保 18 亿亩耕地生存安全保障线，大约相当于又一个 120 万 $km^2$ 的国土面积。

1）2020 年石油对外依存度为 60%，2030 年石油对外依存度为 60%，2050 年石油对外依存度为 50%；

2）2020 年铁矿石对外依存度为 70%，2030 年铁矿石对外依存度为 65%，2050 年铁矿石对外依存度为 40%；

3）2020 年耕地面积为 18 亿亩，2030 年耕地面积为 18 亿亩，2050 年耕地面积为 18 亿亩。

## 四、低碳循环经济

“低碳经济”概念首先由英国在《我们未来的能源——创建低碳经济》的白皮书中提出。就其概念而言，低碳经济是指在不影响经济和社会发展的前提下，通过技术创新和制度创新，尽可能最大限度地减少温室气体排放，从而减缓全球气候变化，实现经济和社会的绿色发展与可持续发展。本报告认为，低碳只是我国经济发展的目标之一，并非全部。它是在全球气候变暖和能源危机的背景下产生的。如果过度强调低碳，将不利于经济的发展。其实，不发展，不消耗能源，最低碳，但这样的发展模式也被证明是失败的。循环经济是实现低碳的重要方式，低碳（节能）是循环经济的目标之一（节能、节水、节地和节材）。循环经济不仅能解决低碳问题，同时它还关注资源利用的效率问题，以及经济、社会和环境效益问题。当然，低碳的范畴要大于节能，节约能源能实现低碳，改变能源结构、增加低碳能源比例也可以大大降低碳排放。所以，本报告建议将低碳和循环经济统筹起来对待，将低碳循环型经济作为实现经济结构转型、产业升级和经济低碳的重要模式。

低碳循环经济以资源的高效利用和循环利用为手段，以“减量化、再利用、再循环”为原则，以低碳、绿色、高效为基本特征，以节约能源、节约用水、节约用地、节约用材为目标的新型绿色经济发展模式。循环利用是实现低碳发展的手段，低碳是循环的目的，只有在资源的循环利用和废弃物资源化过程中才能更好实现低碳目标，只有通过提供经济的效率和效益才能减少温室气体的排放。所以，低碳和循环是不能割裂开来的，二者相互联系，相互促进，融为一体。

1）2020 年单位 GDP 能耗为 0.65 tce/万元，2030 年单位 GDP 能耗为 0.40 tce/万元，2050 年单位 GDP 能耗为 0.20 tce/万元；

2）2020 年二氧化碳排放强度为 1.15 $tCO_2$/万元，2030 年二氧化碳排放强度为 0.56 $tCO_2$/万元，2050 年二氧化碳排放强度为 0.21 $tCO_2$/万元；

3）2020 年新能源比重为 15%，2030 年新能源比重为 20%，2050 年新能源比重为 30%；

4）2020 年万元 GDP 水泥消耗量为 0.40 t，2030 年万元 GDP 水泥消耗量为

0.35 t，2050 年万元 GDP 水泥消耗量为 0.25 t；

5）2020 年万元 GDP 钢材消耗量为 0.15 t，2030 年万元 GDP 钢材消耗量为 0.10 t，2050 年万元 GDP 钢材消耗量为 0.05 t。

## 第二节　绿色发展的社会战略目标

绿色社会所蕴涵的不仅是绿色、低碳和环保型社会，同时它还意味着社会的安全、友爱、温馨和积极。绿色代表了一种欣欣盎然的景象，代表了社会的健康与和谐。那么到底什么是绿色社会？所谓绿色社会，是指以人与自然和谐发展为核心，以人性化、生态化为宗旨，以低碳、和谐、可持续发展为目标，以绿色文化为内在规范，用绿色生活方式营造友爱的、自然的、理想的社会关系综合体。绿色社会是绿色生活方式的载体，是人与自然和谐相处的共生体。绿色消费方式并不是透支下一代生存所需资源与环境，而是在享受现代生活方式的同时，尽可能地减少对资源的消耗和对环境的污染（杨钢，2003）。建设绿色社会需要从软硬环境两个方面展开：硬环境一方面是建立固体废弃物回收利用、污水处理、废气净化、生活垃圾无害化处理的设施，尽可能减少对环境的污染和破坏；另一方面是通过技术创新提高能源、资源的利用效率，尽可能减少对资源的消耗。所指软环境一方面是健全的保护生态环境的法律法规，强制规范人们保护环境；另一方面是自觉的、内化的生态保护意识和文化环境，内在意识规范人们的外在行为。

建设绿色社会要积极推进静脉产业的发展，大力回收和循环利用各种废旧资源，不断完善废旧物资回收、加工、利用体系；建立绿色文明，创造绿色文化，引导居民选择绿色生活，把环保变成一种生活方式、一种社区文化；建设生态文化，倡导生态文明，树立经济、社会发展必须与资源、环境相协调的发展观，确立“资源有限，取之有度”的资源观，培养理性、绿色的消费观、形成文明、健康的生活方式与可持续的消费方式。

绿色社会发展的总体战略目标是：社会结构更加合理，社会更加和谐稳定，人们的生活方式、消费方式更加低碳、健康和环保，人们的环保意识不断加强，社会保障体系更加完善，使我国在经济发展的同时，在教育、医疗卫生、就业与社会保障、社会公平和安全方面取得协同发展。具体目标如表 4-2 所示。

**表 4-2　绿色发展的社会战略目标体系**

| 目　标 | 单　位 | 现　状 | 目标值 | | | |
|---|---|---|---|---|---|---|
| | | 2008 年 | 2010 年 | 2020 年 | 2030 年 | 2050 年 |
| 社会公平 | | | | | | |
| 基尼系数 | — | — | 0.45 | 0.40 | 0.38 | 0.35 |
| 城乡收入差距系数 | — | 0.70 | 0.71 | 0.69 | 0.65 | 0.59 |
| 行业收入差距系数[①] | — | 0.77 | 0.75 | 0.65 | 0.60 | 0.40 |
| 地区收入差距系数[②] | — | 0.33 | 0.35 | 0.30 | 0.25 | 0.15 |

续表

| 目　标 | 单　位 | 现　状 | 目标值 | | | |
|---|---|---|---|---|---|---|
| | | 2008 年 | 2010 年 | 2020 年 | 2030 年 | 2050 年 |
| 人民幸福 | | | | | | |
| 国民幸福指数 | — | — | 0.65 | 0.70 | 0.75 | 0.80 |
| 社会道德满意度 | — | — | 0.60 | 0.70 | 0.80 | 0.85 |
| 社会秩序满意度 | — | — | 0.65 | 0.70 | 0.80 | 0.90 |
| 平均受教育年限 | 年 | 8.27 | 8.5 | 10 | 11 | 12 |
| 失业率 | % | 4.2 | 4.6 | 4 | 3.5 | 3 |
| 平均预期寿命 | 年 | 71.4③ | 73 | 75 | 77 | 80 |
| 城镇百户家用汽车拥有量 | 辆 | 8.83 | 10 | 15 | 20 | 30 |
| 人均消费性支出 | 万元 | 1.22 | 1.38 | 2.88 | 5.27 | 11.71 |
| 城市人均拥有道路面积 | $m^2$ | 12.21 | 13.00 | 15.00 | 20.00 | 30.00 |
| 农村每百户拥有摩托车 | 辆 | 52.45 | 55.00 | 60.00 | 65.00 | 70.00 |
| 电话普及率（含移动电话） | % | 100 | 100 | 100 | 100 | 100 |
| 用水普及率 | % | 94.7 | 98 | 100 | 100 | 100 |
| 燃气普及率 | % | 89.6 | 92 | 100 | 100 | 100 |
| 人均国内旅游花费 | 元 | 511 | 600 | 1000 | 2000 | 4000 |
| 民生保障 | | | | | | |
| 义务教育普及率(学有所教) | % | 100 | 100 | 100 | 100 | 100 |
| 医疗保险参保率(病有所医) | % | 85 | 90 | 100 | 100 | 100 |
| 养老保险参保率(老有所养) | % | 85 | 90 | 100 | 100 | 100 |
| 人均住房面积(住有所居) | $m^2$ | 25.9 | 28 | 30 | 35 | 35 |
| 劳动报酬增长率(劳有所得) | % | 19.7 | 20 | 15 | 15 | 15 |
| 千人拥有医生数 | 人 | 3.81 | 4.0 | 6.0 | 8.0 | 10.0 |
| 千人拥有医院床位数 | 张 | 3.04 | 3.50 | 4.50 | 5.50 | 7.50 |
| 社会安全 | | | | | | |
| 犯罪率④ | 人/万人 | 7.17 | 7.00 | 6.50 | 6.00 | 5.00 |
| 交通事故死亡率 | 人/万车 | 4.3 | 4.0 | 3.5 | 3.0 | 2.0 |
| 自杀率 | 人/万人 | 2.26 | 2.20 | 2.0 | 1.5 | 1.0 |
| 亿元 GDP 生产安全事故死亡人数 | 人 | 0.312 | 0.300 | 0.250 | 0.200 | 0.100 |
| 公务员职务犯罪率 | 人/万人 | 33.95 | 30 | 25 | 20 | 15 |
| 低碳社会 | | | | | | |
| 新建节能建筑比例 | % | — | 50 | 65 | 70 | 100 |
| 万人拥有公交车数 | 辆 | 8.37 | 9.00 | 15.00 | 20.00 | 25.00 |
| 公共交通出行率 | % | — | 25 | 30 | 35 | 45 |
| 到达 BRT 站点的平均步行距离 | m | — | 2000 | 1000 | 500 | 300 |

注：①行业收入差距系数越小越好，差距系数为 0 表示没有差距，为 1 表示差距达到极限值；②地区收入差距为东部地区与西部地区之间的差距；③平均预期寿命现状值为 2000 年数据；④犯罪率为万人中犯罪人数

## 一、社会公平

我国经过30多年的改革开放，人们的物质生活得到极大丰富，社会逐步进入全面小康阶段。但是，人们的生活满意度并没有随着物质条件的改善而提高。这是因为，宏观上改革不仅是提高效率增加产出的过程，也是利益重新分配调整的过程，必然导致人们之间利益的分化、收入差距的拉大和社会阶层的分化重组；另外加上社会流动机制的不健全和流动渠道的不畅通，使得社会比较后感觉自己处于弱势地位的群体产生相当剥夺感。目前，我国正处在经济转型和社会转轨的历史阶段，行业收入差距、阶层收入差距、城乡收入差距和地区收入差距不断扩大，社会公平程度不断降低（付允，2009）。根据世界银行的估计，20世纪80年代初我国基尼系数约为0.28，90年代初为0.38，在2000年冲破了基尼系数0.4的国际警戒线，2005年底已经达到0.47，2006年继续上升为0.496，我国居民收入差距明显扩大。如何实现缩小收入差距，实现社会公平，是今后发展面临的重大挑战。如果这个问题解决不好，将会影响我国的社会和谐稳定，葬送来之不易的社会稳定发展的大好局面。

社会公平是一个多层面、多领域、多阶段的问题，它不是绝对的，是相对的，也是相当复杂的一个问题。就公平的层面来说，包括过程（程序）公平和结果公平，前者就是保证公民的机会平等、过程的公正，后者就是要保证分配结构的公平。就公平的领域来说，涉及教育、医疗、住房、收入、就业、权力等等，任何包含利益因素的事情都会涉及公平问题。本报告认为，在当前最重要的是先把现有的蛋糕分好，让大家相对满意于自己利益所得，让劳动者的付出和回报相匹配；从宏观上注重一次分配的效率和二次分配的公平，建立合理的再分配制度。为了保障二次分配的公平，我国应着手建立国家产业补偿制度、国家土地补偿制度、国家生态补偿制度、国家自然灾害补偿制度和国家社会补偿制度五大补偿型国家制度，从国家层面上将二次分配的社会公正性，牢牢地固化在有章可循、有理可据的权威性制度之上，从而完成构建社会主义和谐社会的根本保障（牛文元，2006）。

1）2020年基尼系数为0.40，2030年基尼系数为0.38，2050年基尼系数为0.35；

2）2020年城乡收入差距系数为0.69，2030年城乡差距系数为0.65，2050年城乡差距系数为0.59；

3）2020年行业收入差距系数为0.65，2030年行业收入差距系数为0.60，2050年行业收入差距系数为0.40；

4）2020年地区收入差距系数为0.30，2030年地区收入差距系数为0.25，2050年地区收入差距系数为0.15。

## 二、人民幸福

人民幸福是发展之本，是经济发展的终极追求。经济增长并一定意味着人民幸福，以资源、环境和人民幸福为代价的经济增长将是不取，也是不可持续的。《(不) 快乐的星球指数》报告研究了178个国家和地区GDP与生活满意度之间的关系后，表明随着人均GDP的增长，生活满意度的回报在逐渐缩小。从图4-2可以看出，生活满意度指数的临界阈值在5000美元左右。当指数小于这一阈值时，随着人均GDP增加，生活满意度指数增长迅速；而当指数超过临界阈值时，生活满意度指数增长缓慢。卢森堡、美国和挪威等拥有高人均GDP的国家的生活满意度并不比不丹和哥斯达黎加等低人均GDP国家的生活满意度高（安尼尔斯基，2009）。所以，经济增长到一定程度后，人们的幸福指数不再和金钱有关，这时将更多地取决于人际关系、休闲、友爱、健康等其他非物质因素。

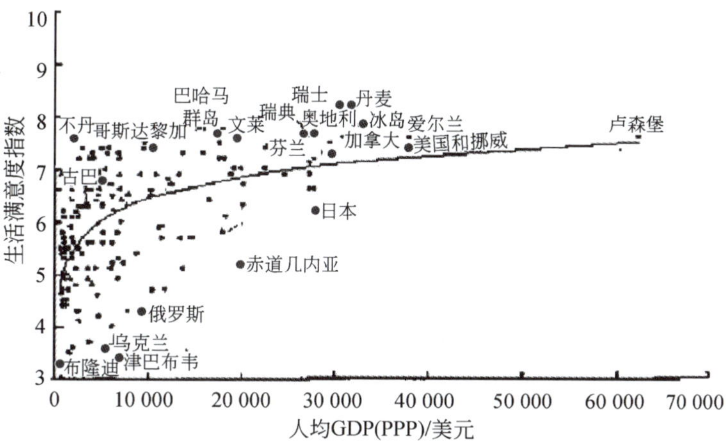


图4-2　2003年178个国家和地区生活满意度与人均GDP

资料来源：新经济学基金会和自然之友，2006

按照年末汇率计算，2009年我国人均GDP达到3680美元，逐步接近生活满意度的临界点。据预测，我国将于2014年左右达到临界值，也就是说在“十二五”期间我国将实现生活满意度的经济临界值。这就需要我们研究当经济对幸福失去推动力时，我国如何实现人民幸福指数的继续上升。本报告认为，届时需要更加关注民生，更加注重社会的公平，增强心理疏导体系建设，引导人们建立正确合理的幸福观，将幸福指数提升和真实财富增长作为政绩考核的核心指标，逐步形成民主法治、公平正义、诚信友爱、充满活力、安定有序、人与自然和谐相处的和谐社会。

1）2020年国民幸福指数为0.70，2030年国民幸福指数为0.75，2050年国民幸福指数为0.80；

2）2020年平均受教育年限为10年，2030年平均受教育年限为11年，2050

年平均受教育年限为12年；

3）2020年平均预期寿命为75岁，2030年平均预期寿命为77岁，2050年平均预期寿命为80岁。

## 三、民生保障

民生保障是实现社会公平的“助推器”，是降低相对剥夺感的“调节器”，是实现社会和谐稳定的“安全阀”。凯恩斯主义学派主张通过累进税和社会福利等办法重新调节国民收入的分配，缩小贫富差距，促进社会公平（周莹，2008）。完善的社会保障制度，可以从根源上解决人们的后顾之忧，有效降低人们的社会剥夺感，普遍提高人们的主观幸福感。为此，我们需要从企业、政府和社会等多个筹资渠道，从社会保险、社会福利、社会救济、社会优抚等多个保障领域，建立科学合理的民生保障机制，做到学有所教、劳有所得、病有所医、老有所养、住有所居。

扩大社会保障的覆盖面，将更多的社会成员尤其弱势群体纳入社会保障体系。社会保障的覆盖面在某种程度上取决于经济发展水平，而我国的现实是社会保障水平滞后于经济发展水平，这将不利于经济社会的可持续发展，有必要扩大社会保障的覆盖范围。在扩大覆盖对象时，需要着重考虑占我国人口多数的农民的社会保障问题，在农村优先建立广覆盖、相对低水平的医疗、养老保障体系。我国从2003年开始试点新型农村合作医疗制度（新农合），2010年逐步实现基本覆盖全国农村居民；新型农村社会养老保险制度于2009年开始试点，规划于2020年前全部实现所有农民都享有新农保。另外，也要着重考虑城市弱势群体的社会保障问题，城市弱势群体不像农民拥有最基本的生存资源（粮食），其生活能力更差、心理容忍度更低，当失去生活来源时更易成为社会不稳的隐患。本文的模拟结果也表明，最低生活保障政策尽管在调节收入分配、缩小收入差距方面作用不大，但在维持社会稳定、保障弱势群体的生存权利方面功不可没。因此，应更多关注农民工、失地农民、未就业大学生、下岗职工等城乡弱势群体的生活保障问题，为他们构筑基本生活的保障线；同时，让全覆盖的社会保险发挥老有所养和病有所医的功能，让高水平的社会福利发挥住有所居和学有所教的功能，让高时效的社会救济和社会优抚发挥弱势群体救助和救灾赈灾的功能。提高社会保障的水平，不断改善低收入群体的生活状况。社会保障在横向扩大覆盖范围的同时，也要纵向不断提高社会保障的水平，使其随经济发展水平的不断提高而提高。为此，我国要加大财政的转移支付力度，尽力提高对中低收入以及边缘弱势群体的保障水平，让更多的人共享经济社会发展的成果，使二次分配在总分配体系中发挥更大的公平调节器功能。此外，充分动员社会力量参与社会的救助和安抚工作中，增强社会成员之间的感情交互，从而有效提高社会和谐稳定水平（付允，2010）。

1）2020年义务教育普及率为100%，2030年义务教育普及率为100%，2050

年义务教育普及率为 100%；

2）2020 年医疗保险普及率为 100%，2030 年医疗保险普及率为 100%，2050 年医疗保险普及率为 100%；

3）2020 年养老保险普及率为 100%，2030 年养老保险普及率为 100%，2050 年养老保险普及率为 100%。

## 四、社会安全

社会安全是衡量社会运行井然有序与民众安居乐业的重要标志，是社会和谐的重要表现形式。马斯洛的需求理论表明，人类的需求呈现梯度递进态势，由低层次的生理需求（物质需求）一直跃升到高层次的自我实现需求（精神需求）（付允，2010）。他认为，人类需求从低到高依次为生理需求、安全需求、社交需求、尊重需求和自我实现，形成了金字塔式的层次结构。可以看出，安全需求位于金字塔结构的较底层，是实现更高需求的基础，也就是说人们在追求更高的需求时，需要安全感作为保障。因此，我国必须建立系统、科学、合理的社会安全保障机制，为人们的幸福生活和社会的良好运行提供保障。

金融危机发生以来，我国的社会治安比较严峻，重大群体性事件频发，给社会安全带来了较大影响。据中国社会科学院《中国法治发展报告 2010》，2009 年全国社会治安形势相对比较严峻，全国刑事案件立案数、治安案件数大幅增长。根据截至 2009 年 10 月的统计数据，全国刑事案件立案数和治安案件发现受理数大幅增长，刑事案件数增长幅度在 10% 以上，治安案件数增长幅度达 20% 左右，全年刑事立案数达到 530 万件，治安案件数达到 990 万件，这种增长态势打破了 2000 年以来违法犯罪数量一直保持的平稳态势。同时指出，去年在全国范围内具有较大社会影响的群体性事件有近 10 起，其中以新疆“7·5”事件和湖北石首群体性事件的社会影响最大。

在此社会安全形势下，我国要不断强化执法能力建设，提高政法队伍整体素质，高度重视和及时解决经济、社会发展中遇到的新情况、新问题，加强人民调解工作，及时化解社会矛盾，加强社会治安综合治理制度建设，深入开展平安创建活动，依法严厉打击各种危害社会治安和经济秩序的违法犯罪活动，维护了社会的安全稳定。

1）2020 年犯罪率为 6.5 人/万人，2030 年犯罪率为 6 人/万人，2050 年犯罪率为 5 人/万人；

2）2020 年交通事故死亡率为 3.5 人/万车，2030 年交通事故死亡率为3.0 人/万人，2050 年交通事故死亡率为 2.0 人/万人；

3）2020 年亿元 GDP 生产安全事故死亡人数为 0.25，2030 年亿元 GDP 生产安全事故死亡人数为 0.2，2050 年亿元 GDP 生产安全事故死亡人数为 0.1。

## 五、低碳社会

随着经济的不断发展。对物质和舒适生活的需求也与日俱增。2000 年生活消费耗能量为 15 965 万 tce，2007 年增加为 26 790 万 tce，为 2000 年的 1.7 倍。主要原因有以下几个方面：①电冰箱、洗衣机和彩电等家用电器的普及。2007 年平均每百户电冰箱、洗衣机和彩电拥有量分别比 2000 年增加 18.6%、6.9% 和 18.2%，城镇家庭普及率分别达到 95%、96.8% 和 137.8%。②城市规划的失误导致城市规模不断扩大。居民平均交通距离不断增加，而公共交通相对滞后，使得对私人汽车的需求不断上升。2007 年城镇平均每百户家用汽车拥有量为 2000 年的 12 倍。根据 2009 年 12 月统计数据，北京市机动车保有量已突破 400 万。私人小汽车出行量已逼近公共交通，且小汽车每车单次运送的人数在下降。③城镇人均住房面积大幅度增加，家庭户规模呈下降趋势。

为实现社会的低碳发展，人们要改变以往高消费、高浪费的生活方式。通过调整交通方式，大力发展公共交通和轨道交通，大容量公共交通的发展可以有效削减未来城市道路交通的能源需求和温室气体排放。同时，城市建设应推行紧凑的城区格局，让居民徒步或依靠自行车就能方便出行。通过调整消费方式，民众应优先选择低碳产品，每个家庭尽量使用节能电器和节能灯，尽量不使用一次性用品，尽量不用塑料袋。通过调整居住方式，提倡居住低碳建筑和公共住宅。对于办公楼、宾馆、商场等大型商业建筑，公开其能源消耗情况，进行能源审计，提高大型建筑能效（付允等，2008）。

1）2020 年新建节能建筑比例为 65%，2030 年新建节能建筑比例为 70%，2050 年新建节能建筑比例为 100%；

2）2020 年万人拥有公交车数为 15 辆，2030 年万人拥有公交车数为 20 辆，2050 年万人拥有公交车数为 25 辆；

3）2020 年到达 BRT 站点的平均步行距离为 1000m，2030 年到达 BRT 站点的平均步行距离为 500m，2050 年到达 BRT 站点的平均步行距离为 300m。

# 第三节　绿色发展的生态战略目标

绿色生态是人类存续的物质载体，是可持续发展的重要方面，是生态文明形态的重要体现，也是“以人为本”原则最直接的表征。十七大报告提出将“建设生态文明”作为中国实现全面建设小康社会奋斗目标的新要求之一，并明确提出“必须把建设资源节约型、环境友好型社会放在工业化、现代化发展战略的突出位置，落实到每个单位、每个家庭”。两百多年的工业文明带来了经济的巨大增长和社会财富的极大增加，但同时也造成了生态破坏与环境污染（王建伟，2005），给人类的生存与发展造成了重大威胁。人类逐步意识到，通过无穷尽向自然索取来满足人类日益膨胀欲望的发展方式是不可持续的，我们需要在索取的同时也要给予，共同保护我们赖以生存的生态环境，实现人与自然的和谐相处。

为建设绿色生态，要求到 2050 年在约 120 万 $km^2$ 的国土面积上严格守护约 2500 个自然保护区。这是中国生态平衡、生态服务和生态屏障的基础。生态系统服务是指人类直接或间接从生态系统得到的利益，主要包括向经济社会系统输入有用物质和能量、接受和转化来自经济社会系统的废弃物，以及直接向全体社会成员提供服务（如人们普遍享用洁净空气、洁净水等舒适性资源）。与传统经济学意义上的服务（它实际上是一种购买和消费同时进行的商品）不同，生态系统服务只有一小部分能够进入市场被买卖，大多数生态系统服务是公共品或准公共品，无法进入市场。生态系统服务以长期服务流的形式出现，能够带来这些服务流的生态系统通常构成了自然资本。生态安全保障线的功能主要包括固定二氧化碳、稳定大气成分、调节气候、对干扰的缓冲与抗逆、水文调节、水土保持、土壤熟化、营养元素循环、废弃物降解、传授花粉、生物控制、提供生境、食物生产、遗传资源库、提供休闲娱乐场所。根据计算，每生产 1t 干物质，可以固定二氧化碳 1.6t，可以释放出氧气 1.2t。120 万 $km^2$ 国土面积的生态安全保障线，每年大约生产干物质（NPP）25 亿～30 亿 t，作为碳汇每年可以固定 40 亿～50 亿 t 二氧化碳，这将大大促进节能减排目标的实现（牛文元等，2008）。

绿色生态发展的总体战略目标是：生态环境更加优美，空气质量大幅提升，河流污染得到全面治理，污染物排放得到有效控制，资源循环利用效率增强，温室气体排放强度不断下降，人们的生态保护意识得到加强，人与自然的关系更加和谐。具体目标如表 4-3 所示。

**表 4-3　绿色发展的生态战略目标体系**

| 目　标 | 单　位 | 现　状 | 目标值 | | | |
|---|---|---|---|---|---|---|
| | | 2008 年 | 2010 年 | 2020 年 | 2030 年 | 2050 年 |
| 环境友好 | | | | | | |
| 工业废水排放达标率 | % | 92 | 95 | 100 | 100 | 100 |
| 地表水质达标率 | % | | | | | |
| 工业固体废弃物综合利用率 | % | 64.3 | 70 | 80 | 90 | 100 |
| 工业废气排放达标率 | % | 89.3 | 95 | 100 | 100 | 100 |
| 工业用水重复利用率 | % | 83.8 | 90 | 100 | 100 | 100 |
| 环境治理投资占 GDP 比重 | % | 1.49 | 1.60 | 2.0 | 3.0 | 3.0 |
| 万元 GDP 工业废气排放量 | t | 0.01 | 0.009 | 0.007 | 0.005 | 0.002 |
| 万元 GDP 固体废弃物排放量 | t | 0.61 | 0.60 | 0.50 | 0.40 | 0.20 |
| 万元 GDP 工业废水排放量 | t | 7.70 | 7.50 | 7.0 | 6.0 | 4.0 |
| 生活垃圾无害化处理率 | % | 66.8 | 70 | 80 | 90 | 100 |
| 化肥使用强度 | t/万亩 | 287 | 280 | 260 | 240 | 200 |

续表

| 目标 | 单位 | 现状 | 目标值 | | | |
|---|---|---|---|---|---|---|
| | | 2008 年 | 2010 年 | 2020 年 | 2030 年 | 2050 年 |
| 生态安全 | | | | | | |
| 森林覆盖率 | % | 20.36 | 22 | 25 | 30 | 35 |
| 自然保护区面积比率 | % | 15.1 | 16 | 18 | 20 | 22 |
| 人均造林面积 | $hm^2$/万人 | 40 | 42 | 50 | 70 | 100 |
| 沙漠化率 | % | 17.85① | 17 | 15 | 13 | 10 |
| 水土流失率 | % | 37② | 35 | 32 | 30 | 25 |
| 湿地面积占国土面积比重 | % | 4.05 | 4.0 | 4.0 | 4.0 | 4.0 |
| 人均耕地面积 | 亩 | 1.37 | 1.34 | 1.25 | 1.22 | 1.23 |
| 粮食自给率 | % | 100 | 100 | 95 | 95 | 95 |
| 农业成灾率 | % | 55.7 | 55 | 50 | 45 | 40 |
| 生态文明 | | | | | | |
| 环境满意度 | — | — | 比较满意 | 满意 | 满意 | 非常满意 |
| 生态环境知识普及率 | % | — | 50 | 70 | 90 | 100 |
| 政府绿色采购率 | % | 60 | 70 | 80 | 100 | 100 |
| 生态意识强度 | — | — | 一般 | 较强 | 强 | 非常强 |

注：①沙漠化率现状值为国家林业局于 2003 年 11 月至 2005 年 4 月组织的第三次全国沙漠化普查所得的结果，这里的沙漠化率为沙化土地面积占国土面积的比例；②水土流失率现状值数据来源于水利部

## 一、环境友好

“环境友好”（environmentally friendly）是国际社会在 1992 年里约峰会上提出的，它摒弃了“先污染、后治理”的思想，倡导“综合控制”的环境保护观念，这是人类社会对环境问题的反思和认识深化的结果，用于表明生态环境的承载能力基础上人类行为对环境的影响程度。我国在“十一五”规划纲要中明确提出建设资源节约型、环境友好型社会的要求。环境友好是指以环境承载力为基础，以遵循自然规律为准则，以绿色科技为动力，倡导人类的生产、消费活动与自然生态系统的可持续发展；环境友好侧重于社会经济发展的生态效率，其根本要求就是人类生产和消费活动与社会经济、自然生态系统协调发展（薛惠锋，2007）。本报告认为，环境友好是人类尊重自然、人爱自然的表现，是人与自然和谐相处、在生态承载能力范围内合理利用生态环境的文明形态。

要实现环境友好，我们需要从以下几点努力：①减少污染物排放，加强环境保护。我们要做到从源头治理废水、废气和固体废弃物，尽最大努力减少

“三废”物体排放到自然界中；尽量将废弃物再资源化和循环利用，一方面可以减少破坏和污染环境，另一方面还可以提高资源的利用效率和效益。②加强环境标志产品、有机食品、节能产品的认证，大力发展生态旅游等绿色服务业，创建生态建筑和绿色社区，倡导大众绿色消费，特别是逐步改变传统饮食文化中长期存在的铺张浪费的行为习惯，大力推行政府绿色采购，引导社会绿色消费意识；③培育环境友好的文化氛围，要树立尊重自然的价值观和道德观，通过教育、文学、艺术和科学技术等支持和协助，使环境友好型社会的理念成为全社会的共识和奉行的价值观。在传统工业文明和文化占有主导地位的今天，不仅要加强绿色科学技术的研发和推广，为环境保护提供技术支持，也需要引导公众的认同和参与，把环境道德教育、环境行政意识、环境经济意识、环境法治意识、环境科学意识等有机结合起来，使环境友好的文化在多个领域从浅层向深层发展（解振华，2005）。

1）2020 年工业废水排放达标率为 100%，2030 年工业废水排放达标率为 100%，2050 年工业废水排放达标率为 100%；

2）2020 年工业固体废弃物综合利用率为 80%，2030 年工业固体废弃物综合利用率为 90%，2050 年工业固体废弃物综合利用率为 100%；

3）2020 年工业废气排放达标率为 100%，2030 年工业废气排放达标率为 100%，2050 年工业废气排放达标率为 100%；

4）2020 年环境治理投资占 GDP 比重为 2%，2030 年环境治理投资占 GDP 比重为 3%，2050 年环境治理投资占 GDP 比重为 3%；

5）2020 年生活垃圾无害化处理率为 80%，2030 年生活垃圾无害化处理率为 90%，2050 年生活垃圾无害化处理率为 100%。

## 二、生态安全

生态安全的内涵有广义和狭义之分。从广义上来说，国际应用系统分析研究所认为生态安全是指在人的生活、健康、安乐、基本权利、生活保障来源、必要资源、社会次序和人类适应环境变化的能力等方面不受威胁的状态，包括自然生态安全、经济生态安全和社会生态安全，组成一个复合人工生态安全系统。从狭义上来说，生态安全是指自然和半自然生态系统的健康水平和完整程度（肖笃宁等，2002）。本报告中所指的生态安全是狭义的概念，也就是特指生态系统的健康稳定性。当生态系统保持系统结构，发挥系统应有功能时，生态系统是健康的，也就是安全的；但是当生态系统受到侵害和破坏，结构发生变化时，它就不能发挥应有的生态功能，也不能自我修复，这时生态系统是不安全的。对于我们国家来说，生态安全具有重要的战略意义，生态安全关系国家经济安全和社会稳定，它是实现国家可持续发展的基底性因素，超出生态承受能力的发展最终必将受到自然的惩罚，这样的发展也注定是不可持续的。

生态安全是实现绿色发展的重要组成部分，也是国家安全的重要组成部分，原因在于资源的超常规利用和环境破坏给生态环境带来了严重威胁。水土流失和土地沙化威胁着国家生态安全，全国已有1/3的国土面积受到水土流失的侵蚀，90%的天然草原不同程度的退化，有限的耕地资源受到环境污染和地力下降的双重威胁，宝贵的生物资源正在锐减。沱江、松花江等接连发生的重大环境污染事故，直接威胁到人民的生产生活。频繁袭击北方的沙尘暴，再次敲响了生态安全的警钟（曾培炎，2006）。生态环境的破坏，生态赤字的扩大不断削弱我国经济发展的基础，影响我国经济社会的可持续发展。因此，我国必须采取科学可行的措施扭转生态环境恶化的趋势，不断强化经济社会发展的生态基础。

1）2020年森林覆盖率为25%，2030年森林覆盖率为30%，2050年森林覆盖率为35%；

2）2020年自然保护区面积比率为18%，2030年自然保护区面积比率为20%，2050年自然保护区面积比率为22%；

3）2020年沙漠化率为15%，2030年沙漠化率为13%，2050年沙漠化率为10%；

4）2020年人均耕地面积为1.25亩，2030年人均耕地面积为1.22亩，2050年人均耕地面积为1.23亩；

5）2020年粮食自给率为95%，2030年粮食自给率为95%，2050年粮食自给率为95%。

## 三、生态文明

文明是人类改造自然的物质和精神成果的总和，是社会进步的重要标志。人类社会先后经历了农业文明和工业文明等两种文明形态，正在步入生态文明。党的十七大提出的生态文明建设的战略目标，是人类发展史上的“第三次文明”。农业文明的标志之一是人类由采集、狩猎、捕捞等方式直接地从自然界索取产品，转变为通过栽培作物、驯养家畜等方式能动地利用自然界谋取更多的产品。工业文明的标志之一是人类由主要依靠自身力量谋取产品，转变为借助机械力量和社会化大生产获取剩余产品和剩余价值（宋豫秦和叶文虎，2009）。

本报告认为生态文明的重要标志之一是人类由从自然界单向索取资源，转变为索取与回馈相平衡、相协调。生态文明阶段是人与自然之间的一种和谐发展，一种共建、共享、共同进化的形态，人和自然之间既不是人完全拜倒在自然的面前，也不是人们通过奴役的手段控制自然界，而是人要和自然界融合在一起，也就是人与自然的和谐发展（牛文元等，2008）。我国的生态文明要首先强调以人为本原则，同时反对极端人类中心主义与极端生态中心主义。极端人类中心主义制造了严重的人类生存危机；极端生态中心主义却过分强调人类社会必须停止改造自然的活动。生态文明则认为人是价值的中心，但不是自然的主宰，人的全面发展必须促进人与自然的和谐。另外，在可持续发展与公平公正方面，生态文明也与当代社会主义的原则基本一致。生态文明应成为社会主义文明体系的基础。社会主义的物质文明、政治文明和精神文明离不开生态文明，没有良好的生态条件，人不可能有高度的物质享受、政治享受和精神享受。没有生态安全，人类自身就会陷入不可逆转的生存危机（潘岳，2006）。为此，我国需要将生态文明形态不断融入经济建设中，不断深入到人们的意识形态中，不断固化到人们的行动中，让生态文明成为我国可持续发展的重要支撑和保障。

1）2020 年环境满意度为满意，2030 年环境满意度为满意，2050 年环境满意度为非常满意；

2）2020 年生态环境知识普及率为 70%，2030 年生态环境知识普及率为 90%，2050 年生态环境知识普及率为 100%；

3）2020 年政府绿色采购率为 80%，2030 年政府绿色采购率为 100%，2050 年政府绿色采购率为 100%；

4）2020 年生态意识强度为较强，2030 年生态意识强度为强，2050 年环境满意度为非常强。

## 第四节　绿色发展的文化战略目标

文化是社会发展的力量，是人类创造的精神财富，是构建社会主义和谐社会的精神支柱。胡锦涛同志在党的十七大报告中强调，“文化越来越成为民族凝聚力和创造力的重要源泉、越来越成为综合国力竞争的重要因素，必须坚持社会主义先进文化前进方向，激发全民族文化创造活力，提高国家文化软实力，使人民基本文化权益得到更好保障”。文化对于民族、对于国家经济社会发展的重要性是不言而喻的。对于绿色文化，有两个方面的意思。一方面它是指尊重自然、保护环境、人与自然和谐相处的生态文明观和环境意识；另一方面它是指健康的、积极向上的文化形态。前者在绿色生态中已经谈及，本节将重点分析和制定后者的战略发展目标。从我国文化发展现状来看，文化建设严重滞后于经济建设，经济文明建设滞后于物质文明建设。这种矛盾不利于经济的可持续发展，必将在一定程度削弱我国经济的竞争力。

文化产业是发展绿色文化的重要载体，是满足人民群众多样化、多层次、多方面精神文化需求的重要途径，也是推动经济结构调整、转变经济发展方式的重要着力点（国务院，2009）。绿色文化发展的总体战略目标是：以文化创意、影视制作、出版发行、印刷复制、广告、演艺娱乐、文化会展、数字内容和动漫等产业为重点，提升文化产业规模，打造文化产品品牌，促进文化产业创新，加快文化产业园区和基地建设，扩大文化消费水平，加大文化设施建设力度，建设现代文化市场体系，确保文化的安全和健康，实现我国文化的绿色发展。具体目标如表 4-4 所示。

**表 4-4 绿色发展的文化战略目标体系**

| 目标 | 单位 | 现状 | 目标值 | | | |
|---|---|---|---|---|---|---|
| | | 2008 年 | 2010 年 | 2020 年 | 2030 年 | 2050 年 |
| 文化水平 | | | | | | |
| 文化产业增加值占 GDP 比重 | % | 2.6 | 3.0 | 10 | 20 | 35 |
| 从业人员在第三产业中的比重 | % | 0.49 | 0.55 | 2.0 | 3.0 | 5.0 |
| 电影经济总量年均增速 | % | 25.4 | 25 | 25 | 20 | 15 |
| 广播综合人口覆盖率 | % | 95.96 | 98 | 100 | 100 | 100 |
| 电视综合人口覆盖率 | % | 96.95 | 99 | 100 | 100 | 100 |
| 每百户彩色电视机拥有量 | 部 | 132.89 | 135 | 140 | 145 | 150 |
| 每百户家用电脑拥有量 | 部 | 59.26 | 65 | 75 | 95 | 120 |
| 居民家庭文教娱乐支出比重 | % | 6.55 | 7.00 | 8.00 | 9.00 | 10.00 |
| 艺术表演团体经费自给率 | % | 29.5 | 35 | 45 | 55 | 70 |
| 文化创新 | | | | | | |
| 文化创意产业产值 | 亿元 | — | 10 866 | 32 430 | 92 928 | 254 280 |
| 文化产品出口比重 | % | 0.5 | 1.0 | 5.0 | 8.0 | 10.0 |
| 文化创意产业产值占 GDP 比重 | % | — | 3 | 5 | 8 | 10 |
| 文化设施 | | | | | | |
| 百万人拥有艺术表演团体数 | 个 | 3.76 | 4.00 | 5.00 | 6.00 | 8.00 |
| 百万人拥有艺术表演场馆 | 个 | 1.43 | 1.60 | 2.50 | 3.50 | 5.00 |
| 百万人拥有文化馆和群众艺术馆 | 个 | 2.37 | 2.50 | 3.50 | 4.50 | 6.00 |
| 百万人拥有公共图书馆 | 个 | 2.07 | 2.40 | 3.50 | 4.50 | 5.50 |
| 百万人拥有博物馆 | 个 | 1.39 | 1.50 | 2.50 | 3.50 | 5.00 |
| 文化安全 | | | | | | |
| 绿色网络文化规范程度 | — | 比较规范 | 比较规范 | 规 范 | 非常规范 | 非常规范 |
| 绿色企业文化建设力度 | — | 较 大 | 较 大 | 较 大 | 大 | 很 大 |
| 绿色消费理念培育程度 | — | 较 大 | 较 大 | 大 | 很 大 | 很 大 |
| 文化安全意识强度 | — | 一 般 | 较 强 | 较 强 | 强 | 很 强 |

注：文化产业增加值占 GDP 比重现状值数据为 2007 年数据

## 一、文化水平

当前我国文化产业的发展水平还不高、活力还不强，与人民群众日益增长的精神文化需求还不相适应，与日趋完善的社会主义市场经济体制还不相适应，与现代科学技术迅猛发展及广泛应用还不相适应，与我国对外开放不断扩大的新形势还不相适应（国务院，2009）。根据国家新闻出版总署（2009）的统计，2008年全国出版物进出口经营单位累计出口图书、报纸和期刊947 204种次、801.81万册（份）、3487.25万美元，累计进口703 787种次、3452.54万册（份）、24 061.40万美元，出版物进出口贸易逆差高达2.06亿美元。尽管出版物进出口比值从2000年的15∶1降低到2008年的6.9∶1，但是巨大贸易逆差的现状并没有得到改观。我国是一个具有五千年悠久历史的文明古国，拥有光辉灿烂的传统文化和举世罕见的历史文化遗产，拥有丰富多彩的民族文化，从资源供给上来说我国属于文化资源大国。但是，从文化资源开发和文化产业发展方面来看，我国又属于名副其实的文化小国，这与我国的经济大国和文化资源大国的地位并不相称（齐勇峰，2009）。文化产业的强弱和水平直接反映一个国家科技、文化的强弱以及软实力的大小，因此我国需要在提升经济硬实力的同时增加文化软实力，为经济的持续发展增添内在的动力。

1）2020年文化产业产值占GDP比例为10%，2030年文化产业产值占GDP比例为20%，2050年文化产业产值占GDP比例为35%；

2）2020年文化产业从业人员在第三产业中的比重为2.0%，2030年文化产业从业人员在第三产业中的比重为3.0%，2050年文化产业从业人员在第三产业中的比重为5.0%；

3）2020电影经济总量年均增速为25%，2030年电影经济总量年均增速为20%，2050年电影经济总量年均增速为15%；

4）2020年居民家庭文教娱乐支出比重为8%，2030年居民家庭文教娱乐支出比重为9%，2050年居民家庭文教娱乐支出比重为10%；

5）2020年艺术表演团体经费自给率为45%，2030年艺术表演团体经费自给率为55%，2050年艺术表演团体经费自给率为70%。

## 二、文化创新

文化创新是人类在继承、借鉴本民族文化和外来文化的基础上，结合新的社会实践需求，逐步对旧文化模式和系统进行革命性改造和扬弃，从而创造新质文化的进步运动，它是推动社会进步和实现人类自身价值的重要实践方式（王树祥，2005a）。文化创新是一系列文化活动要素的系统创新，文化要素包括文化观念、文化内容、文化形式和文化体制等（邓显超，2007）。其中，文化观念创新就是要突破和摆脱陈旧过时、不切实际的观念和思维定式的束缚，敢于打破常规，解放思想，与时俱进，创造出符合时代潮流和实践需要的新型文化观念（王树祥，2005b）。内容创新是文化创新的核心，是绿色文化发展的根本，也是文化软实力强弱的重要标志，内容创新要实现传统文化与现代文化的结合、中国文化与外来文化的结合，此外内容创新要沿着健康积极的方向进行。文化形式是文化内容的载体和外壳，是表现文化的手段和方式。文化形式的创新是使先进文化的内容通过适当的形式展现给人民大众，不仅发挥教育人、鼓舞人、塑造人的功能，还为全社会所理解、认同和接受（邓显超，2007）。进行文化体制创新，消除阻碍文化发展的落后制度，建立和完善符合社会主义市场规律的文化体制，是文化创新发展的根本出路和基本保证。

1）2020 年文化创意产值为 32 430 亿元，2030 年文化创意产值为 92 928 亿元，2050 年文化创意产值为 254 280 亿元；

2）2020 年文化产品出口比重为 5%，2030 年文化产品出口比重为 8%，2050 年文化产品出口比重为 10%；

3）2020 年文化创意产业产值占 GDP 比重为 5%，2030 年文化创意产业产值占 GDP 比重为 8%，2050 年文化创意产业产值占 GDP 比重为 10%。

## 三、文化设施

文化设施是指由各级人民政府举办或者社会力量举办的，向公众开放用于开展文化活动的公益性图书馆、博物馆、纪念馆、美术馆、文化馆（站）等建筑物、场地和设备。文化设施是文化建设的载体，是向人民群众展示先进文化的场所。文化设施是我国文化事业发展非常重要的一部分，属于文化事业的实体内容，它既是文化事业发展的物质平台，也是文化事业在现实社会具体体现的一种方式（谭平，2010）。在文化设施建设方面，存在的问题是资金投入不足、重视不够、设施落后、地区差异大。在资金投入方面，2008 年我国文化事业费为 248 亿元，同比增长 24.7%，仅占国家财政总支出的 0.4%，远低于教育、卫生、科技事业费的支出比例；从地区来看，最高的为广东 20.32 亿元，最低的是西藏仅为 1.11 亿元，前者为后者的 20 倍；超过 10 亿元的省份为广东、浙江、北京、江苏、上海、山东、四川，可以看出除四川外均为东部发达省份，资金投入的地区差异较大，文化事业费的投入与经济发展水平高度相关（文化部，2009）。尽管文化事业费保持稳定增长，但是国家对文化设施的投资波动明显（杜方，2009），2005 年还出现了负增长，这表明政府在文化设施的投入上随意性较大，对文化设施的重视程度不够。因此，我国政府需要在文化设施建设和投资方面做好总体规划，确保文化设施建设投入稳定、资金充足。

1）2020 年百万人拥有艺术表演团体数为 5 个，2030 年百万人拥有艺术表演团体数为 6 个，2050 年百万人拥有艺术表演团体数为 8 个；

2）2020 年百万人拥有艺术表演场馆为 2.5 个，2030 年百万人拥有艺术表演场馆为 3.5 个，2050 年百万人拥有艺术表演场馆为 5 个；

3）2020年百万人拥有文化馆和群众艺术馆为3.5个，2030年百万人拥有文化馆和群众艺术馆为4.5个，2050年百万人拥有文化馆和群众艺术馆为6个；

4）2020年百万人拥有公共图书馆为3.5个，2030年百万人拥有公共图书馆为4.5个，2050年百万人拥有公共图书馆为5.5个；

5）2020年百万人拥有博物馆为2.5个，2030年百万人拥有博物馆为3.5个，2050年百万人拥有博物馆为5个。

### 四、文化安全

文化安全是指主权国家的主流文化价值体系以及建立于其上的意识形态、社会基本生活制度、语言符号系统、知识传统、宗教信仰等主要文化要素免于内部或外部敌对力量的侵蚀、破坏和颠覆，从而确保主权国家享有充分完整的文化主权，具有同国家政治、经济发展协调一致、良性互动与不断创新的文化系统，并在人民群众中间保持一种高度的民族文化认同（石中英，2004）。当前我国文化安全面临内外部的诸多问题，在内部主要包括：①文化安全意识淡薄，缺少系统的文化安全战略；②对民族文化的保护不够，传统文化流失严重；③价值观念受到侵蚀，诚信缺失导致信任危机；④文化产业刚刚起步，文化产品缺乏国际竞争力，文化生产力水平还比较低（李金齐，2005）；⑤文化低俗化、沙漠化倾向严重，随着互联网的飞速发展，一些低俗文化、黄色文化借助互联网快速传播，给国民有其青少年造成重大伤害。同时，我国的文化安全还受到西方文化的冲击，主要表现在：①西方国家利用文化产品负载传说西方理念、价值观和生活方式，以期通过控制中国的文化和影响中国民主的观念和行为方式进行文化殖民主义；②通过跨国公司、非政府组织等向中国输入西方政治理念、文化思想。总之，我国的文化正面临着前所未有的内外威胁，需要从战略高度重视文化建设，加大传统优秀文化和文化遗产的保护力度，加强文化产品的输出力度，不断加固我国文化的内核，提供我国文化的安全程度以免受低俗文化和外来文化的侵蚀。

1）2020年绿色网络文化规范程度为规范，2030年绿色网络文化规范程度为非常规范，2050年绿色网络文化规范程度为非常规范；

2）2020年绿色企业文化建设力度为较大，2030年绿色企业文化建设力度为大，2050年绿色企业文化建设力度为很大；

3）2020年绿色消费理念培育程度为大，2030年绿色消费理念培育程度为很大，2050年绿色消费理念培育程度为很大；

4）2020年文化安全意识强度为较强，2030年文化安全意识强度为强，2050年文化安全意识强度为很强。

## 第五节 绿色发展的科教战略目标

改革开放以来，我国经济得到长足发展，但是主要是依靠资源、资金和廉价劳动力推动的粗放式增长，造成了资源的浪费、环境的污染和收入差距的拉大。为了扭转这一局面，实现经济的持续、快速、健康发展，需要依靠科技进步和教育发展来解决产业结构不合理、技术水平落后、经济增长质量不高、劳动生产率低的问题。在这种背景下，1995 年 5 月，江泽民同志在全国科技大会上的讲话中提出了实施科教兴国的战略，确立科技和教育是兴国的手段和基础的方针。科教兴国战略就是在科学技术是第一生产力思想的指导下，坚持教育为本，把科技和教育摆在经济、社会发展的重要位置，增强国家的科技实力及向现实生产力转化的能力，提高全民族的科技文化素质，把经济建设转移到依靠科技进步和提高劳动者素质的轨道上来，加速实现国家的繁荣昌盛。

为了调整产业结构，转变经济发展方式，我国提出了资源节约与环境友好型社会、循环经济、科学发展和低碳经济等不同的发展路径和方法。纵观这些方法，最终都需要依靠科技进步来实现。污染治理技术、废物循环利用技术、清洁生产技术、能源高效利用和节能技术、新能源利用技术、提高资源效率和综合利用技术等绿色技术是实现绿色发展的基础和支撑。此外，绿色教育和宣传也是实现绿色发展的重要保障。我国需要通过开展绿色教育，普及环境科学与可持续发展的知识，发挥绿色环境熏陶人、教育人的功能，提高人们对生态环境的认识，增强保护自然、爱护环境的意识。

绿色科教发展的总体战略目标是：绿色科技与研究水平取得新进展，绿色科技投入不断加大，自主创新能力不断提升，科技对经济的贡献率不断提高，学校的绿色教育形成一定规模，教育资源配置更加合理，教育质量得到较大提升，公众的环境意识通过教育得到较大提高。具体目标如表 4-5 所示。

**表 4-5　绿色发展的科教战略目标体系**

| 目　标 | 单　位 | 现　状 | 目标值 | | | |
|---|---|---|---|---|---|---|
| | | 2008 年 | 2010 年 | 2020 年 | 2030 年 | 2050 年 |
| 科技创新 | | | | | | |
| 对外技术依存度[①] | — | 16.1 | 15 | 12 | 10 | 8 |
| 消化吸收比[②] | — | 10.5 | 9.5 | 8 | 6 | 4 |
| 千名科技人员论文发表数 | 篇 | 270.64 | 300 | 400 | 500 | 700 |
| 万人发明专利授权量 | 件 | 0.69 | 1.00 | 2.50 | 4.00 | 6.00 |
| 万人拥有科技人员数 | 人 | 36.53 | 40 | 50 | 60 | 70 |
| R&D 经费占 GDP 比例 | % | 1.54 | 1.75 | 2.50 | 3.50 | 5.00 |
| 高技术产品出口额占总出口额比重 | % | 29 | 32 | 45 | 55 | 70 |
| 企业 R&D 经费支出占主营业务收入比重 | % | 0.66 | 0.80 | 1.50 | 2.50 | 4.00 |
| 知识密集型服务业增加值占服务业增加值比重 | % | 15.6 | 20 | 30 | 40 | 50 |

续表

| 目　标 | 单　位 | 现　状 | 目标值 | | | |
|---|---|---|---|---|---|---|
| | | 2008 年 | 2010 年 | 2020 年 | 2030 年 | 2050 年 |
| 科技创新 | | | | | | |
| 科技市场成交额占 GDP 比重 | % | 0.85 | 1.00 | 2.00 | 3.00 | 4.00 |
| 产品质量优等品率 | % | 54.59 | 65 | 85 | 100 | 100 |
| 绿色教育 | | | | | | |
| 开设绿色教育课程的学校比例 | % | — | 5 | 60 | 100 | 100 |
| 绿色教育课程体系的完善程度 | — | 不完善 | 初步完善 | 较完善 | 完　善 | 非常完善 |
| 绿色教育开展的广度 | — | 极少部分高校 | 部分学校 | 大部分学校 | 全部学校 | 全　民 |
| 人均受教育年限 | 年 | 8.94 | 9.50 | 11.5 | 12.5 | 14.5 |
| 城乡教育质量均衡度 | — | 不均衡 | 一般均衡 | 比较均衡 | 均　衡 | 非常均衡 |
| 高中升高等教育率 | % | 72.7 | 75 | 85 | 100 | 100 |
| 初中升高级中学率 | % | 83.4 | 90 | 100 | 100 | 100 |
| 小学升初中率 | % | 99.7 | 100 | 100 | 100 | 100 |
| 义务教育师生比 | — | 17.22 | 16 | 15 | 13 | 10 |
| 每十万人口高等教育在校生数 | 人 | 2 042 | 2 200 | 3 200 | 4 500 | 6 500 |
| 教育经费占 GDP 比例 | % | 2.7 | 3.0 | 4.0 | 5.0 | 6.0 |
| 职业学校在校生占总在校学生数比例 | % | 7.95 | 9.0 | 12 | 14 | 16 |
| 学龄儿童入学率 | % | 99.5 | 100 | 100 | 100 | 100 |
| 绿色科技 | | | | | | |
| 绿色技术 R&D 投入比例 | % | — | 50 | 80 | 100 | 100 |
| 绿色技术专利比重 | % | — | 60 | 100 | 100 | 100 |
| 绿色技术市场成交额比重 | % | — | 60 | 100 | 100 | 100 |
| 热电联产比例 | % | — | 95 | 100 | 100 | 100 |
| R&D 投入占财政支出比例 | % | 1.30 | 1.50 | 2.50 | 3.50 | 5.0 |

注：①对外技术依存度为技术引进经费支出除以 R&D 经费支出；②消化吸收比为消化吸收经费支出除以技术引进经费支出

## 一、自主创新

传统的发展方式受资源、能源和环境的制约已经走到了尽头，必须另辟蹊径，探索符合我国国情的发展新路，那就是依靠科技发展实现经济的高速增长。把增强自主创新能力作为国家战略，致力于建设创新型国家，是中国发展的需要，是向现代化宏伟目标迈进，逐步实现国家繁荣富强和人民生活富裕的需要（方新，2005）。“十一五”规划提出：要深入实施科教兴国战略和人才强国战略，把增强自主创新能力作为科学技术发展的战略基点和调整产业结构、转变增长方式的中心环节，大力提高原始创新能力、集成创新能力和引进消化吸收再创新能力。所谓自主创新是指创新主体通过主动努力获得主导性创新产权，并获得主要创新收益而进行的能形成长期竞争优势的创新活动。自主创新可以分为原始创新、集成创新和消化吸收再创新。其中，原始创新是指具有重大技术进步，不依赖于他人技术，完全不受他人知识产权影响的创新；集成创新是将现有技术进行整合的创新方式；消化吸收再创新是基于国内外现有技术的创新活动（宋河发等，2006）。

1）2020 年对外技术依存度为 12%，2030 年对外技术依存度为 10%，2050 年对外技术依存度为 8%；

2）2020 年消化吸收比为 8%，2030 年消化吸收比为 6%，2050 年消化吸收比为 4%；

3）2020 年 R&D 经费占 GDP 比例为 2. 5%，2030 年 R&D 经费占 GDP 比例为 4%，2050 年 R&D 经费占 GDP 比例为 6%；

4）2020 年科技市场成交额占 GDP 比重为 2%，2030 年科技市场成交额占 GDP 比重为 3%，2050 年科技市场成交额占 GDP 比重为 4%；

5）2020 年产品质量优等品率为 85%，2030 年产品质量优等品率为 100%，2050 年产品质量优等品率为 100%。

## 二、绿色教育

绿色教育是实施科学发展和可持续发展的基础，是实现绿色发展的重要途径。国内最早提出“绿色教育”理念的是清华大学原校长王大中院士，他认为绿色教育是全方位的环境保护与可持续发展意识教育，即将这种教育思想渗透到自然科学、技术科学、人文和社会科学等综合性教学和实践环境。绿色教育有狭义和广义之分，王大中院士给出的是绿色教育的狭义内涵，就是在学校开始绿色课程、增强绿色办学意识，提高学生的生态意识和综合素质。本报告所提到的绿色教育除了涵盖狭义内涵，还包括了广义的概念，它是指通过宣传教育的方式提高民众的环境保护意识、资源节约意识以及可持续发展意识。在现实中，绿色教育的途径是多元的，可以通过在学校开设绿色课程对学生进行绿色教育，也可以通过培训机构对企业事业单位员工进行环境与可持续发展的绿色教育，还可以通过电视、报纸、互联网等媒体对全面进行绿色教育。

1）2020 年开设绿色教育课程的学校比例为 60%，2030 年开设绿色教育课程的学校比例为 100%，2050 年开设绿色教育课程的学校比例为 100%；

2）2020 年绿色教育课程体系的完善程度为较完善，2030 年绿色教育课程体系的完善程度为完善，2050 年绿色教育课程体系的完善程度为非常完善；

3）2020 年绿色教育开展的广度为大部分学校开展，2030 年绿色教育开展的广度为全部学校开展，2050 年绿色教育开展的广度为大全民开展；

4）2020 年人均受教育年限为 11.5 年，2030 年人均受教育年限为 12.5 年，2050 年人均受教育年限为 14.5 年；

5）2020 年教育经费占 GDP 比例为 5.0%，2020 年教育经费占 GDP 比例为 6.0%，2020 年教育经费占 GDP 比例为 7.0%。

## 三、绿色科技

20 世纪 80 年代，国外学者对高污染、高排放的传统发展方式以及给自然生态环境带来危害的工业技术进行了反思，提出了绿色技术的概念。绿色技术建立在现代生物学的基础上，目的在于增进人与自然之间的和谐，促进人类社会的可持续发展（田芳，2007）。对于绿色科技，原中国科学院院长周光召认为“绿色科技是能够促进人类生存与发展的生产体系和生活方式以及相应的科学技术。”绿色科技的核心是研究和开发无毒、无害、无污染、可回收、可再生、可降解、低能耗、低物耗、低排放、高效、洁净、安全、友好的技术与产品（鲍健强，2002）。绿色科技将在调整产业结构和转变发展方式上发挥更大的作用，将为发展低碳经济和循环经济等绿色经济提供重要支撑。为此，我国需要加大绿色科技投入和研发力度，重点发展保护与利用各类自然资源的技术、改善环境质量的综合治理技术、绿色循环过程技术、提高能源效率的低碳技术。

1）2020 年绿色技术 R&D 投入比例为 80%，2030 年绿色技术 R&D 投入比例为 100%，2050 年绿色技术 R&D 投入比例为 100%；

2）2020 年绿色技术专利比重为 100%，2030 年绿色技术专利比重为 100%，2050 年绿色技术专利比重为 100%；

3）2020 年绿色技术市场成交额比重为 100%，2030 年绿色技术市场成交额比重为 100%，2050 年绿色技术市场成交额比重为 100%；

4）2020 年热电联产比例为 100%，2030 年热电联产比例为 100%，2050 年热电联产比例为 100%；

5）2020 年 R&D 投入占财政支出比例为 2.5%，2030 年 R&D 投入占财政支出比例为 3.5%，2050 年 R&D 投入占财政支出比例为 5%。

### 参考文献

鲍健强. 2002. 绿色科技的特点和理性思考. 软科学，16（4）：6—9

邓显超. 2007. 中国文化发展战略研究. 北京：中共中央党校

杜方. 2009. 财政支持公益文化设施的现状. 问题及对策. 河北大学学报（哲学社会科学版），（3）：41—45

方新. 2005-11-22. 增强自主创新能力，建设创新型国家. 光明日报，第三版

付允. 2010. 社会相对剥夺感理论、模型与实证研究. 北京：中国科学院研究生院

付允，汪云林，李丁．2008. 低碳城市的发展路径研究．科学对社会的影响，(2)：5—11
付允，中文元．2009. 社会群体多维剥夺感模型及应用．中国管理科学，(3)：107—114
国家新闻出版总署．2009. 2008 年全国新闻出版业基本情况．北京：国家新闻出版总署
国务院．1995. 中共中央国务院关于加速科学技术进步的决定．北京：国务院
国务院．2009. 文化产业振兴规划．北京：国务院
简新华，曾宪明．2005. 论科学发展观的形成、贡献和落实．经济学动态，(1)：61—64
解振华．2005. 努力建设环境友好型社会．环境保护，(10)：11—16
李金齐．2005. 全球化进程中我国文化安全的现状与对策．天府新论，(1)：37—40
李君如．2004. 以科学的态度认识和落实科学发展观．江苏行政学院学报，(5)：4—9
马克・安尼尔斯基著．2009. 幸福经济学．林琼等译．北京：社会科学文献出版社
牛文元等．2008. 国家主体功能区的核心设计：构筑三条国家基础安全保障线．中国软科学，(7)：1—5
牛文元．2006-03-04. 二次分配公正，需建五大补偿制度．新华每日电讯，第三版
潘岳．2006. 社会主义生态文明．资源与人居环境，(24)：62—67
齐勇峰．2009. 文化内容创新轮岗．山东社会科学，(2)：5—10
石中英．2004. 论国家文化安全．北京师范大学学报（社会科学版)，(3)：5—14
宋河发，穆荣平，任中保．2006. 自主创新及创新自主性测度研究．中国软科学，(6)：60—66
宋豫秦，叶文虎．2009. 第三次文明．中国人口．资源与环境，(4)：119—126
谭平．2010. 文化设施配置优化问题研究．科学研究，(2)：256—262
田芳．2007. 论绿色科技的理念及其意义．科技情报开发与经济，17（25)：187—188
王建伟．2005. 工业文明及其对生态环境的破坏．重庆工商大学学报（社会科学版)，22（2)：142—142
王树祥．2005a. 当代中国文化创新研究．北京：北京师范大学
王树祥．2005b. 论先进文化创新的内涵．学术论坛，(4)：15—20
文化部．2009. 2008 年全国文化统计数据分析报告．重庆社科文汇，7：20—25
吴芳兰．2009-06-06. 十二五规划正研究制订或首次将民富置于国强前．上海证券报，第三版
肖笃宁，陈文波，郭福良．2002. 论生态安全的基本概念和研究内容．应用生态学报，(3)：354—358
新经济学基金会，地球之友．2006.（不）快乐的星球指数．北京：新经济学基金会，地球之友
薛惠锋．2007. 推进“节能减排”工作力促“两型”社会建设．http：//www. wpc. gov. cn [2007-05-17]
杨钢．2003. 建设可持续发展的绿色社区．四川行政学院学报，(1)：76—79
曾培炎．2006-06-05. 加强生态保护　巩固中华民族发展的根基．人民日报，第二版
周莹．2008. 构建我国社会保障立法的适度公平机制．华东政法大学学报，(6)：142—148

# 第五章　绿色发展的路线图设计

2002 年联合国开发计划署（UNDP）发表《中国人类发展报告：绿色发展，必选之路》，首次提出中国应当选择绿色发展之路。绿色发展作为一项范围广泛、意义深远的国家战略，是深入贯彻落实科学发展观、加快经济发展方式转变的必然选择。它的成功实施必然是中国对于世界的伟大贡献，将显著提升国家综合实力和绿色竞争力，有效克服制约国家发展战略"瓶颈"，提高国民幸福指数，实现社会和谐发展，为国际社会提供成功范例。

中国实施绿色发展战略，其中心要点是明确制定符合中国国情的战略目标函数及分期实施步骤，并进而将其表示为某种十分简明的、可以定量监控的、能鼓舞全国人民共同为之奋斗的一组目标集合。经过对人类发展现实的认真分析和人类发展规律的整体认识，全世界任何一个国家实施绿色发展战略，无一例外地必须有序地通过三个基本台阶，实现三大基本目标，在理论上称之为三大"非对称性零增长"，唯此才能真正地迈进绿色发展的门槛。对于中国来说，这三个基本台阶如下：

2030 年，实现人口数量的"零增长"，同时在对应方向上实现人口质量的极大提高；

2040 年，实现资源和能量消耗速率的"零增长"，同时在对应方向上实现社会财富的极大提高；

2050 年，实现生态和环境恶化速率的"零增长"，同时在对应方向上实现生态质量和生态安全的极大提高。

## 第一节　绿色发展的第一台阶：人口"零增长"

在 20 年时间内，把中国人口数量的自然增长率降低到零，是实现绿色发展的第一级台阶。绿色发展的实现，必须经过三个最基本的"零增长"，而人口数量的"零增长"居于这三个"零增长"之首。事实上，从人类出现在地球之后，这个特殊的种群一直把自己作为自然界的主宰，尤其是当其具有强大的动力和机器之后，这种心态日益膨胀，虽然不少先知和智者曾经不断地予以警告，但当事者和掌权者往往会幼稚地把自己置于至高无上的境地，把本属于诗人的浪漫纳入到自己的日常行为之中，于是放肆地向自然宣战，贪婪地掠夺地球的财富，满足自身的欲望。地球上的资源总是稀缺的，它既要满足人类无休止增长的需求，又要满足人类种群自身不断扩大的需求。

随着生产力的不断发展，特别是近代产业革命以来，生产方式的进步、资源利用能力的提高和人口的加速增长形成了互相促进的关系，世界人口的总量以加速度的方式不断扩大。世界人口的第一个 10 亿到 1830 年前才完成，而人口从 10 亿增加到 20 亿时用了 130 年，达到 30 亿时用了 30 年，达到 40 亿时仅用了 15 年，而达到 50 亿时又缩短为 13 年，达到 60 亿时用了 12 年，预计达到 70 亿、80 亿分别只需 14 年和 15 年。而在现代工业社会里，维持一个人的生活所需要的自然资源已大大超越农业社会（欧阳金芳等，2009）。

最近一期世界自然基金会（WWF）《地球生命力报告 2008》发出警告：对地球自然资源需求不断增加，超出了地球承载能力的近 1/3。目前全球 3/4 以上的人口生活在生态负债国家，这些国家的国民消费量已经超出了其国家的生物承载能力。其中，美国和中国的国家生态足迹量最大，各自消耗约 21% 的全球生物承载能力。其中，美国公民人均生态足迹量是 9.4$hm^2$，如果全球以美国的消费模式生活，所消耗的生态足迹可以覆盖 4.5 个地球，而中国公民人均量是 2.1$hm^2$，相当于覆盖 1 个地球。

地球资源的消耗实际上消耗于两大“战场”：其一是新增人口的生存和发展；其二是人类在不断追求高享受。这两者的叠加给绿色发展战略的实施带来了第一道必须突破的障碍。只有当人口的自然增长率降低为零，人口的规模得以保持常数，物质形式和能量形式的消耗才会在真正意义上从“两个战场”转变成“一个战场”，地球所受到的压力也才会从“双重”减少到“单重”。

从世界各国人口增长情况看，收入越高的国家和地区人口自然增长率越低（图 5-1，图 5-2）。

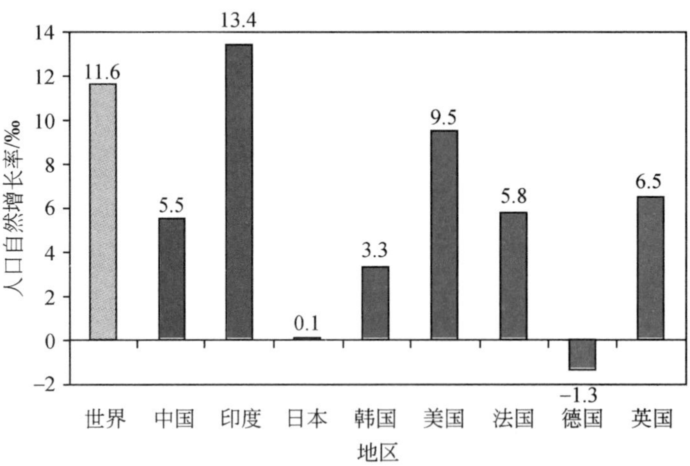


图 5-1　人口自然增长率的国际比较（2007 年）

资料来源：2009 年《中国统计年鉴》，世界银行数据库

事实上，许多发达国家和地区早已出现了人口零增长或负增长。欧洲是世界

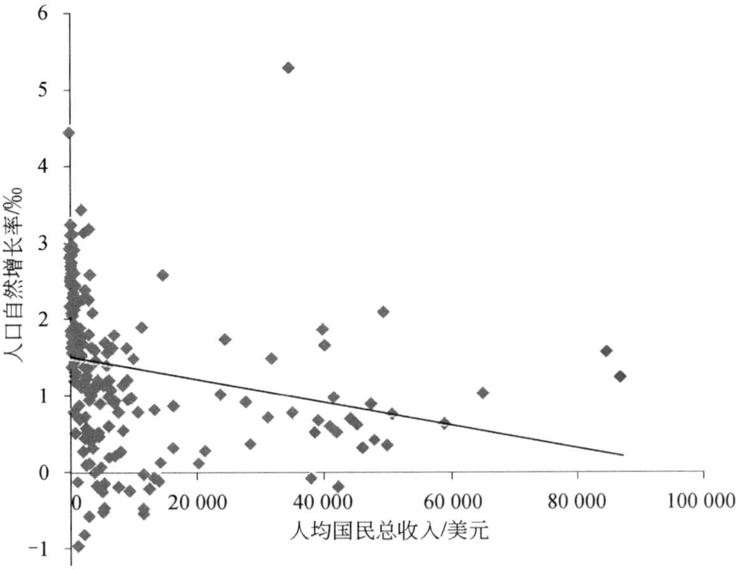


图 5-2　2008 年世界各国人均国民总收入与人口自然增长率的关系

资料来源：世界银行 WDI 在线数据库

上工业化最早的地区，经过 200 多年的发展，欧洲国家普遍比较富裕，属于高福利社会，社会保障体制完善，老年人生活富足。优越的物质条件和良好的医疗保障使欧洲人的平均寿命居世界前列。而欧洲人的生育观念也随着社会进步而发生变化，许多夫妇不愿意生育子女。人口老龄化和新生儿的减少使得欧洲许多国家出现人口负增长。德国早在 1975 年人口自然增长率就下降到了 -3.8‰，90 年代虽有增加，但近 10 年又处于人口零增长或负增长的状态；丹麦在 1981 年人口自然增长率降低到了 -0.2‰，之后人口自然增长率一直很低；意大利、瑞士、瑞典等国均在 20 世纪八九十年代出现人口负增长。日本近 30 年来人口自然增长率也不断下降，近年已经进入人口负增长阶段（图 5-3）。韩国从 1961 年至 1987 年执行计划生育政策，1960 年韩国的人口增长率为 29‰，80 年代时整体人口出生率就已经下降到低于人口更替水平（Tai-Hwan Kwon，2001），2007 年韩国的人口增长率仅为 3.3‰。俄罗斯 2010 年初人口与 2009 年初基本持平，为近 15 年来首次没有出现人口负增长。

中国作为世界上人口最多的发展中国家，人口战略是中国绿色发展必须优先实施的基本战略，实现人口“零增长”是中国成功迈上绿色发展道路的第一个必须跨越的台阶。30 多年来，由于中国执行了正确的人口政策，毫不放松地把人口控制置于十分重要的地位，实现人口自然增长率为零的战略目标前景是十分光明的。中国的人口自然增长率由 20 世纪 60 年代的 25‰和 70 年代的 18‰左右下降到 80 年代的 14‰和 90 年代的 10‰，2008 年为 5.08‰（图 5-4）。

根据联合国对世界人口的最新预测，到 2030 年，中国人口数量将达到历史最

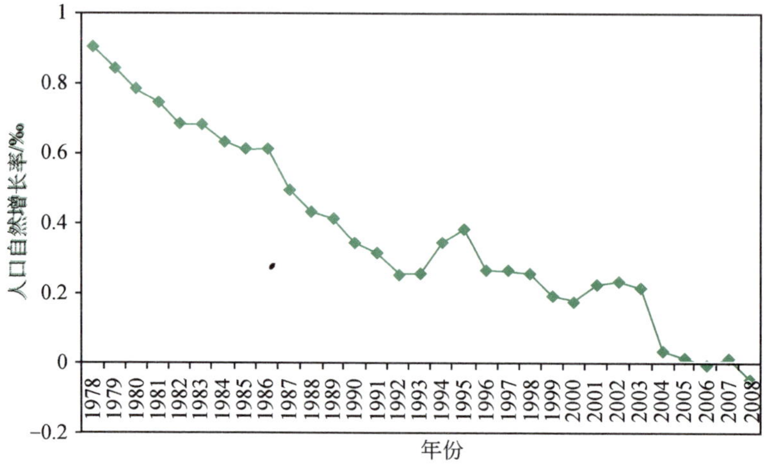


图 5-3　日本 1978～2008 年的人口自然增长率

资料来源：世界银行 WDI 在线数据库

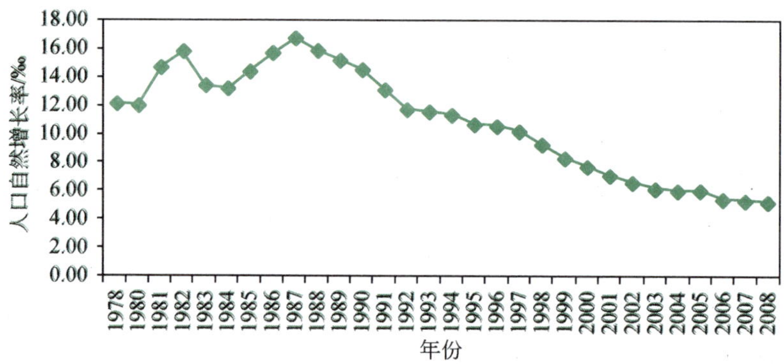


图 5-4　1978～2008 年中国人口自然增长率

资料来源：据相关年份中国统计年鉴整理

高峰，为 14.6 亿，届时将实现人口数量“零增长”，中国人口占世界总人口的比例将从 20 世纪 90 年代的 21% 下降到 17.6%，并在此后进入人口负增长阶段（图 5-5，图 5-6）。

因此，到 2030 年实现人口数量的“零增长”，中国具备坚实的充要条件。“充分条件”是中国人口增长规律的理论曲线正处于由“指数形式”增长向“罗吉斯谛方程形式”增长的过渡阶段；中国人口总体发展水平已步入“低出生、低死亡”的高级发展阶段；中国妇女总和生育率水平已跨入世界先进水平之列。“必要条件”是只有人口压力的消解，才能实现资源和能源消耗速率的“零增长”，最终也才能消解由于生态环境退化所构成的基本威胁。

在人口规模得到控制的同时，我国人口质量也有极大的提高，这主要体现在

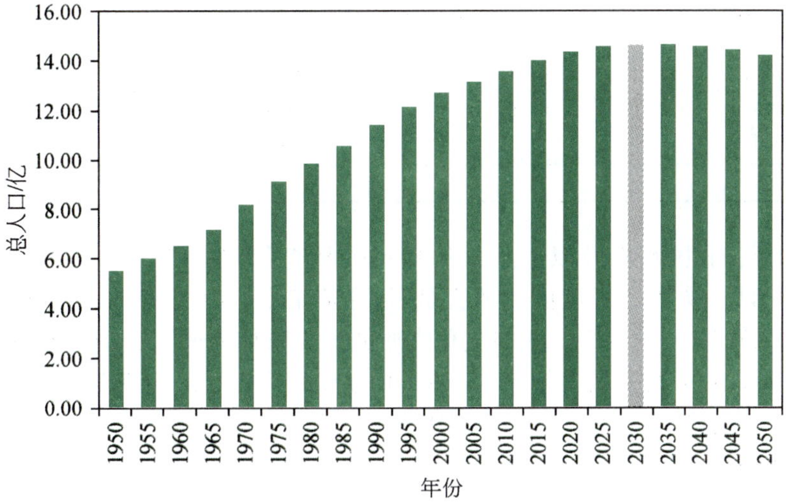


图 5-5　1950～2050 年中国人口增长情况

资料来源：World Population Prospects, the 2008 Revision

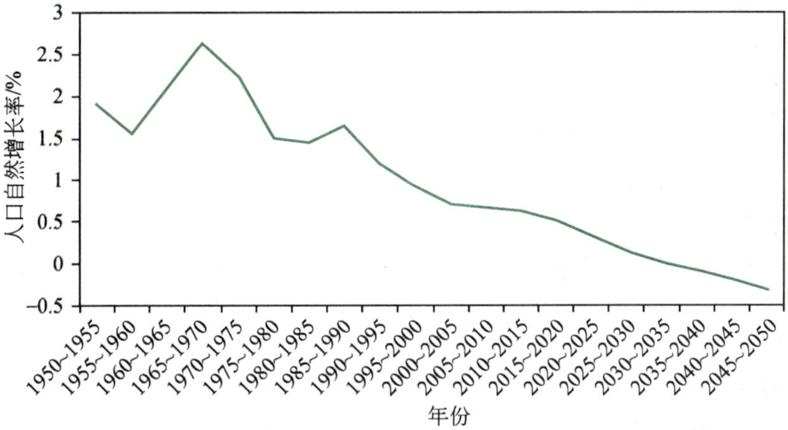


图 5-6　1950～2050 年中国人口自然增长率变动情况

资料来源：World Population Prospects, the 2008 Revision

人口平均预期寿命的提高、国民人均受教育年限的提高、劳动力人口中高中以上学历人口比重增加（国家统计局，2008）。

1981 年我国人口平均预期寿命为 67.8 岁，2005 年提高到 73.0 岁，提高了 5.2 岁。其中男性平均预期寿命从 1981 年的 66.3 岁提高到 2005 年的 70.8 岁，女性从 69.3 岁提高到 75.3 岁（表 5-1）。2005 年世界人口的平均预期寿命为 67 岁，发展中国家及地区为 65 岁，我国人口预期寿命不仅明显高于发展中国家及地区，也高于世界平均水平。

表 5-1　1981 ~ 2005 年我国人口平均预期寿命

| 年　份 | 合　计 | 男 | 女 |
|---|---|---|---|
| 1981 | 67.8 | 66.3 | 69.3 |
| 1990 | 68.6 | 66.8 | 70.5 |
| 2000 | 71.4 | 69.6 | 73.3 |
| 2005 | 73.0 | 70.8 | 75.3 |

1982 年，我国 6 岁及以上人口的平均受教育年限为 5.2 年，2007 年提高到 8.2 年。同时，受教育程度的性别差距也明显缩小，由 1982 年的 2.0 年缩小到 2007 年的 1.0 年（表 5-2）。人口文化素质的提高整体提升了劳动力素质。我国 16 岁及以上人口的平均受教育年限从 1982 年的 5.3 年提高到 2007 年的 8.4 年，提高了 3.1 年。其中男性从 6.5 年提高到 9.0 年，提高了 2.5 年；女性从 4.1 年提高到 7.8 年，提高了 3.7 年。

表 5-2　1982 ~ 2007 年我国 6 岁及以上人口平均受教育年限

| 年　份 | 合　计 | 男 | 女 |
|---|---|---|---|
| 1982 | 5.2 | 6.2 | 4.2 |
| 1990 | 6.3 | 7.0 | 5.4 |
| 1995 | 6.7 | 7.4 | 6.0 |
| 2000 | 7.6 | 8.1 | 7.1 |
| 2006 | 8.0 | 8.5 | 7.5 |
| 2007 | 8.2 | 8.7 | 7.7 |

2007 年底，我国总人口中具有高中教育程度的人口占 12.6%，比 1982 年的 6.6% 增加了 6.0 个百分点；具有大专及以上教育程度的人口占 6.2%，比 1982 年的 0.6% 增加了 5.6 个百分点。受过高等教育的人口比重也快速提升，1982 ~ 1990 年具有大专及以上教育程度人口占总人口的比重从 0.6% 提高到 1.4%，年均增加 0.1 个百分点；1990 ~ 2000 年从 1.4% 提高到 3.6%，年均增加 0.2 个百分点；2000 ~ 2007 年从 3.6% 提高到 6.2%，年均增加 0.3 个百分点（表 5-3）。《国家中长期教育改革和发展规划纲要（2010—2020 年）》提出：到 2020 年，基本实现教育现代化，基本形成学习型社会，进入人力资源强国行列。主要劳动年龄人口平均受教育年限从 9.5 年提高到 11.2 年，其中接受高等教育的比例达到 20% 以上，具有高等教育文化程度的人数比 2009 年翻一番。

表 5-3　1982 ~ 2007 年各种受教育程度人口占总人口的比重　　（单位:%）

| 年　份 | 小　学 | 初　中 | 高　中 | 大专及以上 |
|---|---|---|---|---|
| 1982 | 35.4 | 17.8 | 6.6 | 0.6 |
| 1990 | 37.2 | 23.3 | 8.0 | 1.4 |
| 1995 | 38.4 | 27.3 | 8.3 | 2.0 |
| 2000 | 35.7 | 34.0 | 11.1 | 3.6 |
| 2006 | 31.0 | 36.6 | 12.1 | 5.8 |
| 2007 | 29.9 | 37.8 | 12.6 | 6.2 |

当然，与美国、日本等发达国家相比较，我国人口受教育状况仍存在明显差距：劳动年龄人口人均受教育年限远远低于发达国家。2005 年，美国该指标为 13.63 年，日本为 12.9 年，比我国高出 5 年左右。人口预期受教育年限也有很大差距。2005 年我国该指标为 12.3 年，而 2000 年美国已达到 14.7 年（蔡昉和王美艳，2009）。

通常，在从“高出生率、高死亡率和低自然增长率”到“高出生率、低死亡率和高自然增长率”到“低出生率、低死亡率和低自然增长率”的人口再生产类型转变的过程中，由于出生率和死亡率下降在时间上具有继起性，从而形成年龄结构变化的 3 个阶段。这 3 个阶段分别具有高少年儿童抚养比、高劳动年龄人口比重和高老年抚养比的特征（Bloom and Williamson，1998）。在劳动年龄人口比重高的情况下，人口生产性强，社会储蓄率也高，有利于经济增长，这就形成所谓的“人口红利”（蔡昉，2004）。

图 5-7 显示了中国、美国、日本的人口负担系数的变化趋势，从中我们可以看出，3 个国家的负担系数都要经历先下降、后上升的变化过程，中国目前的人口负担系数仍处于下降的阶段，在未来一段时期内，将是“人口红利”最大的阶段，是经济社会发展的黄金时期。而美国和日本的人口负担系数已经开始上升，逐渐会面临劳动力不足、社会负担过重的局面。

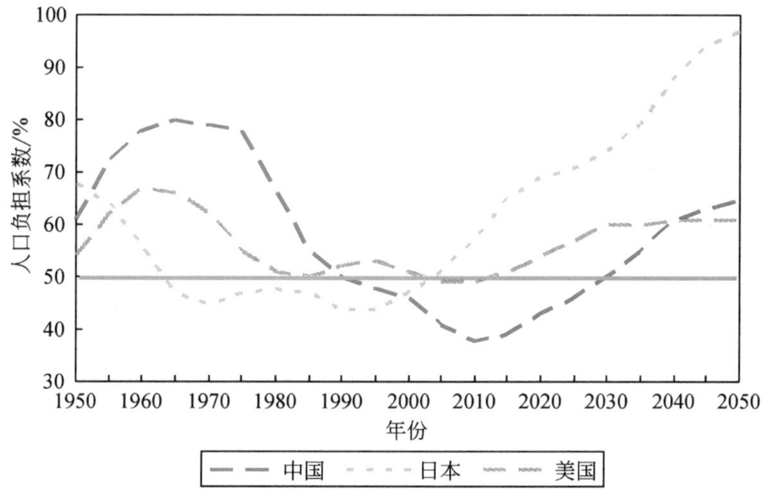


图 5-7　中国、日本、美国人口负担系数变化趋势比较

资料来源：United Nations，2005

中国人口转变过程的快速完成使得我国的“人口红利”具有典型的转变快、持续短的特点。人口转变使中国从 20 世纪 90 年代开始享受“人口红利”，到 2030 年左右“人口红利”期结束，未来 10 年将是我国“人口红利”最丰厚的时期。

## 第二节　绿色发展的第二台阶：资源消耗“零增长”

当实现人口数量“零增长”之后，用10年的时间到2040年，在中国实现资源消耗和能源消耗速率的零增长。

目前，世界各国都在探讨如何使用更少的能源和资源，去获得更多的财富；如何将实物型经济改变成为知识型经济，去更加智慧地运用资源和能源。人类历史到公元1900年为止，全世界的经济财富总规模折算为6000亿美元，在经过100年后，全世界每年仅新增产值就可达到当时总财富的一半。人类现在每年所消耗的矿物燃料数量，相当于在自然历史中自然界花费100万年所积累的数量。工业社会后期，人类对于水的需求量是农业社会后期的3倍，而进入现代社会（1960年以后）人均需水量更是达到了农业社会后期的12.5倍（表5-4）。

**表5-4　人类对于水的需求量**

| 时　期 | 年　代 | 水的需求量/[L/(人·d)] |
|---|---|---|
| 原始社会 | 距今1万年以前 | 12 |
| 农业社会前期 | 距今1万年~公元1000年 | 20 |
| 农业社会后期 | 公元1000年~公元1800年 | 40 |
| 工业社会前期 | 公元1800年~公元1900年 | 60 |
| 工业社会后期 | 公元1900年~公元1960年 | 120 |
| 现代社会 | 公元1960年~ | 500 |

资料来源：世界资源研究所，1996

William Rees和Wackernagel（1996）提出了生态足迹的概念和计算方法，用来衡量人类对自然资源利用程度以及自然界为人类提供的生命支持服务功能。生态足迹的含义为“维持人类自然资源消费和吸纳人类的废弃物排放所必需的生物生产性土地面积和海洋面积”。2004年10月，WWF与联合国环境规划署（UNEP）、世界保护监测中心（WCMC）、全球足迹网络（Global Footprint Network）联合发布了最新的《生命行星报告2004》（*Living Planet Report* 2004），该报告测算了全球150个国家和地区的生态足迹。研究表明2001年全球人均生态足迹赤字为0.4全球公顷，相当于人类占用了1.2个地球，如图5-8所示。

为了更清晰地表达全球生态赤字的发展态势，科学家们提出了“生态赤字日”（ecological debt day）概念。所谓“生态赤字日”是指人类将地球为满足一整年的用度而产出的资源消耗殆尽的时间节点，在“生态赤字日”之后的该年度其余时间内，人类是向地球及后代子孙索要资源，以“吃老本”的透支方式来维持当前的生活方式。1987年，人类首度进入生态赤字的状态，当年的生态赤字日为12月18日，而2009年的生态赤字日已经提前到9月25日，这无疑表明人类蚕食地球环境资源的脚步正持续加快。

中国是一个人均资源和能源穷国，因此生态赤字形势更加严峻。我国以占世

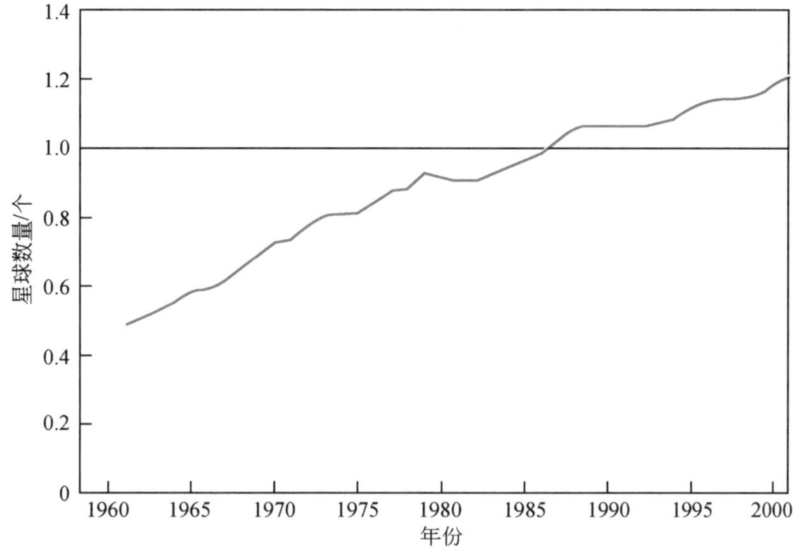


图 5-8　人类发展已经突破了地球承载能力

资料来源：WWF，et al.，2004

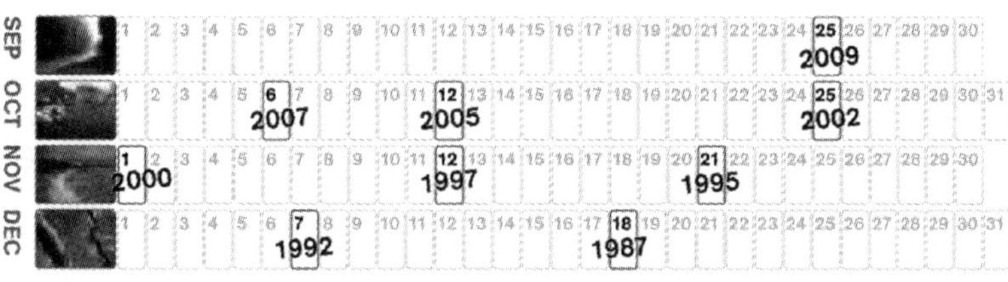


图 5-9　世界生态赤字年表

资料来源：The third UK Interdependence Report. 2009. The Consumption Explosion. http：//www. neweconomics. org. uk

界 9% 的耕地、6% 的水资源、4% 的森林、1. 8% 的石油、0. 7% 的天然气、不足 9% 的铁矿石、不足 5% 的铜矿和不足 2% 的铝土矿，养活着占世界 22% 的人口；大多数矿产资源人均占有量不到世界平均水平的一半，我国占有的煤、油、天然气人均资源只及世界人均水平的 55%、11% 和 4%。现在全国耕地保有量人均不到 1. 4 亩，是世界平均水平的 1/3；我国的矿产资源总量丰富，但人均占有量不足，仅为世界人均水平的 58%。同时存在三个突出问题：一是支柱性矿产（如石油、天然气、富铁矿等）后备储量不足，而储量较多的则是部分用量不大的矿产（如钨、锡、钼等）；二是小矿床多，大型特大型矿床少，支柱性矿产贫矿和难选冶矿多，富矿少，开采利用难度很大；三是资源分布与生产力布局不匹配。

因此，要实现绿色发展，必须先实现资源和能源消耗的零增长，从发达国家的发展情况看，实现这一目标并非不可能。图 5-10 显示，发达国家都经历了能源密度变化的倒 U 型曲线，而未来发展中国家也将经历这样的过程。1980 ~ 2006

年，世界高收入国家单位 GDP 能耗均在下降，其平均水平从 1980 年的 2. 70toe/万美元下降到 2006 年的 1. 91toe/万美元，日本更是低至 1. 03toe/万美元（表 5-5）。

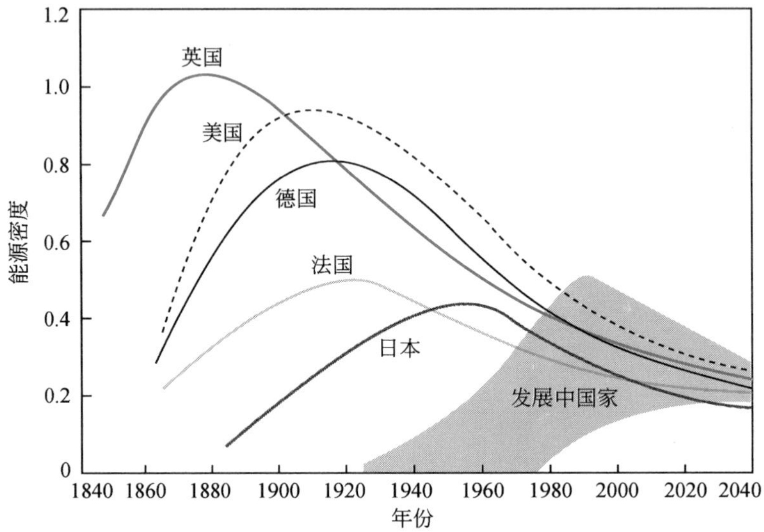


图 5-10　能源消耗“零增长”的可能性：部分国家能源密集变化的倒“U”型示意

资料来源：厄恩斯特·冯·魏茨察克等，2001

**表 5-5　全世界主要年份按汇率计算的单位 GDP 能耗及国际比较统计**（1980～2006 年）

（单位：toe/万美元）

| 国家或地区 | 1980 年 | 1990 年 | 2000 年 | 2006 年 |
|---|---|---|---|---|
| 世　界 | 4. 02 | 3. 57 | 3. 08 | 3. 03 |
| 高收入国家 | 2. 70 | 2. 24 | 2. 08 | 1. 91 |
| 中等收入国家 | 9. 68 | 9. 85 | 7. 26 | 6. 85 |
| 低收入国家 |  | 16. 24 | 13. 39 | 11. 61 |
| 印　度 | 13. 24 | 11. 83 | 9. 99 | 8. 00 |
| 印度尼西亚 | 9. 78 | 9. 42 | 9. 18 | 8. 16 |
| 日　本 | 1. 23 | 1. 08 | 1. 13 | 1. 03 |
| 韩　国 | 3. 24 | 3. 16 | 3. 55 | 3. 10 |
| 菲律宾 | 4. 29 | 4. 65 | 5. 59 | 4. 32 |
| 新加坡 | 2. 77 | 2. 99 | 2. 40 | 2. 47 |
| 埃　及 | 3. 98 | 4. 88 | 4. 58 | 4. 93 |
| 加拿大 | 4. 69 | 3. 85 | 3. 48 | 3. 19 |
| 墨西哥 | 2. 79 | 2. 98 | 2. 58 | 2. 66 |
| 美　国 | 3. 53 | 2. 73 | 2. 36 | 2. 06 |
| 巴　西 | 2. 65 | 2. 79 | 2. 94 | 2. 91 |

续表

| 国家或地区 | 1980 年 | 1990 年 | 2000 年 | 2006 年 |
|---|---|---|---|---|
| 法　国 | 2.25 | 2.08 | 1.94 | 1.85 |
| 德　国 | 2.94 | 2.30 | 1.81 | 1.73 |
| 意大利 | 1.79 | 1.58 | 1.58 | 1.58 |
| 俄罗斯联邦 | | 22.78 | 23.66 | 18.00 |
| 英　国 | 2.29 | 1.86 | 1.61 | 1.37 |
| 澳大利亚 | 3.35 | 3.00 | 2.73 | 2.52 |

注：GDP 为 2000 年不变价

资料来源：世界银行数据库

即使不考虑单位 GDP 能耗，从人均能耗的角度看（图 5-11，图 5-12），世界主要发达国家的能源消耗也已经进入稳定甚至下降期，而这些国家的人口基本已经实现零增长或负增长，从而整个能源消耗已经基本实现了零增长。但是其人均能源消费水平依然是高的，其中美国最高，人均达到 8000kgoe，德、英、法、日在 4000kgoe 左右，而中国较低，在 1500kgoe 左右，但是随着经济的快速发展，中国的人均能耗是呈上升趋势的。今后 30 年，中国必须依靠科学技术的进步、产业结构的调整、资源的优化配置与合理利用，将人均能源使用逐步稳定，到 2040 年实现“零增长”。

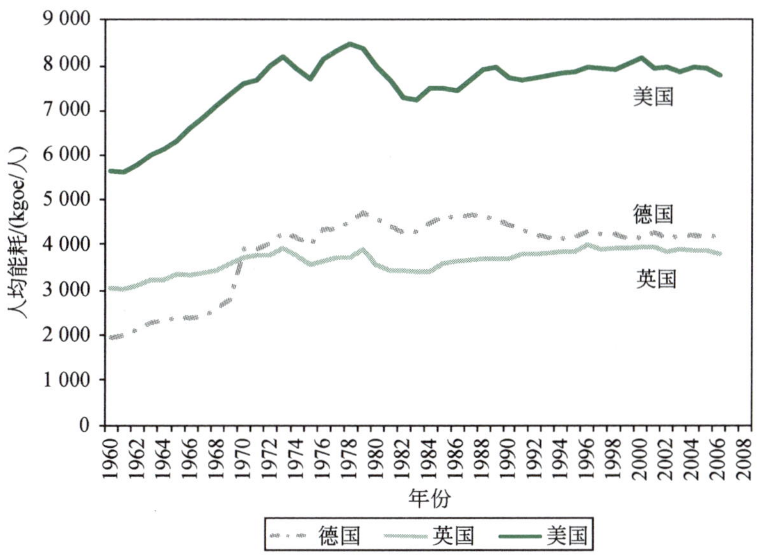


图 5-11　美、德、英三国 1960 年以来人均能耗

资料来源：World Bank WDI Database

从 1980 年起，在近 30 年的时间内，中国每万元 GDP 所消耗的能源大大降低，图 5-13 体现了这种变化。但是中国的能源使用效率仍然很低。直到 2006 年，中国

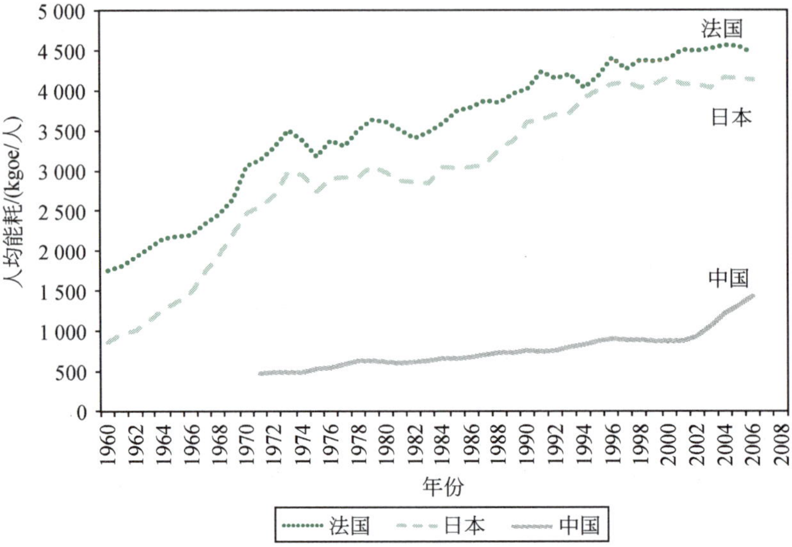


图 5-12　中、日、法三国 1960 年以来人均能耗

资料来源：World Bank WDI Database

单位 GDP 的能源消耗，还仍然是日本的 8. 68 倍，意大利的 5. 65 倍，德国的 5. 19 倍，法国的 4. 84 倍，英国的 6. 56 倍，美国的 4. 37 倍，加拿大的 2. 82 倍。

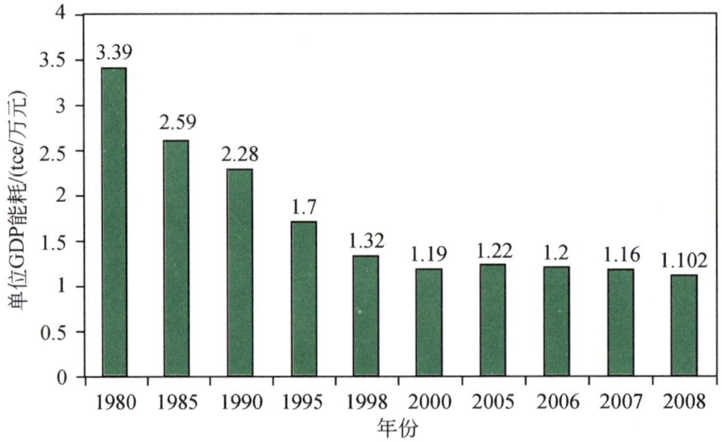


图 5-13　我国历年单位 GDP 能耗（GDP 按 2005 年可比价格计算）

资料来源：根据相关年份《中国统计年鉴》整理计算

从新型能源的消费比例来看，我国与国际水平相差较大，清洁能源的使用比例还很低。2006 年我国天然气消费比例仅为 3%，远远低于其他工业化国家，更远远落后于世界 23. 7% 的平均水平。核能消费与国际比较相差较大，2006 年我国核能消费比例仅为 0. 7%，与世界平均水平相差甚远。

在利用可再生能源的方面，北欧国家为我们作出了典范。北欧国家由于冬季漫长而寒冷，对能源的需求显得尤为突出，正是因为巨大的需求和独特的地理气候特点，北欧各国走出了一条符合本国特点的新能源开发和利用之路，并逐步发展成为目前世界上新能源开发和利用的样板地区。

在瑞典，替代能源的可持续发展是其能源政策的重心，政府大力推进新能源的开发和利用。其中最突出的成就便是充分利用“沼气”实现节能减排。1990～2006年，瑞典已悄然实现了二氧化碳排放量每年递减9%，与此同时，国民经济在这一时期则实现了44%的增长，堪称可持续发展的成功案例。此外，瑞典政府还大力推进各类新能源的开发和利用，瑞典已经成功地把地热和废热作为供暖的全部能源。2006年，瑞典政府宣布将在15年内摆脱对石油的依赖，成为世界上第一个不依赖石油的国家，并承诺这一计划将在不增建核电厂的前提下实施。

作为生态村理念的首创国，丹麦是能源问题解决得最好的国家之一。从1980年至今，丹麦的GDP增长了近60%，但能源消耗基本维持不变，令世人瞩目。丹麦在新能源的开发和利用中首推风能，在其制定的最新能源计划中，明确提出到2030年能源构成将是风能占50%，太阳能占15%，生物能和其他可再生能源占35%。其中，风能在2025年还将占到电力供应总量的75%。届时，丹麦将成为靠风“驱动”的国家。

此外，依靠生物能源、水电、地热等可再生能源技术，芬兰的可再生能源已经占总能源利用的25%，挪威占近60%，冰岛占55%。

从水资源利用的情况看，实现资源消耗零增长的前景也是乐观的。随着技术的进步、经济政策的推行，发达国家工业用水的增长率在明显地下降，一些国家已经达到了零增长甚至负增长的状态。以荷兰工业用水状况为例，自1970年达到用水零增长后呈稳定下降的趋势，但与此同时，1957～1982年，荷兰的工业生产值却增加了3倍（其中的工业用水未包括电厂冷却水在内）。瑞典通过的水质法令，强制生产用水的再循环利用，工业用水量急剧下降，1970年即达到零增长，此后并出现了负增长。

日本水资源管理的强制性措施，促进了工业用水的零增长，1965～1980年，日本工业用水猛增，通过各种法律法规的建设以及技术进步的刺激，1980年之后，各类工业用水基本上实现了零增长（图5-14）。同时1990年后，日本的生活用水总量、人均日用水量也都实现了零增长（图5-15）。

1980年以后，美国的工业用水、农业用水、生活用水以及总需水量也逐步实现了增长率的零增长，1970年，美国的工业产出较第二次世界大战之前增长了4倍、工业用水也增长了4～5倍。70年代末期以来，工业产出仍在不停地增长（增长速度已不如前），但是工业用水大幅下降，达到零增长状态，甚至呈现负增长（图5-16）。

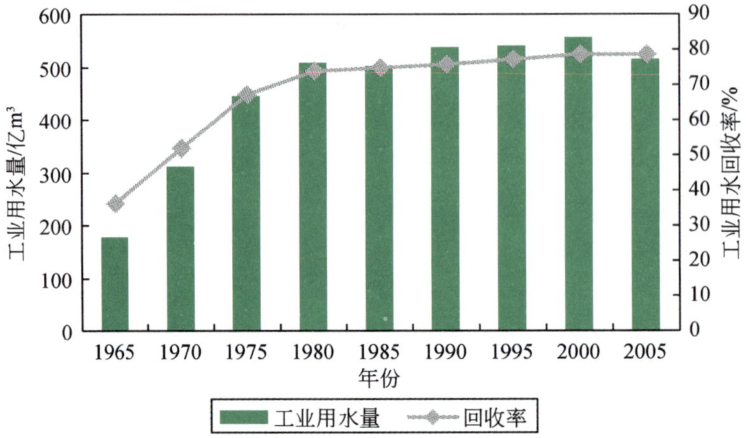


图 5-14　日本的工业用水量及回收率

资料来源：日本环境署网站，http：//www. env. go. jp/en

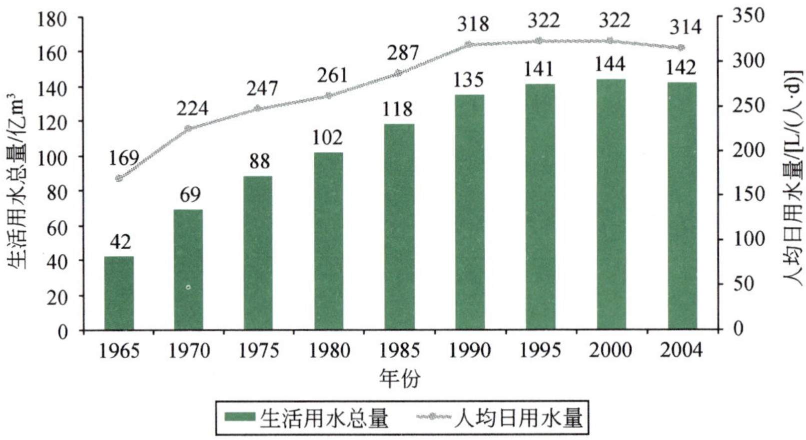


图 5-15　日本的生活用水总量和人均日用水量

资料来源：日本环境署网站，http：//www. env. go. jp/en

农业用水和工业用水的减少是用水量减少的主要原因。在农业用水方面，以色列为全世界做出了典范（河南省社会科学院，2008；杨林等，2006）。以色列国土面积仅为 2. 5 万 $km^2$（实际控制），其中 45% 是沙漠，另一半是高山和森林，只有不到 20% 的土地是可耕地，其中一半又必须经过灌溉才能耕种。水资源极其贫乏，人均水资源仅有 $270m^3$，是世界上人均占有水资源最少的国家之一。尽管以色列的自然环境差，水资源匮乏，可耕地面积有限，但以色列研制出了世界上最先进的喷灌、滴灌、微喷灌和微滴灌等节水灌溉技术，完全取代了传统的沟渠漫灌方式，其先进的灌溉技术使水肥的利用率高达 80%，比传统的灌溉方式节水、节肥 30% 以上。自 20 世纪 70 年代以来，以色列通过将不毛之地改造成肥田沃土的方法，使可灌溉土地增长了 8 倍，占可耕地面积的 49. 5%。以色列的农业从业人员仅占全国劳动力的 5%，却提供了全国 95% 的所需食物，还占据了 40% 的欧

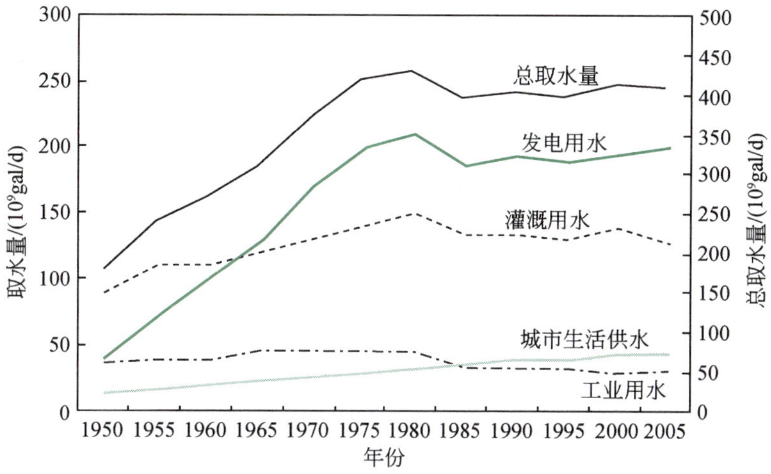


图 5-16　1950～2005 年美国用水量变化趋势图

资料来源：美国环境保护署，http://www.epa.gov

洲瓜果、蔬菜市场，享有“欧洲果篮”、“欧洲冬季厨房”之称。此外，以色列还成为仅次于荷兰的欧洲第二大花卉供应国。

而中国在工业用水、农业用水和生活用水的各个方面，这些年也取得了很大的成就，为中国在今后 40 年内达到水资源需求的零增长，实现了良好的开端。全国每万元 GDP 用水量从 2000 年的 554$m^3$ 下降到 2007 年的 235$m^3$。随着经济的发展和生活水平的提高，在工业用水量和生活用水量平稳增长的基础上，农业用水量在 2000 年后则呈下降趋势（图 5-17，图 5-18）。

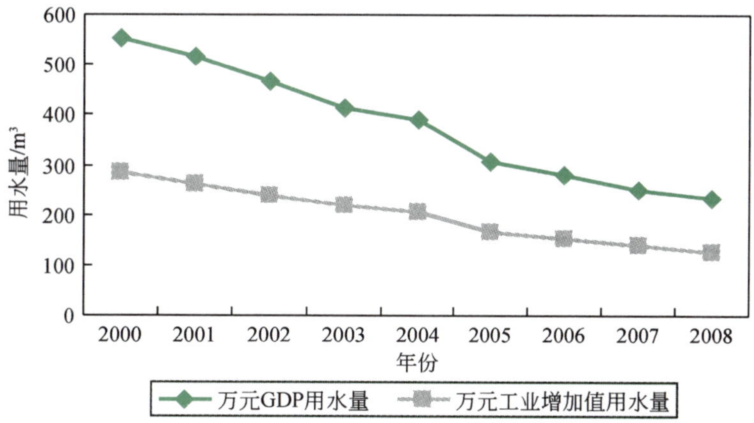


图 5-17　2000～2008 年全国每万元 GDP 和万元工业增加值用水量

资料来源：根据相关年份《中国统计年鉴》整理

一方面，中国尽快实现人口数量“零增长”，为寻求资源和能源消耗速率“零增长”提供先决条件；另一方面，由科技革命推动的知识经济的兴起为实现资源和能源消耗速率“零增长”创造了智力条件。预计在实现人口数量“零增

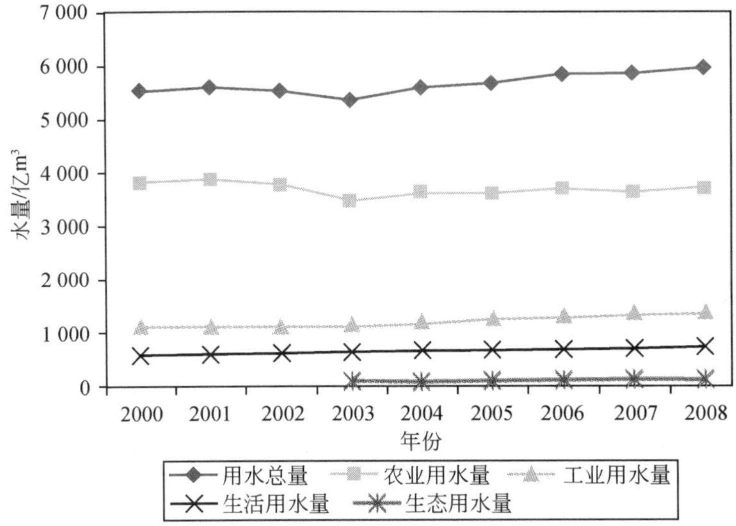


图 5-18　中国历年用水总量及工农业、生活和生态用水量变化图

资料来源：中国环境统计年鉴，2009

长”之后，再用10年的时间到2040年，在中国实现资源和能源消耗速率的“零增长”，即动态地达到土地资源的保育平衡、森林资源的采育平衡、水资源的消耗常量、能源的消耗常量和矿产资源的消耗常量的“稳中有降”。此后，在基本不增加实物形式的基础上，应当实现国民财富的不断增长，迈上中国绿色发展战略目标的第二个台阶。

## 第三节　绿色发展的第三台阶：生态退化“零增长”

当实现人口自然增长率和资源能源消耗两个“零增长”后，再用10年的时间，至2050年实现中国生态环境退化速率的“零增长”。三个零增长的充分实现，将标志着中国已达到发达国家的水平，实现了绿色发展。

环境污染，使得病患增加，由污染而致的疾病对人口总体死亡的贡献日益增大，甚至影响了人类的生殖能力。世界卫生组织的一份报告指出，每年全球死亡总数中的23%，以及0～14岁儿童死亡病例中的36%可归因于环境因素（World Health Organization，2006）。环境污染已经成为威胁人类健康的关键因素之一，研究表明环境污染与人类健康风险呈很强的正相关性特征（图5-19）。图5-20表示的是2000年世界上不同地区由于城市可吸入颗粒物导致的提前死亡人数的差异，可以明显地看出，亚太地区的这一数据要显著高于其他地区，这与亚太地区当前正在进行的高速工业化进程是密切相关的。

而在中国，这一问题尤为明显。根据OECD《2030年环境展望报告》，无论是2000年还是预测到2030年中国城市地区由空气污染而引发的非正常死亡人数都远远高于世界平均水平和欧洲水平（图5-21）。

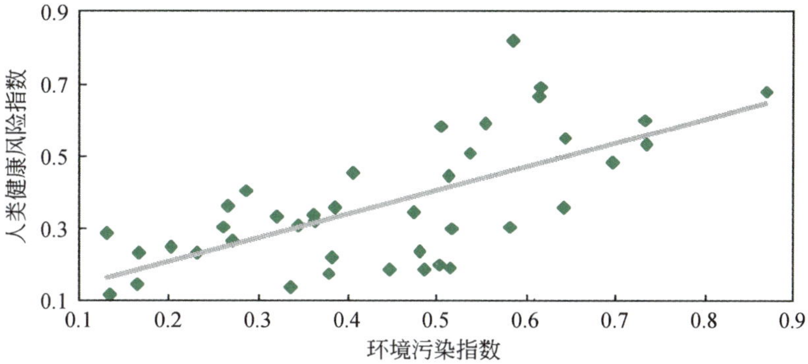


图 5-19　环境污染与人类健康的关系

资料来源：杨多贵和周志田，2008

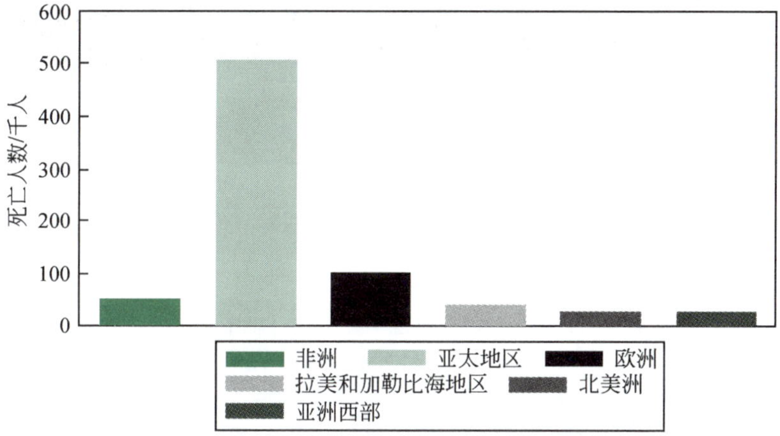


图 5-20　2000 年按地域分世界上由于城市可吸入颗粒污染导致的提前死亡人数

资料来源：UNEP，2007

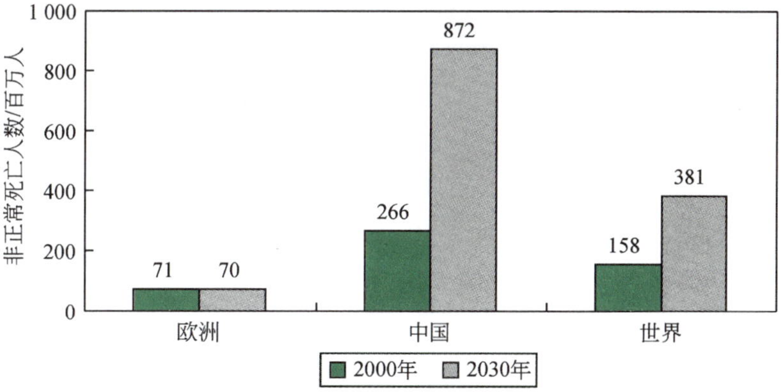


图 5-21　城市地区由空气污染引起的非正常死亡人数

资料来源：OECD，2008

图 5-22 表示的是世界上不同地区 1990 ~ 2000 年二氧化硫和氮氧化物排放量变化趋势的差异，从中可以看到，亚太地区的这两项数据是显著增加的，而欧洲和北美洲的这两项数据显著减少。据联合国的数据显示，2000 ~ 2005 年，中国的二氧化硫排放量增加了 28%，而 1996 ~ 2003 年，氮氧化物排放量增加了 50%。

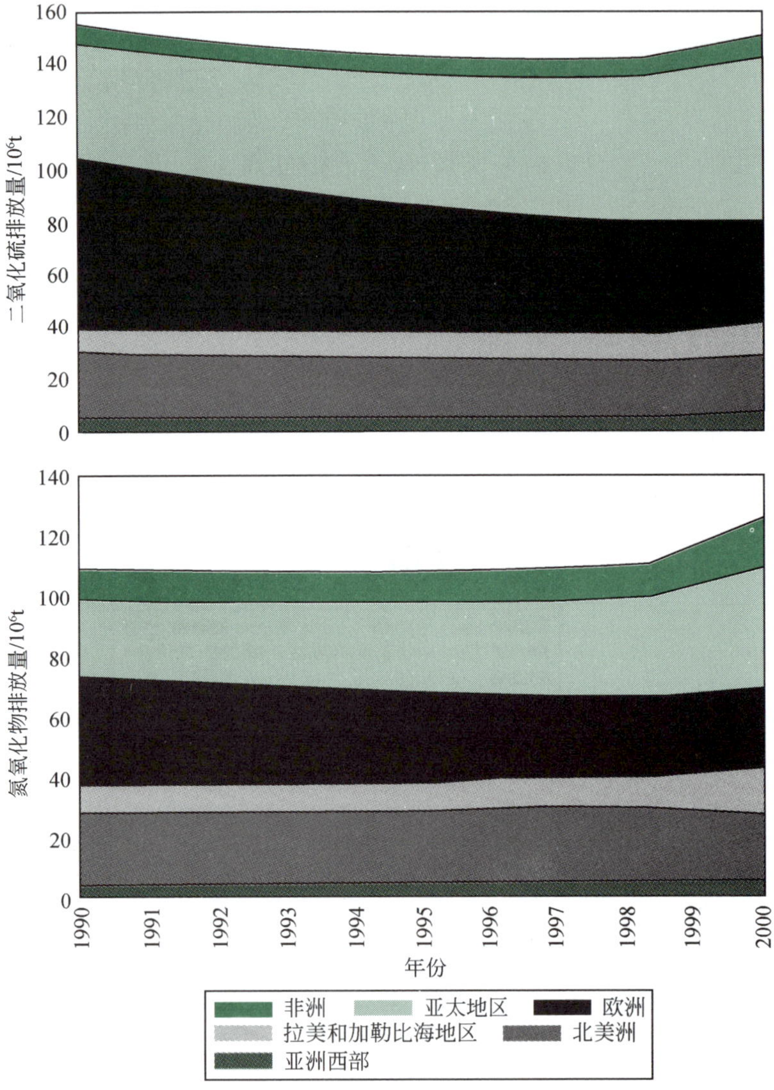


图 5-22　按地域分全世界二氧化硫和氮氧化物排放量

资料来源：UNEP，2007

中国现代化战略研究课题组发布的《中国现代化报告 2007》指出，2004 年中国生态现代化水平指数为 42 分，在 118 个国家中排名第 100 位，中国正处在生态现代化的起步阶段，属于较低水平。中国工业废物密度大约是德国的 20 倍、意大利的 18 倍、韩国和英国的 12 倍；城市空气污染程度大约是法国、加拿大和瑞典的 7 倍多，是美国、英国和澳大利亚的 4 倍多。

生态环境恶化的现实和严重的后果，以及中国生态环境保护在世界上的相对落后地位，都使我们必须要高度重视环境问题。但在严峻的现实中，也应当看到，实现生态退化“零增长”尽管任务艰巨，绝非不可能。

发达国家的生态环境经历了“先污染、后治理”的过程。如美国、日本和英国是早期的工业国家，也是最早尝到环境污染恶果的国家。三国的政府在污染事故频发的压力下开始环境污染的治理工作，仅用了短短几十年的时间就使环境得到了很大的改善，环境治理工作取得了显著的效果。加强环境教育、设立环境标准、开展环境会计、进行环境监督和排污许可交易、大力发展公共交通、开展垃圾精细分类科学处理、注重节能管理与技术等都是值得借鉴的经验。

以美国为例，20 世纪中期，美国工业化取得了辉煌业绩，但这一时期空气、土地、河流、大海也遭到了严重的破坏。美国著名学者蕾切尔·卡逊（Rachel Carson）于 1960 年写了《寂静的春天》一书，描绘了一个没有鸟叫没有生机的世界，这本书的出版，引起了一场关于生态和环境保护问题的空前大讨论。这场讨论的直接结果之一就是 4 月 22 日地球日的诞生。这一天，占美国十分之一的人口走向街头抗议环境的污染，要求治理环境。地球日标志着美国环境保护运动走向高潮。在这一时期美国制定了一系列的环境法，美国环保署也相继建立（王欢，2006）。

如今，美国的生态环境已经得到了很大的改善，但政府对环境问题依然不遗余力。如 2009 年，美国总统奥巴马提出一项治理五大湖的计划，2010 年 2 月份，美国政府就该计划出台了详细的方案，以期在未来几年内还五大湖地区优良的生态环境。美国环境保护署署长丽莎·杰克逊在与湖区各州州长的会面中，提出一项新的“行动计划”，旨在将治理的重点放在消除五大湖地区的入侵物种、清除污染物、对 50 万英亩湿地进行保护等。

1990 年起，英国先后多次发布环境年度报告。1994 年，英国积极响应里约全球环境首脑会议要求，率先制定可持续发展战略。进入 90 年代以来英国生态环境大大改善，整个英伦三岛空气清新，鸟语花香，环境优美。以英国的酸雨排放量为例，可以看到 20 世纪 90 年代以来有明显减少，而这主要得益于工业领域二氧化硫排放量的减少（图 5-23）。

日本在第二次世界大战后至 20 世纪 70 年代初，公害丛生，环境污染严重。在这种严重事态面前，日本政府采取了一些措施，制定了一系列法律。到 70 年代末，日本已建立了一个比较完善的生态环境管理体制，并且防止公害、治理环境污染取得了显著的效果。从图 5-24 看出，70 年代中期以来，日本的河流、湖泊水质达标率均有不同程度的提高，但海洋水质有所下降，从总体上看各种水源水质达标率达到 83.8%。

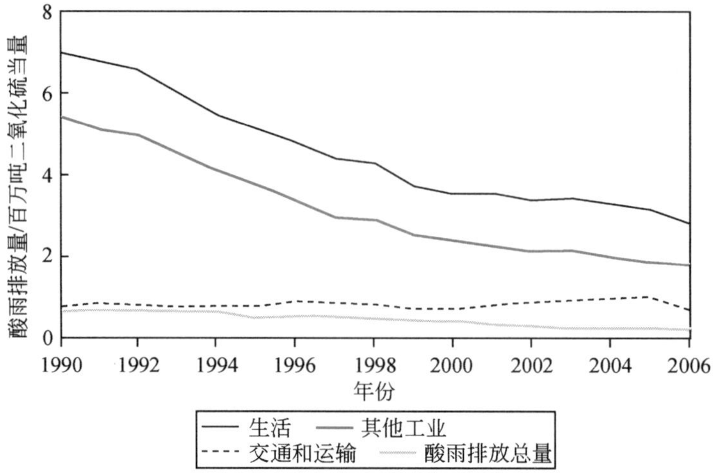


图 5-23　20 世纪 90 年代以来英国酸雨排放量减少

资料来源：中国科学发展报告编写组，2009

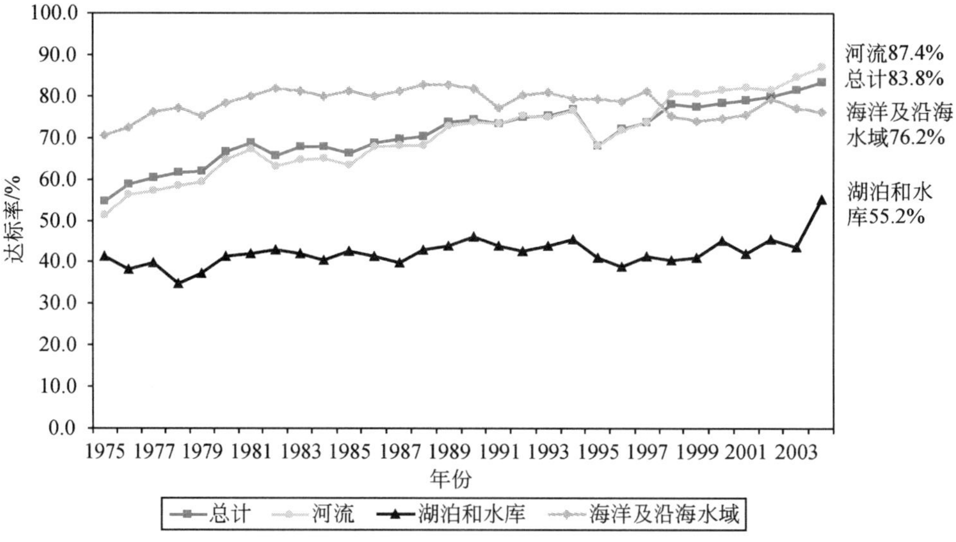


图 5-24　日本 1975～2003 年各种水源水质达标率

资料来源：日本环境署；http：//www. env. go. jp/en

中国的自然条件、开发历史、发展阶段等决定了其生态环境状况同世界平均水平相比，具有很大的脆弱性。人口众多与相对贫乏的人均资源，人类开发历史的久远和人类活动强度的增大，国土本身的自然结构特征与地理位置特点，经济高速发展的态势与经济结构调整的艰巨性，社会发展过程中的长期负面效应的积累，等等，共同构成了中国生态环境更易遭到损害、更加难以恢复，区域开发需要投入更大的成本。

中国的生态质量（防止长期性的生态退化）和环境质量（防止短期性的环境污染）的变化，与人口数量庞大的压力和资源消耗巨大的压力息息相关，在人口数量、资源和能源消耗未达到零增长之前，单纯地去提高生态质量和环境质量，是不可能办到的。因此，中国在实施绿色发展战略的过程中，依照“压力—状态—响应”的概念，生态环境质量是作为整体系统中对于人口和资源的响应表现出来的，因此，人口和资源的压力不消除，所存在的胁迫状态不改变，生态环境的响应程度和规模，也是不可能单独予以改变的，也就是说中国实现绿色发展的过程中，由其内部逻辑所规定的生态环境退化速率达到“零增长”，是三个战略台阶中的最后一个，也是最难的一个。

从“长期的生态质量”改善上去寻求解决方案，必须面对中国现存的和继续恶化的生态系统，如水土流失、荒漠化、频繁的自然灾害、森林和草原的退化、海洋的污染等。

从“短期的环境质量”改善上去寻求解决方案，必须面对中国经济大量消耗的能源和资源，例如二氧化碳和二氧化硫的排放，工业和生活废水的排放，固体废弃物的排放，以及城市化、现代化所引发的一系列问题。

不难看出，将生态环境的退化速率减至“零增长”，其任务要比人口数量零增长和能源资源消耗零增长更加艰巨。但发达国家近几十年的实践已经为我们积累了大量的管理经验和技术经验，同时，中国已经加大了环境保护的力度。

在1994年颁发的《中国21世纪议程》把推广清洁技术和清洁生产作为实施绿色发展战略的重大行动之一；1996年发布的《国家环境保护“九五”计划和2010年远景目标》明确提出工业污染防治的主要任务为“以水污染和大气污染为重点，实施全国主要污染物排放总量控制，有效削减污染物的产生量和排放量”；1998年发布的《全国生态环境建设规划》提出，到2050年，全国应建立起基本适应可持续发展的良性生态系统，全国适宜治理的水土流失地区基本得到整治，宜林地全部绿化，林种、树种结构合理，森林覆盖率达到并稳定在26%以上，坡耕地基本实现梯田化，“三化”草地得到全面恢复，全国生态环境有很大改观（“三化”草地指的是退化、沙化、碱化，约13 500$hm^2$）；2000年我国发布了《全国生态环境保护纲要》，提出的远期目标为到2050年，力争全国环境得到全面改善，实现城乡环境清洁和自然生态系统良性循环；2004年，国家环境保护总局完成了《国家环境安全战略报告》，提出未来20年国家环境安全的两大阶段性目标：第一阶段（2004～2010年）目标是控制环境恶化趋势，第二阶段（2011～2020年）目标是全面改善环境质量。以上这些，都为中国实现绿色发展战略提供了充分的政策支持。中国的生态环境保护逐渐受到重视并取得重大的建设成就。

截至2008年底，中国已建立各种类型、不同级别的自然保护区2538个，陆地保护区总面积约为14 894.3万$hm^2$，占国土面积的15.1%（图5-25）。其中，国家级自然保护区303个，面积为9120.3万$hm^2$，分别占全国自然保护区总数和总面积的11.9%和61.2%。西藏和青海两地自然保护区面积超过其地区面积的30%（环境保护部，2007）。同时，中国环境治理投资不断上升，到2008年底已经达到4490亿元，占GDP比重的1.49%（图5-26）。我国森林覆盖率显著增长，从1995年的13.4%增长到2004年的18.21%（图5-27）。

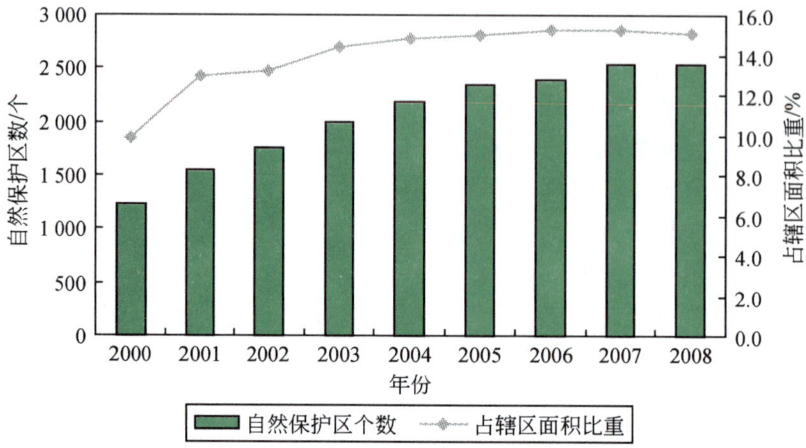


图 5-25　2000～2008 年中国自然保护区个数及占辖区面积比重

资料来源：中国环境统计年鉴 2009

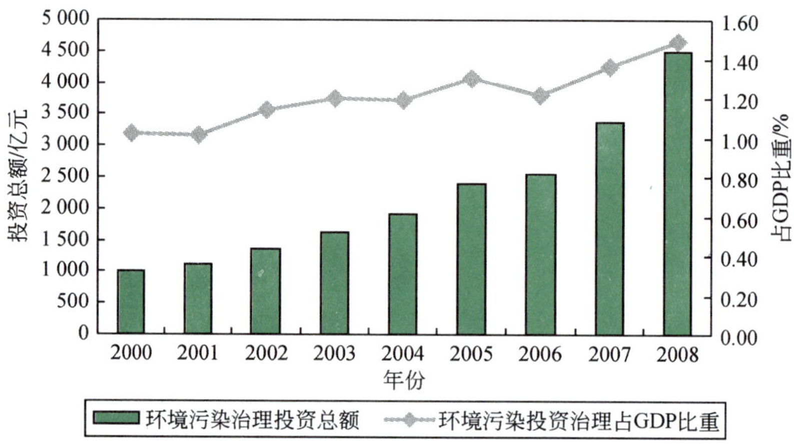


图 5-26　2000～2008 年中国环境治理投资及其占 GDP 比重

资料来源：中国环境统计年鉴 2009

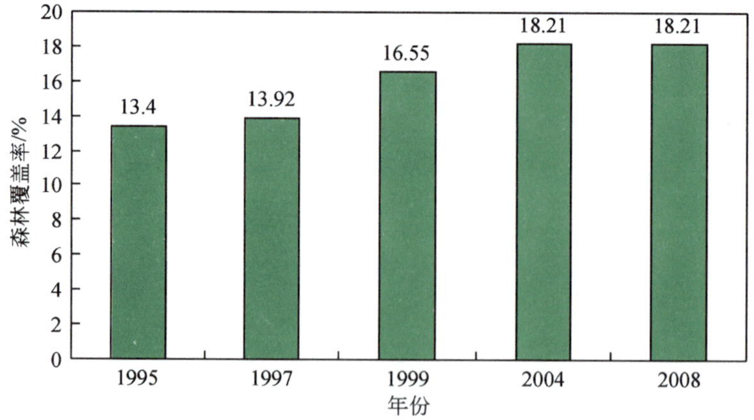


图 5-27　1995～2008 年中国森林覆盖率增长情况

资料来源：中国统计年鉴 1996～2009

从“三废”排放来看，废水排放总量和工业废气排放总量依然在上升，但工业固体废弃物排放量已逐年下降。并且废水、废气排放达标率及固体废弃物利用率均呈上升趋势，到2008年，工业废水排放达标率达到92.4%，工业二氧化硫排放达标率达到88.8%，工业烟尘排放达标率达到89.6%，工业粉尘排放达标率达89.3%，工业废弃物综合利用率达到64.3%（图5-28）。

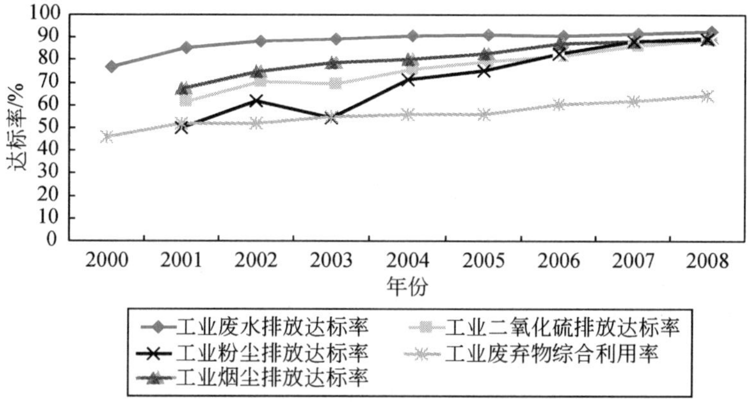


图5-28　2000～2008年中国“三废”排放达标率

资料来源：中国环境统计年鉴2009

我们企盼到2050年基本达到中国生态环境的危害速率的“零增长”，登上绿色发展的第三个台阶，真正实现中华大地的山川秀美。

综上分析，中国作为一个世界上人口最多的发展中大国，在推行绿色发展的国家战略时，我们预计要用40年的时间，分别于2025年、2040年、2050年依序通过上述的三大基本的“零增长”台阶，此后，中国将在一个规范有序的合理门槛内，更加有效地增强自己的绿色发展综合能力。中国绿色发展战略的顺利实施与成功实现，将不仅仅是中国发展战略的唯一正确选择模式，而且将是人类实现绿色发展战略的光辉典范，毫无疑问这也是中国人民对人类发展作出的伟大贡献。

## 第四节　中国31个省（自治区、直辖市）绿色发展路线图设计

### 一、中国31个省（自治区、直辖市）“人口零增长”路线图

绿色发展战略的第一个台阶，就是到2030年实现全国人口数量和规模（自然增长率）的“零增长”，从而减小人口对资源消耗和生态退化的压力，真正实现绿色发展的战略目标。

为此，我们设计了全国31个省（自治区、直辖市）的“人口零增长”路线图。通过这份路线图，我们能够得到31个省（自治区、直辖市）分别实现“人口零增长”目标的具体时间和先后顺序。

一个地区未来的人口发展趋势是受多方面因素共同影响的，与当地的经济发展水平、目前的人口状况、人口构成都有关系。为此，我们选取了以下5个指标：人均GDP、人口自然增长率、城市化率、大专以上学历的人口占总人口比重、总和生育率，来计算一个地区的人口发展指数。

人口发展指数的计算公式如下：

$$\mathrm{HI}_j = \sum_{i}^{n} \omega_i \frac{x_{ij}}{X_{i0}}$$

其中$\mathrm{HI}_j$表示第$j$个地区的人口发展指数；$x_{ij}$表示该地区第$i$项指标的数值；$X_{i0}$表示全国第$i$项指标的数值；$\omega_i$表示第$i$项指标的权重；$n$为指标数。

在人口发展指数的计算公式中，对逆向指标先求取倒数再进行计算。即一个地区的人口发展指数越大，则该地区越容易实现“人口零增长”的目标。为简便起见，假设各项指标的权重相等。假设人口发展指数最低的地区在2030年实现“人口零增长”，人口发展指数最高的地区在2015年实现“人口零增长”。

按照这种设计，到2030年时每个地区都实现了“人口零增长”，因而全国总的人口自然增长率必定小于或等于零。事实上，由于地区间的人口迁移和发展模式的差异，可以在某些地区保持人口自然增长率大于零，而另外一些地区则保持人口自然增长率小于零，同样可能实现全国范围内总体的人口自然增长率等于零。

根据全国各个地区的人口发展指数排名，得到全国31个省（自治区、直辖市）分别实现“人口零增长”目标的时间表（表5-6，图5-29）。

**表5-6　全国31个省、市、自治区实现人口“零增长”时间表**

| 排　名 | 地　区 | 年　份 |
|---|---|---|
| 1 | 上　海 | 2015 |
| 2 | 天　津 | 2018 |
| 3 | 北　京 | 2018 |
| 4 | 辽　宁 | 2021 |
| 5 | 江　苏 | 2022 |
| 6 | 吉　林 | 2023 |
| 7 | 浙　江 | 2023 |
| 8 | 黑龙江 | 2023 |
| 9 | 湖　北 | 2024 |
| 10 | 内蒙古 | 2024 |
| 11 | 广　东 | 2024 |
| 12 | 山　东 | 2025 |
| 13 | 陕　西 | 2025 |

续表

| 排　名 | 地　区 | 年　份 |
|---|---|---|
| 14 | 福　建 | 2025 |
| 15 | 四　川 | 2025 |
| 16 | 山　西 | 2026 |
| 17 | 重　庆 | 2026 |
| 18 | 湖　南 | 2026 |
| 19 | 新　疆 | 2027 |
| 20 | 河　北 | 2027 |
| 21 | 河　南 | 2027 |
| 22 | 宁　夏 | 2027 |
| 23 | 青　海 | 2027 |
| 24 | 海　南 | 2027 |
| 25 | 江　西 | 2027 |
| 26 | 安　徽 | 2028 |
| 27 | 甘　肃 | 2028 |
| 28 | 云　南 | 2028 |
| 29 | 广　西 | 2028 |
| 30 | 贵　州 | 2029 |
| 31 | 西　藏 | 2030 |

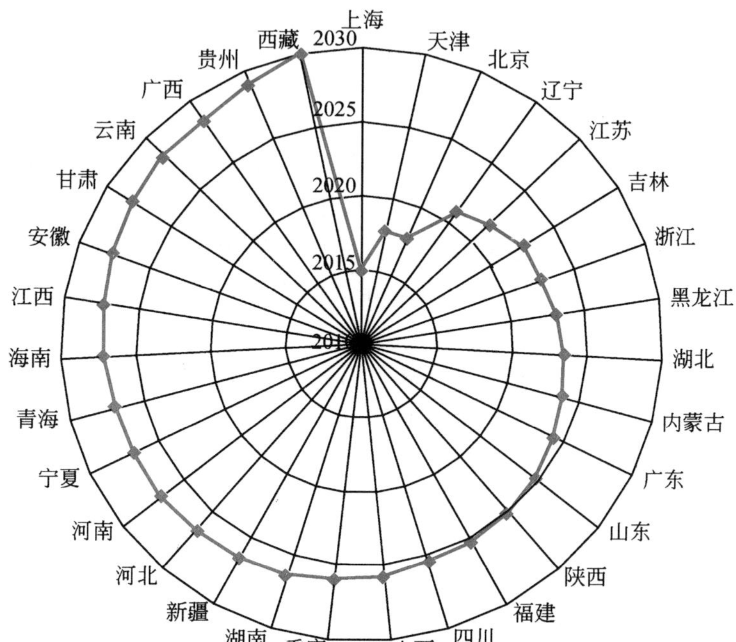


图 5-29　全国 31 个省（自治区、直辖市）实现人口零增长时间表

从时间表中可以看出，上海、天津、北京三地由于经济发展水平较高，同时人口自然增长率本身就比较低，有望在2020年前率先实现“人口零增长”；辽宁、江苏、吉林、浙江、黑龙江、湖北、内蒙古、广东等地区将随后于2020年和2025年之间实现“人口零增长”；而西藏、贵州、广西、云南、甘肃等地区由于经济发展水平较为落后，目前的人口自然增长率比较高，将较晚实现“人口零增长”的目标。

## 二、中国31个省（自治区、直辖市）“资源消耗零增长”路线图

日本在1975年就实现了工业用水量的零增长，虽然淡水使用总量依然是在增长的，但是由于废水回收率的不断提高，超过70%，因此，新增用水是逐年减少的，而到2000年之后，日本工业用水总量也在减少了。从生活用水来看，日本的人均生活用水总量在1990年之后进入零增长阶段，而生活用水总量在2000年左右实现零增长。

美国的取水总量在1980年以后开始下降，并且之后保持平稳态势，因此，可以说美国在20世纪80年代初就实现了水资源消耗的“零增长”。

根据中国科学院可持续发展战略研究组预测（2007），2030年前后我国需水总量将进入一个相对稳定期。这主要是由于2030年我国人口将实现“零增长”，中国主要经济作物的灌溉总面积也将进入相对稳定期，达到6000万$hm^2$（9亿亩），农业用水量稳定在60%左右。而2030年中国的工业也将完成工业化的基本任务，进入后工业化阶段，工业综合用水定额将有较快下降，从而工业需水也将进入发达国家现在的工业用水零增长阶段。生活用水上，我国现状人均生活用水量为$47m^3$，与中等发达国家相比，用水量是明显偏低的，但随着我国城镇化水平的提高，人均用水量可能会逐步增加，而且由于我国人口基数大，从而未来生活需水总量会增长较快。预计到2030年全国的城镇生活用水量为658亿$m^3$，农村生活用水量为332亿$m^3$。总体来说，2030年我国生活、工业、农业用水的比重变化为16:24:60。

因此，我国的水资源将提前实现资源消耗零增长，但是我国水资源的平衡还仅仅是低水平的平衡。我国水资源的地区分布不均，北方水资源短缺的问题依然较为严重。总体上用水效率和效益较低，水资源浪费还比较严重，每万美元GDP的用水量，我国大约是世界平均水平的4倍、国际先进水平的5～10倍。农业灌溉用水有效利用系数仅为0.45，远低于发达国家0.7～0.8的水平；粮食作物的平均水资源生产率仅为$1kg/m^3$左右，是发达国家的一半。因此，建设节水型社会，实现水资源的高水平供需平衡依然是我国实现绿色发展的必然选择。

能源消耗零增长的目标则相对要晚一些实现。根据2005～2007年的各省（自治区、直辖市）能源消耗数据，全国有2/3的省（自治区、直辖市）的能源消耗增长率是逐年下降的，即能源消耗已经过了S曲线的拐点，进入慢速增长阶段。

仅有辽宁、重庆、上海、浙江、安徽、湖北、湖南、广西、海南的能源消耗增长率还在加快。

能源消耗与经济发展情况密切相关。我国的“十一五”规划纲要提出了主体功能区的思想，指出优化开发区是指国土开发密度已经较高、资源环境承载能力开始减弱的地区；重点开发区是指资源环境承载能力较强、经济和认可集聚条件较好的区域；限制开发区是指资源环境承载能力较弱、大规模集聚经济和人口条件不够好，并关系到全国较大区域范围生态安全的区域；禁止开发区是指依法设立的各类自然保护区域。因此，未来我国各地区能源消耗的情况必将受到主体功能区布局的影响。

从能源利用的角度讲，优化开发区即高效用能源节约型的主体功能区，以京津唐、长江三角洲、珠江三角洲等较为完整的城市群形态地区为核心的主体功能区，经济较为发达。其发展目标是能源利用效率相对较高，煤炭、石油、天然气等能源比例均衡，并逐步大规模采用无污染或少污染的新能源。重点开发区，即高效用能源消费型的主体功能区，符合国家重点开发条件的正在逐步形成城市群形态的地区为重点的主体功能区，经济发展处于腾飞阶段，是我国未来经济社会发展的重要承载点，其发展目标是提高能源利用效率，逐步建设节约型的能源消费结构。限制开发区，即降低能源消费型的主体功能区，城镇及其他居民点分布稀疏的地区。其发展目标是降低能源消耗，减少对自然生态环境的人类影响。禁止开发区，即禁止任何污染类能源消费型的主体功能区，主要承载涵养自然生态环境的地区。其发展目标是限制能源消耗，利用可再生能源和新能源，保护生态环境的天然永续。

在测算各地区实现“资源能源消耗零增长”第二台阶的时间时，我们主要考虑以下指标：人均 GDP、单位 GDP 能耗、单位 GDP 水耗、地区产业结构、人口增长率等因素。人均 GDP 表示该地区的经济发展水平，单位 GDP 的消耗表示了该地区当前的资源利用水平，产业结构指标反映了该地区的产业发展状况。一般来说，第三产业所占比重越大，因经济发展所带来的资源消耗越小，人口增长率则反映了未来人口对资源能源消耗的压力。定义能源利用指数为

$$\mathrm{EI}_j = \sum_i^n \omega_i \frac{x_{ij}}{X_{i0}}$$

其中，$\mathrm{EI}_j$ 表示第 $j$ 个地区的能源利用指数；$x_{ij}$ 表示该地区第 $i$ 项指标的数值；$X_{i0}$ 表示全国第 $i$ 项指标的数值；$n$ 表示指标数；$\omega_i$ 表示第 $i$ 项指标的权重，为简便起见，$\omega_i$ 均为 1。

通过这个公式计算出全国各个地区的资源利用指数，并以此为基础测算各地区分别实现“资源能源消耗零增长”的时间表（表 5-7，图 5-30）。从中可以看到，北京（2025 年）、上海（2026 年）、天津（2029 年）、浙江（2034 年）、江苏（2034 年）五个地区将率先“资源能源消耗零增长”，它们将有望在 2035 年前实现这个目标；而甘肃（2047 年）、新疆（2047 年）、贵州（2048 年）青海（2049 年）、宁夏（2050 年）五个地区则实现这一台阶的速度会比较慢，将在 2045 年到

2050 年左右才能实现此目标。

**表 5-7 全国 31 个省（自治区、直辖市）实现资源消耗“零增长”时间表**

| 排 名 | 地 区 | 年 份 |
|---|---|---|
| 1 | 北 京 | 2025 |
| 2 | 上 海 | 2026 |
| 3 | 天 津 | 2029 |
| 4 | 浙 江 | 2034 |
| 5 | 江 苏 | 2034 |
| 6 | 广 东 | 2036 |
| 7 | 辽 宁 | 2036 |
| 8 | 山 东 | 2036 |
| 9 | 吉 林 | 2036 |
| 10 | 黑龙江 | 2039 |
| 11 | 湖 北 | 2039 |
| 12 | 福 建 | 2039 |
| 13 | 四 川 | 2039 |
| 14 | 重 庆 | 2039 |
| 15 | 陕 西 | 2040 |
| 16 | 河 南 | 2041 |
| 17 | 山 西 | 2042 |
| 18 | 河 北 | 2042 |
| 19 | 海 南 | 2042 |
| 20 | 湖 南 | 2042 |
| 21 | 内蒙古 | 2043 |
| 22 | 西 藏 | 2043 |
| 23 | 安 徽 | 2043 |
| 24 | 江 西 | 2043 |
| 25 | 广 西 | 2045 |
| 26 | 云 南 | 2045 |
| 27 | 甘 肃 | 2047 |
| 28 | 新 疆 | 2047 |
| 29 | 贵 州 | 2048 |
| 30 | 青 海 | 2049 |
| 31 | 宁 夏 | 2050 |

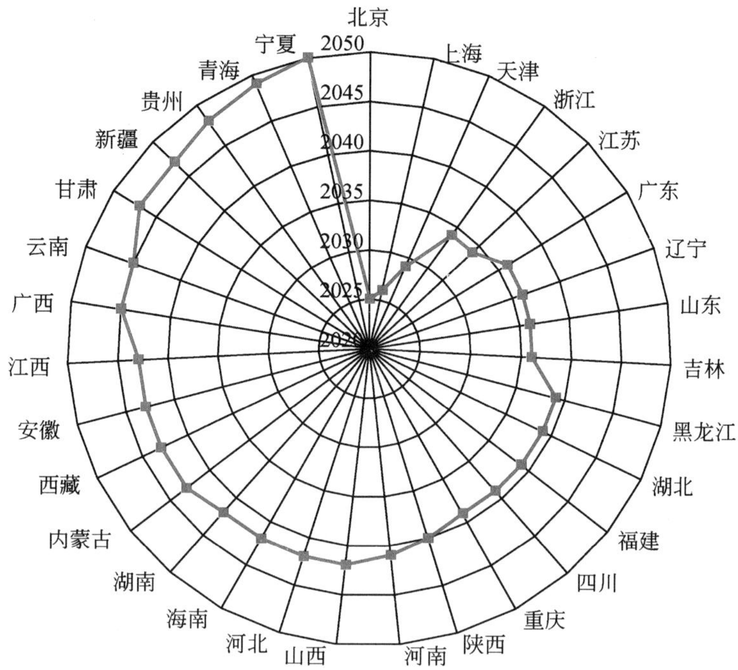


图 5-30　全国 31 个省（自治区、直辖市）实现资源消耗“零增长”时间表

## 三、中国 31 个省（自治区、直辖市）“生态退化零增长”路线图

在实现绿色发展战略目标的三大台阶中，“生态退化速率零增长”是最后一个，同时也是最重要最困难的战略台阶。参考中国科学院可持续发展战略研究组发布的《2010 中国可持续发展战略报告》，我们从以下四个方面来定义一个地区的生态恢复指数：一是区域资源禀赋，主要包括土地资源指数、水资源指数、气候资源指数和生物资源指数；二是区域环境水平，主要包括“三废”排放强度指数、大气污染指数和水污染指数；三是区域生态水平，主要包括生态脆弱指数、气候变异指数和土地退化指数；四是区域抗逆水平，主要包括环境治理指数和生态保护指数。将这四类绩效指标进行整合，定义中国 31 个省（自治区、直辖市）的生态恢复指数：

$$\mathrm{ERI}_i = \sum_{j=1}^{4} \omega_j X_{ij}$$

式中，$\mathrm{ERI}_i$ 表示第 $i$ 个地区的生态恢复指数；$X_{ij}(j = 1,2,3,4)$ 分别表示区域资源禀赋、区域环境水平、区域生态水平和区域抗逆水平和；$\omega_j$ 表示加权系数，为简便起见，均设为 1/4 。通过计算得到全国各地区生态恢复指数，结果如表 5-8 所示。

**表 5-8　中国 31 个省（自治区、直辖市）生态恢复指数**

| 地　区 | 区域资源禀赋指数 | 区域环境水平指数 | 区域生态水平指数 | 区域抗逆水平指数 | 生态恢复能力指数 |
|---|---|---|---|---|---|
| 全　国 | 96.7 | 97.4 | 101.5 | 104.5 | 100.0 |
| 北　京 | 77.1 | 102.7 | 117.3 | 101.9 | 99.8 |
| 天　津 | 77.0 | 93.3 | 120.1 | 108.0 | 99.6 |
| 河　北 | 78.6 | 93.2 | 103.4 | 103.9 | 94.8 |
| 山　西 | 81.2 | 93.7 | 101.6 | 104.5 | 95.3 |
| 内蒙古 | 86.6 | 96.5 | 105.1 | 101.6 | 97.5 |
| 辽　宁 | 90.4 | 93.8 | 118.6 | 108.1 | 102.7 |
| 吉　林 | 99.1 | 98.0 | 122.8 | 103.2 | 105.8 |
| 黑龙江 | 96.6 | 100.2 | 122.4 | 103.1 | 105.6 |
| 上　海 | 92.7 | 94.7 | 170.9 | 102.6 | 115.2 |
| 江　苏 | 100.5 | 94.4 | 128.3 | 108.6 | 108.0 |
| 浙　江 | 103.5 | 94.5 | 138.5 | 105.6 | 110.5 |
| 安　徽 | 101.1 | 98.0 | 126.9 | 102.2 | 107.1 |
| 福　建 | 107.0 | 96.5 | 123.1 | 104.5 | 107.8 |
| 江　西 | 104.9 | 97.9 | 133.5 | 105.2 | 110.4 |
| 山　东 | 92.9 | 95.1 | 113.2 | 108.5 | 102.4 |
| 河　南 | 94.4 | 94.9 | 117.8 | 102.7 | 102.5 |
| 湖　北 | 104.4 | 97.7 | 124.5 | 104.1 | 107.7 |
| 湖　南 | 105.6 | 96.8 | 134.2 | 103.8 | 110.1 |
| 广　东 | 100.3 | 96.5 | 126.7 | 101.6 | 106.3 |
| 广　西 | 101.7 | 94.0 | 118.0 | 104.7 | 104.6 |
| 海　南 | 105.9 | 103.8 | 129.8 | 106.3 | 111.5 |
| 重　庆 | 111.5 | 96.6 | 110.3 | 101.9 | 105.1 |
| 四　川 | 102.9 | 98.4 | 111.9 | 103.6 | 104.2 |
| 贵　州 | 104.3 | 103.6 | 128.0 | 96.9 | 108.2 |
| 云　南 | 107.2 | 102.0 | 116.5 | 101.7 | 106.9 |
| 西　藏 | 101.2 | 134.5 | 110.2 | 74.9 | 105.2 |
| 陕　西 | 94.2 | 97.6 | 106.1 | 103.6 | 100.4 |
| 甘　肃 | 83.9 | 102.6 | 96.1 | 101.1 | 95.9 |
| 青　海 | 87.2 | 102.3 | 103.3 | 96.6 | 97.4 |
| 宁　夏 | 75.5 | 92.8 | 92.6 | 103.7 | 91.2 |
| 新　疆 | 85.5 | 102.3 | 94.6 | 89.4 | 93.0 |

按照本报告设计的绿色发展路线图，虽然全国 31 个省（自治区、直辖市）实现“生态退化零增长”目标的时间先后不同，但是，全国整体上将于 2050 年左右

实现“生态退化零增长”，真正实现祖国大地的山川秀美！

中国31个省（自治区、直辖市）分别实现“生态退化速率零增长”的具体时间见表5-9和图5-31。从中可以看到，上海（2035年）、海南（2040年）、浙江（2041年）、江西（2041年）、湖南（2041年）五个地区将率先实现“生态退化速率零增长”目标。而甘肃（2058年）、山西（2059年）、河北（2059年）、新疆（2060年）、宁夏（2060年）是最晚实现“生态退化速率零增长”目标的五个地区。

**表5-9　全国31个省（自治区、直辖市）实现生态退化“零增长”时间表**

| 排　名 | 地　区 | 年　份 |
|---|---|---|
| 1 | 上　海 | 2035 |
| 2 | 海　南 | 2040 |
| 3 | 浙　江 | 2041 |
| 4 | 江　西 | 2041 |
| 5 | 湖　南 | 2041 |
| 6 | 贵　州 | 2044 |
| 7 | 江　苏 | 2044 |
| 8 | 福　建 | 2044 |
| 9 | 湖　北 | 2044 |
| 10 | 安　徽 | 2045 |
| 11 | 云　南 | 2045 |
| 12 | 广　东 | 2046 |
| 13 | 吉　林 | 2047 |
| 14 | 黑龙江 | 2047 |
| 15 | 西　藏 | 2047 |
| 16 | 重　庆 | 2048 |
| 17 | 广　西 | 2048 |
| 18 | 四　川 | 2049 |
| 19 | 辽　宁 | 2050 |
| 20 | 河　南 | 2050 |
| 21 | 山　东 | 2050 |
| 22 | 陕　西 | 2054 |
| 23 | 北　京 | 2054 |
| 24 | 天　津 | 2054 |
| 25 | 内蒙古 | 2057 |
| 26 | 青　海 | 2057 |
| 27 | 甘　肃 | 2058 |
| 28 | 山　西 | 2059 |
| 29 | 河　北 | 2059 |
| 30 | 新　疆 | 2060 |
| 31 | 宁　夏 | 2060 |

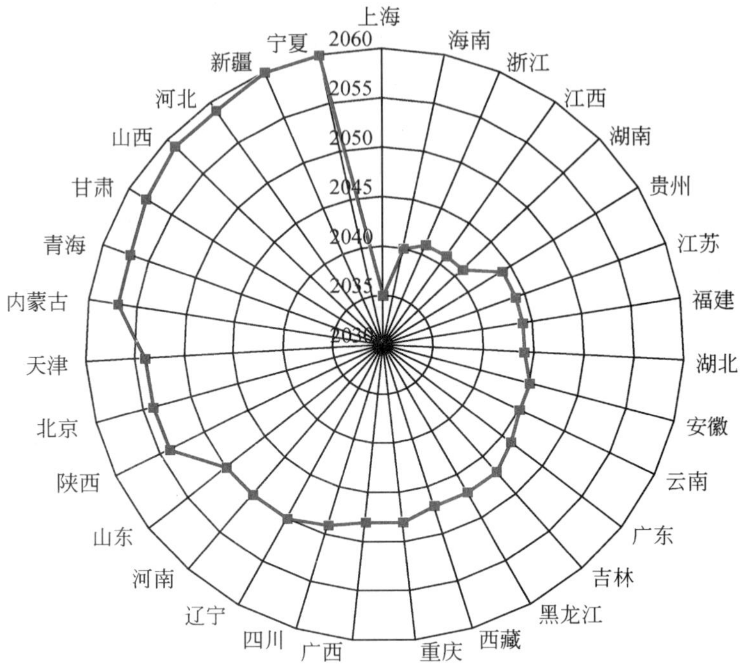


图 5-31　全国 31 个省（自治区、直辖市）实现生态退化“零增长”时间表

根据全国主体功能区总体布局，限制开发区应该保护耕地、现有的园地、林地、湿地。禁止开发区应该在生态可以承受的范围内，适度发展旅游产业，保护土地资源和生态环境。因此，未来西藏、云南、青海、贵州、黑龙江、内蒙古、四川等地的生态环境保护将会更受重视，其中的限制开发和禁止开发区域也将得到更多的国家财政转移支付，这也有助于我国总体上生态退化零增长战略目标的实现。

## 参考文献

蔡昉，王美艳．2009．人口与劳动绿皮书．北京：社会科学文献出版社

厄恩斯特·冯·魏茨察克等．2001．四倍跃进：一半的资源消耗创造双倍的财富．北京大学环境工程研究所等译．北京：中华工商联合出版社

国家统计局．2008．人口素质全面提高就业人员成倍增加——改革开放 30 年我国经济社会发展成就系列报告之六．http：//www. gov. cn/gzdt/2008 – 11/03/content_ 1138587. htm ［2010-01-22］

环境保护部．2007．2007 年中国环境状况公报．http：//jcs. mep. gov. cn/hjzl/zkgb/2007zkgb/［2010-01-22］

李铜山．2008．国外节约型农业发展模式及其启示．世界农业，（05）：1—2

欧阳金芳，钱振勤，赵俭．2009．人口·资源与环境．南京：东南大学出版社

世界资源研究所．1996．世界资源报告．北京：能源出版社

孙文盛．2007．我国人均资源占有量低于世界水平．http：//www. ah. xinhuanet. com/swcl2006/2007-04/24/content_ 9871639. htm ［2010-02-22］

杨多贵，周志田．2008．国家健康报告．北京：科学出版社

中国科学发展报告编写组 . 2009. 世界各国环境趋势报告 . 北京：中国科学发展报告编写组
UNEP. 2007. 全球环境展望 GEO-4. Nairobi：UNEP
OECD. 2008. Environmental Outlook to 2030. Paris：OECD
United Nations. 2005. World Population Prospects：The 2004 Revision Population Database. http：//esa. un. org/unpp［2010-01-15］
WWF，UNEP，WCMC. 2004. Living Planet Report 2004. Switzerland：WWF，UNEP，WCMC

# 第六章　绿色发展的道路选择

新型工业化、新型城市化、新型社会化、新型市场化和新型国际化是绿色发展的道路选择。

以信息化带动工业化、以工业化促进信息化的新型工业化道路是经济社会发展的第一推动力。我国走新型工业化道路要以实现产业优化升级战略为主要抓手，即优化发展支柱产业、做大做强高新技术产业、加快发展现代服务业、稳步推进农业产业化、促进产业融合和产业业态创新。另外，以发展清洁能源引领低碳经济突破、以节能减排引领循环经济突破、以园区建设引领集群经济突破、以引进战略投资者引领开放经济突破、以知识市场建设引领知识经济突破，推进国家经济又好又快发展。

作为城市发展的新模式，新型城市化是高级形态的城市化，要紧抓新型城镇体系建设，努力打造综合性中心城市、积极培育中等城市、形成特色小城镇。紧抓以等值化为核心的城乡一体化战略，努力推进城乡规划一体化、城乡基础设施建设一体化、城乡公共服务一体化、城乡管理体制一体化，加快新农村建设步伐。

以个人的能动性为基点，充分发挥人的自主性的新型社会化道路应紧抓四大战略：实施和谐社会战略，加强民主法制建设、促进公平正义、建设诚信友爱社会、健全社会分配制度、建立橄榄形社会结构；实施幸福社会战略，千方百计扩大就业、实现社保全覆盖、实施安居宜居工程、抓好计划生育工作、提高全民健康水平、加强心理疏导工作、大力发展教育事业、推动文化大发展大繁荣；实施信息社会战略，加强信息基础设施建设、大力推进电子商务、稳步推进电子政务、积极推进电子社务、试点推进电子家务；实施安全社会战略，促进安全生产、建立三大安全保障机制、加强社会治安综合治理、建立安全预警与应急管理机制。

走新型市场化道路，需要以四个方面为抓手：优化提升传统市场，包括人力资源市场、生活服务市场、生产服务市场；加快建设新型市场，包括知识市场、资本市场、期货市场、生态市场、静脉市场、虚拟市场；完善新型市场体系，提升市场开放度、提升市场开发度、提高经济自由度、大力发展市场中介组织、加强宏观调控能力建设；抓好商业文明建设，加强社会诚信体系建设、大力治理商业贿赂、加强商业道德建设、企业社会责任建设。

走新型国际化道路，重点实施经济体系国际化战略，即生产体系国际化、市场体系国际化、管理体系国际化、实施总部经济战略、提高突破国际贸易壁垒的能力；实施知识产权国际化战略，即鼓励自主知识产权创新、加强知识产权的国际保护、提高国际知识产权的应用能力、积极打造国际品牌；实施人力资源国际化战略，即积极引进国际优秀人才、推动本土人才国际培训、引进国际优质教育资源；实施金融资本国际化战略，即推动企业海外上市、引进国际战略投资、集聚国际金融机构。

## 第一节　新型工业化道路

新型工业化道路是科技含量高、经济效益好、资源消耗低、环境污染少、人力资源优势得到充分发挥的经济发展道路，基本特征是以信息化带动工业化、以工业化促进信息化。新型工业化是推进国家又好又快发展的根本途径，是经济社会发展的第一推动力。

### 一、产业优化升级战略

产业结构与产业业态优化升级要坚持“234”原则，即两个符合，三个适应，四个结合。两个符合：一是要符合产业结构的演变规律；二是要符合城市功能定位与地域分工原则。三个适应：一是要适应经济增长方式由粗放型向集约型转变的大趋势；二是要适应国家经济发展战略和国家产业政策的新变化；三是要适应国际政治、经济形势的新变化。四个结合：一是要与所有制结构调整相结合；二是要与就业结构调整相结合；三是要与推进城镇化相结合；四是要与技术结构调整相结合。

#### （一）优化发展支柱产业

以提升自主创新能力为核心，依托大产业、大项目和大基地建设，运用新技术、新装备、新工艺提升制造业水平，促进产业集群化发展，实现从发展中调整向发展中提高的转变。重点提升钢铁、装备制造、化工、能源、建材五大支柱产业的竞争力。

钢铁工业。重点培育以超级钢、精品钢材为主导的钢铁产业链，逐步淘汰高污染、高消耗的落后产能，提升钢铁工业的科技含量和产业竞争力。

装备制造业。重点发展船舶、汽车、火车、盾构机、家庭智能机器人等先进制造业，提升先进装备的国产化水平。

化工工业。以精细化工、绿色化工为方向，重点发展煤化工、石油化工和盐化工，打造完整的化工工业循环经济产业链。

能源工业。积极加强火力电厂的改造和电网基础设施建设，提升发电能力和效率，同时，以氢能、太阳能、地热等清洁能源为新的发展方向，不断提高新型能源比重。

建材工业。大力发展节能、节地、节水和节材的新型建筑材料，提高建材工业的科技含量和创新能力，促进建材工业企业的联合和重组，提升建材工业集群度和竞争力。

### （二）做大做强高新技术产业

积极发展具有自主知识产权的高技术产品，培育具有国际竞争力的高技术产业生长点；培育以服务传统产业改造为主要方向，以信息产业、生物技术与医药产业、新能源新材料产业为特色的高技术产业。

信息产业。根据数字化、网络化、智能化发展的总体趋势，以研发设计、自主品牌建设为重点，加快集成电路、软件、新型元器件等关键技术研发及核心产业发展，建设和完善软件开发测试、无线通信等公共开发平台，大力推进新一代移动通信、汽车电子、数字音视频、互联网内容服务等产业发展，尽快形成产业集聚优势。

生物技术与医药产业。重点推进基于中药先导物的创新药物、海洋药物的自主创新，加快生物技术在农业、环保、能源和材料等领域的应用。

新能源新材料产业。重点攻关氢能、地热能和风能等装备和材料，推动氢能产业发展，大力发展半导体照明材料、陶瓷纳米材料、节能建筑材料等新材料产业。

### （三）加快发展现代服务业

以信息化为基础，以金融、物流、文化等为重点，以现代服务业集聚区为突破口，以大型服务企业集团为载体，集聚高端人才，加强综合集成，提升现代服务业的规模与能级。

重点发展现代物流、技术贸易、金融等生产性服务业。依托深水港、航空港及铁路、公路网络，促进国际国内中转物流发展。积极培育现代物流服务市场，构建口岸物流、制造业物流和城市配送物流相结合的现代物流体系，促进物流技术的标准化和物流信息化应用。紧密围绕国际知识市场的建设，促进技术贸易、技术服务、产品研发和高新技术孵化等生产性服务业的发展。优化整合地方金融机构，引进和组建新兴金融机构，进一步集聚各类金融机构和风险投资，促进金融产业的发展。

发展文化及相关产业。建设相对完善的文化产业和文化市场体系，促进科技、创意与文化融合发展，加大开放和创新力度，着力促进文化休闲娱乐业、创意和时尚、印刷包装等产业发展。以动漫、影视传媒等为突破口，建设一批各有特色的数字文化内容产业基地和园区，加快文化功能区域和核心产业基地建设。

积极发展会展、旅游、中介服务、社区服务等产业。培育国际会展品牌，发展都市特色旅游产品，建设若干大型旅游基础设施，推动会展旅游业与相关产业的融合发展，加快发展会计、审计、法律、咨询、广告、经纪等专业的中介服务业。拓宽社区服务业发展渠道，提升社区服务功能，扩大就业。

稳定发展房地产等产业。积极稳妥发展房地产业，完善房地产市场体系，优化供给结构，保持适度规模，加强交易秩序监管，保持房地产价格基本稳定，延伸发展房地产服务，推进房地产业持续健康发展。

### （四）稳步推进农业产业化

以发展精准农业、特色农业、绿色农业、品牌农业、外向型农业为重点，充分挖掘农业内部增收的潜力，通过加快农业产业结构调整，不断优化农业的产业、产品和品种结构，提高农产品质量和效益，稳步推进农业产业化，为实现农业增效、农民增收、新农村建设奠定良好基础。

稳定粮食综合生产能力。做到“两个确保，三个提高”，即采取最严格的措施，确保基本农田面积不减少，确保粮食作物种植面积不减少，依靠科技进步提高粮食作物单产，通过推广优良新品种和综合配套技术提高农作物品质，通过采取综合措施提高粮食综合生产能力。

扶持龙头企业，推进农业产业化。要围绕提高重点农产品加工转化率，进一步延长产业链条。要坚持效益优先的原则，走企业+基地+农户的路子，让更多的农产品经加工增值后进入流通领域。培育和发展优质粮、饲料、种子、蔬菜、牛奶、食用菌6条产业链上的龙头企业。

引导建立新型农民合作经济组织。要引导和鼓励广大农户尤其是专业种养大户、科技示范户、农产品购销大户，以及农产品加工经销实体、农业龙头企业等，在自愿互利的基础上，通过土地、资金、技术等生产要素入股，实行专业合作和联合，组建各种专业合作社或专业协会，为分散经营的农户提供市场信息、农资供应、技术辅导、信贷资金和产品加工、贮藏、运销等系列化服务，化解市场风险，提高农业经济效益和农民的收入。

### （五）促进产业融合和产业业态创新

全力推进高新技术的应用渗透和融合发展。以高新技术改造提升传统产业，运用新理念、新技术、新业态，全面提升产业和企业的信息化应用水平。围绕金融、物流、文化等服务业发展方向，以信息技术支撑服务手段多样化、服务产品个性化，以及服务范围拓展和服务效率提升。围绕汽车、装备、造船等制造业的能级提升要求，以提高装备智能化水平和优化工艺流程为重点，积极促进高新技术与制造技术的融合发展。

随着互联网技术等高新技术的迅猛发展，人们的生产、生活和娱乐方式正在发生革命性的变化，为产业业态的创新提供了巨大的发展机会。以重大市场需求为动力，以“产业业态创新”、“商业模式创新”为引擎，整合多种资源，推动新产业和新的经济增长点的形成。重点培育生产性服务业、文化教育、现代物流、商贸、会展、中介咨询业和家政服务业等领域新的产业业态。

## 二、五大战略突破

### （一）以发展清洁能源引领低碳经济突破

目前，我国工业化已经进入中期加速阶段，以重化工产业为主导的工业化进程不可避免地要消耗大量能源和资源，表现出前所未有的环境压力、资源压力和节能减排压力。通过发展以氢能、太阳能、风能、地热能等为代表的清洁能源，降低温室气体排放，促进由高碳经济向低碳经济转型，是经济由“高投入、高消耗、高排放、低效益”的粗放型增长模式向“低投入、低消耗、低排放、高效益”的集约型增长模式转变的必然选择。

低碳经济是指通过能源结构调整、能源技术创新和制度创新，提高能源利用效率，降低温室气体排放，实现以较少的能源消耗获得同等或更高产出的经济发展模式。实现低碳经济关键依靠清洁能源技术（低碳技术），即通过提高能源效率来稳定或减少能源需求，同时减少对煤炭等化石燃料依赖程度的主导技术。应通过政府引导、商业激励的方式，鼓励市场运用最新的低碳技术，为工业和投资者提供一个明确和稳定的政策框架，促进整个经济结构的转变，从而实现低碳经济的突破。一是积极开发氢能技术，调整能源结构。应积极开发和引进低碳能源技术，发展太阳能、风能、地热能、水能、生物质能等，形成“多元，清洁，高效、低碳”的新格局，构筑可持续能源体系。二是调整产业结构，提高能源效率。要在巩固农业、壮大工业的同时，加大了淘汰落后产能的力度，大力发展高技术产业，加快利用高新技术和先进适用技术改造传统产业，促进传统产业升级，把发展服务业放到更加突出的位置，提高第三产业在国民经济中的比重，向经济发展的“低碳化”和“非物质化”目标迈进。三是建立低碳发展的政策支撑体系，突破低碳发展瓶颈。建立能够更合理地体现环境成本和资源稀缺程度的能源价格体系，同时通过税收优惠和政府补贴鼓励清洁能源的发展；积极利用金融及资本市场，将科技风险投资引入节能减排领域；加强国际合作，积极鼓励和促进相关技术转移、转让和转化政策方面的交流与合作。

### （二）以节能减排引领循环经济突破

以节能减排为抓手，坚持环保优先、节约优先的方针，以体制和机制创新为突破口，从源头上控制减排存量，依托布局和结构调整减排增量，进一步强化对重点行业、重点企业的污染防治和环境监管，引领循环经济突破。积极培育钢铁产业、煤炭产业、电力产业、化工产业、建材产业、装备制造业等循环经济产业链，淘汰钢铁、水泥、电力等行业落后产能；坚持“减量化、再利用、资源化”原则，强力推行负能炼钢、压差发电、干法熄焦等国内外先进技术。

通过开展节能减排工作，引领循环经济在实现多层次多领域全方位整体突破。从小循环、中循环、大循环三个层面推动生产、消费、基础设施等众多领域的循环，构建从单体到系统的物质能量闭路循环体系。一是单个对象的小循环，在生产领域通过厂内各工艺之间的物料循环，减少物料的使用，达到少排放甚至“零排放”的目标，在消费领域推广绿色购买与消费，建立起绿色市场，在基础设施方面建设废旧物质回收系统等。二是共生组合的中循环，在生产领域通过企业间或产业间的中循环，如生态工业园区，把不同的工厂联结起来，形成共享资源和互换副产品的产业共生组合，使一个企业产生的废气、废热、废水、废渣在自身循环利用的同时，成为另一企业的能源和原料，减少园区对外界的资源依赖和环境压力。在消费领域方面发展以最大程度地减少物质消耗和废物排放为特征的生态型居住园区，通过自然化的设计降低了居民社区的能源、用水、土地等消耗并能使生活废水、生活垃圾等回收利用，从而有利于实现生活系统的减物质化和减污染化。在基础设施领域建设废旧物品交易市场，充分利用电子技术建立废旧物品交易信息平台。三是区域层面的大循环，实现生产和消费领域的大循环，发展能把各种技术性废弃物还原为再生性资源的“静脉产业”，如废旧物质回收利用、中水回用、废热回用等。

### （三）以园区建设引领集群经济突破

工业园区是指由政府或企业为实现工业发展目标而创立的特殊区位环境。产业集群是指某一产业领域相互关联的企业及其支撑体系在某一区域内大量集聚发展并形成具有持续竞争优势的经济群落。工业园区和产业集群是相互交叉重叠的两种产业空间，都存在着规模效应、集聚效应和极化效应，并且都离不开政府的政策引导和扶持。推动工业向园区集中，引领集群经济突破，是走新型工业化道路、提高区域产业竞争力的一条有效途径。

要按照“政府引导、市场运作、科学规划、整体推进”的原则，加快工业园区建设步伐，引领集群经济实现新的跨越和突破。一要加快园区基础设施建设。抓好园区土地的规划、控制和征收，采取多元投入、滚动开发的方式，筹措园区建设资金，高起点、高标准进行园区规划和建设。二要发展园区产业集群。根据产业性质和内在联系要求，安排产业相近或相关的企业入驻园区，配套发展，形成上下游对接、优势互补的产业集群。特别要把那些科技含量高、污染小、产品附加值高的可持续发展项目都引入园区。三要建立园区分工协作网络。以少数大企业为主导、众多中小企业配套协作、产业链专业分工为基础，建立园区企业分工协作网络，提高合作效率，通过聚集经济与乘数效应带动相关产业发展，拉长产业链条。四要立足科技创新，推动产业升级。加强技术创新平台建设，推动产业集群由传统型向创新型转变；建立钢铁、化工、能源、建材等重点产业集群技术创新基金，引导产业集群核心企业逐步增加研发投入，加快产品升级换代。五要立足宏观调控，完善服务体系。建立长效机制，健全和完善政务服务中心、国库集中收付中心、综合招投标中心和企业投诉中心，为产业集群创造良好的外部环境。

### （四）以引进战略投资引领开放经济突破

战略投资者是雄厚资本的拥有者，先进技术的掌握者，科学管理的运用者，优势产业的主导者。引进战略投资者是在实践中贯彻对外开放的重要手段，是引领开放经济、顺应历史潮流的必然选择。开放经济是指一个国家或地区的经济活动与国际市场相联系，不仅受其他国家或地区的影响，而且也要影响其他国家或地区的经济运行状态。发展开放经济，推进新型工业化，必须坚持以开放促改革，以开放促发展，以开放促调整，以开放促升级。

以引进战略投资为抓手，从以下五个方面推进开放经济突破。一是推进国有经济的战略布局和结构调整。通过引进战略投资，积极推进国有资本从部分行业退出、向优势行业集聚，加快国有经济布局和结构的战略性调整。二是优化国有企业法人治理结构。引进战略投资者，通过增量资本的进入或存量资本的调整，改善股权结构，解决国有股一股独大的弊端，促进现代产权制度和现代企业制度的建立和完善。三是提升技术水平和管理水平。充分利用战略投资者带来的先进技术、管理模式、市场运作经验和战略资源，提升本地企业技术和管理水平，同时，通过“引进来”真正实现“走出去”，更好地参与国际竞争。四是打造产业集群和大企业集团。根据产业集群和企业集团化发展的需要，通过引进战略投资者进行资源整合、产业整合、业务单元整合和配套能力整合，实现产业链条的延伸和产业的综合配套，并形成和发展新的产业集群。五是建立新的融资平台。引进战略投资者参与国有企业改革，通过产权转让收入或增量投入，筹措改革和发展资金。

### （五）以知识市场建设引领知识经济突破

国际知识市场是一种新兴的技术创新组织结构，由于其完善的流程和优化的结构，有利于建立以之为中心的研究组织，增强研发组织执行力的施行，加速研发的进度，丰富研发的成果，创造更大的经济价值。知识经济是指以现代科学技术为核心，建立在知识的生产、存储、使用和消费之上的经济。知识经济是以高新技术产业为第一支柱、以知识资源为首要生产要素、可持续发展的经济。

通过建设国际知识市场引领知识经济突破，创造性地开展区域创新体系、人才培养体系、知识产业和知识市场建设等方面工作。一是建立和完善区域创新体系。以创新机构、创新资源、中介服务系统、管理系统四大系统协调互动为导向，建立和完善区域创新体系，明确各类创新主体的地位和作用，打破和消除自主创新的体制性障碍，为自主创新提供组织和制度保证。二是建立人才培养体系。以创新型人才、复合型人才和专业型人才培养为导向，构建基础教育、综合性高等教育、高等职业教育和特色教育互动互补的多层次人才培养体系，为知识经济的发展提供人才保障。三是做大做强知识产业。培育以高新技术产业、信息产业和文化教育产业为主体的知识产业，为产业结构调整和经济转型提供有力支撑。四是建立知识交易市场。以知识产业专利技术的信息发布、专利评估、项目交易、技术成果转化、投融资服务、专利池组建等为功能主体，建立国际性的知识产权综合交易市场，带动知识经济的发展。

## 第二节　新型城市化道路

工业化是内容，城市化是其存在的空间形式。新型城市化与新型工业化相辅相成、相互促进。走新型城市化道路是新农村建设的必然选择，是和谐社会建设的迫切需求。新型城市化是城市发展的新模式，是高级形态的城市化，它体现为政治、经济、文化、社会“四位一体”的城市化；体现为集约发展、统筹发展、和谐发展的城市化；体现为以人为本的城市化。新型城市化基本要求是“六个坚持”，即坚持把城市发展与新农村建设结合起来，走城乡互促共进的城市化道路；坚持把城市发展和优化人口生产力布局结合起来，走中心城市和小城镇协调发展的城市化道路；坚持把城市发展与提高资源利用效率结合起来，走资源节约的城市化道路；坚持把城市发展与环境保护和生态建设结合起来，走环境友好的城市化道路；坚持把城市发展与增长方式转变结合起来，走经济高效的城市化道路；坚持把城市发展与构建和谐社会结合起来，走社会和谐的城市化道路。

### 一、新型城镇体系建设

逐步形成“中心城市—次中心城市—县—镇（乡）”为基本骨架的等级系列结构。逐步建成以核心城市为中心，大、中、小相互配套的新型城镇体系。淡化行政区划关系，强化经济联系和空间关系，强化区域发展协调与管治，大力推进大城市建设，积极合理发展中小城市，择优培育重点中心镇，全面提高城镇发展质量。

#### （一）打造综合性中心城市

按照高起点规划城市、高标准建设城市、高水平经营城市、高质量管理城市的原则，积极建设中心城市；全面促进中心城市经济结构转型，提升城市技术自主创新能力；促进劳动力、资本向城区转移和集中，强化规模集聚效益；加强基础设施及配套建设，倾力打造“宜居城市”。

#### （二）积极培育中等城市

按照区域城市体系有序分工、有机联系的特点，积极培育中等城市。加强中等城市基础设施建设，积极承接来自核心城市的成熟产业转移。促进中等城市规模化生产、区域化分工，享受区域整体发展带来的高效益。

### （三）形成特色小城镇

小城镇的发展应走数量扩张和内在质量提高相结合的道路，按区域发展条件合理定位自身功能与基本性质。一是综合型小城镇。城镇人口规模一般为3万~6万人，第二、三产业发展具有一定的基础，工业产值一般占全县工业总产值的30%，社会商品零售额一般占全县的社会商品零售总额的45%，是全县（市）的商业中心。二是资源开发型小城镇。通过矿产资源的开发、利用和销售，带动小城镇经济的发展，非农人口比较集中，经济发展规模位居各城镇的前列。三是乡镇企业主导型小城镇。这类小城镇主要依托能源和原材料工业基地，利用有利的区位条件和技术因素，发展以钢铁、建材工业等为支柱的乡镇工业。四是商贸型小城镇。这种类型小城镇依托资源优势、交通区位优势，通过开发市场，带动小城镇的发展。按照市场功能的不同，可分为农副产品批发型、生产资料批发型和综合商品批发型。五是交通型小城镇。该类型小城镇处于市域交通干线交汇点，区位优势十分明显，有利于发展乡镇工业和开拓农村市场。六是旅游服务型小城镇。这种类型小城镇主要是利用区域内旅游资源丰富的有利条件，通过旅游资源的开发，发展旅游服务业，增加旅游收入，从而带动小城镇的发展。七是农业型小城镇。这类小城镇非农业发展较为缓慢，人口和经济规模偏小，这种类型小城镇占小城镇总数的比重应控制在60%以内。

## 二、以等值化为核心的城乡一体化战略

以等值化为核心的城乡一体化战略，是指在技术创新、制度创新的双重推动下，通过城乡之间要素的合理流动和资源的优化配置，推进农民市民化，推进农业产业化，推进农村城市化，从而实现农业、农村现代化，最终实现农民与市民享受等值化的居住条件、生活环境、社会保障和教育文化卫生等公共服务的目标。统筹城乡发展，积极推进城乡规划一体化、城乡基础设施建设一体化、城乡公共服务一体化、城乡管理体制一体化，加快新农村建设，最终实现城乡等值化的发展目标。

### （一）推进城乡规划一体化

城乡规划一体化就是要从区域经济统筹发展的角度，统筹城乡空间布局，把规划覆盖到广大农村地区并解决好城乡规划分割的问题，使城市和农村规划形成分工明确、梯度有序、开放互通的城乡空间结构体系。以科学发展观和党的十七大精神为指导，以人的全面发展为根本，以统筹城乡发展为主线，以建设网络型大城市为核心，进一步深化城乡一体化配套改革，努力消除城乡二元结构，缩小城乡差别，逐步实现城乡经济、社会、文化、生态的全面、协调、可持续发展，推进城乡规划一体化。

一是统一规划，有序推进。根据经济发展水平尤其是财政承受能力，有选择、有重点地推进城乡一体化工作，利用优势领域的扩散效应带动整个一体化工作的发展；从城乡一体化、经济社会可持续发展的战略高度，统一规划发展，全面提高整个区域经济社会发展的协作程度。

二是推进城乡双向发展。既要按照城市化的发展要求，大力推进城市化进程，提高城市化水平，充分发挥城市（镇）集聚、辐射作用；又要按照统筹城乡经济社会发展、全面建设小康社会的要求，着力推进“农业产业化、农村工业化、农村城镇化、农村环境生态化和农民知识化”，加快农业、农村现代化建设，实现城市（镇）与乡村之间的双向联动发展。

三是促进市、县（市、区）联动发展。强化宏观调控作用，充分发挥县（市、区）在推进城乡一体化工作中的主体作用，积极实施市、县（市、区）联动发展推进战略，努力构筑新型市、县（市、区）关系，形成市、县（市、区）整体推进发展格局。

### （二）推进城乡基础设施建设一体化

农村基础设施建设是发展农村经济和改善农民生活的必备条件，是城乡协调发展的关键纽带，是实现新型城市化道路的物质基础。因此，应着力抓好城乡基础设施建设一体化，尤其是加快农村基础设施建设这一个重点。

一是完善农村基础设施建设的投资方式，推进城乡基础设施建设一体化。推进城乡基础设施建设一体化，关键是从三个方面完善农村基础设施建设的投资方式。第一，运用新型财政资源资运作方式。要改变过去政府大包大揽、行政计划的做法，积极探索“政府出资、市场运作”的新型资金运作模式，更多地采用补贴、贴息、奖励、物资援助、风险补偿、减免税费、购买服务等政策和激励措施，把资金、物资运用到农民直接受益的项目上。第二，集体整合、捆绑使用的办法。现有的涉农资金分散于不同部门，各部门有各自的投入目标和资金使用管理办法，政府要实现整合资金捆绑使用、统筹安排和集约投放，必须建立一个有效的协调机制，否则整合资金无法走向制度化、规范化。因此还需要在政策上整合资金加以引导，支持支农资金整合平台的建立。第三，创新思路，鼓励农民自主建设。其一村内成立新农村建设理事会，负责农村基础设施建设资源的管理、项目实施、建章立制等具体事务。其二要尽快制定一些可操作性的方案和优惠办法，例如，实物补贴要“统一扶持标准”，优选扶持对象，积极推广实物补助的方法，资金补助要公开补助标准，提高政策透明度。其三要继续推进和完善卖、股、租、包等改革，明晰产权，落实经营权和经营责任。

二是完善农村基础设施建设机制，推进城乡基础设施建设一体化。抓好农村基础设施建设，还必须完善农村基础设施建设运行机制。其一改革供需表达机制，改变目前农村基础设施建设需求“自上而下”的供给模式为“自下而上”的需求表达机制；对农民急需的公共制品优先供给，避免脱离农村实际和要求的“形象工程”和“政绩工程”。其二开放基础设施建设权，在服从乡村统一规划的前提下，允许农民投资兴办各类基础设施建设，以公开拍卖等方式将原有的集体财产的管理权、使用权卖给农民，允许其自主经营，有偿服务。政府对个人投资实行补贴，以调动广大农民投资的积极性。其三完善“一事一议”制度。涉及全体村民利益的，可以按照规定来执行。涉及部分村民利益的，不危害全体村民利益的，如局部调整改建、防护林建设等，只要收益范围内的农户通过，就可付诸实施。

### （三）推进城乡公共服务一体化

推进城乡公共服务一体化重点任务主要包括基本民生性服务城乡一体化、公共事业性服务城乡一体化、公益基础性服务城乡一体化三个方面。

一是推进就业、社会保障等基本民生性服务城乡一体化。强化政府促进就业的职能，找准政府公共服务的位置，保证就业服务的城乡一体化。应以城市为中心逐步建立就业的公共服务体系，特别是做好就业培训和信息的提供，而且应有面向全体劳动者的免费的、公益性的培训。县、乡、村三级也应有公共服务的网络，以推动农村剩余劳动力的转移。对困难地区、困难行业、困难群体，政府应有就业援助制度，特别是下岗工人的再就业及资源枯竭地区工人的再就业。构建严密而可靠的社会保障安全网，包括两个层面的“社保”，即“小社保”和“大社保”。“小社保”指社会保险，包括养老保险、基本医疗保险、失业保险、工伤保险、妇女生育保险。“大社保”，除上述“小社保”即社会保险外，还应扩展以下三个方面：社会救助、社会福利、慈善事业。

二是推进教育、卫生、文化等公共事业性服务城乡一体化。教育事业的城乡一体化发展。在城镇和乡村继续巩固、完善和提高“普九”水平；加强高中教育，在城镇普及、在农村推广学前教育；搞好农村教育综合改革，坚持普教、职教、成教的统筹发展。根据农业产业结构调整和农村经济发展需要，大力开展农民成人教育。对农村剩余劳动力进行专业技术培训，促进其向第二、三产业转移。公共卫生事业一体化发展。把村卫生组织的所有权和医疗卫生服务纳入乡镇卫生院的管理范围，由乡镇卫生院对其人员、行政、业务、财务和药品购销、收费实行全面管理。适应市场经济的发展和广大农民群众医疗预防保健的需求，稳定乡村医生队伍，城市医院定期到县城、县城医院定期到乡村巡诊，充分发挥乡镇卫生院中枢作用及技术和设备优势，更好地为广大农民提供医疗服务。文化事业的城乡一体化发展。在城区，以企业文化为龙头，社区文化、校园文化、军营文化、假日文化、节庆文化、机关文化同步发展。在农村，以宽裕小康文化为龙头，总揽农村文化全局，推动彩色周末活动，组织送书下乡活动，建立下乡巡回放映队，大力发展特色文化村、文化科技示范户等，推动民间文化、农民家庭文化、科技示范文化的共同繁荣。

三是推进生态环境保护等公益基础性服务城乡一体化。为城乡全体居民提供良好的生态环境质量，包括大气环境、水环境、声环境等，是实现公共服务城乡一体化的又一重要内容。

### （四）推进城乡管理体制一体化

推进城乡管理体制一体化主要包括建立覆盖城乡的公共财政制度和建立城乡统一的劳动力市场两项内容。

首先，建立覆盖城乡的公共财政制度。第一，加强政府对农村基础设施投资。力争通过政府投资力度的加大实现村村“七通”，即通公路、通自来水或清洁水、通电力网、通公用电话和长话自动网、通卫星电视和有线电视、通广播网、通邮政网。改变中小型农业和农村基础设施主要依靠农民群众投资投劳的办法，逐步把县以下的中小型基础设施建设纳入各级政府基本建设投资的范围。第二，建立健全政府对农业的支持保护体系，着力强化政府财政对农业的支持力度。一是支持农业结构调整，发展有竞争优势的农产品，促进农产品加工转化增值。财政要加大对“种子工程”、区域化优质农产品基地、产业化龙头企业等方面的支持。二是完善农村公共服务体系，搞好产前、产中、产后服务。财政要增加气象投入，建立完善各种专门性自然灾害气象预报服务；加强对病虫疫情监控的投入，减少农民损失；增加对农产品信息网络和营销组织建设的投入，逐步建立覆盖城乡、连接国际市场的农产品信息网络营销组织。三是建立农业灾害补助制度、农产品市场风险补助制度。

其次，建立城乡统一的劳动力市场。第一，逐步形成惠及农民工的城市基本公共服务制度。针对外来人口居住的不同特点，建设管理好外来人口聚集社区，避免形成城市治安差、社会安全无保障、环境脏乱差的社区。建立社区服务机构，为解决外来人口的就业、居住和必要的文化娱乐提供便利条件。充分发挥全日制公办中小学接受农民子女的主渠道作用，保障农民工子女享受义务教育的权利。根据农民工的需求与目前的条件，按照低水平、广覆盖的方针，积极探索多种形式，根据农民工的需求和改革条件的成熟度，分步骤地把农民工纳入社会保障体系。第二，加强劳动力市场制度建设，建立保护农民工合法权益的长效机制。完善的劳动力市场是保护农民工权益的制度平台。应尽快制定诸如有关农民工工资支付的具体政策，建立和完善农民工劳动合同管理制度。同时，强化各级工会的功能，提高农民工的组织化程度，发挥其在保护农民工权益方面的积极作用。

### （五）加快新农村建设步伐

新农村建设的任务重点包括发展农村经济、促进农村增收，培育有文化、懂技术、会经营的新型农民，深化农村金融改革三个方面。

首先，把发展农村经济、促进农村增收放在首位。一是在发展现代农业上实现新突破。在继续稳定粮食生产的同时，进一步扩大以日光温室为主的设施农业生产，大力示范推广无土抗病栽培等无公害生产技术，发展高品质、高附加值和反季节、超时令的农产品。进一步依靠科技进步和先进管理经验，推进适度规模养殖小区建设，并以此为突破口，加快现代畜牧业发展。二是在发展龙型经济上实现新突破。重点抓好龙头企业，实施名牌带动战略，通过培育更多的重点龙头企业，形成龙型经济产业集群，带动产业化向更高层次发展；突出抓好项目建设，谋划建成一个好项目，不但可以有力地带动一方经济发展，而且可以有力地促进农民增收；全力扶持农民发展各类专业合作经济组织和专业协会。三是在发展劳务经济上实现新突破。大力发展农村第二、三产业，实现农村劳动力就地转化。各县（市）区应创造政策环境、发展环境鼓励发展农村第二、三产业，就近吸纳农村富余劳动力。积极引导、鼓励外出务工人员带资金、技术、经验和客商返乡创业，增强自我发展能力；大力发展劳务输出，进一步健全完善市、县、乡、村四级劳动就业服务网络，建立城乡一体的平等就业服务平台，为农民就业提供全方位服务；加强劳务输出窗口建设，收集用工信息，与用工单位搞好对接，组织安排劳务输出，指导农民与用人单位签好用工协议。

其次，着力培育和造就有文化、懂技术、会经营的新型农民。加快教育培训步伐。一是加快发展农村教育事业。在努力提高农村教育质量和水平的同时，应切实加大财政投入，确保每个义务教育阶段的农民子女都能上得起学。同时，应进一步加大农村中小学危房改造步伐，加大教学设备的投入，保障农村教师的待遇。二是加强农村劳动力技能培训。加大对职业教育和实用技术培训的力度，特别是在资金上予以保障。通过实施农村阳光教育工程，建立和健全农民教育体系，培养农民掌握一技之长，提高农民从业素质。每年可推出一批“星火带头人”和“科技示范户”进行表彰，积极探索建立农民专业技术和技术职称评定制度，对达到一定专业技术水平和技术职称的农民颁发证书，并优先扶持他们的产业项目。

再次，深化农村金融改革，强化农村金融体系的整体功能。深化农村金融改革，从五个方面强化农村金融体系服务新农村建设的功能。第一，深化农村信用社改革。农村信用社要在完善法人治理结构，转换经营机制，特别是在提高对农户的贷款覆盖面，满足农民资金需求方面有实质性进展。针对农户生产规模小、抵押担保能力弱的实际，建立和完善以信用为基础的信贷经营机制，通过农户小额信贷和联户贷款等方式，不断提高信贷支持力度。第二，强化农业银行和其他商业金融组织的支农责任。第三，适当降低农村金融市场的准入门槛，发育、培养民间金融机构。第四，创新农村信贷抵押担保形式。建立专门的担保基金或担保机构从事农业担保服务。可以由各级政府出资支持成立农村信用担保的基金或机构，也可以通过鼓励措施引导商业担保机构开展农村担保业务探索实行动产抵押、仓单质押、权益质押等担保形式。发展农户联户担保，降低信用风险。第五，积极发展农业保险。结合农业主导产业发展，从特定品种入手，积极探索支农政策性与商业性保险的办法和模式。

## 第三节 新型社会化道路

新型社会化是以个人的能动性为基点，充分发挥人的自主性，培育人的良好素质，激励人对崇高价值的追求，使人具有不断创新的能力，从而营造出个人全面发展的社会环境过程。构建新型社会化道路应紧抓四大战略：和谐社会战略、幸福社会战略、信息社会战略和安全社会战略。

## 一、和谐社会战略

和谐社会，是指各方利益关系得到有效协调，社会管理体制不断创新和健全，能够充分体现民主法治、公平正义、诚信友爱、安定有序、人与自然和谐的社会。构建社会主义和谐社会需要调动一切积极因素来增强全社会的创造活力，协调各方面的利益关系来维护社会公平，营造良好的社会氛围来形成良好的人际环境，加强民主法治建设来维护社会稳定，处理好人与自然的关系来保证可持续发展。

### （一）加强民主法制建设

和谐社会的构建离不开法律制度的推动和保障。法律是整个社会关系调节器的中心，在构建和谐社会的过程中居于重要的地位，起着关键的作用。和谐社会建设需要从以下几个方面入手：一是建立和谐的法规体系。二是加强对权力机关的监督，建立和谐的法规运行机制。三是完善的法律服务体系。四是健全法律援助制度。

### （二）促进公平正义

公平正义是和谐社会构建的精髓，是构建社会主义和谐社会的关键环节。促进公平正义需要从物质基础、制度环境、群众参与三个方面入手：一是全面落实科学发展观，为实现公平正义创造物质基础。二是努力消除制度性障碍，营造公平竞争的社会大环境。三是组织动员人民群众广泛参与，为实现公平正义提供力量源泉。

### （三）建设诚信友爱社会

诚信友爱是构建社会主义和谐社会的重要内容之一，体现为全社会的融洽相处、互帮互助、诚实守信、平等友爱。诚信友爱是中华民族的传统美德，正在受到市场经济、贫富差距、社会腐败等诸多因素的挑战。在物质生活水平得到大幅度提高的同时，促进诚信友爱社会建设变得越来越迫切。建设诚信友爱社会需从三方面入手：一是大力加强思想道德建设；二是全面推进社会信用体系建设；三是弘扬优秀的文化传统。

### （四）健全社会分配制度

随着计划经济向市场经济转轨，收入分配制度从单纯的按劳分配转变为按劳动、技术、资本和管理多种要素分配。现实资源配置和收入分配机制中存在权力寻租、制度性垄断等非市场化的不合理因素，造成了社会分配不公。“分配是民生之源”，一个科学合理的分配体制才能够保证公众的生活幸福安康，才能让贫富差距缩小，让改革发展成果惠及全民。以党的十七大报告为指针，不断健全社会分配制度，逐步提高居民收入在国民收入分配中的比重，提高劳动报酬在初次分配中的比重。努力处理好效率和公平的关系，初次分配讲公平，再分配更加注重公平。积极克服初次分配和再分配制度两个层次上的公平性缺陷，削减垄断部门、垄断行业的不合理利润，从源头上实现收入分配体制的公平。

### （五）建立橄榄形社会结构

橄榄形社会结构即橄榄形社会阶层结构，又称纺锤形社会结构，是指一个以中产阶级为主体，而上层阶级和下层阶级比例都较小的，形如橄榄球的社会结构。社会中间层通常被称为社会的稳定器，在社会高层与社会底层之间起到缓冲的作用，可以使激烈的社会矛盾和冲突得到缓解，有利于社会的稳定和可持续发展。建立橄榄形社会结构需从以下方面入手：一是大力发展经济，增大社会财富总量，夯实构建现代社会阶层结构的物质基础。二是健全社会分配制度，加强对人民群众内部利益差距的宏观调控。三是建立合理的利益协调机制，维护社会的公平与公正。四是建立完善的社会保障体系，确保社会成员共享社会发展成果。五是增加广大人民群众的资产性收益。

## 二、幸福社会战略

追求快乐和幸福是人类社会的永恒主题，也是公共政策追求的终极目标。社会和谐，民生为大；民生问题，幸福为本。致力于人民幸福是共产党人的本质使然。进入21世纪以来，党和政府更加关注民生问题，并且准确而清晰地把科学发展观落实到人民的生存、发展、幸福等问题上，体现了人民富裕与国家强盛、民生幸福与社会和谐、民心所向与长治久安的互动关系。

### （一）千方百计扩大就业

扩大就业是保障民生的根本问题，是实现社会和谐稳定的基本途径，是维护社会公平正义的重要保证。解决就业工作中的突出矛盾和问题，必须要以科学发展观为指导，实施积极的扩大就业政策，多角度、多层次、多领域谋划和推进就业工作。一是统筹经济社会协调发展，把扩大就业摆在经济社会发展更加突出位置。二是调整、优化经济结构，实行就业优先战略。三是积极稳妥地推进城市化，建立城乡劳动力平等的就业制度。四是完善社会保障体系，形成有利于扩大就业的保障制度。五是强化政府公共就业服务职能，健全就业服务体系。

### （二）实现社保全覆盖

实现社会保障全覆盖，逐步将各类人群纳入覆盖范围，实现城乡统筹和应保尽保。需要从三个方面健全覆盖城乡的社会保障体系：一是要按照权利与义务相对应、公平与效率相结合的原则，建立参保缴费与待遇挂钩的激励约束机制，鼓励人们参保缴费。二是要改变主要依靠基本保险、保障形式单一的局面，推进企业年金和补充医疗保险，发展商业保险和社会救助，建立多层次的保障体系。三是要建立保障费用正常增长机制，根据经济发展、职工工资、物价变动等情况，适时调整和提高保障水平。

### （三）实施安居宜居工程

安居方能乐业，宜居才能令人心情舒畅。实施安居宜居工程是提高广大人民群众幸福指数的重要举措。安居宜居工程需要从安居和宜居两个方面贯彻和落实：一方面，积极实施安居工程，保障居民有房住、住得起。逐步建立廉租房、经济适用房和限价商品房三层住房保障体系，保证不同收入水平市民的置业需求；加大对房地产市场的宏观调控，严格控制房价上涨幅度；建立健全物业管理新体制，加大行政管理执法力度，维护广大业主的合法权益。另一方面，努力推进宜居工程，不断改善居住环境。加强交通、通信、供水、供暖、供电、市政等基础设施建设，保障居民的基本生活需要；搞好学校、医院、商场、图书馆等配套设施建设，提高居民的生活便捷度；建设绿色社区，搞好城市生态环境建设，让居民享受更多的蓝天白云。

### （四）抓好计划生育工作

计划生育，是我国制定的一项基本国策，是我国在目前条件下解决人口问题的唯一正确的选择，是全面落实科学发展观和构建社会主义和谐社会的必然要求。新时期，抓好计划生育工作的战略举措包括如下三个方面：一是建立“少生快富”扶助制度。采用周转金、贷款担保、利息补贴等形式扶助独生子女家庭和双女家庭实施小型项目，加快致富步伐。二是开展对计划生育困难家庭的救助。利用计划生育困难家庭救助基金，对独生子女伤残、死亡家庭和计划生育特困家庭给予一定的救助，进一步明确救助基金范围、基金筹集与管理、救助和管理办法。三是以文化、卫生、科技、计生“四下乡”活动为载体，积极做好计划生育集中宣传教育工作。协调新闻媒体集中时间对计划生育进行全面的宣传报道，为开展计划生育工作营造良好舆论氛围。

### （五）提高全民健康水平

建立基本医疗卫生制度，提高全民健康水平。要坚持公共医疗卫生的公益性质，坚持预防为主、医药分开、营利性和非营利性分开，强化政府责任和投入，完善国民健康政策，鼓励社会参与，建设覆盖城乡居民的公共卫生服务体系、医疗服务体系、医疗保障体系、药品供应保障体系，为群众提供安全、有效、方便、价廉的医疗卫生服务。另外，开展全民健身运动，提高全民健康水平。依法设置和落实全民健身专项资金，广泛开展全民健身活动，保障广大人民群众享有基本的体育服务；突出重点，以点带面，加强体育组织网络建设，举办经常性的群众体育活动，普及科学健身方法，丰富群众业余文化体育生活。

### （六）加强心理疏导工作

心理健康与身体健康共同构成人们幸福快乐的基础性因素。按照党的十七大报告要求，加强心理疏导工作，促进人的心理和谐，引导人们正确对待自己、他人和社会，正确对待困难、挫折和荣誉。一是加强心理健康宣传，唤起全社会对心理健康的关注和重视。二是不断完善城市社会心理救助体系，加强心理健康教育和保健，健全心理咨询网络，塑造自尊自信、理性平和、积极向上的社会心态，通过良好的社会心理结构来优化社会结构，促进幸福社会的建设。三是建立健康有效的社会心理疏导机制，利用社会的心理救助，减少社会矛盾的积聚，防止某些个体因遇到自身难以排解的因素而采取极端行为，促进形成和谐的社会运行秩序。

### （七）大力发展教育事业

知识改变命运，教育受益终身。大力发展教育事业，通过提高广大人民群众受教育水平，促进幸福社会的建设。一是深化教育体制改革，优化配置教育资源，建立健全政府统筹规划、学校自主办学的教育管理体制，推动办学体制和办学方式创新。二是改革和完善教育投入体制，切实把教育投资作为基础性投资，加大政府对教育的投入力度，不断拓宽教育融资渠道，义务教育经费全部由政府负责，建立有效的教育资助体系。三是加强教师队伍建设。教育事业的健康发展，素质教育的全面推进，教育质量的不断提高，关键在教师。在加强教师思想道德建设、开展教师继续教育、总体稳定教师队伍的基础上，优化教师队伍结构、改革教师队伍管理。四是大力推进依法治教，认真贯彻国家促进教育事业健康发展的法律法规，健全教育行政执法责任制，完善执法监督机制。

### （八）推动文化大发展大繁荣

文化的力量，深深熔铸在民族的生命力、创造力和凝聚力之中，文化既为经济社会全面协调发展提供强大的精神动力，也是幸福社会建设的重要内容。按照十七大报告“推动社会主义文化大发展大繁荣”的总体要求，逐步建立起适应经济社会要求的文化发展格局、文化管理体制及运行机制。主要任务包括：一是深化文化体制改革，解放和发展文化生产力。二是发展文化产业，培育新的经济增长点。三是加强文化基础设施建设。四是加强文化法制建设和文化市场管理。

## 三、信息社会战略

信息社会是政府机构、企业和家庭之间信息有效交互和信息资源开发、共享而形成的统一整体，由电子商务子系统、电子政务子系统、电子社务子系统和电子家务子系统四个子系统组成的开放的复杂巨系统。按照科学发展观的要求开展信息资源建设，提高信息资源建设的有效性，并通过科学的信息资源组织方法，创办资源节约和环境友好的信息资源共享体系，形成系统的、和谐的、优化的和协调的信息资源利用环境。

### （一）加强信息基础设施建设

信息基础设施是信息时代的重要支柱，它对经济和社会发展有着巨大的促进作用。信息基础设施建设主要包括以下方面：按照数字化、网络化、智能化发展方向，加快宽带通信网、下一代互联网和数字化音频等基础设施建设和系统开发，为城市信息化提供优质数字化、网络化环境；积极推进通信、计算机、广播电视“三网融合”，促进互通、互联和资源共享；加强城市通信基础管、线（道）集约化建设和管理，有效整合和开发利用信息资源。

### （二）大力推进电子商务

电子商务在催生新经济和推动经济全球化过程中发挥了巨大的推动作用，已经成为评价经济发展水平和可持续发展能力的重要指标。大力发展电子商务应从以下几个方面着手：一是发挥政府在区域性电子商务中的引导作用；二是开展电子商务示范工程建设，促进区域内重点领域电子商务的发展；三是提高网上交易安全和完善网上支付手段；四是积极推动第三方电子商务平台建设，为相关行业和消费者提供服务；五是加强电子商务的硬件软件支撑环境建设。

### （三）稳步推进电子政务

电子政务是未来政府的发展方向，是提高政府运行效率、政府透明度和防治政府腐败的重要支撑手段。稳步推进电子政务建设，重点开展以下几个方面的工作：第一，制定电子政务建设总体规划，明确各级政府、各直属部门、委办机构之间的信息数据共享关系，使电子政务的信息资源早日整合与统一。第二，构建一站式电子政务服务系统，促进不同行政部门政务服务系统的融合，建立有效的信任与授权机制。第三，建立更加有效的管理机制，让所有政府机构参与进来，明确各部门在信息化工作中担当的角色。第四，加强电子政务培训和推广工作。一方面，要对公务员加强电子政务培训，使他们广泛地参与到电子政务的建设中来；另一方面，加强电子政务的宣传和推介工作，提高企业用户和全体市民应用电子政务的热情。

### （四）积极推进电子社务

电子社务是指包括电子医疗、网络教育等社会事务在内的信息化活动集合。通过积极推进电子社务，可以使人们随时随地获得所需的生活和公共服务。积极推进电子社务，应从电子医疗和网络教育两个方面入手：一是积极推进电子医疗。广大居民通过电子医疗服务，可以在任何时间、任何地点得到便捷医疗咨询和诊断服务。二是积极推进网络教育，将网络教育发展纳入教育整体发展规划。

### （五）试点推进电子家务

电子家务就是家庭利用现代信息技术，通过信息资源的深入开发和广泛利用，不断提高管理和生活的效率和水平，进而提高家庭生活的质量，促进社会发展。全国应试点推进电子家务，对于试点城市应从以下几个方面着手：一是组建专职管理和技术机构，进行总体规划。二是架构电子家务网络平台，实现资源共享。三是加强电子家务的硬件建设，以“家庭机器人生产基地”建设为带动，促进各类电子家务的硬件开发。四是与国内外相关的大学和科研机构合作，加快电子家务软件开发。

## 四、安全社会战略

安全社会战略是使整个社会系统能够保持良性运行和协调发展，而把妨碍社会良性运行与协调发展的因素及其作用控制在最小范围内的战略。影响社会安全的因素多种多样，抓好生产安全、食品安全和社会治安综合治理是建设安全社会的关键所在。

### （一）促进安全生产

安全生产关系人民群众生命财产安全，关系改革开放、经济发展和社会稳定的大局，是落实科学发展观的必然要求和构建和谐社会的重要内容。促进安全生产，必须深入做好以下几个方面的工作：一是健全完善安全生产监管体系，加强安全生产监管能力建设。二是建立安全生产应急救援体系。建立各级安全生产应急指挥部，建设完善应急指挥系统。三是建设安全生产信息管理平台。四是深化重点行业和领域专项整治。五是治理重大事故隐患。

### （二）建立饮用水、食品和药品三大安全保障机制

饮用水、食品和药品安全与人民的日常生活和身体健康息息相关，建立饮用水、食品和药品三大安全保障体制，是构建社会主义和谐社会的重要内容和必然要求。

一是建立饮用水安全保障机制。饮用水安全保障机制建设是一项复杂的系统工程，应做好以下几个方面的工作。第一，制定饮用水安全相关的法律法规。第二，加强饮用水厂家和相关检测单位仪器配置和专业人员的培训。第三，切实加强饮用水水源地保护。第四，规范农药、化肥的使用和工业污染源的治理，减少面源和点源污染。第五，加强水质评价因子的前瞻性研究。

二是建立食品安全保障机制。针对食品安全面临的新挑战，建立食品安全保

障机制应从以下几方面着手。第一，建立统一协调的食品安全监管体系。第二，建立健全食品安全标准和检验检测体系。第三，建立完善的食品安全应急处理体系。第四，建立食品安全风险评估评价体系。第五，建立食品安全信息网络体系。

三是构建药品安全保障机制。各级药监系统要提高药品安全认识，加大药品工作力度，齐抓共管、通力合作，努力提高药品总体保障水平，抓好药品、医疗器械市场专项整治，提高药械市场监管有效覆盖面，加强药品监管队伍建设，提高药品监管效能和水平。

#### （三）加强社会治安综合治理

社会治安综合治理是人民群众在社会主义实践中的伟大创举，是确保社会长治久安的根本保证，是推进依法治国的必由之路，是具有中国特色的社会主义治安体制的具体体现。针对综合治理工作存在的突出问题，加强社会治安综合治理，应重点做好以下几个方面的工作：一是强化社会控制机制，健全社会管理功能。二是完善群防群治机制，健全民主管理功能。三是改进治安分析机制，增强科学决策功能。四是改革综合治理体制，建立实用高效的办事机构。五是提高综合治理人员素质，建立高素质综合治理队伍。

#### （四）建立安全预警与应急管理机制

当前我国正处在现代化建设和改革发展的关键时期，各种自然灾害、事故灾难、公共卫生事件、社会安全事件时有发生。建立安全预警与应急管理机制，可以有效化解社会公共安全方面面临的问题和挑战。安全预警与应急管理机制主要包括以下方面：一是建立自然灾害综合监测预警体系。二是建立事故灾难风险源综合监测预警体系。三是建立预警信息发布体系与传播体系。

## 第四节　新型市场化道路

新型市场化道路，是指顺应经济全球化趋势，以优化提升传统市场为基础，以创新和开拓新型市场建设为支撑，以协调市场自主配置资源和政府宏观调控制为手段，以运行高效、文明规范、公平诚信、道德良好为目标的市场建设过程。走新型市场化道路，有利于进一步提升对外开放水平，有利于更好地利用国内和国外两种资源，有利于“引进来、走出去”战略的顺利实施，有利于科技、经济和社会的全面进步，有利于和谐社会建设和全面小康社会建设。

### 一、优化提升传统市场

#### （一）人力资源市场

人力资源市场作为重要的要素市场，在经济、社会中的作用越来越明显，人力资源市场的发达程度可以在一定程度上反映一个地区的经济发展水平。建设人力资源市场，重点做好以下几个方面的工作：一是大力发展人才市场和劳动力市场，构筑人力资源共享平台。二是建立健全人才与劳动力市场网络的联系制度，健全市场运行机制。三是大力发展网上人力资源市场，加快人力资源信息的传递。四是拓展人力资源市场服务项目，积极开展人事代理、人才素质测评，人事争议仲裁等业务，形成功能齐全、管理先进的综合性人力资源市场。

### （二）生活服务市场

现代生活服务业是现代服务业的基础，是直接和间接为广大居民生活服务的产业，既关系城市的生活环境，也关系城市的生活质量，为居民提供丰富的生活内容，改变居民的消费观念和生活方式，是一项实实在在的民生工程。建设生活服务市场，重点做好以下几个方面的工作：第一，积极引进国际知名的连锁超市品牌，促进传统的商业服务业与新兴的商业服务的结合。第二，坚持大中小并举，以中小为基础，构筑面向社区、面向广大消费者为重点的、密切生活的商业服务业。第三，解决基本生活需要与发展高层次的消费需要相结合，建立多层次、多形式、多结构的商业服务体系。第四，发扬传统的服务项目与引进创新型的服务项目相结合，促进消费观念的更新、消费方式的转变。第五，城市服务网点的发展要与农村服务网点相结合，建立双向流通、城乡互动的流通网络。

### （三）生产服务市场

生产性服务业是为生产、商务活动和政府管理提供而非直接向消费性服务的个体使用者提供的服务，它不直接参与生产或者物质转化，但又是任何工业生产环节中不可缺少的活动，生产性服务业具有专业化程度高、知识密集的特点。生产服务市场的建设主要从以下几个方面着手：一是加强产业关联，构建生产性服务业与制造业的互动发展机制。二是优化产业布局，大力推进生产性服务业的集聚式发展。三是推进生产性服务业自主创新，塑造核心竞争力。四是加大政策支持力度，强化专业化服务企业的分工优势。

## 二、加快建设新型市场

### （一）知识市场

知识市场理论是美国 Davenport 首先提出的，在知识市场体系内，知识可以交易、购买、交换、寻找与制造；知识市场的主要定价机制是基于互惠性，也就是期望自己付出知识商品时，可以得到有价知识的期待；除此之外，知识也可以有现货价格和期货价格，以利各方进行交易。知识市场主要从以下方面入手：一是引入丰富的知识产权，整合城市的交易市场，形成综合产权交易市场网络。二是扩大产权交易功能，加强产权的商品化和市场化进程，以整合国有经济资源为重点，进一步推进国有企业产权转让。三是建立网上市场与网下市场相结合，国内交易与国外交易相结合，日常展示与专题推介相结合，项目培育与引进投资相结合，项目推介与项目需求相结合的知识市场运行机制。

### （二）资本市场

资本的流向先导于一个国家或地区的经济起飞，而一个国家或地区要真正崛起，在很大程度上决定于其金融体系的效率和资本市场的发达程度。站在科学发展新的起飞跑道上，借鉴近百年的世界资本博弈史，把握机遇，迅速建立起一个强大、高效的资本市场，是我国现阶段最重要的任务之一。完善和发展金融资本市场的任务包括以下几个方面：一是拓宽直接融资渠道，鼓励发展各类产业基金。二是在住房信贷、组建金融租赁公司和金融服务公司方面进行大胆创新。三是在各城市群内部建立证券网络，组建实力强、机制活、管理规范的大型证券公司。四是积极引导信托投资等非银行金融机构健康发展，积极发展产业投资基金、证券投资基金和中外合作基金。

### （三）期货市场

期货交易是市场经济发展到一定阶段的必然产物。钢材是至今唯一还未形成国际定价中心的大宗基础商品。中国是世界上最大的钢铁生产国和消费国，市场化程度高，钢材价格波动频繁，具备上市钢材期货的良好市场基础。在当前钢材国际定价中心尚未形成的背景下，若尽快推出钢材期货，有望在定价权争夺战中夺得先机。伦敦金属交易所（LME）目前已宣布2008年4月将推出钢坯期货；阿联酋迪拜黄金和商品交易所准备2007年内推出螺纹钢期货；纽约商品交易所（NYMEX）也宣布即将推出钢材期货，首选品种是普碳热轧板、冷轧板。目前中国与竞争对手站在同一起跑线上，相对而言，中国恢复钢材期货比LME和NYMEX推出钢材期货难度还小一些。因此，积极谋划建立中国钢材期货交易所，对中国钢铁行业和经济的发展具有非常重要的意义，也符合我国市场经济发展和衍生品市场发展的方向。同时以钢材期货交易所为契机，拓展原油等大宗基础商品的期货交易。

### （四）生态市场

良好的生态就是生产力。全国建立生态市场，需要进行大胆实践和尝试：一是完善生态市场的政府规制。规制手段包括限价、进入限制、产品特征的限制、企业投入与技术规制和强制刺激手段。二是完善生态市场的法律规制。三是完善生态市场的道德规制。四是借鉴国际清洁生产机制（CDM）经验，不断丰富生态市场的交易内容。

### （五）静脉市场

在循环经济体系中，根据物质流向的不同，可以分为两个不同的过程：从原料开采到生产、流通、消费的过程被称为动脉过程，从生产或消费后的废弃物排放到废弃物的收集运输、分解分类、资源化或最终废弃处置的过程被称为静脉过程。静脉市场建设主要围绕这两个方面进行：一是建设废弃物市场体系。二是建设再生资源市场体系。

### （六）虚拟市场

随着电子商务和网络营销的迅速发展，虚拟市场凭借其自身的优势，不断侵蚀着有形市场。积极进行虚拟市场建设方面的探索，重点开展以下几个方面的工作。一是完善虚拟市场的标准和法规体系，使虚拟交易有法可依。二是引导企业主体参与虚拟市场建设。三是不断扩大虚拟市场的交易范围。

## 三、完善新型市场体系

### （一）提升市场开放度

市场开放度是衡量一个地区或国家市场开放程度的指标，可以科学地反映一个地区的政府由于经济发展程度不同而指导区域经济如何分层次、分梯度发展的努力。提升市场开放度主要从以下几个方面着手：第一，要完善市场经济规则，对民营资本、外资、港澳台资一律给予“国民待遇”。第二，逐步开放高等教育、医疗和城市公共设施市场，降低垄断市场准入门槛。第三，招商引资，引进增量，不断提高经济外向度。积极引导外资投向支柱产业，从初级产品加工转向产品的精深加工发展，从劳动密集型产业投向技术密集型、资本密集型产业发展。

### （二）提升市场开发度

市场开发度是指一个区域将资源优势或产品优势转化为市场优势的程度和能力，其最外在的表现为商业和社会消费品零售方面。内、外需双轮驱动是实现经济平稳快速增长、社会全面协调可持续健康发展的根本保证。提升市场开发度主要从以下几个方面着手：首先，增加城乡居民收入，提高居民购买力。其次，增加公共产品与公共服务，提高政府消费比重。再次，健全社会保障体系，促进广大人民群众消费。

### （三）提高经济自由度

经济自由度指数是由《华尔街日报》和美国传统基金会发布的年度报告创立的。具有较多经济自由度的国家与那些较少经济自由度的国家相比，会拥有较高的长期经济增长速度和更繁荣。提高我国经济自由度的重要任务包括以下三个方面：第一，大力发展非公有制经济。第二，废除各种不利于提高效率的市场准入限制。第三，以民营资本为纽带，推动外商与本市企业的合资合作。

### （四）大力发展市场中介组织

市场中介组织是在市场经济条件下沟通、协调市场主体之间及市场主体与政府之间相互关系，并具有相应的监督、公证、服务等职能的各类组织的总称。随着经济体制改革的深化，各类市场中介组织构成了市场体系的重要组成部分，在社会主义市场经济实际运作中，对规范与健全市场秩序，维护和协调不同利益主体的权益，提供各种形式的服务，沟通政府与市场、企业的联系等方面具有不可替代的作用。大力发展市场中介组织，需要采取以下措施：第一，政府扶持，市场化运作。第二，为市场中介组织发展培育良好的社会环境。第三，加强对市场中介组织的管理与监督，保证其健康发展。

### （五）加强宏观调控能力建设

当前经济宏观调控面临着市场化、信息化、虚拟化、全球化、资源约束、经济目标多元化等多重挑战。面对着难得的战略机遇期，我国要明确宏观调控的目的性，强化对准确经济信息的掌控能力。加强宏观调控能力建设主要包括：第一，进一步明确宏观调控的指导思想，强化其根本的目的性。第二，加强对基础经济信息的及时统计分析能力，准确地把握经济运行的真实情况，增加宏观调控的精确性。第三，积极研究和整合政府有关部门职能，进一步增强宏观调控的权威性。第四，加强中长期经济发展战略研究，构建符合实际的宏观调控逻辑模型，增强宏观调控的可预见性。第五，促进社会各界广泛参与国民经济与社会规划。第六，强化具有社会公益性政策传导工具组织发育成长和职能拓展，增强调控的主动性、可逆性和执行力。

## 四、商业文明建设

### （一）加强社会诚信体系建设

诚实守信是一切制度和规范得以确立和运行的基础，是经济秩序和社会秩序建立的依靠。建设社会诚信体系，重点采取如下措施：一是政府推动与市场运作相结合。二是统筹规划与突出重点相结合。三是政府监管与社会监督相结合。四是制度建设与宣传教育相结合。五是守信奖励与失信惩戒相结合。

### （二）大力治理商业贿赂

商业贿赂是指经营者为销售或者购买商品而采用财物或者其他手段贿赂对方单位或者个人的行为。大力治理商业贿赂，需要从以下几个方面着手：一是搞好自查自纠检查评估，着力解决突出问题。二是突出查办大案要案，坚决惩治商业贿赂违法犯罪行为。三是创新监管方法，不断提高市场管理能力和水平。四是推进体制改革，逐步完善防治商业贿赂的制度。

### （三）加强商业道德建设

所谓商业道德，就是人们在从事商品生产和商品营销等各类活动中，所应遵循并被全行业普遍认同的道德准则和行为规范。社会主义商业道德是社会主义总体道德体系的重要组成部分。加强商业道德建设的主要措施包括如下几个方面：一是切实加强对商业道德建设的领导。二是加强合作，共同推动商业职业道德建设。三是积极发挥工会组织在商业道德建设中的作用。四是培育典型，树立品牌，以点带面，不断深化。五是加强宣传教育，为商业道德建设创造良好的舆论氛围。

### （四）企业社会责任建设

企业社会责任是指企业在创造利润、对股东利益负责的同时，还要承担对员工、对消费者、对社区和环境的社会责任，包括遵守商业道德、生产安全、职业健康、保护劳动者的合法权益、保护环境、支持慈善事业、捐助社会公益、保护弱势群体等。企业社会责任建设，是构建和谐市场秩序和社会主义和谐社会的重要内容，也是商业文明建设的必要补充。主要措施包括如下几个方面：一是构建和谐劳动关系。二是增强企业环境保护责任。三是鼓励企业参与慈善事业。

# 第五节 新型国际化道路

新型国际化道路，是指一个国家或地区为适应新的全球政治经济秩序和全球一体化的潮流，充分发挥自身的区位优势、资源优势、资本优势和人才优势，找准全球分工体系的最适环节，进行全球范围内资源配置，积极融入全球政治经济体系，不断提升自身发展平台和改善外部发展环境的过程。经济全球化是当今世界的基本特征。作为世界科技革命的产物和市场经济发展的结果，经济全球化已成为一种客观的历史潮流，不以人的意志为转移。走新型国际化道路，积极参与和融入经济全球化过程，是落实科学发展观、实现经济又好又快发展的必然选择。

## 一、经济体系国际化战略

经济体系国际化是指跨国公司为实现生产要素和资源的优化配置及利润最大化目标，采取集中与分散相结合的全球战略，进行跨国生产、销售、服务等国际性经济行为。经济体系国际化战略应当围绕以下几项战略任务。

### （一）生产体系国际化

生产体系国际化是跨国公司对国际经济环境做出反应的产物，是国际生产在新的条件下的制度表现。现阶段，推进我国生产体系国际化的战略举措包括如下三个方面。第一，积极融入跨国公司的国际生产体系。第二，积极促进产业结构升级。第三，努力发挥政府的职能。首先，建设与竞争相关的基础设施，完善市场经济体制的环境，健全法制建设，彻底落实产权明晰，建立现代企业制度，以便产生理性的企业行为；其次，提高吸引外资的质量，鼓励外资制造企业提高技术创新投入；再次，综合运用财政、税收、外贸、政府采购等各项政策。

### （二）市场体系国际化

市场体系国际化的关键是建立面向国际市场的营销体系。营销体系的建设可以大大减少企业与消费者之间的交易成本，减少企业生产的盲目性，建立面向国际市场的营销体系成为全面参与水平分工可持续的关键。促进市场体系国际化的战略举措包括四个方面：一是逐步建立有国际经验营销人才的队伍。二是加快国际营销体系建设。三是加强政府与企业间的合作。四是加强国际合作。考虑文化、制度、经济社会、习俗等方面的国别差异，通过与国外企业、商会和跨国公司合作开拓国际市场，可以大大降低营销体系建设的成本。

### （三）管理体系国际化

管理体系国际化是指通过管理理念、管理方法、管理手段、管理组织等方面与国际接轨，从而更好更快地融入全球化进程。推进管理体系国际化要围绕三项重点任务展开：一是进一步完善现代企业制度，奠定管理体系国际化的基础。二是加强国际标准的研究和创新，争取国际标准领域的话语权。三是加强中介咨询和培训工作，促进企业通过国际先进管理标准体系认证。

### （四）实施总部经济战略

总部经济是指某区域由于特有的资源优势吸引企业将总部在该区域集群布局，将生产制造布局在具有比较优势的其他地区，而使企业价值链与区域资源实现最优空间耦合，以及由此对该区域经济产生重要影响的一种经济形态。总部经济具有知识性、集约性、延展性、辐射性和共赢性的特征。发展总部经济是落实科学发展观、推动城市产业升级和功能提升、实现城市转型和经济社会可持续发展的重要战略选择。发展总部经济的战略举措包括以下三个方面：一是加快大城市中央商务区建设。二是处理好市场竞争与政策软环境的关系。三是培育与总部经济相适应的高级生产要素。

### （五）提高突破国际贸易壁垒的能力

贸易壁垒（trade barrier）又称贸易障碍，是国与国间商品劳务交换所设置的人为限制。一般分关税壁垒和非关税壁垒两类。就广义而言，凡是使得正常贸易受到阻碍，市场竞争机制作用受到干扰的各种人为措施，均属贸易壁垒的范畴。

关税及贸易总协定所推行的关税自由化、商品贸易自由化与劳务贸易壁垒，尽管在关税方面取得较大进展，在其他方面却收效甚微。随着世界贸易状况的改变，当前国际贸易的传统关税壁垒逐渐削弱，以技术法规、标准、合格评定程序为主要表现形式的技术性贸易措施正成为影响我国产品出口的重要障碍。在此背景下，帮助企业突破国外技术壁垒，要采取三个方面的战略措施：一是政府要加强对突破国外技术壁垒战略的重视和领导。二是积极支持企业开展重要技术标准研制，争取对国际国内标准的制定权。三是建立技术性贸易壁垒联合应对体系。

## 二、知识产权国际化战略

### （一）鼓励自主知识产权创新

21 世纪是知识经济的世纪，世界未来的竞争就是知识产权的竞争。在当今社会，拥有核心知识产权就等于拥有可持续发展的不竭动力。建设创新型国家，是党中央、国务院审时度势，从全面建设小康社会、开创中国特色社会主义事业新局面的全局出发，做出的一项重要战略决策，知识产权战略是建设创新型国家战略的重要组成部分。提高自主知识产权创新能力，重点开展以下三个方面的工作：一是建立健全开放的创新体系。二是丰富完善自主创新的激励机制。三是加快培养和引进科技创新人才。

### （二）加强知识产权的国际保护

世界经济的一体化发展，带来了知识产权法律保护措施的完善、保护范围的扩大和保护水平的提高，同时也改变了各国知识产权立法各自为政的格局，推动了知识产权国际保护的进程，也决定了知识产权保护呈现出国际化的发展趋势。加强国际知识产权保护，重点从以下五个方面着手：一是抓紧制定并实施知识产权战略，从知识产权的创造、管理、保护、运用等各个方面采取措施，支持形成一批对经济社会发展具有重大带动作用的核心技术和关键技术装备的自主知识产权，形成一批拥有自主知识产权和知名品牌、国际竞争力较强的优势产业。二是完善知识产权法律法规体系，适应经济社会发展的需要，适应国际国内知识产权保护的发展趋势，从行政、司法等方面完善知识产权法律法规，为权利人的合法权益提供有力的法制保障。三是加快建立健全社会化、网络化的知识产权中介服务体系，促进自主创新成果的知识产权化、商品化、产业化。四是要在全社会提高知识产权意识特别是知识产权保护意识，提高企事业单位运用知识产权制度的能力和水平，形成有利于推动自主创新和拥有自主知识产权的创新文化，让保护知识产权成为全社会的共同行动。五是要积极参与国际知识产权领域的交流合作，为国家实施互利共赢的对外开放战略、扩大国际经济技术合作创造良好条件。

### （三）提高国际知识产权的应用能力

合理应用是国际知识产权，提高科技创新能力，提高产品的市场占有率，推动新成果再创造，是促进区域经济的发展的重要手段。应通过以下战略措施提高国际知识产权的应用能力：一是加强知识产权信息的利用。二是建立国际知识产权应用服务中心。三是开展国际知识产权信息利用的宣传和培训。

### （四）积极打造国际品牌

品牌是一种具有丰富市场价值的知识产权，理论上讲，打造品牌属于自主知识产权创新的范畴。品牌经济是最具市场竞争力的一种经济增长方式，是世界商业革命浪潮的重要方向，是全球一体化进程的必然结果。改革开放以来，我国品牌经济虽然取得了很大的进步，但依然比较弱小。为推动我国经济结构加速升级，提升综合竞争力，实现可持续发展，应当加大品牌战略实施的广度和深度，大力发展国际品牌。积极打造国际品牌，应采取以下四项战略措施：一是构建全国立体国际品牌群。二是在产业集群中发展品牌产业，提升主导竞争力。三是在深化开放中持续创新，推动品牌产业升级。四是完善管理体制，凝聚品牌经济发展的社会合力。

## 三、人力资源国际化战略

### （一）积极引进国际优秀人才

引进国际优秀人才，应从以下三个方面着手：一是科学制定国际人才引进战略。专门制定国际人才引进战略，突出以人为本和发展为本两大主题。把引进人才战略放在一个宽广的背景下思考，充分考虑经济社会发展战略，超前介入经济社会发展战略调研与制定，综合分析引进国际人才的现状以及影响引进国际人才的各种因素，真正地将国际人才引进战略和国家发展规划、城市功能定位、产业发展、区位特征等结合起来，和目前国家的人才状况结合起来，为人才引进和培养提供方向性、战略性保障。二是优化人才发展环境。在被引进国际优秀人才生活待遇方面应与国际接轨，并在住房和福利保险方面给予优惠政策。在工作条件方面，要进一步营造吸引国际优秀人才的良好工作环境和社会氛围，包括确保引进人才的科研经费、完善吸引人才的科研后勤保障系统、建立新的人才竞争机制与管理体制。三是积极创新各项人才引进制度。第一，建立区域联合引进人才机制。第二，政府组团招聘人才，提高引进人才的主动性。第三，研究所、大学以及跨国公司等各种用人单位要奉行在世界范围内招聘人才的政策，利用各种附有招聘人才的分会场的国内国际会议，进行招聘。

### （二）推动本土人才国际培训

随着知识经济时代的到来，党中央审时度势，提出了“形成全民学习、终身学习的学习型社会，促进人的全面发展”，并把建设学习型社会作为小康社会建设的一项重要任务。推动本土人才国际培训，是适应经济全球化发展的需要，也是实现人才国际化的重要途径。我国推动本土人才国际培训包括三个方面的重点任务：一是推动政府干部和公务员出国培训，形成遴选干部赴发达国家学习考察的经常化机制，不断更新广大干部和公务人员知识和视野，提高干部队伍的整体素质。二是引导企业派遣管理技术人员出国培训，建立支柱产业管理和科技人员出国培训的补助或奖励基金，促进企业派遣科技或管理骨干出国培训。三是促进高等院校的学生出国留学，与国外大学建立大学生联合培养的双赢机制，鼓励留学生学成后回国服务。

### （三）引进国际优质教育资源

20 世纪 90 年代以来，在教育特别是高等教育领域，跨境教育活动发展迅速。世界贸易组织将教育纳入服务贸易的一个门类后，这种趋势得到了进一步的加强。教育服务贸易的兴起，为跨境教育注入了新的内容和活力。引进外国优质教育资源，是促进人力资源国际化的需要，也是我国教育面向世界发展的必然要求。在引进优质教育资源时，应坚持三个方面的原则：一是紧密结合我国各地方经济建设发展对各级各类人才特别是高级专门人才的需求。二是与本地学校自身的发展和建设结合起来，通过引进外国先进的教育理念、教学内容、培养模式和管理经验等，深化教育教学改革，加强学科建设，改善师资素质，提高人才培养质量。三是切实加强党的领导，坚持依法办学和规范管理，学校外事部门要加强归口管理、统筹规划和政策引导。

## 四、金融资本国际化战略

### （一）推动企业海外上市

进入资本市场尤其是海外资本市场融资，对于经济持续发展具有关键作用。未来中小企业发展，需要有巨大的融资来源，而传统的商业银行融资渠道有限，海外上市是一个切实可行的融资渠道。把推动企业海外上市，作为促进金融资本国际化和资本市场健康持续发展的一项战略使命，应着重抓好以下五个方面的工作：一是认真学习和领会海外上市公司的运行规则，掌握上市的主动权。二是通过“政府引导、企业市场运作、政策扶持”，在培育主体产业和优势企业上下工夫，把企业做大、产业做优、优势做强，推动上市企业。三是鼓励和支持民营企业的发展，加强和改进对民营企业的服务，为民营企业在海外上市创造良好的环境。四是要积极促进融资中介机构的发展，创造良好的融资环境。五是积极育后备企业，形成“优选一批、培育一批、辅导一批、上市一批”的良性发展格局，为企业持续上市融资打下基础。

### （二）引进国际战略投资

战略投资者是以战略为驱动，有明确长期的战略目标，通过战略合作与合作伙伴建立领先地位，且具有付款的诚意和能力的投资机构。引进国际战略投资的意义和作用体现在以下几个方面：一是国际战略投资者的资金优势有利于解决国有企业重组中资金缺乏的问题。二是外资入股的方式有利于完善国有企业的内部治理结构和机制，国际战略投资者参股或购并国有企业有助于明晰产权关系和实现政企职责分开，有利于国有企业的企业制度创新。三是国际战略投资者能够带来先进的技术和管理经验。四是国际战略投资者有利于企业迅速开拓国际新市场，提高企业的跨国经营能力。应把“引大、引高、引网”作为引进国际战略投资的基本要求。引大就是要瞄准世界500强企业，引高是指拥有高新技术的企业，引网是指引具备国际市场网络的企业。引进国际战略投资是一把双刃剑，要对其可能带来的不利影响有所认识和警惕，从产品、技术、市场多个方面选择合适的国际战略投资伙伴。一是从产品来看，企业之间的产品和业务应有紧密的关联度，产业、产品构成上下游关系，能够进行项目合作、资源整合，促进产业程式级，延伸产业链。二是从技术来看，应具有拥有自主知识产权的行业领先技术，通过引进其新技术、新工艺，能够促进产品结构与产业结构的调整，提高企业的核心竞争力。三是从市场来看，应拥有知名品牌，市场开拓能力强，有畅通的营销网络和采购体系，特别是具有拓展国际市场的优势、条件和经验，拥有较高的市场占有率。四是从资金来看，应具有良好的财务状况和经济实力，银行资信好，自有资金充足，有较强的投融资能力。五是从管理来看，应拥有先进的企业文化，能够给企业带来先进的现代管理理念，经营管理能力强，有适应国际化经营的人力资源和现代化管理手段，有资本运作的突出能力。六是从信誉来看，应具有良好的商业信誉和诚信记录，具有并购和重组其他企业的成功范例，企业守法经营，无不良经营记录。

### （三）集聚国际金融机构

金融产业集聚是指一国的金融监管部门、金融中介机构、跨国金融企业、国内金融企业等具有总部功能的机构在地域上向特定区域集中，并与其他国际性（跨国）机构、跨国公司、国内大型企业总部之间存在密切往来联系的特殊产业空间结构。在过去的20年里，金融企业的总部设置越来越明显地倾向于少数大城市，金融资本在全球层面上实现了空间整合，并导致金融产业的高度集聚现象。这些具有特殊功能优势的城市孵化出了各层级的金融中心，从而成了经济全球化的网络节点，承担了区域核心城市甚至是世界城市的功能作用。以建设有国际影响力、国际竞争力、行业领导力的中外资金融机构共同参与的多元化的金融机构体系为目标，集聚国际金融机构，加快金融资本国际化，重点落实以下 4 项战略任务：一是打造强大的产业经济，形成集聚国际金融机构的原动力。二是在中央商务区（CBD）建设配套设施齐全、服务功能完善和人居环境优异的金融一条街，为集聚国际金融机构提供硬件保障。三是培养引进金融高级人才，为集聚国际金融机构提供软件支撑。四是打造开放的金融市场环境，为集聚国际金融机构提供广阔的发展空间。

## 参考文献

中国科学院唐山战略规划项目组 . 2007. 唐山科学发展示范区战略规划 . 唐山：中国科学院唐山战略规划项目组

# 第七章 绿色发展的科技支撑体系

## 第一节 绿色发展科技支撑体系的内涵

### （一）绿色发展科技支撑体系的基本内涵

传统的科技支撑体系是指有科技资源投入，经科技组织运作，产生科技产品的系统。其中，科技资源是科技支撑体系的物质基础，主要包括人力（从事科技研究开发的专业人员及其他为科技研究与开发服务的人员）、财力（科技研究与开发经费即R&D经费）、物力（用于科技研究与开发活动的实验室、科研仪器、设备）；科技组织是科技支撑体系的实体或主体，是科技活动的实施者或承担者，包括政府科研机构、企业研发机构、高等院校及其研究机构、非营利研究机构、民营研究机构及进行信息采集加工和科技中介服务的机构；科技产品是科技支撑体系的产出成果，包括以各种形式存在的科学理论、技术和人才，如论文、专著、专利技术、生产设备、新产品、数据库、信息库等。

从绿色发展的本质和内涵出发，绿色发展科技支撑体系可理解为以绿色发展为目标的科技资源投入、科技组织运作和科研成果转化的系统。绿色发展科技支撑体系与传统的科技支撑体系在本质内涵、行为主体和追求目标上存在显著的差异。

在本质内涵上，绿色发展科技支撑体系追求经济、社会的发展与良好生态环境的统一，努力使经济、社会、生态效益全面提高；传统的科技支撑体系则注重生产要素、生产条件、生产组织的整合，以建立效能更好、效率更高的新的生产体系，获得更大的经济利润。

在追求目标上，绿色发展科技支撑体系的追求目标是经济目标、社会目标和环境目标三者的协调统一；而传统的科技支撑体系所追求的最直接、最根本的目标是经济目标。

在行为主体上，绿色发展科技支撑体系的行为主体是由政府、企业、科研机构、公众构成的复合体，通过经济的、行政的、法律的和道德的约束使它们相互协同。传统的科技支撑体系的最终行为主体主要是企业和科研机构。

因此，传统科技支撑体系对经济效益的主要追求，往往造成生态环境的破坏和社会生活的不稳定，影响绿色发展。绿色发展的科技支撑体系则含义更广，目标更综合。它的运行规则或支撑机理与以往有很大不同。绿色发展科技支撑体系概念和问题的提出，赋予了科技对新时期社会经济发展支撑的新含义。

### （二）绿色发展科技支撑体系的系统构成

根据可持续科学支撑体系服务对象的不同，绿色发展科技支撑体系可分为国家、区域（地方）和企业三个层次，而且上一级绿色发展科技支撑体系与下一级绿色发展科技支撑体系之间存在包含关系，也就是说，国家绿色发展科技支撑体系包含地区和企业绿色发展科技支撑体系，区域绿色发展科技支撑体系包含企业绿色发展科技支撑体系。

1）国家层面的绿色发展支撑体系。国家层面的绿色发展科技支撑体系，主要考虑人口、资源和环境问题，需要制定全国的人口政策、人才发展战略，要发展人民生命医疗卫生保健科技，要进行全国范围内的资源普查和统一勘探开发部署，要对一些大的流域或生态区实行特定的保护、治理战略，要对经济结构的战略性调整进行统筹规划。要建立覆盖全国的管理信息系统、并从国务管理的高度构建科学决策系统、运作实施系统和工程技术系统。要集中全国的力量，发展科学，提高自主创新能力，建立新型社会文明，贯彻科学发展观，提高绿色发展战略管理能力，建立若干绿色发展示范省或示范区。

2）区域层面的绿色发展支撑体系。区域层面的绿色发展科技支撑体系，应主要考虑行政区域与自然流域的协调统一，在生态省、生态市科学发展规划的统一指导下，发展循环经济，建设产业集群，通过各种政策鼓励和推动区内企业大力推行清洁生产，建立生态工业园，打造生态链条，把工业与农业、生产与消费、城区与郊区、行业与行业有机结合起来，全面提高资源利用率，逐步建成循环型社会。

3）企业层面的绿色发展支撑体系。企业层面的绿色发展科技支撑体系，要顺应世界科技革命、产业创新的潮流，充分注意社会经济发展对环境效益要求越来越高，所受资源方面的限制越来越强的现实，发展并积极采用绿色技术，主动按照循环经济的原则进行产品更新和技术创新，积极与政府、科研院所和社区全面合作，共同建设生态链条和绿色共同体，只有满足了社会的绿色发展，企业的绿色发展才可能得到保证。

### （三）绿色发展科技支撑体系的主要功能

绿色发展的核心理念是追求“自然－经济－社会”系统的协调发展，只有达到了自然效益、经济效益和社会效益的和谐统一，才能从根本上保证绿色发展目标的实现。绿色发展对科技支撑体系主要有两个方面要求：一方面，要求科技支撑体系能够不断推动自然、经济、社会各个子系统自身的发展，体现对整个社会—经济—自然复杂系统的促进功能；另一方面，要求科技支撑体能够协调社会、经济和自然等诸子系统的发展关系，使它们始终处于互相支持、互相增强、互促发展的协同互动之中，体现对整个系统的协调功能。

1）促进绿色发展复合系统的健康发展。一是科技支撑体系应能促进经济系统的持续发展。科技支撑体系应促进经济系统的可持续增长，而经济系统的可持续增长，要求科技支撑体系能创造以经济效益为基础的、包括社会和生态在内的广义的经济价值，并以此作为整个经济系统活动的目标。另外，科技支撑体系的创新应使传统产业在自然承载力的基础上逐步更新。二是科技支撑体系应能保证自然系统的持续利用。科技支撑体系不仅不能污染和破坏自然，而且必须维持和保护自然资源，恢复和再造理想的生态环境，并使二者协调一致。一方面，科技支撑体系的科技创新所带来的发展应控制在自然资源和能源的可更新范围之内，应在低消耗、少投入上下工夫；另一方面，发展不能超出自然生态系统的可承载能力，应向少污染甚至是零排放、可更新的方向努力。也就是说，其科技创新必须建立在促进自然生态系统的可持续利用上，科技创新成果应具有资源投入少、能源消耗低、污染程度轻等特征。三是科技支撑体系应能促进社会系统的持续进步。科技支撑体系的创新成果是直接面向人类日益增长的各种需要，并不断推进社会的发展与进步。因此，科技支撑体系应能促进人类社会关系逐步走向和谐、公平，能够不断地提高全人类的素质和道德风尚，最终推进人类文明不断向更形态演进。

2）协调绿色发展各子系统的动态平衡。科技支撑体系不仅能促进自然—经济—社会绿色发展复杂系统的发展，还应能协调各子系统之间的关系。只有建立在绿色发展意义上的相互协调，才能使社会、经济和自然各子系统的发展关系趋于和谐，从根本上保证整个系统实现互动式发展。一是协调经济增长与自然系统持续利用。科技支撑体系应能协调发展经济与保护环境的关系，保证自然系统在不超越自然资源和生态环境承载能力的情况下为经济系统提供发展所需的资源，尽量减少经济系统产出的废弃物对自然系统的污染和破坏。科技支撑体系的创新成果应能改变单纯经济增长忽视生态环境保护的传统发展模式，由粗放式、资源型经济向生态化、知识型经济转换。二是协调社会发展与生态环境保护。科技支撑体系应在社会系统和自然系统间建立桥梁，在提供满足人类各种需要的同时，促使人们的生活方式和消费行为沿着生态化的方向发展，同时，又为人类社会的生存和发展提供更适宜的物质条件和生态空间，为社会系统与生态系统的协调提供越来越先进、成熟的科技支持。三是协调经济增长与社会发展。社会系统和经济系统的和谐关系体现了以“人”为中心的社会经济发展观，即经济发展的最终目的不是“物”而是“人”，是人的生存质量的提高。经济系统为社会系统提供了丰富的、高质量的物品，而社会系统则为经济系统提供公平、和谐、有效的保证和支撑。科技支撑体系以其客观性与先进性促进二者和谐关系的加强，保障社会系统对经济系统的支撑作用，同时促进经济系统对社会发展作出更大贡献。

总之，科学技术在整个绿色发展系统中处于核心地位，如图7-1所示。科学技术不仅直接作用于经济绿色发展这一子系统，而且通过作用于社会绿色发展子系统和自然绿色发展子系统再间接作用于经济绿色发展发展子系统。科学技术对社会绿色发展子系统和自然绿色发展系统的作用亦然。因此，科学技术在绿色发展系统中居于核心地位。

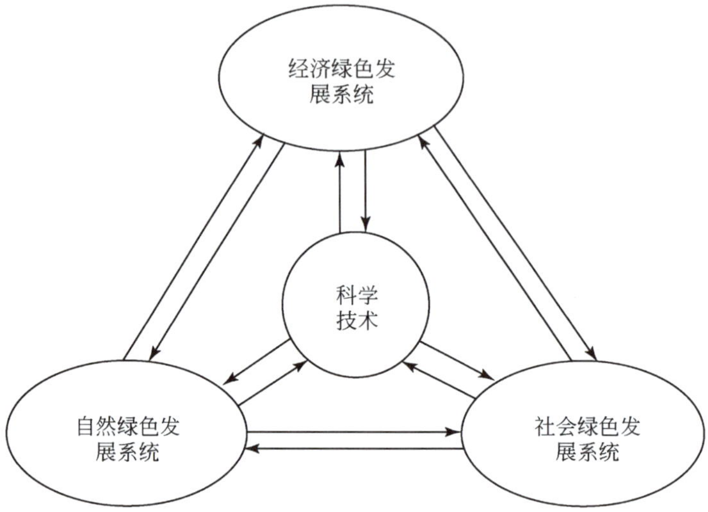


图 7-1　科学技术在绿色发展系统中的地位示意图

## 第二节　绿色发展的科技支撑战略部署

马克思说："科学是最高意义上的革命力量"。科学技术作为人类认识和利用自然的锐利武器，具有内在的革命性。一部科学技术的历史，就是从循序渐进到发生革命性突变并螺旋式上升发展的过程。科学技术具有生产力和文化双重属性。人类生产力发展的历史进程，多数时期都处于循序渐进的状态，在条件不具备时盲目"跃进"，必然受到经济规律的惩罚。在科学技术成为第一生产力的今天，只有在科学技术发生革命的前提下，社会生产力才会发生革命性的飞跃。从人类文化发展角度看，在人类科学技术实践中产生的科学文化，如认为世界是可知的、提倡在真理面前人人平等、鼓励质疑、尊重实践、崇尚创新等，对人类文化发展则产生了革命性的影响，形成了今天我们熟知的解放思想、实事求是、实践是检验真理的唯一标准等宝贵的精神文化财富。

创新是当代国家必然的生存方式和发展选择。国家创新行为涉及国家社会生活各个领域，包括理论创新、制度创新、科技创新、文化创新，以及其他各方面的创新活动，其中，理论创新是引导人类社会前进的强大动力；科技创新是推动人类社会发展的根本动力；制度创新是实现人类社会变革的直接动力；文化创新是促进人类社会进步的精神动力。创新促进发展，科技引领未来，科技创新是引领国家经济社会发展和人类文明进步的革命性、主导性的力量，并将成为推动经济、社会和科学协调持续发展的基石。走创新发展道路，建设创新型国家（innovation - oriented country），推动国家经济增长方式从要素驱动型（resource-driven）、资本驱动型（investment- driven）向创新驱动型（innovation- driven）的根本转变，使得创新真正成为国家经济社会发展的内在动力和全社会的普遍行为，已成为世界各国发展经验的共识。

提升国家自主创新能力，建设创新型国家，实现科技支撑和引领国家绿色发展可通过如下方式实现：第一，应坚持科技引领经济社会发展，科技适度优先经济社会发展，树立科技创新的“先导观”；第二，应坚持以科技为轴心调整和安排国家经济社会体系，充分发挥科技对国家政治、经济、社会等领域活动的关键和核心作用，树立科技创新的“中心观”；第三，应坚持人才资源是“第一资源”的观念，科技创新的最终目的是为广大人民创造更多的福祉、机会和权利，树立科技创新的“人本观”；第四，应坚持对科技创新进行战略性投资，要把科技创新投入作为国家和社会最为重要的公共战略性投资，持续提升国家“创新储蓄”水平，树立科技创新的“投资观”；第五，应坚持科技创新与经济社会发展形成良好的“生态系统”，构建一个充满活力的、健康的国家创新系统，提升国家整体自主创新能力，树立科技创新的“系统观”。

## 一、人口与健康科技三步走战略

人口与健康是国家和民族生存与发展的最基本要素。没有规模适当、结构合理、素质良好和身心健康的人口就不可能建设好强大的国家，绿色发展和国家安全更没有保障。人人健康是全面建设小康社会目标不可分割的重要组成部分。

出生时预期寿命是一个综合性较强的指标，既能反映社会、经济的进步状况和医疗水平的发展状况，也能从一个侧面反映人们的营养状况和生活质量的改善情况。半个世纪以来，世界人口的平均预期寿命由 47 岁升至 66 岁，增长了 40%；中国人的平均预期寿命却由 35 岁升至 71.4 岁，增长逾 100%。依据中国科学院绿色发展研究组预计，2030 年前后，中国人口的预期寿命将可以达到 80 岁；2050 年前后，中国人口预期寿命达到 90 岁；2100 年前后，中国人口预期寿命达到 100 岁。人口预期寿命的提升离不开人口与健康科技的强大支撑，中国人口与健康的科技支撑的战略任务是：

第一步，实现人口预期寿命达到 80 岁的科技支撑。主要包括：重大疾病预测、预防、干预、控制，中医药现代化关键科学技术，生殖健康预测与促进科学技术，新药的发现与开发，等等。

第二步，实现人口预期寿命达到 90 岁的科技支撑。主要包括：在基因组医学，基因诊断和治疗技术，干细胞技术，医用纳米技术，等等。

第三步，实现人口预期寿命达到 100 岁的科技支撑。主要包括生物平台技术，生物芯片技术，远程医疗技术，脑式人工智能技术，等等。

## 二、能源科技三步走战略

中国绿色发展面临人口、资源、环境的巨大压力，要求建设一个庞大的、安全的、绿色发展的能源体系。中国能源既要保障经济发展、提高人民生活质量，又必须走绿色发展的道路。中国必须坚持依靠“科技创新，走节约优先、立足国内、多元发展、依靠科技、保护环境、加强国际互利合作”的基本战略，努力构筑稳定、经济、清洁、安全的能源供应体系，以本国能源的绿色发展促进世界能源的绿色发展。

我国能源领域的科技支撑的战略任务是：

第一步，实现能源消耗速率零增长的科技支撑（2050 年）。根据全世界共识所得出的结论，实施绿色发展战略，任何一个国家都必须通过“三大零增长”的台阶。一是人口自然增长率的零增长，也就是出生率与死亡率的基本平衡，在中国，这个目标还有待完成。二是只有在人口数量基本保持平衡以后，才可能实现资源、能源消耗速率的零增长，这只有在建立节约型社会、采取新型工业化的道路之后，才有可能实现。三是生态环境的退化速率零增长。随着能源科学技术的进步，预计 2050 年，中国有望实现能源消耗速率零增长的目标。要在先进高效燃煤发电技术，海洋天然气水合物开发技术，超大规模互联电网安全经济运行控制技术，分布式电源技术等方面取得重大突破。

第二步，实现能源四倍跃进的科技支撑（到 2100 年）。最近，联合国提出了“四倍跃进法”，就是希望不增加能源的供应量，而使经济和财富有更高的增长。到 2100 年，随着能源科技的进步，我国有望实现能源四倍跃进的目标，即用一半的能源来创造比原来高一倍的财富，能源利用效率提高四倍。要在高温超导技术在电力系统中的应用，第四代核电技术，分布式氢能发电系统，光电效率达到 50% 太阳能发电技术等方面取得重大突破。

## 三、资源科技三步走战略

资源是人类社会赖以生存和发展的不可或缺的自然物质基础，战略性资源是指在国民经济体系中占有重要地位，对国计民生、国家经济和军事安全有重大影响的资源，如粮食资源、石油资源、土地资源、水资源等。由于我国自然资源禀赋和利用的特点是总量大、消耗多，人均少、品质差，利用效率较低。目前，我国正处于加速实现社会主义现代化、全面建设小康社会的历史进程中，经济和社会发展对资源的依赖程度比发达国家大得多。我国人均资源占有量远低于世界平均水平，重要资源供不应求，战略性资源高度紧缺，资源保障风险加大，有限资源利用效率低下等因素，资源约束成为我国绿色发展的重大瓶颈。

我国资源领域的科技支撑的战略任务是：

第一步，实现“资源节约阶段”的科技的支撑（2030 年）。主要包括：资源减量化技术，如通用性节能技术、农业微灌节水技术等；资源高效化技术，如矿产资源高效开发技术、数字化土地资源综合调查与监测技术、煤炭资源开发和洁净煤技术、大型水利工程和水科学的科技支撑；等等。

第二步，实现“资源开拓阶段”的科技的支撑（2050 年）。主要包括：资源勘探技术，如矿产资源勘探增储技术、海底资源勘探与研究；资源拓展技术，如太空资源获取技术、地球深层开发技术；等等。

第三步，实现“资源安全阶段”的科技的支撑（2100 年）。主要包括：资源调节控制技术，如气候控制技术；资源安全保障技术；等等。

## 四、生态环境科技三步走战略

我国生态与环境科技的发展战略思路应以全球变化为背景，以统筹人与自然的和谐发展为指导，以提高资源生产率为核心，以系统的区域综合防治为重点，建立与全面建设小康社会相适应并符合我国国情的生态与环境科学理论的技术体系。生态和环境科学与技术可概括为四个战略领域：生态建设、环境保护、全球变化和循环经济。今后 20 年，中国生态和环境科学技术发展的战略目标是为遏制生态与环境质量继续恶化提供科技支撑，在经济增长的同时实现物质的减量化，提高资源利用率，降低污染物产生量，为建立资源节约型和环境友好型社会提供科技支撑，适应全球变化的趋势，防止灾难性和难以逆转的环境后果的出现。在此基础上，到 2030 年提供环境胁迫为“零”的科技支撑，到 2050 年提供生态赤字为“零”的科技支撑，到 2100 年提供整体自然和谐的科技支撑。

我国生态环境领域的科技支撑的战略任务是：

第一步，环境胁迫为零的科技支撑（2030 年）。主要包括：温室气体减排利用的封存技术，环境污染控制装备集成技术，大气污染控制，流域水环境污染防治，固体废弃物处理处置，等等。

第二步，生态赤字为零的科技支撑（2050 年）。主要包括：退化生态系统的修复与重建技术，重大工程沿线和复杂矿区生态保护及恢复技术，生物地球化学循环，生态基因组学，等离子技术，等等。

第三步，整体自然和谐的科技支撑（2100 年）。主要包括：生物多样性保育与可持续利用，转基因生物生态安全，从技术滥用到技术合理化的支撑技术，灾害感应传感技术，人造生态技术，全球生态系统健康循环的支撑技术。

## 五、农业科技三步走战略

当前世界农业科技领域正酝酿着一系列重大变革，其中主要有七大趋势：一是由“平面式”向“立体式”发展；二是由“农场式”向“公园式”发展；三是由“自然式”向“设施式”发展；四是由“常规型”向“生态型”发展；五是由“单向型”向“综合型”发展；六是由“机械化”向“智能化”发展；七是由“化学化”向“生物化”发展。

我国农业科技发展的战略重点：紧紧围绕农业新阶段对科技的需求，在原有增产类技术的基础上，着重满足克服农业资源短缺、克服农业不稳定性、克服农业效益效率低下、克服农业不安全性方面的技术需求。建立新体制，突破一批重大共性技术和高新技术，培养一大批人才，建设一批具有国际水平的科研基地，实现农业科技新的飞跃。

在未来15～20年，我国农业科技发展应着重突出以下几个方面。以立体农业、节水农业技术为重点，推动农业绿色发展。加强农田基本建设和农业基础设施建设，特别是农田出利、提高土壤肥力、改造中低产田，维护粮食安全，保障国人营养和健康。以研究开发人工控制、防灾减灾、农业工厂化技术，培育专用、优质动植物新品种，发展优质高效畜牧、水产业为重点，推进种养业环境与结构的优化，减少农业的不稳定性。以农产品加工技术的研究为农村经济提供新的增长点，特别是食品工业和饲料工业，推进农业增效和产业升级及产业化经营，并相应地促进农业本身向深广延伸发展，使农村产业结构达到合理程度。借助生物技术，在林业、农业生态环境保护、防沙治沙、有机肥料、生物防治与农用新材料技术的研究与开发方面取得重大进展。

在未来30～50年，我国农业科技发展应着重突出以下几个方面促进农业由传统的资源依附型向现代智能依附型的发达产业转变，加速陆地农业科技的发展，并加速向海洋领域拓展，出现大规模的海洋农（牧）场，实现“海洋农牧化”，并相应发展海洋农业科技，使“绿色革命”与“蓝色革命”互相交融。同时，伴随着航天技术的成熟，适时发展一定规模的太空农业技术。陆地、海洋、太空三大农业系统互相交融和促进，绿色、白色、蓝色“三色”农业多相并存，构成未来农业和农业科技进步的系统格局。通过与现代生物学尤其是生物技术的交融，力图在人工塑造新物种、构建栽培与养殖环境、开辟食品和资源利用新领域等方面，取得重大突破，形成一批新的生物技术产业群，引发一场新的农业产业革命。通过运用生命科学的新成就，定向设计构建具有特定性状的新物种，打破生物的种、属、科、目、纲乃至动植物与微生物之间不可交配的界限，按照人们意愿塑造更多的新物种和新品种。大力发展白色农业，开辟新型食品来源，促使传统的以动、植物为主“二维食品结构”的向动物、植物、微生物三者并重的“三维食品结构”转变，从根本上突破农业资源短缺的威胁，有效地实现人畜分粮，推动畜牧业的大发展，解决我国的粮食问题和改善居民的膳食结构。

我国农业领域的科技支撑的战略任务是：

第一，克服农业资源短缺的技术支撑。主要包括：克服水资源短缺的技术支撑，克服土地资源短缺的技术支撑，开辟食品与资源利用新领域的技术支撑。

第二，克服农业不稳定性的技术支撑。主要包括：定向培育新物种的技术支撑，农业工厂化的技术支撑，等等。

第三，克服农业效率效益低下的技术支撑。主要包括：农业机械化、智能化、信息化的技术支撑，农产品深加工的技术支撑，等等。

第四，克服农业不安全性的技术支撑。主要包括：克服化肥不稳定性的技术支撑，生物防治的技术支撑，克服农业白色污染的技术支撑，等等。

## 六、海洋科技三步走战略

21 世纪是海洋世纪。海洋将成为新的生存和发展空间，是巨大的潜在资源开发基地，海洋经济成为经济的新增长点。海洋历来是战略争夺的重要领域。海洋领域的竞争实质上是科技竞争。一是国际上重大综合海洋科学研究活动活跃。重大综合研究包括海洋环境与气候变化研究，上层海洋与低层大气相互作用研究，海底动态与地震研究，海洋生态系统和环境修复研究，深海和地壳内微生物研究，地球多圈层相互作用研究，海洋有害藻华研究等。二是军民兼用的业务化海洋环境保障体系逐步形成。海洋探测、分析和信息处理技术迅速发展起来，数字海洋环境保障体系逐步形成，为海洋开发和海上战场环境保障提供各种支持。三是海洋生物资源可持续利用的生物技术、信息技术、监管技术及设施渔业技术，成为世界各国竞相发展的高技术领域。发达国家纷纷投巨资开展这些高新技术的研究，试图抢占海洋生物资源可持续开发利用的制高点。四是深海技术发展迅速。包括深水油气资源勘探开发技术，多金属结核、钴结壳、多金属硫化物勘查研究技术，深海生物基因资源开发研究，天然气水合物资源勘探技术研究等。

以建设海洋强国为目标，以维护海洋主权、权益和安全、促进海洋可持续利用与协调发展为主线，面向海洋开发从浅海向深海发展的需求，发展海洋环境安全保障、海洋生物资源可持续利用、海底资源勘探和研究、海洋生态环境保护科学技术，推动海洋科学和海洋高技术发展，使我国逐步成为海洋科技强国。

我国海洋领域的科技支撑战略任务是：建设资源型、生态型、安全型、拓展型、数字型的“五型”海洋。

第一，资源型海洋：海洋资源开发。主要包括海水淡化技术、生物资源开发、深海矿产资源开采、深海能源勘探等科技。

第二，生态型海洋：海洋生态保护。主要包括生态海洋的建设、气候与海洋环境研究等科技。

第三，安全型海洋：海洋灾害预警。主要包括海洋地震与海啸预警等科技。

第四，拓展型海洋：海洋空间利用。主要包括海上空间利用、海中空间利用、海底空间利用等科技。

第五，数字型海洋：海洋信息管理。主要包括数字海洋技术支撑（海量数据存储、压缩与管理技术、海洋数据的同化与复合技术、数字海洋应用模型、数字海洋虚拟现实技术、“数字海洋”WebGIS 技术）等科技。

## 七、流通科技三步走战略

新时期流通科技的历史使命概括来说，就是通过科技创新，提高流通系统的供给能力、管理能力和绿色发展能力，即通过科技创新，突破技术瓶颈，支撑公路水路等流通基础设施建设，充分发挥已有基础设施效能，提高流通系统的供给能力；通过科技创新，发展一体化运输，降低运输成本，提高运输效率，保障出行安全，改善运输服务，提高流通运输的管理能力；通过科技创新，推进洁净运输，打造节能、绿色流通，发展循环经济，缓解资源制约，建立节约型流通行业，提高流通绿色发展能力。

流通科技发展的战略目标是：建设适应流通现代化要求和符合流通科技自身发展规律的创新体系，形成强大的自主创新能力。建立布局合理、资源共享、配置优化的流通科研基地和信息共享平台，形成一支高水平的流通科技队伍，突破一批关键技术，达到国际先进水平，全面提升公路、水路等流通基础设施的科技含量，为实现全面小康社会流通发展目标提供科技支撑，为流通领域的全面协调绿色发展提供有力保障。

随着社会、经济、科技的发展，未来的交通工具会如何变化，要如何变化，才能满足未来安全、高效的巨大出行呢？本报告列出了三组（30个）未来交通工具，从公路、铁路、水路、天空到管道等几大方面涵盖了人类出行和物流运输两类基本需求，分别展示出2030年、2050年以及2100年的交通工具的主要发展趋势。

第一步，2030年流通领域发展的十大技术支撑。2030年的交通工具应着重体现高速化、立体化和环保化等方面内容。高速化，是提高交通出行效率的重要因素，速度上到2030年实现人的活动半径为5000km/h；立体化，在有限的地面交通难以承载巨大交通需求，应充分利用基本无限空间来发展交通，可以很大程度上减少拥挤；环保化，是希望应对当今社会能源短缺，减少环境污染，提供新的电池技术，利用新能源，等等。

十大支撑技术：飞翔列车、太阳能风能列车、Embrio：独轮概念摩托、都市环保概念车“PIXY+SSC”、PAL-V：概念飞行汽车、大飞机制造、由太阳能驱动的“飞鱼”概念船、超级卡车、“地效飞行航母”、地下管道运输（Cargo-Cap）（中国科学发展报告编写组，2009）。

第二步，2050年流通领域发展的十大技术支撑。2050年的交通工具在体现高速化、立体化和环保化等方面内容的同时，还将朝着更加智能化、个性化的方向发展。高速化方面，到2050年将实现人的活动半径为1万km/h；智能化是随着社会、经济、科技的发展人民生活水平提高所带来的要求；个性化也是未来科技普及的一种表现。

十大支撑技术：天空之车、个人轻轨、Moller Skycar：真正的飞车、i-swing智能车、超酷巴士、Blade Runner：铁路公路全能行驶、管道飞行车、轮船遣底或飞行、空中的士、微型飞船（中国科学发展报告编写组，2009）。

第三步，2100年流通领域发展的十大技术支撑。2100年的交通工具给目前的人们提供了广阔的想象空间，在实现人的活动半径可达到5万km/h的同时，更加强调如人们与外太空间的交流所需要的安全性、舒适性，人们所更为重视环保的理念；货物之间流通的信息化以及像人类出行一般的方便化、物流工具随物品可大可小伸缩等方面。以最为先进的技术，配以设计师们不断注入的新的灵感、更加浪漫的设计思想，带给人们未来生活的无尽想象和非凡乐趣。

十大支撑技术：变形金刚、城市飞行器、陆海空三用飞行器、未来太空电梯、太空旅游机、新型环保飞机、大西洋隧道、宇宙天际列车、时光机、星际航行（中国科学发展报告编写组，2009）。

## 第三节　绿色发展的若干科技支撑领域

### 一、人口与健康领域

人口健康直接影响到一个国家的经济发展和社会进步，并且是构建和谐社会的重要基础。科学技术的迅速发展，对人口健康领域产生了空前的影响。生命科学的进步推动了人类对自身健康和疾病的认识，使传统临床医学转变成为现代生物学知识和实验方法为基础的生物医学。在21世纪，新的科学技术突破及重大集成创新不断涌现，学科交叉与融合进一步发展：基因组学等生命科学的出现，在人类健康事业发展进程中有可能发挥更加明显的作用，脑与认知科学已经成为生命科学和人类健康科学的热点与前沿；生命科学、物质科学、信息科学、认知科学与复杂性科学的融合孕育着重大的科学突破，将为人口健康领域带来重大变革。

作为世界人口大国，我国的基本国策在未来仍然是计划生育与优生优育。在计划生育方面，目前的避孕方法和手段远远不能满足人们对生殖健康的需要；同时，我国的人口质量控制也面临巨大的挑战，因此必须大力加强生殖医学基础研究，进一步完善中国生殖科学和生殖健康研究体系。要从人口控制和生殖健康的基础研究入手，发展安全有效和使用方便的新一代避孕方法；建立生殖健康干预技术，初步实现利用基因矫正和辅助生育技术消除常见的遗传缺陷；降低人口出生缺陷，提高优生优育的水平。

合理营养是人类保证健康和抗御疾病的基础。当前，营养过剩和营养缺乏是困扰我国社会的主要公众健康问题。随着工业化、城市化和人口老龄化的进一步发展，公众的营养健康问题将面临更严峻的挑战。应接这一挑战，需要加强营养科学研究，全面深入地阐述中国人特定遗传背景下的营养需求和导致主要营养问题的原因和相关机理，为制定符合国人群体和个体遗传及生活方式特点的营养素标准和膳食指南等国家相关的政策提供科学依据。此外，我国目前食品安全的形势十分严峻，食源性疾病仍然是危害公众健康的重要因素之一。要充分利用现代科学技术，积极开展对食源性有毒有害物质的急慢性毒理和机理研究，并发展对有毒有害物质快速检测技术和平台，建立和健全食品安全数据库，建立我国食物安全监测与早期预警系统，确保我国公众的食品安全。

随着我国社会经济的进步，以及人口老龄化的加速，在短短几十年内，我国完成了从传染性疾病向慢性病的流行病学模式转变；早期严重威胁公众的疾病如传染性疾病、孕产和围产期疾病等危害范围和程度有了明显的下降，重大慢性病如癌症、心脑血管疾病、代谢性疾病和神经退行性疾病等则成为人类健康的主要威胁。尽管研究者已经对这些疾病的发病机制和诊治方法进行了长期和大量的研究，但是要对这些慢性病实现有效的防治还有很长的路要走。显然，我国人口健康领域的关键战略需求应该是，加强对这些重大慢性病的预防与控制，将抗击疾病的重心前移，坚持预防为主，促进健康和防治疾病结合，推动医学模式由过去的疾病治疗为主向预防、预测和干预为主的战略性转变。

随着全球经济一体化和社会的迅速发展，世界各国人口流动的迅速增长已经成为当今社会的一个主要特征。此外，中国是一个人口大国，由于区域辽阔，地方性的传染性疾病会不断出现；广泛滥用抗生素而产生新的耐药株病原体以及人类接触新的动物源病原体而产生新的疫病，都会导致新一轮的传染性疾病。这些情况使得生物安全成为当前国家安全的一个重要组成部分，需要我们建立健全的突发公共卫生事件处置机制，建立监测和防御新发传染病与再发传染病、突发公共卫生事件及生物防范生物安全网络体系，提高应对公共安全危机的能力。

我国社会节奏加快、社会竞争加剧和精神活动方式的改变，导致神经精神疾病的发病率明显增加，新的认知与行为障碍如网络成瘾正在成为困扰现代社会的严重问题。此外，人口的老龄化也导致神经退行性疾病发病率显著上升。解决认知、行为与精神障碍这个严重的社会问题，实现个人的身心全面健康，已经成为国家的迫切需求。要进一步加强对脑认知功能的物质基础和工作原理的研究，寻找心理、精神疾病发病的生物学基础，实行早期诊断和早期治疗，从而降低我国人群的心理、精神疾病的发病率，提高国民的智力和科技创新能力，促进和维持认知与心理和谐。

创新药物的研究与开发，集中体现了生命科学和生物技术领域前沿的新成就与新突破，体现了多学科交叉的高新技术创新与集成，是 21 世纪科技和经济国际竞争的战略制高点之一，也是提高人口健康水平的重要支撑。要争取在较短时间内，通过加强创新技术的发展和创新药物的研发，缩短我国与发达国家的差距，实现由世界制药大国向世界制药强国的转变，推动我国医药产业的发展。在继续重视和努力发展化学合成新药的同时，要应用生命科学和其他现代学科的新方法和新技术，研究中药的物质基础和治病机理，发展融合中西医药学的疾病预防模式。要把生物技术药物作为我国医药领域的重点发展方向和新的生长点，大力推进现代生物技术药物的研发和产业。还要大力发展综合工程学、生物学和医学的理论和方法的生物医学工程技术，为疾病的预防、诊断、治疗和康复服务。

再生医学是通过机体内组织与器官中自身所具有修复功能的干细胞，或者植入具有多分化潜能的干细胞、功能组织与器官，来修复、替代和增强人体内受损、病变与有缺陷的组织与器官，达到治疗重大疾病的目的。干细胞作为再生医学的重要手段与研究核心，涵盖了基础与临床医学多个领域。随着干细胞技术的发展，基于干细胞的修复与再生能力的再生医学将有望成为继药物治疗、手术治疗后的第三种疾病治疗途径。

综上所述，人口健康的科技展路线图科技愿景，就是要在 2050 年前后建立一个适应我国人口健康国情的普惠健康保障体系。这个体系的主要特征是以预防和控制重大慢性病为核心，将抗击疾病的重心前移，推动医学模式由疾病治疗为主向预测干预为主转变，由单一的生物医学模式向生物—环境—心理—社会的会聚医学模式转变，形成世界先进水平的生物安全、食品安全、健康营养生活方式的科技保障系统，建立中国特色突发公共卫生事件及生物防范体系，实现全民身体健康进而达到身心全面健康。形成以创新药物研发和先进医疗设备制造为龙头的规模化医药研发产业链，大幅提升我国生物医药产业的国际竞争力，使我国成为生物医药产业强国（中国科学院人口健康领域战略研究组，2009）。

## 二、能源领域

能源作为人类生存和社会发展的公用性资源，始终是国家和地区经济社会发展的基本物质保障。能源是经济资源，也是战略资源和政治资源，能源可持续发展直接影响中国的国家安全和现代化进程。然而，大量化石能源消费造成的环境污染严重，化石能源资源快速减少，环境和能源资源问题给中国社会经济可持续发展与现代化建设带来重大的挑战。中国政府提倡要提高能源利用效率，调整能源结构，大力发展新能源与可再生能源，构建可持续能源体系，以此推动技术革命和社会进步。

构建安全可持续能源应急体系无疑需要解决许多科技问题，尤其是能源产业具有投资大、关联多、周期长、惯性强的特点，一旦方向选错或技术落后，将会在几十年的时间中处于技术受制于人的被动局面。因此，为了保障中国经济和社会的现代化建设进程，必须建立符合中国发展需求和资源特色的能源科技创新体系，把握化石能源与新能源及可再生能源交替更迭的发展机遇，尽快缩短与国外先进能源科技发展水平的差距，进入世界能源科技前列，以支撑中国可持续能源体系和中国特色新型能源工业的形成。

能源问题过去也有 15 年的战略研究，但是主要还是研究如何利用好煤，怎样开发利用好国内外两种油气资源，怎样能够有限地发展核能，对可再生能源只是作为一种补充性的、方向性的能源，并没有将其摆到未来能源支柱的位置上。近年来，世界各国越来越关注温室气体排放问题，应对全球气候变化成为重要议题，这背后其实主要还是能源结构问题。这就使我们认识到，必须高效清洁利用化石能源，减少对环境的影响，但是，化石能源时代终究要过去，悲观估计有 100 年左右，乐观估计还有 200 年左右。油气资源可能首先逐步走向枯竭，然后是煤资源。人类不得不走向以可再生能源为主体、核能为补充的能源体系。现在各国政府都在积极准备，欧洲走得最快，美国现在态度也有变化，就是在利用好化石能源的同时，加大对可再生能源的开发力度，加大对先进核能的研究开发力度，逐步向可再生能源方向过渡。这个时间跨度可能是 50 年，也可能是 100 年。由此带来的科学技术问题非常多，譬如在基础研究领域，物理学家、化学家、生命科学家要研究新一代的光电池、染料敏化电池、高效的光化学催化和储存、高效的光合作用物种，或者通过基因工程创造高效的光合作用物种，而且这种生物物种又不与粮油争土地争水分，能够利用坡地、盐碱地或者半干旱土地等生产人类所需要的能源。同时，未来能源的整体结构要发生改变，现在能源是比较稳定的系统，以后可能是大量的不稳定系统，可能要发展分布式能源体系，发展更高效的直流传输和储能技术，解决网络的控制、安全、可靠性问题，还要解决二氧化碳捕捉储存、转化、利用方面的问题，这里面隐含着大量的科技问题，几乎涉及所有学科。所以，能源问题引起的从基础到应用方面的研究，整体的、结构性的变化和冲击恐怕是很普遍、很大的，而这个时间跨度是50年或者100年。以核能为例，从布局到重大技术突破往往需要20年乃至更长时间，而商业化大规模应用也大致需要20年乃至更长时间。如果我们现在不前瞻布局，未来就会落后。法国已经做到第三代、第四代裂变能核反应堆，制定了到2040年、2050年的路线图。

根据对能源需求、技术选择和各种技术路线的研究，至2050年，中国能源科技需要分不同阶段突破各种关键技术难题，力争经过40年努力，使中国的能源科技自主创新能力大幅度提升，改变目前能源技术和装备主要依赖进口的现状，保障中国能源安全，促进新型能源工业的形成。中国能源科技创新近、中、远期发展的阶段目标是：

2020年前后，突破新型煤炭高效清洁利用技术，初步形成煤基能源与化工的工业体系；突破轨道交通技术、纯电动汽车技术，初步实现地面交通电动化的商业应用；在充分开发水力能源和远距离超高压变/直流输电网技术的同叫，突破太阳能热发电和光伏发电技术、风力发电技术，初步形成可再生能源作为主要能源的技术体系和能源制造业体系。逐步提高核能、可再生能源和新型能源占总能源的比重。

2035年前后，突破生物质液体燃料技术并形成规模化商业应用，突破大容量、低损失电力输送技术和分散、不稳定的可再生能源发电并网，以及分布式电网技术，电力装备安全技术和电网安全新技术比重将达到90%，初步形成以太阳能光伏技术、风能技术等为主的分布式、独立微网的新型电力系统；突破新一代核电技术和核废料处理技术，为形成有中国特色核电工业提供科技支撑。实现核能、可再生能源和新型能源的大规模使用。

2050年前后，突破天然气水合物开发与利用技术、氢能利用技术、燃料电池汽车技术深层地热工程化技术、海洋能发电技术等，基本形成化石能源、新能源与可再生能源、核能等并重的低碳型多元能源结构，以自主创新技术为支撑的中国特色新型能源工业体系（中国科学院能源领域战略研究组，2009）。

## 三、生态环境领域

未来50年，甚至更长时间内，伴随我国经济社会的高速发展，生态与环境对经济和社会的瓶颈制约与胁迫影响将日益严峻。面对这一重大挑战，必须明确未来生态与环境科技发展的总体战略，从前瞻性、战略性、全局性高度对生态与环境科技的发展认真分析、提前部署和科学规划，使生态与环境科技适应人口增长与城市化、经济发展、能源与资源消耗及全球变化等要求，为我国未来经济社会发展提供更大的空间。

当前已经有不少国家和国际组织开展了生态与环境相关领域的科技发展路线图的研究工作。如欧盟的《环境技术行动计划》、《新西兰环境科学研究路线图》、WWF 的《生命行星路线图》、美国的长期生态研究网络与国家生态观测系统战略等。

至 2020 年中国人口将控制在 14.5 亿以内，城市化率将达到 55%，2030 年人口超过 14.5 亿，城市化率达到 65%；2050 年人口达到 15 亿，城市化率将达到 70% 以上。可以预见，中国在未来 50 年，随着人口增多、城市化继续快速发展、经济高速增长、产业结构转变和消费方式的改变，中国将面临更为严重的环境挑战，生态与环境问题更加突出。而在全球范围内，气候变化、物种灭绝、越来越多的人口需要养活等威胁地球的主要问题中有许多尚未解决，而且所有这些问题都将人类的生存置于危险的境地。

国际生态与环境科技发展呈现出以下态势：①减缓与适应全球气候变化已成为地球系统科学研究的焦点；②生态系统与人类福利关系成为国际生态学研究的主要对象；③生态系统与人类活动、自然系统与经济系统的集成研究成为解决全球生态问题研究的主体思路；④定量评估和科学预测生态与环境变化成为生态学研究追求的科技目标；⑤生态系统联网观测、模拟实验和虚拟数值模拟成为综合生态问题的主要手段；⑥基于物质循环的环境技术，绿色技术成为解决环境污染问题的根本途径；⑦兼顾生态系统和人类自身健康成为环境健康研究的主旋律；⑧多尺度环境生物地球化学过程、机制及其耦合特征研究与建模是解决区域环境问题的根本出路。

未来 50 年经济社会发展及科技发展驱动的科技需求包括：①为生态文明和生态工程建设提供科技支撑；②为自然资源管理、优化配置和区域可持续发展提供科技服务；③为生态环境建设提供科学知识和配套技术；④满足应对全球环境变化和全球经济一体化的科技；⑤履行国际公约和国际合作提供科技支持；⑥为国家积累长期空间化的科学数据，推动地球系统科学发展；⑦保障环境安全；⑧维护生态系统健康。

结合国家已有的科技发展规划，依据上述对中国至 2050 年经济社会发展和科技发展驱动的科技需求，提出了以下八大生态与环境的重点研究领域：①全球气候变化及其生态学过程；②退化生态系统修复与生物多样性保育；③城市化与环境质量；④土地流域海岸带生物地球化学过程；⑤环境污染控制与修复；⑥清洁生产与循环经济；⑦环境污染与健康效应；⑧先进监测与预报技术。

中国生态与环境科技发展路线图战略实施的总目标是：2020 年前后基本遏制中国生态与环境退化的趋势；2030 年前后实现典型退化生态系统的恢复和污染环境的修复；2050 年前后实现环境优美、生态健康，达到发达国家中等水平（中国科学院生态与环境领域战略研究组，2009）。

## 四、农业领域

至2050年，全球农业将逐渐进入新纪元。经济发展会导致全球食物和纤维需求成倍增长，食物消费结构显著变化，并提高人类对农业多功能的需求。全球能源危机的加剧将诱发农业生物质能源产业的崛起。农业不仅继续发挥其保障食物安全和国民经济发展等传统功能，还将担负起缓解全球能源危机和为人类生存提供优美环境等新的历史使命。未来农业将成为一个具有无限发展空间和潜力的行业。然而，发展机遇与巨大挑战始终并存。

至2050年，农业不但要满足90亿人口对食物和纤维数量及质量的需求，而且生物质能源发展将直接威胁粮食和其他农产品的安全；同时，农业还面临全球气候变化和资源环境恶化等带来的诸多风险。因此，至2050年，农业能否满足人类社会和经济发展的需求，科技进步将起到至关重要的作用。

至2050年，中国农业也将同全球农业一起逐渐步入一个农业发展新时代。在需求方面，食物和纤维需求总量将显著增长，除了大米和小麦需求在今后10年出现缓慢增长后会出现下降的趋势外，奶制品和水产品需求将增长3倍以上，畜产品、饲料粮、水果、食油和纤维总量需求将增长1.5～1.6倍，蔬菜和食糖需求将分别增长0.75倍和1倍，而至2050年，中国对农产品的需求结构也会发生根本性变化。食物需求总量和结构变化的主要驱动力依次是收入增长、城市化和人口增长。至2020年，中国农业将在资源紧迫、需求持续增长和日益多元化等一系列压力下，继续发挥其保障食物安全、改善人口营养和维护农民生计等传统功能，并开始承担起改善生态系统、减缓气候变化、提供观光农业和田园景观，以及提供文化和传统知识传承等新功能。

面对这样一个发展趋势，至2050年，中国农业发展需要同时应对巨大的机遇和挑战。农产品市场的扩张、农业比较效益的提高、农业生产结构的改善和农业科技的发展等等，这些都将为中国发展带来机遇；同时，一系列挑战也将纷至沓来，包括农业在满足国内日益增长的农产品总量需求、质量和安全需求方面面临极大挑战；农业发展面临日益严峻的耕地和水资源安全及生态安全的巨大挑战；农业发展面临日益严重的小规模经营和农业现代化发展之间矛盾的挑战；全球及国内对农业生物质能源需求的扩张、对农业多功能需求的增长以及对中国的粮食安全和水土等资源超载压力的威胁和挑战，另外，全球气候变化对农业也有一定程度的冲击和影响。很明显，未来中国农业发展需要在动植物增产潜力、资源管理利用与安全、农业生产与食品安全、生态和环境保护等领域取得重大突破，才能满足社会和经济的高速发展。

中国至2050年农业科技领域发展路线图，主要包括五大领域：植物种质资源与现代育种科技，动物种质资源与现代育种科技，资源节约型农业科技，农业生产与食品安全科技，农业现代化与智能化农业科技。路线图总体目标是：至2050年，通过以上各农业科技领域的重大创新和突破，使中国农业具备实现农业资源的可持续利用、国家食物总量和质量安全得到充分保障、农业进入传统功能与现代多功能并存的未来新农业所需要的科技支撑条件。

为达到以上总体目标，五个重大农业科技领域分别拟定了各自至2050年的总体发展目标和路线图。

在植物种质资源与现代育种科技领域，将主要以系统生物学的研究手段为主，采用重大产品导向的研发战略，充分发掘和利用我国丰富的基因资源优势，重点突破植物光能转化和利用效率，坚持开发基于基因组信息的关键生物技术，构建我国功能植物的产品研发创新体系，为我国农业生产的可持续发展提供科技支撑。

在动物种质资源与现代育种科技领域，将主要利用系统生物学、生物信息学、组学及其技术、基因工程等生命科学和生物技术多学科的交叉融合研究手段，采用重大产品导向的研发战略，发展健康可持续发展的畜禽水产业，包括海洋渔业，为人类培育安全、生长快、蛋白含量高、产肉量高、饲料转化率高或抗病力强的畜禽水产品。

在资源节约型农业科技领域，深入研究水分、养分、人工辅助能资源高效利用机制和途径，主要研发耕地保育与替代技术、工程—生物—化学节水技术、流域水资源知识管理技术、水—肥—能一体化管理的精确机械化施用技术、智能型化肥，全面建立节地型农业、节水型农业和节肥节能型农业三大生产技术体系，实现农业生产的集约化、机械化、规范化和配套产业化，实现农业生产力的持续提升和资源的持续利用。

在农业生产与食品安全科技领域，加强农产品安全生产、重大病虫害防控、农产品营养保持环境清洁控制、贮运保鲜和加工等领域的基础理论研究、关键技术突破和综合技术集成创新，建立农产品病虫害流行的预警防控系统、智能专家管理系统，以及从源头到餐桌的食品安全数字跟踪系统，实行精确监测和防控的“主动安全战略”。建立农产品安全生产的标准化体系和绿色生态环境，确保农产品在培育、养殖、贮运、保鲜及加工过程中的品质安全，提供绿色安全优质的农产品；实现精准化食品设计和品质调控，研发多样性的营养食品，改善膳食结构；创制“智能化个性营养食品”，满足个性化的营养需求，为提高全民的身体素质和健康水平提供个性化的功能食品。

在农业现代化与智能化农业科技领域，通过农业信息关键技术的突破和高技术的武装，使我国农业实现“四化”，并构建一个推进我国农业研究不断创新的现代化平台：农业信息服务网络化、农业资源管理数字化、农业生产过程管理精准化、农业装备智能化、农业虚拟化研究网络平台，大幅度提高资源利用效率和农业持续创新能力。

至2050年，农业科技领域发展路线图的实现，需要一系列的体制和政策保障。为保障至2050年农业科技领域发展总体路线图的实现，急需国家深化农业科技体制改革，明确至2050年国家农业科技创新体系和各阶段农业科技创新体系的主体变化路线图，加快科研和技术推广体系配套改革政策的出台。建立有效的激励机制，提高科技人员积极性，创建国家农业科技创新体系；急需国家建立农业长期科技投入机制，增加对农业科技的投入力度，改善农业科技投入结构，提高固定性经费拨款比例；完善相应的法律法规体系，包括知识产权保护、环境立法等；急需建立国家农业科技人才基金，引进和培养一大批杰出的将帅人才和创新团队，增强农业科技的自主创新能力（中国科学院农业领域战略研究组，2009）。

## 五、海洋领域

中国海洋经济近年来呈现快速发展的趋势，特别是依托海洋高新技术的新兴产业快速增长。传统海洋产业的持续发展和转型升级需要知识和技术的创新，海洋新兴产业继续保持快速发展依赖于海洋高新技术的重大突破。中国对能源和战略性矿产资源的需求，促使开发海洋丰富的油气资源、能源和矿产资源。社会发展对海洋科技提出较高的要求，包括沿海居民的生存与发展、近海生态环境的保护和污染治理、海洋灾害防治和预报、海岸带可持续发展等。近年来，中国南海、东海相关海域主权遭遇挑战，依托海洋科技维护中国海域主权是今后相当一段时期的艰巨任务。

国际上，各临海国家纷纷推出了新的海洋发展战略和海洋科技发展规划。美国实施了海洋行动计划，绘制了未来 10 年海洋科技发展线路图；英国前瞻 2025 年，实施了“2025 海洋计划”，全面发展海洋科科技，尤其是在海洋新能源的开发利用技术方面走在了前面，加拿大也实施了海洋行动计划，将未来重点瞄准北极海域；日本推出了《海洋基本法草案》，全面推进其海洋强国战略，俄罗斯欲恢复其海洋强国地位，依托科技打造海洋军事和航运强国。中国周边国家越南、印度、韩国等也都推出了雄心勃勃的海洋战略。

在国际海洋科技发展的大背景和大趋势下，通过国家重点基础研究发展计划（“973”计划）、国家高技术研究发展计划（“863”计划）、科技支撑计划、国家自然科学基金重大和重点项目以及国家专项等系一系列计划的实施，中国在海洋科技领域取得了巨大发展和显著成就。随着国家综合经济实力的增强，国家对海洋科技将给予高度重视，并逐步加大对其的投入，加之海洋科技已具备创新跨越的发展基础，中国海洋科技将迎来快速发展的机遇。同时，中国海洋科技也面临诸多挑战：海洋科技整体水平尚需提高，科学研究处于从跟进向自主创新转变的关键时期，技术发展滞后不能满足海洋科学研究快速发展的需求。体制、机制难以适应海洋科技快速发展的需求，科技投入仍显不足，人才队伍整体水平急需提高等。

中国海洋科技发展的指导思想是以科学发展观为指导，统筹考虑经济社会和科技的全面、协调和可持续发展，紧密围绕国家经济社会发展和海洋权益对海洋科技的需求，以“保障权益、增加财富、维持健康、安全利用、跨越发展”为发展方针，针对国家不同发展阶段的需求，突破传统框架束缚，围绕中国乃至全球当前和今后一段时间内面临的重大海洋科技问题，坚持“重大国家需求与科学发展前沿相结合、基础理论研究与技术能力建设相结合，前瞻布局与科学可行相结合”的原则。以“围绕需求，重点突破，发挥优势，引领发展；以人为本，发展队伍，长远规划，前瞻布局”的战略选择，对未来40年的海洋科技发展进行展望、预测；提出重大科技问题和解决的对策；明确2020年、2030年和2050年中国海洋科学技术的战略目标和发展路线。

至2050年发展目标为：中国海洋科技能力达到世界先进国家水平，不仅为建设成海洋强国服务，而且为世界海洋资源的可持续利用和海洋的健康安全作出重要贡献。各方面目标如下。

海洋环境与安全方面，在西太平洋—东印度洋—川藏高原三角区海陆气相互作用和中国近海环流研究方面建立国际优势，在相关海区和地区建立现场观测和数值模拟研究的区域优势，确立中国在这两个领域的国际领先地位。

海洋生态系统与安全方面，全面提升近海生态系统观测能力和深海大洋的探测能力，深化对海洋主要生命现象与生态过程的认知，提高对海洋自然和人类灾害的理解和预测能力，为建立可持续的基于生态系统水平的海洋管理和开发模式，保证稳定的海洋食物产出，确保清洁、健康、稳定的海洋生态环境，建立有保障的海洋生态安全体系提供科学指导。

海洋生物资源方面，瞄准中国资源可持续开发利用的战略目标和节能减排的重大技术需求，高效开发利用海洋生物资源，对海洋渔业资源、海洋生物基化学资源、海洋微生物资源和海洋生物基因资源深入研究开发，实现海洋生物技术和海洋资源开发利用技术的创新与突破，满足中国经济社会发展的需求，促进中国海洋生物资源开发利用的可持续发展。

海洋油气与矿产资源方面，全面提升海洋油气与矿产资源的探测能力和资源评价能力，深化对海洋油气成藏与海底成矿过程的认知，提高对海洋油气与矿产资源分布的了解，为海洋油气与矿产资源的勘探、开发和利用提供科学指导。

海水资源方面，解决海岛及近岸区域的淡水缺乏，实现海水淡化廉价产出的规模化生产，海水化学资源可持续支撑化学工业发展，稀有战略资源实现规模化利用，海水资源利用成为社会经济发展的支柱产业之一（中国科学院海洋领域战略研究组，2009）。

## 第四节　绿色发展的战略性产业

### 一、新能源产业

石油能源紧缺以来，特别是金融危机爆发以来，各国都把新能源产业发展提升到了前所未有的高度，对其的投入呈现加速之势。新能源产业引领未来产业革命的方向，孕育着新的经济增长点，也是新一轮国际竞争的战略要点。我国正日益加快能源产业战略转型的步伐，积极推进新能源产业的发展，培育新能源产业核心竞争力，有力地推动经济社会生态三大文明建设，促进国民经济持续繁荣。新能源产业包括：太阳能发电产业、高空风能发电产业、地热能和海温能发电产业、草油炼制产业、近海水下波浪能和可燃冰发电产业，以及利用氘和氚进行核聚变发电产业等。新能源的优点在于彻底克服化石能源的缺点，解除化石能源对经济社会生态三大文明建设的制约，有力地促进可持续发展。

新能源相对于化石能源具有四个显著优点：一是成本低效益高；二是取之不尽、用之不竭或资源特别丰厚；三是无污染；四是在科学技术的支持下，成本可控可降，效益可控可提高，并方便开发使用。初步具备以上四个条件的能源比较多。但必须视其开发使用的科学技术水平，能否使其成本降到开采使用化石能源的成本以下，只有其开发应用成本低于化石能源的成本，该新能源产业才具有广泛开发的前景，才能进而形成大规模的产业和财源。

新能源产业已形成世界各国能源战略的主流。研发新能源是人类的共同期盼，也是各个国家的共同诉求，为此，各国都投入了大量的研发经费和科技力量。2008 年世界各国对新能源领域的投资已达 1550 亿美元，并且新的投资还在不断增加，国际能源组织预计 2012 年各国对新能源领域的投资将达到 4500 亿美元以上（刘松万，2009）。

## 二、低碳经济产业

2002 年世界可持续发展首脑会议之后。在可持续发展框架下应对气候变化成为国际共识。为打破国际气候谈判中的僵局，着眼于国际气候制度建设，英国于 2003 年提出了低碳经济概念。低碳经济的实质是能源效率和清洁能源结构问题，其核心是能源技术创新和制度创新，目标是减缓气候变化和促进人类的可持续发展。因此，低碳经济指的是依靠技术创新和政策措施，实施一场能源革命，建立一种较少排放温室气体的经济发展模式，以减缓气候变化（邢继俊和赵刚，2007）。低碳经济是一种由高碳能源向低碳能源过渡的经济发展模式，是一种旨在修复地球生态圈碳失衡的人类自救行为。它的核心是在市场机制基础上，通过制度框架和政策措施的制定及创新，形成明确、稳定和长期的引导和鼓励，推动提高能效技术、节约能源技术、可再生能源技术和温室气体减排技术的开发及运用，并促进整个经济朝向高能效、低能耗和低碳排放的模式转变。低碳经济作为一种新的经济发展模式有以下特征。一是经济性，包括两层含义：①低碳经济应按照市场经济的原则和机制来发展；②低碳经济的发展不应导致人们的生活条件和福利水平下降。二是技术性，也就是通过技术进步，在提高能源效率的同时，降低 $CO_2$ 等温室气体的排放强度。三是目标性，发展低碳经济的目标应该是，将大气中温室气体的浓度保持在一个相对稳定的水平上，不至于带来全球气温上升影响人类的生存和发展，从而实现人与自然的和谐发展（徐冬青，2009）。

减少化石燃料的消耗是低碳经济发展的主要目标之一，提高终端能效、增加清洁能源的供应和消费比例，是绿色发展的最直接体现。结合我国能源资源与结构现状，优化能源结构重点应突出两个方面内容。一是加大低碳清洁能源的开发利用。积极发展风能、太阳能和生物质能项目，推动主要低碳能源的规模化、产业化和商业化发展；鼓励天然气、沼气等清洁能源利用，大力推广分布式供能系统；继续保持适度比例的外来电，不断提高可再生能源和清洁能源在一次能源结构中的比重。二是大力促进传统化石能源的低碳化利用。集约、清洁、高效地利用煤炭，减少原煤直接燃烧，应用洁净煤技术，提高煤炭利用效率；应用二氧化碳捕获、利用和封存技术，减少污染和排放，实现煤炭及煤基产品的高效利用和清洁利用。

## 三、信息网络产业

在扩内需、调结构和转变产业发展方式的经济背景下，信息网络作为六大战略性新兴产业之一，将有望成为重要的新经济增长点。

2009 年，全国电话用户总数达到 10.61 亿户，全国网民达到 3.84 亿人，互联网普及率达到 28.9%，其中宽带网民数达到 3.46 亿人，占网民总数的 90.1%，手机网民数达到 2.33 亿人，占网民总数的 60.8%；有线电视全国拥有 1.6 亿用户，有线数字用户超过了 4000 万户。

从现有信息网络应用产业的发展现状、趋势以及技术趋向来看，电子商务、网络媒体、物联网等将成为信息网络应用的主要内容。

信息网络应用的丰富和发展是信息网络建设的重中之重，加快信息网络的建设和发展，不仅仅是对信息网络基础设施的建设，我们不能总是通过加强固定资产投资的角度来推动产业发展，而更应该从应用、消费和需求终端来强化、推动和刺激产业的发展。

培育信息网络产业为战略性新兴产业，坚持发展 3G 与经济社会信息化建设紧密结合，进一步加快 3G 网络建设和业务应用开发，大力推进 3G 产业发展。要充分利用 3G 技术，提升传统产业信息化水平，促进传统产业升级改造，推动现代服务业发展。要大力推进科技创新，逐步提高我国在 3G 后续技术演进和 4G 国际标准中的话语权，增强我国通信产业的国际竞争能力。要大力提升服务质量与水平，完善管理机制，拓宽服务领域，促进行业绿色发展。

物联网，在中国也称传感网，它与传统互联网不同。目标是通过射频识别、红外感应器等技术实现物物互联，而并非人人互联，以达到更高的自动化、智能化与信息化水平，深化互联网应用。中国发展物联网技术起步较早，目前在标准和技术等方面也具有一定优势。中国科学院早在 10 年前就已启动了物联网研究，并先后投入了数亿元资金用于标准制定、技术开发等工作。最近从工业和信息化部传出消息，我国物联网标准体系已经形成初步框架，向国际标准化组织提交的多项标准提案也已经被采纳。这说明中国在传感领域走在世界前列，正与德国、美国、英国等一起成为物联网国际标准制定的主导国。现在的互联网是人和人之间的通信，物联网包括人和机器的通信，机器和机器的通信，包括传感器、控制器等。物联网时代的冰箱、彩电等家电产品，都可以用手机控制，例如，在家电上安装传感器就可以用手机通过网络进行操控（吴承治，2009）。

## 四、新材料产业

新材料是指新出现的或正在发展中的，具有传统材料所不具备的优异性能和特殊功能的材料；或采用新技术（工艺、装备），使传统材料性能有明显提高或产生新功能的材料。按材料种类划分，大致可分为金属材料、无机非金属材料、有机高分子材料、先进复合材料等四大类。按材料的性能分，主要包括结构材料和功能材料：结构材料主要是利用材料的力学和理化性能，以满足高强度、高刚度、高硬度、耐高温、耐磨、耐蚀、抗辐照等性能要求；功能材料则主要是利用材料具有的电、磁、声、光热等效应，以实现某种功能。

新材料产业对于一个国家的经济发展有很明显的杠杆作用。21 世纪将是以新材料为重要基础的知识经济时代，一种新材料的应用，往往事关一个产业的兴衰，事关国家的经济、安全命脉。新材料是高新技术的重要组成部分，又是高新技术发展的基础和先导，也是提升传统产业技术能级和调整产业结构的关键。新材料已被世界公认为是最重要、发展最快的高新技术产业之一，作为众多产业的关键上游，新材料大多在幕后发挥作用。新材料的发展可以广泛带动汽车、航空设备、通信设备、家电、IT 行业，以及房地产、交通运输、城市建设等诸多领域的技术进步。近几年，中国新材料产业市场需求平均年增长率都在 20% 左右，整个产业正处于强劲的发展态势之中。

由于新材料在发展高新技术、改造和提升传统产业、增强综合国力和国防实力方面起着重要的作用，世界各发达国家都非常重视它的研究开发工作，并制定了相关产业和科技发展计划。如美国的“21 世纪国家纳米纲要”、日本的“纳米材料计划”、德国的“21 世纪新材料计划”、欧盟的“纳米计划”等。据相关研究报告显示，2009 年全球新材料产业总体规模达到 9980 亿美元，中国新材料产业规模达到了 5031 亿元，同比增长 25% 。由新材料带动而产生的新产品和新技术则是个更大的市场。

## 五、健康保健与生物医药

随着社会的进步、人们生活水平的提高，追求健康已经成为人们生活的主要目标。拥有健康成为享受美好生活的前提。健康产业在我国是一个既古老又新兴的产业，说它古老是因为它已经历了五千多年的发展历程，说它新兴是因为在最近的二十多年来，随着科学技术的不断进步，工业及其他产业的日渐现代化，社会分工的不断细化，健康产业的整条产业链日渐完善。据有关专家预测，我国仅保健产品一项，到 2010 年的年销售额将由现在的 500 多亿元提升到 2000 亿元。健康产业早已被国际经济学界确定为“无限广阔的兆亿产业”。据统计，目前全球股票市值中，与健康产业相关股票的市值约占总市值的 13% 左右。特别是在发达国家，健康产业已经成为带动整个国民经济增长的强大动力，美国的医疗服务、医药生产、健康管理等健康行业增加值占 GDP 比重超过 15%，加拿大、日本等国健康产业增加值占 GDP 比重也超过 10%。在我国，健康产业仅占 GDP 的 4% ~5%，低于许多发展中国家，健康产业将成为带动整个国民经济发展的巨大动力。

生物医药产业是事关人民健康的重要产业，是网络经济之后又一个经济增长点，加速生物医药产业发展是提高综合国力的战略选择。国务院在 2007 年底批准将重大新药创新列入国家 16 个科技重大专项，目的就是通过创新药物的研究开发、药品大品种技术改造、创新药物研究技术平台建设、企业新药孵化基地建设和新药研发关键技术研究，提高中国制药业的核心竞争力。

经过多年发展，我国生物药物已开始由仿制进入创制。据统计，我国批准上市的产品有 18 种，进入Ⅰ、Ⅱ期临床试验的有 21 种，处于临床前开发的有 35 种；人工血液代用品技术转让成功，B 型血友病、恶性肿瘤等 5 种基因治疗方案进入临床实验。在产业化方面，截至 2006 年底，我国生物制药企业已发展到 503 家，2006 年销售收入为 390 亿元，总资产已增加到 525 亿元。

另外，我国生物制药发展的条件也已逐渐成熟。首先，我国已经有了一定的技术储备，基础设施也已有明显改善，建成了一批重要的研究、中试和产业化基地：其次，我国丰富的生物资源对生物医学的研究提供了有利条件。再次，我国有巨大的海外人才储备，*Science*、*Nature* 等著名杂志生物技术方面有 25% 的论文由华人研究人员完成或参与完成：此外，由于在我国进行药物研发的动物实验、临床实验相对成本较低，效率较高，这也为我国生物药物的研发提供了有利条件。

**专栏 7-1**

## 让科技引领中国可持续发展

温家宝

要推动中国经济在更长时期内全面协调可持续发展，走上创新驱动、内生增长的轨道，就必须把建设创新型国家作为战略目标，把可持续发展作为战略方向，把争夺经济科技制高点作为战略重点，逐步使新兴战略性产业成为经济社会发展的主导力量。

温家宝强调，科学选择新兴战略性产业非常重要，选对了就能跨越发展，选错了将会贻误时机。我国发展新兴战略性产业，具备一定的比较优势和广阔的发展空间，完全可以有所作为。一要高度重视新能源产业发展，创新发展可再生能源技术、节能减排技术、清洁煤技术及核能技术，大力推进节能环保和资源循环利用，加快构建以低碳排放为特征的工业、建筑、交通体系。要努力走在全球新能源汽车发展的前列，尽快确定新能源汽车的技术路线和市场推进措施，推动中国汽车工业跨越发展。二要着力突破传感网、物联网关键技术，及早部署后 IP 时代相关技术研发，使信息网络产业成为推动产业升级、迈向信息社会的“发动机”。三要加快微电子和光电子材料和器件、新型功能材料、高性能结构材料、纳米技术和材料等领域的科技攻关，尽快形成具有世界先进水平的新材料与智能绿色制造体系。四要运用生命科学推动农业和医药产业发展。积极发展转基因育种技术，努力提高农产品的产量和质量。突破创新药物和基本医疗器械关键核心技术，形成以创新药物研发和先进医疗设备制造为龙头的医药研发产业链条。五要大胆探索空间、海洋和地球深部，实施好载人航天计划和嫦娥计划，有效进入并和平利用空间，切实加强海岸带可持续发展研究，促进海洋资源合理开发和海洋产业发展，努力提高地球深部资源探测水平，充分挖掘和利用好各种资源。

世界各国都高度重视新能源产业发展，正在加快推进以绿色和低碳技术为标志的能源革命。中国在调整能源结构、提高能源资源利用效率、应对气候变化方面，已经并将继续作出积极努力。新能源发展要突出清洁能源和可再生能源，包括水电、核电、风力发电、太阳能发电、沼气发电，以及地热利用、煤的洁净利用等。要加强宏观规划和配套设施建设，推动清洁能源和可再生能源有序发展。同时，要采取更强有力的措施，突破关键技术，提高能源利用效率和优化能源消费结构。新能源汽车已成为全球汽车工业发展方向。世界主要国家为保障能源安全，都在加快新能源汽车研发和市场开拓的步伐。中国经过近10年的自主研发和示范运行，在这个领域与世界先进水平的差距大大缩小。当前紧迫的任务是，通过技术经济、市场需求和经济效益三个方面的充分论证，尽快确定技术路线和市场推进措施，推动新能源汽车工业的跨越发展。

新材料产业发展对中国成为世界制造强国至关重要。目前，中国许多基础原材料以及工业产品的产量位居世界前列，但是高性能的材料、核心部件和重大装备严重依赖于进口，关键技术受制于人，“中国制造”总体水平处在国际产业链低端。无论是推进大飞机、高速列车、电动汽车等重点工程，还是发展电子信息、节能环保等重要产业，都面临着一系列关键材料技术突破问题。必须加快微电子和光电子材料和器件、新型功能材料、高性能结构材料、纳米材料和器件等领域的科技攻关，尽快形成具有世界先进水平的新材料与智能绿色制造体系。

21世纪是生命科学大发展的世纪。生物科技发展将显著提高农业和人口健康水平。13亿中国人的吃饭问题必须靠自己来解决，根本要靠科技。要发展转基因育种技术，这是提高农业产量和改善产品质量的重要途径。科学家建议超前部署分子设计育种，大规模挖掘动植物种质中蕴藏的优异基因资源。这样，中国10年左右就可能实现小麦、水稻等主要农作物和猪、牛、羊等主要牲畜的优良品种的显著改良。

健康科技、生物医药事关民生大计。中国是一个发展中的人口大国，加快这个领域创新和发展具有特殊重要的意义。要把生命科学前沿、高新技术手段与传统医学优势结合起来，研发适应多发性疾病和新发传染病防治要求的创新药物，突破应用面广、需求量大的基本医疗器械关键核心技术，形成以创新药物研发和先进医疗设备制造为龙头的医药研发产业链，大幅度提升生物医药产业的国际竞争力。目前，世界主要发达国家的干细胞研究发展势头强劲。干细胞研究促进了再生医学的发展，这是继药物治疗、手术治疗之后的又一场医疗革命。我们要力争在干细胞研究的更多领域取得领先地位，同时要高度重视、切实防范干细胞研究引发的伦理问题。

信息网络产业是世界经济复苏的重要驱动力。全球互联网正在向下一代升级，传感网和物联网方兴未艾。"智慧地球"简单说来就是物联网与互联网的结合，就是传感网在基础设施和服务领域的广泛应用。我在无锡考察时参观了中国科学院微系统所无锡传感网工程中心，很高兴看到一批年轻人正在从事传感网的研究。我相信他们一定能够创造出"感知中国"，在传感世界中拥有中国人自己的一席之地。我们要着力突破传感网、物联网的关键技术，及早部署后 IP 时代相关技术研发，使信息网络产业成为推动产业升级、迈向信息社会的"发动机"。

资料来源：温家宝，2009

## 参考文献


刘松万 . 2009. 发展新能源产业的财政政策与措施 . 山东社会科学，11：116—118

温家宝 . 2009. 让科技引领中国可持续发展 . http：//www.gov.cn/ldhd/2009-11/03/content_1455545.htm ［2010-01-10］

吴承治 . 2009. 物联网—打造未来经济的引擎 . 现代传输，6：14—19

邢继俊，赵刚 . 2007. 中国要大力发展低碳经济 . 中国科技论坛，10：87—92

徐冬青 . 2009. 发达国家发展低碳经济的做法与经验借鉴 . 世界经济与政治论坛，6：112—116

中国科学院海洋领域战略研究组 . 2009. 中国至 2050 年海洋科技发展路线图 . 北京：科学出版社

中国科学院能源领域战略研究组 . 2009. 中国至 2050 年能源科技发展路线图 . 北京：科学出版社

中国科学院农业领域战略研究组 . 2009. 中国至 2050 年农业科技发展路线图 . 北京：科学出版社

中国科学院人口健康领域战略研究组 . 2009. 中国至 2050 年人口健康科技发展路线图 . 北京：科学出版社

中国科学院生态与环境领域战略研究组 . 2009. 中国至 2050 年生态与环境科技发展路线图 . 北京：科学出版社

# 第八章 绿色发展的若干建议

## 第一节 建立绿色 GDP 国民核算体系

### 一、GDP 表达发展的缺陷

国民经济核算主要是通过一系列的指标，从实物量到价值量，从存量到流量，从投入到产出，从费用到收益，对社会再生产的循环过程加以量化的描述与分析。20 世纪 40 年代，西蒙·库兹涅茨提出了 GNP（国民生产总值），衍生出 GDP（国内生产总值），随后被联合国采用，至今已经成为全世界衡量经济发展的重要指标（钟兆修，2003）。GDP 作为政府对国家经济运行进行宏观计量与诊断的一项重要指标，曾被一代经济学大师凯恩斯推崇有加，特别是在第二次世界大战后全球经济普遍复苏的背景之下，GDP 逐渐演化成为衡量一个国家经济社会是否真正进步的最重要的指标（海因茨等，1997）。

GDP 是指一个国家或地区中由所有居民生产者创造的增加值，加上不含在产出估价中的所有产品税（减去补贴）之和。从生产角度看，GDP = 总产出 - 中间产品消耗。中间产品消耗是指生产过程中所消耗的原材料、能源以及外雇劳务等（联合国开发计划署，2004）。GDP 的计算未对资本性资产构成的贬值和自然资源的退化和折旧进行扣除。增加值是一个行业所有产出加总，并刨除中间投入后的净产出。由于 GDP 仅仅衡量经济过程中通过交易的产品与服务之总和，它假定任何的货币交易都“增加”社会福利，但在交易过程中到底是增加社会财富还是减少社会财富，它并不能加以辨识。因此，GDP 中包括有损害发展的“虚数”部分，从而造成了它对发展的不真实表达；与此同时，它只反映了增长部分的“数量”，尚无法反映增长部分的“质量”（中国科学院可持续发展研究组，1999）。从社会角度看，GDP 将好的、坏的产出一视同仁地算在经济指标之中。例如，教育，服务青少年、老年人的劳务所得，跟制造武器、香烟等具有同样的价值。它把造成社会无序和发展倒退的“支出”（如犯罪、家庭解体等成本）均视为社会财富；它不能反映社会贫富悬殊所产生的分配不公平等发展瓶颈，即它不计总量增长过程中由于人际不公平所造成的破坏性后果；从环境角度看，它认为自然资源是自由财富，不去考虑自然资源的逐渐稀缺性，也不去考虑如何解决资源的质量下降和耗竭性资源的枯竭等问题。所以，通常是一个国家和地区的自然资源消耗得越多，其 GDP 增长也就越快；同时，它不能反映环境的缓冲能力下降，自净能力下降，抗逆能力下降，反而将产生环境污染的经济活动的收益也计入 GDP 之中，甚至将环境污染算成对经济的贡献。从经济角度看，它只记录看得见的、可以价格化的劳务，其他对社会非常有贡献的劳务却被摒除在外。它把家务劳动、妇女生育、志愿者的贡献等非市场经济行为，部分地或完全地忽略，也未真实反映社会发展的全貌；较低收入者，并不因为有较多的空闲时间，而提高它的价值，而高收入者，却没有休闲时间，并没有将这些时间算进去当成扣除所得的一项成本。上述表明，GDP 作为测量国家财富指标的缺陷很多，并不能真正地表达全球或区域国家的发展。美国世界资源研究所在其《1996～1997 世界资源报告》中指出（世界资源研究所，1997），1950～1997 年，全世界制造业与服务业的产值从 5 万亿美元增长到的 29 万亿美元，增长了近 5 倍。但是与此同时，全球木材使用量增加了 8 倍，纸张消耗增加了 6 倍，鱼捕捞量增加了 3 倍，化石燃料增加了 5.5 倍。至于空气、水的污染，更是不知道增加了多少倍。该报告指出“不幸的事实是，随着经济增长仍在全世界的继续，自然环境的生态价值不但不能保持，并且有更快速度的恶化”。这使得世界的发展与生态环境之间存在着越来越紧张的关系。

## 二、“绿色 GDP” 核算的理论探索

20 世纪 60 年代之后，随着全球性的资源短缺、生态环境恶化等问题给人类带来空前的挑战，一些经济学家和有识之士已经开始意识到使用 GDP 来表达一个国家或地区经济与社会的增长与发展存在明显的缺陷。他们强烈呼吁改进国民经济核算体系（SNA），纠正以 GDP 为核心的国民经济核算方式的缺陷。特别是 1992 年里约会议之后，可持续发展观被世界各国政府广泛认同，人们已经普遍意识到需要对传统的国民经济核算体系进行修正，力图从传统意义上所统计的 GDP 中扣除不属于真正财富积累的虚假部分，从而再现一个真实的、可行的、科学的指标，即“真实 GDP”，也就是我们所说的“绿色 GDP”，来衡量一个国家和区域的真实发展和进步，使其能更确切地说明增长与发展的数量表达和质量表达的对应关系。从理论上来说，绿色 GDP = 传统 GDP - 自然部分的虚数 - 人文部分的虚数（中国科学院可持续发展研究组，2002）。

如何构建以绿色 GDP 为核心的国民经济核算体系，联合国、世界各国政府、著名国际研究机构和著名科学家从 20 世纪 70 年代开始，一直在进行着艰辛的理论探索（杨多贵等，2001；伊恩・莫法特，2002）。

1972 年托宾（James Tobin）和诺德豪斯（William Nordhaus）提出净经济福利指标（net Economic welfare）。他们主张应该把都市中的污染等经济行为所产生的社会成本从 GDP 中扣除；同时，加进去被忽略的家政活动、社会义务等经济活动。按此计算，美国 1940～1968 年，每年净经济福利所得，几乎只有 GDP 的一半。1968 年以后，二者差距越来越大，每年净经济福利所得不及 GDP 的一半。

1973 年日本政府提出净国民福利指标（net national welfare，NNW），主要是将环境污染列入考虑之中。国家制定出每一项污染的允许标准，超过污染标准的，列出改善所需经费。调整国民核算主要是想反映由于环境污染造成的损失，并且日本政府对每一个主要的污染都应用了质量标准：水污染、空气污染、废物处理。该指标也包含了自然资源损害和交通事故的成本，而没有考虑对家庭劳动的估价。这些改善经费必须从 GDP 中扣除。按此计算，日本政府当时虽然 GDP 年增长 8.5%，但是扣除治污费用后，事实上只有 5.8% 的增长率。日本 1955 ~ 1985 年 GNP 和 NNW 的比较见表 8-1。

**表 8-1　日本 GNP 和 NNW 的比较**（1955 ~ 1985 年）

| 年　份 | 1955 | 1960 | 1965 | 1970 | 1975 | 1980 | 1985 |
|---|---|---|---|---|---|---|---|
| GNP | 17 268 | 26 183 | 41 591 | 72 144 | 93 260 | 118 105 | 143 387 |
| 变化率/% | — | +51.6 | +58.8 | +73.5 | +29.3 | +26.6 | +21.4 |
| NNW | 18 036 | 23 126 | 32 116 | 47 548 | 74 231 | 90 646 | 103 781 |
| 变化率/% | — | +28.2 | +38.9 | +48.1 | +56.1 | +22.1 | +14.5 |

1989 年卢佩托等提出净国内生产指标（net domestic product，NDP）。他们重点考虑了自然资源的耗损与经济增长之间的关系。他们选择自然资源非常丰富的印度尼西亚为研究对象，按他们设计的指标进行计算，1971 ~ 1984 年，印度尼西亚虽然 GDP 的增长率为 7.1%，但是扣除由于因石油耗损、木材减少，以及由于伐木引起的水土流失所造成的损失后，实际增长只是 4.8%（表 8-2）。

**表 8-2　印度尼西亚 GDP 与 NDP 增长对比情况**（1971 ~ 1984 年）

（单位：10 亿卢比）

| 年　份 | GDP | 石　油 | 森　林 | 土　壤 | 净变化 | NDP |
|---|---|---|---|---|---|---|
| 1972 | 6 067 | 337 | -354 | -83 | -100 | 5 967 |
| 1974 | 7 296 | 3 228 | -533 | -90 | 2 605 | 9 901 |
| 1976 | 8 156 | -187 | -423 | -74 | -684 | 7 472 |
| 1978 | 9 567 | -1 117 | -401 | -89 | -1 607 | 7 960 |
| 1980 | 11 169 | -1 633 | -965 | -65 | -2 663 | 8 505 |
| 1982 | 12 325 | -1 158 | -551 | -55 | -1 764 | 10 561 |
| 1984 | 13 520 | -1 765 | -493 | -76 | -2 334 | 11 186 |
| GDP 年平均增长率/%：7.1 | | | | | NDP 年平均增长率/%：4.8 | |

注：以 1973 年不变价格计算

1990 年世界银行资深经济学家戴利（Herman Daly）和科布（John B. Cobb）提出可持续经济福利指标（index of sustainable economic welfare，ISEW）。该指标考虑了社会因素所造成的成本损失，如财富分配不公，失业率、犯罪率对社会带来的危害；更加明晰地区分经济活动中的成本与效益，如医疗支出等社会成本，不能算做是对经济的贡献。按此计算，从1950～1986年期间，美国的US-ISEW和US-ISEW[1]每年分别以0.9%和1.1%的速度增长，而GNP增长速度是二者的2倍，即2.0%（表8-3）。

**表8-3　美国人均GNP、US-ISEW和US-ISEW[1]比较**（1950～1986年）

| 年　份 | 1950 | 1960 | 1965 | 1970 | 1977 | 1986 |
|---|---|---|---|---|---|---|
| 人均GNP/美元 | 3 512 | 4 080 | 4 783 | 5 294 | 6 219 | 7 226 |
| 变化率/% | — | +16.2 | +17.2 | +10.7 | +17.5 | +16.2 |
| US-ISEW/美元 | 2 488 | 3 052 | 3 419 | 3 723 | 3 656 | 3 402 |
| 变化率/% | — | +22.7 | +12.0 | +8.9 | -1.8 | -6.9 |
| US-ISEW[1]/美元 | 3 174 | 3 836 | 4 262 | 4 663 | 481 | 4 732 |
| 变化率/% | — | +20.9 | +11.1 | 21.5 | +3.2 | -1.6 |

注：US-ISEW[1]表示不包括资源的消费与长期的环境损害

1995年9月，世界银行首次向全球公布了用"扩展的财富"指标作为衡量全球或区域发展的新指标，从而使"财富"概念超越了传统范式所赋予的内涵。"扩展的财富"由自然资本、生产资本、人力资本和社会资本4大组要素构成，专家们公认"扩展的财富"比较客观、公正、科学地反应了世界各地区发展的真实情况，为国家拥有的真实"财富"及其发展随时间的动态变化，提供了一种可比的统一标尺。特别指出的是，世界银行所提出的"真实储蓄率"指标，它为评价一个国家或地区财富与发展水平的动态变化提供了更加有力的判据。世界银行副行长塞拉杰尔汀说："真实储蓄率既抓住了财富现实衡量的本质内涵，也着眼于用真实储蓄率的动态变化去衡量财富影响的长远后果。"表8-4是世界银行对全球不同收入类型国家的储蓄净额的估算结果（世界银行，2003）。

**表8-4　初步调整后的储蓄净额**（占GDP的比重，1999年）　　（单位:%）

| 按收入划分 | 国内储蓄总量 | 固定资本消耗量 | 能源枯竭 | 矿藏枯竭 | 森林净存量的枯竭 | 二氧化碳的损害 | 教育支出 | 调整后的净储蓄 |
|---|---|---|---|---|---|---|---|---|
| 低收入国家 | 20.3 | 8.3 | 3.8 | 0.3 | 1.5 | 1.4 | 2.9 | 7.8 |
| 中等收入国家 | 26.1 | 9.6 | 4.2 | 0.3 | 0.1 | 1.1 | 3.5 | 14.3 |
| 低收入及中等收入国家 | 25.2 | 9.4 | 4.1 | 0.3 | 0.4 | 1.2 | 3.4 | 13.3 |
| 高收入国家 | 22.7 | 13.1 | 0.5 | 0.0 | 0.0 | 0.3 | 4.8 | 13.5 |

注：调整后的储蓄净额等于国内储蓄净额（根据国内储蓄总额与固定资本消耗之间的差异计算），加上教育支出，减去能源耗竭、矿藏枯竭、森林净存量枯竭、二氧化碳的损害

资料来源：世界银行，2003

1995年国际发展重新定义组织（Redefining Progress）建立真实发展指标（genuine progress indicator，GPI）以衡量一个国家或地区的真实经济福利。该指标扩展了传统的国民经济核算框架，包括社会、经济和环境三个账户，并且首先在

美国、加拿大和英国得到应用。对美国的研究结论表明，1950～1998 年，虽然美国的人均 GDP 增加了 1 倍多，但是人均 GPI 却是另一种情景，增加得十分可怜（徐中民等，2004），如表 8-5 所示。

**表 8-5 美国 1950～1998 年 GDP 和 GPI 之间比较**

| 年　份 | GDP/10 亿美元 | GPI/10 亿美元 | 人均 GDP/美元 | 人均 GPI/美元 |
|---|---|---|---|---|
| 1950 | 1 611 | 810 | 10 582 | 5 317 |
| 1960 | 2 263 | 1 226 | 12 525 | 6 783 |
| 1970 | 3 398 | 1 781 | 16 569 | 8 686 |
| 1980 | 4 615 | 1 982 | 20 310 | 8 722 |
| 1990 | 6 136 | 1 965 | 24 600 | 7 879 |
| 1998 | 7 552 | 1 770 | 27 939 | 6 549 |
| 1950～1998 | +5 941 | +960 | +17 357 | +1 232 |

注：采用 1992 年不变价

资料来源：Clifford Cobb，Gary Sue Goodman，Mathis Wackernagel. Why Bigger isn't Better：The genuine Progress Indicator-1999 Update，Redefining Progress

1997 年 Wackernagel 等提出了"生态足迹"（ecological footprint）度量指标。"生态足迹"主要用来计算在一定的人口和经济规模条件下，维持资源消费和废弃物吸收所必需的生产土地面积，人均生态足迹可以反映一个国家居民的资源消耗强度，生态足迹越大，资源利用越多，可能生活质量越高。Wackernagel 等在《国家生态足迹》中，应用生态足迹指标对世界上 52 个国家和地区 1997 年的生态足迹进行的实证计算研究表明，全球平均人均生态足迹为 2. 8hm$^2$，而可利用生物生产面积仅为 2hm$^2$，全球人均生态赤字 0. 8hm$^2$，从全球范围而言，人类的生态足迹已超过了全球生态承载能力的 35%。因此，人类现今的消费量已超出自然系统的再生产能力，即人类正在耗尽全球的自然资产存量。根据国内学者张志强、陶在朴等计算，2001 年中国人均生态足迹约为 2. 0hm$^2$ 左右，而其人均生态承载能力仅为 0. 8 hm$^2$，人均生态赤字为 1. 20 hm$^2$（表 8-6）。

**表 8-6 中国的生态足迹的供给－需求分析**（2001 年）

| 需　求 | | | | 供　给 | | |
|---|---|---|---|---|---|---|
| 生态足迹 | 总　和 | 等量系数 | 足迹大小 | 土地面积 | 产量系数 | 调整后的土地 |
| 单　位 | hm$^2$/人 | | gha/人 | hm$^2$/人 | | gha/人 |
| 项　目 | a | b | c = a * b | d | e | f = b * d * e |
| 化石能源 | 0. 441 8 | 1. 35 | 0. 596 4 | 0. 00 | 0. 60 | 0. 000 0 |
| 耕　地 | 0. 358 2 | 2. 11 | 0. 734 7 | 0. 101 9 | 2. 05 | 0. 441 2 |
| 牧　地 | 0. 249 2 | 0. 47 | 0. 117 1 | 0. 313 4 | 0. 72 | 0. 106 2 |
| 林　地 | 0. 401 6 | 1. 35 | 0. 542 2 | 0. 206 3 | 0. 91 | 0. 253 0 |
| 建筑用地 | 0. 002 0 | 2. 11 | 0. 004 2 | 0. 000 1 | 1. 66 | 0. 000 4 |
| 海　洋 | 0. 114 2 | 0. 35 | 0. 040 0 | 0. 007 3 | 1. 00 | 0. 002 6 |
| 总　计 | 1. 566 9 | — | 2. 034 6 | 0. 629 0 | — | 0. 802 3 |

注：2001 年中国生态赤字是 1. 2313hm$^2$/人

资料来源：陶在朴，2003

1997 年 Constanza 等首次系统地设计了测算全球自然环境为人类所提供服务的价值"生态服务指标体系"（ESI）（表 8-7）。他们把全球生态系统提供给人类的"生态服务"功能分为 17 种类型，把全球生态系统分共计 20 个生物群落区。由此，他们计算了"生态服务"价值与全球国民产生总值（GDP）之间比例关系（1∶1.18）。该指标体系的提出，对更加深刻理解人与自然之间的关系，揭示可持续发展的本质内涵，具有较高的科学价值（Jane Lubchenco，1998）。

**表 8-7　全球生态系统服务的年度平均价值**（按生态系统类型）

| 生态系统 | 面积/$10^6hm^2$ | 每公顷年价值/［美元/（$hm^2$·a）］ | 全球价值/（万亿美元/a） |
|---|---|---|---|
| 大　洋 | 33 200 | 252 | 8.4 |
| 海　岸 | 3 102 | 4 052 | 12.6 |
| 热带森林 | 1 900 | 2 007 | 3.8 |
| 其他森林 | 2 955 | 302 | 0.9 |
| 草　地 | 3 899 | 232 | 0.9 |
| 湿　地 | 330 | 14 785 | 4.9 |
| 湖泊与河流 | 200 | 8 498 | 1.7 |
| 耕　地 | 1 400 | 92 | 0.1 |
| 全球生态服务总价值 | | | 33.3 |

注：未计沙漠、冻土、冰/岩石等生态系统

资料来源：Costanza R et al.，1997

## 三、绿色 GDP 核算的实践探索

### （一）国外绿色 GDP 核算的实践探索

20 世纪 80 年代开始，一些发达国家已开始着手对资源与环境进行核算，逐步建立资源核算账户（中国科学院可持续发展研究组，2004；杨仲山，2004）。1973～1982 年，联合国开始研究环境统计的方法与模式，并编写出《环境统计资料编制纲要》。1982 年联合国环境规划署（UNEP）发布建立环境账户的指导方针，为此后许多国家建立各自国家的环境经济账户提供了参考。1983～1988 年，联合国统计署与世界银行环境局、美国环保局合作，正式开展了环境与资源核算的研究工作，初步讨论了资源与环境核算同国民经济核算体系的关系问题。1993 年，联合国统计局和世界银行合作，将环境问题纳入正在修订的国民经济账户体系框架中（UNSD），并最终推出一个系统的环境经济账户（SEEA）。该账户第一次提出同 SNA 一致的解释环境资源存量和流量的系统框架，并首先在墨西哥、博茨瓦纳、泰国、巴布亚新几内亚等国进行了试点研究，以评价环境对经济发展水平的影响。1994 年正式出版了《综合环境与经济核算手册（SEEA）》，其 2000 年版正式手册已在2001年6月出版。世界银行定期发布各国绿色统计数据，2003年版的《绿色数据手册》已于2003年4月出版。

挪威是最早开始进行自然资源核算的国家，1981年挪威政府首次公布并出版了自然资源核算数据、报告和刊物。1987年公布了挪威自然资源核算研究报告。自然资源核算的目的是，提供最新的和质量较好的数据和信息，将自然资源开发计划与经济计划联系起来，促进资源管理部门和经济管理部门之间的配合和协调。在挪威的自然资源账户中，将自然资源划分为实物资源和环境资源两大类，构建了包括森林、土地、水资源、石油、天然气等一系列的完整的实物资源核算体系。芬兰按照挪威自然资源核算模式，建立了自己的自然资源核算框架。法国的自然资源账户是一个范围很广的账户。这些账户描述并度量了环境资产的经济、社会和生态功能，其实物账户类似于挪威的实物账户。

SEEA体系一经推出，即在各国引起了强烈反响，是目前影响最广、被效仿最多的绿色账户体系。为了进一步推动SEEA走向实践，SEEA的各部分作为专题在墨西哥、巴布亚新几尼亚、菲律宾等国家进行试点。1990年，在联合国支持下，墨西哥率先实行绿色GDP。墨西哥将石油、各种用地、水、空气、土壤和森林列入环境经济核算范围，再将这些自然资产及其变化编制成实物指标数据，最后通过估价将各种自然资产的实物量数据转化为货币数据。在传统NDP基础上，得出石油、木材、地下水的耗减成本和土地转移引起的损失成本。然后，又进一步得出环境退化成本。印度尼西亚也于1996年完成了本国1990～1993年的自然资源环境账户核算，并初步完成了核算矩阵的构造及1990～1993年的实例估算。而以美国为代表的发达国家基于这一基本思路，对其本国资源进行了核算（1991）。日本从1993年起对本国的SEEA进行了系统的构造性研究，1998年日本仿照提出广义的资源环境账户体系的理论框架（CSEEA），建立了较为完整的SEEA实例体系，给出1985年及1990年本国绿色GDP的初步估计，并将其用于环境政策的研究。近年，欧盟结合在借鉴和研究挪威和芬兰的实践基础之上，制定出基于SEEA框架的环境经济综合核算欧盟统一模式——包含环境核算的国民经济核算矩阵（NAMEA），该模式已被欧盟成员国普遍采用。

### （二）我国建立绿色GDP核算体系的实践进展

从政府层面上来看，我国国民经济核算的理论与实践大致经历了四个大的阶段。第一阶段（1951～1981年），我国的国民经济核算体系制度基本上属于MPS（物质产品核算），即实行的是物质产品平衡表体系，这一体制是与高度集中统一的计划经济体制是相适应的；第二阶段（1982～1991年），我国国民经济核算体系制度的转型阶段，两种核算制度MPS与SNA（国民经济账户）并存，它与我国从计划经济向市场经济转型相适应的；第三阶段（1992～1995年），1992年我国正式启用SNA核算体系（1968年修订），该SNA国民经济核算体系在实质内容上，与当时国际上大多数国家的核算制度基本相同的，与国际统计口径相接轨的。但是由于SNA核算体系所固有的缺陷性，即它不能全面反映经济、社会、科技和资源环境状况及其内在的、本质的相互关系，因此，以 SNA 为基础，对 SNA 进行改革，构建以绿色 GDP 为核心，充分体现可持续发展这一指导思想的核算体系，是学术界和各国政府面临的一项紧迫而艰辛的任务。第四阶段（1995 年至今），SNA 国民核算体系的改革和向联合国新的国民核算体系（1992 年修订）与 SEEA 体系（环境经济综合核算体系）过渡。从总体来说，SEEA 与 SNA 在概念上是一致的，其本质不同在于 SEEA 在资本使用概念上对 SNA 做了拓展，即将自然资源和环境作为资本使用的一部分考虑进去。就在中国政府开始研制自己的 SNA 体系时，由联合国、世界银行等五个国际组织组成的联合工作组，开始组织有关国际组织和各国（地区）国民核算专家开始对旧 SNA 体系（1968）进行修订。从 1995 年开始，中国政府一直在跟踪和吸收国际上国民核算体系发展的最新成果，以力求保持中国 SNA 核算体系与国际上大数国家的 SNA 核算体系同步与接轨（杨仲山，2004）。

从学术界、理论界来看，我国国内的一些著名研究机构和知名学者一直在跟踪这一领域的世界前沿研究成果与学术研究的动态与趋势。目前，国内从事国民核算体系问题研究的研究单位主要集中在中国科学院、北京大学、国家环境局等。研究领域与研究方向主要集中在以下几个方面：①自然资源环境核算与国民经济体系的相互关系研究；②将自然资源环境核算纳入国民资产负债（国民财富）核算的方式及核算途径的研究；③将资源环境因素纳入“生产账户”（GDP）的生产方式方法及核算途径的研究；④关于“中国综合经济与环境核算体系”的核算模式、核算理论、原则与方法的研究。例如，早在 1988 年，由国务院发展研究中心牵头，在美国福特基金会的资助下，与美国世界资源研究所合作，进行了《自然资源核算及基纳入国民经济核算体系》的课题研究，该项目主要侧重于探索将自然资源环境核算纳入国民经济体系的理论与方法；1996 ~ 1999 年北京大学的厉以宁教授、雷明博士等，先后应用“投入产出表”基本原理，提出可持续发展下的“绿色”核算，即对中国资源—经济—环境的综合核算，并且对中国 1992 年中国的 EDP、绿色 GDP 进行计算。该研究侧重于对“中国综合经济与环境核算体系”的核算模式、理论与方法的探索；国家环境保护总局曹凤中、刘亿等，以及中国科学院国情研究小组胡鞍钢教授等，依据世界银行的“扩展的财富”，即把财富扩展为四大资大资本——自然资本、生产资本、人力资本和社会资本，运用世界银行的这套思想、概念和计算方法，分别对中国 1978 年以来的国民储蓄率进了计算与分析。该研究主要侧重于将自然资源环境核算纳入国民资产负债（国民财富）核算的方式、核算途径，以及实际操作的研究与实践。

2001 年国家统计局开展自然资源核算工作，重点是编制“全国自然资源实物表”，主要包括土地、矿产、森林、水资源四种自然资源，随后，相继开展了“海洋资源实物量核算”、“土地、矿产、森林、水资源价值量核算”、“环境保护与生态建设实际支出核算”、“环境核算”以及“经济与资源环境核算”。2004 年，国家统计局、国家环境保护总局、国家发展和改革委员会、国家林业局等联合启动“绿色 GDP 核算体系研究联合课题组”，2004 年 9 月，由国家环境保护总局牵头，已经正式完成了《中国资源环境经济核算体系框架》和《基于环境的绿色国民经济核算体系框架》两份报告，其中，《中国资源环境经济核算体系框架》提出了中国资源环境经济核算体系的基本框架，探讨了进行资源环境经济核算可能采取的方法和理论依据；《基于环境的绿色国民经济核算体系框架》不仅提出了构建我国基于环境的绿色国民经济核算体系的总体原则，建立了环境实物量核算、环境价值量核算、环境保护投入产出核算和经环境调整的绿色 GDP 核算四个具体的表式核算框架，还阐明了核算思路、方法与基本内容。这两份报告构筑出了我国“绿色 GDP”的基本理论框架，为绿色国民经济核算制度的建立与实施奠定了坚实的基础。2005 年 2 月 28 日，国家环境保护总局和国家统计局已在北京、天津、河北、辽宁、浙江、安徽、广东、海南、重庆和四川 10 个省（直辖市）启动了以环境核算和污染经济损失调查为内容的绿色 GDP 试点工作，试点工作从 2005 年 1 月开始到 2006 年 2 月结束，分技术准备、研究调查、全面核算和核算总结四个阶段进行。试点工作包括三方面内容：一是建立地区环境核算框架。研究《中国资源环境经济核算体系框架》，提出完善建议，建立适合本地区的资源环境经济核算体系框架；研究《中国环境经济核算体系框架》，提出完善建议，建立适合本地区的环境经济核算体系框架。二是开展污染损失调查。通过对污染损失案例的调查，建立地区污染经济损失估算模型和估算方法，确定估算技术参数；按国家技术组提供的调查表收集数据，完成大气污染损失、水污染损失、固体废物污染损失以及重大环境污染事故经济损失核算。三是开展环境核算。开展环境污染实物量核算；按国家技术组提供的企事业单位环保支出调查表，进行企事业单位环保支出项目调查，确定内部环境污染治理成本；调查社会环保支出情况，确定外部环境污染治理成本；在污染损失调查、污染实物量核算和环境污染治理成本调查的基础上，进行环境核算。虽然建立中国特色的绿色国民经济核算体系是一项艰巨而长期的工作，存在许多技术上、制度上、观念上的困难，更有许多尚待突破的学术领域，但是鉴于中国当前环境与资源的严峻形势，无论有多大困难，绿色 GDP 的研究与试验工作都必须毫不犹豫地向前推进，为国家未来可持续发展战略的实施奠定坚实的基础（杨多贵等，2004；国家环境保护总局办公厅，2005）。

## 第二节　打造绿色发展的两大经济长城

### 一、集聚——经济发展之要义

经济发展是不平衡的。世界 GDP 的一半由仅占土地面积 1.5% 的地区生产，而北美、欧盟和日本三地占据了世界 3/4 的财富。1980 年，欧盟 15 国、北美洲和东亚的 GDP 占全世界的 70%；到 2000 年，这一比例增加了 83%。在巴西，仅占国土面积 15% 的中南部三州，创造了全国一半以上的 GDP。无论从世界、国家还是区域层次，经济的集聚似乎成了既定规律，甚至无法逾越。在原苏联，沿着

“工业均衡增长”的大政方针，国家将生产强行从圣彼得堡、中部地区和中乌拉尔等老工业区转移到荒凉落后，条件恶劣的东部地区。到苏联解体时，东部地区的经济生产比重确实有所提升，从1925年的4%增长到28%。但这种工业增长是在牺牲原材料、交通运输和能源利益下导致的。最终，工业生产成本高昂、空间效率低下加速了苏联的解体（世界银行，2009）。正反例子都陈述着一个客观事实：经济生产倾向集聚。

经济活动的空间集聚的根本原因在于规模经济，即规模的扩大能够带来经济活动收益的增加。其本身可分为内部经济和外部经济（或集聚经济）。外部经济又可分为地方化经济和城市化经济。其中，地方化经济源自于大量同一产业的集聚，而城市化经济源自于大量不同产业的集聚。在规模经济下，企业通过固定成本的降低，内部劳动分工，甚至从上游投入资料供应者的巨额回扣中获得更多收益；同行业间通过同一区域内持续生产成本的下降，更多更可靠的具有特定技能劳动力市场，更易与投入资料供应者谈判的能力，以及更能吸引相关消费者的潜力来获益；不同行业间通过城市内不同产业下知识溢出、丰富多样的劳动力，规模巨大的消费市场来获得高额利润。城市或经济高密度地区连接着内部经济和外部经济。一个可以从内部经济中获益的工厂或服务性企业，借助经济高密度区集聚的大规模熟练劳动力、专业化投入资料供应商、丰富多样而流动通畅的信息及随之而来的知识外溢效应，再加上庞大的消费市场，同样也能获得高额的外部效益。在韩国，位于工人人数为1000名地区的同一工厂，搬迁到同行业人数为15 000名的地区后，单是此举就可使其产出增加20%～25%（世界银行，2009）。规模经济促进了集聚，而城市或高密度地区为其提供了天然的载体。

## 二、两大绿色经济长城的界定

### （一）基于“点—面—带”的两大绿色长城

沿海岸线向内陆伸展约260km为一线地区，即第一条绿色长城继续伸展约300km为二线地区即第二条绿色长城（图8-1）。这两大战线是中国经济的主要集聚区域。战线内部以各个城市群为集聚经济的主要载体，其中京津冀都市圈、长江三角洲城市群、珠江三角洲城市群为重点发展的城市集聚区。城市群内部以各核心城市为增长极、城市间功能协调，促进整个城市群的发展。整体形成全国经济主要集聚于两大发展带，带内经济主要集聚于各个城市群，城市群内经济以核心城市为主导，城市间功能互补、协调并进的发展格局。

### （二）界定因素

#### 1. 自然因素

我国幅员辽阔，自然条件差异巨大，但对于人类活动而言，地区分布存在明

图 8-1　基于“点—面—带”的两大绿色长城

注：①综合现实情况带状范围局部地区有所调整；②对于中国城市群的界定参考方创琳等，2005

显规律。著名的“胡焕庸线”刻画出了我国自然生态环境造就下的人类生存空间。以该线为界，人口密度西低东高，且差距悬殊。两大经济长城正是位于该线以东的区域，并且绝大多数核心城市位于我国一级阶梯之上。在两大长城内，分布着东北平原、华北平原、长江中下游平原及丘陵地带，易于城市建设，且水网较充裕、气候较适宜，有利于人口集聚及经济活动的展开。而其余地域，除四川盆地等少量适宜人口集聚区之外，大多是自然条件恶劣的山区、风沙区、干旱区以及高寒区，另外，西北地区生态脆弱，难以承受大规模的经济及人口活动。现阶段，人类的科学技术水平尚无力于忽视自然因素，因此，适宜的自然基础仍是我们考虑集聚经济带的要素之一。

**2. 经济因素**

一线地区位于沿海，而沿海地带正是我国经济当之无愧的领跑者。改革开放是我国经济发展模式由均衡走向不均衡的转折点。1980 年，深圳、珠海、汕头和厦门被划为经济特区；1984 年，天津、上海、大连、秦皇岛、烟台、青岛、连云港、南通、宁波、温州、福州、广州、湛江和北海等 14 个沿海港口城市对外资敞开了大门；1985 年长江三角洲、珠江三角洲和福建南部的厦门—漳州—泉州三角区被批准为沿海经济开放区。随着沿海城市的一步步开放及国家一系列优惠政策的支持，加上优越区位和既有经济基础及国际产业转移的机遇，沿海地区飞速发展，目前其经济总量已遥遥领先于其他地区。

区位优势、发展机遇及既有基础，塑造中国经济增长第二长城。第二条经济长城位于中部及东北地区。一方面，从区位上来看，这一地区连接着东部和西部地区，既能较为容易地接受来自东部地区资金、技术、信息等生产要素的辐射，又能方便地得到来自西部的原材料、能源等初级生产资料的集聚，具有较为突出的区位优势。另一方面，东北地区是我国的老工业基地，中部地区曾在三线建设时期有过大规模投资建设，这些造就了这一区域牢固的经济基础。最后，随着东部地区经济发展水平的提升，一些产业已不适于东部经济发展的需要，有待于向外转移。而这为二线地区的经济发展提供了难得的机遇。天时地利共同促进了中国经济第二长城的形成。

**3. 行政因素**

在既有的沿海经济战线存在同时还必须打造第二条经济长城。首先，从人口安置上来看，必须培育新的高经济密度生存空间。中国现有 13 多亿人口，必须保证全民享有较高的生活水平。而生活水准的提高，主要通过居住区域自身经济的高速发展来实现。另外，也可通过国家的财政补贴、转移支付等方式获得。一线地区目前大约有 7 个城市群，吸纳人口最多的长江三角洲城市群年末城市总人口为 6000 多万，最少的为南北钦防城市群，吸纳人口为 500 多万。以超过目前最高水平设计，假定未来这 7 个城市群平均吸纳人口为 7000 万，且城市群所能吸纳的总人口占该战线的 70% 。那么，一线地区能承载的人口为 7 亿。剩余的 6 亿多人口不可能全都依靠国家的财政支持。必须培育新的高经济密度区域，以地区经济的高水平来实现高城市化率以及居住人口的高福利，实现人口的大量集聚。其次，从国家战略安全角度，也必须避免发达经济体空间布局相对单一的局面。改革开放的成功使我国沿海地带成为国家经济发展的主体，一线地区仅城市 GDP 就占据了全国一半以上的份额。然而，经济增长主体布局单一也存在一定风险。目前，气候变化形势愈见明显，很难预测全球变暖及海平面升高对沿海地区造成的影响程度。另外，一旦国际政治经济形势或局部地区有变，沿海地区必定首当其冲。从国家经济安全角度出发也必须培育后备的发达经济区域。

## 三、两大长城的发展现状

城市是一个国家整体实力的重要支撑，既创造着占绝对份额的 GDP，拉动着大规模就业，同时也吸引着大量人口。在此，我们以全国城市为研究基准，分析两大发展带、城市群及核心城市分别在全国、带域内部及各城市群中的集聚及发展现状。其中，两大发展带更侧重于宏观比较，因此，所对比的全国数据选择城市及农村的总体数据。本报告所研究的城市数据来自于《中国城市统计年鉴2008》，全国数据来自于《中国统计年鉴 2008》。

根据 2007 年各个城市的 GDP、年末总人口和单位从业人口分别插值做出相应的三维图（图 8-2 ~ 图 8-4）。

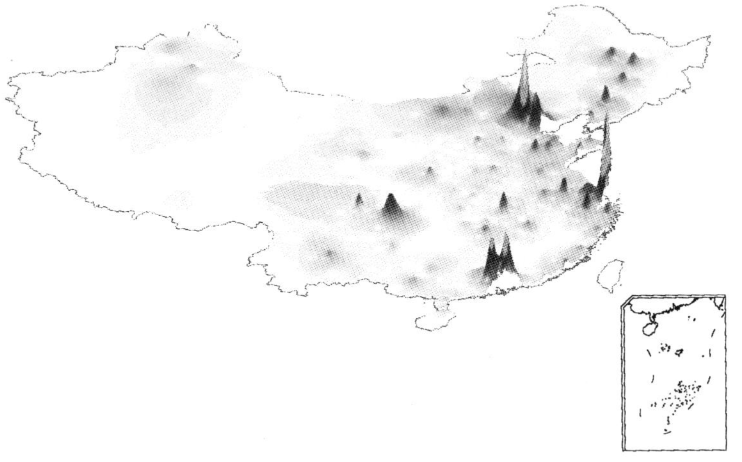

图 8-2　基于插值的全国城市 2007 年 GDP 三维图（单位：万元）

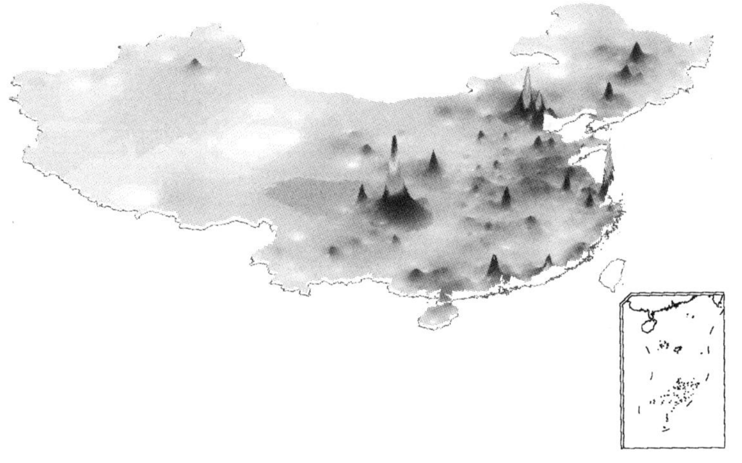

图 8-3　基于插值的全国城市 2007 年年末总人口三维图（单位：万人）

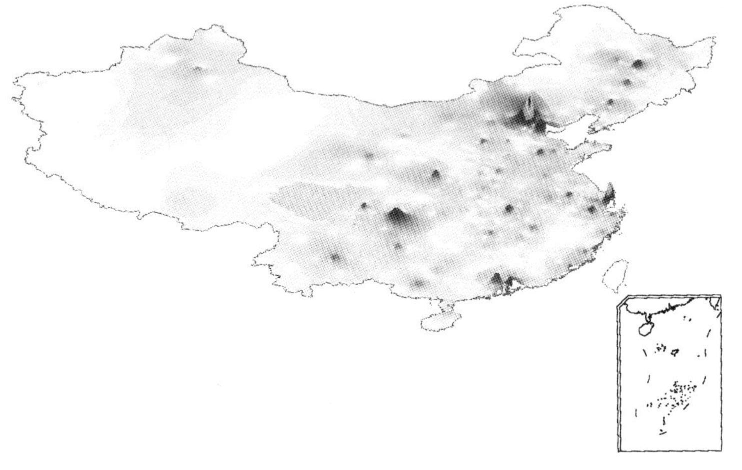

图 8-4　基于插值的全国城市 2007 年单位从业人口三维图（单位：万人）

从图 8-2 中可以明显识别出一线地区：经济实力强大的城市连接成清晰的带状，并且发展水平最高的城市均分布在该地域。另外，一线地区城市经济集群发展的态势也较为明显。其中，长江三角洲、京津冀、珠江三角洲三大城市群是最为明显的地标。二线地带城市自身较为容易识别，而集群发展的态势并不突出。不过，这些城市相连也能识别出整个二线区域。从图 8-3 中，一线地区与其余地域的差距相对 GDP 图较小。一线、二线地区在图中都能够比较突出地呈现。从业三维图介于 GDP 图和人口图之间，一线地带清晰可见，二线地区可以识别。

两大战线在全国范围内体现了较高的集聚现状（表 8-8）。就 GDP 而言，带内城市创造的占到了全国近 3/4 的份额，而一线城市自身就贡献了一半以上的 GDP。相对于一线城市，二线城市的 GDP 仅为一线的 1/3，全国的 1/5 不到。集聚状况相对较弱。对于就业情况，一、二线城市也为全国提供了 62% 的就业岗位。其中，一线城市为 41%，低于 GDP 比重；二线城市为 21%，略高于 GDP 比重。两大战线的就业情况同样具有明显的集聚趋势。表 8-8 所反映的人口比重，一、二线城市仅占全国的 36%，与 GDP 和就业的集聚现状差距较大。两大战线内城市人口的集聚程度远不如 GDP 和就业。

**表 8-8　两大战线在全国内集聚现状**

| 区域位置 | GDP | | 年末总人口 | | 单位从业人口 | |
|---|---|---|---|---|---|---|
| | 数量/万元 | 比重/% | 数量/万人 | 比重/% | 数量/万人 | 比重/% |
| 一　线 | 1 354 154 455 | 54 | 29 052.57 | 22 | 4 674.29 | 41 |
| 二　线 | 468 995 814 | 19 | 18 182.77 | 14 | 2 429.01 | 21 |
| 合　计 | 1 823 150 269 | 73 | 47 235.34 | 36 | 7 103.31 | 62 |

位于两大战线内部的城市群，同样体现了较高的集聚程度（表 8-9）。所有城市群内的 GDP、人口和就业总量分别占两带的 85%、69% 和 82%。其中，长江三角洲城市群、珠江三角洲城市群和京津冀都市圈的集聚能力尤为突出：GDP 分别占两带的 23%、14% 和 11%，仅这三个城市群的 GDP 就占据了两带的近一半；三者单位就业人口也共占据了 41%；不过，相对于前两者，人口集聚能力较弱，三者总人口仅占了全带的 28%。另外，山东半岛城市群在两带内也体现了较为强劲的集聚能力，GDP、人口和就业分别为两带总的 10%、8% 和 8%。以上这些城市大多集中于一线地区。相对而言，处于二线地区的城市群集聚能力较弱。该线所占比重最高的城市群，集聚能力也只在 5% ~6% 的程度，而剩余城市群仅处于 1% ~4% 的水平。不过这些城市群的人口集聚能力普遍要高出 GDP 约 1 个百分点。从各城市群在两条战线内部的集聚程度来看，全国范围内无论 GDP、人口还是就业均还有可能进一步向这二、三线内城市群集聚。这些城市群的三项指标特别是总人口，均还有增长的潜力。尤其是二线地带的城市群，有更大的增长空间。

表 8-9 城市群在两大战线内集聚现状

| 城市群名称 | GDP | | 年末总人口 | | 单位从业人口 | |
|---|---|---|---|---|---|---|
| | 数量/万元 | 比重/% | 数量/万人 | 比重/% | 数量/万人 | 比重/% |
| 长江三角洲城市群 | 426 749 982 | 23 | 6 737.39 | 14 | 1 194.24 | 17 |
| 长株潭城市群 | 42 087 408 | 2 | 1 541.94 | 3 | 188.13 | 3 |
| 哈大长城市群 | 83 987 792 | 5 | 2 850.43 | 6 | 382.86 | 5 |
| 海峡西岸城市群 | 56 371 497.1 | 3 | 1 439.63 | 3 | 300.09 | 4 |
| 环鄱阳湖城市群 | 23 260 977 | 1 | 1 043.06 | 2 | 130.60 | 2 |
| 江淮城市群 | 35 385 203 | 2 | 1 552.15 | 3 | 171.00 | 2 |
| 晋中城市群 | 18 734 238 | 1 | 673.93 | 1 | 132.79 | 2 |
| 京津冀都市圈 | 206 391 691 | 11 | 4 044.97 | 9 | 977.88 | 14 |
| 辽东半岛城市群 | 114 186 759 | 6 | 2 931.73 | 6 | 422.18 | 6 |
| 南北钦防城市群 | 12 828 633 | 1 | 552.81 | 1 | 69.38 | 1 |
| 山东半岛城市群 | 173 377 556 | 10 | 3 816.26 | 8 | 579.23 | 8 |
| 武汉城市群 | 45 852 614 | 3 | 1 964.84 | 4 | 258.43 | 4 |
| 中原城市群 | 56 675 064 | 3 | 2 048.73 | 4 | 287.90 | 4 |
| 珠江三角洲城市群 | 250 363 654 | 14 | 2 437.02 | 5 | 690.14 | 10 |
| 总　量 | 1 546 253 068 | 85 | 33 634.89 | 69 | 5 784.85 | 82 |

从点来看，两大战线核心城市的经济实力均比较强，最高的上海市 GDP 超过 1 万亿元，最低的南宁市也有近 800 亿元，且人均 GDP 均超万元（表 8-10）。从三次产业结构来看，这些城市主要是第二产业或第三产业占主导。不过，核心城市之间的经济实力仍然相差较大，GDP 最高城市是最低城市的 15.7 倍。另外，GDP 排名前七位城市均为一线城市，排名靠后的城市主要在二线地区。单位从业人员也存在一线城市在前，二线城市靠后的情况。与经济格局相一致的是电信业务总量、城市道路面积这两项反映城市基础设施建设的指标也存在一线城市优于二线城市的情况，其中电信业务总量最高值是最低值的 24.8 倍，该项指标在城市之间的差距要远大于经济方面。相对于 GDP、就业以及基础设施指标的一致性，人口指标差异较大，其中二线城市要较为靠前，且一线城市所承载的人口数目并非与经济状况呈正相关关系。

表 8-10 城市群内核心城市现状（2007 年）

| 城市群名称 | 核心城市 | GDP/万元 | 年末总人口/万人 | 单位从业人口/万人 | 三次产业比重 | 电信业务总量/万元 | 城市道路面积/万 m² | 人均 GDP/元 |
|---|---|---|---|---|---|---|---|---|
| 长江三角洲城市群 | 上　海 | 120 660 571 | 1 309 | 365 | 0.7:46.56:52.73 | 3 589 776 | 8 363 | 92 177.67 |
| | 南　京 | 30 157 200 | 534 | 93 | 1.95:48.13:49.92 | 711 835 | 7 992 | 56 474.16 |
| | 杭　州 | 32 578 837 | 420 | 129 | 2.37:47.71:49.92 | 1 072 056 | 4 185 | 77 568.66 |

续表

| 城市群名称 | 核心城市 | GDP/万元 | 年末总人口/万人 | 单位从业人口/万人 | 三次产业比重 | 电信业务总量/万元 | 城市道路面积/万 $m^2$ | 人均 GDP/元 |
|---|---|---|---|---|---|---|---|---|
| 长株潭城市群 | 长沙 | 12 990 284 | 219 | 57 | 1. 03∶33. 91∶65. 06 | 1 416 088 | 3 131 | 59 316. 37 |
| 哈大长城市群 | 长春 | 15 436 785 | 358 | 71 | 1. 71∶57. 84∶40. 45 | 458 177 | 3 385 | 43 119. 51 |
| | 哈尔滨 | 17 566 537 | 475 | 122 | 7. 32∶39. 56∶53. 12 | 681 028 | 2 784 | 36 982. 18 |
| 海峡西岸城市群 | 福州 | 9 571 330 | 186 | 55 | 1. 06∶40. 92∶58. 02 | 256 099 | 1 858 | 51 458. 76 |
| | 厦门 | 13 878 520 | 167 | 83 | 1. 33∶53. 1∶45. 57 | 430 400 | 2 455 | 83 104. 91 |
| 环鄱阳湖城市群 | 南昌 | 9 693 371 | 224 | 49 | 0. 9∶49. 83∶49. 27 | 395 559 | 1 696 | 43 273. 98 |
| 江淮城市群 | 合肥 | 10 244 046 | 198 | 39 | 0. 65∶48. 67∶50. 69 | 332 470 | 3 552 | 51 737. 61 |
| 晋中城市群 | 太原 | 11 146 379 | 277 | 74 | 0. 5∶49. 84∶49. 66 | 417 006 | 2 324 | 40 239. 64 |
| 京津冀都市圈 | 北京 | 92 076 012 | 1 142 | 531 | 0. 89∶26. 68∶72. 43 | 6 349 171 | 7 734 | 80 626. 98 |
| | 天津 | 46 931 800 | 786 | 190 | 1. 53∶57. 66∶40. 81 | 2 855 242 | 7 775 | 59 709. 67 |
| 辽东半岛城市群 | 沈阳 | 28 752 888 | 505 | 93 | 1. 98∶48. 71∶49. 3 | 864 932 | 4 418 | 56 936. 41 |
| | 大连 | 22 587 858 | 293 | 75 | 3. 29∶49. 31∶47. 39 | 693 863 | 3 459 | 77 091. 67 |
| 南北钦防城市群 | 南宁 | 7 685 058 | 260 | 48 | 7. 08∶35. 17∶57. 74 | 365 006 | 2 347 | 29 557. 92 |
| 山东半岛城市群 | 青岛 | 21 385 149 | 276 | 76 | 0. 96∶52. 97∶46. 06 | 692 657 | 5 411 | 77 482. 42 |
| | 济南 | 19 539 373 | 353 | 92 | 2. 57∶42. 71∶54. 72 | 479 000 | 5 120 | 55 352. 33 |
| 武汉城市群 | 武汉 | 27 090 300 | 510 | 131 | 0. 98∶45. 95∶53. 07 | 845 003 | 4 528 | 53 118. 24 |
| 中原城市群 | 郑州 | 10 254 831 | 270 | 68 | 0. 85∶32. 07∶67. 08 | 646 778 | 2 838 | 37 980. 86 |
| 珠江三角洲城市群 | 广州 | 65 704 920 | 637 | 208 | 1. 58∶37. 97∶60. 45 | 2 327 147 | 9 000 | 103 147. 4 |
| | 深圳 | 68 015 706 | 212 | 195 | 0. 1∶50. 06∶49. 84 | 4 532 500 | 8 322 | 320 828. 8 |

## 四、两大长城的发展展望

2006 年、2007 年全国总人口、就业人口均分别增长了 0. 5% 和 0. 8% ，GDP 分别增加了 11. 1% 和 11. 9% 。假设未来十余年全国 GDP、总人口、就业人口继续以 11. 5% 、0. 5% 和 0. 8% 的速率增长。且一线城市在经济发展的同时，在一定程度上消除人口迁移的阻碍，使得一线城市以上三项指标分别以 13% 、2% 和 3% 的速率增长；二线城市能够在加强基础设施、经济一体化建设的过程中，促进城市化率的提高，使得二线城市以上三项指标分别以 15% 、2. 5% 和 5% 的速率增长。那么，到2020年，这两大战线的城市中将能产出全国92.7%的GDP，承载全国44.4%的总人口，并提供全国90.3%的就业岗位。具体两大战线在全国分别所占的比重见图8-5。

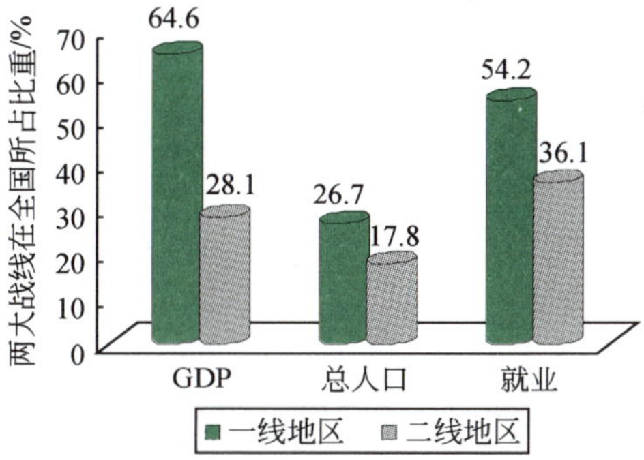


图8-5　两大战线的城市在全国GDP、总人口和就业中所占比重

未来，对于一线地区经济发展水平相当高的核心城市，发展重点是打造城市的宜居性。对于这些城市，主要功能已不是专业化生产，而是多元化发展。城市以服务业为主导，促进创新、发明和研发，培育新产业，酝酿新知识，推动行业走向成熟。在这些城市内部，解决既有的拥堵、污染、城中村等城市病已尤显必要。另外，加快住房体制改革，建立有效而差异化的人口吸纳政策更是迫在眉睫。对于受这些核心城市影响的城市群内其他城市，发展重点在于接纳因发育成熟而从核心城市迁出的产业，与核心城市形成功能互补、协调并进的发展格局。因此，促进这些城市专业化，加强城市群内部基础设施建设，促进区域一体化发展是这些城市发展的重点。

对于二线地区的核心城市，积极承接来自一线城市的产业转移，以承接之势促进产业发展及更新，做大做强龙头城市是顺应时机之举；加强城市群内部城市组团，分工协作，吸引劳动密集地区人口就业是长远之举。对于这一地区，提供良好的社会服务，高效运作土地市场，加强一线与二线地区之间以及二线城市群内部的基础设施建设是重点。另外，不能再走以往城市发展高污染、高增长的老路，合理规划空间布局，将厂房集中于产业园区内部，并提供完善的公共环境配套设施非常必要。

对于非一线、二线地区，除成渝城市群等、人口集中重点发展的少数地区外，剩余地区的发展重点在人而不是经济。这些地区政策实施主旨是促进人口向一线、二线地区转移。对于剩余人口，要通过国家财政补贴、转移支付、地区生态产业的发展等途径提供与其余地区无差别的公共服务，使该地区居民有安全、健康保障，良好的教育、医疗体系，安全的饮用水及其余公共服务设施。这其中，良好的教育保障具有双重功效，一方面是地区基本服务的提供，另一方面，教育水平高的人群更易于流动。而这种人口的流动，无论对于流出地区还是流入地区都大有裨益。

# 第三节　建立绿色发展的三大保障线

## 一、生存保障线——绿色发展之基

耕地是一切生产、生活资料的基本承载体，耕地对于人类而言不可或缺。随着国家人口城市化、工业化战略的不断推进，耕地的流失更是成为不可避免的历史现象。然而，轰轰烈烈的经济建设背后，冒进式城市化、开发区热、政绩工程等现象俯拾皆是却又屡禁不止。由此，大片优质耕地过快的农转用，给区域的可持续发展带来了严峻的挑战。再加上水土流失、土地荒漠化、环境污染等，保障人们赖以生存的耕地资源迫在眉睫。“民以食为天”，食物尤其是粮食是维持生存的最基本保障。我国有十几亿人口，养活这么多人的重任须由耕地承担。然而，我国现有耕地面积约为1.3亿$hm^2$，人均近0.1$hm^2$，不到世界平均水平的2/5。2000年，我国耕地约占世界的9.5%左右。如果以我国的人均耕地面积为1个单位，那么，印度是2.3，法国是4.2，美国是9.3，俄罗斯是11.8，加拿大和澳大利亚分别是20.4和35.6（杜志雄，厉为民，2007）。本报告从维持全国城乡人口基本生存需要的粮食出发，计算所需耕地数量。以此，从宏观上把握绿色发展的根基。

### （一）粮食需求

粮食消费需求主要由生活用粮和生产用粮两部分构成。生活用粮是指城乡居民口粮；生产用粮主要包括饲料用粮、工业用粮和种子用粮等。另外，在仓储运输和加工环节中也损耗了部分粮食。本报告分别对口粮、饲料用粮、工业用粮、种子用粮和粮食储运加工损耗部分来进行全国用粮需求的计算和预测。

#### 1. 口粮

口粮的计算通过城镇和农村居民人均消耗总粮食分别乘以各自的人口数量计算得到。其中，人均消耗总粮食分直接食用和外出消费两部分。城镇居民直接食用原粮由《中国统计年鉴2008》中的城镇居民家庭平均每人全年购买的粮食折算出。折算系数确定为0.74①。外出消费由人均直接食用原粮乘以人均在外饮食消费占食品消费支出比重得到。2007年城镇居民家庭平均每人在外饮食消费占食品消费支出比重为20.97%；农村居民家庭平均每人在外饮食消费占食品消费支出比

① 薛玉炜.2009.2009年1月14日参天水利资源工程研考会《工作通报》No.2009-01.http://www.ecrcass.com/ECRCASS/CTTB/2009/2009_1.htm

重为12%①。我们假定全国城镇、农村人均粮食消费依照2007年的消费水平不变，且未来影响口粮数量的因素主要是城镇与农村人口的变化。如果我国总人口以0.5%的速率增长，城镇化率在2005年43%的基础上，2010年之前以每年0.8%的速度增长，2010年以后将以每年0.6%的速度增长（李波等，2008）。

### 2. 饲料粮

我们在此主要计算食用动物所需要的粮食，通过城乡居民消费的猪肉、牛肉、羊肉、家禽、鲜蛋、水产品以及奶类制品等的数量乘以相应单位产品消耗粮食计算得到。其中，单位产品消耗粮食参考《中国粮食研究报告》，城乡居民人均动物食品数据来自《中国统计年鉴2008》，具体见表8-11。假定城乡居民人均消费动物食品以及单位产品消耗粮食依照2007年的消费水平不变，同样，饲料粮的变化也取决于城乡人口数量。在此，依照口粮的总人口及城市化率变化方法，进行未来饲料粮的消费预测。

**表8-11　城乡居民人均消费动物食品、单位产品消耗粮食及折算成粮食消耗**

| | | 猪肉 | 牛肉 | 羊肉 | 家禽 | 鲜蛋 | 水产品 | 奶类 |
|---|---|---|---|---|---|---|---|---|
| 人均消费动物食品/kg | 城　镇 | 18.21 | 1.965 | 1.965 | 9.66 | 10.33 | 14.20 | 17.75 |
| | 农　村 | 13.37 | 0.68 | 0.83 | 3.86 | 4.72 | 5.36 | 3.52 |
| 单位产品粮耗 | | 4 | 2 | 2 | 2 | 2.5 | 1 | 0.333 |
| 粮食总消耗/万t | | 8 215.84 | 332.30 | 354.12 | 1 708.83 | 2 391.91 | 1 233.12 | 436.25 |

注：《中国统计年鉴2008》中牛羊肉是一起统计的，在此粗略将其对半分开

### 3. 工业用粮、种子用粮和粮食储运和加工损耗

三种用粮的计算方法参照相关文献（杨蕾，2009）。工业用粮主要有酒精、白酒、啤酒、味精和其他用粮。根据《中国食品工业年鉴》上统计的酒精、白酒、啤酒、味精的年产量情况，然后按照酒精1∶3、白酒1∶2.3、啤酒1∶0.172、味精1∶24的折算比例进行估算。其他工业用粮按上述工业用粮的25%计算。种子用粮。对种子用粮量的计算是参照农作物播种面积，并按照稻谷75kg/hm$^2$、玉米75 kg/hm$^2$、小麦150kg/hm$^2$、大豆75kg/hm$^2$、其他225kg/hm$^2$的比例计算得出的。对于粮食库存损耗以2%计算，运输装卸损失为4%，加工损耗定为5%。由于改革开放以来，以上三种用粮具有线性特征，见图8-6。在此，对三种用粮直接用线性回归预测。

在本报告的计算中，粮食总消费即为口粮、饲料用粮、工业用粮、种子用

① 农村居民在外饮食消费习惯比城镇居民延迟9～10年，因此2007年农村居民在外饮食消费粮食占粮食直接消费的比重可以根据1997年城镇居民在外饮食消费粮食占粮食直接消费的比重推算（薛玉炜，2009）

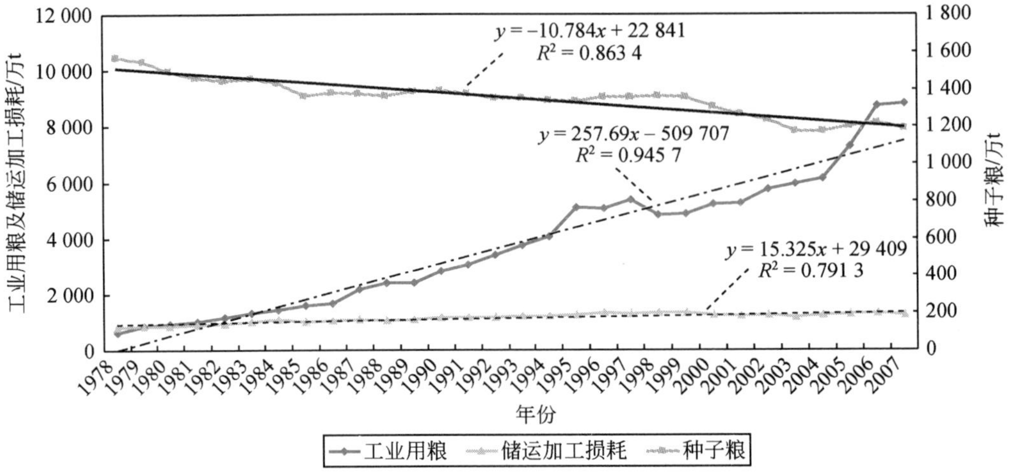


图 8-6 改革开放以来工业用粮、种子粮及储运加工损耗数量

粮和粮食储运加工损耗部分之和。本报告所计算的原粮均为人民生活直接需要的，对于其余部分所需消费的粮食（如一年所养的食用动物，除本年消费一部分外，还有剩余，这些剩余动物也需要消耗粮食），本报告未计算入内。因此本报告所计算的是为保障最基本生存需要的粮食，即粮食供应总数量不能再低于这些数量。

### （二）耕地需求预测

我们从保障人民生存的基本粮食需求入手，预测到 2020 年全国所需的耕地数量。耕地需求的计算公式如下：

$$S = \frac{G \times \alpha}{E \times R \times U}$$

其中，$S$ 为不包括受灾面积在内的最小耕地面积；$G$ 为基本粮食需求；$\alpha$ 为粮食自给率；$E$ 为复种指数；$R$ 为粮食作物播种面积占农作物总播种面积的比重；$U$ 为粮食单产。

我们假定粮食单产维持在 2007 年的水平，为 316. 53kg/亩；我国平均复种指数定为 158% （李茂和张洪业，2003）；对于粮食作物播种比重的选择，如果过高则虽有利于保障粮食安全，但不利于提高农业收益，如果过低，则虽能提高农业收益，但不利于粮食安全（马永欢和牛文元，2009），在此我们按照进口粮食的程度，分别将耕地播种面积定为 65% 和 62% 。对于自给率，我们选择 95% 和 90% 两种情况。另外，在耕地中每年扣除 2 亿亩受灾的面积。对于 2020 年粮食及耕地需求结果见表 8-12。

表 8-12 2020 年我国粮食及耕地需求预测

| 粮食需求 | 口粮/万 t | 饲料粮/万 t | 工业用粮/万 t | 种子用粮/万 t | 储运和加工损耗/万 t | 总量/万 t |
|---|---|---|---|---|---|---|
| | 24 282.66 | 16 375.66 | 10 826.80 | 1 057.32 | 1 547.50 | 54 089.94 |
| 耕地需求 | 粮食自给率/% | 粮食作物播种比重/% | 粮食单产/（kg/亩） | 复种指数 | 受灾面积/亿亩 | 总量/亿亩 |
| | 95.00 | 65.00 | 316.53 | 1.58 | 2.00 | 17.81 |
| | 90.00 | 62.00 | 316.53 | 1.58 | 2.00 | 17.70 |

从表 8-12 可以看出，如果保证 95% 的自给率和 65% 的播种面积，2020 年我国所需要的最小耕地面积为 17.81 亿亩；如果保证 90% 的自给和 62% 的播种面积，2020 年我国所需要的最小耕地面积为 17.70 亿亩。无论哪种情况，都逼近 18 亿亩（120 万 $km^2$）的耕地红线。

当然，以上预测是在针对历史数据所做假定的基础上完成的。如果某些假定能够通过人为因素进行改变，那么最终结果也会相应改变。对于人为因素的作用，《我们的治农方略——化解“三农”问题的“另类”方案》一书中，有非常详尽和启发式的介绍。例如，将农村人口向城市转移，使得农业经营规模扩大，有利于提高农业效率；将口粮和饲料粮分开，以选用优良饲料谷物的形式，使得再生能力强、复种指数高且对种植环境要求低的饲料粮种植极大程度上缓解目前“人畜争粮”的局面，扩大可用耕地面积；提倡居民饮食结构的改变，多食用更具养生价值且对单位产品粮食消耗远低于猪肉的牛羊肉等（徐更生和刘宗超，2009）。

粮食问题关系国家安全，而耕地是保障粮食的根本。依照既有历史的推测，为保障未来人口的基本生存，18 亿亩耕地是底线；另外，如果能继续从耕种方式、细化类别、消费结构等，从人的方面予以调整、完善，将更能体现施政的科学性和合理性。

## 二、发展保障线——绿色发展之源

经济是绿色发展的动力。当前，无论在世界、国家还是区域层次，经济的发展都明显受到规模效应的影响。并最终导致小范围的经济高密度区集中了大部分的经济活动。随着全国深入学习落实科学发展观活动的开展以及主体功能区划战略的提出，区际合作及协调发展被提到越发重要的位置。以“社会福利均等化”为主要目标的区域发展理念已经被各级地方政府逐步接受，并在主体功能区划的指导下科学配置各类资源，有效达到各司其职、互动互利、共同发展的终极目的。因此，保障好这些以经济活动为主体的功能地域的资源需求，才能为绿色发展提供源源不断的动力。

在现实中，城市群作为区域经济发展的高级衍生形态，其内部满足经济高密度区的特征。另外，城市群的选取也考虑到区位因素（详见本章第二节）。在此，我们选择位于经济发展一线和二线地域内的城市群作为国家发展保障线。这些城市群分别是：长江三角洲城市群、京津冀都市圈、珠江三角洲城市群、长株潭城市群、哈大长城市群、海峡西岸城市群、环鄱阳湖城市群、江淮城市群、晋中城市群、辽东半岛城市群、南北钦防城市群、山东半岛城市群、武汉城市群、中原城市群。由于本章第二节已有更为详尽的陈述，在此，本节中将这些城市群作为发展保障线整体来进行介绍（表8-13）。

**表8-13　2007年发展保障线概况**

| 项　目 | GDP/亿元 | 单位从业人口/万人 | 面积/万 $km^2$ |
|---|---|---|---|
| 发展保障线 | 154 625 | 5 785 | 108 |
| 全　国 | 249 530 | 11 427 | 960 |
| 发展保障线占全国比重/% | 62 | 51 | 11 |

注：除面积外，发展保障线的其余各指标均选取的是城市群内部各城市的市辖区数据

从表8-12可以看到，2007年以城市群为主体的国家发展保障线，用仅占全国11%的土地面积，承载了全国GDP的62%，就业的51%，均在一半以上。由此可见，该发展保障线是国家经济发展的主体。

2006年和2007年，相对上一年全国GDP分别增加了11.1%和11.9%；就业人口均增长了0.8%。假设未来十余年全国GDP和就业人口继续以每年11.5%和0.8%的速率增长；沿海地区的城市群，由于规模效益明显且发育度较高，两项指标分别以每年13%和3%的速率增长；其余地区的城市群，发育度较弱但发展潜力较大，两项指标分别以每年15%和5%的速率增长。那么，到2020年，全国GDP为826 316亿元，就业人口为12 474万；发展保障线的城市GDP为627 429亿元，就业人口为8 651万。届时，发展保障线仅城市就承载着全国75.9%的GDP、69.4%的就业人口。可见，108万平方公里的发展保障线承载着国家经济发展的重任。

## 三、生态保障线——绿色发展之倚

生态环境是人类生存、生活、生产的基础条件，随着我国城市化、工业化进程的不断推进，“低效益、高排放”的经济增长方式不太可能得以迅速扭转，而且以往高增长高污染的经济发展模式给生态环境造成了极大的破坏。因此，摆在我们面前的是“促发展”与“保生态”的两大重任。只有抓住历史机遇，以经济建设为中心才能为保护生态环境创造条件。与此同时，重视生态环境，加强生态保障线的保护与建设力度是绿色发展的基本倚靠。绿色发展就是摒弃传统经济增长方式，力求维持经济和环境协调发展。如果这条保障线失效，意味着又回到传统经济发展的老路上，绿色发展意义不大。在此，我们从碳平衡的视角来测算生态保障线面积大小。其中，森林是陆地生态系统碳汇的主体。目前，我国森林覆盖

率较低，2005 年森林覆盖率仅 21.15%，而同年世界平均水平为 30.52%，德国为 31.76%，美国为 33.08%，意大利为 33.93%，日本为 68.22%。本报告主要对吸收我国二氧化碳排放的森林面积进行测算。

## （一）全国二氧化碳排放

化石燃料消耗所排放的二氧化碳是人类活动所造成二氧化碳的主要来源。我国目前的能源消耗结构也是以化石类能源为主，煤炭、石油、天然气的消费量占到了我国能源消费总量的 90% 以上。在此，根据中国能源消费的特点，我们选择煤炭、石油、天然气作为主要能源，采用燃料燃烧的二氧化碳排放系数法来估算排放量。我国碳排放估算公式为：

$$E_t = \delta_c E_c + \delta_o E_o + \delta_g E_g$$

其中，$E_t$ 为碳排放量；$E_c$ 为煤炭消耗标准煤量；$\delta_c$ 为煤炭消耗的碳排放转换系数；$E_o$ 为石油消耗标准煤量；$\delta_o$ 为石油消耗的碳排放转换系数；$E_g$ 为天然气消耗标准煤量；$\delta_g$ 为天然气消耗的碳排放转换系数。式（8-2）中，各类能源的碳排放系数为综合各位学者的研究结果所取的平均值，见表 8-14。

**表 8-14　各类能源的碳排放系数**

| 数据来源 | 煤炭消耗碳排放系数 t（C）/t | 石油消耗碳排放系数 t（C）/t | 天然气消耗碳排放系数 t（C）/t |
|---|---|---|---|
| DOE/EIA | 0.702 | 0.478 | 0.389 |
| 日本能源经济研究所 | 0.756 | 0.586 | 0.449 |
| 国家科委气候变化项目 | 0.726 | 0.583 | 0.409 |
| 平均值 | 0.728 | 0.549 | 0.416 |

资料来源：胡初枝等，2008

在计算出碳排放量后，乘以系数 3.67 即为二氧化碳的排放量。根据以上方法，计算 1978 ~ 2008 年的全国二氧化碳排放量结果见表 8-15，图 8-7。其中，能源消耗数据来自主要来自《中国统计年鉴 2009》。其中，2009 年数据来自《中华人民共和国 2009 年国民经济和社会发展统计公报》。

**表 8-15　1978 ~ 2008 年全国二氧化碳排放量**　　（单位：万 t）

| 年份 | 煤炭 | 石油 | 天然气 | 排放总量 | 年份 | 煤炭 | 石油 | 天然气 | 排放总量 |
|---|---|---|---|---|---|---|---|---|---|
| 1978 | 107 941.26 | 26 135.75 | 2 791.77 | 136 868.78 | 1982 | 122 215.33 | 23 635.29 | 2 368.97 | 148 219.60 |
| 1979 | 111 608.08 | 25 733.78 | 2 951.77 | 140 293.63 | 1983 | 130 920.73 | 24 083.75 | 2 419.79 | 157 424.27 |
| 1980 | 116 271.12 | 25 138.88 | 2 852.71 | 144 262.72 | 1984 | 142 647.17 | 24 857.55 | 2 598.01 | 170 102.74 |
| 1981 | 115 468.04 | 23 955.12 | 2 541.25 | 141 964.41 | 1985 | 155 295.93 | 26 419.70 | 2 575.58 | 184 291.22 |

续表

| 年　份 | 煤　炭 | 石　油 | 天然气 | 排放总量 | 年　份 | 煤　炭 | 石　油 | 天然气 | 排放总量 |
|---|---|---|---|---|---|---|---|---|---|
| 1986 | 163 736.94 | 28 018.63 | 2 839.01 | 194 594.58 | 1998 | 245 857.88 | 57 273.58 | 4 440.78 | 307 572.24 |
| 1987 | 176 372.45 | 29 673.29 | 2 777.52 | 208 823.26 | 1999 | 247 041.13 | 60 859.25 | 4 372.50 | 312 272.88 |
| 1988 | 189 330.84 | 31 853.43 | 2 981.59 | 224 165.86 | 2000 | 250 796.44 | 64 793.01 | 4 970.98 | 320 560.43 |
| 1989 | 196 828.13 | 33 397.25 | 2 959.82 | 233 185.20 | 2001 | 255 113.63 | 65 985.00 | 5 574.94 | 326 673.56 |
| 1990 | 200 947.57 | 33 012.38 | 3 164.53 | 237 124.48 | 2002 | 268 971.25 | 71 598.47 | 5 932.85 | 346 502.57 |
| 1991 | 211 012.57 | 35 756.97 | 3 168.95 | 249 938.49 | 2003 | 319 698.44 | 78 307.06 | 6 892.76 | 404 898.26 |
| 1992 | 220 798.76 | 38 492.82 | 3 166.77 | 262 458.35 | 2004 | 369 167.28 | 91 434.03 | 8 067.03 | 468 668.34 |
| 1993 | 231 499.38 | 42 534.52 | 3 364.69 | 277 398.59 | 2005 | 414 804.80 | 95 066.17 | 9 604.74 | 519 475.71 |
| 1994 | 245 942.86 | 43 029.19 | 3 560.32 | 292 532.36 | 2006 | 456 634.19 | 101 223.21 | 11 392.36 | 569 249.75 |
| 1995 | 261 451.21 | 46 252.03 | 3 604.84 | 311 308.09 | 2007 | 493 153.96 | 105 415.61 | 14 191.48 | 612 761.04 |
| 1996 | 277 313.07 | 50 392.19 | 3 818.42 | 331 523.69 | 2008 | 522 888.81 | 107 265.52 | 16 403.84 | 646 558.18 |
| 1997 | 263 973.00 | 56 638.47 | 3 576.44 | 324 187.91 | 2009 | 570 994.58 | 152 338.14 | 31 319.04 | 754 651.76 |

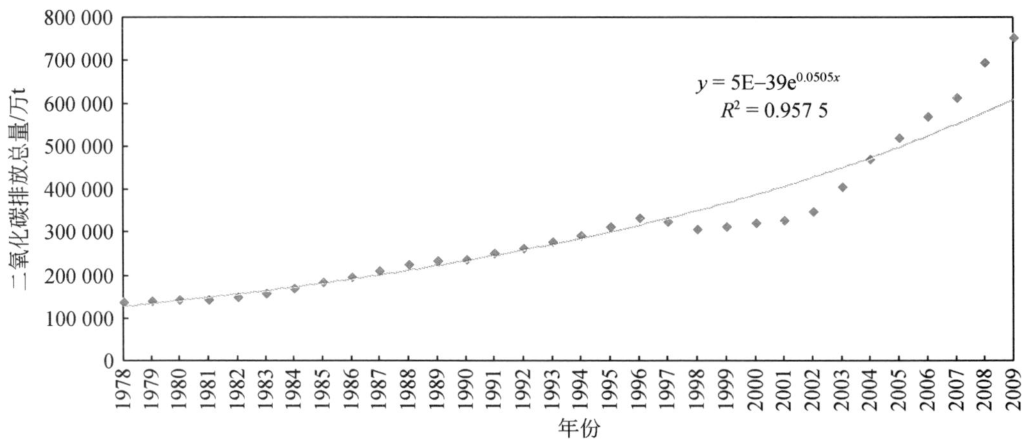


图 8-7　1978～2008 年全国二氧化碳排放总量及拟合曲线

通过图 8-7 可以看到，二氧化碳排放总量呈指数形式递增，且指数拟合曲线的 $R^2$ 为 0.9575，拟合效果好。可以预测，到 2020 年，全国二氧化碳排放总量为 1 003 113.56万吨。

## （二）森林需求

森林固碳主要可以分为三个部分：林木生物量固碳、林下植物固碳和林地固碳。计算一年内森林固碳量可以由下列公式表示（李顺龙，2005）：

$$CF = C_t + \alpha C_t + \beta C_t$$

其中，CF 为森林固碳总量；$C_t$ 为林木生物量固碳量；$\alpha C_t$ 林下植物固碳量；$\beta C_t$ 为林地固碳量。据测算，森林蓄积生物量固碳量一般占森林固碳总量的 41%，林下植物固碳量一般占森林固碳总量的 8%，林地固碳量一般占森林固碳总量的 51%。由此，$\alpha$ 为 0.195，$\beta$ 为 1.244。

$$C_t = V \times \delta \times \rho \times \gamma$$

其中，$V$ 为计算年份新增森林蓄积量，可由森林单位面积蓄积量乘以森林总面积得到；$\delta$ 为森林资源蓄积扩大系数，利用该系数可以将树木蓄积量换算成以树木为主体的生物蓄积量，政府间气候变化专门委员会（IPCC）将该系数设为 1.90；$\rho$ 为容积密度，利用该系数可将森林全部生物量蓄积转换成干重，IPCC 将该系数设为 0.5 吨/立方米；$\gamma$ 为二氧化碳转换系数，根据光合作用的反应方程式：$6CO_2 + 12H_2O \rightarrow C_6H_{12}O_6 + 6O_2 + 6H_2O$，每生成 1g 干物质约需要吸收 1.47g 二氧化碳，故该系数为 1.47。

据测算，人类每年排出的二氧化碳约有 35% 被海洋吸收，有 13% 被陆地生态系统吸收（宋金明，2003）。森林是一个巨大的碳库，其存储的有机碳约占整个陆地碳库的 56%（刘爽，2009）。根据第七次全国森林资源清查（2004 ~ 2008 年）结果，全国森林面积 19 545.22 万 $hm^2$，森林蓄积 137.21 亿 $m^3$。根据第六次全国森林资源清查（1999 ~ 2003 年）结果，全国森林面积17 490.92 万 $hm^2$，森林蓄积 124.56 亿 $m^3$。两次调查期间，全国森林蓄积增长了 12.65 亿 $m^3$。以森林调查时间间隔 5 年为期段，前后森林面积取均值，则每年全国森林蓄积每公顷增长 0.683$m^3$。假定到 2020 年全国森林蓄积仍是以每年每公顷 0.683$m^3$ 的速度增长，所需森林面积为 3 138 585.3$km^2$，约占陆地面积的 1/3。

## 第四节 构建绿色发展的四大示范体系

我国正处于工业化中期向后期转型的过程当中，重工业、能源、机械制造业依然在经济持续增长中扮演着不可或缺的角色。因此，我国人口多、资源相对不足等问题和矛盾将成为长期制约经济社会可持续发展的瓶颈。特别是长期以来，我国采用了以大量消耗资源和粗放经营为特征的经济增长模式，重视经济效益、忽视环境效益，造成了对自然资源和生态环境的严重破坏。进入 21 世纪以来，国家政府着力强调可持续发展路线，我国自然资源、环境保护等方面的工作取得了明显进展，但仍然无法改变自然环境局部向好、整体恶化的局面。因此，改变经济增长方式、调整产业结构，进一步达到经济效益、社会效益和环境效益的统一，实现城乡社会经济的持续发展，这是我国发展战略的重要选择。

绿色示范区是全面体现绿色发展的试验和示范区，是实现“科技含量高、经济效益好、资源消耗低、环境污染少、人力资源优势得到充分发挥”又好又快发展的先行者。绿色示范区是以生态学和生态经济学原理为指导，以协调经济、社会发展和环境保护为主要对象，统一规划，综合建设，生态良性循环，社会经济全面、健康持续发展的一定行政区域。绿色示范区建设可以以村镇、县市和省为基本单位组织实施。根据国民经济和社会发展的总目标，以保护和改善生态环境、实现资源的合理开发和永续利用为重点，通过统一规划，有组织、有步骤地开展绿色示范区的建设，促进区域生态环境的改善，推动国民经济和社会持续、健康、快速地发展，逐步走上可持续发展的道路。绿色发展的四大示范体系主要参照国家生态示范区建设工作。

## 一、绿色发展示范村镇

绿色发展示范村镇建设是绿色示范系列创建的细胞工程和基础工程，重点解决农村的环境污染问题。紧密结合社会主义新农村建设，组织实施农村小康环保行动计划。以开展土壤污染状况调查为基础，大力推广科学施用农药、化肥技术，积极发展生态农业和有机农业，加大规模化养殖业污染治理力度。维护农村饮用水安全，根据水质要求和水体承载能力确定水产养殖的种类、数量和网箱的数量、布局，合理控制水库、湖泊水面网箱规模。推进农村改厨、改水、改厕、改圈工作，加快推进农用废弃物等资源化利用，积极发展农村沼气，妥善处理生活垃圾和污水，下大力气解决农村环境“脏、乱、差”问题。

### （一）基本条件

1）领导重视，组织落实，公众参与。创建单位领导对创建绿色示范区的目的意义有深刻理解，指导思想明确。村级创建单位有领导分管；镇级创建单位设立了专门的领导机构，配备了专职环境保护工作人员，建立了相应的工作制度。通过各种形式进行宣传，发动公众参与，环境保护氛围浓厚。

2）制定了绿色建设规划（或小城镇环境保护规划）。村级创建单位制定了绿色建设规划或编制的总体规划中有绿色环境保护建设专章。镇级创建单位要求有专门的绿色建设规划。镇的生态建设规划要求经同级人民政府（人大）批准。规划实施方案可行，有相应的组织、资金和技术保证。

3）模范执行国家和地方绿色环境保护法律法规及相关规定。严格执行项目建设和资源开发的环境影响评价制度、“三同时”制度和排放污染物许可证、排污收费制度，落实国家和地方各项生态环境保护规定。村镇辖区内无被国家指定淘汰的环境污染严重的企业，无滥垦、滥伐、滥采、滥挖和捕杀、销售、食用受保护野生动植物现象，近3年内无重大污染事故和生态破坏事件（由上级环保主管部门出具证明）。

4）辖区内布局合理，建设与周围环境协调，环保基础设施较完善，管理有序，道路整洁，环境优美。

5）创建基础良好，大力发展生态农业。

## （二）建设指标

绿色发展示范村镇的指标见表 8-16。

**表 8-16　绿色发展示范村镇指标体系**

| | 序号 | 名　称 | 单　位 | 指　标 | 说　明 |
|---|---|---|---|---|---|
| 社会进步 | 1 | 城镇居民年人均可支配收入 | 元/人 | | 约束性指标 |
| | | 经济发达地区 | | ≥8 000 | |
| | | 经济发展一般地区 | | ≥6 500 | |
| | | 经济欠发达地区 | | ≥5 000 | |
| | 2 | 农民年人均纯收入 | 元/人 | | 约束性指标 |
| | | 经济发达地区 | | ≥4 500 | |
| | | 经济发展一般地区 | | ≥3 600 | |
| | | 经济欠发达地区 | | ≥3 500 | |
| | 3 | 工业产值水耗 | t/万元 | | 约束性指标 |
| | | 经济发达地区 | | ≤40 | |
| | | 经济发展一般地区 | | ≤50 | |
| | | 经济欠发达地区 | | ≤50 | |
| | 4 | 工业产值能耗 | tce/万元 | | 约束性指标 |
| | | 经济发达地区 | | ≤0. 8 | |
| | | 经济发展一般地区 | | ≤1. 0 | |
| | | 经济欠发达地区 | | ≤1. 0 | |
| | 5 | 饮用水卫生合格率 | % | 100 | 约束性指标 |
| | 6 | 生态示范村所占比例 | % | | 参考性指标 |
| | | 经济发达地区 | | ≥30 | |
| | | 经济发展一般地区 | | ≥20 | |
| | | 经济欠发达地区 | | ≥20 | |
| | 7 | 群众对环境状况满意率 | % | ≥90 | 约束性指标 |

续表

| | 序号 | 名　称 | 单　位 | 指　标 | 说　明 |
|---|---|---|---|---|---|
| 生态环境质量及污染控制 | 8 | 地表水环境质量 | | 符合功能区划或环境规划要求 | 约束性指标 |
| | 9 | 大气环境质量 | | 符合功能区划或环境规划要求 | 约束性指标 |
| | 10 | 声环境质量 | | 符合功能区划或环境规划要求 | 约束性指标 |
| | 11 | 绿化覆盖率 | % | ≥38 | 约束性指标 |
| | 12 | 镇（场）区人均公共绿地面积 | $m^2$ | ≥11 | 约束性指标 |
| | 13 | 重点工业污染源排放达标率 | % | 100 | 约束性指标 |
| | 14 | 生活垃圾清运率 | % | 100 | 约束性指标 |
| | 15 | 生活垃圾无害化处理率 | % | ≥90 | 约束性指标 |
| | 16 | 医疗废物无害化处理率 | % | 100 | 约束性指标 |
| | 17 | 建成区生活污水集中处理率 | % | | 约束性指标 |
| | | 经济发达地区 | | ≥55 | |
| | | 经济发展一般地区 | | ≥38 | |
| | | 经济欠发达地区 | | ≥30 | |
| | 18 | 清洁能源普及率 | % | | 约束性指标 |
| | | 经济发达地区 | | 100 | |
| | | 经济发展一般地区 | | ≥80 | |
| | | 经济欠发达地区 | | ≥60 | |
| | 19 | 镇区人畜粪便处理率 | % | 100 | 约束性指标 |
| | 20 | 人畜粪便资源化利用率 | % | ≥50 | 约束性指标 |
| | 21 | 规模化畜禽养殖场粪便综合利用率 | % | ≥80 | 约束性指标 |
| | 22 | 规模化畜禽养殖场污水排放达标率 | % | ≥75 | 约束性指标 |
| | 23 | 生态恢复率 | % | ≥90 | 约束性指标 |
| 农业生态环境 | 24 | 作物秸秆综合利用率 | % | ≥90 | 约束性指标 |
| | 25 | 病虫害综合防治率 | % | ≥70 | 约束性指标 |
| | 26 | 旱涝保收耕地面积比例 | % | ≥50 | 约束性指标 |
| | 27 | 农用薄膜回收率 | % | 100 | 约束性指标 |
| | 28 | 主要农产品农药残留量合格率 | % | ≥85 | 约束性指标 |
| | 29 | 化肥使用强度 | $kg/hm^2$ | 符合要求 | 参考性指标 |
| | 30 | 农药使用强度 | $kg/hm^2$ | 符合要求 | 参考性指标 |
| | 31 | 有机肥施用 | | 符合要求 | 参考性指标 |
| 生态农业模式 | 32 | 生态农业模式建设 | | 至少有一种（或以上）模式，且达到一定规模和特色，要求有无公害农产品、绿色食品或有机食品认证产品，要有明显的节水措施 | 约束性指标 |

资料来源：国家环境保护总局，2007

## 二、绿色发展示范县（含县级市）

绿色发展示范县建设要突出实践性。绿色县创建要有 80% 的乡镇达到绿色乡镇的创建标准。在城市建成区，努力建设资源有效利用和循环体系、城市水资源有效利用体系、城市绿色保障体系、城市绿色经济和循环经济体系，以及生态文明宣传教育体系。在广大农村，通过试点示范，大力发展无公害、绿色和有机农产品，形成产业和规模，使农民群众受益。因地制宜，综合实施植树造林、天然林保护、退耕还林、退牧还草、水土保持、小流域治理等生态建设工程，加大自然保护区、风景名胜区、国家森林公园、国家地质公园和世界自然遗产、世界文化遗产、著名历史遗迹等生态敏感区域的生态保护和管理力度。加大对草原、矿产等资源开发的环境监管力度。要逐项抓好生态示范创建工程的落实，使之成为精品工程、富民工程，成为保护生态环境，实现人与自然和谐的民心工程。要积极防治城市环境污染向农村地区扩散，严格城乡结合部及周边地区的环境管理，城市政府要制定有效措施，预防城区污染向城乡结合部及所辖县、乡镇地区转移，防止发生由环境污染问题产生的群体性事件。

### （一）基本条件

1）制定了《生态县建设规划》，并通过县人大审议、颁布实施。国家有关环境保护法律、法规、制度及地方颁布的各项环保规定、制度得到有效的贯彻执行。

2）有独立的环保机构。环境保护工作纳入乡镇党委、政府领导班子实绩考核内容，并建立相应的考核机制。

3）完成上级政府下达的节能减排任务。三年内无较大环境事件，群众反映的各类环境问题得到有效解决。外来入侵物种对生态环境未造成明显影响。

4）生态环境质量评价指数在全省名列前茅。

5）全县 80% 的乡镇达到全国环境优美乡镇考核标准并获命名。

### （二）建设指标

绿色发展示范县（含县级市）指标体系见表 8-17。

**表 8-17　绿色发展示范县（含县级市）指标体系**

| | 序号 | 名　称 | 单　位 | 指　标 | 说　明 |
|---|---|---|---|---|---|
| 经济发展 | 1 | 农民年人均纯收入<br>经济发达地区<br>县级市（区）<br>县<br>经济欠发达地区<br>县级市（区）<br>县 | 元/人 | <br><br>≥8 000<br>≥6 000<br><br>≥6 000<br>≥4 500 | 约束性指标 |

续表

| | 序号 | 名称 | 单位 | 指标 | 说明 |
|---|---|---|---|---|---|
| 经济发展 | 2 | 单位 GDP 能耗 | tce/万元 | ≤0.9 | 约束性指标 |
| | 3 | 单位工业增加值新鲜水耗<br>农业灌溉水有效利用系数 | $m^3$/万元 | ≤20<br>≥0.55 | 约束性指标 |
| | 4 | 主要农产品中有机、绿色及无公害产品种植面积的比重 | % | ≥60 | 参考性指标 |
| 生态环境保护 | 5 | 森林覆盖率<br>山区<br>丘陵区<br>平原地区<br>高寒区或草原区林草覆盖率 | % | <br>≥75<br>≥45<br>≥18<br>≥90 | 约束性指标 |
| | 6 | 受保护地区占国土面积比例<br>山区及丘陵区<br>平原地区 | % | <br>≥20<br>≥15 | 约束性指标 |
| | 7 | 空气环境质量 | — | 达到功能区标准 | 约束性指标 |
| | 8 | 水环境质量<br>近岸海域水环境质量 | — | 达到功能区标准，且省控以上断面过境河流水质不降低 | 约束性指标 |
| | 9 | 噪声环境质量 | — | 达到功能区标准 | 约束性指标 |
| | 10 | 主要污染物排放强度<br>化学需氧量（COD）<br>二氧化硫（$SO_2$） | kg/万元（GDP） | <br><3.5<br><4.5<br>且不超过国家总量控制指标 | 约束性指标 |
| | 11 | 城镇污水集中处理率<br>工业用水重复率 | % | ≥80<br>≥80 | 约束性指标 |
| | 12 | 城镇生活垃圾无害化处理率<br>工业固体废物处置利用率 | % | ≥90<br>≥90<br>且无危险废物排放 | 约束性指标 |
| | 13 | 城镇人均公共绿地面积 | $m^2$ | ≥12 | 约束性指标 |
| | 14 | 农村生活用能中清洁能源所占比例 | % | ≥50 | 参考性指标 |
| | 15 | 秸秆综合利用率 | % | ≥95 | 参考性指标 |
| | 16 | 规模化畜禽养殖场粪便综合利用率 | % | ≥95 | 约束性指标 |
| | 17 | 化肥施用强度（折纯） | $kg/hm^2$ | <250 | 参考性指标 |
| | 18 | 集中式饮用水源水质达标率<br>村镇饮用水卫生合格率 | % | 100 | 约束性指标 |
| | 19 | 农村卫生厕所普及率 | % | ≥95 | 参考性指标 |
| | 20 | 环境保护投资占 GDP 的比重 | % | ≥3.5 | 约束性指标 |
| | | | | | |
| 社会进步 | 21 | 人口自然增长率 | ‰ | 符合国家或当地政策 | 约束性指标 |
| | 22 | 公众对环境的满意率 | % | >95 | 参考性指标 |

资料来源：国家环境保护总局，2007

## 三、绿色发展示范市（含地级行政区）

绿色发展示范市建设要重在过程。绿色市创建要有80%的县达到绿色县的创建标准。在城市建成区，要通过创建国家环境保护模范城市，努力构建资源节约型和环境友好型的宜居城市。通过垃圾、废弃物等分类、回收和综合利用，建设资源有效利用和循环体系；通过污水处理和中水回用，构建城市水资源有效利用体系；通过城市湿地恢复、河道整治、绿地建设，构建城市绿色保障体系；通过城区内、企业间和企业内资源有效配置，产业和产品链接以及生态工业园区建设，构建城市绿色经济和循环经济体系；通过绿色学校、绿色社区和环境友好企业等建设，构建生态文明宣传教育体系。在广大农村地区，科学调整农业产业结构，促进社会主义新农村建设，切实解决影响“三农”的环境问题，解决城乡饮水安全问题。

### （一）基本条件

1）制定了《生态市建设规划》，并通过市人大审议、颁布实施。国家有关环境保护法律、法规、制度及地方颁布的各项环保规定、制度得到有效的贯彻执行。

2）全市县级（含县级）以上政府（包括各类经济开发区）有独立的环保机构。环境保护工作纳入县（含县级市）党委、政府领导班子实绩考核内容，并建立相应的考核机制。

3）完成上级政府下达的节能减排任务。三年内无较大环境事件，群众反映的各类环境问题得到有效解决。外来入侵物种对生态环境未造成明显影响。

4）生态环境质量评价指数在全省名列前茅。

5）全市80%的县（含县级市）达到国家生态县建设指标并获命名；中心城市通过国家环保模范城市考核并获命名。

### （二）建设指标

绿色发展示范市（含地级行政区）指标体系见表8-18。

**表8-18　绿色发展示范市（含地级行政区）指标体系**

| | 序号 | 名　称 | 单　位 | 指　标 | 说　明 |
|---|---|---|---|---|---|
| 经济发展 | 1 | 农民年人均纯收入<br>经济发达地区<br>经济欠发达地区 | 元/人 | <br>≥8 000<br>≥6 000 | 约束性指标 |
| | 2 | 第三产业占GDP比例 | % | ≥40 | 参考性指标 |
| | 3 | 单位GDP能耗 | tce/万元 | ≤0.9 | 约束性指标 |

续表

| | 序号 | 名称 | 单位 | 指标 | 说明 |
|---|---|---|---|---|---|
| 经济发展 | 4 | 单位工业增加值新鲜水耗<br>农业灌溉水有效利用系数 | $m^3$/万元 | ≤20<br>≥0.55 | 约束性指标 |
| | 5 | 应当实施强制性清洁生产企业通过验收的比例 | % | 100 | 约束性指标 |
| 生态环境保护 | 6 | 森林覆盖率<br>山区<br>丘陵区<br>平原地区<br>高寒区或草原区林草覆盖率 | % | <br>≥70<br>≥40<br>≥15<br>≥85 | 约束性指标 |
| | 7 | 受保护地区占国土面积比例 | % | ≥17 | 约束性指标 |
| | 8 | 空气环境质量 | — | 达到功能区标准 | 约束性指标 |
| | 9 | 水环境质量<br>近岸海域水环境质量 | — | 达到功能区标准，且城市无劣V类水体 | 约束性指标 |
| | 10 | 主要污染物排放强度<br>化学需氧量（COD）<br>二氧化硫（$SO_2$） | kg/万元（GDP） | <br><4.0<br><5.0<br>不超过国家总量控制指标 | 约束性指标 |
| | 11 | 集中式饮用水源水质达标率 | % | 100 | 约束性指标 |
| | 12 | 城市污水集中处理率<br>工业用水重复率 | % | ≥85<br>≥80 | 约束性指标 |
| | 13 | 噪声环境质量 | — | 达到功能区标准 | 约束性指标 |
| | 14 | 城镇生活垃圾无害化处理率<br>工业固体废物处置利用率 | % | ≥90<br>≥90<br>且无危险废物排放 | 约束性指标 |
| | 15 | 城镇人均公共绿地面积 | $m^2$/人 | ≥11 | 约束性指标 |
| | 16 | 环境保护投资占GDP的比重 | % | ≥3.5 | 约束性指标 |
| 社会进步 | 17 | 城市化水平 | % | ≥55 | 参考性指标 |
| | 18 | 采暖地区集中供热普及率 | % | ≥65 | 参考性指标 |
| | 19 | 公众对环境的满意率 | % | >90 | 参考性指标 |

资料来源：国家环境保护总局，2007

## 四、绿色发展示范省

绿色发展示范省建设要突出宏观性、战略性和指导性。已开展绿色省建设的省份，要完善推进机制，在法规、政策体系建设、制度创新、目标责任制考核等方面不断探索，大力推进绿色村镇、绿色市（县）等系列创建工作，由点到面，形成规模和体系，为绿色省建设夯实基础。准备开展绿色省建设的省份，应建立领导机构、编制好规划纲要，报同级人大常委会批准，由政府颁布实施。加强对中西部省（区）的宣传和推动，鼓励中西部省（区）开展生态省（区）建设工作。未开展绿色省建设的省份，可采取自下而上的创建原则，由市、县、乡镇级政府在自愿的基础上开展相应级别的绿色示范创建活动，形成示范效应，推动本地区经济社会和环境的协调发展。要依据省级生态功能区划，开展规划环评，指导资源开发和配置，引导产业发展和生产力布局。在绿色省建设领导小组及其办公室的组织协调下，将规划纲要中确定的任务和项目分解落实，并指导督促实施。落实的重点应放在资源的合理配置和节约利用上，大力培育区域生态经济和循环经济体系，在省域范围构建资源节约型和环境友好型经济社会发展的大格局。

### （一）基本条件

1）制定了《生态省建设规划纲要》，并通过省人大常委会审议、颁布实施。国家有关环境保护法律、法规、制度及地方颁布的各项环保规定、制度得到有效的贯彻执行。

2）全省县级（含县级）以上政府（包括各类经济开发区）有独立的环保机构。环境保护工作纳入市（含地级行政区）党委、政府领导班子实绩考核内容，并建立相应的考核机制。

3）完成国家下达的节能减排任务。三年内无重大环境事件，群众反映的各类环境问题得到有效解决。外来入侵物种对生态环境未造成明显影响。

4）生态环境质量评价指数位居国内前列或不断提高。

5）全省 80% 的地市达到生态市建设指标并获命名。

### （二）建设指标

绿色发展示范省指标体系见表 8-19。

**表 8-19　绿色发展示范省指标体系**

| | 序号 | 名　称 | 单　位 | 指　标 | 说　明 |
|---|---|---|---|---|---|
| 经济发展 | 1 | 农民年人均纯收入<br>东部地区<br>中部地区<br>西部地区 | 元/人 | <br>≥8 000<br>≥6 000<br>≥4 500 | 约束性指标 |
| | 2 | 城镇居民年人均可支配收入<br>东部地区<br>中部地区<br>西部地区 | 元/人 | <br>≥16 000<br>≥14 000<br>≥12 000 | 约束性指标 |
| | 3 | 环保产业比重 | % | ≥10 | 参考性指标 |

续表

| | 序号 | 名　称 | 单　位 | 指　标 | 说　明 |
|---|---|---|---|---|---|
| 生态环境保护 | 4 | 森林覆盖率<br>山区<br>丘陵区<br>平原地区<br>高寒区或草原区林草覆盖率 | % | <br>≥65<br>≥35<br>≥12<br>≥80 | 约束性指标 |
| | 5 | 受保护地区占国土面积比例 | % | ≥15 | 约束性指标 |
| | 6 | 退化土地恢复率 | % | ≥90 | 参考性指标 |
| | 7 | 物种保护指数 | — | ≥0.9 | 参考性指标 |
| | 8 | 主要河流年水消耗量<br>省内河流<br>跨省河流 | — | <br><40%<br>不超过国家分配的水资源量 | 参考性指标 |
| | 9 | 地下水超采率 | % | 0 | 参考性指标 |
| | 10 | 主要污染物排放强度<br>化学需氧量（COD）<br>二氧化硫（$SO_2$） | 千克/万元（GDP） | <br><5.0<br><6.0<br>且不超过国家总量控制指标 | 约束性指标 |
| | 11 | 降水 pH 值年均值<br>酸雨频率 | % | ≥5.0<br><30 | 约束性指标 |
| | 12 | 空气环境质量 | — | 达到功能区标准 | 约束性指标 |
| | 13 | 水环境质量<br>近岸海域水环境质量 | — | 达到功能区标准，且过境河流水质达到国家规定要求 | 约束性指标 |
| | 14 | 环境保护投资占 GDP 的比重 | % | ≥3.5 | 约束性指标 |
| 社会进步 | 15 | 城市化水平 | % | ≥50 | 参考性指标 |
| | 16 | 基尼系数 | — | 0.3～0.4 | 参考性指标 |

资料来源：国家环境保护总局，2007

## 参考文献

杜志雄，厉为民．2007．世界农业发展的基本情况和趋势．学习与研究，(2)：71—73

方创琳等．2005．中国城市群结构体系的组成与空间分异格局．地理学报，60（5)：827—840

郜若素，马国南．1993．中国粮食研究报告．北京：北京农业大学出版社

国家环境保护总局办公厅．2005．中国十省市启动绿色 GDP 试点工作．北京：国家环境保护总局办公厅

国家环境保护总局．2007．生态县、生态市、生态省建设指标．北京：国家环境保护总局

海因茨，沃尔夫岗，阿恩特．1997．经济发展思想史．北京：商务印书馆

胡初枝等．2008．中国碳排放特征及其动态演进分析．中国人口资源与环境，3（18)：38—42

李波，张俊飚，李海鹏 . 2008. 我国中长期粮食需求分析及预测 . 中国稻米，(3)：23—25
李茂，张洪业 . 2003. 中国耕地和粮食生产力变化的省际差异研究 . 资源科学，25 (3)：49—56
李顺龙 . 2005. 森林碳汇经济问题研究 . 哈尔滨：东北林业大学
联合国开发计划署 . 2004. 2004 人类发展报告 . 北京：中国财政经济出版社
刘爽 . 2009. 森林生态系统碳储量研究进展 . 武汉生物工程学院学报，5 (3)：231—234
马永欢，牛文元 . 2009. 基于粮食安全的中国粮食需求预测与耕地资源配置研究 . 中国软科学，(3)：11—16
世界银行 . 2003. 2003 世界发展报告 . 北京：中国财政经济出版社
世界银行 . 2009. 2009 年世界发展报告 . 胡光宇译 . 北京：清华大学出版社
世界资源研究所 . 1997. 1996 ~ 1997 世界资源报告 . 北京：中国环境科学出版社
宋金明 . 2003. 海洋碳的源与汇 . 海洋环境科学，22 (2)：75—80
陶在朴 . 2003. 生态包袱与生态足迹 . 北京：经济科学出版社
徐更生，刘宗超 . 2009. 我们的治农方略——化解“三农”问题的“另类”方案 . 北京：中国社会科学出版社
徐中民，张志强等 . 2004. 生态经济学理论方法与应用 . 郑州：黄河出版社
杨多贵，周志田等 . 2001. 发展尺度的跃进 . 学术论坛，(4)：35—38
杨多贵，周志田等 . 2004. 中国可持续发展管理体系研究报告 . 北京：中国科学院科技政策与管理科学研究所
杨蕾 . 2009. 中国粮食供需平衡分析 . 山东：山东理工大学
杨仲山 . 2004. 中国国民经济核算体系模式的选择 . 财金问题研究，(6)：65—70
伊恩·莫法特 . 2002. 可持续发展——原则、分析和政策 . 宋国君译 . 北京：经济科学出版社
中国科学院可持续发展研究组 . 1999. 1999 中国可持续发展战略报告 . 北京：科学出版社
中国科学院可持续发展研究组 . 2002. 2002 中国可持续发展战略报告 . 北京：科学出版社
中国科学院可持续发展研究组 . 2004. 2004 中国可持续发展战略报告 . 北京：科学出版社
钟兆修 . 2003. 坚持科学发展观　推行绿色核算 . 国家行政学院学报，(4)：14—17
Costanza R，et al. 1997. The Value of the world's ecosystem services and natural capital. Nature，387：253—260
Lubchenco V. 1998. Entering the century of environment：a new social contract for science. Science，279 (23)：491—497

# 附　　录

## 中共中央总书记、国家主席、中央军委主席胡锦涛《在全党深入学习实践科学发展观活动总结大会上的讲话》

### 在全党深入学习实践科学发展观活动总结大会上的讲话
### （2010年4月6日）
### 胡锦涛

同志们：

今天，我们召开大会，对在全党开展的深入学习实践科学发展观活动进行总结，对巩固和扩大学习实践活动成果作出部署，进一步推动学习实践科学发展观向深度和广度发展。

这次学习实践活动，是在新中国成立60年特别是改革开放30年来我国取得举世瞩目伟大成就、正在新的历史起点上向前迈进的背景下开展的，是在世情、国情、党情发生深刻变化，我国正处在改革发展关键阶段、我们面临的机遇和挑战都前所未有的背景下开展的，特别是在全党全国积极应对国际金融危机冲击、加快经济发展方式转变、保持经济平稳较快发展的背景下开展的，取得了丰硕的认识成果、实践成果、制度成果。认真总结这次学习实践活动的成果和经验，对深入贯彻落实科学发展观，以改革创新精神加强和改进新形势下党的建设，不断夺取全面建设小康社会新胜利、开创中国特色社会主义事业新局面，具有十分重要的意义。

下面，我讲3个问题。

## 一、学习实践活动扎实有效，取得丰硕成果

党的十七大强调，科学发展观是对党的三代中央领导集体关于发展的重要思想的继承和发展，是我国经济社会发展的重要指导方针，是发展中国特色社会主义必须坚持和贯彻的重大战略思想。党的十七大深刻阐述了科学发展观的科学内涵、精神实质、根本要求，作出了在全党开展深入学习实践科学发展观活动的战

略决策。

党的十七大之后，党中央对开展学习实践活动高度重视。中央政治局、中央政治局常委会多次对学习实践活动进行研究部署，强调在全党开展深入学习实践科学发展观活动是用中国特色社会主义理论体系武装全党的重大举措，是深入推进改革开放、推动经济社会又好又快发展、促进社会和谐稳定的迫切需要，是提高党的执政能力、保持和发展党的先进性的必然要求，是更好实现党的十七大提出的宏伟蓝图和行动纲领的现实需要。中央要求全党把深入学习实践科学发展观摆在突出位置，真正把科学发展观体现到各级党组织和广大党员、干部的行动中去，把党的政治优势和组织优势转化为推动经济社会又好又快发展的强大力量，为实现全面建设小康社会的宏伟目标进一步奠定思想基础、政治基础、组织基础。

为开展好学习实践活动，中央举行专门研讨科学发展问题的中央政治局集体学习，举办全党深入学习实践科学发展观活动动员大会暨省部级主要领导干部专题研讨班，举办省部级主要领导干部深入贯彻落实科学发展观加快经济发展方式转变专题研讨班。中央政治局常委同志带头参加学习实践活动，认真参加专题民主生活会，深入联系点调研指导。中央党的建设工作领导小组多次听取学习实践活动情况汇报，进行专题研究，提出指导意见。中央学习实践活动领导小组认真贯彻中央精神，切实履行职责，加强对学习实践活动的统筹谋划和组织指导。各级党组织认真落实中央决策部署，结合实际精心组织实施，把学习实践活动扎实向前推进。广大党员、干部把参加学习实践活动作为增强党性修养、提高综合素质的难得机遇，积极投身学习实践活动，扎实开展各项工作，认真完成各项任务，向党和人民交出了一份合格答卷。

学习实践活动从2008年3月开始试点、同年9月正式启动，自上而下分3批进行，到今年2月底基本结束，共有370多万个党组织、7500多万名党员参加。这次学习实践活动，紧紧围绕党员干部受教育、科学发展上水平、人民群众得实惠的总要求，牢牢把握坚持解放思想、突出实践特色、贯彻群众路线、正面教育为主的原则，主题鲜明，领导有力，组织严密，措施得当，有3个鲜明特点。一是从各批次、各领域和各类党员群体实际出发，统筹协调，分类指导，突出重点，批次衔接，组织广大党员、干部深化理论学习，努力为促进科学发展打牢思想基础；以学习实践活动为契机，大力加强基层组织建设，努力为促进科学发展夯实组织基础；依靠群众、发扬民主，广泛吸收群众参与，努力为促进科学发展巩固群众基础。二是紧密联系各项工作实际，开展丰富多彩的主题实践活动，凝聚科学发展力量；紧贴群众愿望和期待，着力为群众办实事、做好事、解难事，努力使学习实践活动成为群众满意工程。三是坚持边学边改、边查边改、集中整改，着力转变不适应不符合科学发展观的思想观念，着力解决影响和制约科学发展的突出问题以及党员、干部党性党风党纪方面群众反映强烈的突出问题；抓住重点领域和关键环节，加大体制机制创新力度，努力构建有利于科学发展的体制机制。

经过全党共同努力，学习实践活动基本实现了提高思想认识、解决突出问题、创新体制机制、促进科学发展、加强基层组织的目标，取得明显成效。一是广大党员、干部受到深刻的马克思主义教育，贯彻落实科学发展观的自觉性和坚定性明显增强，加强党性修养和作风建设的自觉性明显提高，对事关本地区本部门本单位科学发展重大问题的认识进一步深化，领导和推动科学发展能力进一步提高。二是科学发展水平得到有效提升，进一步理清了本地区本部门本单位科学发展思路，制定了一批推动科学发展的政策措施，解决了一批影响和制约科学发展的突出问题，建立健全了一批保障和促进科学发展的体制机制。三是人民群众得到更多实惠，有力推动了中央惠民利民政策的落实，解决了大量涉及群众切身利益的实际问题，密切了党群关系、干群关系，促进了社会和谐稳定。四是党的基层组织建设得到明显加强，扩大了党的组织和党的工作覆盖面，丰富了党组织和党员发挥作用的有效途径和方法，改进了基层党的建设领导体制和工作机制。

按照中央的部署和要求，人民解放军和武警部队紧密结合当前形势和部队实际，围绕党员干部受教育、科学发展上水平、履行使命见成效的总要求，组织党员认真学习科学发展观，着力查找解决影响和制约军队建设和军事斗争准备科学发展的突出问题，把全力维护改革发展稳定大局、有效履行军队使命作为学习实践活动最大的实践和最重要的实际，取得了明显成效，进一步打牢了全军官兵高举旗帜、听党指挥、履行使命的思想政治基础，更加牢固地确立了科学发展观在国防和军队建设中的重要指导方针地位，全面加强了部队各级党组织建设，提高了部队以打赢信息化条件下局部战争能力为核心的完成多样化军事任务的能力，有力促进了军队建设又好又快发展。

在开展学习实践活动期间，我国成功举办北京奥运会、残奥会，隆重庆祝新中国成立60周年和党的十一届三中全会召开30周年，全力抗击四川汶川特大地震灾害和全面开展灾后恢复重建，有力应对国际金融危机冲击、保持经济平稳较快发展，积极筹办上海世博会，依法坚决平息和妥善处理拉萨“3・14”事件和乌鲁木齐“7・5”事件，可以说大事多、喜事多、难事多。这次学习实践活动，把服务党和国家中心工作、推动完成重大任务、促进解决突出问题作为最重要的实际、最大的实践、最需要取得的实效，为党和国家办成大事、办好喜事、办妥难事提供了强大动力和重要保证。

总起来说，这次学习实践活动，是深入贯彻落实党的十七大精神、坚持用中国特色社会主义理论体系武装全党、推进马克思主义中国化时代化大众化的一次富有成效的实践，是深入贯彻落实科学发展观、积极应对国际金融危机冲击、推动经济社会又好又快发展的一次富有成效的实践，也是加强和改进新形势下党的建设、提高党的执政能力、保持和发展党的先进性的一次富有成效的实践，对推进党的建设新的伟大工程和中国特色社会主义伟大事业具有重大现实意义和深远历史意义。实践证明，党的十七大作出在全党开展深入学习实践科学发展观活动的战略决策是完全正确的，广大党员、干部和人民群众对学习实践活动是衷心拥护的，社会各界对学习实践活动的成效是充分认可的。

在充分肯定成绩的同时，我们也要清醒地看到，这次学习实践活动还存在一些值得注意的问题，比如，学习实践活动在地区、部门、单位之间开展得不够平衡，一些党员、干部对科学发展观的理解和把握不够深刻，一些党员领导干部领导和推动科学发展的能力素质有待进一步提高，一些影响和制约科学发展的深层次问题有待解决，促进科学发展的体制机制需要进一步健全完善。进一步解决好这些问题，把学习实践活动成果运用于经常性工作，还有大量工作要做。这次学习实践活动为深入贯彻落实科学发展观打下了坚实基础，同时国际国内形势新变化和中国特色社会主义事业新发展对贯彻落实科学发展观提出了更高要求。全党同志要充分认识贯彻落实科学发展观的重要性和紧迫性，继续把学习实践科学发展观引向深入，切实把科学发展观贯彻落实到经济社会发展各个方面。

## 二、学习实践活动积累了丰富经验，为深入贯彻落实科学发展观提供了重要启示

这次学习实践活动，充分运用党的建设基本经验特别是党内开展集中教育活动的成功做法，在探索新形势下用马克思主义中国化最新成果武装头脑、指导实践、推动工作方面积累了宝贵经验，为深入贯彻落实科学发展观提供了重要启示。

第一，深入贯彻落实科学发展观，基础在于用马克思主义中国化最新成果武装广大党员、干部头脑。这次学习实践活动，坚持把加强理论学习、转变思想观念作为首要任务，组织引导广大党员、干部在深化理论学习中提高思想认识，在提高思想认识中推动工作，在推动工作实践中提高能力本领。实践证明，思想理论建设是党的根本建设，坚持用实践基础上的理论创新成果武装全党，形成全党团结一心、共同奋斗的思想基础，是我们党加强自身建设、推动事业发展的重要保证。深入贯彻落实科学发展观，必须打牢推动科学发展的思想基础，坚持理论联系实际，实现学习和实践有机统一，使党的理论创新成果转化为推动科学发展的思想力量、政策措施、实际能力、自觉行动。

第二，深入贯彻落实科学发展观，目的在于推动经济社会又好又快发展。这次学习实践活动，坚持围绕中心、服务大局，组织引导广大党员、干部着力查找和解决影响制约科学发展的突出问题。特别是在应对国际金融危机冲击的过程中，全党同志积极落实中央保增长、保民生、保稳定的决策部署，努力化危为机、危中求进，有力促进了我国经济率先回升向好。实践证明，发展是解决中国一切问题的关键，发展应该是以人为本、全面协调可持续的科学发展。深入贯彻落实科学发展观，必须始终抓住发展这个党执政兴国的第一要务，把科学发展新要求和当前发展阶段新特征结合起来，加快经济发展方式转变，着力提高经济发展质量和效益，牢牢把握发展主动权。

第三，深入贯彻落实科学发展观，关键在于提高各级领导班子和领导干部领导科学发展能力。这次学习实践活动，坚持以县级以上领导班子、党员领导干部、基层单位党员负责人为重点，认真解决领导班子和领导干部思想、能力、作风等方面存在的突出问题，特别是在推动各级领导班子和领导干部提高应对国际国内重大考验、领导和推动科学发展能力上下工夫、见成效。实践证明，各级领导班

子和领导干部谋划科学发展的意识、推动科学发展的能力在很大程度上决定着贯彻落实科学发展观的成效。深入贯彻落实科学发展观，必须紧紧抓住领导班子和领导干部这个关键，帮助他们不断增强领导和推动科学发展本领，更好发挥组织领导和示范带动作用。

第四，深入贯彻落实科学发展观，根本在于发挥人民主体作用。这次学习实践活动，坚持问政于民、问需于民、问计于民，广泛吸收群众参与，虚心听取群众意见，主动接受群众评判，凝聚民心，集中民智，形成了推动科学发展的强大合力。实践证明，推动科学发展，一定要尊重人民主体地位，紧紧依靠人民群众，切实体现人民意愿，把全社会的发展积极性引导到推动科学发展上来。深入贯彻落实科学发展观，必须把实现好、维护好、发展好最广大人民根本利益作为一切工作的出发点和落脚点，使贯彻落实科学发展观的过程成为不断为民造福的过程，最大限度地把人民群众的智慧和力量凝聚到推动科学发展上来。

第五，深入贯彻落实科学发展观，动力在于创新体制机制。这次学习实践活动，立足于解决制约科学发展的突出矛盾和问题，着眼于建立健全保障和促进科学发展的体制机制、推动科学发展的政策法规、体现科学发展要求的规章制度，在解决问题与创新体制机制的结合上进行了积极探索。实践证明，创新体制机制是实现科学发展的必然要求。深入贯彻落实科学发展观，必须坚持求真务实、改革创新，加快构建充满活力、富有效率、更加开放、有利于科学发展的体制机制，为推动科学发展提供有力制度保障和持久推动力量。

这些重要启示，来源于党员群众实践，集中了全党全社会智慧，对推动学习研究和贯彻落实科学发展观向深度和广度发展具有重要作用，我们要倍加珍惜并切实运用于今后实践。

我们党在领导革命、建设、改革的实践中，历来坚持根据形势和任务的新变化、时代发展对党的建设的新要求，在全党开展马克思主义集中教育活动，以更好促进党和人民事业发展。尽管不同时期开展的集中教育活动背景、任务、内容、做法有所不同，但每一次都紧紧围绕党的中心任务来谋划、来推进、来检验，把集中教育活动作为解放思想、统一认识、振奋精神、凝聚力量、攻坚克难、推进工作的总动员，使全党创造活力和奋进动力得到广泛激发；每一次都突出理论武装的重要作用，做到党的理论创新每前进一步、理论武装就跟进一步，教育引导广大党员、干部感情上真诚认同、政治上坚定信仰、行动上自觉运用马克思主义中国化最新成果，使党的创新理论得到广泛普及；每一次都从人民群众最关注最盼望的问题抓起，立说立行，边整边改，以实际行动取信于民，保持党同人民群众的血肉联系，使党群关系、干群关系得到广泛改善；每一次都运用批评和自我批评的武器，着力解决党员、干部党性党风党纪方面群众反映强烈的突出问题，动员群众广泛参与，认真清扫政治灰尘，保持党的肌体健康，使广大党员、干部的党性修养和作风养成得到广泛提高。实践证明，适时在全党开展集中教育活动是运用马克思主义建党学说加强党的建设的重大举措，是保持和发展党的先进性的伟大创举。我们要根据实践的新发展，紧密联系党的建设新实际，坚持和运用好这一成功做法。

## 三、以改革创新精神加强党的建设，为深入贯彻落实科学发展观提供坚强保证

当今世界正处在大发展大变革大调整时期，当代中国正在新的历史起点上向前迈进。全面建成惠及十几亿人口的更高水平的小康社会、进而基本实现现代化、实现全体人民共同富裕，需要我们付出艰巨努力。我们党正处在新的历史方位，面临的执政考验、改革开放考验、市场经济考验、外部环境考验是长期的、复杂的、严峻的，党的领导水平和执政水平、党的建设状况、党员队伍素质同党肩负的历史使命还存在不少不相适应的地方。在这样的国内外条件下，我们党要团结带领全国各族人民继续抓住和用好我国发展的重要战略机遇期，战胜在政治、经济、文化、社会领域和自然界出现的困难和风险，全面做好改革发展稳定各项工作，关键在于加强和改善党的领导，全面推进党的建设新的伟大工程。我们要全面贯彻党的十七大和十七届四中全会精神，以邓小平理论和“三个代表”重要思想为指导，深入贯彻落实科学发展观，坚持把党的执政能力建设和先进性建设作为主线，以改革创新为动力，以解决影响和制约科学发展的突出问题为重点，把开展学习实践科学发展观活动的成功经验和有效做法运用到经常性工作中去，努力在以科学理论指导党的建设、以科学制度保障党的建设、以科学方法推进党的建设上取得新的成效，不断提高党的建设科学化水平，为推动科学发展提供坚强保证。

第一，进一步加强思想理论建设，不断提高全党学习和运用科学发展观水平。推动理论学习，提高全党理论素养，是一项紧迫的政治任务。要坚持把党的思想理论建设放在首位，继续认真学习马克思列宁主义、毛泽东思想、邓小平理论、“三个代表”重要思想以及科学发展观，在实践中不断丰富和发展中国特色社会主义理论体系，努力开拓马克思主义新境界，切实提高全党运用科学理论改造主观世界和客观世界的能力。要坚持按照建设马克思主义学习型政党的要求，完善学习制度，丰富学习内容，创新学习方法，努力把各级党组织建设成为学习型党组织、把各级领导班子建设成为学习型领导班子。要坚持教育引导广大党员、干部牢固树立重视学习、善于学习、终身学习的观念，自觉学习社会主义核心价值体系，自觉学习党的路线方针政策和国家法律法规，自觉学习现代化建设所需要的各方面知识，不断提高理论素养和知识素养。各级领导干部要带头学习，先学一步、多学一点、学深一些，做真学真懂真信真用科学发展观的模范。要坚持学以致用、学用相长，引导广大党员、干部向书本学习、向实践学习、向群众学习，把学习科学发展观同解决人民最关心最直接最现实的利益问题、本地区本部门本单位改革发展稳定的重大问题、党的建设突出问题结合起来，把学习成果转化为推动科学发展的实际能力。

第二，进一步加强领导班子和干部队伍建设，不断提高各级领导班子和领导

干部推动科学发展、促进社会和谐能力。各级领导班子和干部队伍是贯彻落实科学发展观的关键。要坚持按照科学发展观要求选干部、配班子、建队伍、聚人才，努力把各级领导班子建设成为贯彻落实科学发展观的坚强领导集体，把广大干部培养成为贯彻落实科学发展观的重要骨干，不断提高科学决策、民主决策、依法决策水平，增强推动科学发展、促进社会和谐的整体能力。要坚持德才兼备、以德为先用人标准，形成充满活力的选人用人机制，完善促进科学发展的考核评价机制，把贯彻落实科学发展观的自觉性和坚定性作为考察干部德的重要内容，把领导和推动科学发展能力作为考察干部才的重要标准，把科学发展的实际成效作为考察干部实绩的重要依据，形成有利于科学发展的用人导向。要坚持民主、公开、竞争、择优，深化干部人事制度改革，广开举贤荐能之路，使各方面优秀人才脱颖而出，并在推动科学发展、促进社会和谐的事业中建功立业。要坚持加强教育培训、强化实践锻炼，重点提高领导干部谋划发展、统筹发展、优化发展、推动发展的本领和群众工作、公共服务、社会管理、维护稳定的本领。要坚持把加快经济发展方式转变作为深入贯彻落实科学发展观的重要目标和战略举措，认真总结和运用我国应对国际金融危机冲击的成功经验，促进领导干部开阔眼界、开阔思路、开阔胸襟，增强做好加快经济发展方式转变各项工作的意识和能力。要坚持提高选人用人公信度，匡正选人用人风气，使选拔出来的干部组织放心、群众满意。

第三，进一步加强党的基层组织建设，努力把基层党组织建设成为贯彻落实科学发展观的坚强战斗堡垒。党的基层组织是党全部工作和战斗力的基础，承担着把科学发展观贯彻落实到基层的重要责任。要始终把抓基层打基础摆在更加突出的位置，大力推进基层组织工作创新，统筹抓好各领域各行业基层党组织建设，广泛开展创建先进基层党组织、争做优秀共产党员的创先争优活动，充分发挥基层党组织推动发展、服务群众、凝聚人心、促进和谐的作用。要坚持完善基层党组织设置形式，形成分布广泛、完善严密、坚强有力的基层党组织网络体系，不断扩大党的组织和党的工作覆盖面。要坚持强化基层党组织功能，找准基层党建工作与中心任务的结合点，从实际出发落实好中央方针政策和工作部署，体现好人民群众关切和期待，提高基层党组织工作水平。要坚持加强基层党组织书记队伍建设，按照守信念、讲奉献、有本领、重品行的要求，形成一支能够团结带领广大党员、群众推动科学发展和共同致富的高素质基层党组织带头人队伍。要坚持加强党员队伍建设，建立健全教育、管理、服务党员长效机制，充分发挥党员在党内生活中的主体作用，增强党员队伍生机活力，激发广大党员坚定信念、牢记宗旨、爱岗敬业、勇于进取的自觉性。要加强对老党员、生活困难党员的关怀帮助，真正重视、真情关心、真心爱护基层党员干部，让他们切实感受到党的温暖，增强荣誉感、归宿感、责任感。

第四，进一步加强党的作风建设，努力营造深入贯彻落实科学发展观的风清气正环境。推动科学发展必须有良好作风作保证。各级党组织要按照党的十七届四中全会提出的要求，大兴密切联系群众之风、求真务实之风、艰苦奋斗之风、批评和自我批评之风，以优良的党风促政风带民风，形成凝聚党心民心的强大力量。实现最广大人民根本利益是贯彻落实科学发展观的根本目的。要坚持全心全意为人民服务的根本宗旨，坚持以人为本，贯彻党的群众路线，深入了解民情，充分反映民意，广泛集中民智，切实珍惜民力，着力解决好人民最关心最直接最现实的利益问题，把群众满意不满意作为衡量各项工作的根本标准，引导广大党员、干部特别是领导干部始终与人民群众同甘共苦、为人民利益不懈奋斗。要坚持引导广大党员、干部特别是领导干部自觉学习党章、遵守党章、贯彻党章、维护党章，自觉加强党性修养，增强党的意识、宗旨意识、执政意识、大局意识和责任意识，切实做到为党分忧、为国尽责、为民奉献。要坚持解放思想、求真务实，牢固树立正确政绩观，既勇于开拓创新，又坚持埋头苦干，真正把功夫下在察实情、出实招、办实事上，努力创造经得起实践、人民、历史检验的实绩。要坚持发挥先进典型的示范带动作用，组织广大党员、干部学习先进典型，讲党性、重品行、作表率，争做群众贴心人、群众信得过的好干部。各级领导干部要始终保持高尚的精神追求和道德情操，坚持严于律己、清正廉洁，老老实实做人、干干净净做事，时刻警惕权力、金钱、美色的诱惑，坚决同一切腐败行为作斗争，用实际行动推进反腐倡廉建设，真正做到为民、务实、清廉。

加强和改进新形势下党的建设是全党的重大政治责任。各级党委要坚持党要管党、从严治党，在全党特别是党的各级领导干部中形成党组织抓好党建是本职、不抓党建是失职、抓不好党建是不称职的思想共识和舆论导向。要全面落实党建工作责任制，健全党委统一领导、部门齐抓共管、一级抓一级、层层抓落实的党建工作格局，确保党的建设各项任务落到基层、落到实处。要把巩固和扩大学习实践活动成果、扎实做好整改落实后续工作、切实健全长效机制作为各级党委贯彻落实党建工作责任制的重要内容，推动学习实践活动有效做法制度化、管用经验长效化，让学习实践活动成果在经常性工作中充分发挥作用。

同志们，实践永无止境，党的理论创新也永无止境。全党同志要紧密团结在党中央周围，高举中国特色社会主义伟大旗帜，开拓创新、团结前进，为夺取全面建设小康社会新胜利、开创中国特色社会主义事业新局面而不懈奋斗！

资料来源：新华网 . http：//news. xinhuanet. com/politics/2010-04/06/c_1219752. htm

# 逆势而上调结构　抓住机遇促转型

## 关于嘉兴市推进结构调整创新发展模式的调研报告
## （2010 年 3 月 17 日）

嘉兴市位于浙江东北部，东接上海、北邻苏州、西连杭州、南通宁波，地处长三角经济圈中心区域。面对国际金融危机的冲击，嘉兴市委、市政府按照中央和省委的要求，开展深入学习实践科学发展观活动，把应对金融危机的冲击作为实现科学发展新跨越的难得历史机遇，加快转变经济发展方式，以坚决打好结构调整这场硬仗为抓手，推动产业结构优化升级，经济社会实现了又好又快发展，初步走出了一条调整经济结构创新发展模式的科学发展之路。

## 一、成效与变化

党的十六大以来，在浙江省委、省政府的正确领导下，嘉兴市委、市政府坚持以邓小平理论和“三个代表”重要思想为指导，认真贯彻落实科学发展观，扎实推进经济、政治、文化、社会和生态文明建设，经济社会发展取得了长足进步。特别是去年下半年以来，面对外需萎缩、订单减少、企业停工减产及就业和社保压力增大的情况，嘉兴市委、市政府以开展深入学习实践科学发展观活动为契机，结合本地实际，研究提出了保增长、促转型、抓统筹、重民生的工作部署，把保增长与调结构结合起来，认真贯彻落实中央扩大内需保持经济平稳较快发展的各项措施，创新机制，优化环境，经济社会发展取得了明显成效。

1）经济企稳向好。2009 年 1～3 季度，全市实现地区生产总值 1329.45 亿元，同比增长 8.3%，增幅均高于全国、全省的平均水平；前 3 季度经济增长率分别为 4.6%、7.1%、8.3%，分别高于全省平均 1.1 个、0.8 个和 0.6 个百分点。财政收入和地方一般预算收入分别达到 227.3 亿元和 113.1 亿元，同比增长 9.7% 和 9.6%（增速均列全省第二）。全社会固定资产投资增长率、地方财政收入增长率均高于全省平均水平。服务业保持了 13% 以上的增长速度，对经济增长的贡献率达到 60%。

2）市场消费信心稳步提振。2009 年 1～3 季度，社会消费品零售总额增长率分别为 15.2%、15.1%，15.2%，分别高于全省平均 2.1 个、1.4 个和 0.9 个百分点。消费信心增强，发展预期继续向好，1～3 季度全市企业家信心指数分别为 108.7、116.3、119.5；企业景气指数分别为 107.1、123.6、133.1。

3）外贸出口降幅逐季收窄。1～3 季度，全市实际利用外资 8.22 亿美元，新批“三资”企业 157 家；进出口总额为 124.31 亿美元，降幅比上半年减少 1.8 个百分点，其中外贸出口额达到 89.68 亿美元，降幅比上半年减少 1.4 个百分点。一般贸易好于加工贸易，降幅小于加工贸易 11.4 个百分点。

4）城乡居民收入持续增加。截至 3 季度末，城镇居民人均可支配收入和农村居民人均纯收入分别达到 19 021 元和 8984 元，同比实际分别增长 9.5% 和 9.6%。城乡居民收入比 2.11∶1，低于 3.36∶1 的去年全国平均水平。全市非农业就业人员比重为 87.5%，全面小康程度居浙江省第二位。

5）社会事业得到全面发展。2009 年以来，全面实施城乡居民社会养老保险新办法，养老保险制度实现全市覆盖。新型城乡居民合作医疗保险制度逐步健全，农民参保率达 96.51%，失业、工伤、生育保险覆盖面不断扩大，新型社会救助体系逐步健全。“平安嘉兴”建设继续推进。全市所辖 5 县（市）全部进入中国百强县前 32 强和“浙江省小康县”行列，先后成功创建中国优秀旅游城市、国家卫生城市、国家园林城市、全国绿化模范城市、全国双拥模范城市和全国创建文明城市工作先进城市。

## 二、思路与做法

### （一）统一思想、加强调研，全面落实应对金融危机的新举措

1）统一思想聚共识，坚定应对危机的信心。百年不遇的全球金融危机，给嘉兴带来的直接影响是外需萎缩、订单减少、企业停工减产，就业和社保压力增大，对这些突如其来的新情况新问题，嘉兴市的班子成员高度重视、积极应对，早动手、早安排，特别是把提振全市上下的信心摆在了突出位置。市里多次召开会议，深入分析研究嘉兴发展的基础、条件和机遇，着力统一思想认识，引导广大干部群众抢抓危中之机，推进发展。要求全市上下坚持科学发展不动摇，转型升级不畏难，苦练内功不浮躁，进一步坚定应对危机、促进发展的信心。提出要把“保增长与调结构相结合”、“抓发展与促改革相结合”、“抓经济与促稳定相结合”，进一步增强紧迫感，抓住有限时间，全力推进发展。

2）深入调研谋思路，完善应对危机的举措。针对国际金融危机带来的影响，为进一步梳理思路、寻找对策，去年底，嘉兴市委全会认真贯彻省委“标本兼治、保稳促调”的工作思路和要求，部署了 2009 年经济社会发展的目标任务，确定了“保增促调”的工作主线。春节刚过，市级班子成员分别率队深入基层一线开展专题调研，了解和把握基层和企业面临的困境，分析经济运行态势，积极寻找应对办法，出台了减税让利、优化融资、简化审批等一系列政策措施，指导全市面上工作的推进。班子成员还结合年初确定的调研课题深入开展调查研究，进一步探求应对危机、加快发展的思路与对策，牵头完成“新时期新阶段继续深化改革开放，全面推进科学发展”、“提高自主创新能力，推动经济转型升级”调研课题，

对化解国际金融危机、推动经济转型升级进行系统、全面的思考，并及时出台《加快转变经济发展方式、推进经济转型升级的实施意见》，提出了今后一段时间，特别是后金融危机时期嘉兴深化改革开放、推进科学发展、推动经济转型升级的任务和要求。

3）推进项目保增长，找准应对危机的抓手。为应对危机，嘉兴市提出以项目增投入，以投入促发展。在项目规划上，着眼长远，立足实际，并结合“十二五”规划的前期研究工作，按照转型升级、提升竞争力和创建生态环保宜居城市的要求，对基础设施、产业升级和民生、生态环保等重大项目，进行统筹谋划。突出全市“四个双百”和市区政府“百项百亿”项目建设。1～9月，全市完成固定资产投资863.1亿元，增长21.3%。在项目投资上，实施“三四五六”战略，即：突出项目引导、推进和服务三个环节；强化项目准入和后评价、项目推进、落实装备制造业和新兴产业发展、加快盘活存量和“腾笼换鸟”四项措施；抓好“零增地”、“存量优化提升”、“产业结构调整”、“创新产业化”和“生产性服务业”五个一批480项重点项目；重点发展装备制造、石化、电子信息、汽车关键零部件、新材料和新能源六大产业。在项目实施上，要求每个重大项目都要实行领导联挂，靠前督战，面对面进行指导，及时帮助和协调解决遇到的难题。

### （二）充分发挥政府、企业和人才的协同作用，为结构调整构建新机制

1）以政府为主导，建立环境、知识产权和劳动者权益保护机制，增强企业转型升级的外部推动力。面对危机，嘉兴人深切感受到粗放式发展模式、对知识产权重视不够和对劳动者合法权益保护不力，已经影响到嘉兴经济的可持续发展，尤其是高投资、高消耗、高污染的发展模式已难以为继，必须探索调整结构和转型发展之路。一是保护环境。积极探索建立排污权交易制度，以环境的倒逼机制促进企业转型升级。2007年9月，嘉兴在全国率先出台了《嘉兴市排污权交易办法》，成立了国内首个排污权交易平台——“嘉兴市排污权储备交易中心”，对新、改、扩建项目全面开展排污权有偿使用，并探索开展初始排污权有偿使用，将环境污染外部成本“内在化”。截至2009年9月，全市共有329个项目通过排污权交易获得主要污染物排放指标，交易COD 1329t，$SO_2$ 915t，交易总额达到1.09亿元。通过有效的环保机制探索和合力整治，嘉兴水环境明显改善，地表水环境质量逐年提高，空气质量优良天数超过94%。二是保护知识产权。以创建国家知识产权试点城市为契机，加强生产、流通、进出口等领域的知识产权保护，强化行政执法，健全知识产权保护体系。2009年1～8月，全市专利授权量2948件，同比增长51.2%，在知识产权保护的倒逼机制作用下，企业创新积极性明显提高，亿元以上企业均建立了研发中心。三是保护劳动者合法权益。嘉兴有180万外来人口，保护他们的合法权益是一项紧迫任务。为此，嘉兴率先提出打造“嘉（加）兴（薪）不欠薪”城市品牌，全面提高劳动者社会保障水平。通过加大对低附加值劳动密集型企业的生存压力，促进企业转型升级，逼迫企业走技改创新、品牌建设之路。通过实施上述三大保护，既营造了公平竞争的市场环境，

也促进了产业结构的改造提升。

2）以企业为主体，鼓励国资、民资、外资齐上，增强经济转型升级的微观活力。地处上海、苏南和浙南三个经济圈交会点的嘉兴，充分借鉴三种发展模式的成功经验，形成了国资、民资、外资相互补充、互促共进的经济格局。一是大力扶持民营企业。通过制定实施全民创业行动计划和鼓励创业的政策措施，放宽准入领域，降低创业门槛，简化注册手续，使更多农村劳动力进入第二、第三产业、个体工商户转办私营企业，形成了全民创业的良好局面。民营经济已成为推进富民强市的主体，占经济总量的近70%，占全部税收、财政收入的2/3以上，农民的非农收入绝大部分来自民营经济。二是大力调整国有经济布局。调整的方向是使国有经济逐步退出竞争性行业，进入基础设施、公用事业等领域，在为民资腾出发展空间的同时，也提升了国有经济。10年来，市级国有资产总量增长13倍，全市地方国有及国有控股企业资产总额达到900多亿元，国有经济的控制力、影响力和竞争力不断增强。为增强和发挥国资在转型升级中的主导力量，嘉兴加大了招央企、引国资步伐，一大批国企大项目先后落户嘉兴。三是大力实施招商选资。2008年实际利用外资13.6亿美元，位居浙江“三甲”。目前已有90个国家和地区的5400家企业落户嘉兴，有26家世界500强企业在嘉兴投资，外资企业占规模以上工业经济比重超过30%。外资的投入，不但为嘉兴经济发展注入了活力，还带来了先进的技术和管理理念，推动了嘉兴产业的结构调整和转型升级。

3）以人才强市，抓住结构调整的关键，增强转型升级的智力支撑。一是明确提出人才强市战略。嘉兴连续出台了优化人才、引进智力的政策规定。2009年，嘉兴改变了以往以学历论人才的观念，制定了引进领军人才和建设创新团队的办法，采取按个人贡献实绩予以奖励、购房安居补助等更具针对性的政策措施，加大高层次、创新型人才的引进力度。二是通过抱团引进大院名校。为实施以高端载体引进高端人才，嘉兴市已投入10亿元，吸引了一批领军型人才，带来了一批新项目、催生了一批新产业，培育了一批创新型团队。仅嘉兴科技城内就集聚了116名博士，146名硕士，124名高级职称专家，8名兼职的“两院”院士。通过培养和引进，2008年，全市拥有各类人才132万，占常住人口的30%以上，共涌现出160多个市级以上的创新团队。人才作用的发挥，为经济结构调整和转型升级提供了坚强的智力支撑。

### （三）优先发展服务业，促进三次产业转型升级，为结构调整探索新途径

1）大力发展现代服务业，加快形成与经济发展水平相适应的产业结构。去年嘉兴第三产业占比只有34.4%，比全国和全省低6~7个百分点。嘉兴从与国内外的发展差距中看到了第三产业特别是服务业发展的空间，围绕“优先发展现代服务业、大力发展先进制造业、积极发展生态高效都市型农业”的思路，加快三次产业结构调整步伐，着力构建以服务业为主的现代产业体系。立足区位优势和经济基础，大力发展总部经济、金融、现代物流、信息等生产性服务业，出台了放

开投资领域、加大政策优惠和资金扶持等支持服务业发展的政策措施。积极探索以服务业集聚区为载体发展服务业块状经济，鼓励工业企业主辅分离，打造服务外包基地城市，争创“国家服务外包示范城市”。近年来，嘉兴服务业年均增长14.3%，成为支撑全市经济平稳较快增长的主要力量。

2）推进区域块状经济与服务业融合发展，促进区域特色经济集群化。嘉兴以区域块状特色经济闻名全国，并因此催生了一批以海宁皮革城、濮院毛衫市场为代表的专业市场，进而带动了产业的集聚发展。进入新世纪，面对日益激烈的市场竞争，传统区域特色经济集群低、小、散的弊端不断暴露。为此，嘉兴市以省级“海宁皮革产业群”和“平湖光机电产业集群”转型升级示范建设为抓手，从战略规划提升、空间布局优化、龙头项目实施、区域品牌引领、服务平台建设等入手，培育了一批“专、精、特、新”企业，形成了企业集聚度高、产业竞争力强、社会服务体系完善的现代产业集群。这些企业集群以创新服务平台为载体，在产业升级中发挥了较好的示范引领作用，探索出了一条生产性服务业与产业融合发展的新路子。

3）创新农业经营和发展方式，大力发展现代都市农业。嘉兴是传统农业大市，素有“鱼米之乡、丝绸之府”的美誉，为推动农业与服务业的融合，嘉兴不断创新农业经营和发展方式。近年来，嘉兴市农村合作经济组织发展虽然很快，但普遍遇到信息不畅、规模不大、带动作用不强、技术含量不高、缺乏可持续发展能力等问题。为解决这些问题，嘉兴着力构建新型农村社会化服务体系，提高农业经营的组织化程度，推进农业的产业化、规模化和集约化。2008年成立了全国第一家地市级农村合作经济组织联合会，如今全市已成立480多家专业合作社，带动农户26.34万户，占总农户的40%，有194家合作社拥有品牌，合作社基地面积36.92万亩。专业合作组织的兴起，为广大农民提供技术推广、产品销售、融资担保等服务，催生了一个个独具特色的农业产业基地，发展壮大了一批农业产业化龙头企业。各类农业产业化龙头企业已发展到近千家，其中市级143家、省级17家，国家级3家，总资产55亿元，涌现了“五芳斋”、“金平湖”、“膳博士”等一批知名农业品牌。

### （四）创新发展平台，提升城市承载力、自主创新力、开放带动力，为结构调整注入新动力

1）推进市域一体化，建设现代化网络型城市，提升城市承载力。改革开放以来，嘉兴走出了一条以县域经济为重点的区域跨越发展之路。面对区域合作与联系日益密切、城市对区域发展带动力日渐增强、经济转型升级极为迫切的新趋势，地处长三角大城市包围圈中的嘉兴，充分认识到只有走区域统筹发展之路，才能在强手如林的长三角一体化进程中脱颖而出。一是编制完成市域层面的总体规划。2003年以来，嘉兴基于区域发展相对均质、城镇密度相对较高等特点，提出了推进市域一体化、建设现代化网络型大城市的战略决策。明确了以市区为中心、县（市）城和滨海新城为副中心、新市镇为骨干的城市框架体系。在统筹区域基础设

施建设方面，基本形成了“三纵三横三连”的高速公路框架和市与县之间、县城与中心镇之间的交通圈，实行了城乡公交一体化。二是加快公用设施建设步伐。通过跨区域统筹建设污水处理工程、垃圾焚烧厂和固体废物处置中心，推进重大设施高效利用，防止重复建设和低效运行。嘉兴通过统筹区域饮用水、天然气设施建设，实现了全市域城乡供水一体化，天然气管道逐步向农村延伸。同时，立足不同区域产业基础，打破内部行政区域壁垒，统筹区域产业分工，并明确了中心城市与市镇的产业功能定位。三是着力提升市域一体化层次。出台了建设现代化网络型大城市意见，建立了以规划管理、财政结算、投融资为重点的市域统筹运作机制，推进全市“重要资源、重点领域、重大项目”的共建共享。

2）集聚创新要素，建设科技创新平台，提升自主创新力。为强化经济转型的科技支撑，嘉兴采取了三方面的措施：一是建设浙江省区域创新体系副中心。以提高自主创新能力为主线，以企业为主体，以构筑浙江省区域创新体系副中心为重点，集聚创新要素，激活创新资源，转化创新成果，加快创新型城市建设。二是建设嘉兴科技城。为加快嘉兴科技城等创新平台建设，先后引进浙江清华长三角研究院、中科院嘉兴中心、乌克兰国家科学院中国（嘉兴）中心等33家国内外科研院所。此外，全国还有200多所高等院校、科研院所与嘉兴2000多家企业建立创新“联盟”。到2008年嘉兴科技城共组建12家高科技公司，被科技部评为首批国家技术转移示范机构。2009年1～6月，来自中国科学院嘉兴中心的15个转化项目分别在19家合作企业中转化，新增项目转化实现产值6.47亿元，同比增长167%。三是增加科技创新投入。2008年全市地方财政科技投入5.22亿元，增长26.1%，带动全社会科技投入58.1亿元，其中研究开发经费支出32.1亿元，研发经费支出占生产总值的比例达到1.77%。如今，嘉兴已形成重大创新平台建设为主体，市、县两级科技孵化器和创业服务中心为补充，各类科技园、企业技术中心和研发中心等共同发展的新格局。各类创新平台的建设，带动了科研成果和当地企业相互融合，有力地推动了嘉兴经济结构调整和转型升级。

3）发挥区位优势，深化接轨上海战略，提升开放带动力。上海是嘉兴获取先进理念和要素资源、开拓国内外市场的重要平台。为充分发挥与上海接壤的地理优势，嘉兴早在1992年就提出了“接轨上海”战略，2008年又出台了全方位、宽领域、深层次接轨上海扩大区域合作交流的政策意见。一是在交通运输方面，以高速公路、铁路、内河航道等为重点，全力打造长三角综合交通枢纽，与周边的上海、杭州、苏州、宁波等城市均以高速公路连接。二是在产业衔接方面，立足自身产业基础，促进与上海及周边城市的产业互动共进，找准为上海产业提供配套服务的功能定位，通过在上海建立办事处、投资办厂、投资参股等方式，主动承接上海辐射，积极与之形成资源互补、错位发展态势。近6年来共引进上海企业近500家，引进上海投资资金近百亿元。三是在社会事业方面，制定了上海市基本医疗参保人员在嘉兴居住期间医疗费用代办报销办法，率先开展并解决上海参保人员异地就医报销难题。通过联合办学，积极引进上海的大院名校，实现“借脑发展”，已建成同济大学浙江学院，东华大学平湖服装技术研发中心也在

2009 年正式成立。四是在分区合作方面，以全面接轨上海战略为大背景，鼓励各县（市）积极创新接轨上海举措，不断提升以开放带动发展的能力。嘉善县通过“借力上海、走向世界”，每年在上海举办招商推介活动，与 20 多家国外驻沪招商咨询机构建立紧密型合作关系，从上海引进的专家超过 1500 人，通过上海引进的内外资项目，占全部引资总额的 90% 左右。

### （五）重视保障和改善民生，健全社会管理，为经济结构调整营造新的良好环境

1）大力发展社会事业。一是重视文化建设，以文化发展提升嘉兴的软实力。近年来，嘉兴着力推进社会主义核心价值体系、文化产业发展体系、公共文化服务体系和国家历史文化名城“三体系一创建”，图书馆总分馆模式、全国文化信息资源共享工程示范市、“嘉兴端午习俗”等日益成了展示嘉兴文化风采的“新名片”，人文优势逐步转化成嘉兴发展的新优势。二是坚持教育优先，全面提高教育发展水平。各县（市、区）均为省级教育强县，基础教育走在前列，中职教育实现统筹招生和专业设置，拥有 8 所高等院校、在校生 6 万余人，高等教育毛入学率超过 40%。三是重视发展医疗卫生事业，提高居民健康水平。社区卫生服务中心（镇卫生院、村卫生室）实现城乡全覆盖，三大类 12 项公共卫生服务综合达标率 97.8%，城乡居民健康水平逐年提高，人均期望寿命达到 77.35 岁。

2）完善社会保障体系。嘉兴市坚持把健全社会保障体系作为重要的软性基础设施来抓，在全国率先构建覆盖城乡所有居民的“全民社保”体系。2007 年，制定实施城乡居民社会养老保险办法，将社会养老保障从企事业单位职工扩大到城乡所有人群，对 70 周岁以上未享受各类社会保障待遇的高龄老人，实行每月 50～350 元不等的养老基本生活补助。嘉兴的新型城乡居民合作医疗保险也走在前列。目前全市农民参保率高达 97.5%，人均筹资额从 2003 年的 35 元提高到 2009 年的 245 元，人均筹资水平、年门诊结报率、住院补偿率等均列全省第一，被列为全国新农合和城镇居民基本医疗保险制度相衔接的城乡居民合作医疗试点城市。同时，城乡低保、基本住房保障和社会救助保障等制度初步构建了与嘉兴经济社会发展水平、城乡民众基本需求相适应的社保体系。

3）创新社会管理体制。面对社会管理的新形势，嘉兴市积极探索社会管理新体制。一是设立市委社会工作委员会。主要是突出社区、社工、社团等社会管理的基础性力量，着力构建“人人参与、共建共享”的社会管理格局。健全（村）居民自治机制，扩大“两委”无候选人直选比例，2008 年分别达到 60.3% 和 66.2%，比上届提高 41.2 和 39.8 个百分点，实现了政府依法行政与居民依法自治良性互动。通过培育各类社团、中介等社会组织，发展壮大社工和志愿者队伍，进一步拓宽了公众参与管理社会事务的渠道。二是成立新居民事务局。针对外来务工人员增多的情况，2007 年嘉兴在全国首设新居民事务局，开展居住证制度改革，根据新居民年龄、学历、技能，以及在嘉兴工作时间长短、社会保险参保等具体情况，分别实行临时居住证、居住证和专业人员居住证，并赋予相应的政策

待遇，逐步把新居民纳入公共服务体系，激发了新居民在“第二故乡”创新创业的活力和热情。三是高度重视“平安嘉兴”建设。嘉兴社会和谐稳定，连续四年实现省级平安市，被评为全国社会治安综合治理优秀地市。2008 年人民群众的安全感满意率达 97.71%，为经济转型升级提供了良好的社会环境。

## 三、启示与展望

启示一：正确分析形势，果断决策，抢抓机遇，是从容应对危机、保持经济平稳较快发展的重要前提。国际金融危机爆发以后，嘉兴没有怨天尤人，而是见事早，动作快，深入研判形势，充分估计宏观经济环境的复杂性、严峻性，增强忧患意识、责任意识，把握有利时机和积极因素，抓住 2010 年上海世界博览会和国家推进长江三角洲地区改革开放的机遇，深化细化接轨上海战略。发挥区域优势，转危为机，保持了经济社会平稳较快发展。

启示二：充分发挥政府、社会中介和市场的功能和作用，是有效配置资源、促进结构调整的重要手段。在一个资源相对短缺、外贸依存度较高的地区，如何调整经济结构，促进经济发展，嘉兴的经验弥足珍贵。他们的做法是将应由政府承担的公共服务和市场监管职能真正承担起来，充分发挥政府主导作用；将社会性、公益性事务交给社会中介组织承担；将应该交由市场承担的职能真正让渡给市场，重视用市场这只“无形之手”优化配置社会资源，各方协同配合，共同促进经济结构的转型升级。

启示三：优先发展服务业，加快构筑现代产业体系，是优化经济结构、推动产业升级的重要途径。嘉兴的实践说明，长期依靠传统制造业简单叠加推进区域经济发展，对工业化的推动曾起到一定促进作用，但对产业层次和增加就业容量的提升水平明显不够。只有第一、第二、第三产业融合推动，投资、消费、出口协调拉动，人口、资源、环境约束制动，并注意培育新兴产业，才能加快结构调整和经济转型升级，才能提升区域经济的整体竞争力。

启示四：创造和谐稳定的社会环境，是推进结构调整、加快经济转型的重要保障。近年来，嘉兴在加快经济发展的同时，重视加强党的基层组织建设，坚持把以改善民生为重点的社会建设摆在突出位置，繁荣发展社会事业，完善社会保障，创新社会管理，不断弥补“短板”，做大“长板”，社会发展水平不断提高，促进了经济结构调整和转型升级，初步实现均衡发展、科学发展、和谐发展。

嘉兴应对危机、调整结构的经验归结起来，就是必须走解放思想、勇于创新的率先发展之路，必须走统筹兼顾、协调推进的科学发展之路，必须走以人为本、惠及民生的和谐发展之路。

科学发展之路的探索永无止境。嘉兴正处在人均 GDP 加快向 1 万美元迈进、经济社会加速转型的新阶段。站在新的历史起点上，面对宏观环境发生的新变化，嘉兴市委、市政府全面贯彻落实党的十七大、十七届三中、四中全会精神和浙江省委“两创”总体战略要求，抓住长三角区域发展上升为国家战略的重大机遇，不断优化产业结构，推进创业创新，扩大对外开放，完善体制机制，全面改善民生，促进社会和谐，努力把嘉兴建设成为“长三角创新型经济强市”、“江南水乡生态型文化大市”、“杭州湾宜居型滨海新市”，力争到2020年基本实现现代化！（报告完成时间为2009年12月）

资料来源：中国共产党新闻网. http：//kxfz. people. com. cn/GB/135221/135358/11156690. html

# 定位欧亚大陆桥，努力实现后发先至

## 关于连云港市加快沿海开发创新发展模式的调研报告
## （2010 年 3 月 18 日）

连云港市位于江苏东北部，南连长三角，北接渤海湾，与日本、韩国隔海相望，是新欧亚大陆桥东方桥头堡。面对国际金融危机的冲击，连云港市以开展深入学习实践科学发展观活动为契机，找准在新欧亚大陆桥中东方桥头堡的战略定位，大胆创新发展模式，统筹做好保增长、保民生、保稳定各项工作，在应对危机的过程中充分发挥后发优势，初步实现了后发先至的新突破。

## 一、创新发展模式取得显著成效

党的十六大以来，在江苏省委、省政府领导下，连云港市委、市政府坚持以中国特色社会主义理论为指导，贯彻落实科学发展观，创新发展模式，经济社会发展取得显著成就。特别是从去年下半年开始，连云港市把开展深入学习实践科学发展观活动，作为科学发展、跨越发展的推动力，把学习实践活动与保增长、保民生、保稳定相结合，坚决贯彻落实中央和江苏省委的决策部署，从本地实际出发，积极应对国际金融危机带来的挑战，经济社会发展及东方桥头堡建设取得重要进展。

1）综合经济实力明显增强。2003 ~ 2008 年，全市地区生产总值从 332.75 亿元增加到 750.1 亿元，年均增长 14.3%，近三年更是高达 15%。财政总收入、地方一般预算收入和固定资产投资五年翻了两番，其中地方财政总收入从 34.13 亿元增加到 180.6 亿元，年均增长 39.5%。实际利用外资从 2.1 亿美元增加到 9.4 亿美元，年均增长 34.3%。今年 1 ~ 9 月份，全市 GDP 增长 13.4%，一般预算收入达 65.69 亿元，相当于 2008 年全年的水平，同比增长 27.8%，增幅居全省前列。

2）产业结构调整进展迅速。连云港加快形成以生态高效农业为基础、以新兴产业为引领、以高端服务业为支撑的现代产业体系。2003 ~ 2008 年，全市三次产业比例由 24.3∶39.1∶36.6 调整到 16.4∶47.3∶36.3。高效生态外向型农业发展迅速，高效农业面积达 140 万亩，占耕地总面积的 22.8%。2008 年全市农产品出口创汇居全省第一。近三年，全市高新技术产业产值年均增长 60% 以上，2008 年超过 200 亿元，今年上半年增速高达 80.4%。新医药、新能源、新材料三大新兴产业成为主导产业，今年前三季度，其产值已占规模以上工业的25.3%。新兴临港工业基地蓬勃兴起，船舶修造、装备制造、石化钢铁等产业已初具规模。现代服务业发展向高端攀升，国际商务中心、保税物流园区、空港开放、科技创意园、旅游景区等一批重点项目加快建设，区域性国际物流中心地位逐步显现。

3）东方桥头堡地位开始发挥作用。2008年，连云港货物吞吐量在连续3年新上4个千万吨级台阶的基础上，首次突破1亿t，集装箱突破300万标箱，跻身中国十强、全球百强集装箱港行列。近三年新增吞吐能力4500万t，相当于1933年开港至2005年72年的总和。连云港与中西部地区互动并进，中西部地区货物已占连云港港口吞吐量的60%以上，与东北亚国家之间的沟通联系更加紧密，区域性国际枢纽大港的龙头地位进一步提升。国际金融危机爆发以来，港口吞吐量不降反升，今年1~9月同比增长10.3%。

4）海滨城市建设大规模展开。连云港以“战略东进、拥抱大海”为取向，全面拉开海滨城市框架，由内而外形成港湾服务区、中央商务区、滨海居住区、高新产业区、外围产业区五个层次和多个组团。近四年投入城市建设资金260亿元，同步推进滨海拓展、新区开发和旧城改造。城市建成区面积从2003年的62.6$km^2$扩展到95$km^2$，初步形成山海港城浑然一体、自然和人文相互交融、历史文脉和现代气息相得益彰的国际性海滨城市特色。

5）人民生活明显改善。2008年城乡居民人均收入分别达到15 255元和5454元，恩格尔系数已降至40.7%。今年1~9月，城乡居民收入分别增长12%和13.9%。全面普及九年制义务教育，高中阶段毛入学率达92%，卫生服务体系健全率为99.8%，社会治安综合环境名列全国第六位。全市环境质量优良率达91.5%，良好的生态环境正逐步成为连云港的第一品牌。

## 二、加快沿海开发的主要做法和成功经验

1）转变思维方式，凝心聚力谋发展。连云港市从创新思维模式入手，为科学发展、跨越发展奠定坚实的思想基础。

一是从外因思维转向内因思维。由于经济发展长期落后，一个时期连云港的干部群众一度普遍滋生自卑心理、封闭观念和畏难情绪，陷入对外部条件的过度依赖之中，与先发地区的差距越拉越大。针对这种现状，连云港市委、市政府大力解放思想，引导广大干部群众消除“等、靠、要”的消极情绪，打破唯条件论的思想束缚。以新一轮城市发展规划为契机，用国际性海滨城市的目标愿景，增强全市上下“科学发展在港城”的发展信心。在深入学习实践科学发展观活动中，着力冲破传统发展模式的束缚，增强连云港人“跨越发展建港城”的内生动力，焕发一心一意谋发展的创业激情。

二是从一域思维转向全局思维。过去，连云港人谋划发展，程度不同地受到地域局限，往往“就连云港论连云港”，甚至对“连云港能不能发展”心存疑虑。市委、市政府引导大家跳出连云港看连云港，着眼全局看连云港。大家看到了过

去看不到或看不清的发展优势：连云港作为新欧亚大陆桥的东端起点，是世界经济东西交汇、东亚经济圈互动交融的战略节点。由于连云港海阔湾平、终年不冻，陇海铁路直达港区、海河联运条件完备，空港口岸、苏北密度最大高速公路网、数百平方公里的低产盐田齐聚于此，加之良好的生态环境，加快开发开放的条件得天独厚。特别是党中央、国务院赋予了连云港“连接南北、沟通东西”的战略定位和江苏沿海开发的龙头地位，省委、省政府提出“举全省之力发展连云港”，连云港的发展已远远超出一地一域范畴，需要承担带动区域共同发展的更大责任。

三是从策略思维转向战略思维。面对“山海港城产”相互争夺空间、发展“洼地”导致资源要素流失等现状，连云港市委、市政府带领全市上下打破“就事论事”的策略思维，围绕发展战略取向，大手笔决策，推动城市走国际化发展之路；围绕发展空间布局，大手笔创新，为港口、城市、产业发展拉开框架；围绕发展要素支撑，大手笔运作，为汇聚全球优质要素创造良好外部环境。正是运用战略思维，连云港突破了过去越不过的槛阶，科学发展之路越走越清晰、越走越宽广。

2）打破常规模式，高起点定位。连云港市立足“跨越一个发展阶段”，以高起点规划为引领，努力走出一条后发先至的跨越发展新路。

一是在发展规划上追求高起点。连云港的科学发展从科学规划做起，超前谋划战略思路。2005 年，市委、市政府邀请 20 多位国内外著名专家学者，围绕欧亚大陆桥东方桥头堡的战略定位，研究形成“一心三极”国际海滨城市、“一体两翼”组合大港、“一纵一横”T 形产业走廊等城市发展总体布局。在形成规划纲要的基础上，连云港就未来城市东部核心区域的总体规划面向全球招标，并从 64 家知名竞标机构中优选 8 家分别做规划方案，博采众长，形成具有国际水准的城市发展战略规划。以此为指导，先后投入 3 亿元，邀请英国阿特金斯、美国易道及香港、深圳等国内外一流规划设计单位，编制城市发展总体规划、港口发展总体规划和国际商务中心、保税港区等 40 多项控制性详规。他们借规划展示形成城市发展合力。在城市中心地带，建成具有国际水准、国内一流的规划展示馆，对社会公众免费开放。运用声光电等现代科技手段综合展示连云港的美好明天，让投资客商增强信心，各级干部明确目标，人民群众看到希望，全社会加强监督。这一做法，有效地扩大了规划的影响力，统一了思想，凝聚了人心，形成了推动发展的合力。

二是在产业选择上追求高层次。连云港明确以沿海和沿东陇海线为轴线，构建一纵一横“T”形产业布局。纵向的沿海产业带，以市开发区为中心、沿海产业园为节点，打造新兴临港产业基地；横向的沿东陇海线产业带，以市开发区和各县区开发区为主阵地，打造以都市型、环保型工业为主的先进制造业走廊。初步形成以新能源、新医药、新材料为主的新兴产业集群，以钢铁、石化为主的临港产业集群和以科教、文化为主的都市型产业集群。新医药产业，已培育 3 家上市公司，形成以恒瑞、康缘、豪森等为骨干的医药企业群，建成国内最大的创新药物研发生产基地、现代中药产品出口基地和新型药用包装研发生产基地。新材料产业，已建成我国首个拥有自主知识产权、年产万吨规模的中复神鹰碳纤维生产企业和国内规模最大、技术水平最高的汉高华威环氧模塑料生产企业。新能源产业，已引进中复连众等一批项目。引入中科院先进能源动力研究中心，将整体煤气化联合循环（IGCC）技术运用到重化工产业，将清洁能源发电与钢铁、炼油项目建设有机结合，努力构筑煤化工、电力、钢铁、石化一体化发展的低碳产业循环链条，培育具有国际领先水平、无污染、生态环保的新型临港大产业。积极实施灌河大开发，形成临港精细化工和民营造船业等发展优势，发展各具特色的县域经济。

三是在城市建设上追求高水准。连云港坚持以人为本、以生态为先、以海滨为特色，精心打造一座具有国际水准的海滨城市。着力提升海滨城市品位。确定东部城区为建设国际性海滨城市的精华区域。严格按规划建设，注重每一个细节，建好每一幢建筑，使未来的连云新城具有高档的品位和恒久的魅力。着力凸显城市发展亮点。加强城市功能建设，大力改造国际商务中心、体育中心、花果山大道等重点工程地块，全力开发东河、凤凰、孔望山等新城片区，推进城市绿化、亮化、美化。加大旧城改造力度，提升城市整体层次，追求历史文化风貌与自然生态环境的和谐统一。着力优化城市生态环境。构筑从河到山、从城到海的生态廊道，保持950$km^2$的生态空间。维护自然风貌，传承地域文脉，借助山海风光，融合西游神话，将森林、湿地、湖泊、山脉自然镶嵌于城市之中，使连云港真正成为绿色景观之城、生态环保之域。

3）创新开发模式，打牢跨越基础。连云港作为沿海开发的龙头，坚持以开放的视野、全球的眼光，选准开发突破口，打好基础促跨越。

一是加快推进沿海开发。为进一步确立和巩固欧亚大陆桥的龙头地位，连云港采取了多项举措。开航兴港，深挖30万吨级航道打造国际深水大港。为提升港口引擎的能级，在国家部委和省里支持下连云港投资78.9亿元，于今年9月正式启动30万吨级航道试挖工程。2014年建成后，将拥有200多个万吨级以上的码头，乘潮可直接进出满载30万吨级船舶。用不到一年的时间，开掘出一条6km长的疏港隧道，隧道一头通往港口，一头连接临港产业基地。吹填了58km浅滩兴建海滨CBD。为推进“一心三极”海滨城市建设，经科学论证，从2006年开始，连云港吹填58km浅滩，打造未来城市核心——连云新城。改造290km低产盐田建设临港产业园。为进一步突出组合大港、土地资源和产业发展的叠加优势，连云港在低产盐田和浅海滩涂上规划出一个290km的徐圩新区。随着船舶修造、装备制造、大型石化等大批项目加快进驻，新兴临港工业基地正展示出蓬勃生机与活力。

二是加快集聚优质要素。连云港通过全方位开放、市场化运作，最大限度地吸引各种优质资本、技术要素。主要是，采用银团贷款、委托贷款、票据融资等方式，鼓励金融机构加大信贷投放力度，争取金融信贷支持。搭建投融资平台，成立金海投资等5个市级投融资平台。在全国首次运用海域使用权抵押、A股股权质押等融资方式，成功发行10亿元地方债券。加强招商选资，2005年以来，全市累计实际到账外资 29 亿美元，引进国内资金 1222 亿元。从科研机构汇聚智力，把自主创新作为主战略，吸引各种科技资源向连云港汇聚。与中国科学院及清华大学、南京大学、东南大学等一大批著名高校开展合作，组织各种产学研对接活动。先后组建 7 批 28 家市级工程中心，培育 19 家国家级和省级工程中心。引导恒瑞医药、中复连众、鹰游等重点企业建立研发中心。与中石化、中建材、国电集团等大企业建立战略合作关系，与苏南等发达地区合作建设工业园区，与中西部城市合作建设物流场站，力促区域优质要素的共享互动。与日本合作建设科技生态园项目，引领全市经济转型升级。

三是加快软硬环境建设。针对基础设施建设历史欠账较多的状况，连云港大力推进铁路电气化改造、高速公路延伸、航班加密以及运河航道拓展等综合交通体系建设，着力解决事关城市安全、沿海开发的海堤达标等 16 个“卡脖子”问题。良好的生态环境，是连云港跨越发展的后发优势。连云港十分珍惜这一优势，严把项目引进环评关，切实防止污染企业向连云港转移。近四年来全市共否决拟进入的重污染项目 120 多个，投资总额达 100 多亿元，其中包括一个投资达 60 亿元的化工项目。加大节能减排力度，2008 年环保投入占 GDP 比重达到 3.4%。大规模推进生态建设，实施城市园林绿化等 500 多项工程。每年设立 2000 万元的高层次人才引进专项资金，设立“创新创业人才奖”，对作出突出贡献的人才给予重奖，使高层次人才在连云港受尊重、有地位、得利益。

## 三、未来发展前景

当前，连云港市后发崛起已具备良好基础，但要实现科学发展、后发先至的宏伟目标，仍面临严峻挑战和诸多困难。在未来发展中，连云港将深入贯彻落实科学发展观，把学习实践科学发展观活动的成果进一步转化为推进沿海开发、创新发展模式的实践，加快缔造连接南北、沟通东西的主要经济枢纽，全面提升新欧亚大陆桥东方桥头堡的服务带动功能，努力实现科学发展、跨越发展。

连云港市近、中、远期的发展目标分别是：到 2012 年，力争全市地区生产总值达到 1800 亿元，港口吞吐能力达到 1.6 亿 t。到 2015 年，全市地区生产总值达到 4000 亿元，建成国内乃至国际临港产业基地。到 2020 年，全市人均地区生产总值达到或高于我国东部沿海地区平均水平，综合实力进入全国首批 14 个沿海开放城市的中等行列。

为实现上述目标，未来连云港将突出“五个更加注重”强化发展思路。

在发展目标上，更加注重把长远目标和立足当前结合起来。坚持以科学规划引领科学发展，引导全市上下既对未来的发展充满信心，敢想敢干，又始终保持清醒头脑，务实苦干，打牢基础，通过持续不断的努力，把宏伟蓝图尽快化为美好现实。

在发展路径上，更加注重处理好速度与结构、质量、效益的关系。坚定不移地走新型工业化道路，大力发展新医药、新材料、新能源等优势产业，充分发挥资源环境的战略优势，全力推动可持续发展。

在发展动力上，更加注重提升自主创新能力。坚持把推进科技创新、建设创新型城市作为发展主战略，构建区域科技创新体系，加强创新型人才队伍建设，以高素质人才支撑创新发展，以创新型经济提升区域核心竞争力。

在运作机制上，更加注重政府推动与市场运作相配合。在政府引导推动发展的同时，进一步发挥市场机制作用，更好地利用国际国内两个市场、两种资源，大规模吸纳和集聚发展要素，把宝贵的发展机遇转化为现实的发展优势，努力推动跨越发展。

在工作方法上，更加注重统筹兼顾。坚持“以工兴港、以港兴市、以城带乡”，以工业化致富农民，以城市化带动农村，以产业化提升农业，实现港口、城市、产业以及新农村建设统筹推进、协调发展。

江苏沿海开发上升为国家战略，给连云港的发展带来了千载难逢的历史机遇。我们坚信，在党中央、国务院的正确领导和江苏省委、省政府的直接领导下，连云港市委、市政府带领全市 480 多万干部群众，再经过 10 年左右的艰苦奋斗，一定能够把连云港建设成为江苏沿海开发的一颗璀璨明珠，展示出欧亚大陆桥东方桥头堡更加壮丽的雄姿，演绎出科学发展、后发先至的生动实践。（调研报告完成于 2009 年 12 月）

资料来源：中国共产党新闻网 . http：//kxfz. people. com. cn/GB/135221/135358/11165248. html

# 激发民营企业创新精神　坚决推进"两转型一再造"

## 关于佛山市应对金融危机创新发展模式的调研报告
## （2010 年 3 月 19 日）

2008 年下半年以来，面对国际金融危机的严重冲击，佛山市委、市政府坚决贯彻落实中央和广东省委的工作部署，扎扎实实开展深入学习实践科学发展观活动，带领全市人民特别是充分发挥民营企业家的创新精神，积极主动化危为机，全力推进产业转型、城市转型和环境再造（"两转型一再造"），实现在危机中率先突围，既保持经济平稳较快发展，又促进结构优化升级。

## 一、佛山经济的主要特色和发展成绩

佛山是我国改革开放的先行地区之一。改革开放 30 年来，在中央和广东省委的正确领导下，佛山人民大胆解放思想，勇于改革开放，充分发挥毗邻港澳的区位优势，极大地解放和发展了社会生产力，经济社会发展取得了辉煌成就。形成了以民营经济为主、以传统制造业为主、以园区和镇街经济为主的发展特色。先后被评为国家卫生城市、国家园林城市、国家历史文化名城、联合国"人类住区优秀范例"城市、全国科技进步先进市、中国品牌经济城市、全国制造业信息化工程重点城市。2008 年佛山经济总量居全国所有大中城市第 11 位，2008、2009 连续两年被评为《福布斯》中国内地十佳商业城市。

民营经济发达是佛山经济发展的一个显著特色，也是市场经济成功的发展模式。佛山民营经济扎根本土，资产负债水平较低，与本地经济的融合度高，适应市场、应对风险能力相对较强。佛山能够在国际金融危机影响下，继续保持平稳较快发展，表现出良好的抗风险能力，其中一个重要的原因就是民营经济为主导，有一批自主创新能力较强的民营龙头企业和骨干企业。佛山现有工业产值超亿元企业 1853 家，其中产值超 10 亿元的 112 家；纳税超千万元的企业 595 家，其中纳税超亿元的 47 家。这些骨干企业绝大部分是民营企业，成为保持佛山经济平稳较快发展的中坚力量。佛山是传统的制造业城市，目前正在朝着打造世界级的"陶瓷之都"、"白色家电之都"、全球平板显示产业基地，以及专业机械装备、金属材料加工与制品、家具、新材料、汽车及零配件、食品及饮料、轻纺、节能环保、医疗保健等九大国家级特色产业基地的目标发展。

面对经济全球化、珠江三角洲一体化的新浪潮，按照科学发展观的要求，广东省委明确提出，佛山必须推动产业转型、城市转型和环境再造，全面提升发展的质量效益和可持续性。佛山在解放思想、争当实践科学发展观排头兵学习讨论活动中，深刻反思传统发展模式带来的弊端，着力创新发展模式，确立了“发展科学、环境优美、社会和谐、人民幸福”的总体目标，全力推进“两转型一再造”，努力实现又好又快发展。

创新科学发展模式为佛山赢得勃勃生机。2008 年经济发展取得四个突破：一是生产总值首次突破 4000 亿元，达到 4333 亿元，增长 15.2%；二是人均生产总值首次突破 1 万美元，达到 10 423 美元；三是工业总产值首次突破 1 万亿元，达到 11 658 亿元，增长 20%；四是地方财政一般预算收入首次突破 200 亿元，达到 227 亿元。单位 GDP 能耗下降 7.97%，远远超过计划下降 4.36% 的目标，污染减排超额完成目标，全市呈现出经济增长、结构优化、民生改善、社会稳定的良好局面。2009 年以来，面对国际金融危机的冲击，佛山率先突围，经济发展逆势回升并领跑珠江三角洲地区。在全市出口额下降 20.6% 的困难情况下，佛山经济呈现出增长加快、质量提高的好势头。1～10 月，实现 GDP3920 亿元，同比增长 13.2%；规模以上工业总产值 7908 亿元，增长 16%；固定资产投资 1197 亿元，增长 15.9%；社会消费品零售总额 1163 亿元，增长 21.1%；财政一般预算收入 200 亿元，增长 7.4%；城镇居民人均可支配收入 18 675 元，增长 9.6%；固定资产投资 1197 亿元，增长 21.1%；前三季度农民人均纯收入 7503 元，增长 11.8%。劳动力需求回暖至景气区间，全市城镇登记失业率为 1.95%，企业订单大幅增加，工业生产回升至“较为景气”区间，企业数量比 2008 年同期增长 9.3%。

## 二、以推进产业转型为核心应对国际金融危机

佛山经济的市场化、国际化程度较高，受百年一遇的国际金融危机冲击早、影响大。从 2008 年下半年开始，国际金融危机对佛山经济发展带来的冲击逐步显露，2009 年一季度，是形势最严峻最困难的时刻。经济指标持续下滑，进出口出现大幅下降，财政收入出现负增长，企业普遍开工不足、订单大幅减少。面对这样的形势，佛山市委、市政府高度重视，冷静客观分析形势，扎扎实实开展深入学习实践科学发展观活动，明确了如何看待、如何应对国际金融危机的思路和政策。

### （一）正确判断形势，主动化危为机

如何看待国际金融危机？佛山市委、市政府认为，这次国际金融危机是百年一遇的严重危机，靠躲是躲不掉的，靠守是守不住的，靠放慢速度也是挡不住的，关键是统一思想，树立信心，主动出击，化危为机，勇于突围，才是根本出路。一方面对外部环境变化要辩证分析，充分看到危中有机。第一，金融危机是世界性的，对中国有影响，对欧美国家影响更大。第二，金融危机主要是国外尤其是欧美的金融业发生了危机，而中国的金融业没有出现危机，这就是机会，可以为

我们突围提供良好的融资环境。第三，中央和省出台的扩大内需的一系列政策措施，是我们突围的最大支撑。另一方面，对佛山自身优势要足够认识，提高应对危机的信心和勇气。第一，有内外源型经济结构的优势，佛山外源型经济占1/4，内源型经济占3/4。在外源型经济中加工贸易和一般贸易出口额各占五成。这样的结构受金融危机正面直接的冲击较小。第二，有企业优势，佛山以本土企业、民营企业、实体经济为主，有一批自主创新能力较强的龙头企业。这些本土企业和企业家，已经深深地植根佛山，不仅有较强的风险意识和市场应变能力，而且具有较强的社会责任感和进取精神，不断推动产品更新换代，成为佛山保持经济平稳较快发展的中坚力量。第三，岭南文化积淀的传统经商信誉的焕发，以及现代社会诚信环境的大力培育，造就了佛山发展信誉和诚信的知名度。这些都是佛山具有较强抗击风险能力的重要基础。有了这些优势，佛山经济对金融危机冲击不但"耗"得起、挺得住，而且对出现的机遇抓得住、用得好。

如何应对危机？开展学习实践活动使佛山更加明确地认识到，科学发展观的第一要义是发展，无论是应对金融危机，还是贯彻实施《珠江三角洲地区改革发展规划纲要》（简称《规划纲要》），首要问题是保持经济平稳较快发展，这是佛山当前践行科学发展观最重要的实践，也是检验学习实践活动成效的重要标准。

如何保持经济平稳较快发展？佛山市委、市政府认为，在金融危机面前决不能自乱阵脚，绝不能走回头路去保护落后产能，要更加坚定科学发展理念，更加深刻理解省委领导关于金融危机是"传统发展模式之危，科学发展模式之机"的论述，更加坚决地推进"两转型一再造"，加快建立现代产业体系，既培育新的经济增长点又提高可持续发展能力。

在应对危机、实施突围中，佛山抓住了难得的机会：一是抓住了激烈的市场竞争带来的产业结构调整的机会。过去淘汰生产技术落后、市场竞争力弱的高能耗高污染企业，需要政府做大量工作，现在碰上危机，由于这些企业缺乏抗风险能力，自动退出市场或者异地转移，使产业结构调整的阻力大大减少。通过实施产业和劳动力双移转，腾出新的发展空间，培育发展新兴产业，进而达到结构调整的目的。二是抓住了市场需求变化为我们开辟新市场的机会。比如，在金融危机冲击下，国外高端陶瓷企业减产或者关门，这就为物美价廉的佛山陶瓷腾出了市场空间。国家和省的"家电下乡"、"农机补贴"和"广货北上"政策，也促进了佛山家电、机械装备、纺织等主导产品扩大市场。三是抓住了企业求生存求发展增强自主创新和技术改造动力带来的机会。在金融危机中，没有技术优势的企业就容易被淘汰，2009年以来，佛山企业技改的自觉性明显提高。四是抓住了融资的机会。按照扩大内需、保增长的目标，推出了一批重大建设项目，2008年底与银行签订2800亿元的授信，发展资金相对充裕。佛山这次应对危机，主要是通过内生动力、扩大内需、技改挖潜、存量调整，辅之以投资、出口拉动，从3月份开始逐步实现了逆势回升，发展速度超出了年初的发展预期。

### （二）实施“三个一批”，加快产业优化升级

佛山经济虽然以传统产业为主，但传统产业不代表落后，更不能甘于落后。通过坚定不移地实施“三个一批”，大力运用信息技术和先进适用技术进行改造，改变了过去长期以生产要素大量投入、投资驱动为主的粗放型经济发展方式，形成强劲的发展势头。一是淘汰一批落后产能。据不完全统计，目前佛山已有1200多家企业关停淘汰或限期整改，240多家企业向外转移。二是改造提升一批传统产业。一大批企业通过自主创新实现了产业转型、效益增长。比如，美的集团2009年产量没有增加，效益增长30%。维尚家具制造集团开创了家具行业全新的“大规模数码化定制”生产经营模式，完成了从传统家具制造向现代家居制造服务的转型升级，在家具行业困难重重的2009年上半年，月销售连续数月增长20%～30%。陶瓷产业最集中的禅城区，通过产业结构调整、企业技术改造，近三年陶瓷产量减少了近4成，但产值和税收增长了1/3，能耗下降1/4，排放的二氧化硫减少1/5。三是培育发展一批新兴产业。近年来佛山培育发展了液晶显示、新型电光源、太阳能、光伏等一批新兴产业。随着传统产业生产技术水平的不断提高，佛山生产的传统“新产品”在国际上的竞争力日益增强。

### （三）明确转型目标，建立现代产业体系

佛山从实际出发，确立了“精细发展第一产业，优化发展第二产业，大力发展第三产业”的产业转型升级路径，在三大产业中不断注入现代元素，加大科技进步的贡献份额，推动产业向生态农业、先进制造、现代服务转型。

以发展工业的理念发展现代农业。建立一批现代农业基地，积极推行农业标准化生产，发展无公害农产品、绿色食品和品牌农产品。2008年全市农业用地产出率达1.25万元/亩，居全省第一，是全省平均水平的2.5倍。全市农业园区建设面积达到9.11万亩，农业标准化生产得到大力推广。

内外源型经济并进加速产业现代化。打破依靠地缘优势以及在本地区配置资源的传统习惯，促进国内外优质要素与本地企业嫁接，实现从过去“三来一补”、合资合作向资金、人才、市场、技术、管理的全方位合作转变，内外源型经济形成互不排斥、相互促进、协调发展的格局。通过实施“总部”经济和“走出去”战略，推动民营企业成为佛山总部经济的主力军，并在家电等若干领域参与国际产业分工。43家世界500强企业在佛山投资83个项目，79家国内500强企业投资128个项目，加速了佛山产业整体水平的提升。通过汇聚各方资源，佛山形成专业镇34个（数量居全省之首），以及陶瓷、不锈钢、有色金属、家具、花卉等一批在全国占有重要地位的专业市场，拥有国家级特色产业基地25个，广东省产业集群升级示范区9个，形成了大园区、大市场、大流通的发展格局。

以现代服务业构建产业服务中心。彻底抛弃“制造业发达了，服务业自然就发达”的片面认识，大力鼓励民间资本、社会力量发展面向全国和世界市场的各

种服务业。一批现代服务业项目迅速在佛山崭露头角。如“岭南天地”将建成弘扬岭南文化的重要基地，千灯湖金融高新区将成为辐射亚太地区的现代金融业后援服务基地和区域性金融商务区，美旗物流将建设成为全国超大型物流采购中心，OUTLET 世界名牌折扣店将建成以超级大型购物休闲中心为主体的新型消费区。这些项目在明年亚运会前一期工程将投入运营。通过多年坚持不懈地抓现代物流业发展，佛山物流成本占生产经营成本的比重已经由四年前的 21% 下降到目前的 15.2%，为降低企业成本、优化投资环境和促进产业聚集创造了条件。与此同时，通过实施金融发展“三项计划”，即金融市场发展的创新试点计划，创业风险基金、产业投资基金和担保基金发展的基金引导计划，企业上市的“463 计划”，舒通经济运行的“经脉”和“毛细血管”，促进金融、民间资金投向基础设施、环保、民生、“三农”等领域以及中小企业，固定资产投资拉动作用被有效放大，经济发展获得了倍增的动力。

### （四）加快自主创新，培育新的经济增长点

佛山十分注重企业自主创新，把科技创新作为经济发展的内生力量。加强产学研合作，建立开放、共享、互动的创新平台，针对每个区域的产业特点，建设孵化基地。以大企业为支撑，建设企业博士后科研工作站。围绕打造区域品牌和创知名产品品牌，建立国家级和省级认证中心、测试中心、检验中心。政府主动到国内外高校和科研机构去“扫描”，对锁定的产学研项目，带领企业去“扫荡”，把适合佛山发展的先进项目和技术引进来，迅速形成新的生产力。启动“百亿千项”技术改造技术创新工程，组织全市企业实施 1000 项技术改造技术创新项目，对新兴产业和传统行业进行技术改造，带动投资 100 亿元。与中科院签订全面合作协议，启动共建产业技术创新与育成中心等 63 个合作项目，为企业自主创新提供强大的技术支撑。2009 年 1～10 月，全市完成更新改造投资 273 亿元，同比增长 42.6%。全市现有中国驰名商标 34 件、中国名牌产品 65 个，累计专利申请量和专利授权量均居全国地级市第一，成为拥有中国名牌产品居全国各大中城市第四位的城市。

## 三、以推进城市转型开拓发展空间

起步比珠江三角洲晚的长江三角洲，实现超越发展的一个重要原因，是珠三角以镇街为主的区域经济，无论在规模上还是实力上，都落后于长三角发达城市以区县为主的区域经济。珠三角城市要实现更高水平的发展，必须走区域一体化发展道路，建设世界级的城市群。佛山按照《规划纲要》提出的“珠三角一体化，广佛先行”的要求，着力在城市发展模式、城乡发展模式和广佛同城模式的探索上，先行先试。

### （一）走组团式城市发展道路

为提升佛山的城市化水平，2002 年底，国务院批准佛山行政区划调整，将南海、顺德、高明、三水等四个县级市改为佛山市辖区。根据现代科学技术尤其是信息网络技术，以及现代城际交通设施的迅速发展和普及，缩小城市内和城际间的距离，城市建设、城市资源配置和城市管理的环境和条件发生改变的新情况，佛山市突破传统思维、传统模式和传统手段，不走摊大饼式发展城市的老路，提出在现有城镇分布格局的基础上，走组团式大城市发展道路，以两个百万人口、五个三十万到五十万人口的新城区为节点，形成组团式现代化城市的新格局。按照“同城生活，同城便利，同城发展”的理念，推动城市基础设施建设大整合，统一规划建设交通干线路网、城际快速轨道交通网、电网、燃气网和信息网，整合路桥收费站、城市组团公交营运线路、邮政电信网络等城市公共资源，提升城市发展承载能力。省运会场馆、新闻中心、佛山一环、广明高速等重大项目陆续建成使用；佛山机场重新复航，开通专项航运功能，细化航空服务市场，完善广佛都市圈航空业务；国内首条城际地铁将于明年正式投入运营；按照城市商务中心的定位，推进禅桂新中心组团新城区建设。实施“三旧”改造，使“旧城镇、旧厂房、旧村居”向“新的城市形态、新的产业形态、新的生活方式”转变。昔日“走过一村又一村，村村像城镇；走过一镇又一镇，镇镇像农村”的佛山，正在向“城在花园中，花园在城中”的岭南生态城市转变。组团式现代化大城市的框架和雏形初步形成，佛山城市影响力、辐射力逐步增强。

### （二）推进城乡公共服务均等化

佛山是在原有以农业经济为主体的基础上迅速实现工业化、城镇化而发展起来的新兴城市，城乡“二元”结构不可避免地阻碍了城市现代化进程。破除城乡体制性障碍，实现城乡一体，是佛山创新发展模式的重要环节。经过几年来的努力，佛山城乡经济社会一体化发展新格局初步形成，集中体现为“七统一”：统一城乡户籍管理、统一城乡规划、统一城乡低保标准、统一城乡居民基本医疗保险、统一城乡劳动力管理、统一城乡义务教育、统一城乡公共基础设施建设，城乡公共服务均等化发展步伐日益加快。

### （三）推动广佛同城化

广州和佛山两地按照《规划纲要》提出的“政府推动、市场主导，资源共享、优势互补，协调发展、互利共赢”的原则，积极推进同城化建设。共建全国第一条城际地铁，实行交通路网衔接，开通城市快巴，车辆年票互认互通，按照“完成一批，启动一批，推进一批”的原则，推出 52 项重点项目的规划和建设。在产业布局上，佛山优先发展相对生产率比较优势产业，即现代制造业以及生产性服务业，与广州错位发展。广州以服务业为主，佛山以制造业为主，广州制造业主要是汽车、造船、钢铁、石油、石化，佛山主要是机械装备、家电、陶瓷、纺织、服装，形成区域产业互补发展。广佛同城化的推进，既提高了区域发展竞争力，同时也提高了两地人民的生活便利和生活质量，并为珠三角一体化建设提供了示范。

## 四、以推进环境再造实现可持续发展

环境也是生产力。实现全面协调可持续的发展，离不开良好的生态环境、体制环境和人文环境的营造。

### （一）优化生态环境

产业要升级，环境要先升级，什么样的环境造就什么样的产业；宁可掉几百亿 GDP，也要把环境搞上去。这几年，佛山大力实施“青山、绿地、蓝天、碧水”工程，坚决整治陶瓷、水泥、小火电、小铝型材熔铸、玻璃、漂染、电镀、采石场等行业，减少大气和水污染。全力推进节能减排，以严厉措施控制主要污染物总量排放和高耗能、高污染项目建设，加快淘汰落后产能。通过实施产业和劳动力“双转移”，将一批因环境容量有限或能耗过高、不适宜在佛山生产的加工制造环节转移到其他有发展优势的地区或就地关闭。积极推进“不开发区”建设，确定为不开发的区域实施严格保护，促进生态良性循环。汾江河是佛山的母亲河，受到严重污染。佛山把汾江河整治作为核心工程，投资 54.6 亿元，实施 95 个项目的整治，时隔 26 年再次举办端午节汾江河龙舟赛，明年 6 月 30 日前截污、清淤和引水工程基本结束，河水将基本变清。同时，积极实施“三年促变，绿地佛山”，以道路绿化为重点，全面推进绿化建设，使佛山逐步成为绿树成荫、鲜花盛开、美丽整洁的地方，“种树也能种出伟大的事业”的理念逐步深入人心。通过不断强化环境再造、环境升级，佛山成功引进了一批代表未来发展方向的大项目，不但 GDP 没有掉，而且促进了产业的转型升级。

### （二）优化体制环境

佛山抓住当前制约科学发展的体制障碍，在区（县）层面推进顺德区以落实科学发展观为核心的综合改革试验，在镇街及以下基层推进简政强镇事权改革。

推进顺德区行政管理体制改革，探索县级区域科学发展的新模式。以建设公共服务型政府、全国科学发展示范区为目标，顺德区在国内县级率先实施“大部制”改革，转变政府职能，优化组织结构，理顺责权关系，创新运行机制，精简管理层次，将 41 个党政群部门和部分双管单位整合组建为 16 个大部门，实行党政决策权、执行权、监督权既分工清晰又统一协调的运行机制。佛山市随即向顺德区下放 378 项行政审批和日常管理权限，全力支持顺德形成机构精干、分工合理、决策科学、执行顺畅、监督有力、运行高效的党政管理体制，克服目前党政机构普遍存在的设置不够合理，多头管理，缺乏协调，运作不畅，面对新情况、新问题不能做出灵活调整，难以根据实际情况实施有效管理和服务等问题，充分发挥市场机制、社会力量、民间资源在公共治理中的功能。

实施简政强镇事权改革，破解公共管理和服务不到位的难题。佛山镇街多数城镇化水平高，常住人口多达数十万，经济总量高达数百亿元，基层群众和企业需要的日常公共管理和服务事务繁多，现行行政管理体制与社会服务需求很不适应，社会获得服务的效率低、成本高。为此，佛山提出凡与老百姓直接发生的审批、管理和服务事项，原则上由镇（街）一级政府完成，市、区向镇街下放管理权限，减少多级审批，提高镇（街）行政效率，提升为民服务的效能。将镇街服务延伸到基层，在村（居）一级组建由党支部书记兼任主任的行政服务站，提升党组织在基层建设中的地位、功能和作用。克服公务员编制有限与社会服务需求不断扩大的矛盾，试行政府聘员制，探索干部“能上能下”、公务员“能进能出”的新体制，探索政府聘员的职位序列和薪酬体系改革，推行政府购买服务，发挥社会力量管理和服务社会。

### （三）优化社会环境

实践科学发展，核心是以人为本，让广大群众分享发展成果。佛山着力破除“重物轻人”的观念，一方面，大力改善民生的硬件条件，不断完善公共服务设施，提高城乡居民收入和社会保障水平。率先普及高中阶段教育，率先推行全民医保，积极实施“规划到户，责任到人”扶贫开发。另一方面，重视民生的软件建设，在全社会开展“情暖佛山”活动，作为党政机关为民服务、化解信访矛盾和广大市民参与扶贫开发、关爱帮助困难群众以及全体人民和睦相处、增进爱国主义情怀的重要抓手和载体，积极培育党群、干群关系“鱼水之情”，着力提高各级政府为群众办实事做好事的能力，要求所有的党员、干部、公务员满腔热情地为人民群众服务，做到爱民爱岗、为民解困；在全社会倡导互爱互帮、相互包容的良好社会风尚，开展“讲文明、树新风、做好事”活动，让各党派、各社会阶层融入建设社会主义温暖大家庭的大潮中，奉献爱心，收获情谊，转变社会风气，促进社会和谐。

佛山市贯彻落实科学发展观、应对金融危机取得的成效表明，越是在困难的情况下，越要加强党的领导。佛山在国际金融危机冲击下，之所以能够化危为机、率先突围，是佛山市委坚决贯彻中央和广东省委各项部署，扎扎实实开展深入学习实践科学发展观活动，准确判断形势并制定正确的应对措施，引导并组织广大人民群众积极应对的结果。目前，国际经济已经出现回升迹象，佛山的发展也呈现又好又快的势头。在新的形势下，佛山市坚持发挥党委把握方向、统揽全局的作用，把学习实践活动成果转化为强大的思想武器，创造更多的发展优势，争取更大的发展成效。要以更大勇气推进改革开放，以更大的决心推进“两转型一再造”。围绕争当科学发展排头兵的目标，不断完善科学发展模式，打造若干规模和水平居世界和全国前列的先进制造产业基地，培育一批具有国际竞争力的世界级、国家级企业和品牌，形成特色鲜明的先进制造业主体产业群，建成产业服务功能较强的现代服务业体系；建成融入珠三角城市群的一体化交通、能源、水利和信息基础设施体系，城市组团形成功能互补、有机联系的发展格局，城乡全面实现一体化发展；巩固和提升风清气正的政务环境、全社会互相关爱互相帮助的人文环境、生态环保的岭南水乡特色突显的城乡环境，使佛山成为绿树成荫、鲜花盛开、美丽整洁、生机勃勃、富裕和谐的现代化文明城市。（调研报告完成于 2009 年 12 月）

资料来源：中国共产党新闻网，http://kxfz.people.com.cn/GB/135221/135358/11173843.html

# 优先发展服务经济　加快推进科学发展

## 关于成都市发展服务经济创新发展模式的调研报告
## （2010 年 3 月 20 日）

地处祖国大西南的特大中心城市——成都，在深入学习实践科学发展观活动中，市委、市政府坚决贯彻落实中央和四川省省委的决策部署，从本地实际出发，坚持聚精会神搞建设，一心一意谋发展，面对地震灾后重建任务和国际金融危机冲击，切实把转变发展方式与保增长、保民生、保稳定结合起来，进一步实施优先发展服务业、带动成都经济转型发展的战略举措，实现了经济持续增长、结构趋向优化、民生继续改善、灾后快速恢复的良好局面。成都的发展实践表明，创新发展模式、优先发展服务业是一条符合成都实际的科学发展之路。

### 一、战略思路和显著成效

党的十六大以来，在四川省委、省政府的领导下，成都市委、市政府在贯彻落实科学发展观的实践中，认真分析成都产业发展状况，深刻认识到要实现又好又快发展，必须充分发挥自身的产业、资源和人文优势，大力发展现代服务业，加快构建现代产业体系。去年下半年以来，为应对突如其来的国际金融危机，市委、市政府集思广益、统筹谋划，进一步认识到，要夺取应对危机的全面胜利，必须按照科学发展观的要求，扬长避短、发挥优势，顺应产业发展趋势和经济发展规律，深化结构调整，以大力发展服务业尤其是现代服务业为重要抓手，把保增长、扩内需与调结构、惠民生有机结合起来，进一步确立了优先发展服务业的战略思路。

第一，把优先发展服务业作为支撑成都统筹城乡发展、建设西部重要中心城市的战略选择。服务业是衡量一个城市现代化水平的重要标志，是提升城市功能、增强城市核心竞争力的重要途径。成都作为国家级统筹城乡综合配套改革试验区和四川省建设西部经济高地的战略支点，不仅要在西部地区率先构建现代城市和现代农村和谐相融、历史文化和现代文明相互映衬的新型城乡形态，更要放眼全国和全球，致力于建设全面现代化的西部重要中心城市。而世界级城市大都是现代服务业重要基地，服务业在国民经济中占主导地位，成都要建设西部重要中心城市，就必须优先发展服务业尤其是现代服务业。

第二，把优先发展服务业作为西部中心城市克服区位劣势、实现追赶型跨越式发展的重要途径。成都是典型的内陆城市，不沿江、不靠海，又肩负着都江堰自流灌溉区核心区基本农田保护和长江上游生态环境保护的双重责任，发展重化工业受到诸多制约，工业经济难以实现更大突破。但成都有着发展现代服务业独特的自然人文条件和后发优势，市委、市政府破除只有工业化水平达到一定程度才能发展高端产业和产业链高端的观念，确立优先发展现代服务业和高端产业，实施追赶跨越的发展战略。

第三，把优先发展服务业作为地震灾后恢复重建和应对国际金融危机双重挑战、实现经济结构调整和增长方式转变的有效举措。“5·12”特大地震给成都的产业尤其是服务业发展造成了极大影响，国际金融危机的爆发使成都经济一度下滑。市委、市政府认识到，在这样的情况下，必须迎难而上，化危为机，加快推动经济结构调整和发展方式转变，着力发展服务业尤其是现代服务业，促进国内需求尤其是城乡居民消费需求的持续增长，才是推动成都经济社会走出新的发展路子、实现又好又快发展的重要抉择。

一年来，在深入学习实践科学发展观活动中，成都取得了灾后恢复重建和应对国际金融危机的明显成效，经济社会呈现良好发展态势。

1）经济持续快速回升。今年1~9月，地区生产总值达到3164.6亿元，同比增长14.2%，列副省级城市第一位，比2002~2008年的年均增速高0.7个百分点；地方财政一般预算收入达268.5亿元，同比增长15.2%，列副省级城市第三位；服务业实现快速恢复，增加值达到1445.1亿元，比去年同期增长13%，增速比2008年提高3.1个百分点，基本恢复到地震前的水平。2008年进出口总额154.1亿美元，是2002年的7.4倍。今年1~9月，进出口总额125.3亿美元，同比增长13.8%。其中，出口额72.7亿美元，增长15.7%，是副省级城市中唯一实现增长的城市。

2）消费需求稳步增长。服务业的发展有效地扩大了消费需求。今年1~9月，社会消费品零售总额同比增长20.9%，增速列副省级城市第一位，比2002~2008年的年均增速高5.5个百分点。其中汽车消费增幅超过20%。截至9月底，“家电下乡”累计销售34.62万台，销售金额6.18亿元。教育文化娱乐、交通通信、住房消费成为热点，城镇居民人均教育文化娱乐支出1512元，超过2008年全年水平，增长32%，比2004~2008年年均增速高23.9个百分点。农村居民人均教育文化娱乐、交通通信和住房消费支出分别增长29.3%、19.5%和35.7%。

3）产业结构不断升级。通过加快调整服务业内部结构，以服务业提速推动整个产业结构升级。2007年、2008年和今年1~9月，成都服务业增幅均高于全省。2008年三次产业比重为6.9∶46.6∶46.5，中心城区（五城区）的结构达到0.1∶35.4∶64.5，已经形成服务经济为主导的城市经济结构。金融、信息、咨询、物流、商务、科技服务等现代服务业逐步成为主导产业，服务外包、电子商务、动漫游戏、文化创意等新兴产业发展势头强劲，初步形成了以现代服务业和总部经济为核心、以高新技术产业为先导、以现代制造业和现代农业为基础的现代产业体系。

4）节能减排持续推进。按照产业集聚、人口集中、开发集约的方式加快发展服务经济，走上了资源节约、环境优良、生态良好的可持续发展道路。2008 年万元 GDP 能耗为 0.905tce，比上年下降 3.32%，比 2005 年下降 11.2%。万元工业增加值能耗 1.52tce，比 2005 年下降 19.6%。今年 1～9 月，万元 GDP 能耗为 0.86tce，同比下降 5.1%，下降速度大大快于前 3 年的平均值；万元工业增加值能耗 1.347tce，同比下降 11.4%。二氧化硫年平均浓度达到国家环境空气质量二级标准。资源集约化利用程度进一步提高。

5）人民生活继续改善。服务业从业人员比重逐年提高，2008 年达到 316.04 万人，占全市从业人员总数的 44.9%。截至今年 9 月底，全市城镇登记失业率为 3.03%，比 2008 年下降 0.07 个百分点，比 2002 年下降 0.87 个百分点。2009 年 1～9 月，城镇居民人均可支配收入和农民人均纯收入分别增长 10.6% 和 11.8%，其中，农民人均纯收入的增速比 2002～2008 年的年均增速提高 0.3 个百分点。

## 二、基本经验和主要举措

成都优先发展服务经济紧紧把握科学发展观的要求，坚持注重统筹兼顾和全面、协调、可持续发展。其基本经验是：以城乡统筹为主线，推进城乡一体化发展进程，把优先发展服务经济作为经济结构调整的着力点，作为破解城乡二元结构的大舞台，作为拓展消费升级的主战场，作为突破资源环境制约、推进可持续发展的新领域。在突出重点、全面推进中，较好地把基础设施建设和产业优化升级结合起来，把改造提升传统产业和大力培育新兴产业结合起来，把创新发展方式和体制机制改革结合起来，把经济发展与改善民生结合起来，创新思路、夯实基础、扬长避短，优先发展服务经济，带动和促进经济社会全面协调可持续发展。

### （一）抓基础，培育服务业加快发展的新优势

1）全面深入推进城乡一体化，推动城乡消费结构升级。成都是大城市带大郊区，城乡二元结构十分突出。党的十六大以来，成都市委、市政府坚持不懈地深入推进城乡一体化，以建立城乡居民共创共享改革发展成果机制为目标，加强城乡综合交通、公共服务、科技信息等基础设施建设，促进城乡基本公共服务均等化，有效地扩大了城乡居民的消费需求。2008 年农村、城镇居民人均生活消费支出分别为 4565.1 元和 12849.9 元，比 2002 年分别增长 79.1% 和 86.9%，今年 1～9 月，农村居民人均生活消费支出 3355 元，同比增长 15.0%，增幅比城镇居民高 6.8 个百分点。

2）加快推进“三中心两枢纽”建设，提高城市的集聚效应和辐射能力。成都是国务院确立的西南地区商贸、金融、科技中心和交通、通信枢纽。成都把“三中心两枢纽”建设作为提升城市综合服务功能、促进现代服务业跨越式发展的战略基础。去年以来，抓住国家加大基础设施投资力度和四川建设西部经济发展高地的契机，实施了“9+2”交通枢纽体系建设规划，启动了成都国际集装箱中心站、成都客运站、双流机场二跑道和新航站楼建设，加强了国际通信出口、数

据存储灾备、高性能计算、国际同城互联、无线城市和3G网络等重大通信枢纽建设，开通28条国际航线，努力建设西部一流的“航空港”、“内陆港”、“信息港”，提高成都信息化、国际化程度。2008年旅客、货邮吞吐量位居全国城市第五、西部第一。今年11月，成都双流机场旅客吞吐量突破2000万人次，成为中西部城市第一个迈入2000万人次的机场。

3）积极实施区域合作，拓展服务业发展空间。中心城市服务业不但要服务于本地，更要服务于经济辐射半径的广大地区。加强区域合作，拓展服务空间，扩大市场容量，对促进服务经济发展至关重要。成都立足全省、服务西部，积极推进成都经济区区域一体化，带动德阳、资阳、眉山、雅安等城市经济圈建设，探索和发挥省会城市的集聚、带动和辐射功能。将化工、机械制造、制鞋等行业向资阳、眉山、乐山、阿坝、凉山等地转移，重点发展总部经济和现代服务业。积极打通新的快速通道，推进交通对接，构建1小时经济圈，实施成（都）绵（阳）第二高速公路、成什（邡）绵高速公路、成自（贡）泸（州）高速公路等建设。加强与长三角、珠三角、成渝经济圈合作，吸引攀钢、葛洲坝等集团总部入驻成都。目前成都银行已向重庆、广安、资阳等城市扩展，以成都为中心的西部现代服务业网络正在形成。

### （二）抓重点，构建服务业全面发展新格局

1）立足自身优势发展传统服务业。一是打造“购物之都”。推动商贸、餐饮、旅游等传统服务业全面升级，增强商贸业的聚集辐射效应，进一步实施“北部商贸新城”和“4个百亿市场”、“6个百亿商圈”、“四大商品集散中心”建设，积极发展连锁经营、物流配送等流通方式，改造传统商贸业和专业市场，基本形成大商业、大市场、大流通格局。二是打造“休闲、美食之都”。全国知名的“锦里”、“宽窄巷子”、“文殊坊”、“一品天下”、“华侨城美食城”等休闲、美食一条街加快发展。三是建设国际旅游城市。全面推动都江堰国际旅游城市建设，实施了西岭雪山国际山地休闲度假旅游胜地、花水湾国际温泉小镇、安仁世界级博物馆小城镇等一批国际标准的旅游项目建设，通过加大灾后城市形象宣传等旅游促销活动，实现旅游业快速恢复。今年1～9月，传统服务业呈现加快发展势头。其中批发零售业增加值与去年同比增长16.5%，创2002年以来新高。住宿和餐饮业增加值达到149.2亿元，同比增长16.4%，比2002～2008年年均增速高4.1个百分点。国内和入境旅游人数分别为4258.3万人次和46.5万人次，同比增长40.2%和44.6%。今年1～9月，旅游业收入383.1亿元，同比增长50.8%，已超过2008年全年旅游收入7.7亿元，是2007年旅游收入的92%，基本恢复到地震前的水平。

2）突出高端领域打造现代服务业。一是不断壮大生产性服务业。引导中心城区积极实施“退二进三”，大力发展总部经济和金融、物流、信息、会展等生产性服务业，努力把成都建设成为西部地区高端产业聚集区。近年来，全市共引进国内外金融、研发、营销、结算等总部企业120余家，知名物流企业40余家。今年

1~9 月，金融、信息、物流业增加值分别达 152.6 亿元、117.8 亿元和 140.9 亿元，增速分别为 18.6%、11.3% 和 10%。其中，金融业增速比 2002~2008 年年均增速高 7.3 个百分点。二是大力发展新兴服务业。依托成都科技人才优势，大力发展软件服务外包、文化创意、电子商务等新兴服务业，建设西部数字娱乐产业基地、动漫游戏基地、软件服务外包基地、电子商务基地。2004~2008 年，文化创意产业增加值从 65.81 亿元增加到 133.7 亿元。2008 年服务外包实现销售收入 260 亿元，同比增长 27%。今年以来新兴服务业呈现高速成长态势。软件出口世界 30 个国家和地区，九正建材网、农汇网等成为全国影响力较大的电子商务平台。三是持续推进产业向高端延伸。在加快发展高端产业同时，积极推进工业园区和企业转型升级，由一般加工向生产前期的研发、设计，中期的管理、融资和后期的物流配送、市场营销、信息反馈等服务环节延伸产业链，占领产业发展高端。如龙泉经济技术开发区，积极推进汽车制造向服务环节延伸产业链，配套建设了融展示、销售、技术服务为一体的汽车商贸新城，着力打造 1000 亿元的配套服务产业集群。成都科伦制药以技术为核心，积极向高端发展，其研发机构被认定为国家级企业技术中心，正在加快组建国家大容量注射剂工程技术研究中心。

3）结合新农村建设努力发展农村服务业。一是完善农村商贸网络。结合城镇和农村新型社区建设，加强农村商业网点建设，运用现代流通方式建立农村市场流通网络，促进连锁商业和超市下乡，形成了镇有连锁超市、村有便民商店的农村消费经营网络。今年 1~9 月，县及县以下社会消费品零售总额为 242.7 亿元，同比增长 20.3%。二是大力发展乡村旅游。依托农村资源优势，大力发展生态、观光、休闲娱乐等乡村旅游，形成了以农家乐、国家级农业旅游示范点、历史文化古镇、森林公园为特征的乡村旅游发展格局，涌现了以“五朵金花”、“国色天香”、“花舞人间”等为代表的一批“一镇一品”、“一村一品”、“一户一园”的旅游型村镇。目前，全市农家乐已达到 7000 余家，其中星级农家乐 500 余家，2006 年，被国家旅游局认定为“中国农家乐旅游发源地”。锦江区三圣乡“花乡农居”、郫县友爱镇农科村、龙泉驿区兴龙镇“万亩观光果园”、都江堰市青城山镇“青城红阳猕猴桃、青城绿茶基地”等成为全国首批乡村旅游示范点。三是推进现代农业服务体系建设。围绕农业生产的产前、产中、产后服务，积极培育农民专业合作组织和农业龙头企业，大力发展农村科技、信息、金融、物流和生产销售等服务。截至今年 9 月底，全市共建设农业示范园区（基地、农庄）177 个，其中农村物流园区 8 个、加工园区 6 个，大型农产品批发市场 15 个，发展农民专业合组织 2355 个和规模以上农业龙头企业 665 个，农业物流企业 4 个。龙泉区聚合、彭州濛阳等农产品批发市场实现了“买自全国、卖向全国”。

4）坚持民生优先致力建设城乡一体的公共服务体系。一是实行城乡统筹的开放就业政策。实行了普惠性就业制度，建立了促进城乡充分就业的扶持制度和维权制度，对市内国有集体企业下岗职工、失地农民、复转军人等进行重点帮扶，实行再就业优惠，对各类弱势群体就业实行维权保护。二是实行城乡基本统一的社会保障政策。进一步完善了城镇困难家庭的社会援助制度，在实行农村新型合作医疗、农村最低生活保障和失地农民养老保险等制度的基础上，将农村与城市社会保障制度接轨，积极探索农民工保险费与城市的接转办法。三是继续推行城乡基础教育、职业教育、继续教育共同发展。通过积极推进城乡一体化的教育体制改革，大力实施名校集团带动战略，推动了优质教育资源在城乡之间的均衡配置。对外来农民工子女确保就近入学。大力发展教育培训产业。四是推进覆盖城乡和各层次需求的医疗健康服务。积极发挥政府和市场的互动作用，大力发展医疗健康产业。一方面优化整合医疗卫生资源，完善基本医疗卫生制度，确保每个城镇社区和建制乡镇都有一所公立社区医院和卫生院。另一方面根据市场需要，面向高、中、低端各个消费层次，积极发展体育健身、旅游休闲健身、医药保健、银发产业和特色医疗服务等健康产业，努力打造“健康成都”。

### （三）抓创新，实现服务业跨越发展新突破

1）抓自主创新。成都市把增强自主创新作为加快结构调整和转变发展方式的中心环节。进一步完善了以企业为主体、市场为导向、产学研结合的科技创新体系，推动产学研更加紧密地结合。组建了综合性成都科技应用创新服务平台及电子信息、生物医药、机械制造、食品、制鞋、家具等6个产业公共服务平台。其中，成都市与四川大学合作建设的生物医药技术平台，已成为成都及周边地区制药企业新药研发、测试的重要基地。成都地奥等8家企业被评为国家创新企业和创新试点企业。2008年获得国家科技成果奖14个，234项科技项目获得国家973、863等科技计划立项；签订技术合同4702项，合同金额34.2亿元。

2）抓产业组织形式创新。一是抓生产性服务业集群化。运用抓工业的经验，规划建设了中央商务区（CBD）、金融集聚区、总部经济区、物流产业园区和北部商贸城、南部科技商务城、东部汽车商务城、西部健康休闲城等现代服务业重点功能区，吸引了总部经济、金融、信息、物流等现代服务业企业集聚。青羊区工业总部经济园区建园仅一年多，就引进总部企业140家，完成投资近30亿元。二是抓城市建设一体化。结合旧城改造，大力发展楼宇经济、园区经济、特色街经济，建设了一批集办公、商务、购物、酒店、娱乐和居住等于一体的城市综合体，形成了以太升路通讯器材一条街、磨子桥电子产品一条街和万达广场、成都来福士广场、华润万象城等为代表的城市中心商贸区。三是抓招商引资择优化。围绕发展总部经济、金融、物流、电子商务、文化创意等高端服务业，实施有重点、有针对性的招商，引进了富士康、阿里巴巴等一批具有带动作用的项目。实际利用外商直接投资由2004年的3.32亿美元增加到2008年的22.45亿美元。今年1～9月，新批外商投资项目139个，实际利用外商直接投资21.38亿美元，同比增长9.2%。

3）抓体制机制创新。不断完善政策法规，创新发展机制，保障了服务经济加快发展。一是完善服务业扶持政策。制定了一系列加快现代服务业发展的政策文件，建立了服务业发展引导资金并逐年扩大规模，对引进的服务业重大项目，在资金、能源等方面给予扶持。二是建立了高端人才激励机制。出台了吸引金融、

科技、软件等高端人才和促进高校毕业生创新创业的配套政策，通过小额贷款、购房补贴、照顾子女入学等措施，吸引国内外高端专业人才到成都创业，促进高校毕业生自主创业。三是推进服务业市场化改革。组建了金控集团、文旅集团、传媒集团、农村物流投资等公司，完善了服务业发展投融资平台。进一步放开市场准入限制，引导民间资金投资服务业。

## 三、几点重要启示

总结成都优先发展服务经济、推进科学发展的实践与探索，可以得到以下一些重要启示。

1）优先发展服务经济是有条件的大中城市转变发展方式、实现科学发展的重要途径。服务业尤其是现代服务业，是科技含量高、附加值高、市场竞争力强和资源消耗低、环境污染小的产业。加快发展服务经济，有利于促进城乡居民就业，扩大内需尤其是消费需求；有利于突破资源瓶颈，减轻环境压力，实现可持续发展。同时也是有效应对国际金融危机，加快结构调整、转变经济发展方式的重要途径。一些有条件的大中城市要从科学发展观的高度提高对现代服务业的认识，通过创新发展模式和体制机制，不断提高服务业在国民经济中的比重，尽快使服务业成为主导产业，推动经济又好又快发展。成都的实践表明，要实现经济的跨越发展，必须打破常规，超前谋划，发挥自身优势，着力自主创新，走出一条符合我国城市各自实际的跨越发展、科学发展之路。

2）大力发展服务经济必须坚持突出区域特点。发展服务经济的理念、路径和模式众多，世界各地、国内东中西部各不相同，必须立足各自的区域特色，才能事半功倍。从成都的做法看，把握区域特色，对服务经济影响最大的是经济发展的阶段性特征和文化传承的特点。其一，统筹城乡是符合我国区域性中心城市服务经济发展的有效路径。成都通过大力推进公共服务向农村延伸，城市商业网点向农村覆盖，金融、科技、信息服务向农村拓展，改善了城乡居民的消费环境和消费能力，扩大了服务业消费需求；通过积极推进一产和三产的融合，大力发展了乡村旅游业；通过加快发展新型农村社会化服务，促进了城乡服务业全面发展。其二，文化的传承与创新是发展服务经济的不竭源泉。成都服务业的发展离不开深厚的历史文化底蕴。成都有2300多年的悠久历史，自古以来，开金牛道以通陕甘，行南方丝绸之路以通滇缅，经茶马古道以通青藏，是一个商贾云集、历经战乱而不衰的西部商贸中心城市。这为发展现代服务业创造了良好环境。近年来，成都加快开发“金沙文化”、“熊猫文化”、“都江堰—青城山文化”、“非物质文化遗产”四大文化品牌和“三国文化”、“诗歌文化”两大文化资源，构建文化创意产业体系。通过科技创新、经营方式创新、服务业态创新等方式，将成都文化理念广泛运用于旅游景观、电子商务、健康服务等传统和新兴服务业，提升了城市的形象和软实力。

3）大力发展服务经济必须坚持政府与市场的高效互动。在发展服务经济的过程中，正确界定政府和市场的边界，注重双向互动，充分发挥合力非常重要。政府既不包揽，也不放任，突出组织引导、规划协调、政策导向和保障作用。同时最大限度减少不必要的行政干预，打破行政壁垒，维护公平竞争的市场秩序，鼓励各类市场主体，尤其非国有经济更广泛参与服务业，走市场化、社会化发展之路。推进生产要素在城乡之间、市内市外之间、国内国外之间的自由流动，高效整合生产要素，提高资源配置效率，激发发展服务经济的活力。

4）大力发展服务经济必须深化各项改革。良好的发展环境是现代服务业健康发展的基础。必须加快市场化建设，构建完善规范的现代服务市场体系。进一步放开市场准入领域，降低市场准入门槛，引入竞争机制，允许更多外资、民营企业参与现代服务业的发展。加强对服务企业尤其是龙头骨干企业的扶持，做大做强具有核心竞争力的现代服务业集团。引导工业企业将其核心竞争力之外的附属服务剥离为社会化的专业服务，积极推进机关事业单位后勤服务由内部自主服务为主向社会服务为主转变，扩大现代服务业的需求。

5）大力发展服务经济必须加强和改善党的领导。发展服务经济要进一步提高认识，切实把各方面的思想统一到中央的决策和部署上来。各级党委要主动适应新形势新任务的要求，在科学发展观的指导下，着力做好把握方向、谋划全局、提出战略、制定政策、推动立法、营造环境等工作，统揽工作大局；要提高发展服务经济的自觉性和主动性，既不能缺位失职，也不能越俎代庖；要加强科学民主决策，完善体制机制，充分调动各方面的积极性，不断提高各级领导干部转变经济发展方式、推进科学发展的能力和水平。

成都经过近年来大力实施服务业优先发展战略，推动服务经济和整个经济社会发展，取得了明显成效。目前，成都市继续深入践行科学发展观，按照建设国际化城市定位，抓紧完善现代服务业产业功能区规划，大力推进“三中心两枢纽”建设，加快推进以现代服务业为核心的现代化产业体系建设，努力把成都建设成为中西部地区创业环境优、人居环境好、综合竞争力强的特大中心城市。（调研报告完成于 2009 年 12 月）

资料来源：中国共产党新闻网 . http：//kxfz. people. com. cn/GB/135221/135358/11183129. html

# 依托资源促转型 创新强市惠民生

## 关于内蒙古鄂尔多斯市应对金融危机、创新发展模式的调研报告（2010年3月22日）

鄂尔多斯市是全国改革开放30年开拓成功发展之路的18个典型地区之一。2008年国际金融危机爆发后，在内蒙古自治区党委领导下，鄂尔多斯市委、市政府深入贯彻落实科学发展观，坚持把中央的方针政策同本地实际相结合，解放思想，锐意进取，不断超越自我，研究提出并认真实施了“结构转型、创新强市”的发展战略，成功地化“危”为“机”，创造了新的发展业绩。

## 一、基本思路

能否正确应对国际金融危机，既是对一个地区领导能力的考验，同时也是对一个地区发展模式的检验。鄂尔多斯市以新战略应对新挑战，通过进一步发挥本地资源优势，强化比较优势，实现经济平稳较快发展，交了一份比较满意的答卷。

改革开放前的鄂尔多斯市是内蒙古最为贫困落后的地区之一。全市8个旗区中有5个国家贫困旗、3个自治区贫困旗区。改革开放30年来，鄂尔多斯市通过科学利用优越的资源条件，高起点引进和配置生产要素，创造后发优势，实现跨越式发展，出现了翻天覆地的变化。2008年，全市地区生产总值达到1603亿元，比1978年增长了462倍。财政收入达到265亿元，增长了1393倍。城镇居民可支配收入、农牧民人均纯收入分别达到19 345元和7052元，增长了68倍和35倍。三次产业结构由45∶28∶27调整到3.6∶58.1∶38.3，基本上实现了由农业社会向工业社会的过渡。2009年中国社会科学院发布的城市竞争力蓝皮书中，鄂尔多斯市综合增长竞争力位居全国地级以上城市第1位。

但是，过去的辉煌并没有使鄂尔多斯市躲过国际金融危机的冲击。从去年第四季度开始，工业增速大幅回落，2008年11月份，发电量下降25.9%，8个工业行业中5个出现负增长，煤炭、电石等工业产品价格大幅下跌，全市1/4规模以上工业企业停产。曾经川流不息、经常拥堵的运煤公路一下子变得非常冷清，连年快速增长的鄂尔多斯经济呈现下行趋势。

表面上看，是金融危机引发外部需求萎缩使一些资源型产品失去了市场，导致鄂尔多斯经济出现波动。但深层次看，鄂尔多斯在连续多年快速发展的同时，在产业结构、产品结构、企业组织结构以及增长方式等方面积累了一些矛盾和问题，主要是产业链条短、产业结构单一，科技水平低、缺乏自主创新能力，企业竞争力不强、抗风险能力较弱。全市停产的111户规模以上工业企业，生产经营的大都是涉及煤炭、冶金等原字号、初加工、低端化的产品。一旦外部环境发生变化，这些矛盾和问题必然会集中爆发，对经济持续协调发展形成制约。

面对金融危机带来的冲击，鄂尔多斯市没有退缩，没有等待，而是迎难而上、大胆出击。鄂尔多斯市以科学发展观为指导，在2008年底召开市委全委会议，深入分析国际金融危机的影响，全面总结发展经验和存在的突出矛盾和问题，认为：危机是传统发展模式之“危”，是创新发展模式之“机”；尽快转变发展方式，形成新的竞争优势，才是发展面临的最大挑战；只有坚持科学发展，推进结构调整和产业转型，才是应对危机的根本出路。经过充分酝酿、深入讨论，全市进一步统一了思想，提出了“结构转型、创新强市”的新的发展战略，这就是：做大做强优势特色产业，做大做优先进制造业，做大做活文化消费产业，打造具有鄂尔多斯特色的现代产业体系，推动产业结构从资源型产业为主向现代服务业和先进制造业双轮驱动转变，经济增长和要素支撑从物质资源为主向科技和人力资源为主转变，走高端发展、创新发展、多元发展的产业转型升级之路，提升鄂尔多斯经济的综合实力、核心竞争力和可持续发展能力。这一新的发展战略，是鄂尔多斯市深入贯彻落实科学发展观的新成果，同时也是鄂尔多斯市多年来发展实践的新总结和未来发展的新认识，为鄂尔多斯市转变经济发展方式、实现科学发展奠定了新基础。

## 二、主要措施

新思路应对新挑战，关键在于深化、细化新举措，实现在金融危机背景下的新发展。鄂尔多斯市的主要做法是：

### （一）着眼于长期持续发展，在扩大投资的同时注重激发消费拉动的内生活力

1）继续保持必要的投资拉动力度。这些年，鄂尔多斯经济快速增长主要靠投资拉动。“十一五”期间，全市累计完成固定资产投资4000多亿元，投资拉动对地区经济增长的贡献率超过了70%。面对金融危机后出现的经济下行趋势，鄂尔多斯市继续把扩大投资作为保增长最直接、最现实的举措。一是抓住国家扩大内需的机遇，进一步加大了争取投资、争取项目的力度，提出了全年完成1500亿元固定资产投资的目标。这一目标比上年增长超过40%。二是规划提出了100个投资超10亿元的重点项目。三是与国家开发银行内蒙古分行等金融部门签订了近300亿元的贷款协议，以确保投资目标的实现。四是以资源引项目、以项目引资金，努力启动民间投资。经过多方面努力，今年1～10月份，全市已完成固定资产投资1446亿元，同比增长42.5%。从目前情况看，全年投资1500亿元的目标

将超额完成。

2）坚持把扩大消费作为拉动经济增长的新引擎。一是把文化旅游产业作为培育消费产业的重点。继续完善成吉思汗陵、响沙湾、恩格贝等旅游景区功能，挖掘历史文化内涵，推出了一批蒙元文化、草原文化精品项目，新上了一批文化娱乐设施。积极承办国内外有影响的重大会议、展览活动以及体育赛事。今年8月份，成功举办第十一届亚洲艺术节，来自亚洲16个国家的文化部长和文化官员，21个国家的政府文化演出团体聚集鄂尔多斯。这是亚洲艺术节首次在中国西部城市和少数民族地区举办，是鄂尔多斯市培育文化旅游消费产业的成功之作。

3）把城市建设作为扩大消费的载体。以打造百万人口城市为目标，改造旧城区，拓展新城区，实施了一大批基础设施、绿化美化、房地产开发工程。仅城市核心区就新开工建筑面积1269万$m^2$，相当于2005年城区建成面积的总和。

4）把提高城乡居民收入、完善社会保障体系作为增强消费能力、提升消费信心的根本。既让老百姓“有钱可花”，又让老百姓“舍得花钱”。预计今年全市城乡居民收入将分别比上年增加3000元和1000元左右，创造当年增收额最高的历史新纪录。目前全市每百户城镇居民拥有轿车33辆，商品房销售好于周边地区。1～10月，全市社会消费品零售总额252.5亿元，比上年同期增长18.8%，增幅高于金融危机的水平。

在投资和消费双重拉动下，鄂尔多斯的经济迅速回升。1～9月地区生产总值增长20%，预计全年增速可超过23%。财政收入1～11月已完成342.8亿元，全年将超过365亿元，比2008年增收超过100亿元。

### （二）着眼于创造新的发展优势，推动产业结构转型升级

多年来，鄂尔多斯依托丰富的煤炭资源，逐步形成了以煤炭行业为主的特色工业体系。2008年，全市煤炭产量达到2.67亿t。煤炭行业增加值约占全市工业的60%。可以说鄂尔多斯的发展离不开煤炭工业，但受国际金融危机冲击最大的也是煤炭工业。不走“一煤独大”的发展路子，既是汲取其他资源枯竭地区发展的教训，也是开掘新的发展机会的关键。

鄂尔多斯市把煤炭工业的升级作为结构调整的首选，着力推动资源型产业向深加工和高端化转型。循着产业延伸、产业升级之路，大力发展煤—焦、煤—气、煤—肥、煤—醇等多种化工产业链。久泰集团100万t甲醇等一批煤化工项目开工，目前的能源化工生产能力已超过了1000万t。最具有战略意义的是，投资125亿元年产108万t成品油的神华煤直接液化生产线、投资29亿元年产16万t合成油的伊泰煤间接液化生产线今年年初相继出油。这不仅在技术上实现了国内首创和世界一流，而且为解决我国石油这一战略性资源短缺问题提供了有益经验，同时也标志着鄂尔多斯煤化工产业升级的新突破。目前，两条生产线的试运行基本正常，技术路线切实可行，投资者的积极性大增。鄂尔多斯的煤制油生产显示出了良好的前景。

鄂尔多斯市总结一些地方因资源而兴、因资源而衰的教训，认为“鸡蛋不能

装在一个篮子里”，依托资源而又不依赖资源，既注意做大做强资源型产业，又大力向非资源型产业进军，同时还努力把握世界产业发展方向和新一轮经济增长的特点，多元并举，协调发展。依托库布其沙漠和毛乌素沙地，大力发展太阳能、风能、生物质能等新能源和可再生能源，规划建设了新能源产业区，美国第一太阳能公司与杭锦旗签署了2000MW太阳能光伏发电合作项目，该项目建成后将成为世界最大的太阳能开发利用项目。把装备制造业作为推进产业多元化发展的重要切入点，抓住国际国内产业转移调整的有利时机，开发建设了东胜装备制造业园区、康巴什汽车工业园区和伊旗装备制造业基地，并取得了显著成效。目前，东胜装备制造业园区已引进项目21个。其中总投资70亿元的精工恒信重型卡车项目、总投资55亿元的盾安集团风电整机项目、总投资50亿元的路明科技集团“LED新光源及显示产品”项目均已开工建设。康巴什汽车工业园区除了华泰汽车集团年产5万辆SUV汽车项目已正式生产外，一期年产30万台欧Ⅳ排放标准的发动机项目、一期年产10万台自动变速器项目即将投产。伊旗装备制造业基地已引进项目29个，一些煤机配件生产项目已建成投产。这些装备制造业项目的开工建设，将在很大程度上推进鄂尔多斯市工业格局由资源型为主向资源型和非资源型产业协调发展的转变。

在积极推进工业经济多元化发展的同时，鄂尔多斯市加快了发展第三产业特别是现代服务业的步伐。以打造“服务内蒙古、联动晋陕宁、对接京津唐、在全国具有重要影响的区域物流中心”为目标，全市规划了22个重点物流项目，总投资181.9亿元。目前已开工建设的重点物流园区已有14个，累计完成投资49.2亿元。其中在建的铜川汽车物流园区已完成近10万$m^2$的基础建设，已进驻4S专业店近60家，成为内蒙古规模最大的汽车交易中心之一。在鄂尔多斯2009年投资亿元以上项目中，第三产业项目共有111个，到9月末已完成投资541.4亿元，超过第二产业投资近百亿元。随着这些物流项目的实施，鄂尔多斯现代服务业将会有新的更大发展，经济结构将进一步优化。

### （三）着眼于更高水平的集约发展，跳出“三农”推进城乡统筹

没有农村牧区的发展就没有全市的全面协调发展，没有农牧民的小康就没有高标准的整体小康，这是鄂尔多斯市上下形成的共识。针对农牧区生产条件差、农牧民人口过于分散的实际，坚持解决农牧业问题从发展非农牧产业上找出路，解决农村牧区问题从推进城镇化上找出路，通过人口向城镇集中、工业向园区集中、产业向基地集中，大力推进城乡统筹，加快集约发展。

近年来，鄂尔多斯市对城乡统筹、集约发展一直比较重视。在全区率先实行禁牧休牧轮牧，全市耕地面积的近50%实现了退耕还林，草原面积的60%多实现了退牧还草。推进农牧业向沿黄河地区集中，建成了60万亩现代农业示范基地、2万亩设施农业基地。转移了大量的农村牧区人口，2008年城市化率达到65%。把工业向园区集中，对园区实行封闭化管理。这种集约发展方式既提高了生产力的发展水平，也改善了鄂尔多斯的生态环境。全市植被覆盖率由2000年的30%提

高到2008年的75%。虽然是产煤大市、重化工大市，但很少看到煤尘飞扬、烟气滚滚的现象。2008年全市空气质量优良天数达到347天。今年以来，鄂尔多斯市继续推动城乡统筹、集约发展，城市化水平进一步提高。

初步形成城乡一体化发展的新格局。为了推进高水平的集约发展，鄂尔多斯市充分发挥沿黄河地区水源丰富、空间开阔、交通便捷等综合优势，积极调整生产力布局，着力打造工业化、城市化和农牧业产业化互动的沿黄河经济带。目前，在这沿黄河近千公里的“经济带”上，14个重点工业园区正在建设，7~8个特色产业重镇的规划正在形成，一大批基础设施项目和工业项目正在实施。统筹发展、集约发展已由产业、园区、基地上升到了更广领域的城乡、更大范围的区域、更高层次的资源要素整合。不久的将来，这将成为鄂尔多斯经济发展的重要增长极。

### （四）着眼于社会更加和谐，下大力气解决民生和稳定问题

在应对金融危机、推动结构转型升级、促进经济又好又快发展的同时，鄂尔多斯市高度重视社会建设，注意把保民生、保稳定工作落到实处，促进了社会和谐。

1）从解决群众最现实、最直接的利益问题入手，实施了“八项民生工程”和十件为民实事。其中包括提高城乡居民低保标准，建设保障性住房，加强教育、卫生基础设施建设，实施就业保障等内容。新建了19所中小学、21所幼儿园，部分旗区实行了高中阶段免费教育。新安置了近2.2万人就业。新建了140多万$m^2$的经济适用住房和廉租房。城市居民最低生活标准提高到310元，农村牧区平均保障标准每人每年达到1733元。资助了近1.4万名大中专学生。通过真心实意地为群众办好事、办实事，使城乡生活困难群众及特殊困难群体基本生活得到了切实的保障。

2）以全民创业带动就业，努力提高城乡居民收入。已完成就业培训5万多人，安置大学生10 364人。许多人通过就业培训提高了创业能力。全年新增民营企业2500多家，新发展个体工商户10 000多户，城市登记失业率控制在3.4%以内。鄂尔多斯支持、保护群众的财产性收入。征地拆迁补偿向群众倾斜，许多人通过房屋出租、借贷分红增加了收入。全市仅各类担保、典当、投资、委托寄卖的民间融资借贷组织超过500家，注册资本金近200亿元。预计今年全市城镇居民人均可支配收入和农牧民人均纯收入可达22 500多元和8000元，分别比上年增长16%和13.4%。全市城乡居民每百户分别拥有汽车33辆和11辆，人均住房面积分别达到38$m^2$和29.4$m^2$，均达到或超过全国发达地区的水平。

3）注重满足人民群众的精神文化需求。投资新建扩建了20个特色博物馆、12个社区多功能文化中心、20个高标准农村牧区文化站和200个农牧民书屋，在20个街道社区和10个苏木乡镇建设了全民健身示范点。第十一届亚洲艺术节的成功举办，既为广大市民提供了一次难得的“文化大餐”，同时还通过亚洲雕塑艺术主题公园建设，留下了对外文化交流的永久见证。特别是投资30多亿元的博物馆、图书馆、文化艺术中心、民族剧院等七大文化设施，更显示出了鄂尔多斯高

起点、高品位满足群众精神文化需求的决心和力度。

4）高度重视民族团结进步工作。今年新设立3000多万元的少数民族经济发展基金，集中解决城区少数民族无房户和农村牧区少数民族群众危房户问题。对全市少数民族学生高中阶段教育率先实行了“两免一补”，对农村牧区少数民族高考落榜生全部实行免费职业技能培训，全年共安排民族教育各类资金2.35亿元。同时还建立了进城少数民族农牧民创业园、少数民族传统工艺品开发园，解决了1万多户少数民族群众脱贫问题。

5）把维护稳定工作做到了群众的家门口。在深入学习实践科学发展观活动中，近千名党员干部走出机关，包村、包户来到群众中，面对面听取群众意见，实打实排解实际困难，把问题解决在老百姓家门口。一些群众反映强烈的突出问题，一些久拖未决的信访案件均得到了较好解决，有效地化解了社会矛盾，促进了社会更加和谐稳定。

## 三、经验体会

鄂尔多斯市在应对金融危机、创新发展模式的历练中，不仅创造并向人们展示了丰厚的物质财富，同时也进一步丰富了开拓成功发展之路的内涵，形成了一些新的经验和体会。主要如下。

### （一）注重解放思想、改革创新

面对国际金融危机，以世界眼光、战略思维把握全局，敢于和善于向发达地区找差距、定目标，是鄂尔多斯市领导班子最为可贵的精神力量。他们认为“差距往往是在逆境中拉大的”，在危机面前，谁主动作为，谁就受益匪浅。提出必须以壮士断腕的决心和凤凰涅槃的勇气，开辟新天地，开拓新境界；必须以机不可失、时不再来的紧迫感，一马当先，率先作为；必须以更宽广的视野，更高层次、更大力度地解放思想，开拓创新。正是基于这样的认识，他们坚持以科学发展观为指导，在解放思想中统一思想，正确认识“危”与“机”的辩证关系，坚定了信心和决心，形成了战胜危机的强大精神力量。在具体实践中，市委、市政府从实际出发，敢于作为、善于作为，以改革创新精神推出了一系列保增长、惠民生、调结构、促和谐的新方法、新举措，高起点、大手笔实施了一系列大工程、大项目，真正做到了化“危”为“机”，在应对金融危机中创造了新的发展业绩。

### （二）注重既解近忧又谋长远

鄂尔多斯市在应对金融危机中，把保增长与调结构、促升级紧密结合起来，既大力支持市场前景好、竞争力强的企业和产业发展壮大，又坚决关闭“五小”企业、淘汰落后产能；既依托资源推动资源型产业向深加工、高端化转型，又不依赖资源推动产业格局向资源型和非资源型产业共同发展转型；既抓住国家政策机遇继续扩大投资规模，又积极发展第三产业，推动增长方式向投资和消费协同拉动转型。同时，把科技创新、提高地区经济发展竞争力摆上重要位置，积极引进人才、技术。这些既解近忧又谋长远的重要举措，不仅让鄂尔多斯成功地摆脱了金融危机不利影响，而且进一步增强了经济发展后劲，为更长周期、更高水平的发展奠定了基础。

### （三）注重发挥市场机制作用

鄂尔多斯市在保增长中，不是保所有的企业，而是充分利用金融危机的“倒逼机制”，让一部分产业层次低、高耗能、高污染的企业淘汰掉。在调结构和促生机中，政府只起规划、引导作用，上项目、增投资都是以企业为主体来进行。包括城市改造、新区开发、生态保护、文化建设项目，凡是企业能做的、中介组织能做的，政府绝不搞包办代替，充分发挥市场在资源配置中的基础性作用。大力发展非公有制经济，非公有制经济创造了全市70%以上的GDP、80%以上的财政收入和90%以上的新增就业岗位。不断健全市场机制成为鄂尔多斯经济活力的重要源泉。

### （四）注重惠民优先

随着经济的快速发展和财政实力的不断增强，鄂尔多斯市更加坚定惠民优先和以人为本的发展理念，重视解决和改善民生问题。为了让农牧民更多地享受到发展的实惠，无论是征地拆迁还是土地、草牧场流转，所支付的补偿标准相对于周边地区都是最高的。建设的精品移民工程成为当地人居环境最佳的居住小区，实行了最高的养老补贴标准，建设了最好的教育、医疗以及文化设施，这都有力地提高了人民群众的生活质量，同时也进一步创造了和谐发展的良好环境。

### （五）注重发挥党的政治优势

在应对金融危机保增长、保民生、保稳定的重大考验和挑战面前，鄂尔多斯市以党的坚强有力领导来凝聚人心、积聚力量，紧紧围绕党的工作大局，切实加强党的建设，把党的政治优势和组织优势转化成应对危机、科学发展的强大力量。主要是：大力加强领导班子和领导干部队伍建设，旗区委书记实行向市委全委会述职制度，每月向市委书记工作签报制度，对旗区进行科学发展巡回检查，施压力增动力，创造了旗区经济竞相发展的喜人局面。大力加强党员干部作风建设，在学习实践科学发展观活动中，千名干部下基层，保增长，惠民生，有效推动了工作落实。大力加强党风廉政建设，制定了重大事项决策、重要干部任免、重大项目安排、大额度资金使用“三重一大”决策规范规定，不走邪线，不闯红线，不触底线，为地区科学发展、安全发展提供了制度保障。

## 四、前景展望

因改革开放以来巨大的发展变化，鄂尔多斯市成为全国改革开放 30 年开拓成功发展之路的 18 个典型地区之一。在应对国际金融危机中再创新的发展业绩，成为中国西部地区科学发展的耀眼新星。但是，站在历史新起点上，鄂尔多斯市并没有就此满足，而是站在全国乃至世界现代化的角度来思考鄂尔多斯、谋划鄂尔多斯、发展鄂尔多斯。

鄂尔多斯市确定，今后几年，要大力发展清洁能源和低碳经济，打造国家新型能源战略基地，走新型工业化的路子；要进一步提高城市现代化水平，以核心区建设为重点，实现“三年大建设，三年大变样”；要进一步提高生态建设水平，将鄂尔多斯市生态建设纳入国家北疆生态屏障建设的大环境中进行构筑，建设国家重要的生态屏障；要进一步提高农牧业科技含量，探索现代农牧业规模经营、集约化经营的新路子；要进一步提高人民群众的生活水平和质量，努力建设平安鄂尔多斯、文明鄂尔多斯、和谐鄂尔多斯，精心打造经济强、城市美、环境优、百姓富、风气正的鄂尔多斯，力争到“十二五”时期末，走进全国地级市前列。（调研报告完成于 2009 年 12 月）

资料来源：中国共产党新闻网 . http：//kxfz. people. com. cn/GB/135221/135358/11189340. html

# 第二篇

# 科学发展案例分析（唐山）

# 第九章　唐山市以“五化”促进发展方式转变

核心提示：面对一系列发展方式上的困惑，唐山市认真贯彻落实胡锦涛总书记关于建设科学发展示范区的重要指示精神，以加快转变发展方式为主线，通过推进新型工业化、新型城镇化、城乡等值化、社会治理和谐化、党建科学化，构建起科学发展的新格局，开辟了科学发展新境界。

最高时速350km的动车组、国内首列中低速磁悬浮列车从这里相继下线。

新能源、环保、生物医药等新兴产业快速发展，“一钢独大”的局面被彻底打破。

采煤沉陷区生态治理入选世界博览会参展“城市最佳实践区”，成为资源型城市向生态城市转型的典范。

唐山，这座昔日的“煤都”、“钢城”，在科学发展的春风里，正日益焕发出勃勃生机！

建设科学发展示范区，是胡锦涛总书记2006年7月考察工作时对唐山提出的明确要求。河北省委常委、唐山市委书记赵勇告诉记者：“近三年来，我们以建设科学发展示范区为总揽，以加快转变发展方式为主线，通过推进新型工业化、新型城镇化、城乡等值化、社会治理和谐化、党建科学化，构建起全市科学发展的新格局，唐山大地处处展现出科学发展观的巨大威力。”

## 一、新型工业化：促使资源型城市华丽“转身”

作为一座因煤而建、因钢而兴的典型资源型城市，近年来唐山面临着一系列发展方式上的困惑：随着钢铁、煤炭等资源型重工业的发展，全市采煤塌陷、环境污染、能耗巨大、资源浪费等问题也日益显现。

“高投入、高能耗、高污染的发展方式没有出路”。在深入学习实践科学发展观的过程中，全市党员干部和广大群众统一思想，提高认识，坚定了走新型工业化道路的信心和决心。

一座座小高炉被拆除，一座座小水泥厂被关闭……通过连续3年的节能减排攻坚，唐山对钢铁、煤炭、水泥等十大重点领域的4591家企业进行了综合整治，累计关停高耗能、高污染企业1504家；实施产业结构调整重点项目165项，完成投资 1380 多亿元，具有唐山特色的新产业格局破茧而出，以高新技术为支撑，精品钢材、装备制造、化工、环保、现代服务业焕发勃勃生机；时速 350km 动车组、中低速磁悬浮列车、电动汽车、无人驾驶飞机等逐步实现产业化；风力发电装备制造、太阳能电池、光电产业基地、激光显示基地异军突起；国内首台矿用抢险探测机器人诞生，标志着我国煤炭安全装备研发取得重大突破；列入国家火炬计划的焊接产业基地形成规模效应……

在实施“三百计划”的基础上，2010 年，唐山又在全市工业企业广泛开展了与行业高端和强势企业的“对标行动”，进一步推动企业整体素质和行业竞争力的提升。

以曹妃甸为龙头的唐山湾“四点一带”地区，日益成为环渤海地区的重要增长极和发展循环经济的主力军。在国际金融危机肆虐的 2009 年，“四点一带”区域完成工业增加值 417 多亿元，占全市的 25. 9%；完成固定资产投资 1386 多亿元，占全市的 63%。全市完成地区生产总值 3781 亿元，同比增长 11. 3%；全部财政收入 413. 3 亿元。

## 二、新型城镇化：让生态城市快速崛起

2009 年“五一”，10 多万唐山市民第一次走进南湖公园。他们惊喜地发现，昔日脏乱不堪的采煤塌陷区，竟然成为赏心悦目的生态公园，碧波荡漾，草木葱茏，鸥鹭翔集。七汪湖水连缀成的湖面竟然比杭州西湖还大！“好玩南湖、生态南湖、神奇南湖、文化南湖”，南湖成为唐山一张亮丽名片。

以打造低碳宜居示范城市为目标，建设唐山湾国际生态城；以打造生态城市示范标杆为目标，建设唐山南湖生态城；以建成国内一流的商务中心为目标，建设唐山凤凰新城；以统筹发展空港物流业和高新技术产业为目标，建设唐山空港城……四大功能区建设，搭建起唐山生态城市的主体架构。经过充分论证，唐山市制定了 141 项生态城市指标体系，并逐一落实到城镇规划、建设、管理等各个环节，做到新城按生态指标建设，旧城用生态技术改造，整个城市按生态理念发展。目前，全市城镇化率已达到 53%，未来唐山将形成“大城市”、“大县城”、“大集镇”的多元化城镇体系。

与“四城”相映成趣的是唐山全长 57km 的环城水系，“两线”、“五区”、“十八景”成为市区一条美丽的项链。不远的将来，唐山将实现“华北水城”的梦想，并将承办 2016 年世界园艺博览会。抗震英雄李玉林说：“20 多年前，唐山有个顺口溜，‘登上凤凰山，远眺新唐山，到处黑烟囱，砖头压油毡’。现在呢，唐山到处是绿色，城中有山，环城是水，山水相依，真是一座凤凰涅槃的生态城市啊！”

## 三、城乡等值化：给城市乡村同样的幸福

消除二元结构，统筹城乡发展。近年来，唐山通过推进城乡规划、建设、产

业、公共服务和社会管理“五个一体化”，努力探索实现城乡等值化。

实现城乡等值，关键在于建立城乡一体的产业体系。根据《唐山城乡发展一体化战略规划》，市里以产业链经济为主体形态，通过纵向关联和横向协作，带动农村工业化、农业产业化。

依靠陶瓷产业发展起来的黄各庄镇，依靠历史文化发展旅游业的马兰峪镇，依靠矿产资源发展钢筋加工销售的沙河驿镇，依靠高新技术发展生态循环农业的小岔河村……一个个特色村镇在唐山涌现，聚合着周边农民，成为唐山推进城乡等值化的一个亮点。

为改变农村的生活条件，唐山出台了《关于推进农村改革发展加快实现城乡等值化的决定》。全市投入8.5亿元解决了2450个村、213万农民的饮水问题。投资3.8亿元，改造农家“坡屋顶”，安装保温墙，搭建吊炕和太阳能，推广使用“博士灶”。与此同时，市里不断加大对农村社会事业投入，率先在全省消除农村中小学危房，完成了县、乡、村三级医疗卫生服务网络建设，实现农村五保户全部由财政供养，实施了农村居民最低生活保障制度，建立起城乡统一的劳动力就业市场体系，开展了以县为单位的农村养老保险试点。农民进城落户、就业、子女就读、公共交通、就医报销“五个无障碍”……2009年，唐山农民人均纯收入7420元，增长12.0%。其中工资性收入、家庭经营收入分别占纯收入的44.4%和40.3%。农民收入增速首次超过城市居民收入增速。

## 四、社会治理和谐化：铸就科学发展的牢固基石

社会和谐、人心凝聚，是实现可持续发展的牢固基石。从2006年开始，唐山积极探索和构建人民调解、行政调解、司法调解“三位一体”社会矛盾纠纷调解工作体系。市县乡村“四级大接访”活动，也纳入经常化、制度化、规范化的轨道，市委、市政府还专门出台了相关意见，初步实现了“小事不出乡村、大事不出县区、矛盾不上交”，发案率、信访量持续大幅下降。

与此同时，唐山在全社会大力倡导“生命至尊、公平至上、诚信至要”的价值理念，采取综合预防、综合评估、综合治理、综合化解、综合改革、综合考核六项措施，化解社会矛盾，促进社会和谐。“攸关百姓福祉的民生项目必须放在优先位置”。2007年4月，唐山市决定缓建唐山大剧院，把数亿元资金用于震后棚户区改造。当年7月，作为城市建设“一号工程”的棚户区改造工程正式开工。第二年第一批动迁户喜迁新居，市委书记给居民送来了新年“厚礼”——挂着红绸子的新房钥匙。2010年底前，市区所有5.4万户危旧房居民将实现“居者喜其屋”的梦想。

三年来，唐山市本级财政累计投入81亿元，实施了扩大就业、社保扩面、安居等十大幸福工程，每年为群众办一批实事和好事。如今的唐山，基本消除了“零就业”家庭，在全省率先进入“全民医保时代”，成为首个实现公办高中免费教育的城市。“健康唐山、幸福人民”行动，为91.3万人建立了健康档案，为91

万人制订了健康计划，为92.4万人体检。震后危旧平房改造、城中村改造、既有建筑节能改造，改善了百姓居住条件。城市道路的综合改造，市区外环线的建设，让百姓出行更加便捷……

2008年，唐山在全国率先推出了幸福指数评价体系。当年年底，唐山高票荣膺“改革开放30年中国最具幸福感城市”称号。颁奖词中这样诠释着新唐山：“从地震废墟到天蓝、地绿、水清、城美，这里的人们有着太多的幸福理由。”

## 五、党建科学化：为科学发展提供坚强政治保证

2010年1月，唐山市委八届六次全会正式通过《科学执政、民主执政、依法执政实施纲要》，这是唐山市委提高党的建设科学化水平、规范执政行为的又一重要举措。

2007年4月，唐山在广大党员干部中开展了科学发展观学习教育活动。2008年4月，唐山成为全国深入学习实践科学发展观活动试点城市。同年，唐山市委出台了《市委管理的领导班子和领导干部综合考评办法》，引导广大干部摒弃落后的发展观念和模式。2009年，在新修订的《综合考评办法》中，又将科学发展指数和人民群众幸福指数作为干部考核内容。通过“五差额”干部选任机制，185名熟谙科学发展、深受群众信赖的处级干部走马上任。

以科学的理论指导党的建设，以科学的理念谋划党的建设，以科学的方法推进党的建设，以科学的标准考核党的建设，以科学的制度保障党的建设。近年来，唐山市先后出台486项支撑科学发展的新制度、新机制，为科学发展示范区建设提供坚强保证。

唐山在全国首创“三日一网”党员活动制度，把党代表工作日、党员志愿服务日、党员活动日与“唐山共产党员网”在线学习、在线献策等结合起来，使广大党员成为落实科学发展观的主力。

“力量向一线倾斜、情况在一线了解、问题在一线解决、感情在一线融合、干部在一线检验、形象在一线树立、政绩在一线创造”。唐山广大党员干部，以“效率唐山”的生动实践，交上一份满意答卷。在应对国际金融危机中，各级干部分包重点企业和重点项目，实施项目联合审批和项目代办，推行“一线工作法”。今年3月，唐山万名干部下基层、促进经济发展方式转变活动正式启动……

唐山，这座历经特大地震灾害后重新崛起的英雄城市，正蕴蓄着力量，实现着又一次新的跨越！

资料来源：李志伟，刘晓鹏，杨维汉.2010. 建设科学发展的示范区——唐山市以“五化”促进发展方式转变. http://kxfz.people.com.cn/GB/135221/135358/11242014.html［2010-03-29］

# 第十章　迁安科学发展示范市建设进展

迁安市总面积1208km$^2$，总人口70万，共辖19个镇乡、1个城区街道办事处、534个行政村、11个居委会。市域综合经济实力连续七年位居全省县级30强之首，在第九届全国县域经济百强评比中列第24位。先后荣获国家卫生城市、国家园林城市、国家级生态示范区、全国绿化模范县（市）和省环保模范城市等荣誉称号。

2006年7月，胡锦涛总书记视察唐山市首次提出了建设科学发展示范区的战略构想。贯彻落实总书记的重要指示精神，唐山全市上下众志成城、齐心协力，加快推进科学发展示范区建设。在这一进程中，迁安着眼于“做贯彻落实科学发展观、建设科学发展示范区的排头兵”，坚持以解放思想为先导、以领导干部为重点、以破解制约科学发展的难题为关键、以加快推进资源性经济转型为主线，全面开展科学发展示范市创建活动。科学发展的思路，引领迁安告别了传统的发展模式，步入了科学发展的崭新阶段。

## 一、深入推进思想解放，理清科学发展的新思路

科学发展示范市建设进程中，迁安市坚持把解放思想摆在首要位置，深刻认识到虽然经济指标不断增长，但按照单纯依靠资源谋求发展的传统模式发展下去，必将出现资源支撑、环境容量、改善民生难以为继的局面。针对这一问题，迁安把科学发展观作为“治病健体”的良药，及时作出了“迁安正处于经济社会发展重要拐点时期”的科学判断，确定了未来发展的新思路；即实施一个总战略：开放创新、富民强市；确定一个总目标：把迁安建成科学发展示范市，建成人民群众的幸福家园；抓好六项战略重点：推进资源性城市转型、打造主导产业链、促进生产力布局向沿海推进、推进特色中等城市建设、加快城乡一体化进程、关注和改善民生。这一总体思路的提出，在全市上下统一了思想、凝聚了力量，拉开了迁安科学发展的序幕。

## 二、全面推进试验示范，明确科学发展的新标准

一是构建科学发展示范市规划体系，出台了《关于加快建设科学发展示范市的决定》，聘请中国科学院高水平编制了《建设科学发展示范市规划》，层层制订

了科学发展示范镇乡、示范村、示范单位和示范企业规划；二是在全国县级率先制定科学发展指标体系，由 9 大类 57 项构成，突出协调发展、节能减排、民生改善等重点；三是构建科学发展示范体系，广泛开展了科学发展示范单位创建活动，重点培树了 5 种类型 8 个科学发展示范乡镇，6 种类型 30 个科学发展示范村，7 种类型 25 个科学发展示范企业；四是积极探索科学发展模式体系，立足于把学习实践科学发展观的理念转化为推进科学发展的生动实践，对接唐山市确定的 60 种科学发展模式，结合迁安实际，归纳形成了资源整合、生态发展等 11 例科学发展模式，并具体化为 60 个项目，全面开展试验示范工作。

## 三、着力破解突出问题，探索科学发展的新路径

围绕破解制约科学发展的突出问题，迁安市重点探索了推动科学发展的 5 条具体路径。一是整合提升发展之路。着眼于解决钢铁产业“一枝独秀”、产业结构畸轻畸重的问题，确定了以钢铁产业为立市产业、以装备制造业为主攻方向、以现代物流业为重点的发展思路，努力打造“三足鼎立”的新型产业格局。坚持以精品钢铁、现代装备制造和现代物流三大主导产业为重点，努力打造现代产业体系的核心支撑。特别是在钢铁产业发展上，明确了建设国家级精品钢铁基地的目标，全面开展矿产资源开发秩序治理整顿，关停了所有非法采矿企业，将 39 个设置不合理的采矿权整合设置为 14 个采矿权人，实现了资源的科学开发和合理利用；全力支持首钢公司、天津轧一等国有企业在迁发展建设，组建了地方钢铁企业集团——长城钢铁集团，实现了产业产品结构的不断优化。二是协调发展之路。着眼于解决中等城市建设特色不鲜明以及体制机制不活的问题，坚持统筹城乡发展，以创新的思维推进城市建设与管理，确立了山水园林特色的城市发展定位和“一城两区”的发展格局。在城区，围绕完善的城市功能，提升城市品位，集中开展拆违拆迁，全面启动城中村改造工程，加快实施重点工程、重要街道的改造，高标准实施城市亮化工程，使城市功能不断完善，城市品位不断提升；在农村，以农居改造为重点，探索形成了就地改建、异地新建、合并联建等五种新农村建设模式，重点建设一批中心村，积极推广唐庄子村农家“六个一”模式，力争用三年时间完成全部改造任务。三是开放发展之路。着眼于破解实力、活力、竞争力不强的难题，全方位扩大开放。规划建设了 14 平方公里的省级现代装备制造业产业聚集区。连续两年成功举办高水平的经贸洽谈会，2008 年签约合资合作项目 68 个，引进资金近 164 亿元，2009 年签约项目 87 个，利用外资达到 4012 万美元，开创了迁安对外开放前所未有的好局面，迁洽会正在成为扩大开放的重要平台和窗口。四是生态发展之路。着眼于破解人与自然、经济发展与生态环境不协调的难题，严格执行固定资产投资项目节能评估审查制度，从源头上把住关口。强化目标考核，建立健全节能减排工作责任制和问责制，出台了《关于治污减排安全整顿责任追究的若干规定》、《节能减排考评细则》作为部门考核的重要内容，实行“一票否决”。执行环境影响评测制度，严格控制建设项目污染物新增排放，同

时加强监管体系建设。深入实施“百矿披绿”工程，集中开展矿山生态环境恢复治理，全市生态环境得到明显改善，有林地面积达到了68万亩，林木覆盖率达到39%，城市绿化覆盖率、绿地率分别达到42.47%、37.15%，人均公共绿地面积达到了11.71平方米。五是循环发展之路。着眼破解产业承载和支持能力不强的难题，在钢铁、焦化、水泥等重点行业、企业全面推广富氧喷煤、高炉煤气回收、钢渣水渣综合利用、压差发电等先进实用技术。2009年，单位生产总值综合耗能降低6.4%，规模以上工业增加值能耗降低15.2%，提前一年完成全省“双三十”节能减排工程。

## 四、坚持以人为本，实现人民群众幸福指数的新提高

坚持把人民群众得实惠作为根本目的，围绕改善民生，大力提高人民群众的幸福指数，激发全市人民参与、支持科学发展的热情。一是牢牢抓住创业富民这一根本。立足缩小城乡居民收入差别、区域收入差别，以“122”富民工程为载体，深入开展了全民创业活动，力争利用3年左右的时间，培育建设100个左右的特色种植专业村，200个左右的养殖和农产品加工专业村，200个左右的工业品、小商品及运输、商贸流通、旅游专业村。每年筹集创业基金2亿元，按照由全面铺开到重点扶持的思路，向经济条件相对较差、群众增收困难的方向倾斜，引导广大农民群众上项目、搞创业。2009年“122”富民工程实施富民项目4000个，带动农民人均增收1080元，全市设施农业规模达到4万亩，成为农民创业增收的重要渠道。“122”富民工程的实施，引发了农村经济结构、农民就业结构、收入结构的深刻变革，成为提高人民群众幸福指数的强大推动力。二是牢牢抓住社会事业建设这一重点。全面开展了“健康迁安、幸福人民”行动，财政安排专项资金1400万元，年内对全市45岁以上的20万人进行免费健康体检并建立健康档案。筹资6.5亿元新建一所集医疗救治、保健康复、疗养休闲于一体的现代化综合医院。先后在全国首批试点并成功普及了新型农村合作医疗制度，建立了城镇居民医疗保障制度，实现了医疗保障全覆盖。在全省率先免征了农业附加税及附加，建立了失地农民养老保障制度，率先建立了农村社会养老保险制度，率先实行了12年教育全免费。投资7.5亿元的河北理工大学迁安学院新建和市职教中心迁建项目已经开工建设。三是牢牢抓住幸福工程这一载体。实施乐就业再就业、社会保障、“健康迁安、幸福人民”、安居、扶危济困、教育服务、村村通完善、公共服务场所建设“八大幸福工程”，确定为群众办好食品安全体系建设、农业保险、小学兴建等20件实事。建设了4.8万$m^2$的廉租房及保障性住房，实施了占地418亩、总建筑面积35万$m^2$的保障性民居工程。为保障民生工程投入，压缩行政事业单位20%公用经费，节省的1.2亿元资金全部用于“幸福工程”建设。2009年，迁安市被评为中国全面小康成长型百佳县（市）。

## 五、抓住干部这个主题，不断提高领导科学发展的新本领

一是树立科学发展的导向。坚持在推进科学发展的实践中识别干部，用提升人民群众幸福指数的成效衡量干部，让善于搞科学发展的人上、不会科学发展的人让、阻碍科学发展的人下，以正确的导向把各级干部的思想和行动统一到科学发展上来。二是创新保障科学发展的机制。创新了农村干部管理机制。在全省率先出台了《关于建立和完善“一定三有”农村干部激励保障机制的实施意见》，每年市财政拿出补贴资金3500多万元，使广大农村干部在定职责目标、确保干事为民的基础上，收入有保障、干好有希望、退后有所养。市委命名表彰了“十佳农村党支部书记”，并纳入全额事业编制，激励了农村干部干事创业的热情，解除农村干部的后顾之忧。创新了干部考核评价机制。着眼于建立健全符合科学发展要求的考核评价体系，研究制定了《市委管理的领导班子和领导干部综合考评方法》，出台了《乡镇财政管理体制改革办法》等一系列文件。创新了干部选拔任用机制。不断拓宽干部选拔任用渠道，探索建立了乡科级干部公开招聘、镇乡党委书记公推直选、乡科技后备干部挂职锻炼等机制。三是弘扬加快科学发展的作风。从市四套班子成员做起，带头践行“一线工作法”，全面落实限时办结制和问责制。在全市各级领导干部中建立并落实了重点工作分包、立体式捆绑责任制、公开承诺制等一系列行之有效的制度。大力弘扬“白加黑、五加二”的工作作风和“一事不为、寝食难安”的工作精神，以作风建设的新成效应对国际金融危机、加快科学发展。

## 六、着眼于实现又好又快发展，努力创造科学发展的新业绩

一是全市综合经济实力明显增强。2009年，全年实现地区生产总值535.2亿元，增长17.6%；全社会固定资产投资200.1亿元，增长42.7%；实现全部财政收入71.6亿元，剔除增值税转型政策影响，按上年可比口径计算增长12.5%；地方财政收入达到29.4亿元，增长14.5%，经济结构调整成效在财政收入结构上得到初步体现。城镇居民人均可支配收入达到18 090元，增长12.4%；农民人均纯收入达到9776元，增长15.5%。二是资源型经济转型迈出实质性步伐。三大主导产业核心支撑作用显著增强。国家级精品钢铁基地正由目标变为现实。首钢迁钢公司已经由当初的200万t钢联发展成为全国领先、世界一流、规模达到800万t的现代化大型钢铁企业；长城钢铁集团所属地方钢铁企业也摆脱了“小散弱”的落后状况，实现了脱胎换骨式的发展，产能规模、技术装备、环保治理等指标全面跨入了国家产业行业政策的门槛，产品在市场中已占有一定份额并有着一定的话语权。装备制造业加快成长。投资33.7亿元谋划实施重点项目27个，全市装备制造企业已达52家，形成了年产机械配件20万t、铸件16万t、铸管25万t、焊管60万t的能力。现在物流业迅速壮大。投资13.6亿元谋划实施重点项目12

个，依托九江煤炭储运公司、中铁物流公司等骨干企业，初步形成了“一个中心、四大基地”的物流发展格局，年吞吐货物能力达到近亿吨。传统产业提升改造与新兴产业培育取得新进展。累计投入38亿元实施了148个传统产业技改项目。正元包装集团与丹麦公司合作的制罐项目、投资1.8亿元的蓝亨啤酒饮料项目已经投产，形成了年产1亿只金属罐、30万t啤酒的能力，成为市域经济新亮点。矿产资源开发秩序治理整顿深入开展。科学制定并落实《铁矿矿产资源整合规划方案》，促进了资源的科学开发和向优势企业集中配置。实施“百矿披绿”工程，全面启动矿山生态环境恢复治理工作，建立了矿山环境治理备用金制度，117家重点矿山企业治理工作已经基本完成。三是项目建设成效显著。2008年确定为“项目建设年”，全年实施重点项目245个，计划总投资445亿元，当年完成投资138.5亿元，其中158个项目被唐山市发展和改革委员会纳入申报中央投资项目储备库，23个项目被国家、省发展和改革委员会批准，争取上级资金支持8405万元；2009年确定为“项目建设攻坚年”，“投资187.5亿元”，实施了264个重点项目，有49个项目获得中央资金支持，有12个项目被列为省级重点项目，98个项目被列入唐山市千个重点项目，成为近年来项目数量最多、规模最大、质量最好、投资强度最高的一年。四是节能减排工作取得积极进展。依法取缔关闭非煤矿山179家、危化企业15家，淘汰落后炼铁能力480万t、炼钢能力80万t、轧材能力30万t，淘汰2座$210m^3$炼铁高炉、2座25t转炉和108座小竖炉，完成47个节能减排工程，提前一年完成省下达目标，节能减排工作步入全省先进行列。2009年全市减排化学需氧量2227.5t、二氧化硫4578.7t、烟粉尘4496.4t，城区空气质量二级以上天数达到349天，同比增加了34天。五是城乡一体化水平不断提高。城市功能进一步完善。谋划实施了55个重点城市建设项目，总投资达到149亿元，拓展城市面积$10km^2$。投资6.4亿元的三里河生态走廊正式开放，真正形成了“两带相环、东西相映”的环城水系，并被省推荐申报“全国人居环境范例奖”；投资12亿元的燕山大路南延工程、投资7.5亿元的河北理工大学迁安学院新建与职教中心迁建工程进展顺利，人民医院迁建工程加快建设，“双子楼”等标志性建筑成为城市靓丽景观，“三年大变样”工作获得全省“燕赵杯”A组金奖第一名，连续两年入选中国特色魅力城市200强。新农村示范村建设走在全省前列。按照“四个一步到位”的要求，大力推广以“六个一”为主的新民居建设，探索形成了以“六个一”为特色的唐庄子村建设模式，以土地流转、一地联建为特色的松护新村建设模式，以生态宜居、新型社区为特色的马兰社区建设模式。目前有1.3万户农民住上了新民居，重点镇呈现出了城镇与新民居建设良性互动、区域推进、整体连片的良好效果，为全省新农村建设提供了经验，创造了典范，引领全市新农村建设进入了一个新阶段。

# 第十一章　路南科学发展示范区建设进展

路南区位于唐山市区中南部，总面积67.33km$^2$，其中采煤塌陷和波及区28万km$^2$，建成区面积23.5km$^2$。现辖1个乡7个街道办事处，有38个行政村，56个社区居委会，人口24.5万，是唐山市经济、政治、文化中心的重要组成部分。

2006年，胡锦涛总书记视察唐山时首次提出建设科学发展示范区的战略构想。贯彻落实总书记的重要指示精神，唐山市委从2007年4月开始，在全市党员干部中开展了科学发展观学习教育活动；2008年4月至8月，作为中央试点单位又认真组织了深入学习实践科学发展观活动，全力建设科学发展示范区和人民群众幸福之都。通过一系列学习实践活动的开展，路南区明确提出了在全市率先建成科学发展示范区和人民群众幸福之区的奋斗目标，努力走出了一条具有路南特色的科学发展之路。2009年，全区完成全社会固定资产投资56亿元，是2006年的6倍；实现全部财政收入30亿元，是2006年的7倍，完成一般预算收入5.6亿元，是2006年的3倍。

## 一、坚持以实现科学发展观为指导，因地制宜，形成了明确的发展思路

路南区是唐山市的老城区、地震重灾区，区域面积狭小，发展空间受限。多年来，广大党员干部和人民群众对实现科学发展、跨越发展信心不足，缺乏干事创业的热情。深入学习实践科学发展观活动开展以后，区委、区政府以解放思想为目的，组织四套班子成员和各单位、各部门主要负责同志多次到先进地区学习考察，开阔眼界，丰富思路，进一步加深了对科学发展观的认识和理解。在此基础上，开展了解放思想大讨论，深入分析发展大势，客观审视区情区力，提出了“小区域、大发展、多贡献”的理念，确定了“依托大南湖，服务大南湖，开发大南湖，建设新路南”的主体战略，决心通过全区上下的艰苦努力，“三年再造一个新路南”。2009年6月24日，唐山市委、市政府主要领导到路南区现场办公，要求路南区抢抓“三大机遇”、坚持“三条道路”，打造“三个中心”。贯彻落实各级领导指示精神，结合全市发展总体规划，路南区对全区发展的整体思路进行了调整完善，明确提出：以科学发展观为统领，以项目建设为支撑，坚定不移地走产业兴区、生态立区、管理强区的发展之路，打造唐山市商业商务中心、文化

创意中心、政务中心，团结拼搏，奋发图强，统筹推进激情路南、实力路南、生态路南、文化路南、幸福路南建设，全面实现“三年再造一个新路南”的奋斗目标。

## 二、坚持以科学发展观为指导，以项目建设为支撑，着力提高区域综合经济实力

科学发展观的第一要义是发展。自2008年以来，路南区委、区政府始终将抓项目、促发展作为全区工作的重中之重，采取多项有力措施，狠抓项目的谋划与落，有力地加快了全区经济的快速协调发展。

按照低碳、节能、环保的要求，围绕打造唐山市商业商务中心、文化创意中心、政务中心，广泛开展招商引资活动，成功引入了大连万达、北京新华联、香港新世界等战略投资者。为解决项目手续跑办问题，成立了重点项目办，实行了各级领导单兵分包、重点项目全程代办、后备干部代理跑办等制度，开展了项目审批集中攻坚行动，大大缩短了手续跑办时间；为破解土地、资金等瓶颈制约，举办了土地、银企、规划等多个对接会，确保了项目落地。截至目前，全区已累计谋划重点项目189个，计划总投资超过1321亿元。其中，超亿元项目127个，超10亿元项目38个，超50亿元项目5个，9个项目被列入省重点，68个项目被列入市重点，71个项目已开工建设，15个项目完成了主体工程，全区到处呈现出如火如荼的建设场面。

在项目的谋划实施过程中，路南区将项目建设与实施城区改造相结合，针对长青楼、建工楼、新华楼等老小区基础设施陈旧、住房条件较差的实际，谋划实施了大连万达广场、世博广场、新华联广场等旧城改造项目，极大地改善了城区面貌。将项目建设与调整经济结构、转变经济增长方式相结合，全力推进产业集聚与资源型城市转型。针对路南区紧邻新华道城市中心线的实际，积极谋划了新华道南侧六大标志性景观建筑，发展CBD经营模式，将自身的传统优势与现代经营模式巧妙地结合成一体，促进了服务业不断上档升级。渤海新世界、人民大厦、新华贸中心、曙光大厦等标志性建筑的建设，不仅为发展现代服务业搭建了平台，而且提升了城市形象。针对唐山市毗邻京津的地理优势，积极谋划现代物流产业，中国唐山北方国际钢铁交易及配送物流中心、中国唐山国际石材城等一大批物流项目相继落地开工，增强了区域经济实力，扩大了唐山在津京地区乃至华北地区的影响力。将项目建设与文化创意产业相结合，依托唐山市丰富的文化底蕴，积极谋划发展文化创意产业，建设了汽车文化展示园、宝珠国际家居文化展示广场、河北省文化创意产业园等项目，实现了经济效益与社会效益的双赢。2010年，唐山市作出建设曹妃甸县（市）区临港工业园的决策部署，路南区抢抓这一有利时机，积极推动生产力向沿海转移，在全市率先启动了填土造地，率先实现了引企入园，为未来全区经济的发展奠定了坚实基础。

## 三、坚持以科学发展观为指导，狠抓城镇面貌“三年大变样”，城乡面貌实现了较大改观

路南区在唐山大地震后，经历了放弃—利用—再放弃—再利用的过程，基础设施不完备，城乡环境距离群众预期差距很大。同时，受采煤波及影响，辖区发展空间不足，如何突破土地“瓶颈”成为路南区各级领导干部提高科学执政、民主执政、依法执政能力的一个重要考验。

经过深入调研，广泛讨论，全区上下达成共识：路南区的后发优势是旧城改造，拆违拆迁是破解发展“瓶颈”的现实途径。适逢，河北省委作出了“城镇面貌三年大变样”的决策部署。路南区坚持拆建结合、以建促拆，累计拆除各类建筑近540万$m^2$，新增建筑面积160万$m^2$，有力地拓展了发展空间，改善了城乡环境，提升了城市品位。

坚持规划先行。聘请国内外一流的规划设计院，坚持高起点、高站位，先后制定完善了环南湖生态经济圈规划、商业商务中心、物流中心等产业规划和南湖生态城西北片区等重点区域改造规划，提高了建设城市的科学性、前瞻性、指导性。

科学有序推进拆迁。唐山市委、市政府为加快科学发展示范区建设，作出了开发建设唐山湾“四点一带”和“四城一河”的战略决策。其中，南湖生态城大部分面积坐落在路南境内，快速推进征地拆迁，是落实市委、市政府提出的“把南湖建设成为世人心驰神往的旅游胜地、魂牵梦绕的幸福家园”的基础。为此，路南区主动参与，广泛宣传发动，科学组织实施，利用5天的时间完成了青龙河绿化整治的征地拆迁工作，征地330亩、拆迁5.9万$m^2$，用17天的时间完成了学院南路南延涉及的611户村（居）民、7家企业单位的拆迁工作。目前，为支持南湖生态城的开发建设，路南区已累计拆违拆迁80万$m^2$，征地3600亩，土地流转4000亩。

长青楼小区是震后开滦集团建设的第一批公建小区，住房面积狭小，基础设施老化，群众对区域改造愿望非常迫切，同时由于地处唐山市的城市中心，极具商业开发价值。顺应发展形势，顺应群众意愿，路南区坚持高站位、大手笔，积极引进了战略投资者大连万达集团，对其实施整体改造。2008年开始拆迁，历时50天，完成了长青楼区域1694户住宅、312家商户和企业，建筑面积18.7万$m^2$的拆迁任务，为这个投资80亿元、建筑面积104万$m^2$的大型城市综合体——唐山万达广场奠定了坚实的基础。2009年3月，该项目全面开工，2011年底将建成投入使用。

统筹城乡发展是实践科学发展观的必由之路。如何实现城乡等值化发展，路南区发挥城郊优势，进行了探索，提出要在唐山市率先实现农村城市化。路南区采取因地制宜、统一规划、分步实施的方式，对城中村、近郊村进行改造。在先期完成6个城中村改造的基础上，2009年结合南湖生态城的全面开发建设，对南

湖生态城西北片区的各个村进行了城市化改造。全区上下同心同德，奋力攻坚，经过1个多月的艰苦努力，完成了19个村、占地7.9km$^2$、8275户、23 078人的拆迁任务。整个拆迁过程，实现了“零上访、零冲突、零事故、零钉子户”的“四个零”指标，创造了唐山拆迁历史上的奇迹，打造了一张靓丽的城市名片。

40天完成了新华楼区域110亩、居民1266户、建筑面积7.6万m$^2$，建工楼区域220亩、居民1055户、建筑面积6.7万m$^2$的拆迁任务，30天完成了生态汽车文化展示园、陶瓷城区域537家商户、19.4万m$^2$的拆迁任务。翻修改造主次干道26条，完成了17条背街小巷的整治，对26个小区市场进行了规范化建设，对23个小区进行了绿化改造，城市绿化率达到45.6%。

## 四、坚持发展成果由人民群众共享，着力改善民生，群众幸福指数日益提高

科学发展观的核心是以人为本，发展经济的最终目的是改善民生。基于这样的认识，路南区始终突出民生主题，把维护好、实现好最广大人民群众的根本利益作为一切工作的着眼点、出发点，大力实施惠民工程，把“真金白银”向民生倾斜、向基层倾斜、向困难群众倾斜，仅2009年就投入资金2.45亿元用于改善民生，极大提升了城乡居民的幸福指数，也为推动科学发展凝聚了整体合力。

作为震后恢复重建的第一批楼房小区，东南部的爱国楼、文北楼、大洪桥楼等11个社区，一直以来未能实现集中供暖。区委、区政府看在眼里，急在心里，把东南部集中供暖作为学习实践科学发展观、为民办实事的“一号工程”，投资4000余万元，完成东南部集中供热工程，供热面积达60万平方米，4902户群众告别了震后30年烧煤取暖的历史。

针对区内有震后危旧房57万m$^2$，涉及33个小区、10 554户、4.2万人的实际，路南区将危旧房改造作为实施惠民工程的一项重要举措，先后启动了王禾庄整体避险搬迁、南富庄区域危旧房改造等一系列民生工程。

为进一步完善社会保障体系，启动了企业职工失业保险，全面实施了新型农村社会养老保险，为全区男满60周岁、女满55周岁的农民每人每月至少发放60元养老金，城镇居民基本养老保险覆盖率达到98%，企业职工养老保险实现了应保尽保，在河北省率先提高了中小学班主任津贴。

坚持把维护稳定、构建和谐作为改善民生的一项重要举措，认真对待群众来信来访，倾听民声、疏解民情、维护民利，筹集资金200万元建立了信访救助基金，以解决问题为主，深入开展三级领导干部大接访活动，面对面倾听群众诉求，千方百计解决百姓困难，累计发放救助资金260多万元，妥善处理了一大批信访积案。

## 五、坚持以科学发展观为指导，狠抓制度建设，为全区长远发展筑牢坚实的基础

建立健全体制机制是检验学习实践活动取得实效的重要标尺，也是实现科学发展、可持续发展的长远保障。路南区始终把体制机制创新作为科学发展示范区建设的基础工程，立足当前、着眼长远，将体制机制创新与推进科学发展示范区建设各项工作通盘考虑、有效衔接，从决策机制、用人机制、社会保障机制等八个方面进行了积极探索，先后制定出台了 29 项具体制度，有效解决制度缺失和存有制度障碍的问题。

推进科学发展，关键在党，关键在干部。为全面考核评价部门工作和干部实绩，汇聚科学发展的强大合力，路南区改变原有的考核评价办法，探索实施了《科学发展综合考评办法》、《科学发展目标管理制度》、《科学发展问责制度》三项制度，科学设置考核评价指标体系。在项目建设、拆违拆迁、信访稳定等重点工作中，区委、区政府按照职责分工，将责任分解到各个部门，强化督导、严格问责，确保了各项任务的顺利完成。以深化干部人事制度改革、创新选人用人机制为切入点，着眼于形成有利于科学发展的用人导向，制定了《关于深化干部制度综合配套改革的实施意见》，注重一线锻炼、培养、选拔干部，一大批想干事、能干事、干成事的干部脱颖而出。2009 年，52 名同志因工作业绩突出被提拔重用，7 名干部因工作不力被问责。正确的用人导向，极大地激发了广大党员干部干事创业的激情，为科学发展提供了坚强的组织保障。

学习实践科学发展观活动的深入开展，使路南区的广大干部受到教育，人民群众得到实惠，经济社会发展发生了可喜的变化。路南人民正在以更加饱满的热情、更加昂扬的斗志、更加务实的作风，在科学发展的道路上阔步前进，满怀信心地走向光明灿烂的明天！

# 第十二章　乐亭科学发展示范县建设进展

乐亭县是中国共产党主要创始人之一——李大钊的故乡。环抱京唐港，毗邻曹妃甸，陆地面积 $1308\text{km}^2$，海岸线长 124.9km，是河北第一沿海大县。近年来，县委、县政府牢牢把握科学发展的时代主题，以创建科学发展示范县为目标，凝聚发展共识，创新工作理念，找准实践载体，在科学发展道路上加快富民强县进程，实现了各项工作的新跨越。2009 年，有效克服金融危机不利影响，全县地区生产总值同比增长 15%，全社会固定资产投资增长 50.1%，全部财政收入增长 15.2%，万元 GDP 能耗降低 6%，呈现出经济发展、社会和谐、生态良好的协调发展局面。

## 一、主要做法

### （一）深化科学发展认识，把谋划科学发展思路作为首要前提

坚持把树立科学发展理念，作为实现又好又快发展的首要前提，在深入学习中深化认识，在认清本质中把握内涵，切实以科学发展观丰富工作思路。县委十一届三次全会以来，县委、县政府围绕市委整合乐亭县、海港开发区、京唐港区共同打造乐亭新区的发展要求，敏锐地把握世界经济一体化深入发展、环渤海地区加速崛起、河北建设冀东经济区和唐山实施“四点一带”战略等重大机遇，自觉把推进科学发展置于宏观调控大背景下去思考，融入省市整体发展格局中来谋划，找准贯彻落实科学发展观与富民强县的结合点，明确了“在科学发展道路上加快‘富民强县’进程”的工作主题，确定实施了“工业强县、农业富县、海洋兴县、文化立县”四大主体战略，着力打造“一带崛起、两线联动、三区共进”经济社会发展新格局。新的思路，使乐亭的发展目标更加明确，发展思路更加深化，发展路径更加清晰，开启了科学发展、跨越发展的新篇章。

### （二）把握科学发展关键，把推动经济又好又快发展作为重要支撑

科学发展观第一要义是发展。坚持把经济建设作为破解发展难题的关键，在延伸产业链条上下工夫，在转变发展方式上做文章，在扩充总量上求突破。一是以临港产业聚集区为平台，加速新型工业化进程。在沿海区域规划 $120\text{km}^2$ 的省级临港产业聚集区，先后投入 12 亿元完善基础设施，具备了优越的项目承载条件。

按照打造精品钢铁、装备制造、新型能源、精细化工和临港物流五大基地的定位，开展“经济发展突破年”、“项目攻坚年”、“招商引资年”等系列活动，吸引首钢集团、华能集团、国电电力、唐钢集团、旭阳化工等一批规模企业入驻，涉及投资达1500多亿元，夯实了现代工业发展基础。二是以深化结构调整为动力，加速发展现代农业。以推进布局基地化、生产标准化、经营产业化、销售品牌化和市场国际化为方向，立足果品、蔬菜、畜禽和海水养殖四大主导产业，着力培育产业化经营体系，建设了欧意金土果业发展有限公司等一批牵动力强的龙头企业，培育出“汀香”甜瓜、“乐新”果品等20多个省级以上名牌，农业产业化经营率达到70%。三是以旅游业为重点，加速发展新型服务业。按照开发“红、蓝、绿”三色旅游资源的思路，高标准修订发展规划，形成完备的规划体系。以纪念李大钊诞辰120周年为契机，实施纪念馆陈展改造工程，建成国家“4A”级景区。加强海岛旅游开发，规划滦河口生态旅游区建设，大力发展赵蔡庄等生态农业观光旅游示范村，年接待游客达到150万人次。大力发展物流产业，培育商贸服务业，形成了集群发展态势。

### （三）找准科学发展载体，把统筹城乡发展作为坚实根基

把城乡一体化发展作为创建科学发展示范县的基础工程，以县城扩容为龙头，以中心镇建设为支撑，以新民居建设为基础，推动城乡等值化发展。一是统筹城乡一体化规划。科学制定《县城扩容总体规划》，规划到2020年，县城规模由11.35$km^2$拓展到29.8$km^2$，人口由12万增加到28万。同时，按照“县城—中心镇—一般建制镇—中心村—基本村”层次，在全市率先制定《乐亭县镇村空间布局规划》、《新民居试点建设规划》，重点发展3个中心镇、2个一般镇，行政村总数由533个缩减到236个，形成了城乡统筹的科学规划体系。二是统筹城乡一体化建设。以城镇面貌三年大变样活动为契机，开展旧城改造“百日攻坚”战役，拆除城中村建筑20多万$m^2$，探索出集约用地、存量改造的县城扩容新路子。加强城区环境综合整治，实施“一环、一带、两路、六园、五点”绿化工程，建成区绿化覆盖率达到44.1%，顺利通过国家卫生县城、国家园林县城验收。大力推进中心镇建设，加快农村宅基地集约开发，城镇化水平快速提升。三是统筹城乡一体化管理。把政策引导作为城乡统筹发展的重要保障，研究出台《加快县城扩容和中心镇、新民居建设的扶持政策》、《县城规划区内工业企业搬迁补偿办法》、《旧城改造办法》、《旧城改造房屋拆迁安置办法》等一系列政策措施。认真落实农民进城“五个无障碍”，成立农民进城受理服务中心，促进了农民向城镇转移。

### （四）明确科学发展目标，把促进社会和谐作为工作导向

牢固树立以人为本理念，把维护好、实现好、发展好人民群众的切身利益，作为推动科学发展的根本目的，推动改革发展成果全民共享。一是以改善民生促和谐。围绕城乡治理、劳动就业、文化教育、全民健康、社会保障等群众最关心、

最迫切、最需要解决的问题，每年确定一批实事工程，年初承诺、年终践诺，以实实在在的成效让群众得到了更多实惠。二是以文化建设促和谐。组织开展优秀人民公仆和道德模范评选活动，大力宣传人民公仆和道德模范的感人事迹，营造健康向上的社会文明氛围。广泛开展群众性文化活动，通过举办社区文化艺术节、千场演出进百村等活动，丰富群众文化生活，凝聚了力量，促进了和谐。三是以社会稳定促和谐。以“事要解决”为核心，扎实做好信访工作，建立群众信访联合受理服务中心，组织县乡村三级干部大接访，畅通诉求渠道，化解历史积案，消除了大量信访隐患，实现了奥运安保和建国60周年纪念活动期间的“五个零发生”。加强社会治安综合治理，推进“五五”普法和公正司法，被授予全国平安建设先进县称号。

### （五）增强科学发展动力，把强化党建作为根本保障

以科学发展观学习教育、解放思想大讨论和深入学习实践科学发展观活动为载体，全面加强党的建设，为创建科学发展示范县提供坚强组织保障。一是加强常委会自身建设。从改进领导方式和决策程序入手，制定《加强和改进县委常委班子四项建设的规定》，建立县四大班子工作协调机制，大力精简会议文件，拿出更多的时间深入基层、深入实际调查研究，解决问题，密切了党群干群关系。二是加强干部队伍建设。坚持用党的最新理论成果武装党员干部，着力破解掌握科学发展观理论深不可测的思想障碍、建设科学发展示范区高不可攀的情绪障碍、提高科学发展能力无所适从的心理障碍，科学发展素质明显提升。树立正确的用人导向，健全分类指导、进档升级等科学的考核奖惩机制，激发了工作活力。三是加强基层组织建设。认真落实党建工作责任制，深入开展“三级联创”活动，大力培养“一好双强”型农村两委班子。积极推进党支部联建和村规模调整，选派离退休老干部和高校毕业生到老区村任职，建立无职党员设岗定责机制，加强街道社区和非公有制企业党组织建设，狠抓后进支部转化，党组织战斗力进一步增强。四是加强反腐倡廉建设。认真落实党风廉政建设责任制，建立健全教育、制度、监督并重的惩治和预防腐败体系，全面开展领导干部“诺廉、述廉、评廉、考廉”活动，积极推进权力公开透明运行，严肃查处违法违纪案件，巩固了廉洁勤政、创业为民的良好局面。

## 二、取得成效

通过扎实推进科学发展示范县创建，全县各级领导班子和广大党员干部在把握科学发展实质上下工夫，在推动发展理念创新上求突破，在加快科学发展实践上谋跨越，实现了观念的转变、方向的转轨和发展的转型，创造了实实在在的科学发展业绩。

### （一）思想观念发展显著变化，确立了科学发展的新目标

坚持把转变观念作为推动科学发展的基础和前提，通过开展各种学习教育活

动，促进了思想解放、观念更新。一是强化了融合发展意识。对整合乐亭县、海港开发区和京唐港区优势，加快区域经济协作发展的重大意义认识更加深刻，推进港区县一体化发展的整体意识和协作观念进一步增强，整合发展资源、聚合发展优势、推进发展共赢的行动更加统一。二是增强了沿海开放观念。广大党员干部对沿海区位优势认识更加清晰，依海崛起、以港兴县、跨出国门、走向世界成为全县上下的广泛共识，“让世界走近乐亭、让乐亭走向世界”的开放胸怀更加宽广。三是确立了科学发展思路。着眼加快港区县一体化发展进程，确立了构建“一带崛起、两线联动、三区共进”发展新格局的工作思路，统筹编制《乐亭新区一期概念规划》、《乐亭新区科学发展示范区规划》等发展规划，联合赴香港、东莞、宁波等地共同招商，合作实施乐港路拓宽改造、三期供水等重大工程，发展的目标更加明确、蓝图更加科学、路径更加清晰，开启了科学发展的新征程。

### （二）发展思维得到有效拓展，破解了障碍科学发展的新问题

以集中攻坚方式着力破解阻碍科学发展的难题，提升了科学发展水平。一是有效克服了金融危机对发展带来的影响。组建乐亭新区投资有限公司、城市建设投资有限公司等平台，市场化融资15亿元用于基础设施建设，为加快发展提供了保障；通过开展“经济发展突破年”、“重点项目建设攻坚年”和“招商引资年”等活动，积极应对宏观形势影响，实现项目建设重大突破。二是全面扭转了城乡环境不优的问题。通过开展城镇面貌三年大变样、创建“国家卫生县城”和“国家园林县城”、实施县城扩容，加快污水处理厂、垃圾填埋厂建设，实施长河生态治理、城区企业“退二进三”，深入开展“五小行业”整顿、交通秩序整治和卫生环境治理，加强绿化工作，县城面貌得到根本改观；同步实施农村卫生整治，实现了城乡面貌的历史性转变。三是着力破解了农村社会发展滞后的问题。大力推进教育布局调整，积极推进社保扩面，落实计划生育奖励扶助政策，推进“健康乐亭、幸福人民”行动，加强镇村卫生室标准化建设，健全乡镇文化站和村级文化体育设施，实现了改革发展成果的全民共享。

### （三）发展路径得到有效创新，创造了科学发展的新模式

深入开展科学发展示范单位创建活动，探索了一批具有综合带动作用的科学发展模式。一是拓展了科学发展的领域。通过开展科学发展示范机关、示范社区、示范企业、示范学校创建，推进区域经济循环发展、生态城建设、新民居“六个一”等科学发展模式试验示范，使科学发展理念成为推动各项工作的强大动力。二是培育了一批科学发展的典范。着力培育具有乐亭特色、彰显工作特点的典型模式，依托河北欧意金土果业有限公司，探索“4+2”现代农业发展模式，构建“公司+市场+基地+农户”、“研发中心+培训中心”的产业化经营体系，引进培育国际优新品种203个，建设基地2.6万亩，真正把千家万户的小生产与千变万化的大市场紧密对接起来。三是打造了科学发展的成功范例。引进华能集团投

资兴建风电厂，试验示范氢能源及其他能源开发模式，在一期33台风力发电机组建成运营基础上，又成功引进国电电力等一批国字号电力巨头发展风电项目，为转变发展方式探索了新的发展路径。

### （四）发展方式发生根本转变，推动了科学发展的新跨越

在推动科学发展实践中转变发展方式，增强经济实力，实现了又好又快发展。一是临港经济实现跨越。以循环经济理念指导临港工业园建设，引进规模项目35个。旭阳化工一期二甲醚项目建成投产、苯加氢项目加紧建设，华能一期4.95万千瓦风电机组并网发电，中鼎机械轧辊等项目开工建设，国电电力等电业巨头先后落户，临港产业集群态势加速形成。二是现代农业全面推进。大力发展设施果菜、规模化畜禽养殖和工厂化水产养殖，深入实施品牌化战略，全县累计注册农产品商标40多个，品牌化销售率达80%以上。大力发展产业化经营，加强龙头企业和行业协会建设，农业产业化经营率提升到70%。三是服务产业发展壮大。李大钊纪念馆及故居创建国家“5A”级景区全面启动，三岛旅游城、滨海森林城开发开始上位，长影集团开发姜各庄国家级森林公园影视基地等项目顺利推进。发展壮大临港物流产业，积极培育新兴服务业，使之成为新的经济增长点。

### （五）体制机制不断创新，增添了科学发展的新动力

完善的体制机制，为促进科学发展提供了强有力的保障。一是建立了港区县工作对接机制。围绕建设乐亭新区，定期召开协调会议，共同协商解决三地发展中的重大问题，放大了区域发展优势。二是健全了科学决策咨询机制。坚持县四套班子协调会议制度，对涉及全局的问题集体研究、集体决策。对重大经济社会发展问题，聘请上级领导、专家学者和群众代表广泛咨询论证，确保了决策的科学化、民主化。三是健全了科学发展考核机制。完善《乡镇领导班子重点目标考评奖惩暂行办法》、《县直单位及街道领导班子重点目标考评奖惩暂行办法》、《关于开展“富民强县”立功竞赛活动的奖励规定》，促进了经济社会全面协调可持续发展。四是健全了人才培养机制。制定《加强人才工作若干政策的意见》，加大了人才引进培养力度。着力实施人才培训“151”工程，每年选派10名优秀年轻干部赴发达地区重点培养，选派50名优秀后备干部到发展一线经受锻炼，选派100名基层干部到先进地区学习培训，提高了各级干部领导科学发展本领。五是健全了村级组织“四权一体”运行机制。明确农村党组织实施领导权、村民（代表）会议实施决策权、村委会实施执行权、村民监督组织实施监督权，确保了村党支部在农村的领导核心地位，为新农村科学发展提供了坚实的组织基础。六是健全了工作落实机制。把县域工作项目化、项目推进目标化、目标任务个体化，实行挂图作战、台账督导，一级抓一级，层层抓落实，确保了工作部署落到实处。

# 第十三章　迁安市沙河驿科学发展示范镇建设进展

沙河驿镇位于迁安市西南部，是京东重镇之一，辖19个行政村，共7301户，24 579人，土地面积41km$^2$，其中耕地面积2.8万亩。2009年全镇GPD达到22.3亿元，实现全部财政收入2.16亿元，地方财政收入5151万元，连续5年跨入市财政收入超亿元镇行列，在全省百强乡镇评比中，排名第71位。

## 一、以项目建设为抓手，提升新型产业化水平

“122”富民工程实现农民增收的新渠道。重点抓好循环农业经济示范园区项目。投资1500万元实施的乡香农业科技示范园区项目已形成“种植—酿酒—肉牛—沼气”循环经济模式。抓好百花齐放。坚持因地制宜，大力发展“一村一品”、“多村一品”。目前，全镇新上创业项目60项，总投资5200万元，实施了驿城肉牛产销合作社、千头肉牛养殖基地、万只蛋鸡养殖基地等一批重点项目，新建规模化养殖场19个，成立农民专业合作社6个，建成特色经济专业村11个，实现新增就业3000人，农民的工资性收入占全镇人均纯收入的比重达到68%。

园区建设带动工业经济发展的新跨越。沙河驿镇“驿城循环产业园区”占地5000亩，总投资3.8亿元年产玻璃330万重箱的秦皇岛北方明镜玻璃生产项目、世界500强联想集团控股的秦皇岛耀华玻璃机械公司的超白亚华太阳能电池基板及浮法玻璃生产线项目、旭鑫工贸公司粗苯精制项目、东方希望集团投资1500万元的金豆食品有限公司、隶属于首钢公司的华北最大的金属装备企业首钢设备结构厂等一大批又好又大的项目入园，为园区经济提供了有力的支撑。目前园区有大型工业企业11家，中小型工业企业10家，年创产值150亿元，利税30亿元。在工业园区内累计投资42亿元重点实施的39项工业项目，使钢铁、焦化等产业实现了从无到有的突破，园区内形成150万t焦炭、400万t铁钢生产能力。抓好节能减排。累计投资3亿元，淘汰不符合国家产业政策的9座炉子，实施节能减排项目34项，减少烟尘排放近10万t，处理污水1000万t。

商贸物流业取得新突破。河北省重点建设项目——中铁联合物流项目，总投资3.5亿元，建设铁路战略装卸车点3条铁路专用线，每年可形成1000万t的货物吞吐能力，将形成迁安走向沿海的第二条铁路通道。在此基础上，首钢设备结构厂物流、顺天承通物流、昌宇石油储备库及宝友货场4个有牵引作用的支撑项

目和以龙昌物流等为代表的10余家中小型物流企业相继实施，澳门永辉集团与蓝海焦化公司合作，投资1.2亿元建设400万t煤炭物流加工项目成功引进。至此，沙河驿镇龙头企业拉动、中型企业支撑、小型企业推动的现代物流体系初步形成，一个集货物中转、仓储、加工销售、信息服务为一体的工贸货运枢纽雏形也正在展现，现代商贸物流业在古老驿站实现了新的突破。

特色小城镇建设跃上新台阶。“十五”以来，该镇加快城乡一体化建设步伐，搞好道路网络体系建设、“三化”建设、公用基础设施和阵容环境建设等工程，真正实现城镇面貌的大改观。2008年，顺利通过“省级卫生镇”复审工作，连续11年保持“省级卫生镇”殊荣；2009年，扎实完成绿化攻坚任务，完成造林面积1005亩，林木覆盖率达40%；投资1000万元的卑洋公路沙河驿段4km改造工程进入施工，解决了制约全镇发展的交通瓶颈；目前有12个村创建成为唐山市级卫生村；提高镇区建设档次，按照“国家卫生镇”标准，实施沙河治理，景观再造及垃圾中转站、综合集贸市场改造，沙河大桥修建工程。

## 二、创新干部管理机制，为科学发展提供组织保障

一是创新科学发展领导机制加强党员干部队伍建设。在全镇党员干部中推行了领导干部、普通干部和农村两委“三级承诺制”，创造性地开展了“农村党支部书记素质深化年”活动；在提高镇村干部素质方面，建立了多岗位培养锻炼制度、双学制度、村挂职制度；制定了机关学习制度、上下班制度、廉政制度、卫生制度、财务管理制度、警示制度等15项机关管理制度。二是创新科学发展服务机制。在规范服务科学发展方面，充分发挥沙河驿镇综合服务大厅、计生服务大厅、农业科技服务大厅功能，为群众提供一站式便捷服务；实施《关于加强机关效能建设的有关规定》，全面推行“一线工作法”，推进服务型政府建设；制定出台《镇领导班子成员接访制度》、《关于“122”富民工程扶持奖励办法》等系列文件，提高办事效率，树立良好的机关新形象。三是创新科学发展监督落实机制。加强党委自身建设方面，认真坚持党委中心组学习制度，不断完善和坚持民主集中制、首问责任制、限时办结制、领导干部诫勉谈话制等制度。对重点任务、核心工作实行领导班子成员定位分工制度，做到挂账式全程跟踪督办。

## 三、坚持以人为本，实现人民群众幸福指数的新提高

以新民居为重点的科学发展示范村建设取得新成效。创新了唐庄子村“六个一”新农居改造模式，被唐山市确定为60例科学发展模式之一，在全市得到广泛推广。2009年，该镇共建沼气池240个，卫生改厕770个，搭建吊炕3700铺，“平改坡”率达到50%。加快沙河驿新村、北部潘庄子中心社区和河东“六个一”示范区3个居民集中住宅区建设，引导农民向中心村、镇区集中居住。潘庄子村积极探索农村土地流转、集约利用土地新模式，打造双通高档新社区。葛庄子57

户搬迁户建设的“六个一”集中住宅小区全部完成入住。投资 340 万元实施刘庄子秸秆集中供气工程，“一人烧火，全村做饭”变成现实。

构筑完整的社会保障体系，社会保障实现全覆盖。在推动经济跨越式发展同时，该镇把发展农村社会事业作为新农村建设的一项重要工作来抓，构筑起了农村养老保险、农民失地保险、农民最低生活保障、新型农村合作医疗、五保集中供养、残疾人基本生活保障等覆盖全镇的社会保障体系。社会保障水平进一步提高，全镇新型农村合作医疗参合率达 96%，城镇居民医疗保险率达 65%；330 人参加了失地农民养老保险；农村社会养老保险完成缴费人数 7600 人；中心敬老院的投入使用，实现了“五保户”集中供养；实施了“两个低保”扩面和转移农村劳动力就业等一系列惠民工程，实现了社会保障全覆盖。

不断优化社会环境，和谐城镇建设取得新成就。一方面坚持“安全也是生产力”。落实班子成员包企、包行业制度，确保全镇安全生产无事故；落实重点企业 24 小时驻企制度；实施周六安全生产检查日制度，彻底杜绝安全隐患。另一方面坚持“稳定也是生产力”。投资 10 万元进一步完善综合服务大厅建设，初步形成了“上延”至市行政审批中心，“下伸”至村级代理点的“三级互动”服务机制。建立健全了“领导信访接待制度”、“双排查、双调度”制度、班子成员和责任单位重点信访案件及隐患分包制度等各项制度，确保了全镇和谐稳定。

# 第十四章　遵化市新店子镇沙石峪科学发展示范村建设进展

遵化市新店子镇沙石峪村共有 246 户，870 人。新中国成立前，该村“土如珍珠水如油，漫山遍野大石头”，是远近皆知的穷山沟。20 世纪 60 年代，英雄的沙石峪人民在村支部书记张贵顺的带领下，发扬愚公移山精神，自力更生，艰苦奋斗，创造了“万里千担一亩田，青石板上创高产”的人间奇迹，先后使 400 亩荒山变成良田，成为中国北方农业的一面旗帜。周恩来总理曾两次来到沙石峪视察，称赞沙石峪人民是当代的“活愚公”，李先念、陈毅、温家宝等党和国家领导人、40 多位国家元首、上百位省部级领导和世界上 120 多个国家考察团也曾来过沙石峪参观考察。沙石峪人民的当代愚公精神也随之享誉海内外，成为当代中华民族精神的重要组成部分。1995 年 12 月，国务院总理温家宝（时任中共中央政治局候补委员、书记处书记）视察沙石峪时说：“这种精神就是新时期改革开放加艰苦奋斗、政治优势加科学技术的具体体现！”自学习实践科学发展观活动以来，村两委班子带领全体村民秉承艰苦创业的愚公精神，积极践行科学发展观，按照“经济繁荣、环境优美、和谐友爱、文化丰富、管理科学、生活幸福”的目标，扎实推进科学发展示范村建设，又一次以“敢教日月换新天”的豪情壮志，谱写了愚公故里科学发展的新篇章，先后被国家授予全国农业旅游示范点、全国创建文明村镇工作先进村，被河北省授予文明村，被唐山市授予廉政文化建设示范点等荣誉称号。

发展有赖于资源但不囿于资源。没有先天的资源优势，就要千方百计发掘、甚至创造属于自身的比较优势。通过学习实践科学发展观活动，沙石峪人再一次克服自然条件的限制，步入了科学发展的新征程。

经过张贵顺、阎福忠、阎宝庭等为代表的几代“愚公”的艰苦奋斗，沙石峪村改变了山多田少的历史，沙石峪人民也早已摆脱了昔日的贫困，实现了农民有粮吃、有钱花，但受自身条件等诸多因素限制，与国内其他一些老典型相比，对照自身的历史价值要求，经济发展的步伐显然还不够大，让农村富起来的问题一直未得到很好的解决。为此，以周国军为村党支部书记的新两委班子上任以来特别是学习实践科学发展观活动开展以来，多次召开专题会议，研究谋划村科学发展规划，决定首先从发展立村产业入手，从本地自然条件和市场需求出发，大力调整农业结构，着力在发展绿色农业、绿色产业上做好文章。一是因地制宜，着力调整农业种植结构。在积极退耕还林的同时，按照“一亩果园半亩田”的多样化种植规划，重点发展以葡萄为主，樱桃、李子等为辅的高效益果品产业，先后种植各种果树10万多棵，达到每人百棵树、万斤果，形成了“山顶松槐戴帽、山间果树缠腰、山下粮田抱脚”的发展模式，农业经济效益大幅度提高，仅林果一项，农民年人均纯收入就达4000元以上。二是发展精品农业，打响特色农业品牌。按照打造“一村一品”专业村要求，村两委班子积极引导农户发展玫瑰香葡萄，不断改良品种、扩大规模，种植面积达500多亩。同时，对产品进行商标注册，统一用“沙石峪葡萄”品牌包装销售，打响了品牌，创造了良好的经济效益。三是依托愚公故里的知名度和影响力，积极发展旅游服务业。2005年，沙石峪被农业部命名为全国农业旅游示范点，随着知名度的不断扩大和各地游客的不断涌入，该村因势利导，把发展旅游观光确立为新的经济增长点，规划发展连片葡萄采摘园100多亩，引导农民包装打造特色农家院，让游客尽享春赏烂漫山花、夏摘珍珠葡萄、秋尝爽口水果、冬住温暖土炕、遥闻鸡鸣犬吠、时感“愚公”精神的纯朴山野农家气息，吸引游客玩在村、吃在村、住在村，带动旅游服务业，增加农民的非农收入。目前，该村已发展精品葡萄采摘园4个、农家院6家，并正在谋划建设投资260多万元的旅游服务接待中心。一个集休闲、度假、观光、娱乐于一体的绿色消费服务体系正在日臻完善和提高。

经济效益固然重要，但以牺牲生态效益和社会效益为代价的经济效益宁可不要。通过学习实践科学发展观活动，沙石峪人更加坚定了可持续发展的理念，为了子孙后代的长远利益，矢志不渝地建设生态美好家园。

20世纪90年代，为了发展壮大村集体经济，增加农民收入，村里先后建起了碳酸钙厂、再生胶厂、采矿厂等，在创造了一定经济效益的同时，对村庄环境的污染、周围生态的破坏效应也日益凸显。如何处理眼前的经济效益与生态环境保护的关系？沙石峪人牢固树立“以人为本，生态第一”的理念，实施了“四项工程”：一是实施污染企业拆迁工程。宁可牺牲一时的经济发展，也要保护好子孙后代赖以生存和发展的环境。觉悟的沙石峪人以“壮士断腕”的勇气毅然拆除了村里年创产值630万元但污染严重的碳酸钙厂，关闭了采选厂，对再生胶厂也实施了停产搬迁，彻底消除了污染源。二是实施荒山披绿工程。沙石峪人继承当年老书记张贵顺带领群众荒山植树的光荣传统，大力实施荒山披绿工程，在山顶栽植松柏树，在山腰栽植大樱桃及核桃树等果树，逐年增加荒山植被覆盖率，全村3000亩山场全部变成山林，林木覆盖率达到90%以上。三是实施水土保持生态治理工程。该村配合市水务局积极组织实施构筑生态修复、生态治理、生态保护三道防线工程和小流域治理工程。目前，已投入资金40多万元，修建小塘坝15条，截潜流工程1500m，铺设管道1500m。四是实施人居环境改善工程。按照科学发展示范村的规划，重点实施了村民中心扩建、文化广场新建、太阳能路灯安装及村庄绿化美化等项目。投资150多万元，完成村内主次街道全部水泥硬化；投资150多万元，全面完成安全饮水工程；投资30多万元，建成2000多平方米设施齐全、功能完备的村民中心；投资40多万元，对村庄进行全面绿化，民居的房前屋后、院里院外全是果树，街道两旁栽满常青绿化灌木，形成了农居掩映在绿树间、街道穿梭在绿荫里的效果，彻底改善了村容村貌，真正实现了让农村靓起来。

一种精神，一面旗帜，承载着过去，也必将引领着未来。通过学习实践科学发展观活动，沙石峪人以艰苦奋斗为内核的“当代愚公”精神已积淀为一种文化力，并正在催生出强大的凝聚力、生产力，为推动山村科学发展注入了不竭的精神动力。

当年凭借着让高山低头、令河水改道的当代愚公精神，沙石峪人用铁肩膀、铁手掌、铁脚板创造了人间奇迹，在学习实践科学发展观的今天，沙石峪人更加注重“当代愚公”精神的宣传教育，使其不断发扬光大，时刻激励沙石峪人永葆艰苦创业、共建美好家园的历史传统，在科学发展的道路上快步前进。一是以史育人，改扩建村史馆。投入100多万元，建成1400多平方米的村史馆，采用现代的声像设备，配以当年真实物品，生动再现当年村书记张贵顺带领村民开山造田、挖井取水的劳动场面，以及上百位省部级领导和世界上120多个国家代表团、40多位国家元首前来沙石峪参观考察的热烈场景等。二是以景感人，加强人文景点的修缮保护。投资40多万元，在村史馆前建起了占地6600$m^2$的文化广场，并在广场中央落成高4.29m、重13t的汉白玉周总理塑像，让人们时刻重温周总理当年视察沙石峪的历史时刻。此外，村里对中阿友谊树、大口井、愚公洞、一亩田等景观重新修缮保护，成为对人们进行革命传统教育的鲜活教材。三是以文化人，营造浓厚的乡村文化氛围。该村依托村史馆积极宣传廉政文化，将张贵顺带领村民开山造田、艰苦奋斗的画面在村内进行喷绘和悬挂，使廉政文化建设与当代愚公精神有机地融合在一起，时刻警示教育党员干部和广大群众勿忘艰苦奋斗的优良传统，“万里继续走，千担永远挑”，在各自岗位上，勤政廉正，敬业奉献，不断创造经济社会发展的新业绩。

建设科学发展示范村，村两委班子是关键。以周国军为村党支部书记的两委班子深知这一点，他们继承张贵顺等老书记留下来的优良传统，结合新时期农村干部队伍建设要求，围绕建设一支“团结干事、勤政为民、廉洁自律、务实进取”的村两委班子，建立健全了“一制三化”、“三会一课”、“四民主两公开”、“村民主管理”、“村两委联席会议”等一系列加强和改进村党支部和村委会自身建设的规章制度，坚持按制度办事，按制度民主管理村中各项事务，并在实际工作中，从自身做起，身体力行，凝聚起了全村奋发图强的强大动力，形成了干群一心、共谋发展的良好局面。如今的沙石峪村，环境整洁，景色优美，民风淳朴，社会和谐稳定，虽然经济发展仍显不足，农民富裕程度还不是很高，但随着党的一系列强农惠农政策的贯彻落实，村里的各项社会事业快速发展，小学、初中适龄儿童入学率达到100%，自来水入户率达到100%，符合生育政策率达到100%，新型农村合作医疗参保率达到98%，五保供养率达到100%，老年人领取农村社会养老保险补贴率达到90%，真正实现了发展成果由人民共享，广大村民的幸福指数大幅提升。一个经济发展引擎不足但充分体现全面、协调、可持续发展要求的科学发展示范村正在昔日的青石板上迅速崛起。

# 第十五章　迁安市沙河驿镇唐庄子科学发展示范村建设进展

沙河驿镇唐庄子村现有212户、712人，土地面积759亩。2009年人均纯收入12 745元，集体年收入30万元。该村以科学发展观为指导，围绕建成人民群众的幸福家园的目标，紧密结合实际，努力在深入上下工夫，在实效上求突破，本着突出“生态、节能、环保”理念，重实践、求实效，科学发展示范村建设取得了阶段性成果，为全党开展学习实践活动提供有益借鉴。累计接待各地、各级参观考察团400多个，人数达万人次。刘云山、李源潮、张云川等中央、省、市领导先后亲临视察，并给予充分肯定和高度评价。

## 一、科学规划、配套推进

2007年9月，该村在原有规划基础上，进一步提升科学发展规划。聘请了河北省信达城乡规划设计院，对村域发展建设作出了详细规划。在总体规划的基础上，抓好现代产业体系的建设，集中建设养殖小区，扩建钢材市场，搞商业服务区。在此基础上，按照“六个一”模式进行新农居改造、生态绿化等，完成了涵盖科学发展方方面面的配套体系。同时又聘请了河北省社科院专家对科学发展示范村建设重新制定了未来5年发展规划。这一规划涵盖了经济发展、环境改善、文化建设、社会和谐的方方面面。通过制定科学规划，全力以赴抓落实，唐庄子村抓住了根本，找到了支点，美好的设计蓝图才变成今天的现实。

## 二、以人为本，探索农居新模式

围绕让农村靓起来的目标，唐庄子村不断完善村庄基础设施，重点实施了村民中心扩建、街心文化广场新建、村南公园功能完善、生活垃圾填埋场达标建设、太阳能路灯安装、三线入地及村庄绿化等项目。同时按照科学发展的要求，本着“因地制宜、量体裁衣”的原则，探索“六个一”的发展模式，使农民群众的生活方式和生活环境发生了彻底的改观。“六个一”就是：一顶、一墙、一能、一炕、一沼卫、一灶。具体内涵就是对农宅统一加装斜坡房顶和保温隔热墙，全面普及太阳能采暖系统、吊炕、沼气池和卫生厕所以及“博士灶”等新技术和新能源。其中，墙、能、炕、沼卫和灶是近两年陆续推广普及的农村生活实用技术，房屋顶“平改坡”工程是实施的实用景观项目。到目前，全村“六个一”普及率达到90%。“六个一”农居改造使农民彻底告别了土炕、棉袄、连茅厕，住上了舒适的保温炕，用上了干净的卫生厕所，像城里人一样天天可以洗热水澡，祖祖辈辈烧火做饭“一脸烟灰两行泪”已经成了历史。特别是“三位一体”新型沼气池建设，既实现了循环利用，节约了生产成本，又清洁卫生，有力地带动了农村改水、改厕、改厨和庭院的净化绿化美化。“六个一”模式独具特色、可操作性强，现已被列为唐山市推广的科学发展60例示范模式之一，外地参观者络绎不绝。

## 三、选准突破口，培育主导产业

唐庄子科学发展示范村建设，正如镇党委书记王学龙所说：“没有村里的钢筋市场，就没有唐庄子今天的新面貌，是钢筋市场推起了这个示范新村!”1977年唐山大地震后，该村6户农民自发兴起了捡拾钢筋头、废铁筋加工销售。通过不断培育，采取“滚雪球”的方式，实现从捡钢筋头到经营盘条、钢材，从铁筋伸直到钢筋打套、深加工，逐渐形成了一个享誉唐秦、辐射东北的钢材加工销售市场，市场年销售各种钢材10万t，销售额超过3亿元，参与经营的农户年收入都在10万元以上。目前，围绕落实学习实践科学发展观，根据实际需要，按照销售区、加工区、物流区和公共服务区的总体规划，对钢筋市场进行了改造和扩建，扩建后的钢筋市场不仅面积增加了三倍，可新增经营户80户，而且功能分区更加合理，市场体系也得到了进一步的完善，此外，还新建成了2个存栏4万只的现代化肉鸡养殖场，1个存栏200头的规模奶牛场，养殖场内实施大型沼气池建设项目，形成了“养鸡—沼气—有机农业”生态良性循环。

## 四、完善体制机制，创新管理制度

一是认真落实两委干部岗位承诺制，并积极延伸承诺范围，不断创新承诺内容，为促进“122”富民工程、示范村建设提供有效的体制制度保证。二是积极推进村庄民主管理。组织村民代表进一步修订《村规民约》和《村民自治章程》，深入实施全体村民会议、村民代表会议、“一事一议”和民主监督小组“三会一组”制度，凡村庄重大事项一律由村民代表或村民会议讨论决定，形成以民主选举、民主决策、民主管理、民主监督等为基本内容的村民自治机制。坚持公开公平公正，实施村务公开和民主监督。凡是涉及村民利益的事情一律公开，凡是涉及财务等敏感问题一律主动接受村民监督。三是制定科学发展制度。在科学发展示范村建设过程中，按照勇当排头兵的定位，制定出台《新农居改造的实施意见》、《钢材市场建设方案》、《“122”富民工程扶持奖励办法》等一系列文件，保证科学发展示范村建设顺利进行。

## 五、培育文明乡风，提高村民整体素质

乡风文明是科学发展示范村建设的灵魂，是一种无形的财富。工作中该村围绕让村民中心“活”起来，充分发挥村民中心这一有效载体，完善村民中心“服务村民”的功能，使之真正成为村民的休闲中心、娱乐中心、学习中心。围绕让文明乡风“刮”起来，深入开展“十星文明家庭”、“十好个人”评比活动及科学发展示范家庭的创建活动；通过深入开展国家卫生村创建工作，提高广大村民自觉保护环境卫生的意识。通过一系列活动的广泛开展，唐庄子村民的整体素质已有了大幅提高。四川汶川大地震发生第二天，全体村民便在第一时间自发组织捐款，仅仅半个多小时的时间捐款数额就达到10万余元。

科学发展永远是一条只有起点没有终点的路。目前，唐庄子村正以学习实践科学发展观活动为起点，重实效，求突破，努力把村庄建设成为经济更加繁荣、社会更加和谐、环境更加优美、制度更加健全、人民更加幸福的科学发展示范村，在迁安、唐山、河北省乃至全国树立科学发展标杆，勇当科学发展示范村排头兵。

# 第十六章　河北钢铁集团唐钢公司科学发展示范企业建设进展

河北钢铁集团唐山钢铁集团有限责任公司（简称唐钢）是河北钢铁集团的骨干企业，始建于 1943 年，是我国转炉炼钢的发源地，目前具有 1600 万 t/a 的铁、钢、材配套生产能力。近年来，面对历史罕见的金融危机，唐钢以科学发展观为指导，联系企业生产建设实际，大力转变发展方式，积极创建科学发展示范企业，企业各项工作取得跨越式进步，探索出了一条传统钢铁企业科学发展的新路径。

## 一、以节能减排和环境治理求突破，努力创出传统钢铁企业科学发展新天地

唐钢位于唐山市区东部，企业前些年在自身发展中，更多地关注了企业规模扩张，对能源和环境问题重视不够，一定程度上影响了市区的环境和周边居民的生活。近年来，随着唐山市建设科学发展示范区进程的加快，如何与城市、与社会和谐共进、共同发展，成为事关唐钢这样一个传统钢铁企业生存发展的关键问题。在新的形势面前，该公司领导层深刻地认识到，转变发展方式、推进科学发展是唐钢实现可持续发展的必由之路。而转变发展方式，就必须首先整治厂区环境、改善企业面貌，加强能源管理、强化节能减排，解决企业在市区的生存问题；就必须坚定地走科学发展之路，为这个城市奉献一个生产清洁、环境优美的厂区环境，在整个社会树立勇于承担责任的大企业形象，解决企业可持续发展的问题。鉴于此，唐钢坚决果断地实施了一场改天换地的强化治理行动。

### （一）淘汰落后，破旧立新

自 2008 年 10 月到 2009 年 5 月，唐钢用八九个月时间，大刀阔斧地淘汰了 3 座小高炉、3 台小烧结机、5 座白灰窑、3 条轧钢线；清理了 157 家外围小施工队驻点；拆除了 33 万 $m^2$ 的规划外建筑，腾出了 50 万 $m^2$ 的空地。紧接着，唐钢高标准建设了 4 个职工生活服务区、5 个停车场；实行了功能完备的智能卡门禁制度；优化了厂区运输物流秩序；栽种了 4 万株树木和 48 万 $m^2$ 的绿地，绿化覆盖率由 21% 提高到 42%。短短数月，唐钢真正建成了“清洁整齐、物流有序，三季有花、四季有绿，厂在林中、林在厂中”的花园式工厂。

### （二）内外兼修，标本兼治

在治理外部环境的同时，唐钢在节能减排工作中坚持项目不减、资金不减、力度不减。2009 年以来，该公司先后投资 2 亿多元对炼钢转炉除尘系统进行了深度改造，从根本上解决了烟尘外溢问题，有效地改善了市区东部大气环境；投资近亿元建设了烧结机烟气脱硫系统，年减少二氧化硫排放量 3200t；投资 3.2 亿元建设了华北地区最大的城市中水与工业废水处理工程，以中水作为主要生产水源替代深井水，实现了废水全部回收处理和外排水全部达标排放，使企业水资源利用水平跨入行业领先水平。经过大规模投资建设，唐钢节能减排工作登上了新台阶。截至 2009 年，唐钢提前一年完成河北省政府下达的“双三十”单位节能减排目标。

### （三）强化能源管理，发展循环经济

一方面，按照低碳经济理念，致力于生产经济运行，加大能源管理利用工作力度。2009 年下半年以来，唐钢能源管理各项措施迅速到位，在煤、电等一次能源消耗大幅度降低的同时，利用高炉煤气、转炉煤气和生产余热蒸汽等二次能源实施发电项目快速推进。到 2010 年 6 月底，自发电装机容量将达到 40.3 万 kW，吨钢发电将达到 400kW · h，跻身行业能源利用先进水平。另一方面，全力加强固体废弃物综合利用，每年增创效益 4200 万元。目前，唐钢转炉污泥已实现全部回收利用；以高炉水渣为原料的两条年产 60 万 t 超细粉生产线满负荷运行；炼焦除尘灰成功用于烧结生产；与外资公司合作开发利用炼钢钢渣，使得废钢重新用于炼钢、烧结生产，利用率达到近 50%。

唐钢发生的巨大变化首先得到了地方各级党委政府和广大市民的广泛赞誉和高度评价。企业从而赢得了在市区调整、完善和生存的空间，企业与城市真正实现了和谐共存和良性互动。其次，产生了强烈的社会反响。2009 年以来，唐钢已成为唐山市科学发展的新亮点，前来考察观摩的各界人士络绎不绝，企业的知名度和美誉度空前提升。特别是 2009 年 6 月，温家宝总理、王兆国副委员长等中央领导亲临唐钢视察，对企业的巨大变化给予高度评价。其三，提升了企业对践行科学发展观的认识。近年，唐钢干部职工已形成广泛共识：只要深入落实科学发展观，传统钢铁企业也完全可以创出科学发展的新天地。

## 二、以精细化管理求跨越，全力打造传统钢铁企业科学发展新优势

近年来，面对多年形成的粗放型管理模式，唐钢以打造精品唐钢为统领，以提高发展质量、增强竞争实力为目标，瞄准行业领先水平，全面推行精细化管理，努力用一流的管理促进科学发展、实现传统企业蜕变重生，打造新的竞争优势，

真正实现了集约型、内涵式发展。

### （一）以精细化提升品种质量

近年来，唐钢全方位推进精细化管理，努力靠生产过程中所有环节的精细化和标准化，提高产品质量、打造高档次精品。一是从原料进厂到产品出厂整套工艺过程精细化、标准化程度得到显著提高，中间及最终产品的质量大幅改善，钢材市场售价明显提高，每年可为企业增效数亿元。二是以精细化管理标准推进产品规格攻关，热轧卷板薄规格产品生产取得突破，3.0mm 以下普板比例稳定在 80% 左右，最薄规格达到 1.2mm，在板材生产上创出了唐钢的超薄特色。三是在 2009 年一年就成功开发钢材新品种 11 个，生产品种钢材 420 万 t。其中，镀铝锌硅及小锌花板等高附加值产品填补了国内空白，打入了欧美高端市场；不锈钢冶炼、轧制获得成功，填补了省内空白。

### （二）以精细化提升职工素质

近年来，唐钢将推行 5S 管理作为实现精细化管理的重要手段，在国内专业公司指导下，有条不紊地推进相关工作，全面开展 5S 样板厂、样板车间创建活动，不仅规范了包括生产现场在内的基础管理，而且使职工行为习惯实现由凭经验、粗线条、随意性向标准化、规范化、制度化的革命性变革，促进了企业整体管理水平的提高。目前，数个 5S 管理样板区已成为唐钢对外良好形象的重要窗口，受到各界广泛赞誉。

### （三）以信息化带动精细化

唐钢将推进信息化建设作为促进精细化管理的重要手段。整体信息化一期工程于 2008 年 10 月正式上线运行，达到了信息流、资金流和物流的三流同步。2009 年，为推进设备精细化管理，唐钢又积极实施 PM 系统，积极落实设备在线监测和万点受控，实现了设备管理的信息化、标准化和规范化，为唐钢生产经营稳定顺行提供了基础保障。

### （四）以精细化推进挖潜增效

近年来，唐钢坚持将管理的触角延伸到生产过程的每道工序和产生费用的每个角落。一方面通过强力推进技术经济指标上台阶深挖潜力；另一方面强化生产全过程费用控制。2009 年，唐钢两项工作成绩斐然，累计挖潜增效 30 亿元，实现利润 12 亿元，在国内不少钢铁企业经营亏损的情况下，创出了骄人的业绩。

## 三、始终坚持以人为本，积极致力于提高职工幸福指数，努力促进职工全面发展

科学发展的核心是以人为本。基于此，唐钢在近年发展中，坚持“以人为本、

共建共享”的工作思路，积极出台各种举措，不断改善职工生活，努力提高职工幸福指数，致力于职工全面发展，广大职工对企业的归属感和认同感不断增强，企业的凝聚力和向心力得到空前提升。

### （一）维护职工根本利益

在2008年金融危机肆虐的危急时刻，唐钢没有把危机和压力简单地转嫁给广大劳动者，而是坚定地维护职工利益。企业郑重作出承诺：再困难，也不掏职工兜里的钱。同时在省内企业中率先签订了“不减薪、不裁员”共同约定书，并筹资3亿元落实原定增资计划，极大地鼓舞了职工斗志，在企业困难时刻凝聚起同舟共济共克时坚的强大群体力量，保证了生产经营活动的正常进行，使唐钢近年始终保持了月月盈利的突出业绩。

### （二）改善职工生产生活条件

在厂区治理中，唐钢优先为职工建设了多个高标准的生活服务区，每个服务区都能为职工提供存车、餐饮、沐浴、更衣、清洗工作服等全方位生活服务，职工在企业的生活条件得到空前改观。

### （三）改善职工就医条件

投入数千万元用于公司医院环境治理和装备设施更新，同时转变办院思路，不再将盈利指标作为考核重点，而是将加强和改善对员工的医疗保健服务、当好企业与职工联络感情的桥梁和纽带作为医院工作的首要任务，陆续出台了职工就医补助和体检、保健、巡诊等服务制度，使职工群众对医院的满意度大幅提高。

### （四）改善职工学习培训条件

对教育中心（职业专科学院）的办学方向进行调整，要求学校全面承担起为企业培训职工的任务，全力为职工搭建学习技能、提高素质的平台。同时投资2500多万元用于改善学校办学条件，全力支持学校发展。

### （五）加大困难职工帮扶力度

近年来，唐钢将特困职工和部分困难职工档案信息录入全国总工会困难职工帮扶系统，使对困难职工的管理升级为全国统一管理，实现了帮扶工作的全面提速。

### （六）重视新入厂大学毕业生成才成长

先后制定了《大学生见习锻炼管理办法》、《从大学生中选拔见习副作业长实施意见》，在新入厂高学历人才中推行见习作业长和技术操作岗位制度，为新生力量在岗位工作中磨炼成长提供了良好平台。

## 四、努力提升企业党建科学化水平，为企业科学发展提供坚强的政治和组织保证

在唐钢创建科学发展示范企业过程中，党建工作发挥了不可替代的作用。近年来，唐钢党委深入开展了“四气”工程、“双培双带”工程 、“打造精品唐钢”主题研讨活动、“创建党员精品岗位”主题活动等有声有色的特色活动，活跃了党内生活，提高了企业党建科学化水平，促进了企业科学发展。

### （一）深入“四气”工程，全面活跃党的工作

唐钢党委着眼于提升企业工作的精、气、神，充分发挥企业党组织在科学发展中作用，把“树正气、提人气、鼓士气、倡和气”作为近年党的工作主题，全面实施“四气”工程，确保了党的工作的与时俱进和常抓常新。通过深入实施“四气”工程，唐钢上下形成了正气浓厚、人气旺盛、士气高涨、心齐劲足的良好局面，为应对挑战、科学发展营造了良好氛围。

### （二）实施“双培双带”工程，加强党的先进性建设

近年来，唐钢党委把实施“双培双带”工程作为基层党建工作的重点，采取多种形式，努力把党员培养成为生产经营攻关的带头人，把生产经营攻关的带头人培养成为党员，在企业各项工作中充分体现党的先进性。工程实施以来，唐钢共建立“帮教对子”2900 多个，培训党员 7000 多人次；在唐钢公司级及以上的劳动模范和先进工作者中，党员比例分别达到 73% 和 69% ，获优秀技术能手的党员比例达到 60% 以上。同时各级党组织凝聚力进一步增强，两年来全公司已有 4000 多名职工先后向党组织递交入党申请书，其中带头人和各专业骨干占到了 80% 以上。

### （三）有的放矢地开展主题研讨实践活动，增强党员科学发展观念

2009 年，唐钢党委围绕企业科学发展，深入开展了“以钢铁般意志打造精品唐钢”主题研讨活动，使各级党员干部树立了全新的科学发展理念：面对金融危机，树立了“不能左右市场，但可以左右自身工作”的全新观念；面对企业粗放型管理的现状和业内势不可挡的管理浪潮，倡导了“做就做到最好”的工作理念；面对责任意识对工作效果的影响，强调了“责任大于能力”的最新思想；面对企业生存的特定环境，确立了“环境就是唐钢生命线”的更高站位；面对自身能源管理现状和长远发展需要，树立了“做没做过、没做成、没做精的事”的工作取向；面对企业生产经营面临的市场压力和重重困难，树立了“危机之中抓契机，以钢铁般意志打造精品唐钢”的企业精神；面对河北钢铁集团提出的“国内领先、

国际一流”的目标，树立了“当好集团排头兵、做集团最大支持者”的争先意识。2010 年以来，围绕打造精品唐钢，唐钢党委在党员中开展了“创建党员精品岗位”主题实践活动，引导广大党员以高标准、高质量、精细化的工作争创精品岗位，充分发挥党员在企业发展中的中坚作用。

多项党建主题活动的开展，促进了广大党员先锋模范作用的发挥，为唐钢创建科学发展示范企业各项任务的完成提供了有力保证。唐钢炼铁南区高炉车间广大党员锐意创新、深入挖潜、积极应用先进技术管理手段，大部分操作岗位达到了精品岗位的要求，使高炉各项指标达到全国同类高炉领先水平，实现了唐钢人多年梦寐以求的目标；同时环保指标非常出色，高炉平台达到了光亮如镜、一尘不染，彻底改变了人们对传统钢铁企业的固有印象。在规模空前的厂区环境治理中，唐钢党员干部按照“把细节做到最好”的党员精品岗位标准，科学严密地组织施工，带领广大职工出色地完成了各项强化治理攻坚任务，创造了“唐钢速度”和“唐钢奇迹”，为唐钢科学发展做出了突出贡献。

在全党和全国深入贯彻落实科学发展观的大背景下，唐钢以创建科学发展示范企业为目标，在转变发展方式上进行了深入的实践，取得了显著的成绩，为传统钢铁企业推进科学发展探索了可资借鉴的崭新道路。

# 第十七章　唐山轨道客车有限责任公司科学发展示范企业建设进展

2008 年以来，唐山轨道客车有限责任公司（简称唐车公司）坚定不移地学习实践科学发展观，走技术引进、消化吸收和再创新之路，争创科学发展示范企业，制造出了具有世界最先进水平的国产时速 350km 动车组，使公司终于走出低谷，走上了科学发展、快速发展的道路。公司被评为唐山市科学发展示范企业、唐山市十大名片之一，获得唐山 2009 年度科学发展创新奖；被国家发展和改革委员会、科学技术部等部委确定为全国 91 家创新型企业。申报的《以时速 350 公里动车组制造为载体的管理平台建设》获第十五届国家级管理现代化创新成果一等奖。

## 一、为脱胎换骨下真功夫，搭建世界一流动车组技术平台

唐山轨道客车有限责任公司的前身是唐山机车车辆厂客车制造系统。经过多方不懈的努力，于 2005 年进入高速动车组市场，与铁道部签订了 60 列时速 350km 动车组制造合同。当时公司在欣喜之余，也清醒地看到老国企的种种弊端和问题仍不同程度地存在，主要表现在底子薄、生产力不发达、管理粗放、产品质量存在缺陷、人才缺乏、职工职业素养和专业技术素质不高等方面。拿到时速 350km 动车组订单后公司反而忧心忡忡，用“如履薄冰、如临深渊”来形容当时的情景一点不为过。在这种情况下，公司两级领导班子按照科学发展观的要求，深刻领会“坚持以人为本，树立全面、协调、可持续的发展观，促进经济社会和人的全面发展”的科学发展观内涵，并结合企业实际，召开了以“实践科学发展观，脱胎换骨，快速发展”为主题的专题民主生活会；在全体中层领导干部中，举办了“脱胎换骨、科学发展”高层论坛；在基层单位中，分片分系统地召开了五场“干好高速动车组项目、实现脱胎换骨”座谈交流会，指导各单位结合实际，抓实抓好脱胎换骨谋划和落实工作。在全体党员干部和员工中组织辅导学习科学发展观读本，围绕主题展开“拼搏生存还是坐以待毙”的讨论。通过学习、宣传、讨论，公司上下解放了思想，认清了形势，增强了全员科学发展的紧迫感、危机感和使命感，形成了“与其坐而待毙，不如放手一搏”的共识，确立了“用科学发展观统领整个技术引进和自主创新工作，确保国产时速 350km 动车组高质量研制成功”的工作思路，并在此基础上公司进一步提出了搭建两线四系、快速脱胎

换骨、达到“五个一流”、实现建设国际一流创新型企业的战略，使公司发展的目标进一步明晰。同时，也把广大员工的思想统一到干好项目、实现脱胎换骨、争创国际一流创新型企业的目标上来，广大员工对干好项目的信心和干劲越来越足，形成了上下一心、昂扬奋进、加快发展、科学发展的氛围。

实现脱胎换骨不是一句空话，它意味着从员工素质到企业的管理方式、生产流程都要进行新的再造，是一场彻底的管理革命和行为革命。在实现脱胎换骨方面，我们不惜伤筋动骨地去做，并换来了凤凰涅槃般的新生。

### （一）实现人员素质的脱胎换骨

科学发展观的核心是以人为本。在时速350km动车组项目实施进程中，公司不惜血本，斥资近1个亿，先后委派97个团组580多人次，赴德国西门子公司培训，学习高速动车组制造技术和先进的管理。培训覆盖了设计、工艺、管理、操作技能等动车组所有类别，总学时达1388人/月。现在，他们都成了企业里的“金蓝领”，而且是国际通用技术人才。

### （二）实现管理手段的脱胎换骨

为了满足CRH3动车项目推进的需要，迅速提高公司的管理水平，公司引进世界500强企业推崇的ERP管理项目SAP系统，成为国内铁路装备制造业中第一家采用该系统的企业。通过引进、运用SAP系统，构建起财务会计、项目管理、生产制造、物料管理等信息管理平台。

### （三）实现硬件设施的脱胎换骨

高速动车组是高科技产品，要靠一流素质的员工操作先进的工装设备，确保产品的精确性能。为此，公司进行了大规模的工业化改造，技改投资8亿元。从厂房、设备到生产线、试验线全部“鸟枪换炮”，都是国际最先进的。初步形成了铝合金、碳钢“两线”和时速350km高速动车组、中低速普通客车、城轨车、特种车“四系”的产品制造平台。

## 二、在“好”字上下硬功夫，实现公司发展好中求快

公司在以时速350km动车组项目为龙头、搭建“两线四系”产品技术平台、建设国际一流创新型企业的进程中，公司级、中层两级领导班子不断深化对科学发展观的学习，注意把握好经济发展中“好”与“快”的辩证关系，坚持“好”字当头，好中求快，好中求强。理性地规避盲目追求快速增长，攀比高速度，导致企业发展的大起大落，欲速不达的不良后果。我们将科学发展观的“好”字，落实在追求“五个一流”和不断提升公司实力上。

### （一）建设一流的人力资源平台

在出国培训的基础上，公司还随着动车组项目的进行广泛开展“接力培训”，同时通过开展与“洋专家”结对子交朋友和生产现场教、学、练、比活动，学习培训的效果事半功倍。去年公司还举办“首届职工技术运动会”，有1700余名一线员工参加了各类各工种比赛。强化学习培训使员工结构得到优化，技能水平、综合素质快速提升，组建了一支适应世界高端产品制造能力的高素质员工队伍。

### （二）建设一流的产品技术平台

公司一方面加快硬件投入，一方面加强软件建设。通过引进、消化、吸收德国西门子图纸和相关技术资料，进而采取联合设计的方式，参与到德国西门子的动车组总体设计、车体工程设计、电气原理设计等项目之中，从而达到真正掌握高速动车组核心技术的目的。

### （三）建设一流的管理平台

在CRH3项目实施之初，唐车公司领导就清醒地认识到，公司管理水平的高低将直接影响到CRH3项目能否顺利推进。为此，公司引进世界500强企业推崇的ERP管理项目SAP系统，成为国内铁路装备制造业中第一家采用该系统的企业。

### （四）建设一流的体制机制平台

公司创造一种公平、公正、公开、充满活力的能力竞争机制，调动广大员工的积极性和创造性。公司坚持内部专家、拔尖人才评聘制度，落实相关待遇；公司出重金对质量攻关、科研成果、专利发明进行奖励，鼓励了员工科技创新的精神和热情。

### （五）建设一流的企业文化平台

公司以“接轨世界、牵引未来”为核心理念，并作为企业文化建设的最高宗旨。随着高速动车组项目的全面展开，唐车公司将德国西门子公司文化与本公司传统文化相融合、对接，使员工在工作理念、工作标准、工作作风等各方面，实现与西门子文化接轨，员工逐步养成了严细认真、精益求精、一丝不苟的精细品质。

坚持又好又快的发展理念，使我们较好地把握了中国铁路客运向高速发展的市场变化机遇，以更好的质量、更多的铁路车辆品种满足社会需求，通过自主创新，以具有自主知识产权的品牌产品开拓市场。两年多来，公司不仅有序推进时速350km动车组生产，快速形成产能，保证京津、武广高铁运营用车需求，而且员工收入实现同步增长，公司实现了又好又快的发展，市场之路也越走越宽。

## 三、在自主创新上花大功夫，增强企业技术实力

公司认真贯彻党中央、国务院关于建设创新型国家的战略决策和加快铁路技术装备现代化的部署，坚持以科学发展观为指导，按照“引进先进技术、联合设计生产、打造中国品牌”的总体要求，成功引进了当今世界最先进的机车车辆技术。同时，以全面掌握核心技术、实现国产化为重点，深入实施消化吸收和再创新工作，将提高自主创新能力作为学习实践科学发展观的落脚点。时速350km动车组生产每一个大的工序结束，公司都及时总结经验，进行成果固化，国产化进程不断加快。

在技术和管理方面的创新成果主要体现在以下方面：一是消化吸收，建立产品技术标准体系。公司共转化西门子图纸设计文件1300余项，初步建立了高速动车组设计标准体系。二是固化工艺制造技术转让成果。公司工艺技术人员在西门子原文件基础上，根据制造过程的实际情况，重新细化了操作的工艺过程，形成新的工艺文件指导生产。三是将供应商纳入质量生存链。公司通过技术引进树立了全新的物流采购理念，把供应商作为公司的生产工序来管理，保证合格产品装车使用，国产化供应商平台已初步建立。四是健全质量体系确保实物质量。公司在固化成果阶段不断完善质量管理体系，在制造过程实施了“质量门”和“质量里程碑”管理方法，产品实物质量达到了世界同类产品先进水平。

通过引进消化再创新，公司正在形成自主创新能力。公司正在研制新一代380型高速动车组，联合设计工作接近尾声，模型车已经制造完成，第一列开始投入制造。同时，公司正在承担“863”计划重点项目“最高试验速度400km高速检测列车关键技术研究与装备研制”的工作。

通过科学发展示范企业模式的创建，公司取得显著成果。2008年，公司生产制造的高速动车组在京津线上创造了时速394.3km的纪录，冲出了中国第一速。现在，在京津线上运营的高速动车组已全部由唐车公司的产品担当，运营时速最高达350km。由于产品安全舒适、性能良好，2009年公司和长客股份一起与铁道部又新签订了100列高速动车组合同，排产计划已到2012年。2009年12月26日，公司制造的高速动车组在众人瞩目的全长1068km的武广客运专线上运营，武汉到广州的时间由原来的11小时缩短到3小时，长沙到广州的时间由8小时缩短到2小时，极大地推动了“武广沿线都市圈”城市群的繁荣。

公司已经初步形成了铝合金、碳钢“两线”和时速350km高速动车组、中低速普通客车、城轨车、特种车“四系”产品，产品从低端到高端形成了多元化、系列化。通过学习实践科学发展观，唐车公司顺利实现了时速350km动车组技术引进、消化吸收和再创新工作，公司发生了巨大的变化，不仅实现了人员素质、管理手段、硬件设施的脱胎换骨，而且建立了一流的产品技术、人力资源、管理、体制机制和文化平台，竞争力不断增强，使公司走上了科学发展、高速发展的轨

道，员工收入逐年提升，实现了员工与公司的同步发展。

科学发展示范企业是公司最终追求，是保证员工幸福和企业取得良好效益的最佳模式。唐车公司将会继续按照科学发展模式要求，不断总结经验，深入推进各项工作，不断推进企业健康有序快速发展。

# 第十八章　唐山市妇联积极推进科学发展示范家庭模式

科学发展示范家庭模式是指按照科学发展观的要求，以持续提高家庭的幸福度为目标，以为群众、靠群众、创建成果由群众共享为实践原则，坚持以人为本、生态循环、节能环保、和谐发展的理念，在传统的家庭建设中注入绿色消费、节能减排、科学生产等时代内涵，把科学发展观和群众对幸福生活的新期待书写在一幅画卷上。科学发展示范家庭模式着重解决的是如何把科学发展观变成群众实践，让科学发展观真正进家庭的问题。唐山市妇联承担了牵头服务和试验示范推广的具体工作。

## 一、试验示范推广科学发展示范家庭模式的理论支撑

从理论角度分析，科学发展示范家庭模式至少能够在学习实践科学发展观中发挥四大作用：一是主体作用。胡锦涛总书记在全党深入学习实践科学发展观活动总结大会上的讲话指出：“深入贯彻落实科学发展观，根本在于发挥人民的主体作用。”家庭是最基本的社会细胞，涵盖了全体人民群众。从家庭生产生活切入，所有人民都能参与进来，又能够调动群众参与的积极性。二是宣传动员作用。家庭生活生产的点点滴滴，能够让群众切实体验科学发展，领悟科学发展，真正确立科学发展的新理念。三是示范引领作用。科学建家的新理念、金点子、小窍门等，一经在试点村居、先行户的具体实践中取得实际成效，在群众中就会迅速形成一传十、十传百的积聚效应，收到潜移默化、润物无声的良好效果。四是促进保障作用。依托节能减排、绿色生活、科学生产等科学建家活动，能够有效破解科学发展面临的难题，成为全社会落实科学发展观稳固的基础和强有力的起点，实现家庭建设境界和品质革命性的提升，使科学建家成为主旋律，家的建设被引入一股强劲的活力，把家的发展带入一个先进的方向。

## 二、试验示范推广科学发展示范家庭模式的实践方法

按照“统筹谋划、分步推进、迅速突破、持续展开”的整体推进格局，坚持以人为本，突出创新创造，鼓励各展其长的原则，试验示范推广工作得到了顺利持续推进。

一是创建科学建家的新标准，把学习实践科学发展观与群众对幸福港湾的新期待书写在一幅画卷上。2008 年 3 月，唐山市妇联连续 3 天先后召集 71 名基层干部群众进行面对面座谈讨论，并走访请教了部分专家学者，向 1000 多名群众求计问策，把科学发展的理念与群众对幸福的需求和丰富的建家实践紧密融合，制定了总体实施方案和五年规划，创造性地总结提炼了“以德治家、阳光发展、节能减排、绿色生活、科学生产、平等和谐”六条科学建家标准，细化深化出 25 项具体评价内容，在全新层次上实现了家的时代构建。

二是创建科学建家的新实践。按照“科学建港湾、大家一起做”的思路，有效激发群众自觉参与创建的热情。宣传动员一起做。坚持以大型集中活动广泛发动群众，层层举办启动仪式 100 多场，5 万多名群众参与科学建家签名活动，近 20 万户家庭递交了科学建家言行自律承诺书。坚持以入户宣传深入引导群众，围绕科学理念进万家编印下发成果汇编 3 种 6000 册、宣传画册 32 种 60 余万册；拍摄电视专题片 3 部；创作科学建家文艺作品 100 多个；制作永久性高标准宣传牌 1300 多块；发放环保购物袋 18 万个；专门设计制作中国结、挂历等入户宣传品 50 多万份（件）；编发专题简报 157 期。互动互学一起做。利用社区活动站、村民活动中心和自助学堂等场所，组织引导群众围绕“科学建家、创造幸福生活”主题，举办科学建家大讲堂、大家谈 1200 多场次。开展科学建家金点子、小窍门征集活动，通过巾帼骑游队巡回宣传，举办农民歌会，为群众对标创建、交流方法、互学互动搭建广阔平台。风采展示一起做。组织全市性群众科学建家风采展示大赛、演讲大赛、文艺演出、成果展等大型活动 50 余场次，集中展示创建活动中家庭节能减排的优秀创意、科学扮家巧手制作的优秀成果、家庭阳光发展的书画作品和综合才艺，给群众搭建展示自我、实现自身价值的广阔平台。实事项目一起做。一方面，市政府面向广大家庭，给予政策、资金等各方面的扶持。先后出台了家庭建设使用沼气池、太阳能、红瓦顶、绿照产品、节能家电等一系列奖补政策，发放大型农机具购置以及家电、汽车、摩托车下乡等补贴资金 7 亿多元，惠及 150 余万农户。另一方面，市妇联先后同 34 个市直职能部门和企事业单位合作，启动实施实事项目 23 个，争取资金支持 2120 万元，全部实施后，直接受益群众可达 28.5 万人次。

三是探索试验示范推广工作新路径。依托试点村居突破，迅速打开创建局面。坚持把工作重心和着力点放在最基层，全力在村（居）层面实施突破，首批 288 个试点单位按照“九个一”标准（制定一个可操作性强的实施方案，确定一个特色创建主题，开展一系列群众性创建活动，建立一个图文并茂的宣传阵地，创建一套激励群众参与的机制和办法，培养一批“科学发展示范家庭先行户”，建立一套完善的档案资料，建设一支科学建家的志愿者队伍，制定一个为群众科学建家办实事的具体计划），创新载体，发动群众，强力推进，很快呈现出各具特色、竞相创建的生动局面，适时组织召开了现场推进会、命名表彰大会，推动和活跃了全局。依托明星家庭引领，迅速使科学建家达到较高水准。按照家庭自评、群众互评、基层组织评审的评选程序，选树了一批具有示范性、引领性、生动鲜活的典型群。每年隆重进行命名表彰，举办明星家庭论坛等集中宣传展示活动，群众纷纷效仿。依托建家模式支撑，迅速推出科学发展进家庭的具体抓手。通过及时发现和总结试点村（居）和明星家庭的创建经验，及时归纳出“家庭阳光发展、家庭节能减排、家庭科学生产、家庭健康生活、家庭绿色消费、家庭平等和谐”六种具体推进模式，每一种模式都具有融主体内容、活动载体、项目支持、量化成果“四位一体”的实践推广体系，六个体系互为补充、互相促进，集规律性、引领性、可操作性于一身，一年多的时间，已示范推广到了1100多个村（社区）。

四是构建科学建家的新机制，形成群众性科学建家实践的强大合力。建立健全了组织协调机制。全市成立了市、县、乡、村四级组织机构，迅速形成了党委领导、政府支持、妇联牵头、部门配合、群众参与、上下贯通的工作格局。建立健全了统筹纳入机制。市委明确规定：“建设科学发展示范村（社区），科学发展示范家庭的比例不低于40%。”建立健全了社会评估激励机制。制定了科学发展示范家庭评估指导办法，建立健全一整套评价体系，每年对科学发展示范家庭和科学发展示范明星家庭进行一次表彰奖励。建立健全了总结提高机制。注重总结鲜活经验、提升创新层次。市妇联建立了科学建家创新组，聘请7名国家、省、市级专家组成顾问团，对创建实践进行跟踪调研，不断深化对科学建家规律性的认识。建立健全了经费保障机制。各级财政拨出专项经费支持活动开展。

## 三、试验示范推广科学发展示范家庭模式的主要成效

试验示范推广工作坚持为群众、靠群众、让群众受益的出发点，得到广大群众的积极响应，群众的创建主体作用越来越突出，近百万个家庭踊跃参与，3876人成为科学建家志愿者，2.67万个家庭被评为科学发展示范家庭，实现了“六个新”：一是节能减排成为新时尚。很多群众讲，过去不敢在人前提起家里省着用水、用电，怕别人笑话自己“抠门”。在科学建家活动中，通过“家庭节能算减法，社会节能算乘法”，由衷感到家庭节能减排潜力无穷、充满魅力，是一种光荣，更是一份责任。众多家庭积极践行“家庭节能六件事”，创新总结各种节能减排金点子、小窍门2000多个，研制节能减排实用物品8万多件，2万多个农村家庭建设了太阳能、沼气池、吊炕、卫生厕所等节能环保设施。在一大批科学建家先行户中，通过家庭节能减排，一个农村家庭一年可减少水电等支出1500～2000元；一个城市家庭每月可减少支出20～40元。二是阳光发展成为新亮点。越来越多的家庭注重建设学习型家庭，讲求科学教子，提高家庭可持续发展能力。有的试点村户户设立了读书角，有的家庭订阅报刊达6、7种，实现了家长有作为、子女有发展。三是科学生产成为增收新举措。涌现出了一大批注重采用新技术、引进新品种、循环利用资源、生产绿色农产品的示范村和先行户。四是绿色消费成为新习惯。“绿色消费进我家、节能环保我先行、自然健康我幸福”的绿色消费理念深入人心，众多家庭主动践行家庭绿色消费十件事，拒绝家庭过度消费五件事，积极使用十项节能新产品，5万多个家庭建立了消费档案和消费日记。五是健康

生活成为新追求。更多的家庭开始追求健康饮食、科学健身，自觉打造生态宜居环境，91 万人建立健康档案、制定健康计划，更加注重提高生活质量和健康水平。六是平等和谐成为新境界。“科学建家、收获和谐”成为模式推广的一道亮丽风景。

## 四、试验示范推广科学发展示范家庭模式工作的社会反响

模式的试验示范推广工作使科学发展观真正走进了寻常百姓家，丰硕的创建成果得到各级领导和社会各界的高度认可，在社会上引起了强烈反响。突出体现在六个方面：一是成为全市科学发展示范工程的重要组成部分。被确定为全市科学发展示范单位创建六大体系之一，市委两次以正式文件印发实施方案，市四大班子领导共 59 人次，先后 8 次出席全市性大型集中启动和推进活动。创建目标及成果 5 次正式写入市委八届五次全会报告等重要文件。二是成为各级领导关注的群众性学习实践科学发展观的重要载体。全国妇联副主席陈秀榕，省委常委、市委书记赵勇，市委副书记张义珍等 15 名市以上领导，先后 39 次对创建活动做出重要指示、给予充分肯定。三是成为专家学者高度评价的理论和实践紧密结合的创新工程。中国首席社会学家、人民大学教授郑杭生，中国妇女报副总编谢丽华、孙钱斌，中国妇女研究所理论室主任丁娟等 13 名专家学者专程开展调研活动 5 场次，专门发表文章、言论 11 篇次，肯定科学发展进家庭的巨大社会意义，肯定在全国率先开展科学建家活动对推动家庭建设具有极高的创新价值、统领价值，系统性强，特别可持续；肯定科学发展示范家庭模式是一项重大的创新工程，是一项扎扎实实的民心工程，科学建家，幸福千万家。四是成为群众科学建家、营造幸福港湾的一条成功路径。群众在创建实践中形成了广泛认同的价值观念：“科学发展就在家庭生产生活的点点滴滴中”、“过好日子就得讲科学”、“科学发展示范的家就是心中向往的好日子”。五是成为彰显唐山科学发展魅力的突出亮点。省委办公厅、省委学习实践科学发展观活动办公室和市委办公厅等，先后专题刊发创建经验 34 篇，人民日报、中央电视台、中国妇女报等 37 家市以上新闻媒体等刊发科学建家宣传稿件 1378 篇次。六是成为唐山妇联工作有影响力的品牌项目。市妇联先后 7 次在全国和谐家庭建设经验交流会和河北省学习实践科学发展观活动座谈会、河北省妇女工作会议等重要会议上介绍科学建家经验，成功做法在全省、全国推广。2009 年 6 月和 2010 年 3 月两次获唐山科学发展模式试验示范工作优秀奖；2010 年 1 月荣获唐山市首届科学发展创新奖。

# 第十九章　唐山市农合联积极推广农民专业合作经济组织发展模式

农民专业合作经济组织发展模式是市农民合作经济组织联合会（简称农合联），县农合联（含市农合联县、区工作站），县农合联乡镇分会，各村农民专业合作经济组织、专业合作社、各类协会等加入的四位一体的组织网络体系。各级农合联的职能是整合社会资源、壮大农民组织，开展信息服务、扩大信息来源，开展技能培训、提高农民素质，组织经济交流、推介名优产品，培育包装项目、打造物流企业，组织科技下乡、破解生产难题，选树会员典型、推广先进经验，加快实现农业产业化、现代化。农民专业合作社是农民自愿参加的以农户经营为基础，以某一产业或产品为纽带，以增加成员收入为目的，在资产、技术、生产、购销、加工等方面互助合作的经济组织。农民专业合作社可分为生产合作型、销售合作型、科技服务型、中介服务型、综合服务型、专业集群型等。农民专业合作组织要充分发挥组织功能、中介功能、载体功能和服务区功能，为农户、会员提供综合性系列化服务，组织科技交流及行业指导，维护农民、会员权益。

农民专业合作经济组织发展模式体现“以人为本”和农民组织化推动农业产业化、现代化的理念；创新点是扩大服务“三农”的领域和方式，帮助农民提高素质，带领农民闯市场，通过各种形式为农民办好事、办实事；着重解决当前大多数农民合作经济组织规模小、发展慢、信息不灵及抵御市场风险能力差的问题。

近年来，唐山市供销社认真学习贯彻科学发展观，紧紧围绕建设科学发展示范区和人民群众的幸福之都，以统筹城乡发展为目标，以服务“三农”、造福百姓为已任，立足创新组织、创新经营、创新服务，按照“组织成员社会化、产业结构多元化、工作职能服务化”的新型合作经济组织形态，在市、县供销社组建了农合联。依托农合联，构建起发展农民专业合作社的新模式。唐山市供销社、农合联主创的农民专业合作经济组织发展模式连续三年被唐山市委、市政府列入了全市 60 个科学发展模式之中。通过市、县农合联的不懈努力，模式试验示范工作取得了明显成效。全市农民合作经济组织已发展 1105 个。其中农民专业合作社 617 个，涉农协会 488 个，2009 年为农民销售农产品总值 61 亿元，助农增收 11.7 亿元。农民专业合作经济组织发展模式的实施，大大提高了农民的组织化程度，促进了农民增收。2009 年度，唐山市供销社、唐山市农合联分别被唐山市委、市政府评为了“科学发展模式试验示范工作优秀单位”和“唐山市科学发展创新二等奖”；被全国供销合作总社评为了“全国供销社系统先进集体”和“全国供销社行业领军社”。

## 一、顺应农村体制改革，创新合作组织机制

随着我国农村经济社会的快速发展和农村体制改革的不断深化，唐山市各类农民合作经济组织得到迅速发展，这些合作经济组织立足当地优势资源和特色产业，利用供销社人才、网络、设施等条件，采取多种方式积极领办农民专业合作社。带动农民专业合作社开展信息、营销、技术、农产品加工存储等服务，推进规模化种养、标准化生产、品牌化经营，提高农产品质量安全水平和市场竞争力，在解决千家万户小生产与千变万化大市场之间的矛盾，提高农民的组织化程度，促进农业增效、农民增收方面发挥了积极作用。但在一些地方，农民合作经济组织发展还远远不适应农村经济快速发展的要求，一些合作经济组织规模小、服务功能弱、带动能力差、帮助农民增收难的问题还比较突出。特别是随着农业产业化的发展和城乡一体化、城乡等值化的推进，农业、农村、农民进一步改变生产方式、提高生产力急需在信息、销售、种养技术、资金等多方面得到服务和支持。而构建新型的农村社会化服务体系，打造农民专业合作经济组织科学发展模式正是解决这些问题的重要举措和关键所在。我们所打造的农民专业合作经济组织发展模式是贯彻落实《国务院关于加快供销合作社改革发展的若干意见》文件精神，以市农合联、县农合联、县农合联乡镇分会、村级农民专业合作社形成的四级农民合作经济组织网络体系为依托，大力发展农民专业合作社，培育龙头企业，把“龙头企业＋专业合作社＋农户”作为参与农业产业化经营的主要形式，通过专业合作社使农户与龙头企业对接，实行订单生产、保护价收购。扩大服务“三农”的领域和方式，帮助农民提高素质，带领农民闯市场，采取各种形式为农民办好事、办实事，解决大多数农民合作经济组织规模小、发展慢、信息不灵及抵御市场风险能力差的问题。近两年市县两级农合联通过推行农民专业合作经济组织发展模式，大力整合社会资源，壮大农民合作组织，开展信息服务、农民培训，搭建农产品销售平台，组织经济技术交流活动等，加快推进了农业产业化、现代化进程，初步显现了农民专业合作经济组织发展模式的经济效益和社会效益，深受广大农民欢迎。供销社成为农业社会化服务的骨干力量，农村现代流通的主导力量，农民专业合作的带动力量。

## 二、采取切实有效措施，营造模式发展氛围

为了夯实基础，扎实推进模式试验示范工作，按照全市科学发展模式工作统一要求，及时成立了农民专业合作经济组织科学发展模式领导小组，确定了办事机构和具体工作人；制定印发了2009年农民专业合作经济组织科学发展模式试验工作实施方案，明确了目标任务、实施步骤和保障措施；印发了《农民专业合作经济组织科学发展模式试验工作考评办法》；建立了农民专业合作经济组织科学发

展模式实验工作档案；建立了专家指导咨询机制，定期进行咨询交流；组织编发了《中华人民共和国农民专业合作社法》宣传手册和《全市50家典型农民专业合作社宣传册》在全市范围内进行宣传、推广；市农合联在机关大楼通道和办公室制作了宣传牌，在办公大院显著位置安装了市模式办模式试验点标志牌。为了使模式试验示范工作得到有效开展，市农合联还组织筹措和发放扶持农民合作经济组织建设资金68.5万元。其中争取省农合联资金30万，争取市模式办资金23万元，市供销社、市农合联自筹下拨资金15.5万元。

## 三、加快创新发展方式，不断增强服务功能

市县农合联积极采取有效措施，以建立健全服务体系、组织开展农产品销售为重点内容，深入推进农民专业合作经济组织发展模式试验示范工作。

### 1. 建立市县乡村“四位一体”的农民合作经济组织服务体系

全市已发展县级农合联12个，乡镇及分会79个，村级专业合作社617个，涉农协会488个。会员总数已占全市农民合作经济组织总数的80.5%，基本形成了覆盖全市的农民合作经济组织服务体系。仅2009年就发展了农民专业合作社200个。

### 2. 开展农超对接活动

先后在滦南、遵化、丰润、玉田、唐山市区召开会议，组织农民专业合作社等生产商与市内各大超市、宾馆、学校、医院、大厂企食堂等采购商搞对接，进行面对面的农产品洽谈、交易活动。同时还组织重点农民专业合作社、农产品经纪人到廊坊、山东、海南等省内外地区参加农产品展示交易会，积极宣传推介了唐山农产品，扩大了产品销路。2009年，通过组织农民专业合作社参与农交会、农展会和农超对接会，帮助农民销售农产品20亿元，带动农户17万户，助农增收3亿元。

### 3. 培育农产品龙头企业

市农合联新组建了唐山市农合联产品销售有限公司，面向市内外大型超市，开展农产品物流配送业务。目前该公司与乐亭、丰南等县区的30多个农民专业合作社签订了合作协议，建立了农产品生产基地3万亩，注册了“农合联”品牌，在唐山市内及天津华润万家、天津家乐福等各大连锁超市设立了果菜销售专柜。2009年，该公司销售农产品5000多万元。市农合联还结合县农合联培育了迁西胡子工贸有限公司、迁安乐丫农产品开发有限公司等20多家农产品销售龙头企业。这些龙头企业在提高农民组织化程度、带基地、带农户、助农增收等方面都发挥了重要作用。

#### 4. 培育农产品品牌

2009年，全市农合联帮助农民专业合作社注册各类农产品品牌58个。通过培育品牌，不断提高了农民的品牌意识、标准化生产意识和市场竞争意识。

#### 5. 开展信息服务工作

唐山市县农合联建网站13个，办会刊13份，2009年为农民提供政策法规、科技知识、农产品供求信息等10万多条。玉田县农合联还在重点蔬菜、果品产区设立了10家视频医院，开展了网上专家咨询，帮助农民提高农技水平。

#### 6. 大力组织农民培训工作

近几年，市县农合联把组织开展农民培训作为服务“三农”的重要任务来抓，采取专家讲座、网上讲课等多种形式举办科技、法律、市场营销、职业技能等各类培训班。三年来，全市农合组织共培训农民80万人。其中市县农合联举办农产品经纪人、庄家医生、合作经济管理师等职业技能培训班25期，2338人取得了国家人力资源和社会保障部颁发的职业资格证书。经过培训的农民，绝大多数人成了农民致富的带头人，在当地农村经济发展中发挥了重要作用。

#### 7. 积极探索金融服务创新工作

为解决农民生产、经营活动中资金短缺问题，唐山市农合联结合县农合联，在迁西县首创了4家农村资金互助农业合作社。在乐亭县推行了“金穗惠农卡”，发放小额贷款1000多万元。在丰南区、滦县分别创办了农业小额贷款担保公司，为农民合作经济组织生产经营提供贷款担保。两家公司现已提供担保额1800多万元。

#### 8. 选树培育引领示范典型

唐山市农合联选树培育的滦南县农合联典型，在全市农民合作经济组织发展模式试验示范工作中较好发挥了引领示范作用，已被市委、市政府确定为科学发展模式示范点。选送推荐的张国华、杨福成、郝臣、许晓冰等农合联会员被市委、市政府评为“唐山市十大杰出农民”。选送推荐的迁西县喜峰口板栗专业合作社理事长张国华、迁安市农产品开发有限公司总经理许晓冰、迁安市嘉禾农产品开发有限公司总经理沈秀华、唐山市农合联农产品销售有限公司总经理陈川和赵振海5人被中国农产品流通经纪人协会、共青团中央、全国妇联、国家工商总局评为“全国百佳农产品经纪人”。

# 第三篇

# 科学发展指标体系设计

# 第二十章　科学发展指标体系构建原理

## 第一节　科学发展的三大元素：动力—质量—公平

本报告构建科学发展指标体系的理论基础，充分体现了人与自然的和谐、人与人关系的和谐两大主题，实现了科学发展动力、发展质量和发展公平三大元素的逻辑自洽。因此，科学发展的度量，包括三个有机统一的本质元素。

第一，科学发展的“动力”表征。一个区域的“发展实力”、“发展潜力”、“发展速度”及其可持续性，构成了推进该区域“发展”的动力表征，其中包括自然资本、生产资本、人力资本和社会资本的总和，以及对上述四种资本的合理协调、优化配置、结构升级以及对于创新能力和竞争能力的积极培育等。它以解放生产力、提升生产力为基础，以调整生产关系、优化生产关系为核心，以构建创新型区域为标志，充分体现在区域的观念创新（思想理论的突破）、制度创新（生产关系优化的突破）、科技创新（生产力发展的突破）、管理创新（社会组织能力的突破）、文化创新（文明演进路径的突破）等多个方面。

第二，科学发展的“质量”表征。一个区域的“人与自然协调”、“文明程度”和“生活质量”及其对于理性需求（包括物质的和精神的需求）的整体接近程度，构成了衡量区域“发展”的质量表征，其中包括区域物质支配水平、生态环境支持水平、精神愉悦水平和文明创造水平的综合度量。它以寻求环境与发展的平衡、供给与需求的平衡、生产与消费的平衡为目标，创建资源节约与环境友好型社会，实现能源与资源创造财富的“四倍跃进”。“质量”体现在节约型国民生产和消费体系建设、促进人与自然和谐的生态建设、促进人的全面发展能力的建设，以及人民幸福指数建设等方面。

第三，科学发展的“公平”表征。一个区域的“共同富裕”程度及其对于贫富差异和区域差异的克服程度，构成了判断区域发展的公平表征。其中包括人均财富占有的人际公平、资源共享的代际公平和平等参与的区际公平的总和。“公平”体现在缩小区域差别，缩小贫富差别，创造机会平等，建立区域一体的管理体系、社会保障体系、基础设施网络体系，实现公共服务一体化和均等化等诸方面。

只有上述三大宏观识别同时包容在科学发展进程的不同阶段之中，区域所表现的“发展形态”才具有了统一可比的指标基础，对于科学发展的比较才具备了可观控的和可测度的共同内容。

## 第二节　科学发展的五大基本表征

从深层次的内核去表述，最终必须将科学发展动力归纳为区域发展的“零间断”，将科学发展质量归纳为区域攀越三类“零增长”的台阶，将科学发展公平归纳为区域发展的“零差异”。

1）实现区域创新发展与持续发展的“零间断”，科学发展战略必须走向区域全面、协调和可持续发展的道路，它意味着应当不断加强观念创新、技术创新、体制创新、管理创新和文化创新，增强创新对区域经济社会发展的驱动能力。与此同时，对应在区域经济社会的科学发展与可持续发展上，则必须有着明显的增强。这一组完全非对称的组合，揭示了消除区域发展动力“瓶颈”的基本内涵。

2）实现区域人口数量和规模的“零增长”，是科学发展战略必须越过的第一个台阶，它意味着首先应当突破人口巨大增长所带来的压力，而后才可以逼近和达到区域生存支持系统在承载能力上的宏观稳定（零增长）。在实现这一零增长的同时，对应在人口素质和能力的提高上，则必须有着明显的高增长。这一组完全非对称的组合，揭示了消除区域发展质量第一个“瓶颈”的基本内涵。

3）实现区域资源和能量消耗速率的“零增长”，是科学发展战略必须越过的第二个台阶，它意味着在区域财富不断增长的前提下，保持资源消耗的常量状态或减量状态，以实现地球承载力的永续支撑能力。与此同时，对应在区域社会财富积累的提高上，则必须有着明显的高增长。这一组非对称的组合，揭示了消除区域发展质量第二个“瓶颈”的基本内涵。

4）实现区域生态环境退化速率的“零增长”，是科学发展战略必须越过的第三个台阶，它意味着区域的生活质量和生存空间在不受威胁的基础上，不间断地推动生态文明的进程和人类自身的完善。与此同时，对应在生活质量与生存空间的建设和提高上，则必须有着明显的改善。这一组完全非对称的组合，揭示了消除区域发展质量第三个“瓶颈”的基本内涵。

5）实现区域公共服务和机会平等的“零差异”，是科学发展战略必须走向的区域公平发展的道路，它意味着区域的协调与协同发展，在不彻底消除乡村面貌和保存乡村文化遗产的前提下，实现农村与城市在公共服务、生活质量方面的等质化。与此同时，对应在农村居民和新增城镇居民的生存条件、生活方式和生活质量的提升上，则必须有这明显的改善。这一组完全非对称的组合，揭示了消除区域发展公平“瓶颈”的基本内涵。

以上五组非对称性的“零间断、零增长或零差异”，是科学发展度量的根本指导原则和标准，它们将保证从本质上把科学发展战略所关注的中心内容，即协调人口、资源、环境与区域发展在质量和公平上所表征的总体关系，置于不同发展阶段（时间上）和不同地理区域（空间上）的背景下，并能随时动态地对其进行宏观的度量和判断。无疑它已在可持续发展的初始定义中，向着精确化、数量化的方向前进了一大步。城市化战略的五“零”目标，是在承认增长、承认提高、承认发展的前提下，运用人类的组织能力、学习能力和创造能力即不断追求知识、技术、创新、智慧、文明等必然实现的总归宿。实施科学发展战略的度量标准，正是在以上五项总原则的指导下，加以细化和分类的。

# 第二十一章　科学发展指标体系的基本表达

## 第一节　科学发展指标体系的统计原则

从具体操作层面来说，构建的科学发展指标体系应符合以下标准（付允，2009）：

1）指标体系的完备性。指标体系就评价目的和目标来说应该能够全面反映评价对象的各方面特征。在构建指标体系之前，应用物理—事理—人理的方法论，深入分析和挖掘评价对象的潜在特征，并广泛征求与评价对象相关人员的意见，尽可能列出所有影响评价结果的指标，建立一个比较完备的指标库。理论上讲，为了达到指标体系的完备性标准，指标数量应尽可能多一些。在构建指标体系时，我们往往都会选择尽可能多的指标供专家筛选，因此，指标体系完备性的这一标准比较容易满足。

2）指标体系精简性。为保证指标体系的完备性，将指标库所有的指标都加入到指标体系是不科学的和不经济的。因为指标数量的增多意味着数据获取成本的增加，另外指标之间可能存在一定的相关性，致使一些指标成为冗余指标。因此，指标体系要在信息全面性和指标数量尽可能少之间寻找最优均衡点。

3）指标体系的普适性。同类评价对象之间存在空间上的差异性，用同一指标体系进行测评难免存在一定的系统误差，因此构建指标体系时应该尽量控制指标体系的灵敏度，使其具有普适性。

依据中国科学发展的理论内涵、结构内涵、功能内涵和统计内涵，我们建立了由三大体系组成的衡量中国科学发展水平的指标体系。这些指标以及由这些指标形成的体系，力求具备：

1）内部逻辑清晰、合理、自恰；

2）简捷、易取，所代表的信息量大；

3）权威、通用，可以在统一基础上进行宏观对比；

4）层次分明，具有严密的等级系统并在不同层次上进行时间和空间排序；

5）具有理论依据或统计规律的权重分配、评分度量和排序规则。

## 第二节　科学发展指标体系的框架设计

衡量中国科学发展的指标体系构成了一个庞大的和严密的定量式大纲，依据各个指标的表现和位置，既可以分析、比较、判别和评价中国科学发展的水平，又可以还原、复制、模拟、预测中国科学发展的未来演化、方案预选和监测预警。它应当成为决策者、管理者和社会公众认识和把握中国科学发展水平的基本工具。

中国科学发展的指标体系，分为总体层、系统层、状态层、变量层和要素层五个等级。

1）总体层。总体层用于表达中国科学发展水平，它代表着宏观识别国家科学发展的总体态势和总体效果，以及对于中国科学发展战略实施动态调控的总体把握。图 21-1 构建了中国科学发展指标体系的技术路线图。

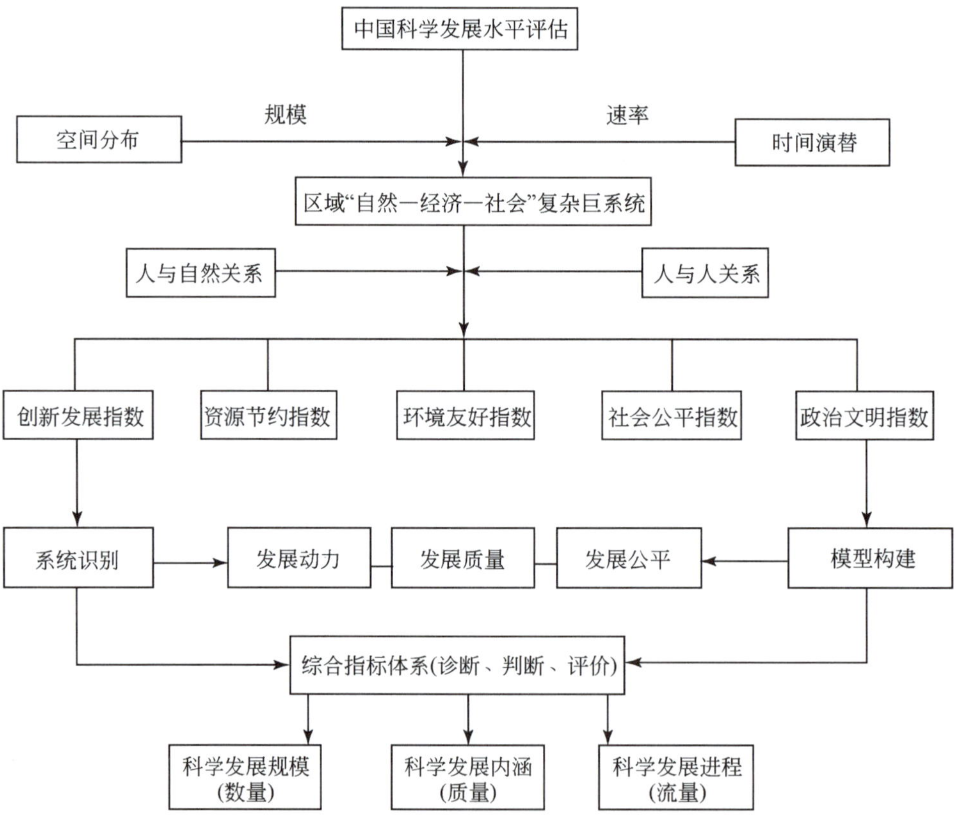


图 21-1　中国科学发展指标体系的技术路线图

2）系统层。依照区域系统的理论解释，将区域内部的逻辑关系和函数关系分别表达为：科学发展动力系统、科学发展质量系统和科学发展公平系统。

3）状态层。状态层是指在每一个划分的支持系统内，能够代表系统状态行为的关系结构。在某一时刻的起点，它们表现为静态的，随着时间的变化，它们呈现动态的特征。状态层指标包括创新发展指数、资源节约指数、环境友好指数、社会公平指数和政治文明指数。

4）变量层。变量层从本质上反映、揭示状态的行为、关系、变化等的原因和动力。变量层共遴选 16 个变量来加以表征。

5）要素层。采用可测的、可比的、可以获得的要素及要素群，对系统状态层的数量表现、强度表现、速率表现给予直接地度量。本报告采用了 70 个“要素”或称“指标”，全面系统地对科学发展进行了定量的描述，构成了指标体系的最基层的要素。

# 第二十二章　科学发展指标体系设计

## 第一节　中国科学发展指标体系

在建立中国科学发展概念模型和总体识别的原则下，本报告拟定了 70 项要素组成的要素层，其结构框架如图 22-1 所示。

**中国科学发展指标体系（CSD）**

0　科学发展总水平
　0.1　创新发展指数
　　0.1.1　信息化水平
　　　0.1.1.1　互联网上网人数/总人口
　　　0.1.1.2　移动电话用户数/总人口
　　0.1.2　全球化水平
　　　0.1.2.1　外商实际投资/GDP
　　　0.1.2.2　外贸依存度
　　　0.1.2.3　国际旅游收入/GDP
　　0.1.3　人力资源水平
　　　0.1.3.1　人均教育经费支出
　　　0.1.3.2　人力资源优化度
　　　0.1.3.3　人均受教育年限
　　　0.1.3.4　职业学校毕业生数
　　　0.1.3.5　万人拥有大学生数
　　0.1.4　科技贡献水平
　　　0.1.4.1　科技市场成交额占 GDP 比例
　　　0.1.4.2　高技术产品出口占总出口额比例
　　　0.1.4.3　万人拥有科技人员数
　　　0.1.4.4　R&D 经费占 GDP 比例
　　　0.1.4.5　万人专利授权量
　0.2　资源节约指数
　　0.2.1　集约化水平
　　　0.2.1.1　万元 GDP 水耗

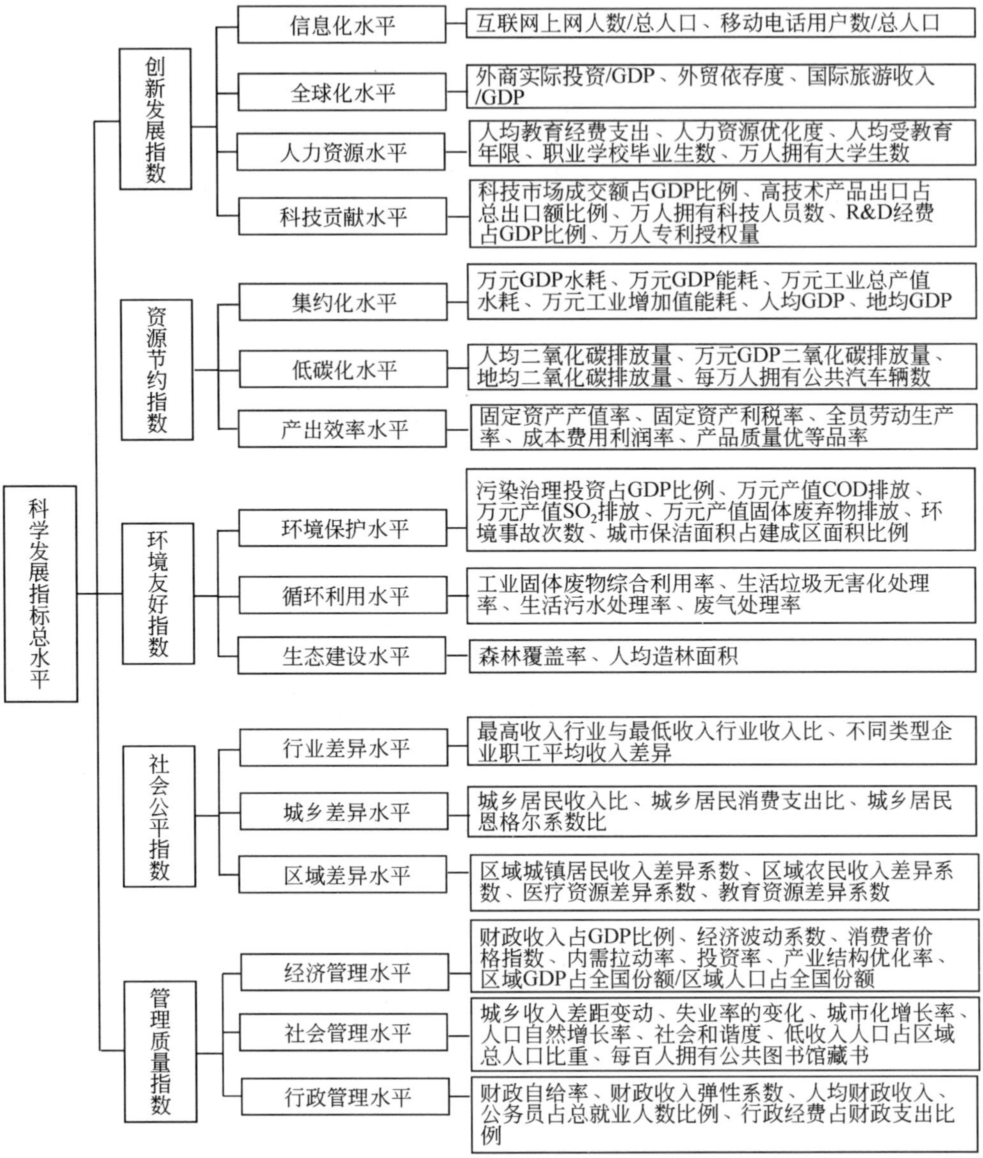


图 22-1　中国新型城市化指标体系结构框架图

0.2.1.2　万元 GDP 能耗

0.2.1.3　万元工业总产值水耗

0.2.1.4　万元工业增加值能耗

0.2.1.5　人均 GDP

0.2.1.6　地均 GDP

0.2.2　低碳化水平

0.2.2.1　人均二氧化碳排放量

0.2.2.2　万元 GDP 二氧化碳排放量

0.2.2.3　地均二氧化碳排放量
0.2.2.4　每万人拥有公共汽车辆数
0.2.3　产出效率水平
0.2.3.1　固定资产产值率
0.2.3.2　固定资产利税率
0.2.3.3　全员劳动生产率
0.2.3.4　成本费用利润率
0.2.3.5　产品质量优等品率
0.3　环境友好指数
0.3.1　环境保护水平
0.3.1.1　污染治理投资占 GDP 比例
0.3.1.2　万元产值 COD 排放
0.3.1.3　万元产值 $SO_2$ 排放
0.3.1.4　万元产值固体废弃物排放
0.3.1.5　环境事故次数
0.3.1.6　城市保洁面积占建成区面积比例
0.3.2　循环利用水平
0.3.2.1　工业固体废物综合利用率
0.3.2.2　生活垃圾无害化处理率
0.3.2.3　生活污水处理率
0.3.2.4　废气处理率
0.3.3　生态建设水平
0.3.3.1　森林覆盖率
0.3.3.2　人均造林面积
0.4　社会公平指数
0.4.1　行业差异水平
0.4.1.1　最高收入行业与最低收入行业收入比
0.4.1.2　不同类型企业职工平均收入差异
0.4.2　城乡差异水平
0.4.2.1　城乡居民收入比
0.4.2.2　城乡居民消费支出比
0.4.2.3　城乡居民恩格尔系数比
0.4.3　区域差异水平
0.4.3.1　区域城镇居民收入差异系数
0.4.3.2　区域农民收入差异系数
0.4.3.3　医疗资源差异系数
0.4.3.4　教育资源差异系数
0.5　管理质量指数

0.5.1　经济管理水平

0.5.1.1　财政收入占 GDP 比例

0.5.1.2　经济波动系数

0.5.1.3　消费者价格指数

0.5.1.4　内需拉动率

0.5.1.5　投资率

0.5.1.6　产业结构优化率

0.5.1.7　区域 GDP 占全国份额/区域人口占全国份额

0.5.2　社会管理水平

0.5.2.1　城乡收入差距变动

0.5.2.2　失业率变化

0.5.2.3　城市化增长率

0.5.2.4　人口自然增长率

0.5.2.5　社会和谐度

0.5.2.6　低收入人口占区域总人口比重

0.5.2.7　每百人拥有公共图书馆藏书

0.5.3　行政管理水平

0.5.3.1　财政自给率

0.5.3.2　财政收入弹性系数

0.5.3.3　人均财政收入

0.5.3.4　公务员占总就业人数比例

0.5.3.5　行政经费占财政支出比例

## 第二节　科学发展指标体系的指标解释

中国科学发展指标体系中的指标分为两种类型：一类是单一指标，它能够反映中国科学发展某一方面的水平，这类指标一般能在统计年鉴上直接找到；另一类是复合指标，即两个或三个指标通过简单算术运算得到的指标，它包含了更为丰富的内涵，如万元 GDP 能耗。本报告主要对指标体系中涉及的重点复合指标进行内涵和计算方法的解释。

1）平均受教育年限。平均受教育年限是指某一人口群体人均接受学历教育（包括成人学历教育，不包括各种非学历培训）的年数，计算公式为：

$$\text{人均受教育年限}\ \bar{Y} = \frac{\sum P_i E_i}{P}$$

计算人均受教育年限时，需对三个要素即特定的人口群体（$P$）、受教育程度分类（$i$）和系数（$E_i$）进行界定。由于 $P$ 和 $i$ 可根据实际需要选择，系数（$E_i$）的计算就成为影响计算结果的主要因素。本报告以现行学制年数为系数，即大专以上文化程度 16，高中文化程度 12，初中文化程度 9，小学文化程度 6，文盲 0。

2）固定资产产值率。固定资产产值率是指一定时期内总产值与固定资产平均总值之间的比率，或每百元固定资产提供的总产值。其计算公式是

固定资产产值率 = 总产值/固定资产平均总值

3）固定资产利税率。固定资产利税率是指在一定时期内已实现的利润、税金总额与同期的固定资产净值之比，反映每单位（通常是每万元）固定资产所提供的利润税金额。计算公式是

固定资产利税率 = 报告期累计实现利税总额/固定资产净值平均余额 ×100%

4）全员劳动生产率。全员劳动生产率是指反映企业的生产效率和劳动投入的经济效益。一般用平均每人一年创造的工业增加值表示。计算公式为

全员劳动生产率（元/人）= 工业增加值/全部职工平均人数

5）万元 GDP 二氧化碳排放量。万元 GDP 二氧化碳排放量是指经济发展的低碳化水平，计算公式为

万元 GDP 二氧化碳排放量 = 二氧化碳排放量/GDP

本报告在计算二氧化碳排放时采用的是排放系数法，即采用 Carbon Trust 和徐国泉、胡初枝等所确定的各种能源的热量系数和排放系数，具体见表 22-1。煤炭的二氧化碳排放系数计算方式为：首先将煤炭转化为标准煤，煤炭标准煤系数为 0.7143，再根据煤炭的碳排放系数计算碳排放系数为 0.7476t（C）/tce，再根据碳排放系数计算煤炭的二氧化碳排放系数为 1.96t（$CO_2$）/tce。

**表 22-1　各种能源的热量系数和二氧化碳排放系数**

| | 煤　炭 | 燃料油 | 汽　油 | 煤　油 | 柴　油 | 天然气 |
|---|---|---|---|---|---|---|
| 热量系数/（kW·h/t） | | 12 087 | 11 973.46 | 11 973.46 | 12 668 | 11 |
| 排放系数/（kg $CO_2$/kW·h） | 1.96t（$CO_2$）/tce 标煤 | 0.26 | 0.24 | 0.24 | 0.25 | 0.19 |

资料来源：Carbon Trust，徐国泉，胡初枝

6）地区城镇居民收入差异系数。地区城镇居民收入差异系数是指省份之间的城镇居民收入差异，其计算公式为

$$\lambda_i = \frac{\sum_{j=1}^{n} (x_j - x_i) \mid x_j > x_i}{n \bar{x}}$$

其中 $\lambda_i$ 为第 $i$ 省的差异系数，$x_i$ 和 $x_j$ 分别为第 $i$ 和第 $j$ 省的城镇居民可支配收入，$n$ 为省份数，$\bar{x}$ 为城镇居民平均可支配收入。地区农民收入差异系数、医疗资源差异系数和教育资源差异系数的计算方法与此相同。

7）财政自给率。财政自给率是指地方财政一般预算内收入与地方财政一般预算内支出的比值，财政自给率是判断一个城市发展健康与否的一个重要指标。

8）公务员服务收益。公务员服务收益是指每个公务员为公众服务所创造的收益，一般用公务员人均财政收入来衡量，计算公式为

公务员服务收益 = 财政收入/公务员人数

9）财政收入弹性系数。财政收入弹性系数是衡量 GDP 的变化所引起的财政收入的相对变化的指标，其计算公式为

财政收入弹性系数 = 财政收入增长速度/GDP 增长速度

10）经济波动系数。经济波动系数是指地区经济增长偏离均值或长期增长趋势的程度，其计算公式为

经济波动系数 = (某地区 GDP 增速 - 国家 GDP 增速)/国家 GDP 增速

# 第四篇

# 中国科学发展统计报告

# 第二十三章　中国科学发展数据统计图表

## 第一节　中国新型城市化数据统计图表

依据中国科学发展指标体系，《2010 中国科学发展报告》依照序列作出了 6 幅统计表（表 23-1 ~ 表 23-6）以及相应的 6 幅统计图（图 23-1 ~ 图 23-6）。本报告由于资料口径原因暂未包括台湾省、香港特别行政区和澳门特别行政区。

**表 23-1　中国区域科学发展总水平**

| 地　区 | 创新发展指数 | 资源节约指数 | 环境友好指数 | 社会公平指数 | 管理质量指数 | 科学发展总水平 | 科学发展总水平排序 | |
|---|---|---|---|---|---|---|---|---|
| | | | | | | | 地　区 | 排　序 |
| 北　京 | 0.7104 | 0.7575 | 0.5167 | 0.4668 | 0.8590 | 0.6621 | 北　京 | 1 |
| 天　津 | 0.4634 | 0.7217 | 0.5329 | 0.4415 | 0.7476 | 0.5814 | 上　海 | 2 |
| 河　北 | 0.2098 | 0.5358 | 0.3531 | 0.3440 | 0.4611 | 0.3808 | 天　津 | 3 |
| 山　西 | 0.2206 | 0.3234 | 0.3640 | 0.3500 | 0.4982 | 0.3512 | 浙　江 | 4 |
| 内蒙古 | 0.1854 | 0.4544 | 0.4254 | 0.3674 | 0.5501 | 0.3965 | 江　苏 | 5 |
| 辽　宁 | 0.3221 | 0.5197 | 0.4019 | 0.3915 | 0.6353 | 0.4541 | 广　东 | 6 |
| 吉　林 | 0.2011 | 0.5304 | 0.4476 | 0.3863 | 0.5006 | 0.4132 | 福　建 | 7 |
| 黑龙江 | 0.2050 | 0.6101 | 0.4094 | 0.3310 | 0.5741 | 0.4259 | 辽　宁 | 8 |
| 上　海 | 0.6122 | 0.7506 | 0.4186 | 0.4449 | 0.9126 | 0.6278 | 山　东 | 9 |
| 江　苏 | 0.3794 | 0.6813 | 0.4141 | 0.4637 | 0.6489 | 0.5175 | 重　庆 | 10 |
| 浙　江 | 0.4112 | 0.6667 | 0.5132 | 0.5189 | 0.6260 | 0.5472 | 海　南 | 11 |
| 安　徽 | 0.1700 | 0.5256 | 0.4919 | 0.3558 | 0.5797 | 0.4246 | 陕　西 | 12 |
| 福　建 | 0.3163 | 0.6422 | 0.5344 | 0.3814 | 0.5968 | 0.4942 | 黑龙江 | 13 |
| 江　西 | 0.1776 | 0.5857 | 0.5278 | 0.3054 | 0.4792 | 0.4151 | 安　徽 | 14 |
| 山　东 | 0.3011 | 0.6529 | 0.3870 | 0.4192 | 0.4997 | 0.4520 | 湖　南 | 15 |
| 河　南 | 0.2068 | 0.5861 | 0.3355 | 0.3762 | 0.4512 | 0.3912 | 江　西 | 16 |
| 湖　北 | 0.2395 | 0.5326 | 0.4105 | 0.3692 | 0.5102 | 0.4124 | 吉　林 | 17 |
| 湖　南 | 0.2084 | 0.5816 | 0.4304 | 0.3690 | 0.4898 | 0.4158 | 湖　北 | 18 |
| 广　东 | 0.4121 | 0.7240 | 0.4282 | 0.3456 | 0.5885 | 0.4997 | 内蒙古 | 19 |
| 广　西 | 0.1454 | 0.4564 | 0.4001 | 0.2592 | 0.4441 | 0.3411 | 四　川 | 20 |
| 海　南 | 0.2671 | 0.5631 | 0.6015 | 0.2647 | 0.4867 | 0.4366 | 河　南 | 21 |
| 重　庆 | 0.2873 | 0.5353 | 0.4714 | 0.3099 | 0.6244 | 0.4457 | 河　北 | 22 |
| 四　川 | 0.1746 | 0.5678 | 0.4227 | 0.2913 | 0.5124 | 0.3937 | 云　南 | 23 |
| 贵　州 | 0.0946 | 0.3800 | 0.4113 | 0.1721 | 0.4135 | 0.2943 | 山　西 | 24 |
| 云　南 | 0.1249 | 0.4648 | 0.4956 | 0.2500 | 0.4797 | 0.3630 | 广　西 | 25 |
| 西　藏 | 0.1094 | 0.4185 | 0.3983 | 0.1532 | 0.2840 | 0.2727 | 新　疆 | 26 |
| 陕　西 | 0.2831 | 0.5536 | 0.4733 | 0.3429 | 0.5110 | 0.4328 | 青　海 | 27 |
| 甘　肃 | 0.1196 | 0.4503 | 0.4556 | 0.2040 | 0.4266 | 0.3312 | 甘　肃 | 28 |
| 青　海 | 0.1198 | 0.4800 | 0.5305 | 0.2452 | 0.2809 | 0.3313 | 宁　夏 | 29 |
| 宁　夏 | 0.1616 | 0.2305 | 0.5523 | 0.3066 | 0.3501 | 0.3202 | 贵　州 | 30 |
| 新　疆 | 0.1907 | 0.4895 | 0.4112 | 0.2662 | 0.3347 | 0.3385 | 西　藏 | 31 |

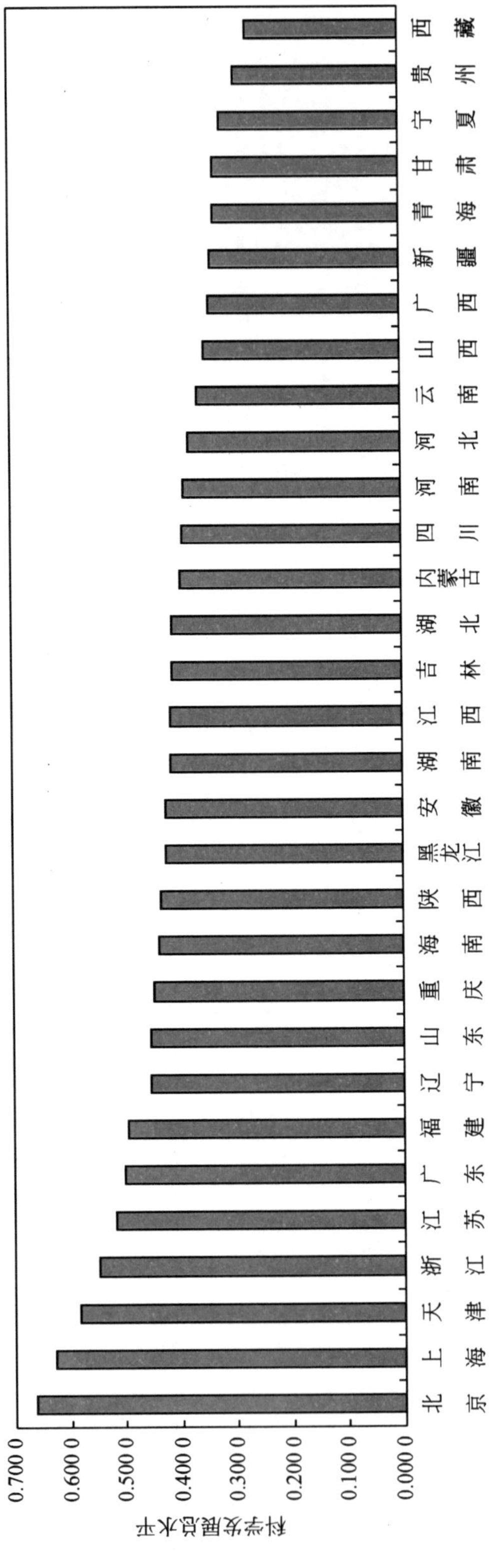


图 23-1　中国区域科学发展总水平排序图

**表 23-2　中国区域创新发展指数**

| 地　区 | 信息化水平 | 全球化水平 | 教育发展水平 | 科技贡献水平 | 创新发展指数 | 创新发展指数排序 | |
|---|---|---|---|---|---|---|---|
| | | | | | | 地　区 | 排　序 |
| 北　京 | 0.5487 | 0.3200 | 0.9268 | 1.0459 | 0.7104 | 北　京 | 1 |
| 天　津 | 0.3618 | 0.3768 | 0.5716 | 0.5436 | 0.4634 | 上　海 | 2 |
| 河　北 | 0.1182 | 0.1957 | 0.3979 | 0.1275 | 0.2098 | 天　津 | 3 |
| 山　西 | 0.1631 | 0.2134 | 0.3434 | 0.1623 | 0.2206 | 广　东 | 4 |
| 内蒙古 | 0.1380 | 0.2252 | 0.2448 | 0.1335 | 0.1854 | 浙　江 | 5 |
| 辽　宁 | 0.2026 | 0.3558 | 0.4046 | 0.3254 | 0.3221 | 江　苏 | 6 |
| 吉　林 | 0.1332 | 0.2067 | 0.3247 | 0.1399 | 0.2011 | 辽　宁 | 7 |
| 黑龙江 | 0.0890 | 0.2643 | 0.2915 | 0.1750 | 0.2050 | 福　建 | 8 |
| 上　海 | 0.5714 | 0.3674 | 0.7522 | 0.7577 | 0.6122 | 山　东 | 9 |
| 江　苏 | 0.1889 | 0.3494 | 0.5132 | 0.4660 | 0.3794 | 重　庆 | 10 |
| 浙　江 | 0.3778 | 0.3867 | 0.4540 | 0.4263 | 0.4112 | 陕　西 | 11 |
| 安　徽 | 0.0022 | 0.2236 | 0.2754 | 0.1788 | 0.1700 | 海　南 | 12 |
| 福　建 | 0.3125 | 0.4700 | 0.2694 | 0.2133 | 0.3163 | 湖　北 | 13 |
| 江　西 | 0.0190 | 0.2197 | 0.3152 | 0.1564 | 0.1776 | 山　西 | 14 |
| 山　东 | 0.1427 | 0.2703 | 0.4798 | 0.3116 | 0.3011 | 河　北 | 15 |
| 河　南 | 0.0498 | 0.1724 | 0.4498 | 0.1552 | 0.2068 | 湖　南 | 16 |
| 湖　北 | 0.1071 | 0.2087 | 0.4154 | 0.2268 | 0.2395 | 河　南 | 17 |
| 湖　南 | 0.0541 | 0.2043 | 0.3794 | 0.1959 | 0.2084 | 黑龙江 | 18 |
| 广　东 | 0.4583 | 0.3201 | 0.4543 | 0.4158 | 0.4121 | 吉　林 | 19 |
| 广　西 | 0.0461 | 0.2428 | 0.2031 | 0.0898 | 0.1454 | 新　疆 | 20 |
| 海　南 | 0.1580 | 0.6329 | 0.2217 | 0.0560 | 0.2671 | 内蒙古 | 21 |
| 重　庆 | 0.1268 | 0.2543 | 0.2350 | 0.5333 | 0.2873 | 江　西 | 22 |
| 四　川 | 0.0412 | 0.1878 | 0.2804 | 0.1891 | 0.1746 | 四　川 | 23 |
| 贵　州 | 0.0125 | 0.1812 | 0.0600 | 0.1248 | 0.0946 | 安　徽 | 24 |
| 云　南 | 0.0360 | 0.3022 | 0.0853 | 0.0762 | 0.1249 | 宁　夏 | 25 |
| 西　藏 | 0.0393 | 0.2270 | 0.1566 | 0.0148 | 0.1094 | 广　西 | 26 |
| 陕　西 | 0.1490 | 0.2376 | 0.3770 | 0.3689 | 0.2831 | 云　南 | 27 |
| 甘　肃 | 0.0306 | 0.1752 | 0.1217 | 0.1511 | 0.1196 | 青　海 | 28 |
| 青　海 | 0.1390 | 0.1693 | 0.0740 | 0.0971 | 0.1198 | 甘　肃 | 29 |
| 宁　夏 | 0.1280 | 0.1765 | 0.2115 | 0.1305 | 0.1616 | 西　藏 | 30 |
| 新　疆 | 0.1933 | 0.2547 | 0.2277 | 0.0870 | 0.1907 | 贵　州 | 31 |

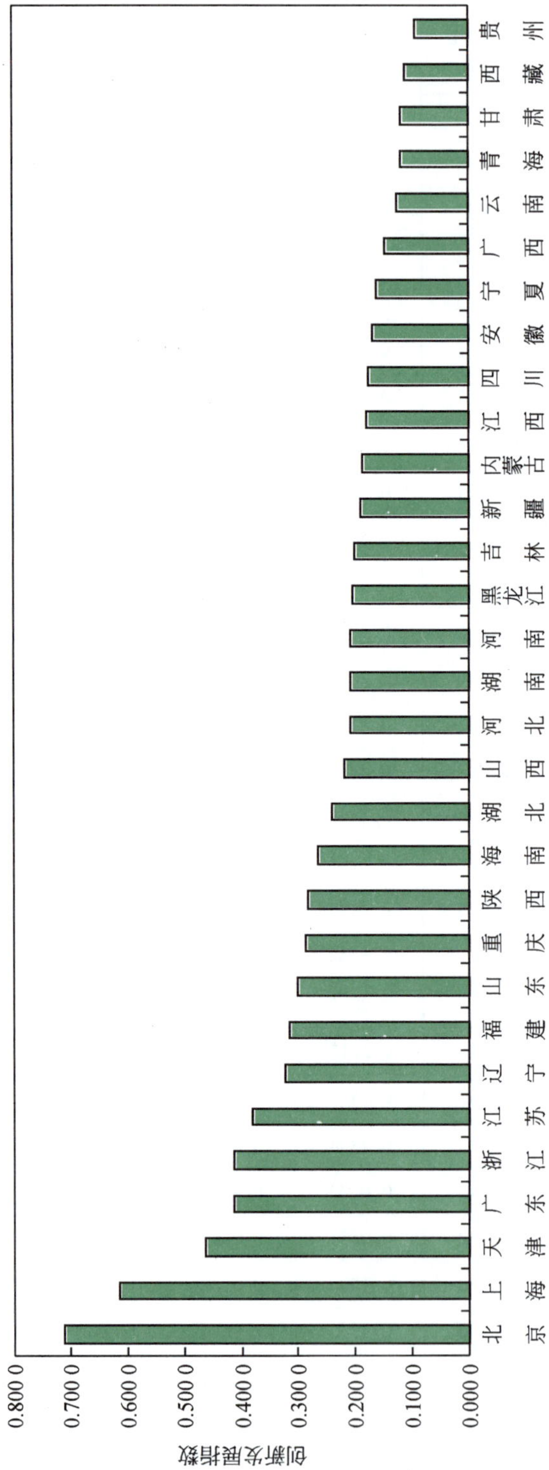


图 23-2　中国区域创新发展指数排序图

表 23-3 中国区域资源节约指数

| 地区 | 集约化水平 | 低碳水平 | 产出效率水平 | 资源节约指数 | 资源节约指数排序 | |
|---|---|---|---|---|---|---|
| | | | | | 地区 | 排序 |
| 北京 | 1.1103 | 0.7500 | 0.4120 | 0.7575 | 北京 | 1 |
| 天津 | 1.0245 | 0.5266 | 0.6141 | 0.7217 | 上海 | 2 |
| 河北 | 0.7275 | 0.4640 | 0.4158 | 0.5358 | 广东 | 3 |
| 山西 | 0.6107 | 0.1863 | 0.1730 | 0.3234 | 天津 | 4 |
| 内蒙古 | 0.6363 | 0.3490 | 0.3781 | 0.4544 | 江苏 | 5 |
| 辽宁 | 0.7948 | 0.5303 | 0.2340 | 0.5197 | 浙江 | 6 |
| 吉林 | 0.7708 | 0.5547 | 0.2657 | 0.5304 | 山东 | 7 |
| 黑龙江 | 0.7001 | 0.5807 | 0.5496 | 0.6101 | 福建 | 8 |
| 上海 | 1.2587 | 0.4648 | 0.5282 | 0.7506 | 黑龙江 | 9 |
| 江苏 | 0.9291 | 0.5620 | 0.5527 | 0.6813 | 河南 | 10 |
| 浙江 | 0.9561 | 0.6119 | 0.4320 | 0.6667 | 江西 | 11 |
| 安徽 | 0.7165 | 0.5695 | 0.2909 | 0.5256 | 湖南 | 12 |
| 福建 | 0.8676 | 0.6134 | 0.4456 | 0.6422 | 四川 | 13 |
| 江西 | 0.7236 | 0.5983 | 0.4353 | 0.5857 | 海南 | 14 |
| 山东 | 0.8877 | 0.5234 | 0.5478 | 0.6529 | 陕西 | 15 |
| 河南 | 0.7586 | 0.5261 | 0.4737 | 0.5861 | 河北 | 16 |
| 湖北 | 0.7197 | 0.5920 | 0.2860 | 0.5326 | 重庆 | 17 |
| 湖南 | 0.7199 | 0.5831 | 0.4419 | 0.5816 | 湖北 | 18 |
| 广东 | 0.9475 | 0.6467 | 0.5779 | 0.7240 | 吉林 | 19 |
| 广西 | 0.6406 | 0.6078 | 0.1208 | 0.4564 | 安徽 | 20 |
| 海南 | 0.6915 | 0.6366 | 0.3612 | 0.5631 | 辽宁 | 21 |
| 重庆 | 0.7602 | 0.6038 | 0.2420 | 0.5353 | 新疆 | 22 |
| 四川 | 0.7303 | 0.6016 | 0.3714 | 0.5678 | 青海 | 23 |
| 贵州 | 0.4807 | 0.4225 | 0.2368 | 0.3800 | 云南 | 24 |
| 云南 | 0.6482 | 0.5332 | 0.2131 | 0.4648 | 广西 | 25 |
| 西藏 | 0.5051 | 0.6708 | 0.0795 | 0.4185 | 内蒙古 | 26 |
| 陕西 | 0.7709 | 0.5623 | 0.3275 | 0.5536 | 甘肃 | 27 |
| 甘肃 | 0.5485 | 0.5566 | 0.2459 | 0.4503 | 西藏 | 28 |
| 青海 | 0.5302 | 0.5878 | 0.3219 | 0.4800 | 贵州 | 29 |
| 宁夏 | 0.2485 | 0.3507 | 0.0923 | 0.2305 | 山西 | 30 |
| 新疆 | 0.2984 | 0.5809 | 0.5893 | 0.4895 | 宁夏 | 31 |

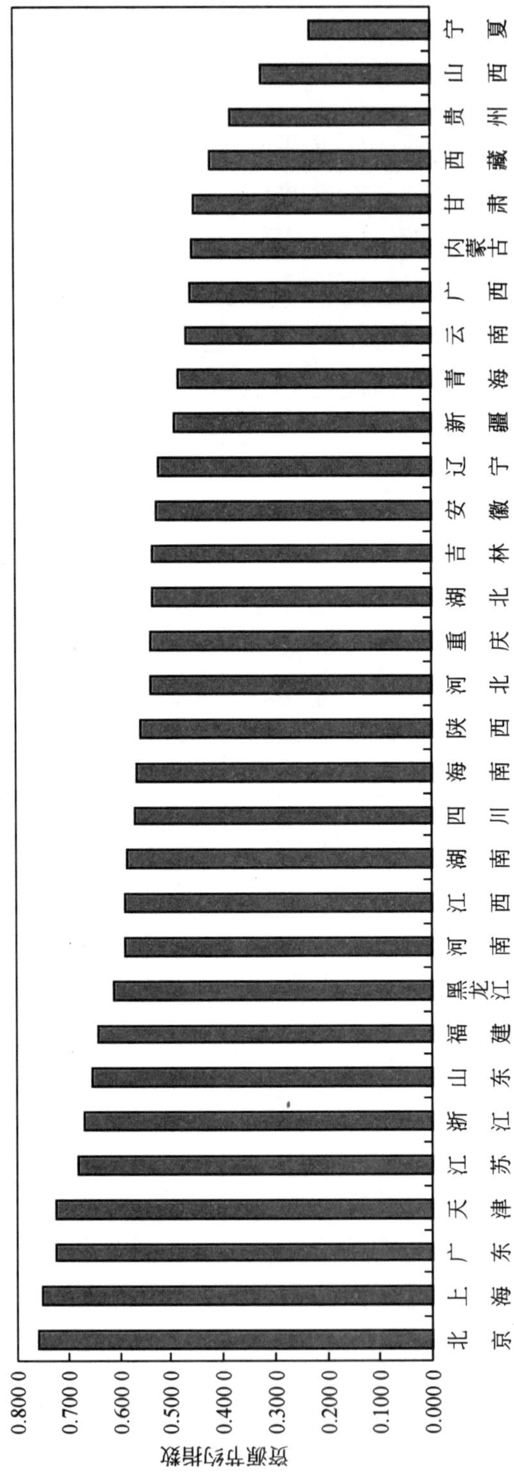


图 23-3　中国区域资源节约指数排序图

表 23-4　中国区域环境友好指数

| 地　区 | 环境保护水平 | 循环利用水平 | 生态建设水平 | 环境友好指数 | 环境友好指数 | |
|---|---|---|---|---|---|---|
| | | | | | 地　区 | 排　序 |
| 北　京 | 0.8738 | 0.6051 | 0.0713 | 0.5167 | 海　南 | 1 |
| 天　津 | 0.8980 | 0.6758 | 0.0247 | 0.5329 | 宁　夏 | 2 |
| 河　北 | 0.4820 | 0.4895 | 0.0877 | 0.3531 | 福　建 | 3 |
| 山　西 | 0.6502 | 0.3463 | 0.0956 | 0.3640 | 天　津 | 4 |
| 内蒙古 | 0.6551 | 0.3541 | 0.2670 | 0.4254 | 青　海 | 5 |
| 辽　宁 | 0.5842 | 0.5013 | 0.1202 | 0.4019 | 江　西 | 6 |
| 吉　林 | 0.7777 | 0.4333 | 0.1318 | 0.4476 | 北　京 | 7 |
| 黑龙江 | 0.7608 | 0.3147 | 0.1527 | 0.4094 | 浙　江 | 8 |
| 上　海 | 0.7290 | 0.5259 | 0.0008 | 0.4186 | 云　南 | 9 |
| 江　苏 | 0.6311 | 0.5872 | 0.0241 | 0.4141 | 安　徽 | 10 |
| 浙　江 | 0.7058 | 0.6496 | 0.1843 | 0.5132 | 陕　西 | 11 |
| 安　徽 | 0.7614 | 0.6358 | 0.0786 | 0.4919 | 重　庆 | 12 |
| 福　建 | 0.7793 | 0.6037 | 0.2202 | 0.5344 | 甘　肃 | 13 |
| 江　西 | 0.6600 | 0.6914 | 0.2321 | 0.5278 | 吉　林 | 14 |
| 山　东 | 0.5268 | 0.5832 | 0.0510 | 0.3870 | 湖　南 | 15 |
| 河　南 | 0.4717 | 0.4623 | 0.0725 | 0.3355 | 广　东 | 16 |
| 湖　北 | 0.6482 | 0.4793 | 0.1039 | 0.4105 | 内蒙古 | 17 |
| 湖　南 | 0.6646 | 0.4836 | 0.1429 | 0.4304 | 四　川 | 18 |
| 广　东 | 0.7718 | 0.3573 | 0.1555 | 0.4282 | 上　海 | 19 |
| 广　西 | 0.5031 | 0.5412 | 0.1560 | 0.4001 | 江　苏 | 20 |
| 海　南 | 0.9906 | 0.6360 | 0.1779 | 0.6015 | 贵　州 | 21 |
| 重　庆 | 0.7440 | 0.5750 | 0.0953 | 0.4714 | 新　疆 | 22 |
| 四　川 | 0.5633 | 0.5568 | 0.1479 | 0.4227 | 湖　北 | 23 |
| 贵　州 | 0.6818 | 0.4442 | 0.1077 | 0.4113 | 黑龙江 | 24 |
| 云　南 | 0.7278 | 0.5347 | 0.2243 | 0.4956 | 辽　宁 | 25 |
| 西　藏 | 0.8726 | 0.2143 | 0.1080 | 0.3983 | 广　西 | 26 |
| 陕　西 | 0.7096 | 0.5525 | 0.1578 | 0.4733 | 西　藏 | 27 |
| 甘　肃 | 0.7308 | 0.5772 | 0.0587 | 0.4556 | 山　东 | 28 |
| 青　海 | 1.0316 | 0.4857 | 0.0743 | 0.5305 | 山　西 | 29 |
| 宁　夏 | 1.0250 | 0.5004 | 0.1314 | 0.5523 | 河　北 | 30 |
| 新　疆 | 0.7679 | 0.3747 | 0.0910 | 0.4112 | 河　南 | 31 |

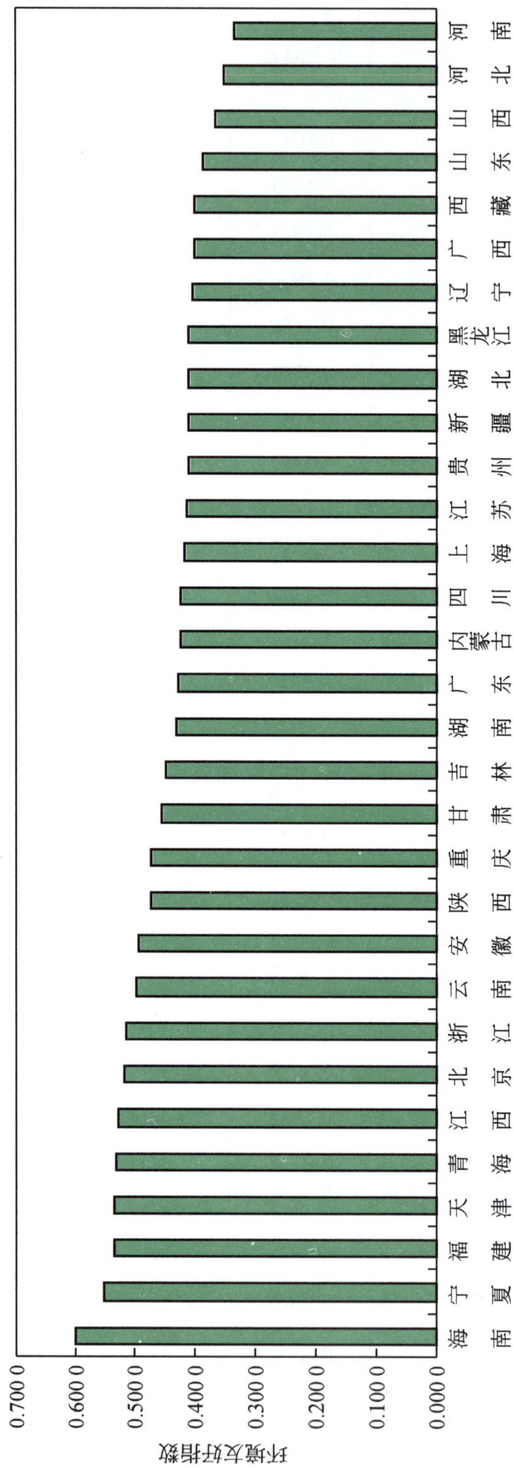


图 23-4　中国区域环境友好指数排序图

表 23-5　中国区域社会公平指数

| 地　区 | 行业差异程度 | 城乡差异程度 | 区域差异水平 | 社会公平指数 | 社会公平指数 | |
|---|---|---|---|---|---|---|
| | | | | | 地　区 | 排　序 |
| 北　京 | 0.1076 | 0.4590 | 0.8337 | 0.4668 | 浙　江 | 1 |
| 天　津 | 0.2678 | 0.2839 | 0.7728 | 0.4415 | 北　京 | 2 |
| 河　北 | 0.2483 | 0.3066 | 0.4769 | 0.3440 | 江　苏 | 3 |
| 山　西 | 0.2872 | 0.2496 | 0.5133 | 0.3500 | 上　海 | 4 |
| 内蒙古 | 0.3162 | 0.1892 | 0.5967 | 0.3674 | 天　津 | 5 |
| 辽　宁 | 0.1621 | 0.3602 | 0.6523 | 0.3915 | 山　东 | 6 |
| 吉　林 | 0.3002 | 0.2836 | 0.5751 | 0.3863 | 辽　宁 | 7 |
| 黑龙江 | 0.1151 | 0.3753 | 0.5025 | 0.3310 | 吉　林 | 8 |
| 上　海 | 0.1555 | 0.3841 | 0.7952 | 0.4449 | 福　建 | 9 |
| 江　苏 | 0.2860 | 0.3800 | 0.7252 | 0.4637 | 河　南 | 10 |
| 浙　江 | 0.2806 | 0.4615 | 0.8145 | 0.5189 | 湖　北 | 11 |
| 安　徽 | 0.2941 | 0.3018 | 0.4714 | 0.3558 | 湖　南 | 12 |
| 福　建 | 0.2850 | 0.2889 | 0.5704 | 0.3814 | 内蒙古 | 13 |
| 江　西 | 0.3447 | 0.2766 | 0.2949 | 0.3054 | 安　徽 | 14 |
| 山　东 | 0.3259 | 0.2941 | 0.6377 | 0.4192 | 山　西 | 15 |
| 河　南 | 0.3344 | 0.2961 | 0.4981 | 0.3762 | 广　东 | 16 |
| 湖　北 | 0.2849 | 0.3203 | 0.5022 | 0.3692 | 河　北 | 17 |
| 湖　南 | 0.3541 | 0.2030 | 0.5499 | 0.3690 | 陕　西 | 18 |
| 广　东 | 0.1579 | 0.1509 | 0.7278 | 0.3456 | 黑龙江 | 19 |
| 广　西 | 0.3044 | 0.1184 | 0.3549 | 0.2592 | 重　庆 | 20 |
| 海　南 | 0.2270 | 0.2191 | 0.3478 | 0.2647 | 宁　夏 | 21 |
| 重　庆 | 0.3197 | 0.0517 | 0.5583 | 0.3099 | 江　西 | 22 |
| 四　川 | 0.3219 | 0.2212 | 0.3307 | 0.2913 | 四　川 | 23 |
| 贵　州 | 0.2931 | 0.0801 | 0.1430 | 0.1721 | 新　疆 | 24 |
| 云　南 | 0.2990 | 0.2337 | 0.2174 | 0.2500 | 海　南 | 25 |
| 西　藏 | 0.1258 | 0.2231 | 0.1107 | 0.1532 | 广　西 | 26 |
| 陕　西 | 0.2829 | 0.2525 | 0.4934 | 0.3429 | 云　南 | 27 |
| 甘　肃 | 0.3074 | 0.1035 | 0.2011 | 0.2040 | 青　海 | 28 |
| 青　海 | 0.2289 | 0.2898 | 0.2170 | 0.2452 | 甘　肃 | 29 |
| 宁　夏 | 0.2785 | 0.1903 | 0.4511 | 0.3066 | 贵　州 | 30 |
| 新　疆 | 0.2991 | 0.2249 | 0.2748 | 0.2662 | 西　藏 | 31 |

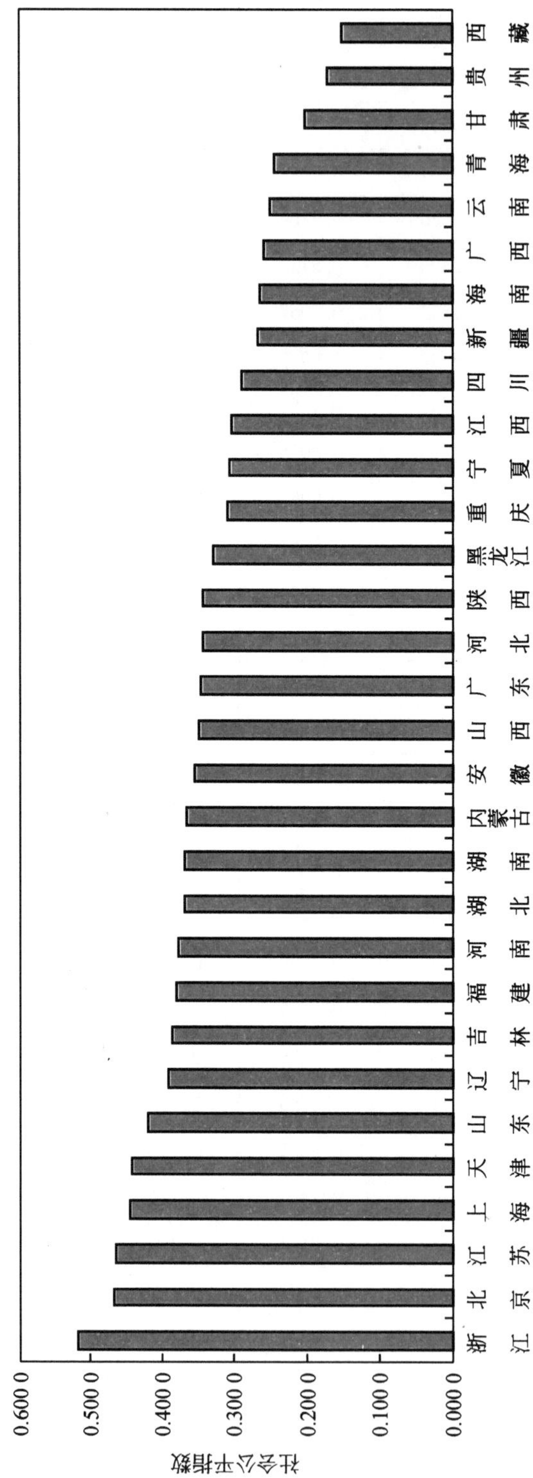


图 23-5　中国区域社会公平指数排序图

**表 23-6　中国区域管理质量指数**

| 地　区 | 经济管理水平 | 社会管理水平 | 行政管理水平 | 管理质量指数 | 管理质量指数 | |
|---|---|---|---|---|---|---|
| | | | | | 地　区 | 排　序 |
| 北　京 | 0. 8233 | 0. 9215 | 0. 8321 | 0. 8590 | 上　海 | 1 |
| 天　津 | 0. 8173 | 0. 8570 | 0. 5687 | 0. 7476 | 北　京 | 2 |
| 河　北 | 0. 4058 | 0. 7451 | 0. 2324 | 0. 4611 | 天　津 | 3 |
| 山　西 | 0. 3991 | 0. 7120 | 0. 3836 | 0. 4982 | 江　苏 | 4 |
| 内蒙古 | 0. 6359 | 0. 7620 | 0. 2525 | 0. 5501 | 辽　宁 | 5 |
| 辽　宁 | 0. 6236 | 0. 8668 | 0. 4153 | 0. 6353 | 浙　江 | 6 |
| 吉　林 | 0. 5415 | 0. 6857 | 0. 2746 | 0. 5006 | 重　庆 | 7 |
| 黑龙江 | 0. 4734 | 0. 8845 | 0. 3643 | 0. 5741 | 福　建 | 8 |
| 上　海 | 0. 9101 | 1. 0128 | 0. 8150 | 0. 9126 | 广　东 | 9 |
| 江　苏 | 0. 6399 | 0. 8508 | 0. 4560 | 0. 6489 | 安　徽 | 10 |
| 浙　江 | 0. 6268 | 0. 7863 | 0. 4648 | 0. 6260 | 黑龙江 | 11 |
| 安　徽 | 0. 4858 | 0. 9123 | 0. 3410 | 0. 5797 | 内蒙古 | 12 |
| 福　建 | 0. 6138 | 0. 7877 | 0. 3890 | 0. 5968 | 四　川 | 13 |
| 江　西 | 0. 4319 | 0. 7617 | 0. 2438 | 0. 4792 | 陕　西 | 14 |
| 山　东 | 0. 5281 | 0. 6721 | 0. 2989 | 0. 4997 | 湖　北 | 15 |
| 河　南 | 0. 3585 | 0. 8400 | 0. 1549 | 0. 4512 | 吉　林 | 16 |
| 湖　北 | 0. 5107 | 0. 7923 | 0. 2275 | 0. 5102 | 山　东 | 17 |
| 湖　南 | 0. 4712 | 0. 8427 | 0. 1555 | 0. 4898 | 山　西 | 18 |
| 广　东 | 0. 6164 | 0. 6975 | 0. 4517 | 0. 5885 | 湖　南 | 19 |
| 广　西 | 0. 4134 | 0. 7113 | 0. 2078 | 0. 4441 | 海　南 | 20 |
| 海　南 | 0. 4564 | 0. 5874 | 0. 4163 | 0. 4867 | 云　南 | 21 |
| 重　庆 | 0. 5982 | 0. 8655 | 0. 4095 | 0. 6244 | 江　西 | 22 |
| 四　川 | 0. 4212 | 0. 7808 | 0. 3352 | 0. 5124 | 河　北 | 23 |
| 贵　州 | 0. 3699 | 0. 7174 | 0. 1533 | 0. 4135 | 河　南 | 24 |
| 云　南 | 0. 4606 | 0. 6916 | 0. 2868 | 0. 4797 | 广　西 | 25 |
| 西　藏 | 0. 3949 | 0. 3323 | 0. 1247 | 0. 2840 | 甘　肃 | 26 |
| 陕　西 | 0. 5324 | 0. 7819 | 0. 2186 | 0. 5110 | 贵　州 | 27 |
| 甘　肃 | 0. 3030 | 0. 6267 | 0. 3500 | 0. 4266 | 宁　夏 | 28 |
| 青　海 | 0. 2607 | 0. 5002 | 0. 0819 | 0. 2809 | 新　疆 | 29 |
| 宁　夏 | 0. 3225 | 0. 5002 | 0. 2278 | 0. 3501 | 西　藏 | 30 |
| 新　疆 | 0. 3694 | 0. 3826 | 0. 2520 | 0. 3347 | 青　海 | 31 |

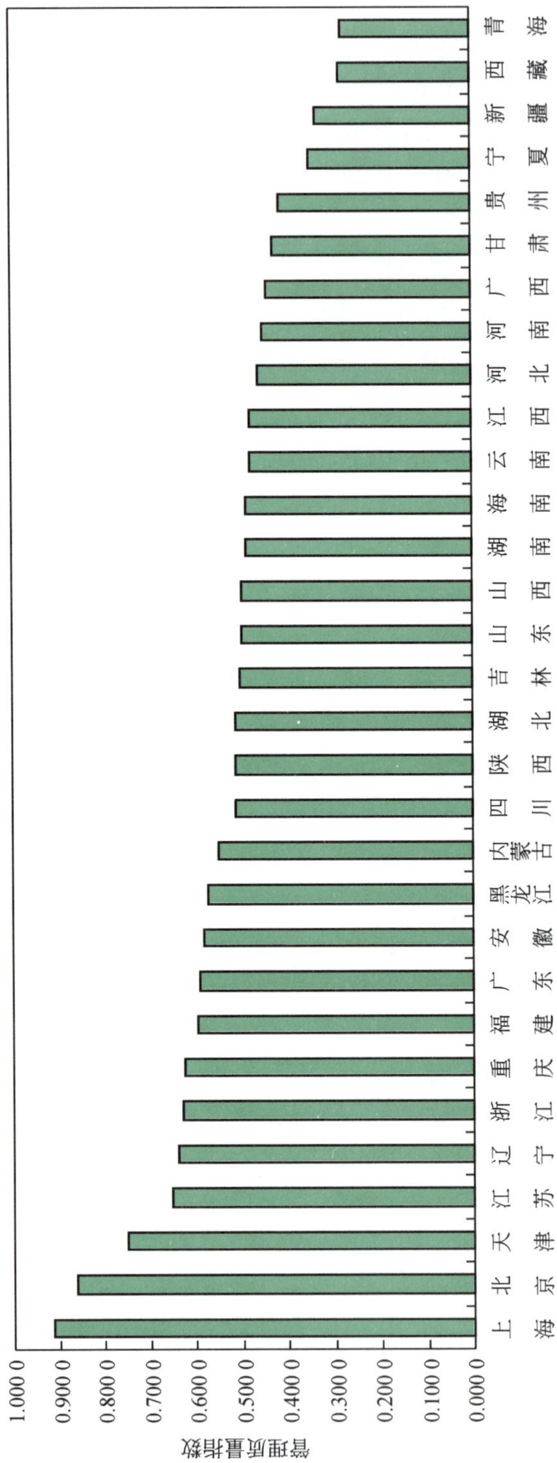


图 23-6　中国区域管理质量指数排序图

# 第二节　中国科学发展资产负债分析

## 一、科学发展资产负债表的制定原理

科学发展水平“资产负债”的构筑是建立在对科学发展的系统解析之中的，即科学发展总水平是建立在具有内部逻辑自洽和统一解释的“创新发展指数”、“资源节约指数”、“环境友好指数”、“社会公平指数”和“管理质量指数”等共同作用基础之上的，借鉴“比较优势理论”的基本思想，寻求每一指数系统内部指标要素的比较优势，进而将此比较优势定量化、规范化，然后置于统一基础上加以对比，形成了所谓科学发展水平的“资产”（比较优势）和“负债”（比较劣势）。

在认识资产负债表是表达科学发展质量的前提下，利用表达上述指数系统的70项要素群对科学发展行为的本质进行了剖析和刻画。寻求每一要素在空间分布（31个省、市、自治区，暂未包括香港、澳门和台湾）中的比较优势，在此基础上，形成相对意义上的科学发展水平资产负债质量评估。

## 二、科学发展资产负债矩阵的构建

在科学发展资产负债原理的指导下，依构成中国科学发展水平的70项“源指标”，与31个省、市、自治区（地理单元），作为二维数据的矩阵构成，逐项统计每一属性源指标在31个地理单元中的“资产”分布和“负债”分布；同时形成了每一个地理单元在70项源指标中的有效性“资产、负债”统计，共制定出$70\times31=2170$的基层位次矩阵（表23-7），作为计算科学发展五大指数系统中每一项的“分资产负债”，以及作为科学发展总体水平的“总资产负债”的基础。

## 三、科学发展“资产”和“负债”的算法基础

### （一）“资产”，“负债”赋分规定

在每一项要素的空间分布范围中，即在31个省、市、自治区（暂未包括香港、澳门和台湾）的要素指标中，按相对比较优势，对每一项要素进行排序，形成1，2，3，…，31的序列，位次为1，2，3，…，30，31，对应资产得分为3.0，2.9，2.8，…，0.1，0.0，组成科学发展的“资产”。位次为1，2，3，…，30，31，对应负债得分为-0.0，-0.1，-0.2，…，-2.9，-3.0，组成科学发展的“负债”。

### （二）资产负债分值的确定

各指数系统资产要素的总分值 $x_i(i=1,2,3,4,5)$，利用下式计算即：

$$x^i=3.0\times n_1+2.9\times n_2+2.8\times n_3+\cdots+0.2\times n_{29}+0.1\times n_{30}+0.0\times n_{31}$$

其中，$n_j$ 分别对应该指数系统中位次为1，2，3，…，30，31 的资产要素个数。

各指数系统负债要素的总分值 $y_i(i=1,2,3,4,5)$，利用下式计算即：

$$y_i=-(0.0\times n_1+0.1\times n_2+0.2\times n_3+\cdots+2.8\times n_{29}+2.9\times n_{30}+3.0\times n_{31})$$

其中，$n_k$ 分别对应该指数系统中位次为1，2，3，…，30，31 的负债要素个数。

### （三）相对资产与相对负债的计算

相对资产与相对负债主要用来进行不同地理单元同类指数系统和统一地理单元内部不同指数系统资产或负债相对质量的横向和纵向比较。

相对资产计算公式为：用总分值 $x_i$ 与该指数系统源指标总数 $N_i(i=1,2,3,4,5)$ 之比作为该指数系统的相对"资产"量度 $X_i(i=1,2,3,4,5)$，即

$$X_i=[x_i/(3.0\times N_i)]\times 100\%$$（$N_i$ 对应数值是15，15，12，9，19）

相对负债计算公式为：用总分值 $y_i$ 与该指数系统源指标总数 $N_i(i=1,2,3,4,5)$ 之比作为该指数系统的相对"负债"量度 $Y_i(i=1,2,3,4,5)$，即

$$Y_i=[y_i/(3.0\times N_i)]\times 100\%$$（$N_i$ 对应数值是15,15,12,9,19）

### （四）资产负债质量系数及其标准确定

资产质量系数：用各指数系统资产要素总分值 $x^i$ 与其资产指标总数 $\sum n_j$ 之比定义为该指数系统资产质量系数 $\varepsilon_i$（$i$=1，2，3，4，5），用以反映每一个资产的相对质量，即

$$\varepsilon_i=x_i/\sum n_j,\varepsilon_i\in[0,3.0]$$

设定资产质量标准：$2.4<\varepsilon_i\leqslant 3$，表明资产品质优良；$1.8<\varepsilon_i\leqslant 2.4$，表明资产品质较好；$1.2<\varepsilon_i\leqslant 1.8$，表明资产品质一般；$0.6<\varepsilon_i\leqslant 1.2$，表明资产品质较差；$0<\varepsilon_i\leqslant 0.6$，表明资产品质很差。

负债质量系数：用各指数系统负债要素总分值 $y_i$ 与其负债指标总数 $\sum n_j$ 之比定义为该指数系统负债质量系数 $\gamma_i$（$i$=1，2，3，4，5），用以反映每一个负债的相对质量，即

$$\gamma_i=y_i/\sum n_j,\gamma_i\in[0.0,3.0]$$

设定负债质量标准：$-0.6<\gamma_i\leqslant 0$，表明负债品质很好；$-1.2<\gamma_i\leqslant -0.6$，表明负债品质较好；$-1.8<\gamma_i\leqslant -1.2$，表明负债品质一般；$-2.4<\gamma_i\leqslant -1.8$，表明负债品质较差；$-3.0<\gamma_i\leqslant -2.4$，表明负债品质很差。

表 23-7　中国科学发展资产负债矩阵

| 编号 | 北京 | 天津 | 河北 | 山西 | 内蒙古 | 辽宁 | 吉林 | 黑龙江 | 上海 | 江苏 | 浙江 | 安徽 | 福建 | 江西 | 山东 | 河南 | 湖北 | 湖南 | 广东 | 广西 | 海南 | 重庆 | 四川 | 贵州 | 云南 | 西藏 | 陕西 | 甘肃 | 青海 | 宁夏 | 新疆 |
|---|---|---|---|---|---|---|---|---|---|---|---|---|---|---|---|---|---|---|---|---|---|---|---|---|---|---|---|---|---|---|---|
| 0111 | 2 | 4 | 16 | 11 | 22 | 9 | 17 | 21 | 1 | 8 | 5 | 30 | 6 | 25 | 14 | 26 | 18 | 23 | 3 | 24 | 10 | 13 | 27 | 31 | 29 | 20 | 15 | 28 | 12 | 19 | 7 |
| 0112 | 2 | 5 | 17 | 13 | 8 | 7 | 12 | 21 | 1 | 10 | 4 | 31 | 6 | 30 | 15 | 22 | 20 | 24 | 3 | 27 | 16 | 18 | 25 | 28 | 23 | 29 | 11 | 26 | 19 | 9 | 14 |
| 0121 | 8 | 3 | 25 | 20 | 17 | 7 | 19 | 26 | 2 | 4 | 9 | 18 | 5 | 10 | 15 | 27 | 16 | 22 | 6 | 12 | 1 | 11 | 14 | 31 | 21 | 28 | 24 | 29 | 13 | 23 | 30 |
| 0122 | 31 | 7 | 10 | 13 | 24 | 3 | 12 | 9 | 30 | 6 | 2 | 11 | 1 | 14 | 5 | 27 | 17 | 25 | 29 | 19 | 8 | 15 | 21 | 26 | 22 | 18 | 23 | 16 | 28 | 20 | 4 |
| 0123 | 1 | 7 | 27 | 20 | 15 | 10 | 24 | 11 | 2 | 9 | 8 | 18 | 4 | 22 | 19 | 26 | 21 | 17 | 3 | 14 | 5 | 13 | 28 | 23 | 6 | 16 | 12 | 30 | 29 | 31 | 25 |
| 0131 | 1 | 4 | 25 | 17 | 13 | 9 | 16 | 20 | 2 | 7 | 5 | 30 | 10 | 22 | 19 | 28 | 23 | 21 | 6 | 29 | 12 | 15 | 26 | 31 | 27 | 3 | 18 | 24 | 14 | 8 | 11 |
| 0132 | 1 | 3 | 10 | 6 | 15 | 9 | 5 | 4 | 2 | 13 | 24 | 22 | 25 | 21 | 12 | 7 | 16 | 17 | 11 | 18 | 8 | 23 | 26 | 28 | 30 | 31 | 14 | 27 | 29 | 20 | 19 |
| 0133 | 1 | 3 | 15 | 6 | 14 | 4 | 5 | 8 | 2 | 12 | 20 | 26 | 23 | 19 | 18 | 17 | 11 | 13 | 7 | 22 | 16 | 24 | 25 | 29 | 30 | 31 | 10 | 28 | 27 | 21 | 9 |
| 0134 | 25 | 26 | 3 | 13 | 22 | 16 | 23 | 21 | 24 | 4 | 10 | 6 | 14 | 11 | 2 | 1 | 8 | 5 | 9 | 15 | 29 | 18 | 7 | 19 | 17 | 31 | 12 | 20 | 30 | 28 | 27 |
| 0135 | 1 | 2 | 18 | 14 | 22 | 8 | 7 | 9 | 3 | 6 | 10 | 21 | 16 | 13 | 12 | 23 | 5 | 15 | 17 | 27 | 19 | 11 | 24 | 31 | 29 | 28 | 4 | 20 | 30 | 25 | 26 |
| 0141 | 1 | 3 | 26 | 20 | 24 | 7 | 15 | 11 | 2 | 16 | 17 | 13 | 22 | 25 | 19 | 23 | 9 | 12 | 10 | 30 | 18 | 4 | 14 | 29 | 27 | 31 | 8 | 5 | 6 | 28 | 21 |
| 0142 | 3 | 19 | 20 | 26 | 8 | 9 | 22 | 28 | 12 | 4 | 24 | 21 | 6 | 23 | 16 | 13 | 10 | 5 | 14 | 17 | 15 | 1 | 7 | 11 | 18 | 29 | 2 | 25 | 29 | 29 | 27 |
| 0143 | 1 | 3 | 26 | 17 | 18 | 7 | 8 | 6 | 2 | 25 | 12 | 31 | 23 | 27 | 30 | 22 | 15 | 28 | 19 | 24 | 16 | 13 | 20 | 29 | 21 | 10 | 5 | 14 | 4 | 11 | 9 |
| 0144 | 14 | 1 | 22 | 11 | 25 | 6 | 24 | 17 | 3 | 2 | 8 | 10 | 15 | 12 | 4 | 20 | 9 | 16 | 5 | 27 | 30 | 7 | 21 | 23 | 29 | 31 | 13 | 19 | 28 | 18 | 26 |
| 0145 | 2 | 6 | 19 | 22 | 23 | 8 | 15 | 13 | 1 | 5 | 3 | 20 | 9 | 24 | 7 | 17 | 12 | 18 | 4 | 25 | 29 | 10 | 11 | 26 | 27 | 31 | 14 | 30 | 28 | 16 | 21 |
| 0211 | 1 | 2 | 8 | 5 | 17 | 7 | 12 | 24 | 4 | 16 | 6 | 21 | 15 | 25 | 3 | 10 | 18 | 20 | 9 | 28 | 23 | 14 | 13 | 22 | 19 | 30 | 11 | 27 | 26 | 29 | 31 |
| 0212 | 2 | 10 | 24 | 28 | 27 | 23 | 21 | 18 | 5 | 6 | 4 | 11 | 7 | 9 | 12 | 14 | 19 | 15 | 3 | 13 | 8 | 16 | 20 | 29 | 22 | 1 | 17 | 26 | 30 | 31 | 25 |
| 0213 | 2 | 1 | 10 | 6 | 17 | 7 | 13 | 26 | 4 | 9 | 5 | 19 | 14 | 20 | 3 | 11 | 18 | 21 | 8 | 28 | 27 | 16 | 15 | 24 | 22 | 31 | 12 | 25 | 23 | 29 | 30 |
| 0214 | 4 | 5 | 26 | 30 | 28 | 18 | 12 | 10 | 3 | 8 | 7 | 17 | 6 | 11 | 9 | 24 | 21 | 13 | 2 | 16 | 20 | 15 | 19 | 29 | 22 | 1 | 14 | 27 | 25 | 31 | 23 |
| 0215 | 2 | 3 | 11 | 14 | 10 | 9 | 12 | 13 | 1 | 5 | 4 | 27 | 8 | 25 | 7 | 17 | 16 | 20 | 6 | 26 | 22 | 19 | 24 | 31 | 29 | 28 | 18 | 30 | 23 | 21 | 15 |
| 0216 | 2 | 3 | 11 | 16 | 28 | 10 | 19 | 24 | 1 | 4 | 5 | 12 | 9 | 18 | 7 | 8 | 14 | 15 | 6 | 21 | 17 | 13 | 22 | 25 | 26 | 31 | 20 | 27 | 30 | 23 | 29 |
| 0221 | 17 | 28 | 25 | 31 | 30 | 26 | 23 | 19 | 27 | 22 | 18 | 6 | 11 | 4 | 24 | 16 | 12 | 7 | 8 | 3 | 2 | 9 | 5 | 20 | 13 | 1 | 14 | 10 | 15 | 29 | 21 |
| 0222 | 2 | 10 | 26 | 31 | 28 | 21 | 23 | 18 | 4 | 8 | 5 | 17 | 7 | 11 | 15 | 19 | 16 | 13 | 3 | 9 | 6 | 14 | 12 | 29 | 27 | 1 | 20 | 25 | 22 | 30 | 24 |

续表

| 编号 | 北京 | 天津 | 河北 | 山西 | 内蒙古 | 辽宁 | 吉林 | 黑龙江 | 上海 | 江苏 | 浙江 | 安徽 | 福建 | 江西 | 山东 | 河南 | 湖北 | 湖南 | 广东 | 广西 | 海南 | 重庆 | 四川 | 贵州 | 云南 | 西藏 | 陕西 | 甘肃 | 青海 | 宁夏 | 新疆 |
|---|---|---|---|---|---|---|---|---|---|---|---|---|---|---|---|---|---|---|---|---|---|---|---|---|---|---|---|---|---|---|---|
| 0223 | 29 | 30 | 25 | 26 | 5 | 22 | 13 | 6 | 31 | 27 | 23 | 20 | 15 | 11 | 28 | 24 | 18 | 14 | 21 | 9 | 8 | 17 | 7 | 16 | 10 | 1 | 12 | 4 | 2 | 19 | 3 |
| 0224 | 1 | 3 | 20 | 21 | 19 | 4 | 8 | 10 | 2 | 11 | 5 | 25 | 17 | 28 | 12 | 26 | 13 | 23 | 6 | 30 | 22 | 15 | 24 | 31 | 29 | 16 | 18 | 27 | 9 | 14 | 7 |
| 0231 | 17 | 4 | 8 | 27 | 26 | 11 | 16 | 19 | 9 | 3 | 5 | 15 | 6 | 14 | 2 | 7 | 21 | 10 | 1 | 18 | 23 | 13 | 12 | 28 | 22 | 31 | 25 | 24 | 30 | 29 | 20 |
| 0232 | 24 | 10 | 11 | 20 | 15 | 28 | 26 | 1 | 23 | 7 | 19 | 17 | 9 | 13 | 4 | 3 | 21 | 8 | 6 | 27 | 22 | 18 | 12 | 25 | 16 | 31 | 5 | 29 | 14 | 30 | 2 |
| 0233 | 8 | 2 | 13 | 12 | 9 | 5 | 10 | 16 | 1 | 3 | 7 | 23 | 11 | 21 | 6 | 18 | 15 | 24 | 4 | 28 | 26 | 22 | 25 | 30 | 29 | 31 | 20 | 27 | 19 | 17 | 14 |
| 0234 | 25 | 20 | 15 | 13 | 6 | 29 | 24 | 1 | 28 | 18 | 26 | 21 | 17 | 16 | 12 | 7 | 9 | 14 | 23 | 26 | 8 | 22 | 18 | 11 | 10 | 5 | 4 | 30 | 3 | 31 | 2 |
| 0235 | 3 | 9 | 16 | 28 | 7 | 28 | 22 | 26 | 13 | 14 | 15 | 19 | 17 | 1 | 12 | 20 | 18 | 5 | 6 | 28 | 2 | 24 | 8 | 11 | 23 | 28 | 27 | 4 | 21 | 25 | 10 |
| 0311 | 7 | 18 | 12 | 3 | 5 | 13 | 20 | 14 | 16 | 10 | 2 | 6 | 26 | 28 | 8 | 29 | 24 | 22 | 30 | 11 | 21 | 9 | 23 | 27 | 25 | 31 | 17 | 19 | 4 | 1 | 15 |
| 0312 | 2 | 6 | 27 | 18 | 15 | 23 | 20 | 16 | 5 | 28 | 25 | 14 | 9 | 11 | 29 | 30 | 19 | 24 | 22 | 31 | 3 | 12 | 26 | 4 | 10 | 1 | 17 | 8 | 7 | 13 | 21 |
| 0313 | 3 | 5 | 28 | 25 | 29 | 24 | 7 | 12 | 6 | 26 | 19 | 13 | 9 | 15 | 31 | 30 | 16 | 18 | 27 | 22 | 2 | 17 | 23 | 20 | 11 | 1 | 21 | 10 | 4 | 8 | 14 |
| 0314 | 4 | 6 | 31 | 30 | 27 | 29 | 11 | 13 | 8 | 22 | 12 | 21 | 17 | 24 | 28 | 26 | 16 | 14 | 15 | 18 | 2 | 7 | 25 | 19 | 23 | 1 | 20 | 10 | 5 | 3 | 9 |
| 0315 | 27 | 1 | 16 | 11 | 11 | 6 | 16 | 13 | 31 | 20 | 30 | 23 | 4 | 24 | 16 | 21 | 26 | 13 | 9 | 29 | 1 | 25 | 6 | 16 | 9 | 1 | 22 | 27 | 6 | 4 | 13 |
| 0316 | 21 | 19 | 11 | 13 | 16 | 5 | 17 | 30 | 2 | 10 | 7 | 14 | 15 | 20 | 9 | 18 | 22 | 25 | 1 | 6 | 3 | 29 | 28 | 31 | 23 | 27 | 8 | 24 | 4 | 12 | 26 |
| 0321 | 26 | 4 | 14 | 27 | 30 | 12 | 1 | 23 | 7 | 11 | 8 | 2 | 6 | 15 | 10 | 21 | 17 | 19 | 13 | 16 | 9 | 20 | 3 | 28 | 29 | 31 | 5 | 22 | 24 | 18 | 25 |
| 0322 | 1 | 2 | 21 | 27 | 23 | 19 | 28 | 30 | 14 | 3 | 4 | 24 | 6 | 10 | 11 | 16 | 25 | 20 | 18 | 7 | 17 | 5 | 8 | 12 | 9 | 31 | 15 | 29 | 13 | 22 | 26 |
| 0323 | 19 | 6 | 20 | 12 | 7 | 21 | 13 | 15 | 28 | 30 | 23 | 18 | 17 | 14 | 29 | 27 | 26 | 25 | 31 | 22 | 4 | 16 | 24 | 8 | 9 | 1 | 11 | 5 | 2 | 3 | 10 |
| 0324 | 5 | 13 | 21 | 17 | 11 | 19 | 27 | 28 | 20 | 8 | 7 | 3 | 22 | 4 | 9 | 14 | 10 | 15 | 18 | 23 | 6 | 16 | 24 | 12 | 2 | 31 | 25 | 1 | 30 | 26 | 29 |
| 0331 | 18 | 25 | 20 | 23 | 19 | 11 | 10 | 9 | 30 | 26 | 3 | 15 | 1 | 2 | 22 | 21 | 14 | 8 | 5 | 6 | 4 | 17 | 13 | 16 | 7 | 24 | 12 | 27 | 29 | 28 | 31 |
| 0332 | 27 | 25 | 12 | 7 | 1 | 21 | 24 | 16 | 30 | 23 | 29 | 28 | 26 | 11 | 20 | 15 | 17 | 22 | 31 | 18 | 19 | 14 | 9 | 13 | 4 | 5 | 8 | 10 | 6 | 2 | 3 |
| 0411 | 28 | 19 | 25 | 11 | 10 | 31 | 4 | 20 | 30 | 21 | 22 | 18 | 26 | 2 | 1 | 6 | 16 | 3 | 29 | 17 | 27 | 9 | 7 | 24 | 13 | 14 | 15 | 5 | 12 | 23 | 8 |
| 0412 | 29 | 24 | 26 | 20 | 5 | 16 | 25 | 30 | 23 | 11 | 13 | 10 | 4 | 6 | 18 | 2 | 17 | 1 | 27 | 7 | 15 | 8 | 9 | 3 | 12 | 31 | 19 | 22 | 28 | 14 | 21 |
| 0421 | 1 | 5 | 10 | 21 | 20 | 7 | 8 | 3 | 2 | 6 | 4 | 19 | 14 | 9 | 13 | 15 | 11 | 16 | 18 | 26 | 12 | 23 | 17 | 30 | 31 | 27 | 29 | 28 | 25 | 24 | 22 |
| 0422 | 5 | 28 | 16 | 13 | 18 | 17 | 11 | 3 | 2 | 4 | 1 | 14 | 9 | 8 | 10 | 15 | 6 | 7 | 22 | 24 | 25 | 31 | 21 | 30 | 19 | 29 | 26 | 27 | 12 | 20 | 23 |

续表

| 编号 | 北京 | 天津 | 河北 | 山西 | 内蒙古 | 辽宁 | 吉林 | 黑龙江 | 上海 | 江苏 | 浙江 | 安徽 | 福建 | 江西 | 山东 | 河南 | 湖北 | 湖南 | 广东 | 广西 | 海南 | 重庆 | 四川 | 贵州 | 云南 | 西藏 | 陕西 | 甘肃 | 青海 | 宁夏 | 新疆 |
|---|---|---|---|---|---|---|---|---|---|---|---|---|---|---|---|---|---|---|---|---|---|---|---|---|---|---|---|---|---|---|---|
| 0423 | 1 | 12 | 11 | 19 | 27 | 6 | 20 | 14 | 15 | 9 | 2 | 8 | 18 | 22 | 16 | 10 | 13 | 29 | 30 | 28 | 24 | 31 | 21 | 25 | 7 | 4 | 3 | 26 | 5 | 23 | 17 |
| 0431 | 2 | 5 | 14 | 18 | 9 | 10 | 23 | 29 | 1 | 6 | 3 | 19 | 7 | 21 | 8 | 16 | 17 | 13 | 4 | 12 | 25 | 11 | 24 | 27 | 15 | 26 | 22 | 31 | 28 | 20 | 30 |
| 0432 | 2 | 4 | 12 | 22 | 14 | 9 | 10 | 11 | 1 | 5 | 3 | 19 | 7 | 13 | 8 | 17 | 14 | 16 | 6 | 23 | 18 | 20 | 21 | 30 | 28 | 26 | 27 | 31 | 29 | 24 | 25 |
| 0433 | 1 | 2 | 12 | 17 | 7 | 5 | 4 | 8 | 18 | 14 | 3 | 22 | 26 | 29 | 13 | 16 | 19 | 15 | 10 | 28 | 27 | 6 | 25 | 30 | 24 | 31 | 9 | 20 | 23 | 11 | 21 |
| 0434 | 3 | 6 | 29 | 14 | 15 | 9 | 12 | 16 | 2 | 4 | 1 | 10 | 8 | 28 | 11 | 21 | 13 | 17 | 5 | 19 | 22 | 18 | 25 | 23 | 30 | 31 | 7 | 24 | 27 | 20 | 26 |
| 0511 | 1 | 6 | 30 | 4 | 16 | 8 | 25 | 24 | 2 | 11 | 12 | 19 | 20 | 21 | 27 | 31 | 29 | 26 | 10 | 23 | 9 | 3 | 18 | 7 | 5 | 28 | 14 | 17 | 22 | 13 | 15 |
| 0512 | 30 | 2 | 22 | 31 | 1 | 7 | 3 | 18 | 28 | 14 | 22 | 11 | 8 | 13 | 16 | 16 | 6 | 9 | 22 | 9 | 27 | 5 | 29 | 21 | 19 | 22 | 4 | 22 | 11 | 15 | 19 |
| 0513 | 4 | 9 | 20 | 25 | 15 | 2 | 6 | 10 | 16 | 8 | 3 | 19 | 1 | 18 | 7 | 24 | 21 | 17 | 12 | 27 | 23 | 11 | 5 | 26 | 13 | 14 | 22 | 29 | 31 | 30 | 28 |
| 0514 | 2 | 19 | 13 | 21 | 28 | 26 | 31 | 5 | 3 | 11 | 4 | 6 | 14 | 12 | 7 | 22 | 9 | 8 | 1 | 15 | 10 | 23 | 17 | 15 | 19 | 29 | 25 | 24 | 27 | 30 | 18 |
| 0515 | 26 | 1 | 6 | 8 | 3 | 2 | 12 | 19 | 15 | 4 | 9 | 21 | 11 | 15 | 10 | 7 | 14 | 22 | 13 | 20 | 15 | 24 | 18 | 31 | 27 | 30 | 5 | 28 | 29 | 25 | 23 |
| 0516 | 3 | 15 | 28 | 23 | 27 | 21 | 14 | 22 | 2 | 13 | 6 | 17 | 10 | 30 | 26 | 31 | 8 | 16 | 4 | 17 | 9 | 6 | 20 | 5 | 11 | 1 | 29 | 11 | 24 | 19 | 25 |
| 0517 | 2 | 3 | 12 | 14 | 8 | 9 | 11 | 13 | 1 | 5 | 4 | 27 | 10 | 26 | 7 | 17 | 15 | 21 | 6 | 25 | 23 | 19 | 24 | 31 | 29 | 28 | 18 | 30 | 22 | 20 | 16 |
| 0521 | 18 | 31 | 29 | 26 | 15 | 21 | 8 | 5 | 20 | 25 | 14 | 3 | 28 | 7 | 23 | 19 | 13 | 9 | 11 | 27 | 16 | 4 | 10 | 1 | 6 | 12 | 24 | 2 | 17 | 30 | 22 |
| 0522 | 10 | 17 | 27 | 19 | 26 | 1 | 23 | 9 | 12 | 25 | 28 | 3 | 8 | 19 | 31 | 13 | 14 | 6 | 22 | 7 | 29 | 10 | 30 | 16 | 18 | 15 | 5 | 4 | 19 | 24 | 2 |
| 0523 | 26 | 17 | 7 | 15 | 8 | 21 | 29 | 10 | 30 | 14 | 27 | 2 | 13 | 8 | 20 | 5 | 18 | 4 | 28 | 1 | 22 | 6 | 2 | 19 | 12 | 31 | 11 | 24 | 23 | 16 | 25 |
| 0524 | 3 | 8 | 22 | 16 | 10 | 13 | 11 | 6 | 1 | 5 | 12 | 20 | 18 | 25 | 15 | 14 | 2 | 17 | 24 | 27 | 28 | 7 | 4 | 23 | 19 | 30 | 9 | 21 | 26 | 29 | 31 |
| 0525 | 1 | 3 | 8 | 15 | 20 | 9 | 12 | 14 | 2 | 5 | 4 | 11 | 7 | 16 | 6 | 13 | 22 | 19 | 10 | 23 | 17 | 24 | 21 | 25 | 28 | 31 | 18 | 26 | 29 | 27 | 30 |
| 0526 | 2 | 3 | 9 | 18 | 25 | 15 | 22 | 21 | 7 | 5 | 1 | 12 | 6 | 17 | 8 | 11 | 14 | 19 | 4 | 13 | 10 | 16 | 20 | 29 | 26 | 27 | 24 | 31 | 30 | 23 | 28 |
| 0527 | 4 | 2 | 27 | 20 | 17 | 7 | 8 | 13 | 1 | 9 | 6 | 29 | 12 | 22 | 18 | 31 | 14 | 25 | 11 | 16 | 23 | 19 | 24 | 28 | 21 | 30 | 26 | 15 | 5 | 3 | 10 |
| 0531 | 1 | 6 | 12 | 10 | 13 | 9 | 24 | 23 | 2 | 5 | 4 | 15 | 7 | 21 | 8 | 14 | 16 | 19 | 3 | 22 | 20 | 11 | 25 | 27 | 17 | 31 | 18 | 29 | 30 | 28 | 26 |
| 0532 | 6 | 26 | 16 | 3 | 18 | 17 | 15 | 4 | 29 | 21 | 22 | 5 | 28 | 14 | 31 | 30 | 25 | 27 | 19 | 20 | 2 | 12 | 9 | 11 | 8 | 10 | 23 | 1 | 13 | 24 | 7 |
| 0533 | 2 | 3 | 19 | 10 | 8 | 7 | 16 | 18 | 1 | 5 | 4 | 24 | 9 | 26 | 11 | 28 | 23 | 25 | 6 | 27 | 13 | 12 | 22 | 30 | 20 | 31 | 15 | 29 | 21 | 17 | 14 |
| 0534 | 2 | 4 | 27 | 17 | 22 | 10 | 14 | 7 | 1 | 6 | 5 | 19 | 3 | 24 | 11 | 23 | 12 | 26 | 8 | 15 | 13 | 9 | 16 | 28 | 25 | 31 | 18 | 30 | 29 | 21 | 20 |
| 0535 | 2 | 3 | 24 | 25 | 20 | 9 | 10 | 14 | 1 | 16 | 23 | 8 | 18 | 13 | 28 | 30 | 17 | 26 | 19 | 27 | 12 | 7 | 4 | 29 | 11 | 21 | 15 | 6 | 31 | 5 | 22 |

### （五）资产的比较优势（净资产）的计算

把各指数系统相对资产与该指数系统相对负债之和作为该指数系统“比较优势能力”$A_i$。

$$A_i = X_i + Y_i, (i = 1,2,3,4,5)$$

进而把科学发展五大指数系统分别揭示的“相对资产”与“相对负债”综合到总体层次上，便形成总体层次上的区域科学发展的“相对总资产”与“相对总负债”，即可获得区域的“总体比较优势能力”$S$，即

$$S = [\sum x_i/(3.0 \times 70) - \sum y_i/(3.0 \times 70)] \times 100\%$$

## 四、科学发展总体资产负债分析

利用科学发展水平资产负债表可对中国各地区的科学发展质量做出相应的数值判别。其基本思想是用对应项的相对资产和相对负债相互抵消的净结果，作为各地区科学发展水平的“质”的表征。本报告对科学发展总水平及其五大指数系统的资产负债进行了评估，结果如表23-8～表23-13和图23-7～图23-12所示。

表23-8　中国科学发展总水平资产负债表

| 地　区 | 科学发展总资产负债 | | | | | |
|---|---|---|---|---|---|---|
| | 资　产 | 负　债 | 相对资产/% | 相对负债/% | 资产质量系数 | 负债质量系数 |
| 北　京 | 156.00 | -54.00 | 74.29 | -25.71 | 2.23 | -0.77 |
| 天　津 | 152.10 | -57.90 | 72.43 | -27.57 | 2.17 | -0.83 |
| 河　北 | 89.60 | -120.40 | 42.67 | -57.33 | 1.28 | -1.72 |
| 山　西 | 94.50 | -115.50 | 45.00 | -55.00 | 1.35 | -1.65 |
| 内蒙古 | 100.90 | -109.10 | 48.05 | -51.95 | 1.44 | -1.56 |
| 辽　宁 | 127.60 | -82.40 | 60.76 | -39.24 | 1.82 | -1.18 |
| 吉　林 | 108.70 | -101.30 | 51.76 | -48.24 | 1.55 | -1.45 |
| 黑龙江 | 110.60 | -99.40 | 52.67 | -47.33 | 1.58 | -1.42 |
| 上　海 | 146.00 | -64.00 | 69.52 | -30.48 | 2.09 | -0.91 |
| 江　苏 | 137.40 | -72.60 | 65.43 | -34.57 | 1.96 | -1.04 |
| 浙　江 | 142.40 | -67.60 | 67.81 | -32.19 | 2.03 | -0.97 |
| 安　徽 | 100.10 | -109.90 | 47.67 | -52.33 | 1.43 | -1.57 |
| 福　建 | 130.80 | -79.20 | 62.29 | -37.71 | 1.87 | -1.13 |
| 江　西 | 98.20 | -111.80 | 46.76 | -53.24 | 1.40 | -1.60 |
| 山　东 | 117.70 | -92.30 | 56.05 | -43.95 | 1.68 | -1.32 |
| 河　南 | 88.20 | -121.80 | 42.00 | -58.00 | 1.26 | -1.74 |

续表

| 地区 | 科学发展总资产负债 | | | | | |
|---|---|---|---|---|---|---|
| | 资　产 | 负　债 | 相对资产/% | 相对负债/% | 资产质量系数 | 负债质量系数 |
| 湖　北 | 106.10 | -103.90 | 50.52 | -49.48 | 1.52 | -1.48 |
| 湖　南 | 100.40 | -109.60 | 47.81 | -52.19 | 1.43 | -1.57 |
| 广　东 | 130.80 | -79.20 | 62.29 | -37.71 | 1.87 | -1.13 |
| 广　西 | 77.60 | -132.40 | 36.95 | -63.05 | 1.11 | -1.89 |
| 海　南 | 109.50 | -100.50 | 52.14 | -47.86 | 1.56 | -1.44 |
| 重　庆 | 115.50 | -94.50 | 55.00 | -45.00 | 1.65 | -1.35 |
| 四　川 | 93.80 | -116.20 | 44.67 | -55.33 | 1.34 | -1.66 |
| 贵　州 | 58.40 | -151.60 | 27.81 | -72.19 | 0.83 | -2.17 |
| 云　南 | 82.10 | -127.90 | 39.10 | -60.90 | 1.17 | -1.83 |
| 西　藏 | 68.00 | -142.00 | 32.38 | -67.62 | 0.97 | -2.03 |
| 陕　西 | 108.70 | -101.30 | 51.76 | -48.24 | 1.55 | -1.45 |
| 甘　肃 | 70.20 | -139.80 | 33.43 | -66.57 | 1.00 | -2.00 |
| 青　海 | 79.00 | -131.00 | 37.62 | -62.38 | 1.13 | -1.87 |
| 宁　夏 | 75.80 | -134.20 | 36.10 | -63.90 | 1.08 | -1.92 |
| 新　疆 | 84.20 | -125.80 | 40.10 | -59.90 | 1.20 | -1.80 |

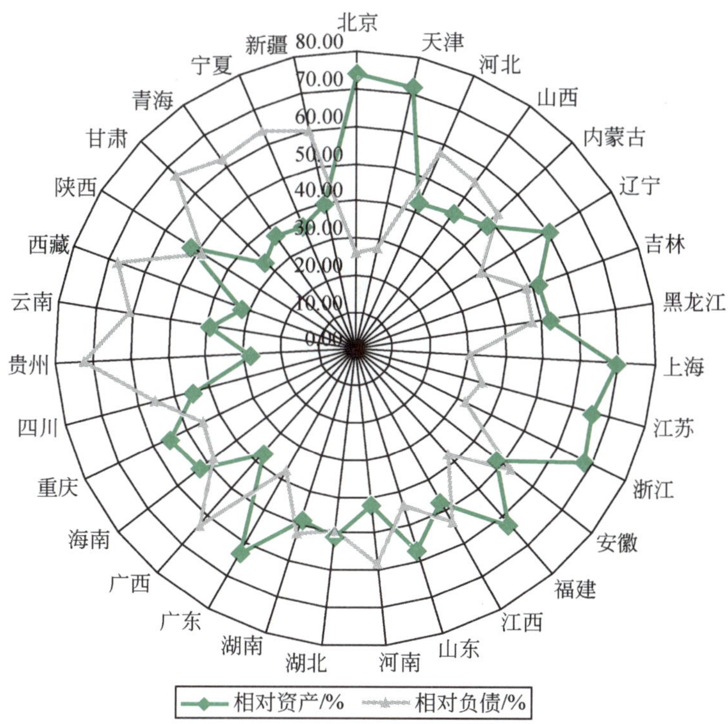


图 23-7　中国科学发展总体资产负债图

**表 23-9 中国区域创新发展指数资产负债表**

| 地 区 | 创新发展指数资产负债 | | | | | |
|---|---|---|---|---|---|---|
| | 资 产 | 负 债 | 相对资产/% | 相对负债/% | 资产质量系数 | 负债质量系数 |
| 北 京 | 37.10 | -7.90 | 82.44 | -17.56 | 2.47 | -0.53 |
| 天 津 | 36.90 | -8.10 | 82.00 | -18.00 | 2.46 | -0.54 |
| 河 北 | 18.60 | -26.40 | 41.33 | -58.67 | 1.24 | -1.76 |
| 山 西 | 23.60 | -21.40 | 52.44 | -47.56 | 1.57 | -1.43 |
| 内蒙古 | 19.50 | -25.50 | 43.33 | -56.67 | 1.30 | -1.70 |
| 辽 宁 | 34.60 | -10.40 | 76.89 | -23.11 | 2.31 | -0.69 |
| 吉 林 | 24.10 | -20.90 | 53.56 | -46.44 | 1.61 | -1.39 |
| 黑龙江 | 24.00 | -21.00 | 53.33 | -46.67 | 1.60 | -1.40 |
| 上 海 | 37.60 | -7.40 | 83.56 | -16.44 | 2.51 | -0.49 |
| 江 苏 | 33.40 | -11.60 | 74.22 | -25.78 | 2.23 | -0.77 |
| 浙 江 | 30.40 | -14.60 | 67.56 | -32.44 | 2.03 | -0.97 |
| 安 徽 | 15.70 | -29.30 | 34.89 | -65.11 | 1.05 | -1.95 |
| 福 建 | 28.00 | -17.00 | 62.22 | -37.78 | 1.87 | -1.13 |
| 江 西 | 16.70 | -28.30 | 37.11 | -62.89 | 1.11 | -1.89 |
| 山 东 | 25.80 | -19.20 | 57.33 | -42.67 | 1.72 | -1.28 |
| 河 南 | 16.60 | -28.40 | 36.89 | -63.11 | 1.11 | -1.89 |
| 湖 北 | 25.50 | -19.50 | 56.67 | -43.33 | 1.70 | -1.30 |
| 湖 南 | 20.40 | -24.60 | 45.33 | -54.67 | 1.36 | -1.64 |
| 广 东 | 31.90 | -13.10 | 70.89 | -29.11 | 2.13 | -0.87 |
| 广 西 | 13.50 | -31.50 | 30.00 | -70.00 | 0.90 | -2.10 |
| 海 南 | 23.30 | -21.70 | 51.78 | -48.22 | 1.55 | -1.45 |
| 重 庆 | 26.90 | -18.10 | 59.78 | -40.22 | 1.79 | -1.21 |
| 四 川 | 16.90 | -28.10 | 37.56 | -62.44 | 1.13 | -1.87 |
| 贵 州 | 7.00 | -38.00 | 15.56 | -84.44 | 0.47 | -2.53 |
| 云 南 | 10.90 | -34.10 | 24.22 | -75.78 | 0.73 | -2.27 |
| 西 藏 | 9.80 | -35.20 | 21.78 | -78.22 | 0.65 | -2.35 |
| 陕 西 | 28.00 | -17.00 | 62.22 | -37.78 | 1.87 | -1.13 |
| 甘 肃 | 12.40 | -32.60 | 27.56 | -72.44 | 0.83 | -2.17 |
| 青 海 | 13.90 | -31.10 | 30.89 | -69.11 | 0.93 | -2.07 |
| 宁 夏 | 15.90 | -29.10 | 35.33 | -64.67 | 1.06 | -1.94 |
| 新 疆 | 18.90 | -26.10 | 42.00 | -58.00 | 1.26 | -1.74 |

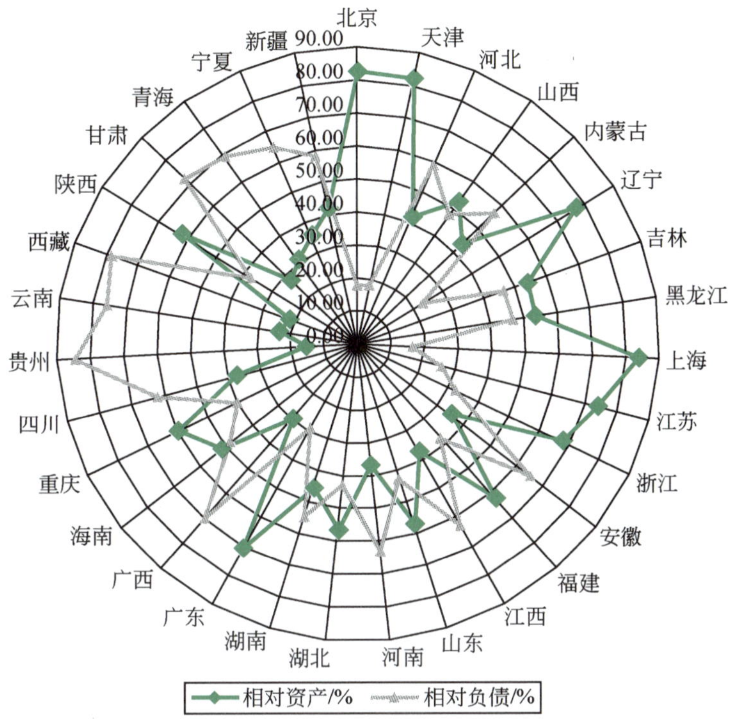


图 23-8　中国区域创新发展指数资产负债图

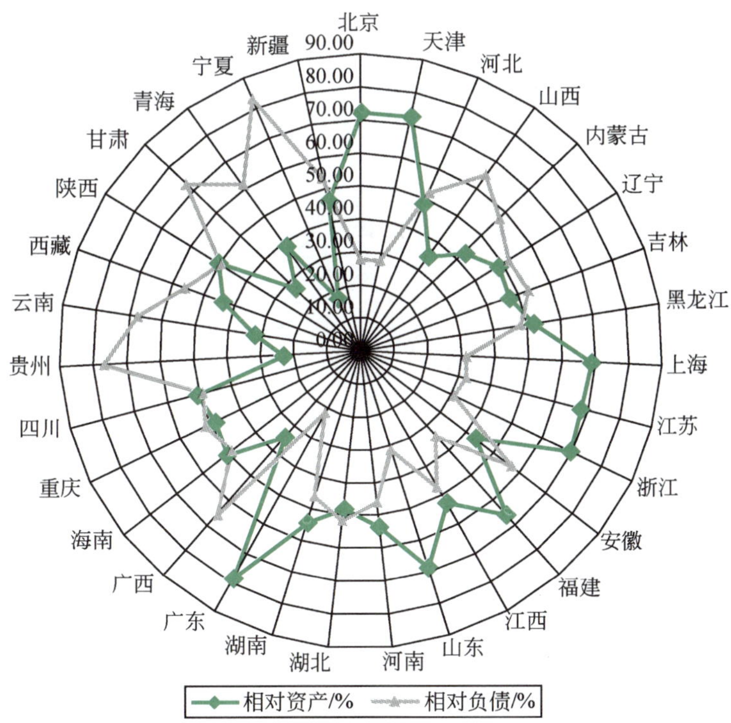


图 23-9　中国区域资源节约指数资产负债图

**表 23-10　中国区域资源节约指数资产负债表**

| 地 区 | 资源节约指数资产负债 | | | | | |
|---|---|---|---|---|---|---|
| | 资 产 | 负 债 | 相对资产/% | 相对负债/% | 资产质量系数 | 负债质量系数 |
| 北 京 | 32.60 | -12.40 | 72.44 | -27.56 | 2.17 | -0.83 |
| 天 津 | 32.50 | -12.50 | 72.22 | -27.78 | 2.17 | -0.83 |
| 河 北 | 21.60 | -23.40 | 48.00 | -52.00 | 1.44 | -1.56 |
| 山 西 | 15.70 | -29.30 | 34.89 | -65.11 | 1.05 | -1.95 |
| 内蒙古 | 19.30 | -25.70 | 42.89 | -57.11 | 1.29 | -1.71 |
| 辽 宁 | 21.70 | -23.30 | 48.22 | -51.78 | 1.45 | -1.55 |
| 吉 林 | 21.10 | -23.90 | 46.89 | -53.11 | 1.41 | -1.59 |
| 黑龙江 | 23.40 | -21.60 | 52.00 | -48.00 | 1.56 | -1.44 |
| 上 海 | 30.90 | -14.10 | 68.67 | -31.33 | 2.06 | -0.94 |
| 江 苏 | 30.40 | -14.60 | 67.56 | -32.44 | 2.03 | -0.97 |
| 浙 江 | 31.10 | -13.90 | 69.11 | -30.89 | 2.07 | -0.93 |
| 安 徽 | 19.50 | -25.50 | 43.33 | -56.67 | 1.30 | -1.70 |
| 福 建 | 29.60 | -15.40 | 65.78 | -34.22 | 1.97 | -1.03 |
| 江 西 | 23.80 | -21.20 | 52.89 | -47.11 | 1.59 | -1.41 |
| 山 东 | 30.90 | -14.10 | 68.67 | -31.33 | 2.06 | -0.94 |
| 河 南 | 24.10 | -20.90 | 53.56 | -46.44 | 1.61 | -1.39 |
| 湖 北 | 21.60 | -23.40 | 48.00 | -52.00 | 1.44 | -1.56 |
| 湖 南 | 24.30 | -20.70 | 54.00 | -46.00 | 1.62 | -1.38 |
| 广 东 | 35.30 | -9.70 | 78.44 | -21.56 | 2.35 | -0.65 |
| 广 西 | 15.50 | -29.50 | 34.44 | -65.56 | 1.03 | -1.97 |
| 海 南 | 22.90 | -22.10 | 50.89 | -49.11 | 1.53 | -1.47 |
| 重 庆 | 21.80 | -23.20 | 48.44 | -51.56 | 1.45 | -1.55 |
| 四 川 | 22.90 | -22.10 | 50.89 | -49.11 | 1.53 | -1.47 |
| 贵 州 | 10.40 | -34.60 | 23.11 | -76.89 | 0.69 | -2.31 |
| 云 南 | 14.60 | -30.40 | 32.44 | -67.56 | 0.97 | -2.03 |
| 西 藏 | 19.80 | -25.20 | 44.00 | -56.00 | 1.32 | -1.68 |
| 陕 西 | 22.80 | -22.20 | 50.67 | -49.33 | 1.52 | -1.48 |
| 甘 肃 | 12.30 | -32.70 | 27.33 | -72.67 | 0.82 | -2.18 |
| 青 海 | 17.30 | -27.70 | 38.44 | -61.56 | 1.15 | -1.85 |
| 宁 夏 | 7.70 | -37.30 | 17.11 | -82.89 | 0.51 | -2.49 |
| 新 疆 | 20.90 | -24.10 | 46.44 | -53.56 | 1.39 | -1.61 |

**表 23-11　中国区域环境友好指数资产负债表**

| 地　区 | 环境友好指数资产负债 | | | | | |
|---|---|---|---|---|---|---|
| | 资　产 | 负　债 | 相对资产/% | 相对负债/% | 资产质量系数 | 负债质量系数 |
| 北　京 | 21.20 | -14.80 | 58.89 | -41.11 | 1.77 | -1.23 |
| 天　津 | 24.20 | -11.80 | 67.22 | -32.78 | 2.02 | -0.98 |
| 河　北 | 13.90 | -22.10 | 38.61 | -61.39 | 1.16 | -1.84 |
| 山　西 | 15.90 | -20.10 | 44.17 | -55.83 | 1.33 | -1.68 |
| 内蒙古 | 17.80 | -18.20 | 49.44 | -50.56 | 1.48 | -1.52 |
| 辽　宁 | 16.90 | -19.10 | 46.94 | -53.06 | 1.41 | -1.59 |
| 吉　林 | 17.80 | -18.20 | 49.44 | -50.56 | 1.48 | -1.52 |
| 黑龙江 | 15.30 | -20.70 | 42.50 | -57.50 | 1.28 | -1.73 |
| 上　海 | 17.50 | -18.50 | 48.61 | -51.39 | 1.46 | -1.54 |
| 江　苏 | 15.50 | -20.50 | 43.06 | -56.94 | 1.29 | -1.71 |
| 浙　江 | 20.30 | -15.70 | 56.39 | -43.61 | 1.69 | -1.31 |
| 安　徽 | 19.10 | -16.90 | 53.06 | -46.94 | 1.59 | -1.41 |
| 福　建 | 21.40 | -14.60 | 59.44 | -40.56 | 1.78 | -1.22 |
| 江　西 | 19.40 | -16.60 | 53.89 | -46.11 | 1.62 | -1.38 |
| 山　东 | 15.00 | -21.00 | 41.67 | -58.33 | 1.25 | -1.75 |
| 河　南 | 10.40 | -25.60 | 28.89 | -71.11 | 0.87 | -2.13 |
| 湖　北 | 14.00 | -22.00 | 38.89 | -61.11 | 1.17 | -1.83 |
| 湖　南 | 14.70 | -21.30 | 40.83 | -59.17 | 1.23 | -1.78 |
| 广　东 | 15.20 | -20.80 | 42.22 | -57.78 | 1.27 | -1.73 |
| 广　西 | 16.30 | -19.70 | 45.28 | -54.72 | 1.36 | -1.64 |
| 海　南 | 28.10 | -7.90 | 78.06 | -21.94 | 2.34 | -0.66 |
| 重　庆 | 18.50 | -17.50 | 51.39 | -48.61 | 1.54 | -1.46 |
| 四　川 | 16.00 | -20.00 | 44.44 | -55.56 | 1.33 | -1.67 |
| 贵　州 | 16.60 | -19.40 | 46.11 | -53.89 | 1.38 | -1.62 |
| 云　南 | 21.10 | -14.90 | 58.61 | -41.39 | 1.76 | -1.24 |
| 西　藏 | 18.70 | -17.30 | 51.94 | -48.06 | 1.56 | -1.44 |
| 陕　西 | 19.10 | -16.90 | 53.06 | -46.94 | 1.59 | -1.41 |
| 甘　肃 | 18.00 | -18.00 | 50.00 | -50.00 | 1.50 | -1.50 |
| 青　海 | 23.80 | -12.20 | 66.11 | -33.89 | 1.98 | -1.02 |
| 宁　夏 | 23.20 | -12.80 | 64.44 | -35.56 | 1.93 | -1.07 |
| 新　疆 | 15.00 | -21.00 | 41.67 | -58.33 | 1.25 | -1.75 |

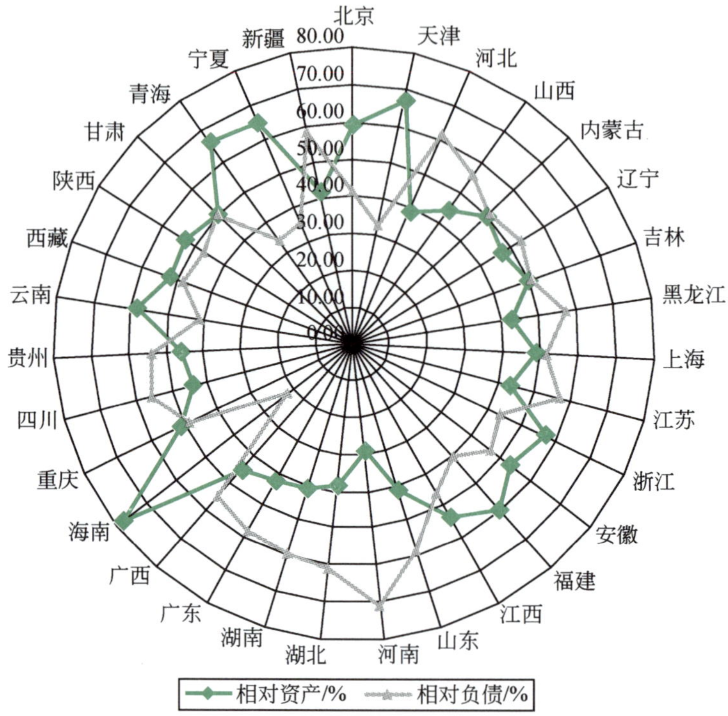


图 23-10　中国区域环境友好指数资产负债图

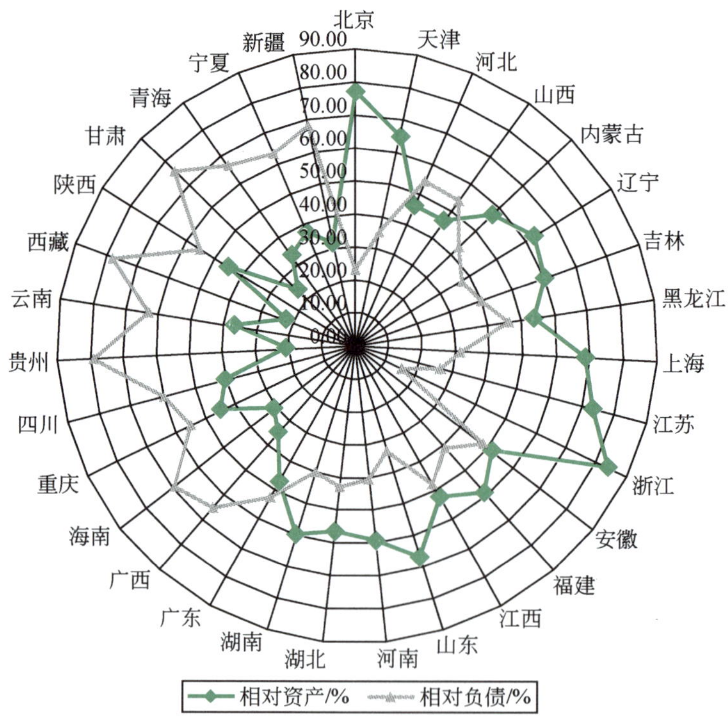


图 23-11　中国区域社会公平指数资产负债图

表 23-12　中国区域社会公平指数资产负债表

| 地　区 | 社会公平指数资产负债 | | | | | |
|---|---|---|---|---|---|---|
| | 资　产 | 负　债 | 相对资产/% | 相对负债/% | 资产质量系数 | 负债质量系数 |
| 北　京 | 20.70 | -6.30 | 76.67 | -23.33 | 2.30 | -0.70 |
| 天　津 | 17.40 | -9.60 | 64.44 | -35.56 | 1.93 | -1.07 |
| 河　北 | 12.40 | -14.60 | 45.93 | -54.07 | 1.38 | -1.62 |
| 山　西 | 12.40 | -14.60 | 45.93 | -54.07 | 1.38 | -1.62 |
| 内蒙古 | 15.40 | -11.60 | 57.04 | -42.96 | 1.71 | -1.29 |
| 辽　宁 | 16.90 | -10.10 | 62.59 | -37.41 | 1.88 | -1.12 |
| 吉　林 | 16.20 | -10.80 | 60.00 | -40.00 | 1.80 | -1.20 |
| 黑龙江 | 14.50 | -12.50 | 53.70 | -46.30 | 1.61 | -1.39 |
| 上　海 | 18.50 | -8.50 | 68.52 | -31.48 | 2.06 | -0.94 |
| 江　苏 | 19.90 | -7.10 | 73.70 | -26.30 | 2.21 | -0.79 |
| 浙　江 | 22.70 | -4.30 | 84.07 | -15.93 | 2.52 | -0.48 |
| 安　徽 | 14.00 | -13.00 | 51.85 | -48.15 | 1.56 | -1.44 |
| 福　建 | 16.00 | -11.00 | 59.26 | -40.74 | 1.78 | -1.22 |
| 江　西 | 14.10 | -12.90 | 52.22 | -47.78 | 1.57 | -1.43 |
| 山　东 | 18.10 | -8.90 | 67.04 | -32.96 | 2.01 | -0.99 |
| 河　南 | 16.10 | -10.90 | 59.63 | -40.37 | 1.79 | -1.21 |
| 湖　北 | 15.30 | -11.70 | 56.67 | -43.33 | 1.70 | -1.30 |
| 湖　南 | 16.20 | -10.80 | 60.00 | -40.00 | 1.80 | -1.20 |
| 广　东 | 12.80 | -14.20 | 47.41 | -52.59 | 1.42 | -1.58 |
| 广　西 | 9.50 | -17.50 | 35.19 | -64.81 | 1.06 | -1.94 |
| 海　南 | 8.40 | -18.60 | 31.11 | -68.89 | 0.93 | -2.07 |
| 重　庆 | 12.20 | -14.80 | 45.19 | -54.81 | 1.36 | -1.64 |
| 四　川 | 10.90 | -16.10 | 40.37 | -59.63 | 1.21 | -1.79 |
| 贵　州 | 5.70 | -21.30 | 21.11 | -78.89 | 0.63 | -2.37 |
| 云　南 | 10.00 | -17.00 | 37.04 | -62.96 | 1.11 | -1.89 |
| 西　藏 | 6.00 | -21.00 | 22.22 | -77.78 | 0.67 | -2.33 |
| 陕　西 | 12.20 | -14.80 | 45.19 | -54.81 | 1.36 | -1.64 |
| 甘　肃 | 6.50 | -20.50 | 24.07 | -75.93 | 0.72 | -2.28 |
| 青　海 | 9.00 | -18.00 | 33.33 | -66.67 | 1.00 | -2.00 |
| 宁　夏 | 10.00 | -17.00 | 37.04 | -62.96 | 1.11 | -1.89 |
| 新　疆 | 8.60 | -18.40 | 31.85 | -68.15 | 0.96 | -2.04 |

表 23-13　中国区域管理质量指数资产负债表

| 地　区 | 管理质量指数资产负债 | | | | | |
|---|---|---|---|---|---|---|
| | 资　产 | 负　债 | 相对资产/% | 相对负债/% | 资产质量系数 | 负债质量系数 |
| 北　京 | 44.40 | -12.60 | 77.89 | -22.11 | 2.34 | -0.66 |
| 天　津 | 41.10 | -15.90 | 72.11 | -27.89 | 2.16 | -0.84 |
| 河　北 | 23.10 | -33.90 | 40.53 | -59.47 | 1.22 | -1.78 |
| 山　西 | 26.90 | -30.10 | 47.19 | -52.81 | 1.42 | -1.58 |
| 内蒙古 | 28.90 | -28.10 | 50.70 | -49.30 | 1.52 | -1.48 |
| 辽　宁 | 37.50 | -19.50 | 65.79 | -34.21 | 1.97 | -1.03 |
| 吉　林 | 29.50 | -27.50 | 51.75 | -48.25 | 1.55 | -1.45 |
| 黑龙江 | 33.40 | -23.60 | 58.60 | -41.40 | 1.76 | -1.24 |
| 上　海 | 41.50 | -15.50 | 72.81 | -27.19 | 2.18 | -0.82 |
| 江　苏 | 38.20 | -18.80 | 67.02 | -32.98 | 2.01 | -0.99 |
| 浙　江 | 37.90 | -19.10 | 66.49 | -33.51 | 1.99 | -1.01 |
| 安　徽 | 31.80 | -25.20 | 55.79 | -44.21 | 1.67 | -1.33 |
| 福　建 | 35.80 | -21.20 | 62.81 | -37.19 | 1.88 | -1.12 |
| 江　西 | 24.20 | -32.80 | 42.46 | -57.54 | 1.27 | -1.73 |
| 山　东 | 27.90 | -29.10 | 48.95 | -51.05 | 1.47 | -1.53 |
| 河　南 | 21.00 | -36.00 | 36.84 | -63.16 | 1.11 | -1.89 |
| 湖　北 | 29.70 | -27.30 | 52.11 | -47.89 | 1.56 | -1.44 |
| 湖　南 | 24.80 | -32.20 | 43.51 | -56.49 | 1.31 | -1.69 |
| 广　东 | 35.60 | -21.40 | 62.46 | -37.54 | 1.87 | -1.13 |
| 广　西 | 22.80 | -34.20 | 40.00 | -60.00 | 1.20 | -1.80 |
| 海　南 | 26.80 | -30.20 | 47.02 | -52.98 | 1.41 | -1.59 |
| 重　庆 | 36.10 | -20.90 | 63.33 | -36.67 | 1.90 | -1.10 |
| 四　川 | 27.10 | -29.90 | 47.54 | -52.46 | 1.43 | -1.57 |
| 贵　州 | 18.70 | -38.30 | 32.81 | -67.19 | 0.98 | -2.02 |
| 云　南 | 25.50 | -31.50 | 44.74 | -55.26 | 1.34 | -1.66 |
| 西　藏 | 13.70 | -43.30 | 24.04 | -75.96 | 0.72 | -2.28 |
| 陕　西 | 26.60 | -30.40 | 46.67 | -53.33 | 1.40 | -1.60 |
| 甘　肃 | 21.00 | -36.00 | 36.84 | -63.16 | 1.11 | -1.89 |
| 青　海 | 15.00 | -42.00 | 26.32 | -73.68 | 0.79 | -2.21 |
| 宁　夏 | 19.00 | -38.00 | 33.33 | -66.67 | 1.00 | -2.00 |
| 新　疆 | 20.80 | -36.20 | 36.49 | -63.51 | 1.09 | -1.91 |

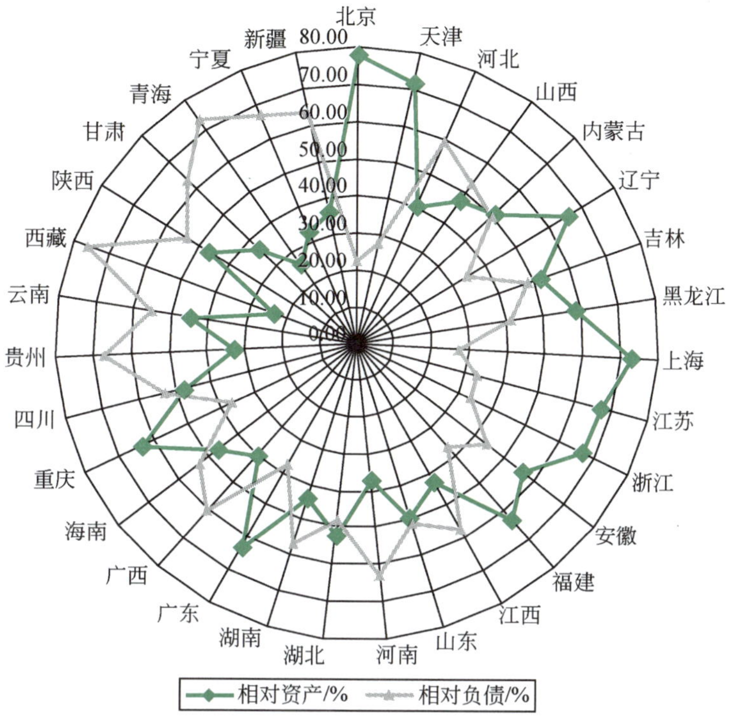


图 23-12　中国区域管理质量指数资产负债图

# 第二十四章　31个省（自治区、直辖市）资产负债分析

## 第一节　北京科学发展资产负债分析

### 一、一般概况

北京市土地面积1.64万$km^2$，人口1695万，2008年实现地区GDP 10 488.03亿元，人均粮食产量75.39kg，人均水资源量205.53$m^3$，森林覆盖率21.26%，人口自然增长率3.42‰，成人文盲率3.33%，万人在校大学生675人，专利（发明、实用新型、外观设计）授权17 747件。

### 二、科学发展的资产负债分析

1）创新发展指数：在总数15个源指标中，资产累计得分37.10，相对资产37.10%，资产质量系数为2.47，表明资产质量优良。同时，负债累计得分-7.90，相对负债-17.56%，负债质量系数为-0.53，表明负债质量很好。在该大项中，相对净资产为64.89%。

2）资源节约指数：在总数15个源指标中，资产累计得分32.60，相对资产72.44%，资产质量系数为2.17，表明资产质量较好。同时，负债累计得分-12.40，相对负债-27.56%，负债质量系数为-0.83，表明负债质量较好。在该大项中，相对净资产为44.89%。

3）环境友好指数：在总数12个源指标中，资产累计得分21.20，相对资产58.89%，资产质量系数为1.77，表明资产质量一般。同时，负债累计得分-14.80，相对负债-41.11%，负债质量系数为-1.23，表明负债质量一般。在该大项中，相对净资产为17.78%。

4）社会公平指数：在总数9个源指标中，资产累计得分20.70，相对资产76.67%，资产质量系数为2.30，表明资产质量较好。同时，负债累计得分-6.30，相对负债-23.33%，负债质量系数为-0.70，表明负债质量较好。在该大项中，相对净资产为53.33%。

5）管理质量指数：在总数19个源指标中，资产累计得分44.40，相对资产

77.89%，资产质量系数为2.34，表明资产质量较好。同时，负债累计得分-12.60，相对负债-22.11%，负债质量系数为-0.66，表明负债质量较好。在该大项中，相对净资产为55.79%。

总计上述五大项，在总数70个源指标中，总资产累计得分156.00，相对资产74.29%，资产质量系数为2.23，表明资产质量较好。同时，负债累计得分-54.00，相对负债-25.71%，负债质量系数为-0.77，表明负债质量较好，该地区科学发展水平相对总净资产为48.57%（图24-1，表24-1）。

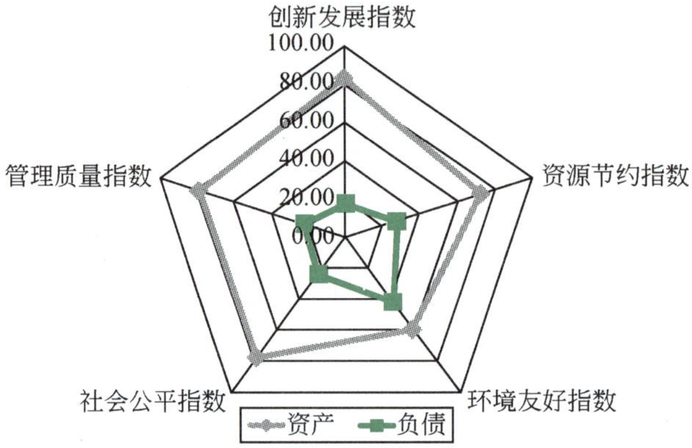


图24-1　北京科学发展水平资产负债图

**表24-1　北京科学发展水平资产负债表**

| 资产 | | | | | | | 五大指数/% | | 负债 | | | | | | |
|---|---|---|---|---|---|---|---|---|---|---|---|---|---|---|---|
| 位次 | | 指标数 | 占指标总数/% | 指标分值 | 相对资产/% | 资产质量系数 | | | 位次 | | 指标数 | 占指标总数/% | 指标分值 | 相对负债/% | 负债质量系数 |
| 创新发展指数 | 1~3 | 11 | 73.33 | 32.50 | 72.22 | | 创新发展指数 | | 创新发展指数 | 1~3 | 11 | 52.38 | -0.50 | -1.11 | |
| | 4~6 | 0 | 0.00 | 0.00 | 0.00 | | | | | 4~6 | 0 | 0.00 | 0.00 | 0.00 | |
| | 7~9 | 1 | 6.67 | 2.30 | 5.11 | | 资产：负债 | | | 7~9 | 1 | 4.76 | -0.70 | -1.56 | |
| | 10~12 | 0 | 0.00 | 0.00 | 0.00 | | 82.44 | 17.56 | | 10~12 | 0 | 0.00 | 0.00 | 0.00 | |
| | 13~15 | 1 | 6.67 | 1.70 | 3.78 | | 相对净资产 | 64.89 | | 13~15 | 1 | 4.76 | -1.30 | -2.89 | |
| | 16~18 | 0 | 0.00 | 0.00 | 0.00 | | | | | 16~18 | 0 | 0.00 | 0.00 | 0.00 | |
| | 19~21 | 0 | 0.00 | 0.00 | 0.00 | | | | | 19~21 | 0 | 0.00 | 0.00 | 0.00 | |
| | 22~24 | 0 | 0.00 | 0.00 | 0.00 | | | | | 22~24 | 0 | 0.00 | 0.00 | 0.00 | |
| | 25~27 | 1 | 6.67 | 0.60 | 1.33 | | | | | 25~27 | 1 | 4.76 | -2.40 | -5.33 | |
| | 28~31 | 1 | 6.67 | 0.00 | 0.00 | | | | | 28~31 | 1 | 4.76 | -3.00 | -6.67 | |
| 合计 | | 15 | 100.00 | 37.10 | 82.44 | 2.47 | 15.00 | | 合计 | | 15 | 100.00 | -7.90 | -17.56 | -0.53 |
| 资源节约指数 | 1~3 | 8 | 53.33 | 23.30 | 51.78 | | 资源节约指数 | | 资源节约指数 | 1~3 | 8 | 27.59 | -0.70 | -1.56 | |
| | 4~6 | 1 | 6.67 | 2.70 | 6.00 | | | | | 4~6 | 1 | 3.45 | -0.30 | -0.67 | |
| | 7~9 | 1 | 6.67 | 2.30 | 5.11 | | 资产：负债 | | | 7~9 | 1 | 3.45 | -0.70 | -1.56 | |
| | 10~12 | 0 | 0.00 | 0.00 | 0.00 | | 72.44 | 27.56 | | 10~12 | 0 | 0.00 | 0.00 | 0.00 | |
| | 13~15 | 0 | 0.00 | 0.00 | 0.00 | | 相对净资产 | 44.89 | | 13~15 | 0 | 0.00 | 0.00 | 0.00 | |
| | 16~18 | 2 | 13.33 | 2.80 | 6.22 | | | | | 16~18 | 2 | 6.90 | -3.20 | -7.11 | |
| | 19~21 | 0 | 0.00 | 0.00 | 0.00 | | | | | 19~21 | 0 | 0.00 | 0.00 | 0.00 | |
| | 22~24 | 1 | 6.67 | 0.70 | 1.56 | | | | | 22~24 | 1 | 3.45 | -2.30 | -5.11 | |
| | 25~27 | 1 | 6.67 | 0.60 | 1.33 | | | | | 25~27 | 1 | 3.45 | -2.40 | -5.33 | |
| | 28~31 | 1 | 6.67 | 0.20 | 0.44 | | | | | 28~31 | 1 | 3.45 | -2.80 | -6.22 | |
| 合计 | | 15 | 100.00 | 32.60 | 72.44 | 2.17 | 15.00 | | 合计 | | 15 | 100.00 | -12.40 | -27.56 | -0.83 |

续表

| 资产 | | | | | | | 五大指数/% | | 负债 | | | | | | |
|---|---|---|---|---|---|---|---|---|---|---|---|---|---|---|---|
| 位次 | | 指标数 | 占指标总数/% | 指标分值 | 相对资产/% | 资产质量系数 | | | 位次 | | 指标数 | 占指标总数/% | 指标分值 | 相对负债/% | 负债质量系数 |
| 环境友好指数 | 1～3 | 3 | 25.00 | 8.70 | 24.17 | | 环境友好指数 | | 环境友好指数 | 1～3 | 3 | 13.64 | -0.30 | -0.83 | |
| | 4～6 | 2 | 16.67 | 5.30 | 14.72 | | | | | 4～6 | 2 | 9.09 | -0.70 | -1.94 | |
| | 7～9 | 1 | 8.33 | 2.40 | 6.67 | | 资产：负债 | | | 7～9 | 1 | 4.55 | -0.60 | -1.67 | |
| | 10～12 | 0 | 0.00 | 0.00 | 0.00 | | 58.89 | 41.11 | | 10～12 | 0 | 0.00 | 0.00 | 0.00 | |
| | 13～15 | 0 | 0.00 | 0.00 | 0.00 | | 相对净资产 | 17.78 | | 13～15 | 0 | 0.00 | 0.00 | 0.00 | |
| | 16～18 | 1 | 8.33 | 1.30 | 3.61 | | | | | 16～18 | 1 | 4.55 | -1.70 | -4.72 | |
| | 19～21 | 2 | 16.67 | 2.20 | 6.11 | | | | | 19～21 | 2 | 9.09 | -3.80 | -10.56 | |
| | 22～24 | 0 | 0.00 | 0.00 | 0.00 | | | | | 22～24 | 0 | 0.00 | 0.00 | 0.00 | |
| | 25～27 | 3 | 25.00 | 1.30 | 3.61 | | | | | 25～27 | 3 | 13.64 | -7.70 | -21.39 | |
| | 28～31 | 0 | 0.00 | 0.00 | 0.00 | | | | | 28～31 | 0 | 0.00 | 0.00 | 0.00 | |
| 合计 | | 12 | 100.00 | 21.20 | 58.89 | 1.17 | 12.00 | | 合计 | | 12 | 100.00 | -14.80 | -41.11 | -1.23 |
| 社会公平指数 | 1～3 | 6 | 66.67 | 17.60 | 65.19 | | 社会公平指数 | | 社会公平指数 | 1～3 | 6 | 42.86 | -0.40 | -1.48 | |
| | 4～6 | 1 | 11.11 | 2.60 | 9.63 | | | | | 4～6 | 1 | 7.14 | -0.40 | -1.48 | |
| | 7～9 | 0 | 0.00 | 0.00 | 0.00 | | 资产：负债 | | | 7～9 | 0 | 0.00 | 0.00 | 0.00 | |
| | 10～12 | 0 | 0.00 | 0.00 | 0.00 | | 76.67 | 23.33 | | 10～12 | 0 | 0.00 | 0.00 | 0.00 | |
| | 13～15 | 0 | 0.00 | 0.00 | 0.00 | | 相对净资产 | 53.33 | | 13～15 | 0 | 0.00 | 0.00 | 0.00 | |
| | 16～18 | 0 | 0.00 | 0.00 | 0.00 | | | | | 16～18 | 0 | 0.00 | 0.00 | 0.00 | |
| | 19～21 | 0 | 0.00 | 0.00 | 0.00 | | | | | 19～21 | 0 | 0.00 | 0.00 | 0.00 | |
| | 22～24 | 0 | 0.00 | 0.00 | 0.00 | | | | | 22～24 | 0 | 0.00 | 0.00 | 0.00 | |
| | 25～27 | 0 | 0.00 | 0.00 | 0.00 | | | | | 25～27 | 0 | 0.00 | 0.00 | 0.00 | |
| | 28～31 | 2 | 22.22 | 0.50 | 1.85 | | | | | 28～31 | 2 | 14.29 | -5.50 | -20.37 | |
| 合计 | | 9 | 100.00 | 20.70 | 76.67 | 2.30 | 9.00 | | 合计 | | 9 | 100.00 | -6.30 | -23.33 | -0.70 |
| 管理质量指数 | 1～3 | 11 | 57.89 | 32.00 | 56.14 | | 管理质量指数 | | 管理质量指数 | 1～3 | 11 | 64.71 | -1.00 | -1.75 | |
| | 4～6 | 3 | 15.79 | 7.90 | 13.86 | | | | | 4～6 | 3 | 17.65 | -1.10 | -1.93 | |
| | 7～9 | 0 | 0.00 | 0.00 | 0.00 | | 资产：负债 | | | 7～9 | 0 | 0.00 | 0.00 | 0.00 | |
| | 10～12 | 1 | 5.26 | 2.10 | 3.68 | | 77.89 | 22.11 | | 10～12 | 1 | 5.88 | -0.90 | -1.58 | |
| | 13～15 | 0 | 0.00 | 0.00 | 0.00 | | 相对净资产 | 55.79 | | 13～15 | 0 | 0.00 | 0.00 | 0.00 | |
| | 16～18 | 1 | 5.26 | 1.30 | 2.28 | | | | | 16～18 | 1 | 5.88 | -1.70 | -2.98 | |
| | 19～21 | 0 | 0.00 | 0.00 | 0.00 | | | | | 19～21 | 0 | 0.00 | 0.00 | 0.00 | |
| | 22～24 | 0 | 0.00 | 0.00 | 0.00 | | | | | 22～24 | 0 | 0.00 | 0.00 | 0.00 | |
| | 25～27 | 2 | 10.53 | 1.00 | 1.75 | | | | | 25～27 | 2 | 11.76 | -5.00 | -8.77 | |
| | 28～31 | 1 | 5.26 | 0.10 | 0.18 | | | | | 28～31 | 1 | 5.88 | -2.90 | -5.09 | |
| 合计 | | 19 | 100.00 | 44.40 | 77.89 | 2.34 | 19.00 | | 合计 | | 19 | 100.00 | -12.60 | -22.11 | -0.66 |

| 资产总指标数 | 占指标总数/% | 总资产分值 | 相对总资产/% | 总资产质量系数 | 相对总资产：相对总负债 | | 负债总指标数 | 占指标总数/% | 总负债分值 | 相对总负债/% | 总负债质量系数 |
|---|---|---|---|---|---|---|---|---|---|---|---|
| | | | | | 74.29 | -25.71 | | | | | |
| 70 | 100.00 | 156.00 | 74.29 | 2.23 | 相对净资产 | 48.57 | 70 | 100.00 | -54.00 | -25.71 | -0.77 |

## 第二节　天津科学发展资产负债分析

### 一、一般概况

天津市土地面积1.19万$km^2$，人口1176万，2008年实现地区GDP 6354.38亿元，人均粮食产量130.01kg，人均水资源量159.76$m^3$，森林覆盖率8.14%，人口自然增长率2.19‰，成人文盲率4.37%，万人在校大学生453人，专利（发明、实用新型、外观设计）授权6790件。

### 二、科学发展的资产负债分析

1）创新发展指数：在总数15个源指标中，资产累计得分36.90，相对资产36.90%，资产质量系数为2.46，表明资产质量优良。同时，负债累计得分-8.10，相对负债-18.00%，负债质量系数为-0.54，表明负债质量很好。在该大项中，相对净资产为64.00%。

2）资源节约指数：在总数15个源指标中，资产累计得分32.50，相对资产72.22%，资产质量系数为2.03，表明资产质量较好。同时，负债累计得分-12.50，相对负债-27.78%，负债质量系数为-0.83，表明负债质量较好。在该大项中，相对净资产为44.44%。

3）环境友好指数：在总数12个源指标中，资产累计得分24.20，相对资产67.22%，资产质量系数为2.02，表明资产质量较好。同时，负债累计得分-11.80，相对负债-32.78%，负债质量系数为-0.98，表明负债质量较好。在该大项中，相对净资产为34.44%。

4）社会公平指数：在总数9个源指标中，资产累计得分17.40，相对资产64.44%，资产质量系数为1.93，表明资产质量较好。同时，负债累计得分-9.60，相对负债-35.56%，负债质量系数为-1.07，表明负债质量较好。在该大项中，相对净资产为28.89%。

5）管理质量指数：在总数19个源指标中，资产累计得分41.10，相对资产72.11%，资产质量系数为2.16，表明资产质量较好。同时，负债累计得分-15.90，相对负债-27.89%，负债质量系数为-0.84，表明负债质量较好。在该大项中，相对净资产为44.21%。

总计上述五大项，在总数70个源指标中，总资产累计得分152.10，相对资产72.43%，资产质量系数为2.14，表明资产质量较好。同时，负债累计得分-57.90，相对负债-27.57%，负债质量系数为-0.83，表明负债质量较好，该地区科学发展水平相对总净资产为44.86%（图24-2，表24-2）。

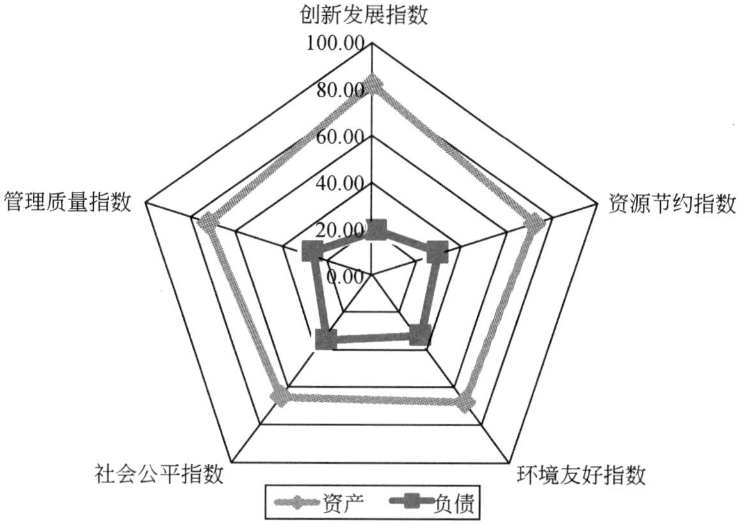


图 24-2　天津科学发展水平资产负债图

**表 24-2　天津科学发展水平资产负债表**

| 资产 | | | | | | | 五大指数/% | | 负债 | | | | | | |
|---|---|---|---|---|---|---|---|---|---|---|---|---|---|---|---|
| 位次 | | 指标数 | 占指标总数/% | 指标分值 | 相对资产/% | 资产质量系数 | | | 位次 | | 指标数 | 占指标总数/% | 指标分值 | 相对负债/% | 负债质量系数 |
| 创新发展指数 | 1～3 | 7 | 46.67 | 19.90 | 44.22 | | 创新发展指数 | | 创新发展指数 | 1～3 | 7 | 33.33 | -1.10 | -2.44 | |
| | 4～6 | 4 | 26.67 | 10.50 | 23.33 | | | | | 4～6 | 4 | 19.05 | -1.50 | -3.33 | |
| | 7～9 | 2 | 13.33 | 4.80 | 10.67 | | 资产：负债 | | | 7～9 | 2 | 9.52 | -1.20 | -2.67 | |
| | 10～12 | 0 | 0.00 | 0.00 | 0.00 | | 82.00 | 18.00 | | 10～12 | 0 | 0.00 | 0.00 | 0.00 | |
| | 13～15 | 0 | 0.00 | 0.00 | 0.00 | | 相对净资产 | 64.00 | | 13～15 | 0 | 0.00 | 0.00 | 0.00 | |
| | 16～18 | 0 | 0.00 | 0.00 | 0.00 | | | | | 16～18 | 0 | 0.00 | 0.00 | 0.00 | |
| | 19～21 | 1 | 6.67 | 1.20 | 2.67 | | | | | 19～21 | 1 | 4.76 | -1.80 | -4.00 | |
| | 22～24 | 0 | 0.00 | 0.00 | 0.00 | | | | | 22～24 | 0 | 0.00 | 0.00 | 0.00 | |
| | 25～27 | 1 | 6.67 | 0.50 | 1.11 | | | | | 25～27 | 1 | 4.76 | -2.50 | -5.56 | |
| | 28～31 | 0 | 0.00 | 0.00 | 0.00 | | | | | 28～31 | 0 | 0.00 | 0.00 | 0.00 | |
| 合计 | | 15 | 100.00 | 36.90 | 82.00 | 2.46 | 15.00 | | 合计 | | 15 | 100.00 | -8.10 | -18.00 | -0.54 |
| 资源节约指数 | 1～3 | 6 | 40.00 | 17.20 | 38.22 | | 资源节约指数 | | 资源节约指数 | 1～3 | 6 | 20.69 | -0.80 | -1.78 | |
| | 4～6 | 3 | 20.00 | 5.30 | 11.78 | | | | | 4～6 | 3 | 10.34 | -0.70 | -1.56 | |
| | 7～9 | 1 | 6.67 | 2.20 | 4.89 | | 资产：负债 | | | 7～9 | 1 | 3.45 | -0.80 | -1.78 | |
| | 10～12 | 3 | 20.00 | 6.30 | 14.00 | | 72.22 | 27.78 | | 10～12 | 3 | 10.34 | -2.70 | -6.00 | |
| | 13～15 | 0 | 0.00 | 0.00 | 0.00 | | 相对净资产 | 44.44 | | 13～15 | 0 | 0.00 | 0.00 | 0.00 | |
| | 16～18 | 0 | 0.00 | 0.00 | 0.00 | | | | | 16～18 | 0 | 0.00 | 0.00 | 0.00 | |
| | 19～21 | 1 | 6.67 | 1.10 | 2.44 | | | | | 19～21 | 1 | 3.45 | -1.90 | -4.22 | |
| | 22～24 | 0 | 0.00 | 0.00 | 0.00 | | | | | 22～24 | 0 | 0.00 | 0.00 | 0.00 | |
| | 25～27 | 0 | 0.00 | 0.00 | 0.00 | | | | | 25～27 | 0 | 0.00 | 0.00 | 0.00 | |
| | 28～31 | 2 | 13.33 | 0.40 | 0.89 | | | | | 28～31 | 2 | 6.90 | -5.60 | -12.44 | |
| 合计 | | 16 | 100.00 | 32.50 | 72.22 | 2.03 | 15.00 | | 合计 | | 15 | 100.00 | -12.50 | -27.78 | -0.83 |

续表

| 资产 | | | | | | | 五大指数/% | | 负债 | | | | | | |
|---|---|---|---|---|---|---|---|---|---|---|---|---|---|---|---|
| 位次 | | 指标数 | 占指标总数/% | 指标分值 | 相对资产/% | 资产质量系数 | | | 位次 | | 指标数 | 占指标总数/% | 指标分值 | 相对负债/% | 负债质量系数 |
| 环境友好指数 | 1~3 | 2 | 16.67 | 5.90 | 16.39 | | 环境友好指数 | | 环境友好指数 | 1~3 | 2 | 9.09 | -0.10 | -0.28 | |
| | 4~6 | 5 | 41.67 | 12.80 | 35.56 | | | | | 4~6 | 5 | 22.73 | -2.20 | -6.11 | |
| | 7~9 | 0 | 0.00 | 0.00 | 0.00 | | 资产：负债 | | | 7~9 | 0 | 0.00 | 0.00 | 0.00 | |
| | 10~12 | 0 | 0.00 | 0.00 | 0.00 | | 67.22 | 32.78 | | 10~12 | 0 | 0.00 | 0.00 | 0.00 | |
| | 13~15 | 1 | 8.33 | 1.80 | 5.00 | | 相对净资产 | 34.44 | | 13~15 | 1 | 4.55 | -1.20 | -3.33 | |
| | 16~18 | 1 | 8.33 | 1.30 | 3.61 | | | | | 16~18 | 1 | 4.55 | -1.70 | -4.72 | |
| | 19~21 | 1 | 8.33 | 1.20 | 3.33 | | | | | 19~21 | 1 | 4.55 | -1.80 | -5.00 | |
| | 22~24 | 0 | 0.00 | 0.00 | 0.00 | | | | | 22~24 | 0 | 0.00 | 0.00 | 0.00 | |
| | 25~27 | 2 | 16.67 | 1.20 | 3.33 | | | | | 25~27 | 2 | 9.09 | -4.80 | -13.33 | |
| | 28~31 | 0 | 0.00 | 0.00 | 0.00 | | | | | 28~31 | 0 | 0.00 | 0.00 | 0.00 | |
| 合计 | | 12 | 100.00 | 24.20 | 67.22 | 2.02 | 12.00 | | 合计 | | 12 | 100.00 | -11.80 | -32.78 | -0.98 |
| 社会公平指数 | 1~3 | 1 | 11.11 | 2.90 | 10.74 | | 社会公平指数 | | 社会公平指数 | 1~3 | 1 | 7.14 | -0.10 | -0.37 | |
| | 4~6 | 4 | 44.44 | 10.40 | 38.52 | | | | | 4~6 | 4 | 28.57 | -1.60 | -5.93 | |
| | 7~9 | 0 | 0.00 | 0.00 | 0.00 | | 资产：负债 | | | 7~9 | 0 | 0.00 | 0.00 | 0.00 | |
| | 10~12 | 1 | 11.11 | 1.90 | 7.04 | | 64.44 | 35.56 | | 10~12 | 1 | 7.14 | -1.10 | -4.07 | |
| | 13~15 | 0 | 0.00 | 0.00 | 0.00 | | 相对净资产 | 28.89 | | 13~15 | 0 | 0.00 | 0.00 | 0.00 | |
| | 16~18 | 0 | 0.00 | 0.00 | 0.00 | | | | | 16~18 | 0 | 0.00 | 0.00 | 0.00 | |
| | 19~21 | 1 | 11.11 | 1.20 | 4.44 | | | | | 19~21 | 1 | 7.14 | -1.80 | -6.67 | |
| | 22~24 | 1 | 11.11 | 0.70 | 2.59 | | | | | 22~24 | 1 | 7.14 | -2.30 | -8.52 | |
| | 25~27 | 0 | 0.00 | 0.00 | 0.00 | | | | | 25~27 | 0 | 0.00 | 0.00 | 0.00 | |
| | 28~31 | 1 | 11.11 | 0.30 | 1.11 | | | | | 28~31 | 1 | 7.14 | -2.70 | -10.00 | |
| 合计 | | 9 | 100.00 | 17.40 | 64.44 | 1.93 | 9.00 | | 合计 | | 9 | 100.00 | -9.60 | -35.56 | -1.07 |
| 管理质量指数 | 1~3 | 8 | 42.11 | 22.80 | 40.00 | | 管理质量指数 | | 管理质量指数 | 1~3 | 8 | 47.06 | -1.20 | -2.11 | |
| | 4~6 | 3 | 15.79 | 7.70 | 13.51 | | | | | 4~6 | 3 | 17.65 | -1.30 | -2.28 | |
| | 7~9 | 2 | 10.53 | 4.50 | 7.89 | | 资产：负债 | | | 7~9 | 2 | 11.76 | -1.50 | -2.63 | |
| | 10~12 | 0 | 0.00 | 0.00 | 0.00 | | 72.11 | 27.89 | | 10~12 | 0 | 0.00 | 0.00 | 0.00 | |
| | 13~15 | 1 | 5.26 | 1.60 | 2.81 | | 相对净资产 | 44.21 | | 13~15 | 1 | 5.88 | -1.40 | -2.46 | |
| | 16~18 | 2 | 10.53 | 2.80 | 4.91 | | | | | 16~18 | 2 | 11.76 | -3.20 | -5.61 | |
| | 19~21 | 1 | 5.26 | 1.20 | 2.11 | | | | | 19~21 | 1 | 5.88 | -1.80 | -3.16 | |
| | 22~24 | 0 | 0.00 | 0.00 | 0.00 | | | | | 22~24 | 0 | 0.00 | 0.00 | 0.00 | |
| | 25~27 | 1 | 5.26 | 0.50 | 0.88 | | | | | 25~27 | 1 | 5.88 | -2.50 | -4.39 | |
| | 28~31 | 1 | 5.26 | 0.00 | 0.00 | | | | | 28~31 | 1 | 5.88 | -3.00 | -5.26 | |
| 合计 | | 19 | 100.00 | 41.10 | 72.11 | 2.16 | 19.00 | | 合计 | | 19 | 100.00 | -15.90 | -27.89 | -0.84 |
| 资产总指标数 | | | 占指标总数/% | 总资产分值 | 相对总资产/% | 总资产质量系数 | 相对总资产：相对总负债 | | 负债总指标数 | | | 占指标总数/% | 总负债分值 | 相对总负债/% | 总负债质量系数 |
| | | | | | | | 72.43 | -27.57 | | | | | | | |
| 71 | | | 100.00 | 152.10 | 72.43 | 2.14 | 相对净资产 | 44.86 | 70 | | | 100.00 | -57.90 | -27.57 | -0.83 |

# 第三节　河北科学发展资产负债分析

## 一、一般概况

河北省土地面积 18.84 万 $km^2$，人口 6989 万，2008 年实现地区 GDP 16 188.61亿元，人均粮食产量417.15kg，人均水资源量231.12$m^3$，森林覆盖率17.69%，人口自然增长率6.55‰，成人文盲率5.01%，万人在校大学生181人，专利（发明、实用新型、外观设计）授权5496件。

## 二、科学发展的资产负债分析

1）创新发展指数：在总数15个源指标中，资产累计得分18.60，相对资产18.60%，资产质量系数为1.24，表明资产质量一般。同时，负债累计得分－26.40，相对负债－58.67%，负债质量系数为－1.76，表明负债质量一般。在该大项中，相对净资产为－17.33%。

2）资源节约指数：在总数15个源指标中，资产累计得分21.60，相对资产48.00%，资产质量系数为1.44，表明资产质量一般。同时，负债累计得分－23.40，相对负债－52.00%，负债质量系数为－1.56，表明负债质量一般。在该大项中，相对净资产为－4.00%。

3）环境友好指数：在总数12个源指标中，资产累计得分13.90，相对资产38.61%，资产质量系数为1.16，表明资产质量较差。同时，负债累计得分－22.10，相对负债－61.39%，负债质量系数为－1.84，表明负债质量较差。在该大项中，相对净资产为－22.78%。

4）社会公平指数：在总数9个源指标中，资产累计得分12.40，相对资产45.93%，资产质量系数为1.38，表明资产质量一般。同时，负债累计得分－14.60，相对负债－54.07%，负债质量系数为－1.62，表明负债质量一般。在该大项中，相对净资产为－8.15%。

5）管理质量指数：在总数19个源指标中，资产累计得分23.10，相对资产40.53%，资产质量系数为1.22，表明资产质量一般。同时，负债累计得分－33.90，相对负债－59.47%，负债质量系数为－1.78，表明负债质量一般。在该大项中，相对净资产为－18.95%。

总计上述五大项，在总数70个源指标中，总资产累计得分89.60，相对资产42.67%，资产质量系数为1.28，表明资产质量一般。同时，负债累计得分－120.40，相对负债－57.33%，负债质量系数为－1.72，表明负债质量一般，该地区科学发展水平相对总净资产为－14.67%（图24-3，表24-3）。

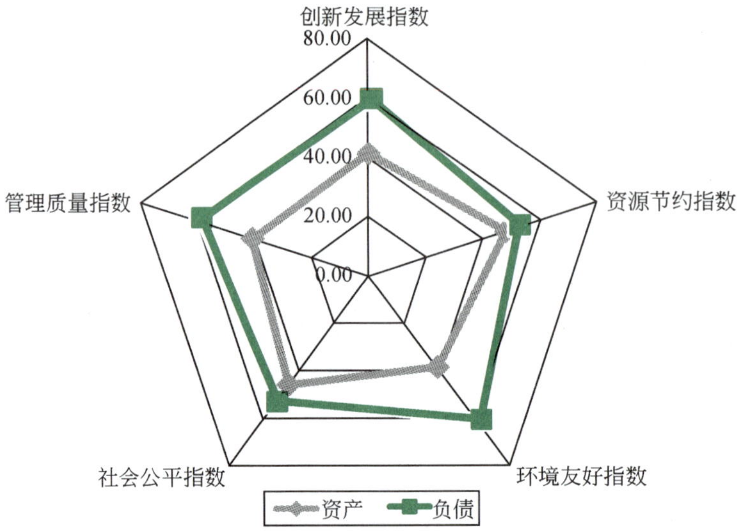


图 24-3　河北科学发展水平资产负债图

**表 24-3　河北科学发展水平资产负债表**

| 资产 | | | | | | | 五大指数/% | | 负债 | | | | | | |
|---|---|---|---|---|---|---|---|---|---|---|---|---|---|---|---|
| 位次 | | 指标数 | 占指标总数/% | 指标分值 | 相对资产/% | 资产质量系数 | 五大指数/% | | 位次 | | 指标数 | 占指标总数/% | 指标分值 | 相对负债/% | 负债质量系数 |
| 创新发展指数 | 1～3 | 1 | 6.67 | 2.80 | 6.22 | | 创新发展指数 | | 创新发展指数 | 1～3 | 1 | 4.76 | -0.20 | -0.44 | |
| | 4～6 | 0 | 0.00 | 0.00 | 0.00 | | | | | 4～6 | 0 | 0.00 | 0.00 | 0.00 | |
| | 7～9 | 0 | 0.00 | 0.00 | 0.00 | | 资产：负债 | | | 7～9 | 0 | 0.00 | 0.00 | 0.00 | |
| | 10～12 | 2 | 13.33 | 4.20 | 9.33 | | 41.33 | 58.67 | | 10～12 | 2 | 9.52 | -1.80 | -4.00 | |
| | 13～15 | 1 | 6.67 | 1.60 | 3.56 | | 相对净资产 | -17.33 | | 13～15 | 1 | 4.76 | -1.40 | -3.11 | |
| | 16～18 | 3 | 20.00 | 4.20 | 9.33 | | | | | 16～18 | 3 | 14.29 | -4.80 | -10.67 | |
| | 19～21 | 2 | 13.33 | 2.30 | 5.11 | | | | | 19～21 | 2 | 9.52 | -3.70 | -8.22 | |
| | 22～24 | 1 | 6.67 | 0.90 | 2.00 | | | | | 22～24 | 1 | 4.76 | -2.10 | -4.67 | |
| | 25～27 | 5 | 33.33 | 2.60 | 5.78 | | | | | 25～27 | 5 | 23.81 | -12.40 | -27.56 | |
| | 28～31 | 0 | 0.00 | 0.00 | 0.00 | | | | | 28～31 | 0 | 0.00 | 0.00 | 0.00 | |
| 合计 | | 15 | 100.00 | 18.60 | 41.33 | 1.24 | 15.00 | | 合计 | | 15 | 100.00 | -26.40 | -58.67 | -1.76 |
| 资源节约指数 | 1～3 | 0 | 0.00 | 0.00 | 0.00 | | 资源节约指数 | | 资源节约指数 | 1～3 | 0 | 0.00 | 0.00 | 0.00 | |
| | 4～6 | 0 | 0.00 | 0.00 | 0.00 | | | | | 4～6 | 0 | 0.00 | 0.00 | 0.00 | |
| | 7～9 | 2 | 13.33 | 4.60 | 10.22 | | 资产：负债 | | | 7～9 | 2 | 6.90 | -1.40 | -3.11 | |
| | 10～12 | 4 | 26.67 | 8.10 | 18.00 | | 48.00 | 52.00 | | 10～12 | 4 | 13.79 | -3.90 | -8.67 | |
| | 13～15 | 2 | 13.33 | 3.40 | 7.56 | | 相对净资产 | -4.00 | | 13～15 | 2 | 6.90 | -2.60 | -5.78 | |
| | 16～18 | 1 | 6.67 | 1.50 | 3.33 | | | | | 16～18 | 1 | 3.45 | -1.50 | -3.33 | |
| | 19～21 | 1 | 6.67 | 1.10 | 2.44 | | | | | 19～21 | 1 | 3.45 | -1.90 | -4.22 | |
| | 22～24 | 1 | 6.67 | 0.70 | 1.56 | | | | | 22～24 | 1 | 3.45 | -2.30 | -5.11 | |
| | 25～27 | 4 | 26.67 | 2.20 | 4.89 | | | | | 25～27 | 4 | 13.79 | -9.80 | -21.78 | |
| | 28～31 | 0 | 0.00 | 0.00 | 0.00 | | | | | 28～31 | 0 | 0.00 | 0.00 | 0.00 | |
| 合计 | | 15 | 100.00 | 21.60 | 48.00 | 1.44 | 15.00 | | 合计 | | 15 | 100.00 | -23.40 | -52.00 | -1.56 |

续表

| 资产 | | | | | | | 五大指数/% | | 负债 | | | | | | |
|---|---|---|---|---|---|---|---|---|---|---|---|---|---|---|---|
| 位次 | | 指标数 | 占指标总数/% | 指标分值 | 相对资产/% | 资产质量系数 | | | 位次 | | 指标数 | 占指标总数/% | 指标分值 | 相对负债/% | 负债质量系数 |
| 环境友好指数 | 1~3 | 0 | 0.00 | 0.00 | 0.00 | | 环境友好指数 | | 环境友好指数 | 1~3 | 0 | 0.00 | 0.00 | 0.00 | |
| | 4~6 | 0 | 0.00 | 0.00 | 0.00 | | | | | 4~6 | 0 | 0.00 | 0.00 | 0.00 | |
| | 7~9 | 0 | 0.00 | 0.00 | 0.00 | | 资产：负债 | | | 7~9 | 0 | 0.00 | 0.00 | 0.00 | |
| | 10~12 | 3 | 25.00 | 5.80 | 16.11 | | 38.61 | 61.39 | | 10~12 | 3 | 13.64 | -3.20 | -8.89 | |
| | 13~15 | 1 | 8.33 | 1.70 | 4.72 | | 相对净资产 | -22.78 | | 13~15 | 1 | 4.55 | -1.30 | -3.61 | |
| | 16~18 | 1 | 8.33 | 1.50 | 4.17 | | | | | 16~18 | 1 | 4.55 | -1.50 | -4.17 | |
| | 19~21 | 4 | 33.33 | 4.20 | 11.67 | | | | | 19~21 | 4 | 18.18 | -7.80 | -21.67 | |
| | 22~24 | 0 | 0.00 | 0.00 | 0.00 | | | | | 22~24 | 0 | 0.00 | 0.00 | 0.00 | |
| | 25~27 | 1 | 8.33 | 0.40 | 1.11 | | | | | 25~27 | 1 | 4.55 | -2.60 | -7.22 | |
| | 28~31 | 2 | 16.67 | 0.30 | 0.83 | | | | | 28~31 | 2 | 9.09 | -5.70 | -15.83 | |
| 合计 | | 12 | 100.00 | 13.90 | 38.61 | 1.16 | 12.00 | | 合计 | | 12 | 100.00 | -22.10 | -61.39 | -1.84 |
| 社会公平指数 | 1~3 | 0 | 0.00 | 0.00 | 0.00 | | 社会公平指数 | | 社会公平指数 | 1~3 | 0 | 0.00 | 0.00 | 0.00 | |
| | 4~6 | 0 | 0.00 | 0.00 | 0.00 | | | | | 4~6 | 0 | 0.00 | 0.00 | 0.00 | |
| | 7~9 | 0 | 0.00 | 0.00 | 0.00 | | 资产：负债 | | | 7~9 | 0 | 0.00 | 0.00 | 0.00 | |
| | 10~12 | 4 | 44.44 | 7.90 | 29.26 | | 45.93 | 54.07 | | 10~12 | 4 | 28.57 | -4.10 | -15.19 | |
| | 13~15 | 1 | 11.11 | 1.70 | 6.30 | | 相对净资产 | -8.15 | | 13~15 | 1 | 7.14 | -1.30 | -4.81 | |
| | 16~18 | 1 | 11.11 | 1.50 | 5.56 | | | | | 16~18 | 1 | 7.14 | -1.50 | -5.56 | |
| | 19~21 | 0 | 0.00 | 0.00 | 0.00 | | | | | 19~21 | 0 | 0.00 | 0.00 | 0.00 | |
| | 22~24 | 0 | 0.00 | 0.00 | 0.00 | | | | | 22~24 | 0 | 0.00 | 0.00 | 0.00 | |
| | 25~27 | 2 | 22.22 | 1.10 | 4.07 | | | | | 25~27 | 2 | 14.29 | -4.90 | -18.15 | |
| | 28~31 | 1 | 11.11 | 0.20 | 0.74 | | | | | 28~31 | 1 | 7.14 | -2.80 | -10.37 | |
| 合计 | | 9 | 100.00 | 12.40 | 45.93 | 1.38 | 9.00 | | 合计 | | 9 | 100.00 | -14.60 | -54.07 | -1.62 |
| 管理质量指数 | 1~3 | 0 | 0.00 | 0.00 | 0.00 | | 管理质量指数 | | 管理质量指数 | 1~3 | 0 | 0.00 | 0.00 | 0.00 | |
| | 4~6 | 1 | 5.26 | 2.50 | 4.39 | | | | | 4~6 | 1 | 5.88 | -0.50 | -0.88 | |
| | 7~9 | 3 | 15.79 | 6.90 | 12.11 | | 资产：负债 | | | 7~9 | 3 | 17.65 | -2.10 | -3.68 | |
| | 10~12 | 2 | 10.53 | 3.80 | 6.67 | | 40.53 | 59.47 | | 10~12 | 2 | 11.76 | -2.20 | -3.86 | |
| | 13~15 | 1 | 5.26 | 1.80 | 3.16 | | 相对净资产 | -18.95 | | 13~15 | 1 | 5.88 | -1.20 | -2.11 | |
| | 16~18 | 1 | 5.26 | 1.50 | 2.63 | | | | | 16~18 | 1 | 5.88 | -1.50 | -2.63 | |
| | 19~21 | 2 | 10.53 | 2.30 | 4.04 | | | | | 19~21 | 2 | 11.76 | -3.70 | -6.49 | |
| | 22~24 | 3 | 15.79 | 2.50 | 4.39 | | | | | 22~24 | 3 | 17.65 | -6.50 | -11.40 | |
| | 25~27 | 3 | 15.79 | 1.20 | 2.11 | | | | | 25~27 | 3 | 17.65 | -7.80 | -13.68 | |
| | 28~31 | 3 | 15.79 | 0.60 | 1.05 | | | | | 28~31 | 3 | 17.65 | -8.40 | -14.74 | |
| 合计 | | 19 | 100.00 | 23.10 | 40.53 | 1.22 | 19.00 | | 合计 | | 19 | 100.00 | -33.90 | -59.47 | -1.78 |
| 资产总指标数 | | | 占指标总数/% | 总资产分值 | 相对总资产/% | 总资产质量系数 | 相对总资产：相对总负债 | | 负债总指标数 | | | 占指标总数/% | 总负债分值 | 相对总负债/% | 总负债质量系数 |
| | | | | | | | 42.67 | -57.33 | | | | | | | |
| 70 | | | 100.00 | 89.60 | 42.67 | 1.28 | 相对净资产 | -14.67 | 70 | | | 100.00 | -120.40 | -57.33 | -1.72 |

# 第四节　山西科学发展资产负债分析

## 一、一般概况

山西省土地面积15.67万$km^2$，人口3411万，2008年实现地区GDP 6938.73亿元，人均粮食产量302.19kg，人均水资源量256.91$m^3$，森林覆盖率13.29%，人口自然增长率5.31‰，成人文盲率4.11%，万人在校大学生198人，专利（发明、实用新型、外观设计）授权2279件。

## 二、科学发展的资产负债分析

1）创新发展指数：在总数15个源指标中，资产累计得分23.60，相对资产23.60%，资产质量系数为1.57，表明资产质量一般。同时，负债累计得分－21.40，相对负债－47.56%，负债质量系数为－1.43，表明负债质量一般。在该大项中，相对净资产为4.89%。

2）资源节约指数：在总数15个源指标中，资产累计得分15.70，相对资产34.89%，资产质量系数为1.05，表明资产质量较差。同时，负债累计得分－29.30，相对负债－65.11%，负债质量系数为－1.95，表明负债质量较差。在该大项中，相对净资产为－30.22%。

3）环境友好指数：在总数12个源指标中，资产累计得分15.90，相对资产44.17%，资产质量系数为1.33，表明资产质量一般。同时，负债累计得分－20.10，相对负债－55.83%，负债质量系数为－1.68，表明负债质量一般。在该大项中，相对净资产为－11.67%。

4）社会公平指数：在总数9个源指标中，资产累计得分12.40，相对资产45.93%，资产质量系数为1.38，表明资产质量一般。同时，负债累计得分－14.60，相对负债－54.07%，负债质量系数为－1.62，表明负债质量一般。在该大项中，相对净资产为－8.15%。

5）管理质量指数：在总数19个源指标中，资产累计得分26.90，相对资产47.19%，资产质量系数为1.42，表明资产质量一般。同时，负债累计得分－30.10，相对负债－52.81%，负债质量系数为－1.58，表明负债质量一般。在该大项中，相对净资产为－5.61%。

总计上述五大项，在总数70个源指标中，总资产累计得分94.50，相对资产45.00%，资产质量系数为1.35，表明资产质量一般。同时，负债累计得分－115.50，相对负债－55.00%，负债质量系数为－1.65，表明负债质量一般，该地区科学发展水平相对总净资产为－10.00%（图24-4，表24-4）。

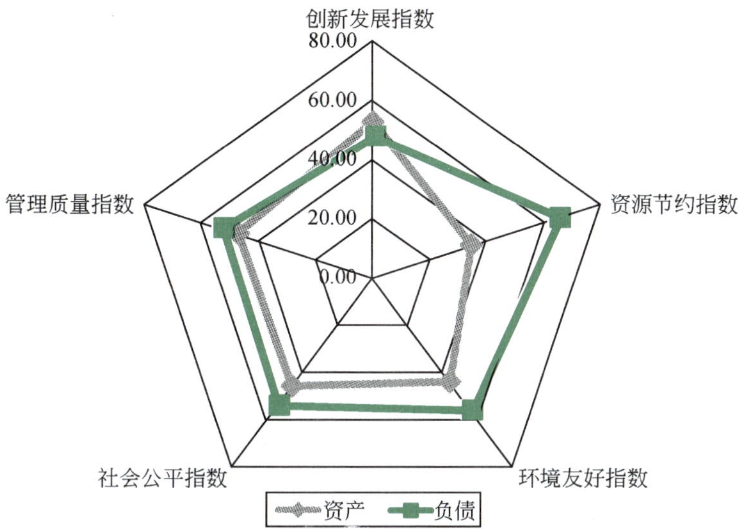


图 24-4　山西科学发展水平资产负债图

**表 24-4　山西科学发展水平资产负债表**

| 资产 | | | | | | | 五大指数/% | | 负债 | | | | | | |
|---|---|---|---|---|---|---|---|---|---|---|---|---|---|---|---|
| 位次 | | 指标数 | 占指标总数/% | 指标分值 | 相对资产/% | 资产质量系数 | | | 位次 | | 指标数 | 占指标总数/% | 指标分值 | 相对负债/% | 负债质量系数 |
| 创新发展指数 | 1~3 | 0 | 0.00 | 0.00 | 0.00 | | 创新发展指数 | | 创新发展指数 | 1~3 | 0 | 0.00 | 0.00 | 0.00 | |
| | 4~6 | 2 | 13.33 | 5.00 | 11.11 | | | | | 4~6 | 2 | 9.52 | -1.00 | -2.22 | |
| | 7~9 | 0 | 0.00 | 0.00 | 0.00 | | 资产:负债 | | | 7~9 | 0 | 0.00 | 0.00 | 0.00 | |
| | 10~12 | 2 | 13.33 | 4.00 | 8.89 | | 52.44 | 47.56 | | 10~12 | 2 | 9.52 | -2.00 | -4.44 | |
| | 13~15 | 4 | 26.67 | 7.10 | 15.78 | | 相对净资产 | 4.89 | | 13~15 | 4 | 19.05 | -4.90 | -10.89 | |
| | 16~18 | 2 | 13.33 | 2.80 | 6.22 | | | | | 16~18 | 2 | 9.52 | -3.20 | -7.11 | |
| | 19~21 | 3 | 20.00 | 3.30 | 7.33 | | | | | 19~21 | 3 | 14.29 | -5.70 | -12.67 | |
| | 22~24 | 1 | 6.67 | 0.90 | 2.00 | | | | | 22~24 | 1 | 4.76 | -2.10 | -4.67 | |
| | 25~27 | 1 | 6.67 | 0.50 | 1.11 | | | | | 25~27 | 1 | 4.76 | -2.50 | -5.56 | |
| | 28~31 | 0 | 0.00 | 0.00 | 0.00 | | | | | 28~31 | 0 | 0.00 | 0.00 | 0.00 | |
| 合计 | | 15 | 100.00 | 23.60 | 52.44 | 1.57 | 15.00 | | 合计 | | 15 | 100.00 | -21.40 | -47.56 | -1.43 |
| 资源节约指数 | 1~3 | 0 | 0.00 | 0.00 | 0.00 | | 资源节约指数 | | 资源节约指数 | 1~3 | 0 | 0.00 | 0.00 | 0.00 | |
| | 4~6 | 2 | 13.33 | 5.10 | 11.33 | | | | | 4~6 | 2 | 6.90 | -0.90 | -2.00 | |
| | 7~9 | 0 | 0.00 | 0.00 | 0.00 | | 资产:负债 | | | 7~9 | 0 | 0.00 | 0.00 | 0.00 | |
| | 10~12 | 1 | 6.67 | 1.90 | 4.22 | | 34.89 | 65.11 | | 10~12 | 1 | 3.45 | -1.10 | -2.44 | |
| | 13~15 | 2 | 13.33 | 3.50 | 7.78 | | 相对净资产 | -30.22 | | 13~15 | 2 | 6.90 | -2.50 | -5.56 | |
| | 16~18 | 1 | 6.67 | 1.50 | 3.33 | | | | | 16~18 | 1 | 3.45 | -1.50 | -3.33 | |
| | 19~21 | 2 | 13.33 | 2.10 | 4.67 | | | | | 19~21 | 2 | 6.90 | -3.90 | -8.67 | |
| | 22~24 | 0 | 0.00 | 0.00 | 0.00 | | | | | 22~24 | 0 | 0.00 | 0.00 | 0.00 | |
| | 25~27 | 2 | 13.33 | 0.90 | 2.00 | | | | | 25~27 | 2 | 6.90 | -5.10 | -11.33 | |
| | 28~31 | 5 | 13.33 | 0.70 | 1.56 | | | | | 28~31 | 5 | 17.24 | -14.30 | -31.78 | |
| 合计 | | 15 | 100.00 | 15.70 | 34.89 | 1.05 | 15.00 | | 合计 | | 15 | 100.00 | -29.30 | -65.11 | -1.95 |

续表

| 资产 | | | | | | | 五大指数/% | | 负债 | | | | | | |
|---|---|---|---|---|---|---|---|---|---|---|---|---|---|---|---|
| 位次 | | 指标数 | 占指标总数/% | 指标分值 | 相对资产/% | 资产质量系数 | | | 位次 | | 指标数 | 占指标总数/% | 指标分值 | 相对负债/% | 负债质量系数 |
| 环境友好指数 | 1～3 | 1 | 8.33 | 2.80 | 7.78 | | 环境友好指数 | | 环境友好指数 | 1～3 | 1 | 4.55 | -0.20 | -0.56 | |
| | 4～6 | 0 | 0.00 | 0.00 | 0.00 | | | | | 4～6 | 0 | 0.00 | 0.00 | 0.00 | |
| | 7～9 | 1 | 8.33 | 2.40 | 6.67 | | 资产：负债 | | | 7～9 | 1 | 4.55 | -0.60 | -1.67 | |
| | 10～12 | 2 | 16.67 | 3.90 | 10.83 | | 44.17 | 55.83 | | 10～12 | 2 | 9.09 | -2.10 | -5.83 | |
| | 13～15 | 1 | 8.33 | 1.80 | 5.00 | | 相对净资产 | -11.67 | | 13～15 | 1 | 4.55 | -1.20 | -3.33 | |
| | 16～18 | 2 | 16.67 | 2.70 | 7.50 | | | | | 16～18 | 2 | 9.09 | -3.30 | -9.17 | |
| | 19～21 | 0 | 0.00 | 0.00 | 0.00 | | | | | 19～21 | 0 | 0.00 | 0.00 | 0.00 | |
| | 22～24 | 1 | 8.33 | 0.80 | 2.22 | | | | | 22～24 | 1 | 4.55 | -2.20 | -6.11 | |
| | 25～27 | 3 | 25.00 | 1.40 | 3.89 | | | | | 25～27 | 3 | 13.64 | -7.60 | -21.11 | |
| | 28～31 | 1 | 8.33 | 0.10 | 0.28 | | | | | 28～31 | 1 | 4.55 | -2.90 | -8.06 | |
| 合计 | | 12 | 100.00 | 15.90 | 44.17 | 1.33 | 12.00 | | 合计 | | 12 | 100.00 | -20.10 | -55.83 | -1.68 |
| 社会公平指数 | 1～3 | 0 | 0.00 | 0.00 | 0.00 | | 社会公平指数 | | 社会公平指数 | 1～3 | 0 | 0.00 | 0.00 | 0.00 | |
| | 4～6 | 0 | 0.00 | 0.00 | 0.00 | | | | | 4～6 | 0 | 0.00 | 0.00 | 0.00 | |
| | 7～9 | 0 | 0.00 | 0.00 | 0.00 | | 资产：负债 | | | 7～9 | 0 | 0.00 | 0.00 | 0.00 | |
| | 10～12 | 1 | 11.11 | 2.00 | 7.41 | | 45.93 | 54.07 | | 10～12 | 1 | 7.14 | -1.10 | -3.70 | |
| | 13～15 | 2 | 22.22 | 3.50 | 12.96 | | 相对净资产 | -8.15 | | 13～15 | 2 | 14.29 | -2.50 | -9.26 | |
| | 16～18 | 2 | 22.22 | 2.70 | 10.00 | | | | | 16～18 | 2 | 14.29 | -3.30 | -12.22 | |
| | 19～21 | 3 | 33.33 | 3.30 | 12.22 | | | | | 19～21 | 3 | 21.43 | -5.70 | -21.11 | |
| | 22～24 | 1 | 11.11 | 0.90 | 3.33 | | | | | 22～24 | 1 | 7.14 | -2.10 | -7.78 | |
| | 25～27 | 0 | 0.00 | 0.00 | 0.00 | | | | | 25～27 | 0 | 0.00 | 0.00 | 0.00 | |
| | 28～31 | 0 | 0.00 | 0.00 | 0.00 | | | | | 28～31 | 0 | 0.00 | 0.00 | 0.00 | |
| 合计 | | 9 | 100.00 | 12.40 | 45.93 | 1.38 | 9.00 | | 合计 | | 9 | 100.00 | -14.60 | -54.07 | -1.62 |
| 管理质量指数 | 1～3 | 1 | 5.26 | 2.80 | 4.91 | | 管理质量指数 | | 管理质量指数 | 1～3 | 1 | 5.88 | -0.20 | -0.35 | |
| | 4～6 | 1 | 5.26 | 2.70 | 4.74 | | | | | 4～6 | 1 | 5.88 | -0.30 | -0.53 | |
| | 7～9 | 1 | 5.26 | 2.30 | 4.04 | | 资产：负债 | | | 7～9 | 1 | 5.88 | -0.70 | -1.23 | |
| | 10～12 | 2 | 10.53 | 4.20 | 7.37 | | 47.19 | 52.81 | | 10～12 | 2 | 11.76 | -1.80 | -3.16 | |
| | 13～15 | 3 | 15.79 | 4.90 | 8.60 | | 相对净资产 | -5.61 | | 13～15 | 3 | 17.65 | -4.10 | -7.19 | |
| | 16～18 | 3 | 15.79 | 4.20 | 7.37 | | | | | 16～18 | 3 | 17.65 | -4.80 | -8.42 | |
| | 19～21 | 3 | 15.79 | 3.30 | 5.79 | | | | | 19～21 | 3 | 17.65 | -5.70 | -10.00 | |
| | 22～24 | 1 | 5.26 | 0.80 | 1.40 | | | | | 22～24 | 1 | 5.88 | -2.20 | -3.86 | |
| | 25～27 | 3 | 15.79 | 1.70 | 2.98 | | | | | 25～27 | 3 | 17.65 | -7.30 | -12.81 | |
| | 28～31 | 1 | 5.26 | 0.00 | 0.00 | | | | | 28～31 | 1 | 5.88 | -3.00 | -5.26 | |
| 合计 | | 19 | 100.00 | 26.90 | 47.19 | 1.42 | 19.00 | | 合计 | | 19 | 100.00 | -30.10 | -52.81 | -1.58 |
| 资产总指标数 | | | 占指标总数/% | 总资产分值 | 相对总资产/% | 总资产质量系数 | 相对总资产：相对总负债 | | 负债总指标数 | | | 占指标总数/% | 总负债分值 | 相对总负债/% | 总负债质量系数 |
| | | | | | | | 45.00 | -55.00 | | | | | | | |
| 70 | | | 100.00 | 94.50 | 45.00 | 1.35 | 相对净资产 | -10.00 | 70 | | | 100.00 | -115.50 | -55.00 | -1.65 |

# 第五节 内蒙古科学发展资产负债分析

## 一、一般概况

内蒙古自治区土地面积114.51万$km^2$，人口2414万，2008年实现地区GDP 7761.80亿元，人均粮食产量884.59kg，人均水资源量1710.31$m^3$，森林覆盖率17.70%，人口自然增长率4.27‰，成人文盲率7.86%，万人在校大学生165人，专利（发明、实用新型、外观设计）授权1328件。

## 二、科学发展的资产负债分析

1）创新发展指数：在总数15个源指标中，资产累计得分19.50，相对资产19.50%，资产质量系数为1.30，表明资产质量一般。同时，负债累计得分－25.50，相对负债－56.67%，负债质量系数为－1.70，表明负债质量一般。在该大项中，相对净资产为－13.33%。

2）资源节约指数：在总数15个源指标中，资产累计得分19.30，相对资产42.89%，资产质量系数为1.38，表明资产质量一般。同时，负债累计得分－25.70，相对负债－57.11%，负债质量系数为－1.71，表明负债质量一般。在该大项中，相对净资产为－14.22%。

3）环境友好指数：在总数12个源指标中，资产累计得分17.80，相对资产49.44%，资产质量系数为1.48，表明资产质量一般。同时，负债累计得分－18.20，相对负债－50.56%，负债质量系数为－1.52，表明负债质量一般。在该大项中，相对净资产为－1.11%。

4）社会公平指数：在总数9个源指标中，资产累计得分15.40，相对资产57.04%，资产质量系数为1.71，表明资产质量一般。同时，负债累计得分－11.60，相对负债－42.96%，负债质量系数为－1.29，表明负债质量一般。在该大项中，相对净资产为14.07%。

5）管理质量指数：在总数19个源指标中，资产累计得分28.90，相对资产50.70%，资产质量系数为1.52，表明资产质量一般。同时，负债累计得分－28.10，相对负债－49.30%，负债质量系数为－1.48，表明负债质量一般。在该大项中，相对净资产为1.40%。

总计上述五大项，在总数70个源指标中，总资产累计得分100.90，相对资产48.05%，资产质量系数为1.46，表明资产质量一般。同时，负债累计得分－109.10，相对负债－51.95%，负债质量系数为－1.56，表明负债质量一般，该地区科学发展水平相对总净资产为－3.90%（图24-5，表24-5）。

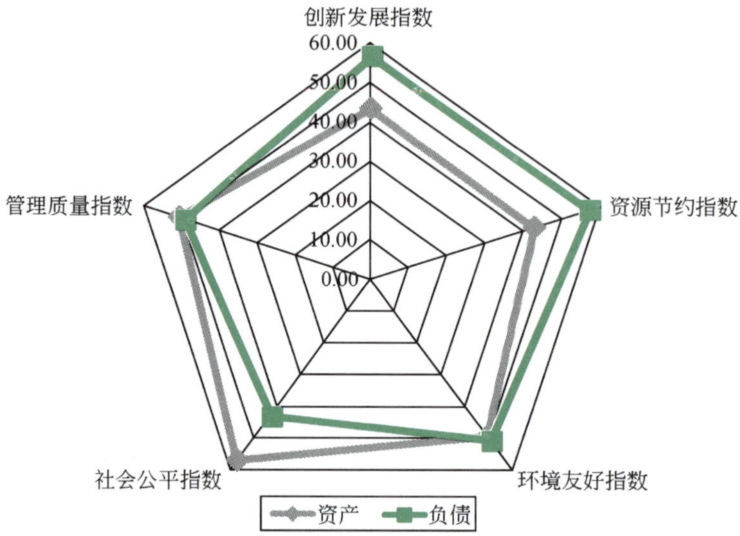


图 24-5 内蒙古科学发展水平资产负债图

**表 24-5 内蒙古科学发展水平资产负债表**

| 资产 | | | | | | | 五大指数/% | | 负债 | | | | | | |
|---|---|---|---|---|---|---|---|---|---|---|---|---|---|---|---|
| 位次 | | 指标数 | 占指标总数/% | 指标分值 | 相对资产/% | 资产质量系数 | | | 位次 | | 指标数 | 占指标总数/% | 指标分值 | 相对负债/% | 负债质量系数 |
| 创新发展指数 | 1～3 | 0 | 0.00 | 0.00 | 0.00 | | 创新发展指数 | | 创新发展指数 | 1～3 | 0 | 0.00 | 0.00 | 0.00 | |
| | 4～6 | 0 | 0.00 | 0.00 | 0.00 | | | | | 4～6 | 0 | 0.00 | 0.00 | 0.00 | |
| | 7～9 | 2 | 13.33 | 4.60 | 10.22 | | 资产:负债 | | | 7～9 | 2 | 9.52 | -1.40 | -3.11 | |
| | 10～12 | 0 | 0.00 | 0.00 | 0.00 | | 43.33 | 56.67 | | 10～12 | 0 | 0.00 | 0.00 | 0.00 | |
| | 13～15 | 4 | 26.67 | 6.70 | 14.89 | | 相对净资产 | -13.33 | | 13～15 | 4 | 19.05 | -5.30 | -11.78 | |
| | 16～18 | 2 | 13.33 | 2.70 | 6.00 | | | | | 16～18 | 2 | 9.52 | -3.30 | -7.33 | |
| | 19～21 | 0 | 0.00 | 0.00 | 0.00 | | | | | 19～21 | 0 | 0.00 | 0.00 | 0.00 | |
| | 22～24 | 6 | 40.00 | 4.90 | 10.89 | | | | | 22～24 | 6 | 28.57 | -13.10 | -29.11 | |
| | 25～27 | 1 | 6.67 | 0.60 | 1.33 | | | | | 25～27 | 1 | 4.76 | -2.40 | -5.33 | |
| | 28～31 | 0 | 0.00 | 0.00 | 0.00 | | | | | 28～31 | 0 | 0.00 | 0.00 | 0.00 | |
| 合计 | | 15 | 100.00 | 19.50 | 43.33 | 1.30 | 15.00 | | 合计 | | 15 | 100.00 | -25.50 | -56.67 | -1.70 |
| 资源节约指数 | 1～3 | 0 | 0.00 | 0.00 | 0.00 | | 资源节约指数 | | 资源节约指数 | 1～3 | 0 | 0.00 | 0.00 | 0.00 | |
| | 4～6 | 1 | 6.67 | 5.10 | 11.33 | | | | | 4～6 | 1 | 3.45 | -0.90 | -2.00 | |
| | 7～9 | 2 | 13.33 | 4.60 | 10.22 | | 资产:负债 | | | 7～9 | 2 | 6.90 | -1.40 | -3.11 | |
| | 10～12 | 1 | 6.67 | 2.10 | 4.67 | | 42.89 | 57.11 | | 10～12 | 1 | 3.45 | -0.90 | -2.00 | |
| | 13～15 | 1 | 6.67 | 1.60 | 3.56 | | 相对净资产 | -14.22 | | 13～15 | 1 | 3.45 | -1.40 | -3.11 | |
| | 16～18 | 2 | 13.33 | 2.80 | 6.22 | | | | | 16～18 | 2 | 6.90 | -3.20 | -7.11 | |
| | 19～21 | 1 | 6.67 | 1.20 | 2.67 | | | | | 19～21 | 1 | 3.45 | -1.80 | -4.00 | |
| | 22～24 | 0 | 0.00 | 0.00 | 0.00 | | | | | 22～24 | 0 | 0.00 | 0.00 | 0.00 | |
| | 25～27 | 2 | 13.33 | 0.90 | 2.00 | | | | | 25～27 | 2 | 6.90 | -5.10 | -11.33 | |
| | 28～31 | 4 | 26.67 | 1.00 | 2.22 | | | | | 28～31 | 4 | 13.79 | -11.00 | -24.44 | |
| 合计 | | 14 | 100.00 | 19.30 | 42.89 | 1.38 | 15.00 | | 合计 | | 15 | 100.00 | -25.70 | -57.11 | -1.71 |

续表

| 资产 | | | | | | | 五大指数/% | | 负债 | | | | | | |
|---|---|---|---|---|---|---|---|---|---|---|---|---|---|---|---|
| 位次 | | 指标数 | 占指标总数/% | 指标分值 | 相对资产/% | 资产质量系数 | | | 位次 | | 指标数 | 占指标总数/% | 指标分值 | 相对负债/% | 负债质量系数 |
| 环境友好指数 | 1~3 | 1 | 8.33 | 3.00 | 8.33 | | 环境友好指数 | | 环境友好指数 | 1~3 | 1 | 4.55 | 0.00 | 0.00 | |
| | 4~6 | 1 | 8.33 | 2.60 | 7.22 | | | | | 4~6 | 1 | 4.55 | -0.40 | -1.11 | |
| | 7~9 | 1 | 8.33 | 2.40 | 6.67 | | 资产：负债 | | | 7~9 | 1 | 4.55 | -0.60 | -1.67 | |
| | 10~12 | 2 | 16.67 | 4.00 | 11.11 | | 49.44 | 50.56 | | 10~12 | 2 | 9.09 | -2.00 | -5.56 | |
| | 13~15 | 1 | 8.33 | 1.60 | 4.44 | | 相对净资产 | -1.11 | | 13~15 | 1 | 4.55 | -1.40 | -3.89 | |
| | 16~18 | 1 | 8.33 | 1.50 | 4.17 | | | | | 16~18 | 1 | 4.55 | -1.50 | -4.17 | |
| | 19~21 | 1 | 8.33 | 1.20 | 3.33 | | | | | 19~21 | 1 | 4.55 | -1.80 | -5.00 | |
| | 22~24 | 1 | 8.33 | 0.80 | 2.22 | | | | | 22~24 | 1 | 4.55 | -2.20 | -6.11 | |
| | 25~27 | 1 | 8.33 | 0.40 | 1.11 | | | | | 25~27 | 1 | 4.55 | -2.60 | -7.22 | |
| | 28~31 | 2 | 16.67 | 0.30 | 0.83 | | | | | 28~31 | 2 | 9.09 | -5.70 | -15.83 | |
| 合计 | | 12 | 100.00 | 17.80 | 49.44 | 1.48 | 12.00 | | 合计 | | 12 | 100.00 | -18.20 | -50.56 | -1.52 |
| 社会公平指数 | 1~3 | 0 | 0.00 | 0.00 | 0.00 | | 社会公平指数 | | 社会公平指数 | 1~3 | 0 | 0.00 | 0.00 | 0.00 | |
| | 4~6 | 1 | 11.11 | 2.60 | 9.63 | | | | | 4~6 | 1 | 7.14 | -0.40 | -1.48 | |
| | 7~9 | 2 | 22.22 | 4.60 | 17.04 | | 资产：负债 | | | 7~9 | 2 | 14.29 | -1.40 | -5.19 | |
| | 10~12 | 1 | 11.11 | 2.00 | 7.78 | | 57.04 | 42.96 | | 10~12 | 1 | 7.14 | -0.90 | -3.33 | |
| | 13~15 | 2 | 22.22 | 3.30 | 12.22 | | 相对净资产 | 14.07 | | 13~15 | 2 | 14.29 | -2.70 | -10.00 | |
| | 16~18 | 1 | 11.11 | 1.30 | 4.81 | | | | | 16~18 | 1 | 7.14 | -1.70 | -6.30 | |
| | 19~21 | 1 | 11.11 | 1.10 | 4.07 | | | | | 19~21 | 1 | 7.14 | -1.90 | -7.04 | |
| | 22~24 | 0 | 0.00 | 0.00 | 0.00 | | | | | 22~24 | 0 | 0.00 | 0.00 | 0.00 | |
| | 25~27 | 1 | 11.11 | 0.40 | 1.48 | | | | | 25~27 | 1 | 7.14 | -2.60 | -9.63 | |
| | 28~31 | 0 | 0.00 | 0.00 | 0.00 | | | | | 28~31 | 0 | 0.00 | 0.00 | 0.00 | |
| 合计 | | 9 | 100.00 | 15.40 | 57.04 | 1.71 | 9.00 | | 合计 | | 9 | 100.00 | -11.60 | -42.96 | -1.29 |
| 管理质量指数 | 1~3 | 2 | 10.53 | 5.80 | 10.18 | | 管理质量指数 | | 管理质量指数 | 1~3 | 2 | 11.76 | -0.20 | -0.35 | |
| | 4~6 | 0 | 0.00 | 0.00 | 0.00 | | | | | 4~6 | 0 | 0.00 | 0.00 | 0.00 | |
| | 7~9 | 3 | 15.79 | 6.90 | 12.11 | | 资产：负债 | | | 7~9 | 3 | 17.65 | -2.10 | -3.68 | |
| | 10~12 | 1 | 5.26 | 2.10 | 3.68 | | 50.70 | 49.30 | | 10~12 | 1 | 5.88 | -0.90 | -1.58 | |
| | 13~15 | 3 | 15.79 | 5.00 | 8.77 | | 相对净资产 | 1.40 | | 13~15 | 3 | 17.65 | -4.00 | -7.02 | |
| | 16~18 | 3 | 15.79 | 4.20 | 7.37 | | | | | 16~18 | 3 | 17.65 | -4.80 | -8.42 | |
| | 19~21 | 2 | 10.53 | 2.20 | 3.86 | | | | | 19~21 | 2 | 11.76 | -3.80 | -6.67 | |
| | 22~24 | 1 | 5.26 | 0.90 | 1.58 | | | | | 22~24 | 1 | 5.88 | -2.10 | -3.86 | |
| | 25~27 | 3 | 15.79 | 1.50 | 2.63 | | | | | 25~27 | 3 | 17.65 | -7.50 | -13.16 | |
| | 28~31 | 1 | 5.26 | 0.30 | 0.53 | | | | | 28~31 | 1 | 5.88 | -2.70 | -4.74 | |
| 合计 | | 19 | 100.00 | 28.90 | 50.70 | 1.52 | 19.00 | | 合计 | | 19 | 100.00 | -28.10 | -49.30 | -1.48 |
| 资产总指标数 | | 占指标总数/% | 总资产分值 | 相对总资产/% | 总资产质量系数 | | 相对总资产：相对总负债 | | 负债总指标数 | | 占指标总数/% | 总负债分值 | 相对总负债/% | 总负债质量系数 | |
| | | | | | | | 48.05 | -51.95 | | | | | | | |
| 69 | | 100.00 | 100.90 | 48.05 | 1.46 | | 相对净资产 | -3.90 | 70 | | 100.00 | -109.10 | -51.95 | -1.56 | |

# 第六节　辽宁科学发展资产负债分析

## 一、一般概况

辽宁省土地面积 14.81 万 $km^2$，人口 4315 万，2008 年实现地区 GDP 13 461.57亿元，人均粮食产量 431.99kg，人均水资源量 617.67$m^3$，森林覆盖率 32.97%，人口自然增长率 1.10‰，成人文盲率 3.95%，万人在校大学生 262 人，专利（发明、实用新型、外观设计）授权 10665 件。

## 二、科学发展的资产负债分析

1）创新发展指数：在总数 15 个源指标中，资产累计得分 34.60，相对资产 34.60%，资产质量系数为 2.31，表明资产质量较好。同时，负债累计得分 －10.40，相对负债 －23.11%，负债质量系数为 －0.69，表明负债质量较好。在该大项中，相对净资产为 53.78%。

2）资源节约指数：在总数 15 个源指标中，资产累计得分 21.70，相对资产 48.22%，资产质量系数为 1.45，表明资产质量一般。同时，负债累计得分 －23.30，相对负债 －51.78%，负债质量系数为 －1.55，表明负债质量一般。在该大项中，相对净资产为 －3.56%。

3）环境友好指数：在总数 12 个源指标中，资产累计得分 16.90，相对资产 46.94%，资产质量系数为 1.41，表明资产质量一般。同时，负债累计得分 －19.10，相对负债 －53.06%，负债质量系数为 －1.59，表明负债质量一般。在该大项中，相对净资产为 －6.11%。

4）社会公平指数：在总数 9 个源指标中，资产累计得分 16.90，相对资产 62.59%，资产质量系数为 1.88，表明资产质量较好。同时，负债累计得分 －10.10，相对负债 －37.41%，负债质量系数为 －1.12，表明负债质量较好。在该大项中，相对净资产为 25.19%。

5）管理质量指数：在总数 19 个源指标中，资产累计得分 37.50，相对资产 65.79%，资产质量系数为 1.97，表明资产质量较好。同时，负债累计得分 －19.50，相对负债 －34.21%，负债质量系数为 －1.03，表明负债质量较好。在该大项中，相对净资产为 31.58%。

总计上述五大项，在总数 70 个源指标中，总资产累计得分 127.60，相对资产 60.76%，资产质量系数为 1.82，表明资产质量较好。同时，负债累计得分 －82.40，相对负债 －39.24%，负债质量系数为 －1.18，表明负债质量较好，该地区科学发展水平相对总净资产为 21.52%（图 24-6，表 24-6）。

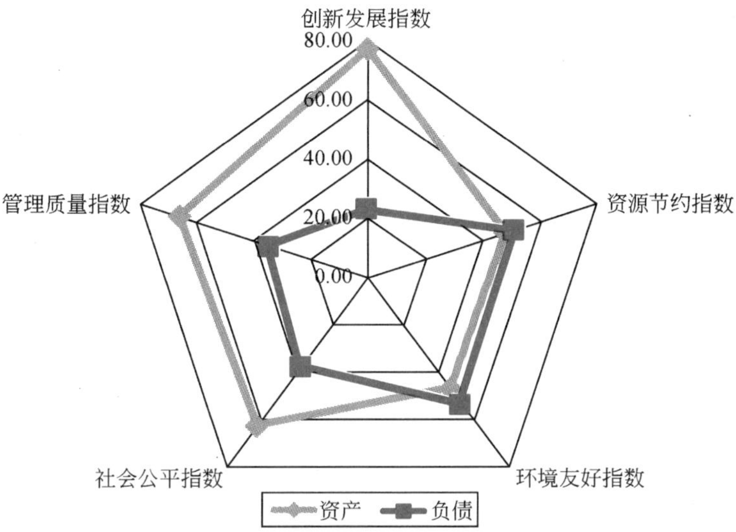


图 24-6　辽宁科学发展水平资产负债图

**表 24-6　辽宁科学发展水平资产负债表**

| 资产 | | | | | | | 五大指数/% | | 负债 | | | | | | |
|---|---|---|---|---|---|---|---|---|---|---|---|---|---|---|---|
| 位次 | | 指标数 | 占指标总数/% | 指标分值 | 相对资产/% | 资产质量系数 | | | 位次 | | 指标数 | 占指标总数/% | 指标分值 | 相对负债/% | 负债质量系数 |
| 创新发展指数 | 1~3 | 1 | 6.67 | 2.80 | 6.22 | | 创新发展指数 | | 创新发展指数 | 1~3 | 1 | 4.76 | -0.20 | -0.44 | |
| | 4~6 | 2 | 13.33 | 5.20 | 11.56 | | | | | 4~6 | 2 | 9.52 | -0.80 | -1.78 | |
| | 7~9 | 10 | 66.67 | 23.00 | 51.11 | | 资产:负债 | | | 7~9 | 10 | 47.62 | -7.00 | -15.56 | |
| | 10~12 | 1 | 6.67 | 2.10 | 4.67 | | 76.89 | 23.11 | | 10~12 | 1 | 4.76 | -0.90 | -2.00 | |
| | 13~15 | 0 | 0.00 | 0.00 | 0.00 | | 相对净资产 | 53.78 | | 13~15 | 0 | 0.00 | 0.00 | 0.00 | |
| | 16~18 | 1 | 6.67 | 1.50 | 3.33 | | | | | 16~18 | 1 | 4.76 | -1.50 | -3.33 | |
| | 19~21 | 0 | 0.00 | 0.00 | 0.00 | | | | | 19~21 | 0 | 0.00 | 0.00 | 0.00 | |
| | 22~24 | 0 | 0.00 | 0.00 | 0.00 | | | | | 22~24 | 0 | 0.00 | 0.00 | 0.00 | |
| | 25~27 | 0 | 0.00 | 0.00 | 0.00 | | | | | 25~27 | 0 | 0.00 | 0.00 | 0.00 | |
| | 28~31 | 0 | 0.00 | 0.00 | 0.00 | | | | | 28~31 | 0 | 0.00 | 0.00 | 0.00 | |
| 合计 | | 15 | 100.00 | 34.60 | 76.89 | 2.31 | 15.00 | | 合计 | | 15 | 100.00 | -10.40 | -23.11 | -0.69 |
| 资源节约指数 | 1~3 | 0 | 0.00 | 0.00 | 0.00 | | 资源节约指数 | | 资源节约指数 | 1~3 | 0 | 0.00 | 0.00 | 0.00 | |
| | 4~6 | 2 | 13.33 | 5.30 | 11.78 | | | | | 4~6 | 2 | 6.90 | -0.70 | -1.56 | |
| | 7~9 | 3 | 20.00 | 7.00 | 15.56 | | 资产:负债 | | | 7~9 | 3 | 10.34 | -2.00 | -4.44 | |
| | 10~12 | 2 | 13.33 | 4.10 | 9.11 | | 48.22 | 51.78 | | 10~12 | 2 | 6.90 | -1.90 | -4.22 | |
| | 13~15 | 0 | 0.00 | 0.00 | 0.00 | | 相对净资产 | -3.56 | | 13~15 | 0 | 0.00 | 0.00 | 0.00 | |
| | 16~18 | 1 | 6.67 | 1.30 | 2.89 | | | | | 16~18 | 1 | 3.45 | -1.70 | -3.78 | |
| | 19~21 | 1 | 6.67 | 1.00 | 2.22 | | | | | 19~21 | 1 | 3.45 | -2.00 | -4.44 | |
| | 22~24 | 2 | 13.33 | 1.70 | 3.78 | | | | | 22~24 | 2 | 6.90 | -4.30 | -9.56 | |
| | 25~27 | 1 | 6.67 | 0.50 | 1.11 | | | | | 25~27 | 1 | 3.45 | -2.50 | -5.56 | |
| | 28~31 | 3 | 20.00 | 0.80 | 1.78 | | | | | 28~31 | 3 | 10.34 | -8.20 | -18.22 | |
| 合计 | | 15 | 100.00 | 21.70 | 48.22 | 1.45 | 15.00 | | 合计 | | 15 | 100.00 | -23.30 | -51.78 | -1.55 |

续表

| 资产 | | | | | | | 五大指数/% | | 负债 | | | | | | |
|---|---|---|---|---|---|---|---|---|---|---|---|---|---|---|---|
| 位次 | | 指标数 | 占指标总数/% | 指标分值 | 相对资产/% | 资产质量系数 | | | 位次 | | 指标数 | 占指标总数/% | 指标分值 | 相对负债/% | 负债质量系数 |
| 环境友好指数 | 1～3 | 0 | 0.00 | 0.00 | 0.00 | | 环境友好指数 | | 环境友好指数 | 1～3 | 0 | 0.00 | 0.00 | 0.00 | |
| | 4～6 | 2 | 16.67 | 5.10 | 14.17 | | | | | 4～6 | 2 | 9.09 | -0.90 | -2.50 | |
| | 7～9 | 0 | 0.00 | 0.00 | 0.00 | | 资产：负债 | | | 7～9 | 0 | 0.00 | 0.00 | 0.00 | |
| | 10～12 | 2 | 16.67 | 3.90 | 10.83 | | 46.94 | 53.06 | | 10～12 | 2 | 9.09 | -2.10 | -5.83 | |
| | 13～15 | 1 | 8.33 | 1.80 | 5.00 | | 相对净资产 | -6.11 | | 13～15 | 1 | 4.55 | -1.20 | -3.33 | |
| | 16～18 | 0 | 0.00 | 0.00 | 0.00 | | | | | 16～18 | 0 | 0.00 | 0.00 | 0.00 | |
| | 19～21 | 4 | 33.33 | 4.40 | 12.22 | | | | | 19～21 | 4 | 18.18 | -7.60 | -21.11 | |
| | 22～24 | 2 | 16.67 | 1.50 | 4.17 | | | | | 22～24 | 2 | 9.09 | -4.50 | -12.50 | |
| | 25～27 | 0 | 0.00 | 0.00 | 0.00 | | | | | 25～27 | 0 | 0.00 | 0.00 | 0.00 | |
| | 28～31 | 1 | 8.33 | 0.20 | 0.56 | | | | | 28～31 | 1 | 4.55 | -2.80 | -7.78 | |
| 合计 | | 12 | 100.00 | 16.90 | 46.94 | 1.41 | 12.00 | | 合计 | | 12 | 100.00 | -19.10 | -53.06 | -1.59 |
| 社会公平指数 | 1～3 | 0 | 0.00 | 0.00 | 0.00 | | 社会公平指数 | | 社会公平指数 | 1～3 | 0 | 0.00 | 0.00 | 0.00 | |
| | 4～6 | 2 | 22.22 | 5.10 | 18.89 | | | | | 4～6 | 2 | 14.29 | -0.90 | -3.33 | |
| | 7～9 | 3 | 33.33 | 6.80 | 25.19 | | 资产：负债 | | | 7～9 | 3 | 21.43 | -2.20 | -8.15 | |
| | 10～12 | 1 | 11.11 | 2.10 | 7.78 | | 62.59 | 37.41 | | 10～12 | 1 | 7.14 | -0.90 | -3.33 | |
| | 13～15 | 0 | 0.00 | 0.00 | 0.00 | | 相对净资产 | 25.19 | | 13～15 | 0 | 0.00 | 0.00 | 0.00 | |
| | 16～18 | 2 | 22.22 | 2.90 | 10.74 | | | | | 16～18 | 2 | 14.29 | -3.10 | -11.48 | |
| | 19～21 | 0 | 0.00 | 0.00 | 0.00 | | | | | 19～21 | 0 | 0.00 | 0.00 | 0.00 | |
| | 22～24 | 0 | 0.00 | 0.00 | 0.00 | | | | | 22～24 | 0 | 0.00 | 0.00 | 0.00 | |
| | 25～27 | 0 | 0.00 | 0.00 | 0.00 | | | | | 25～27 | 0 | 0.00 | 0.00 | 0.00 | |
| | 28～31 | 1 | 11.11 | 0.00 | 0.00 | | | | | 28～31 | 1 | 7.14 | -3.00 | -11.11 | |
| 合计 | | 9 | 100.00 | 16.90 | 62.59 | 1.88 | 9.00 | | 合计 | | 9 | 100.00 | -10.10 | -37.41 | -1.12 |
| 管理质量指数 | 1～3 | 3 | 15.79 | 8.80 | 15.44 | | 管理质量指数 | | 管理质量指数 | 1～3 | 3 | 17.65 | -0.20 | -0.35 | |
| | 4～6 | 0 | 0.00 | 0.00 | 0.00 | | | | | 4～6 | 0 | 0.00 | 0.00 | 0.00 | |
| | 7～9 | 8 | 42.11 | 18.30 | 32.11 | | 资产：负债 | | | 7～9 | 8 | 47.06 | -5.70 | -10.00 | |
| | 10～12 | 1 | 5.26 | 2.10 | 3.68 | | 65.79 | 34.21 | | 10～12 | 1 | 5.88 | -0.90 | -1.58 | |
| | 13～15 | 2 | 10.53 | 3.40 | 5.96 | | 相对净资产 | 31.58 | | 13～15 | 2 | 11.76 | -2.60 | -4.56 | |
| | 16～18 | 1 | 5.26 | 1.40 | 2.46 | | | | | 16～18 | 1 | 5.88 | -1.60 | -2.81 | |
| | 19～21 | 3 | 15.79 | 3.00 | 5.26 | | | | | 19～21 | 3 | 17.65 | -6.00 | -10.53 | |
| | 22～24 | 0 | 0.00 | 0.00 | 0.00 | | | | | 22～24 | 0 | 0.00 | 0.00 | 0.00 | |
| | 25～27 | 1 | 5.26 | 0.50 | 0.88 | | | | | 25～27 | 1 | 5.88 | -2.50 | -4.39 | |
| | 28～31 | 0 | 0.00 | 0.00 | 0.00 | | | | | 28～31 | 0 | 0.00 | 0.00 | 0.00 | |
| 合计 | | 19 | 100.00 | 37.50 | 65.79 | 1.97 | 19.00 | | 合计 | | 19 | 100.00 | -19.50 | -34.21 | -1.03 |
| 资产总指标数 | | | 占指标总数/% | 总资产分值 | 相对总资产/% | 总资产质量系数 | 相对总资产：相对总负债 | | 负债总指标数 | | | 占指标总数/% | 总负债分值 | 相对总负债/% | 总负债质量系数 |
| | | | | | | | 60.76 | -39.24 | | | | | | | |
| 70 | | | 100.00 | 127.60 | 60.76 | 1.82 | 相对净资产 | 21.52 | 70 | | | 100.00 | -82.40 | -39.24 | -1.18 |

# 第七节　吉林科学发展资产负债分析

## 一、一般概况

吉林省土地面积19.11万$km^2$，人口2734万，2008年实现地区GDP 6424.06亿元，人均粮食产量1039.53kg，人均水资源量1215.23$m^3$，森林覆盖率38.13%，人口自然增长率1.61‰，成人文盲率4.62%，万人在校大学生266人，专利（发明、实用新型、外观设计）授权2984件。

## 二、科学发展的资产负债分析

1）创新发展指数：在总数15个源指标中，资产累计得分24.10，相对资产24.10%，资产质量系数为1.61，表明资产质量一般。同时，负债累计得分－20.90，相对负债－46.44%，负债质量系数为－1.39，表明负债质量一般。在该大项中，相对净资产为7.11%。

2）资源节约指数：在总数15个源指标中，资产累计得分21.10，相对资产46.89%，资产质量系数为1.41，表明资产质量一般。同时，负债累计得分－23.90，相对负债－53.11%，负债质量系数为－1.59，表明负债质量一般。在该大项中，相对净资产为－6.22%。

3）环境友好指数：在总数12个源指标中，资产累计得分17.80，相对资产49.44%，资产质量系数为1.48，表明资产质量一般。同时，负债累计得分－18.20，相对负债－50.56%，负债质量系数为－1.52，表明负债质量一般。在该大项中，相对净资产为－1.11%。

4）社会公平指数：在总数9个源指标中，资产累计得分16.20，相对资产60.00%，资产质量系数为1.80，表明资产质量一般。同时，负债累计得分－10.80，相对负债－40.00%，负债质量系数为－1.20，表明负债质量一般。在该大项中，相对净资产为20.00%。

5）管理质量指数：在总数19个源指标中，资产累计得分29.50，相对资产51.75%，资产质量系数为1.55，表明资产质量一般。同时，负债累计得分－27.50，相对负债－48.25%，负债质量系数为－1.45，表明负债质量一般。在该大项中，相对净资产为3.51%。

总计上述五大项，在总数70个源指标中，总资产累计得分108.70，相对资产51.76%，资产质量系数为1.55，表明资产质量一般。同时，负债累计得分－101.30，相对负债－48.24%，负债质量系数为－1.45，表明负债质量一般，该地区科学发展水平相对总净资产为3.52%（图24-7，表24-7）。

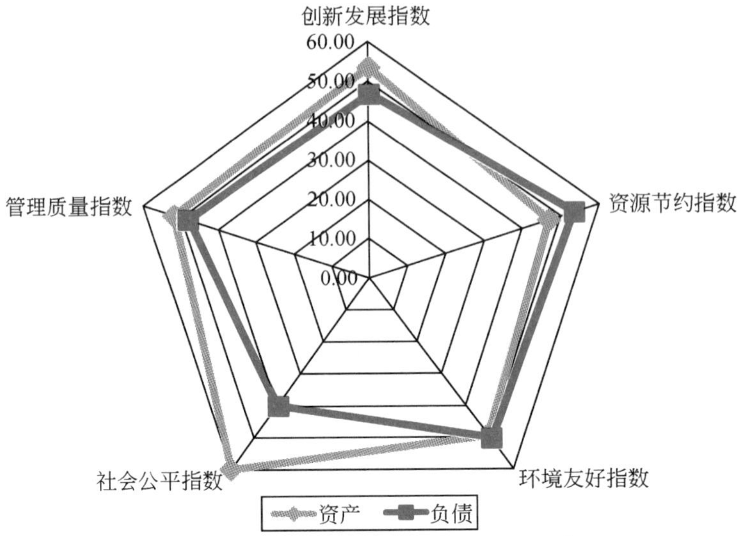


图 24-7　吉林科学发展水平资产负债图

**表 24-7　吉林科学发展水平资产负债表**

| 资产 | | | | | | | 五大指数/% | | 负债 | | | | | | |
|---|---|---|---|---|---|---|---|---|---|---|---|---|---|---|---|
| 位次 | | 指标数 | 占指标总数/% | 指标分值 | 相对资产/% | 资产质量系数 | | | 位次 | | 指标数 | 占指标总数/% | 指标分值 | 相对负债/% | 负债质量系数 |
| 创新发展指数 | 1～3 | 0 | 0.00 | 0.00 | 0.00 | | 创新发展指数 | | 创新发展指数 | 1～3 | 0 | 0.00 | 0.00 | 0.00 | |
| | 4～6 | 2 | 13.33 | 5.20 | 11.56 | | | | | 4～6 | 2 | 9.52 | -0.80 | -1.78 | |
| | 7～9 | 2 | 13.33 | 4.70 | 10.44 | | 资产：负债 | | | 7～9 | 2 | 9.52 | -1.30 | -2.89 | |
| | 10～12 | 2 | 13.33 | 3.80 | 8.44 | | 53.56 | 46.44 | | 10～12 | 2 | 9.52 | -2.20 | -4.89 | |
| | 13～15 | 2 | 13.33 | 3.20 | 7.11 | | 相对净资产 | 7.11 | | 13～15 | 2 | 9.52 | -2.80 | -6.22 | |
| | 16～18 | 2 | 13.33 | 2.90 | 6.44 | | | | | 16～18 | 2 | 9.52 | -3.10 | -6.89 | |
| | 19～21 | 1 | 6.67 | 1.20 | 2.67 | | | | | 19～21 | 1 | 4.76 | -1.80 | -4.00 | |
| | 22～24 | 4 | 26.67 | 3.10 | 6.89 | | | | | 22～24 | 4 | 19.05 | -8.90 | -19.78 | |
| | 25～27 | 0 | 0.00 | 0.00 | 0.00 | | | | | 25～27 | 0 | 0.00 | 0.00 | 0.00 | |
| | 28～31 | 0 | 0.00 | 0.00 | 0.00 | | | | | 28～31 | 0 | 0.00 | 0.00 | 0.00 | |
| 合计 | | 15 | 100.00 | 24.10 | 53.56 | 1.61 | 15.00 | | 合计 | | 15 | 100.00 | -20.90 | -46.44 | -1.39 |
| 资源节约指数 | 1～3 | 0 | 0.00 | 0.00 | 0.00 | | 资源节约指数 | | 资源节约指数 | 1～3 | 0 | 0.00 | 0.00 | 0.00 | |
| | 4～6 | 0 | 0.00 | 0.00 | 0.00 | | | | | 4～6 | 0 | 0.00 | 0.00 | 0.00 | |
| | 7～9 | 1 | 6.67 | 2.30 | 5.11 | | 资产：负债 | | | 7～9 | 1 | 3.45 | -0.70 | -1.56 | |
| | 10～12 | 4 | 26.67 | 7.80 | 17.33 | | 46.89 | 53.11 | | 10～12 | 4 | 13.79 | -4.20 | -9.33 | |
| | 13～15 | 2 | 13.33 | 3.60 | 8.00 | | 相对净资产 | -6.22 | | 13～15 | 2 | 6.90 | -2.40 | -5.33 | |
| | 16～18 | 1 | 6.67 | 1.50 | 3.33 | | | | | 16～18 | 1 | 3.45 | -1.50 | -3.33 | |
| | 19～21 | 2 | 13.33 | 2.20 | 4.89 | | | | | 19～21 | 2 | 6.90 | -3.80 | -8.44 | |
| | 22～24 | 4 | 26.67 | 3.20 | 7.11 | | | | | 22～24 | 4 | 13.79 | -8.80 | -19.56 | |
| | 25～27 | 1 | 6.67 | 0.50 | 1.11 | | | | | 25～27 | 1 | 3.45 | -2.50 | -5.56 | |
| | 28～31 | 0 | 0.00 | 0.00 | 0.00 | | | | | 28～31 | 0 | 0.00 | 0.00 | 0.00 | |
| 合计 | | 15 | 100.00 | 21.70 | 46.89 | 1.41 | 15.00 | | 合计 | | 15 | 100.00 | -23.90 | -53.11 | -1.59 |

续表

| 资产 | | | | | | | 五大指数/% | | 负债 | | | | | | |
|---|---|---|---|---|---|---|---|---|---|---|---|---|---|---|---|
| 位次 | | 指标数 | 占指标总数/% | 指标分值 | 相对资产/% | 资产质量系数 | | | 位次 | | 指标数 | 占指标总数/% | 指标分值 | 相对负债/% | 负债质量系数 |
| 环境友好指数 | 1～3 | 1 | 8.33 | 3.00 | 8.33 | | 环境友好指数 | | 环境友好指数 | 1～3 | 1 | 4.55 | 0.00 | 0.00 | |
| | 4～6 | 0 | 0.00 | 0.00 | 0.00 | | | | | 4～6 | 0 | 0.00 | 0.00 | 0.00 | |
| | 7～9 | 1 | 8.33 | 2.40 | 6.67 | | 资产：负债 | | | 7～9 | 1 | 4.55 | -0.60 | -1.67 | |
| | 10～12 | 2 | 16.67 | 4.10 | 11.39 | | 49.44 | 50.56 | | 10～12 | 2 | 9.09 | -1.90 | -5.28 | |
| | 13～15 | 1 | 8.33 | 1.80 | 5.00 | | 相对净资产 | -1.11 | | 13～15 | 1 | 4.55 | -1.20 | -3.33 | |
| | 16～18 | 2 | 16.67 | 2.90 | 8.06 | | | | | 16～18 | 2 | 9.09 | -3.10 | -8.61 | |
| | 19～21 | 2 | 16.67 | 2.20 | 6.11 | | | | | 19～21 | 2 | 9.09 | -3.80 | -10.56 | |
| | 22～24 | 1 | 8.33 | 0.70 | 1.94 | | | | | 22～24 | 1 | 4.55 | -2.30 | -6.39 | |
| | 25～27 | 1 | 8.33 | 0.40 | 1.11 | | | | | 25～27 | 1 | 4.55 | -2.60 | -7.22 | |
| | 28～31 | 1 | 8.33 | 0.30 | 0.83 | | | | | 28～31 | 1 | 4.55 | -2.70 | -7.50 | |
| 合计 | | 12 | 100.00 | 17.80 | 49.44 | 1.48 | 12.00 | | 合计 | | 12 | 100.00 | -18.20 | -50.56 | -1.52 |
| 社会公平指数 | 1～3 | 0 | 0.00 | 0.00 | 0.00 | | 社会公平指数 | | 社会公平指数 | 1～3 | 0 | 0.00 | 0.00 | 0.00 | |
| | 4～6 | 2 | 22.22 | 5.40 | 20.00 | | | | | 4～6 | 2 | 14.29 | -0.60 | -2.22 | |
| | 7～9 | 1 | 11.11 | 2.30 | 8.52 | | 资产：负债 | | | 7～9 | 1 | 7.14 | -0.70 | -2.59 | |
| | 10～12 | 3 | 33.33 | 6.00 | 22.22 | | 60.00 | 40.00 | | 10～12 | 3 | 21.43 | -3.00 | -11.11 | |
| | 13～15 | 0 | 0.00 | 0.00 | 0.00 | | 相对净资产 | 20.00 | | 13～15 | 0 | 0.00 | 0.00 | 0.00 | |
| | 16～18 | 0 | 0.00 | 0.00 | 0.00 | | | | | 16～18 | 0 | 0.00 | 0.00 | 0.00 | |
| | 19～21 | 1 | 11.11 | 1.10 | 4.07 | | | | | 19～21 | 1 | 7.14 | -1.90 | -7.04 | |
| | 22～24 | 1 | 11.11 | 0.80 | 2.96 | | | | | 22～24 | 1 | 7.14 | -2.20 | -8.15 | |
| | 25～27 | 1 | 11.11 | 0.60 | 2.22 | | | | | 25～27 | 1 | 7.14 | -2.40 | -8.89 | |
| | 28～31 | 0 | 0.00 | 0.00 | 0.00 | | | | | 28～31 | 0 | 0.00 | 0.00 | 0.00 | |
| 合计 | | 9 | 100.00 | 16.20 | 60.00 | 1.80 | 9.00 | | 合计 | | 9 | 100.00 | -10.80 | -40.00 | -1.20 |
| 管理质量指数 | 1～3 | 1 | 5.26 | 2.80 | 4.91 | | 管理质量指数 | | 管理质量指数 | 1～3 | 1 | 5.88 | -0.20 | -0.35 | |
| | 4～6 | 1 | 5.26 | 2.50 | 4.39 | | | | | 4～6 | 1 | 5.88 | -0.50 | -0.88 | |
| | 7～9 | 2 | 10.53 | 4.60 | 8.07 | | 资产：负债 | | | 7～9 | 2 | 11.76 | -1.40 | -2.46 | |
| | 10～12 | 5 | 26.32 | 9.90 | 17.37 | | 51.75 | 48.25 | | 10～12 | 5 | 29.41 | -5.10 | -8.95 | |
| | 13～15 | 3 | 15.79 | 5.00 | 8.77 | | 相对净资产 | 3.51 | | 13～15 | 3 | 17.65 | -4.00 | -7.02 | |
| | 16～18 | 1 | 5.26 | 1.50 | 2.63 | | | | | 16～18 | 1 | 5.88 | -1.50 | -2.63 | |
| | 19～21 | 0 | 0.00 | 0.00 | 0.00 | | | | | 19～21 | 0 | 0.00 | 0.00 | 0.00 | |
| | 22～24 | 3 | 15.79 | 2.40 | 4.21 | | | | | 22～24 | 3 | 17.65 | -6.60 | -11.58 | |
| | 25～27 | 1 | 5.26 | 0.60 | 1.05 | | | | | 25～27 | 1 | 5.88 | -2.40 | -4.21 | |
| | 28～31 | 2 | 10.53 | 0.20 | 0.35 | | | | | 28～31 | 2 | 11.76 | -5.80 | -10.18 | |
| 合计 | | 19 | 100.00 | 29.50 | 51.75 | 1.55 | 19.00 | | 合计 | | 19 | 100.00 | -27.50 | -48.25 | -1.45 |
| 资产总指标数 | | | 占指标总数/% | 总资产分值 | 相对总资产/% | 总资产质量系数 | 相对总资产：相对总负债 | | 负债总指标数 | | | 占指标总数/% | 总负债分值 | 相对总负债/% | 总负债质量系数 |
| | | | | | | | 51.76 | -48.24 | | | | | | | |
| 70 | | | 100.00 | 108.70 | 51.76 | 1.55 | 相对净资产 | 3.52 | 70 | | | 100.00 | -101.30 | -48.24 | -1.45 |

# 第八节　黑龙江科学发展资产负债分析

## 一、一般概况

黑龙江省土地面积 45.26 万 $km^2$，人口 3825 万，2008 年实现地区 GDP 8310.00 亿元，人均粮食产量 1104.66kg，人均水资源量 1208.00$m^3$，森林覆盖率 39.54%，人口自然增长率 2.23‰，成人文盲率 4.32%，万人在校大学生 235 人，专利（发明、实用新型、外观设计）授权 4574 件。

## 二、科学发展的资产负债分析

1）创新发展指数：在总数 15 个源指标中，资产累计得分 24.00，相对资产 24.00%，资产质量系数为 1.60，表明资产质量一般。同时，负债累计得分 -21.00，相对负债 -46.67%，负债质量系数为 -1.40，表明负债质量一般。在该大项中，相对净资产为 6.67%。

2）资源节约指数：在总数 15 个源指标中，资产累计得分 23.40，相对资产 52.00%，资产质量系数为 1.46，表明资产质量一般。同时，负债累计得分 -21.60，相对负债 -48.00%，负债质量系数为 -1.44，表明负债质量一般。在该大项中，相对净资产为 4.00%。

3）环境友好指数：在总数 12 个源指标中，资产累计得分 15.30，相对资产 42.50%，资产质量系数为 1.28，表明资产质量一般。同时，负债累计得分 -20.70，相对负债 -57.50%，负债质量系数为 -1.73，表明负债质量一般。在该大项中，相对净资产为 -15.00%。

4）社会公平指数：在总数 9 个源指标中，资产累计得分 14.50，相对资产 53.70%，资产质量系数为 1.61，表明资产质量一般。同时，负债累计得分 -12.50，相对负债 -46.30%，负债质量系数为 -1.39，表明负债质量一般。在该大项中，相对净资产为 7.41%。

5）管理质量指数：在总数 19 个源指标中，资产累计得分 33.40，相对资产 58.60%，资产质量系数为 1.76，表明资产质量一般。同时，负债累计得分 -23.60，相对负债 -41.40%，负债质量系数为 -1.24，表明负债质量一般。在该大项中，相对净资产为 17.19%。

总计上述五大项，在总数 70 个源指标中，总资产累计得分 110.60，相对资产 52.67%，资产质量系数为 1.56，表明资产质量一般。同时，负债累计得分 -99.40，相对负债 -47.33%，负债质量系数为 -1.42，表明负债质量一般，该地区科学发展水平相对总净资产为 5.33%（图 24-8，表 24-8）。

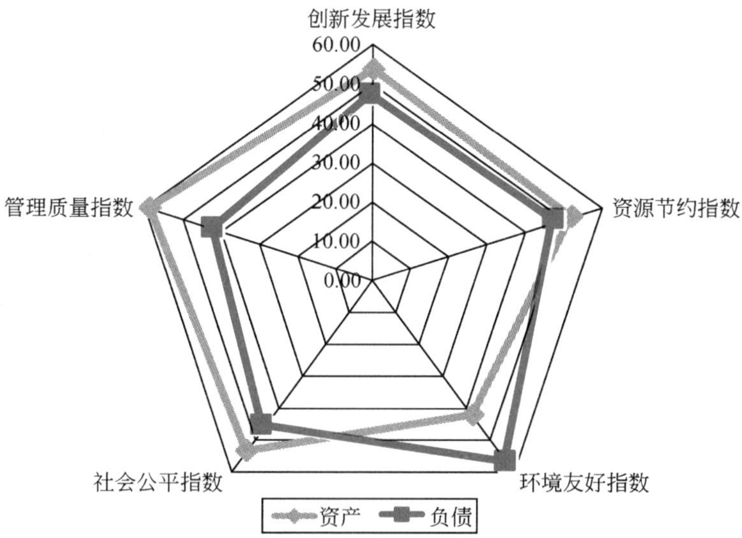


图 24-8　黑龙江科学发展水平资产负债图

**表 24-8　黑龙江科学发展水平资产负债表**

| 资产 | | | | | | | 五大指数/% | | 负债 | | | | | | |
|---|---|---|---|---|---|---|---|---|---|---|---|---|---|---|---|
| 位次 | | 指标数 | 占指标总数/% | 指标分值 | 相对资产/% | 资产质量系数 | | | 位次 | | 指标数 | 占指标总数/% | 指标分值 | 相对负债/% | 负债质量系数 |
| 创新发展指数 | 1~3 | 0 | 0.00 | 0.00 | 0.00 | | 创新发展指数 | | 创新发展指数 | 1~3 | 0 | 0.00 | 0.00 | 0.00 | |
| | 4~6 | 2 | 13.33 | 5.20 | 11.56 | | | | | 4~6 | 2 | 9.52 | -0.80 | -1.78 | |
| | 7~9 | 3 | 20.00 | 6.70 | 14.89 | | 资产：负债 | | | 7~9 | 3 | 14.29 | -2.30 | -5.11 | |
| | 10~12 | 2 | 13.33 | 4.00 | 8.89 | | 53.33 | 46.67 | | 10~12 | 2 | 9.52 | -2.00 | -4.44 | |
| | 13~15 | 1 | 6.67 | 1.80 | 4.00 | | 相对净资产 | 6.67 | | 13~15 | 1 | 4.67 | -1.20 | -2.67 | |
| | 16~18 | 1 | 6.67 | 1.40 | 3.11 | | | | | 16~18 | 1 | 4.67 | -1.60 | -3.56 | |
| | 19~21 | 4 | 26.67 | 4.10 | 9.11 | | | | | 19~21 | 4 | 19.05 | -7.90 | -17.56 | |
| | 22~24 | 0 | 0.00 | 0.00 | 0.00 | | | | | 22~24 | 0 | 0.00 | 0.00 | 0.00 | |
| | 25~27 | 1 | 6.67 | 0.50 | 1.11 | | | | | 25~27 | 1 | 4.76 | -2.50 | -5.56 | |
| | 28~31 | 1 | 6.67 | 0.30 | 0.67 | | | | | 28~31 | 1 | 4.76 | -2.70 | -6.00 | |
| 合计 | | 15 | 100.00 | 24.00 | 53.33 | 1.60 | 15.00 | | 合计 | | 15 | 100.00 | -21.00 | -46.67 | -1.40 |
| 资源节约指数 | 1~3 | 2 | 13.33 | 6.00 | 13.33 | | 资源节约指数 | | 资源节约指数 | 1~3 | 2 | 6.90 | 0.00 | 0.00 | |
| | 4~6 | 2 | 13.33 | 2.50 | 5.56 | | | | | 4~6 | 2 | 6.90 | -0.50 | -1.11 | |
| | 7~9 | 0 | 0.00 | 0.00 | 0.00 | | 资产：负债 | | | 7~9 | 0 | 0.00 | 0.00 | 0.00 | |
| | 10~12 | 2 | 13.33 | 4.20 | 9.33 | | 52.00 | 48.00 | | 10~12 | 2 | 6.90 | -1.80 | -4.00 | |
| | 13~15 | 1 | 6.67 | 1.80 | 4.00 | | 相对净资产 | 4.00 | | 13~15 | 1 | 3.45 | -1.20 | -2.67 | |
| | 16~18 | 3 | 20.00 | 4.10 | 9.11 | | | | | 16~18 | 3 | 10.34 | -4.90 | -10.89 | |
| | 19~21 | 2 | 13.33 | 2.40 | 5.33 | | | | | 19~21 | 2 | 6.90 | -3.60 | -8.00 | |
| | 22~24 | 2 | 13.33 | 1.40 | 3.11 | | | | | 22~24 | 2 | 6.90 | -4.60 | -10.22 | |
| | 25~27 | 2 | 13.33 | 1.00 | 2.22 | | | | | 25~27 | 2 | 6.90 | -5.00 | -11.11 | |
| | 28~31 | 0 | 0.00 | 0.00 | 0.00 | | | | | 28~31 | 0 | 0.00 | 0.00 | 0.00 | |
| 合计 | | 16 | 100.00 | 23.40 | 52.00 | 1.46 | 15.00 | | 合计 | | 15 | 100.00 | -21.60 | -48.00 | -1.44 |

续表

| 资产 | | | | | | | 五大指数/% | | 负债 | | | | | | |
|---|---|---|---|---|---|---|---|---|---|---|---|---|---|---|---|
| 位次 | | 指标数 | 占指标总数/% | 指标分值 | 相对资产/% | 资产质量系数 | | | 位次 | | 指标数 | 占指标总数/% | 指标分值 | 相对负债/% | 负债质量系数 |
| 环境友好指数 | 1～3 | 0 | 0.00 | 0.00 | 0.00 | | 环境友好指数 | | 环境友好指数 | 1～3 | 0 | 0.00 | 0.00 | 0.00 | |
| | 4～6 | 0 | 0.00 | 0.00 | 0.00 | | | | | 4～6 | 0 | 0.00 | 0.00 | 0.00 | |
| | 7～9 | 1 | 8.33 | 2.20 | 6.11 | | 资产：负债 | | | 7～9 | 1 | 4.55 | -0.80 | -2.22 | |
| | 10～12 | 1 | 8.33 | 1.90 | 5.28 | | 42.50 | 57.50 | | 10～12 | 1 | 4.55 | -1.10 | -3.06 | |
| | 13～15 | 4 | 33.33 | 6.90 | 19.17 | | 相对净资产 | -15.00 | | 13～15 | 4 | 18.18 | -5.10 | -14.17 | |
| | 16～18 | 2 | 16.67 | 3.00 | 8.33 | | | | | 16～18 | 2 | 9.09 | -3.00 | -8.33 | |
| | 19～21 | 0 | 0.00 | 0.00 | 0.00 | | | | | 19～21 | 0 | 0.00 | 0.00 | 0.00 | |
| | 22～24 | 1 | 8.33 | 0.80 | 2.22 | | | | | 22～24 | 1 | 4.55 | -2.20 | -6.11 | |
| | 25～27 | 0 | 0.00 | 0.00 | 0.00 | | | | | 25～27 | 0 | 0.00 | 0.00 | 0.00 | |
| | 28～31 | 3 | 25.00 | 0.50 | 1.39 | | | | | 28～31 | 3 | 13.64 | -8.50 | -23.61 | |
| 合计 | | 12 | 100.00 | 15.30 | 42.50 | 1.28 | 12.00 | | 合计 | | 12 | 100.00 | -20.70 | -57.50 | -1.73 |
| 社会公平指数 | 1～3 | 2 | 22.22 | 5.60 | 20.74 | | 社会公平指数 | | 社会公平指数 | 1～3 | 2 | 14.29 | -0.40 | -1.48 | |
| | 4～6 | 0 | 0.00 | 0.00 | 0.00 | | | | | 4～6 | 0 | 0.00 | 0.00 | 0.00 | |
| | 7～9 | 1 | 11.11 | 2.30 | 8.52 | | 资产：负债 | | | 7～9 | 1 | 7.14 | -0.70 | -2.59 | |
| | 10～12 | 1 | 11.11 | 2.00 | 7.41 | | 53.70 | 46.30 | | 10～12 | 1 | 7.14 | -1.00 | -3.70 | |
| | 13～15 | 1 | 11.11 | 1.70 | 6.30 | | 相对净资产 | 7.41 | | 13～15 | 1 | 7.14 | -1.30 | -4.81 | |
| | 16～18 | 1 | 11.11 | 1.50 | 5.56 | | | | | 16～18 | 1 | 7.14 | -1.50 | -5.56 | |
| | 19～21 | 1 | 11.11 | 1.10 | 4.07 | | | | | 19～21 | 1 | 7.14 | -1.90 | -7.04 | |
| | 22～24 | 0 | 0.00 | 0.00 | 0.00 | | | | | 22～24 | 0 | 0.00 | 0.00 | 0.00 | |
| | 25～27 | 0 | 0.00 | 0.00 | 0.00 | | | | | 25～27 | 0 | 0.00 | 0.00 | 0.00 | |
| | 28～31 | 2 | 22.22 | 0.30 | 1.11 | | | | | 28～31 | 2 | 14.29 | -5.70 | -21.11 | |
| 合计 | | 9 | 100.00 | 14.50 | 53.70 | 1.61 | 9.00 | | 合计 | | 9 | 100.00 | -12.50 | -46.30 | -1.39 |
| 管理质量指数 | 1～3 | 0 | 0.00 | 0.00 | 0.00 | | 管理质量指数 | | 管理质量指数 | 1～3 | 0 | 0.00 | 0.00 | 0.00 | |
| | 4～6 | 4 | 21.05 | 10.40 | 18.25 | | | | | 4～6 | 4 | 25.53 | -1.60 | -2.81 | |
| | 7～9 | 2 | 10.53 | 4.60 | 8.07 | | 资产：负债 | | | 7～9 | 2 | 11.76 | -1.40 | -2.46 | |
| | 10～12 | 2 | 10.53 | 4.20 | 7.37 | | 58.60 | 41.40 | | 10～12 | 2 | 11.76 | -1.80 | -3.16 | |
| | 13～15 | 4 | 21.05 | 7.00 | 12.28 | | 相对净资产 | 17.19 | | 13～15 | 4 | 23.53 | -5.00 | -8.77 | |
| | 16～18 | 2 | 10.53 | 2.60 | 4.56 | | | | | 16～18 | 2 | 11.76 | -3.40 | -5.96 | |
| | 19～21 | 2 | 10.53 | 2.20 | 3.86 | | | | | 19～21 | 2 | 11.76 | -3.80 | -6.67 | |
| | 22～24 | 3 | 15.79 | 2.40 | 4.21 | | | | | 22～24 | 3 | 17.65 | -6.60 | -11.58 | |
| | 25～27 | 0 | 0.00 | 0.00 | 0.00 | | | | | 25～27 | 0 | 0.00 | 0.00 | 0.00 | |
| | 28～31 | 0 | 0.00 | 0.00 | 0.00 | | | | | 28～31 | 0 | 0.00 | 0.00 | 0.00 | |
| 合计 | | 19 | 100.00 | 33.40 | 58.60 | 1.76 | 19.00 | | 合计 | | 19 | 100.00 | -23.60 | -41.40 | -1.24 |

| 资产总指标数 | 占指标总数/% | 总资产分值 | 相对总资产/% | 总资产质量系数 | 相对总资产：相对总负债 | | 负债总指标数 | 占指标总数/% | 总负债分值 | 相对总负债/% | 总负债质量系数 |
|---|---|---|---|---|---|---|---|---|---|---|---|
| | | | | | 52.67 | -47.33 | | | | | |
| 71 | 100.00 | 110.60 | 52.67 | 1.56 | 相对净资产 | 5.33 | 70 | 100.00 | -99.40 | -47.33 | -1.42 |

# 第九节 上海科学发展资产负债分析

## 一、一般概况

上海市土地面积0.82万$km^2$，人口1888万，2008年实现地区GDP13 698.15亿元，人均粮食产量61.75kg，人均水资源量197.54$m^3$，森林覆盖率3.17%，人口自然增长率2.72‰，成人文盲率4.13%，万人在校大学生437人，专利（发明、实用新型、外观设计）授权24468件。

## 二、科学发展的资产负债分析

1）创新发展指数：在总数15个源指标中，资产累计得分37.60，相对资产37.60%，资产质量系数为2.51，表明资产质量优良。同时，负债累计得分-7.40，相对负债-16.44%，负债质量系数为-0.49，表明负债质量很好。在该大项中，相对净资产为67.11%。

2）资源节约指数：在总数15个源指标中，资产累计得分30.90，相对资产68.67%，资产质量系数为2.06，表明资产质量较好。同时，负债累计得分-14.10，相对负债-31.33%，负债质量系数为-0.94，表明负债质量较好。在该大项中，相对净资产为37.33%。

3）环境友好指数：在总数12个源指标中，资产累计得分17.50，相对资产48.61%，资产质量系数为1.46，表明资产质量一般。同时，负债累计得分-18.50，相对负债-51.39%，负债质量系数为-1.54，表明负债质量一般。在该大项中，相对净资产为-2.78%。

4）社会公平指数：在总数9个源指标中，资产累计得分18.50，相对资产68.52%，资产质量系数为2.06，表明资产质量较好。同时，负债累计得分-8.50，相对负债-31.48%，负债质量系数为-0.94，表明负债质量较好。在该大项中，相对净资产为37.04%。

5）管理质量指数：在总数19个源指标中，资产累计得分41.50，相对资产72.81%，资产质量系数为2.18，表明资产质量较好。同时，负债累计得分-15.50，相对负债-27.19%，负债质量系数为-0.82，表明负债质量较好。在该大项中，相对净资产为45.61%。

总计上述五大项，在总数70个源指标中，总资产累计得分146.00，相对资产69.52%，资产质量系数为2.09，表明资产质量较好。同时，负债累计得分-64.00，相对负债-30.48%，负债质量系数为-0.91，表明负债质量较好，该地区科学发展水平相对总净资产为39.05%（图24-9，表24-9）。

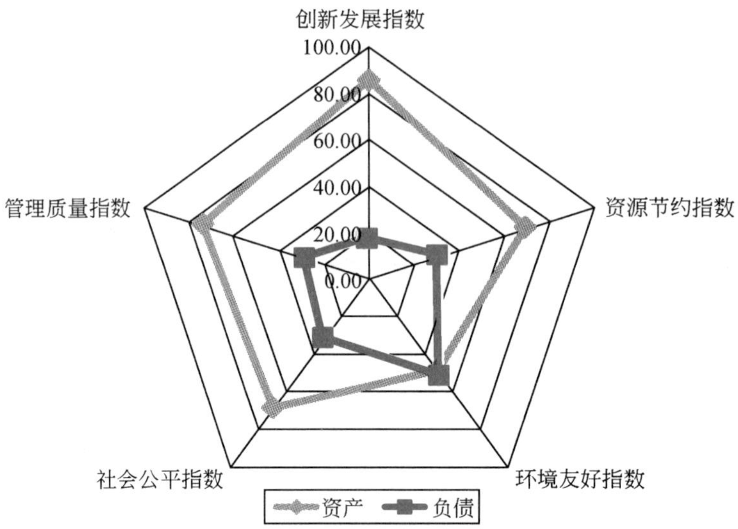


图 24-9　上海科学发展水平资产负债图

**表 24-9　上海科学发展水平资产负债表**

| 资产 | | | | | | | 五大指数/% | | 负债 | | | | | | |
|---|---|---|---|---|---|---|---|---|---|---|---|---|---|---|---|
| 位次 | | 指标数 | 占指标总数/% | 指标分值 | 相对资产/% | 资产质量系数 | | | 位次 | | 指标数 | 占指标总数/% | 指标分值 | 相对负债/% | 负债质量系数 |
| 创新发展指数 | 1～3 | 12 | 80.00 | 34.90 | 77.56 | | 创新发展指数 | | 创新发展指数 | 1～3 | 12 | 57.14 | -1.10 | -2.44 | |
| | 4～6 | 0 | 0.00 | 0.00 | 0.00 | | | | | 4～6 | 0 | 0.00 | 0.00 | 0.00 | |
| | 7～9 | 0 | 0.00 | 0.00 | 0.00 | | 资产: 负债 | | | 7～9 | 0 | 0.00 | 0.00 | 0.00 | |
| | 10～12 | 1 | 6.67 | 1.90 | 4.22 | | 83.56 | 16.44 | | 10～12 | 1 | 4.76 | -1.10 | -2.44 | |
| | 13～15 | 0 | 0.00 | 0.00 | 0.00 | | 相对净资产 | 67.11 | | 13～15 | 0 | 0.00 | 0.00 | 0.00 | |
| | 16～18 | 0 | 0.00 | 0.00 | 0.00 | | | | | 16～18 | 0 | 0.00 | 0.00 | 0.00 | |
| | 19～21 | 0 | 0.00 | 0.00 | 0.00 | | | | | 19～21 | 0 | 0.00 | 0.00 | 0.00 | |
| | 22～24 | 1 | 6.67 | 0.70 | 1.56 | | | | | 22～24 | 1 | 4.76 | -2.30 | -5.11 | |
| | 25～27 | 0 | 0.00 | 0.00 | 0.00 | | | | | 25～27 | 0 | 0.00 | 0.00 | 0.00 | |
| | 28～31 | 1 | 6.67 | 0.10 | 0.22 | | | | | 28～31 | 1 | 4.76 | -2.90 | -6.44 | |
| 合计 | | 15 | 100.00 | 37.60 | 83.56 | 2.51 | 15.00 | | 合计 | | 15 | 100.00 | -7.4 | -16.44 | -0.49 |
| 资源节约指数 | 1～3 | 5 | 33.33 | 14.70 | 32.67 | | 资源节约指数 | | 资源节约指数 | 1～3 | 5 | 17.24 | -0.30 | -0.67 | |
| | 4～6 | 4 | 26.67 | 10.70 | 23.78 | | | | | 4～6 | 4 | 13.79 | -1.30 | -2.89 | |
| | 7～9 | 1 | 6.67 | 2.20 | 4.89 | | 资产: 负债 | | | 7～9 | 1 | 3.45 | -0.80 | -1.78 | |
| | 10～12 | 0 | 0.00 | 0.00 | 0.00 | | 68.67 | 31.33 | | 10～12 | 0 | 0.00 | 0.00 | 0.00 | |
| | 13～15 | 1 | 6.67 | 1.80 | 4.00 | | 相对净资产 | 37.33 | | 13～15 | 1 | 3.45 | -1.20 | -2.67 | |
| | 16～18 | 0 | 0.00 | 0.00 | 0.00 | | | | | 16～18 | 0 | 0.00 | 0.00 | 0.00 | |
| | 19～21 | 0 | 0.00 | 0.00 | 0.00 | | | | | 19～21 | 0 | 0.00 | 0.00 | 0.00 | |
| | 22～24 | 1 | 6.67 | 0.80 | 1.78 | | | | | 22～24 | 1 | 3.45 | -2.20 | -4.89 | |
| | 25～27 | 1 | 6.67 | 0.40 | 0.89 | | | | | 25～27 | 1 | 3.45 | -2.60 | -5.78 | |
| | 28～31 | 2 | 13.33 | 0.30 | 0.67 | | | | | 28～31 | 2 | 6.90 | -5.70 | -12.67 | |
| 合计 | | 15 | 100.00 | 30.90 | 68.67 | 2.06 | 15.00 | | 合计 | | 15 | 100.00 | -14.10 | -31.33 | -0.94 |

续表

| 资产 | | | | | | | 五大指数/% | | 负债 | | | | | | |
|---|---|---|---|---|---|---|---|---|---|---|---|---|---|---|---|
| 位次 | | 指标数 | 占指标总数/% | 指标分值 | 相对资产/% | 资产质量系数 | | | 位次 | | 指标数 | 占指标总数/% | 指标分值 | 相对负债/% | 负债质量系数 |
| 环境友好指数 | 1~3 | 1 | 8.33 | 2.90 | 8.06 | | 环境友好指数 | | 环境友好指数 | 1~3 | 1 | 4.55 | -0.10 | -0.28 | |
| | 4~6 | 2 | 16.67 | 5.10 | 14.17 | | | | | 4~6 | 2 | 9.09 | -0.90 | -2.50 | |
| | 7~9 | 2 | 16.67 | 4.70 | 13.06 | | 资产: 负债 | | | 7~9 | 2 | 9.09 | -1.30 | -3.61 | |
| | 10~12 | 0 | 0.00 | 0.00 | 0.00 | | 48.61 | 51.39 | | 10~12 | 0 | 0.00 | 0.00 | 0.00 | |
| | 13~15 | 1 | 8.33 | 1.70 | 4.72 | | 相对净资产 | -2.78 | | 13~15 | 1 | 4.55 | -1.30 | -3.61 | |
| | 16~18 | 1 | 8.33 | 1.50 | 4.17 | | | | | 16~18 | 1 | 4.55 | -1.50 | -4.17 | |
| | 19~21 | 1 | 8.33 | 1.10 | 3.06 | | | | | 19~21 | 1 | 4.55 | -1.90 | -5.28 | |
| | 22~24 | 0 | 0.00 | 0.00 | 0.00 | | | | | 22~24 | 0 | 0.00 | 0.00 | 0.00 | |
| | 25~27 | 0 | 0.00 | 0.00 | 0.00 | | | | | 25~27 | 0 | 0.00 | 0.00 | 0.00 | |
| | 28~31 | 4 | 33.33 | 0.50 | 1.39 | | | | | 28~31 | 4 | 18.18 | -11.50 | -31.94 | |
| 合计 | | 12 | 100.00 | 17.50 | 48.61 | 1.46 | 12.00 | | 合计 | | 12 | 100.00 | -18.50 | -51.39 | -1.54 |
| 社会公平指数 | 1~3 | 5 | 55.56 | 14.70 | 54.44 | | 社会公平指数 | | 社会公平指数 | 1~3 | 5 | 35.71 | -0.30 | -1.11 | |
| | 4~6 | 0 | 0.00 | 0.00 | 0.00 | | | | | 4~6 | 0 | 0.00 | 0.00 | 0.00 | |
| | 7~9 | 0 | 0.00 | 0.00 | 0.00 | | 资产: 负债 | | | 7~9 | 0 | 0.00 | 0.00 | 0.00 | |
| | 10~12 | 0 | 0.00 | 0.00 | 0.00 | | 68.52 | 31.48 | | 10~12 | 0 | 0.00 | 0.00 | 0.00 | |
| | 13~15 | 1 | 11.11 | 1.60 | 5.93 | | 相对净资产 | 37.04 | | 13~15 | 1 | 7.14 | -1.40 | -5.19 | |
| | 16~18 | 1 | 11.11 | 1.30 | 4.81 | | | | | 16~18 | 1 | 7.14 | -1.70 | -6.30 | |
| | 19~21 | 0 | 0.00 | 0.00 | 0.00 | | | | | 19~21 | 0 | 0.00 | 0.00 | 0.00 | |
| | 22~24 | 1 | 11.11 | 0.80 | 2.96 | | | | | 22~24 | 1 | 7.14 | -2.20 | -8.15 | |
| | 25~27 | 0 | 0.00 | 0.00 | 0.00 | | | | | 25~27 | 0 | 0.00 | 0.00 | 0.00 | |
| | 28~31 | 1 | 11.11 | 0.10 | 0.37 | | | | | 28~31 | 1 | 7.14 | -2.90 | -10.74 | |
| 合计 | | 9 | 100.00 | 18.50 | 68.52 | 2.06 | 9.00 | | 合计 | | 9 | 100.00 | -8.50 | -31.48 | -0.94 |
| 管理质量指数 | 1~3 | 11 | 57.89 | 32.40 | 56.84 | | 管理质量指数 | | 管理质量指数 | 1~3 | 11 | 64.71 | -0.60 | -1.05 | |
| | 4~6 | 0 | 0.00 | 0.00 | 0.00 | | | | | 4~6 | 0 | 0.00 | 0.00 | 0.00 | |
| | 7~9 | 1 | 5.26 | 2.40 | 4.21 | | 资产: 负债 | | | 7~9 | 1 | 5.88 | -0.60 | -1.05 | |
| | 10~12 | 1 | 5.26 | 1.90 | 3.33 | | 72.81 | 27.19 | | 10~12 | 1 | 5.88 | -1.10 | -1.93 | |
| | 13~15 | 1 | 5.26 | 1.60 | 2.81 | | 相对净资产 | 45.61 | | 13~15 | 1 | 5.88 | -1.40 | -2.46 | |
| | 16~18 | 1 | 5.26 | 1.50 | 2.63 | | | | | 16~18 | 1 | 5.88 | -1.50 | -2.63 | |
| | 19~21 | 1 | 5.26 | 1.10 | 1.93 | | | | | 19~21 | 1 | 5.88 | -1.90 | -3.33 | |
| | 22~24 | 0 | 0.00 | 0.00 | 0.00 | | | | | 22~24 | 0 | 0.00 | 0.00 | 0.00 | |
| | 25~27 | 0 | 0.00 | 0.00 | 0.00 | | | | | 25~27 | 0 | 0.00 | 0.00 | 0.00 | |
| | 28~31 | 3 | 15.79 | 0.60 | 1.05 | | | | | 28~31 | 3 | 17.65 | -8.40 | -14.74 | |
| 合计 | | 19 | 100.00 | 41.50 | 72.81 | 2.18 | 19.00 | | 合计 | | 19 | 100.00 | -15.50 | -27.19 | -0.82 |
| 资产总指标数 | | | 占指标总数/% | 总资产分值 | 相对总资产/% | 总资产质量系数 | 相对总资产: 相对总负债 | | 负债总指标数 | | | 占指标总数/% | 总负债分值 | 相对总负债/% | 总负债质量系数 |
| | | | | | | | 69.52 | -30.48 | | | | | | | |
| 70 | | | 100.00 | 146.00 | 69.52 | 2.09 | 相对净资产 | 39.05 | 70 | | | 100.00 | -64.00 | -30.48 | -0.91 |

# 第十节　江苏科学发展资产负债分析

## 一、一般概况

江苏省土地面积10.67万$km^2$，人口7677万，2008年实现地区GDP30 312.61亿元，人均粮食产量415.03kg，人均水资源量494.05$m^3$，森林覆盖率7.54%，人口自然增长率2.30‰，成人文盲率7.74%，万人在校大学生268人，专利（发明、实用新型、外观设计）授权44438件。

## 二、科学发展的资产负债分析

1）创新发展指数：在总数15个源指标中，资产累计得分33.40，相对资产33.40%，资产质量系数为2.23，表明资产质量较好。同时，负债累计得分-11.60，相对负债-25.78%，负债质量系数为-0.77，表明负债质量较好。在该大项中，相对净资产为48.44%。

2）资源节约指数：在总数15个源指标中，资产累计得分30.40，相对资产67.56%，资产质量系数为1.79，表明资产质量一般。同时，负债累计得分-14.60，相对负债-32.44%，负债质量系数为-0.97，表明负债质量较好。在该大项中，相对净资产为35.11%。

3）环境友好指数：在总数12个源指标中，资产累计得分15.50，相对资产43.06%，资产质量系数为1.29，表明资产质量一般。同时，负债累计得分-20.50，相对负债-56.94%，负债质量系数为-1.71，表明负债质量一般。在该大项中，相对净资产为-13.89%。

4）社会公平指数：在总数9个源指标中，资产累计得分19.90，相对资产73.70%，资产质量系数为2.21，表明资产质量较好。同时，负债累计得分-7.10，相对负债-26.30%，负债质量系数为-0.79，表明负债质量较好。在该大项中，相对净资产为47.41%。

5）管理质量指数：在总数19个源指标中，资产累计得分38.20，相对资产67.02%，资产质量系数为2.01，表明资产质量较好。同时，负债累计得分-18.80，相对负债-32.98%，负债质量系数为-0.99，表明负债质量较好。在该大项中，相对净资产为34.04%。

总计上述五大项，在总数70个源指标中，总资产累计得分137.40，相对资产65.43%，资产质量系数为1.91，表明资产质量较好。同时，负债累计得分-72.60，相对负债-34.57%，负债质量系数为-1.04，表明负债质量较好，该地区科学发展水平相对总净资产为30.86%（图24-10，表24-10）。

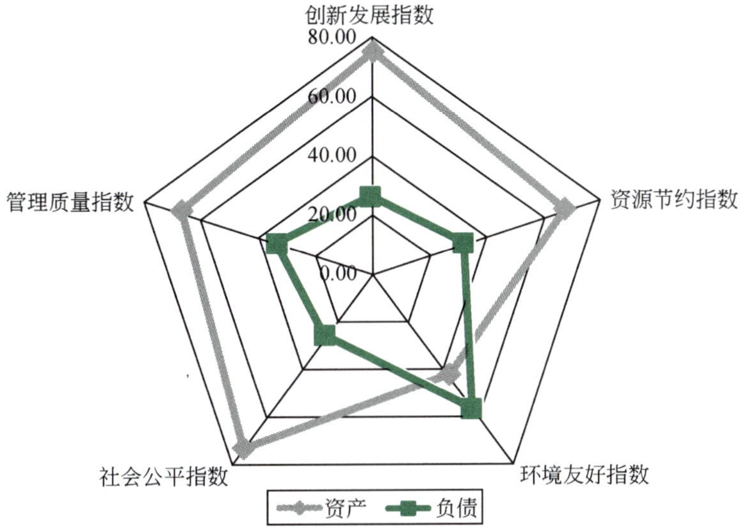


图 24-10　江苏科学发展水平资产负债图

**表 24-10　江苏科学发展水平资产负债表**

| 资产 | | | | | | | 五大指数/% | | 负债 | | | | | | |
|---|---|---|---|---|---|---|---|---|---|---|---|---|---|---|---|
| 位次 | | 指标数 | 占指标总数/% | 指标分值 | 相对资产/% | 资产质量系数 | | | 位次 | | 指标数 | 占指标总数/% | 指标分值 | 相对负债/% | 负债质量系数 |
| 创新发展指数 | 1~3 | 1 | 6.67 | 2.90 | 6.44 | | 创新发展指数 | | 创新发展指数 | 1~3 | 1 | 4.76 | -0.10 | -0.22 | |
| | 4~6 | 6 | 40.00 | 15.70 | 34.89 | | | | | 4~6 | 6 | 28.57 | -2.30 | -5.11 | |
| | 7~9 | 3 | 20.00 | 6.90 | 15.33 | | 资产: 负债 | | | 7~9 | 3 | 14.29 | -2.00 | -4.67 | |
| | 10~12 | 2 | 13.33 | 4.00 | 8.89 | | 74.22 | 25.78 | | 10~12 | 2 | 9.52 | -2.10 | -4.44 | |
| | 13~15 | 1 | 6.67 | 1.80 | 4.00 | | 相对净资产 | 48.44 | | 13~15 | 1 | 4.76 | -1.20 | -2.67 | |
| | 16~18 | 1 | 6.67 | 1.50 | 3.33 | | | | | 16~18 | 1 | 4.76 | -1.50 | -3.33 | |
| | 19~21 | 0 | 0.00 | 0.00 | 0.00 | | | | | 19~21 | 0 | 0.00 | 0.00 | 0.00 | |
| | 22~24 | 0 | 0.00 | 0.00 | 0.00 | | | | | 22~24 | 0 | 0.00 | 0.00 | 0.00 | |
| | 25~27 | 1 | 6.67 | 0.60 | 1.33 | | | | | 25~27 | 1 | 4.76 | -2.40 | -5.33 | |
| | 28~31 | 0 | 0.00 | 0.00 | 0.00 | | | | | 28~31 | 0 | 0.00 | 0.00 | 0.00 | |
| 合计 | | 15 | 100.00 | 33.40 | 74.22 | 2.23 | 15.00 | | 合计 | | 15 | 100.00 | -11.60 | -25.78 | -0.77 |
| 资源节约指数 | 1~3 | 2 | 13.33 | 5.60 | 12.44 | | 资源节约指数 | | 资源节约指数 | 1~3 | 2 | 6.90 | -0.40 | -0.89 | |
| | 4~6 | 5 | 33.33 | 7.80 | 17.33 | | | | | 4~6 | 5 | 17.24 | -1.20 | -2.67 | |
| | 7~9 | 4 | 26.67 | 9.20 | 20.44 | | 资产: 负债 | | | 7~9 | 4 | 13.79 | -2.80 | -6.22 | |
| | 10~12 | 1 | 6.67 | 2.00 | 4.44 | | 67.56 | 32.44 | | 10~12 | 1 | 3.45 | -1.00 | -2.22 | |
| | 13~15 | 1 | 6.67 | 1.70 | 3.78 | | 相对净资产 | 35.11 | | 13~15 | 1 | 3.45 | -1.30 | -2.89 | |
| | 16~18 | 2 | 13.33 | 2.80 | 6.22 | | | | | 16~18 | 2 | 6.90 | -3.20 | -7.11 | |
| | 19~21 | 0 | 0.00 | 0.00 | 0.00 | | | | | 19~21 | 0 | 0.00 | 0.00 | 0.00 | |
| | 22~24 | 1 | 6.67 | 0.90 | 2.00 | | | | | 22~24 | 0 | 3.45 | -2.10 | -4.67 | |
| | 25~27 | 1 | 6.67 | 0.40 | 0.89 | | | | | 25~27 | 1 | 3.45 | -2.60 | -5.78 | |
| | 28~31 | 0 | 0.00 | 0.00 | 0.00 | | | | | 28~31 | 0 | 0.00 | 0.00 | 0.00 | |
| 合计 | | 17 | 100.00 | 30.40 | 67.56 | 1.79 | 15.00 | | 合计 | | 15 | 100.00 | -14.60 | -32.44 | -0.97 |

续表

| 资产 | | | | | | | 五大指数/% | | 负债 | | | | | | |
|---|---|---|---|---|---|---|---|---|---|---|---|---|---|---|---|
| 位次 | | 指标数 | 占指标总数/% | 指标分值 | 相对资产/% | 资产质量系数 | | | 位次 | | 指标数 | 占指标总数/% | 指标分值 | 相对负债/% | 负债质量系数 |
| 环境友好指数 | 1～3 | 1 | 8.33 | 2.80 | 7.78 | | 环境友好指数 | | 环境友好指数 | 1～3 | 1 | 4.55 | -0.20 | -0.56 | |
| | 4～6 | 0 | 0.00 | 0.00 | 0.00 | | | | | 4～6 | 0 | 0.00 | 0.00 | 0.00 | |
| | 7～9 | 1 | 8.33 | 2.30 | 6.39 | | 资产:负债 | | | 7～9 | 1 | 4.55 | -0.70 | -1.94 | |
| | 10～12 | 3 | 25.00 | 6.20 | 17.22 | | 43.06 | 56.94 | | 10～12 | 3 | 13.64 | -2.80 | -7.78 | |
| | 13～15 | 0 | 0.00 | 0.00 | 0.00 | | 相对净资产 | -13.89 | | 13～15 | 0 | 0.00 | 0.00 | 0.00 | |
| | 16～18 | 0 | 0.00 | 0.00 | 0.00 | | | | | 16～18 | 0 | 0.00 | 0.00 | 0.00 | |
| | 19～21 | 1 | 8.33 | 1.10 | 3.06 | | | | | 19～21 | 1 | 4.55 | -1.90 | -5.28 | |
| | 22～24 | 2 | 16.67 | 1.70 | 4.72 | | | | | 22～24 | 2 | 9.09 | -4.30 | -11.94 | |
| | 25～27 | 2 | 16.67 | 1.00 | 2.78 | | | | | 25～27 | 2 | 9.09 | -5.00 | -13.89 | |
| | 28～31 | 2 | 16.67 | 0.40 | 1.11 | | | | | 28～31 | 2 | 9.09 | -5.60 | -15.56 | |
| 合计 | | 12 | 100.00 | 15.50 | 43.06 | 1.29 | 12.00 | | 合计 | | 12 | 100.00 | -20.50 | -56.94 | -1.71 |
| 社会公平指数 | 1～3 | 0 | 0.00 | 0.00 | 0.00 | | 社会公平指数 | | 社会公平指数 | 1～3 | 0 | 0.00 | 0.00 | 0.00 | |
| | 4～6 | 5 | 55.56 | 13.00 | 48.15 | | | | | 4～6 | 5 | 35.71 | -2.00 | -7.41 | |
| | 7～9 | 1 | 11.11 | 2.20 | 8.15 | | 资产:负债 | | | 7～9 | 1 | 7.14 | -0.80 | -2.96 | |
| | 10～12 | 1 | 11.11 | 2.00 | 7.41 | | 73.70 | 26.30 | | 10～12 | 1 | 7.14 | -1.00 | -3.70 | |
| | 13～15 | 1 | 11.11 | 1.70 | 6.30 | | 相对净资产 | 47.41 | | 13～15 | 1 | 7.14 | -1.30 | -4.81 | |
| | 16～18 | 0 | 0.00 | 0.00 | 0.00 | | | | | 16～18 | 0 | 0.00 | 0.00 | 0.00 | |
| | 19～21 | 1 | 11.11 | 1.00 | 3.70 | | | | | 19～21 | 1 | 7.14 | -2.00 | -7.41 | |
| | 22～24 | 0 | 0.00 | 0.00 | 0.00 | | | | | 22～24 | 0 | 0.00 | 0.00 | 0.00 | |
| | 25～27 | 0 | 0.00 | 0.00 | 0.00 | | | | | 25～27 | 0 | 0.00 | 0.00 | 0.00 | |
| | 28～31 | 0 | 0.00 | 0.00 | 0.00 | | | | | 28～31 | 0 | 0.00 | 0.00 | 0.00 | |
| 合计 | | 9 | 100.00 | 19.90 | 73.70 | 2.21 | 9.00 | | 合计 | | 9 | 100.00 | -7.10 | -26.30 | -0.79 |
| 管理质量指数 | 1～3 | 0 | 0.00 | 0.00 | 0.00 | | 管理质量指数 | | 管理质量指数 | 1～3 | 0 | 0.00 | 0.00 | 0.00 | |
| | 4～6 | 8 | 42.11 | 20.80 | 36.49 | | | | | 4～6 | 8 | 47.06 | -3.20 | -5.61 | |
| | 7～9 | 2 | 10.53 | 4.50 | 7.89 | | 资产:负债 | | | 7～9 | 2 | 11.76 | -1.50 | -2.63 | |
| | 10～12 | 2 | 10.53 | 4.00 | 7.02 | | 67.02 | 32.98 | | 10～12 | 2 | 11.76 | -2.00 | -3.51 | |
| | 13～15 | 3 | 15.79 | 5.20 | 9.12 | | 相对净资产 | 34.04 | | 13～15 | 3 | 17.65 | -3.80 | -6.67 | |
| | 16～18 | 1 | 5.26 | 1.50 | 2.63 | | | | | 16～18 | 1 | 5.88 | -1.50 | -2.63 | |
| | 19～21 | 1 | 5.26 | 1.00 | 1.75 | | | | | 19～21 | 1 | 5.88 | -2.00 | -3.51 | |
| | 22～24 | 0 | 0.00 | 0.00 | 0.00 | | | | | 22～24 | 0 | 0.00 | 0.00 | 0.00 | |
| | 25～27 | 2 | 10.53 | 1.20 | 2.11 | | | | | 25～27 | 2 | 11.76 | -4.80 | -8.42 | |
| | 28～31 | 0 | 0.00 | 0.00 | 0.00 | | | | | 28～31 | 0 | 0.00 | 0.00 | 0.00 | |
| 合计 | | 19 | 100.00 | 38.20 | 67.02 | 2.01 | 19.00 | | 合计 | | 19 | 100.00 | -18.80 | -32.98 | -0.99 |
| 资产总指标数 | | | 占指标总数/% | 总资产分值 | 相对总资产/% | 总资产质量系数 | 相对总资产:相对总负债<br>65.43 | -34.57 | 负债总指标数 | | | 占指标总数/% | 总负债分值 | 相对总负债/% | 总负债质量系数 |
| 72 | | | 100.00 | 137.40 | 65.43 | 1.91 | 相对净资产 | 30.86 | 70 | | | 100.00 | -72.60 | -34.57 | -1.04 |

# 第十一节　浙江科学发展资产负债分析

## 一、一般概况

浙江省土地面积 10.54 万 $km^2$，人口 5120 万，2008 年实现地区 GDP21 486.92 亿元，人均粮食产量 152.37kg，人均水资源量 1680.16$m^3$，森林覆盖率 54.41%，人口自然增长率 4.58‰，成人文盲率 9.02%，万人在校大学生 232 人，专利（发明、实用新型、外观设计）授权 52 953 件。

## 二、科学发展的资产负债分析

1）创新发展指数：在总数 15 个源指标中，资产累计得分 30.40，相对资产 30.40%，资产质量系数为 2.03，表明资产质量较好。同时，负债累计得分 -14.60，相对负债 -32.44%，负债质量系数为 -0.97，表明负债质量较好。在该大项中，相对净资产为 35.11%。

2）资源节约指数：在总数 15 个源指标中，资产累计得分 31.10，相对资产 69.11%，资产质量系数为 2.07，表明资产质量较好。同时，负债累计得分 -13.90，相对负债 -30.89%，负债质量系数为 -0.93，表明负债质量较好。在该大项中，相对净资产为 38.22%。

3）环境友好指数：在总数 12 个源指标中，资产累计得分 20.30，相对资产 56.39%，资产质量系数为 1.69，表明资产质量一般。同时，负债累计得分 -15.70，相对负债 -43.61%，负债质量系数为 -1.31，表明负债质量一般。在该大项中，相对净资产为 12.78%。

4）社会公平指数：在总数 9 个源指标中，资产累计得分 22.70，相对资产 84.07%，资产质量系数为 2.52，表明资产质量优良。同时，负债累计得分 -4.30，相对负债 -15.93%，负债质量系数为 -0.48，表明负债质量很好。在该大项中，相对净资产为 68.15%。

5）管理质量指数：在总数 19 个源指标中，资产累计得分 37.90，相对资产 66.49%，资产质量系数为 1.99，表明资产质量较好。同时，负债累计得分 -19.10，相对负债 -33.51%，负债质量系数为 -1.01，表明负债质量较好。在该大项中，相对净资产为 32.98%。

总计上述五大项，在总数 70 个源指标中，总资产累计得分 142.40，相对资产 67.81%，资产质量系数为 2.03，表明资产质量较好。同时，负债累计得分 -67.60，相对负债 -32.19%，负债质量系数为 -0.97，表明负债质量较好，该地区科学发展水平相对总净资产为 35.62%（图 24-11，表 24-11）。

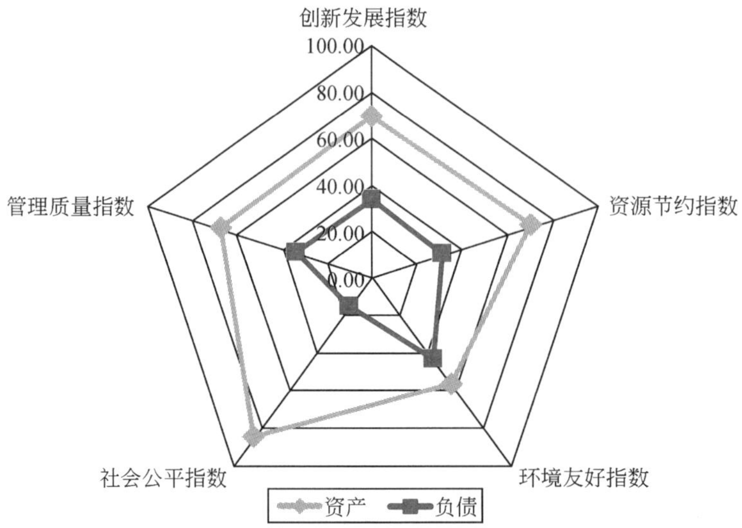


图 24-11 浙江科学发展水平资产负债图

**表 24-11 浙江科学发展水平资产负债表**

| 资产 | | | | | | | 五大指数/% | | 负债 | | | | | | |
|---|---|---|---|---|---|---|---|---|---|---|---|---|---|---|---|
| 位次 | | 指标数 | 占指标总数/% | 指标分值 | 相对资产/% | 资产质量系数 | | | 位次 | | 指标数 | 占指标总数/% | 指标分值 | 相对负债/% | 负债质量系数 |
| 创新发展指数 | 1～3 | 2 | 13.33 | 5.70 | 12.67 | | 创新发展指数 | | 创新发展指数 | 1～3 | 2 | 9.52 | -0.30 | -0.67 | |
| | 4～6 | 3 | 20.00 | 7.90 | 17.56 | | | | | 4～6 | 3 | 14.29 | -1.10 | -2.44 | |
| | 7～9 | 3 | 20.00 | 6.80 | 15.11 | | 资产:负债 | | | 7～9 | 3 | 14.29 | -2.20 | -4.89 | |
| | 10～12 | 3 | 20.00 | 6.10 | 13.56 | | 67.56 | 32.44 | | 10～12 | 3 | 14.29 | -2.90 | -6.44 | |
| | 13～15 | 0 | 0.00 | 0.00 | 0.00 | | 相对净资产 | 35.11 | | 13～15 | 0 | 0.00 | 0.00 | 0.00 | |
| | 16～18 | 1 | 6.67 | 1.40 | 3.11 | | | | | 16～18 | 1 | 4.76 | -1.60 | -3.56 | |
| | 19～21 | 1 | 6.67 | 1.10 | 2.44 | | | | | 19～21 | 1 | 4.76 | -1.90 | -4.22 | |
| | 22～24 | 2 | 13.33 | 1.40 | 3.11 | | | | | 22～24 | 2 | 9.52 | -4.60 | -10.22 | |
| | 25～27 | 0 | 0.00 | 0.00 | 0.00 | | | | | 25～27 | 0 | 0.00 | 0.00 | 0.00 | |
| | 28～31 | 0 | 0.00 | 0.00 | 0.00 | | | | | 28～31 | 0 | 0.00 | 0.00 | 0.00 | |
| 合计 | | 15 | 100.00 | 30.40 | 67.56 | 2.03 | 15.00 | | 合计 | | 15 | 100.00 | -14.60 | -32.44 | -0.97 |
| 资源节约指数 | 1～3 | 0 | 0.00 | 0.00 | 0.00 | | 资源节约指数 | | 资源节约指数 | 1～3 | 0 | 0.00 | 0.00 | 0.00 | |
| | 4～6 | 8 | 53.33 | 20.90 | 46.44 | | | | | 4～6 | 8 | 27.59 | -3.10 | -6.89 | |
| | 7～9 | 2 | 13.33 | 4.80 | 10.67 | | 资产:负债 | | | 7～9 | 2 | 6.90 | -1.20 | -2.67 | |
| | 10～12 | 0 | 0.00 | 0.00 | 0.00 | | 69.11 | 30.89 | | 10～12 | 0 | 0.00 | 0.00 | 0.00 | |
| | 13～15 | 1 | 6.67 | 1.60 | 3.56 | | 相对净资产 | 38.22 | | 13～15 | 1 | 3.45 | -1.40 | -3.11 | |
| | 16～18 | 1 | 6.67 | 1.30 | 2.89 | | | | | 16～18 | 1 | 3.45 | -1.70 | -3.78 | |
| | 19～21 | 1 | 6.67 | 1.20 | 2.67 | | | | | 19～21 | 1 | 3.45 | -1.80 | -4.00 | |
| | 22～24 | 1 | 6.67 | 0.80 | 1.78 | | | | | 22～24 | 1 | 3.45 | -2.20 | -4.89 | |
| | 25～27 | 1 | 6.67 | 0.50 | 1.11 | | | | | 25～27 | 1 | 3.45 | -2.50 | -5.56 | |
| | 28～31 | 0 | 0.00 | 0.00 | 0.00 | | | | | 28～31 | 0 | 0.00 | 0.00 | 0.00 | |
| 合计 | | 15 | 100.00 | 31.10 | 69.11 | 2.07 | 15.00 | | 合计 | | 15 | 100.00 | -13.90 | -30.89 | -0.93 |

续表

| 资产 | | | | | | | 五大指数/% | | 负债 | | | | | | |
|---|---|---|---|---|---|---|---|---|---|---|---|---|---|---|---|
| 位次 | | 指标数 | 占指标总数/% | 指标分值 | 相对资产/% | 资产质量系数 | | | 位次 | | 指标数 | 占指标总数/% | 指标分值 | 相对负债/% | 负债质量系数 |
| 环境友好指数 | 1～3 | 2 | 16.67 | 5.70 | 15.83 | | 环境友好指数 | | 环境友好指数 | 1～3 | 2 | 9.09 | -0.30 | -0.83 | |
| | 4～6 | 1 | 8.33 | 2.70 | 7.50 | | | | | 4～6 | 1 | 4.55 | -0.30 | -0.83 | |
| | 7～9 | 3 | 25.00 | 7.10 | 19.72 | | 资产:负债 | | | 7～9 | 3 | 13.64 | -1.90 | -5.28 | |
| | 10～12 | 1 | 8.33 | 1.90 | 5.28 | | 56.39 | 43.61 | | 10～12 | 1 | 4.55 | -1.10 | -3.06 | |
| | 13～15 | 0 | 0.00 | 0.00 | 0.00 | | 相对净资产 | 12.78 | | 13～15 | 0 | 0.00 | 0.00 | 0.00 | |
| | 16～18 | 0 | 0.00 | 0.00 | 0.00 | | | | | 16～18 | 0 | 0.00 | 0.00 | 0.00 | |
| | 19～21 | 1 | 8.33 | 1.20 | 3.33 | | | | | 19～21 | 1 | 4.55 | -1.80 | -5.00 | |
| | 22～24 | 1 | 8.33 | 0.80 | 2.22 | | | | | 22～24 | 1 | 4.55 | -2.20 | -6.11 | |
| | 25～27 | 1 | 8.33 | 0.60 | 1.67 | | | | | 25～27 | 1 | 4.55 | -2.40 | -6.67 | |
| | 28～31 | 2 | 16.67 | 0.30 | 0.83 | | | | | 28～31 | 2 | 9.09 | -5.70 | -15.83 | |
| 合计 | | 12 | 100.00 | 20.30 | 56.39 | 1.69 | 12.00 | | 合计 | | 12 | 100.00 | -15.70 | -43.61 | -1.31 |
| 社会公平指数 | 1～3 | 6 | 66.67 | 17.30 | 64.07 | | 社会公平指数 | | 社会公平指数 | 1～3 | 6 | 42.86 | -0.70 | -2.59 | |
| | 4～6 | 1 | 11.11 | 2.70 | 10.00 | | | | | 4～6 | 1 | 7.14 | -0.30 | -1.11 | |
| | 7～9 | 0 | 0.00 | 0.00 | 0.00 | | 资产:负债 | | | 7～9 | 0 | 0.00 | 0.00 | 0.00 | |
| | 10～12 | 0 | 0.00 | 0.00 | 0.00 | | 84.07 | 15.93 | | 10～12 | 0 | 0.00 | 0.00 | 0.00 | |
| | 13～15 | 1 | 11.11 | 1.80 | 6.67 | | 相对净资产 | 68.15 | | 13～15 | 1 | 7.14 | -1.20 | -4.44 | |
| | 16～18 | 0 | 0.00 | 0.00 | 0.00 | | | | | 16～18 | 0 | 0.00 | 0.00 | 0.00 | |
| | 19～21 | 0 | 0.00 | 0.00 | 0.00 | | | | | 19～21 | 0 | 0.00 | 0.00 | 0.00 | |
| | 22～24 | 1 | 11.11 | 0.90 | 3.33 | | | | | 22～24 | 1 | 7.14 | -2.10 | -7.78 | |
| | 25～27 | 0 | 0.00 | 0.00 | 0.00 | | | | | 25～27 | 0 | 0.00 | 0.00 | 0.00 | |
| | 28～31 | 0 | 0.00 | 0.00 | 0.00 | | | | | 28～31 | 0 | 0.00 | 0.00 | 0.00 | |
| 合计 | | 9 | 100.00 | 22.70 | 84.07 | 2.52 | 9.00 | | 合计 | | 9 | 100.00 | -4.30 | -15.93 | -0.48 |
| 管理质量指数 | 1～3 | 2 | 10.53 | 5.80 | 10.18 | | 管理质量指数 | | 管理质量指数 | 1～3 | 2 | 11.76 | -0.20 | -0.35 | |
| | 4～6 | 8 | 42.11 | 21.10 | 37.02 | | | | | 4～6 | 8 | 47.06 | -2.90 | -5.09 | |
| | 7～9 | 1 | 5.26 | 2.20 | 3.86 | | 资产:负债 | | | 7～9 | 1 | 5.88 | -0.80 | -1.40 | |
| | 10～12 | 2 | 10.53 | 3.80 | 6.67 | | 66.49 | 33.51 | | 10～12 | 2 | 11.76 | -2.20 | -3.86 | |
| | 13～15 | 1 | 5.26 | 1.70 | 2.98 | | 相对净资产 | 32.98 | | 13～15 | 1 | 5.88 | -1.30 | -2.28 | |
| | 16～18 | 0 | 0.00 | 0.00 | 0.00 | | | | | 16～18 | 0 | 0.00 | 0.00 | 0.00 | |
| | 19～21 | 0 | 0.00 | 0.00 | 0.00 | | | | | 19～21 | 0 | 0.00 | 0.00 | 0.00 | |
| | 22～24 | 3 | 15.79 | 2.60 | 4.56 | | | | | 22～24 | 3 | 17.65 | -6.40 | -11.23 | |
| | 25～27 | 1 | 5.26 | 0.40 | 0.70 | | | | | 25～27 | 1 | 5.88 | -2.60 | -4.56 | |
| | 28～31 | 1 | 5.26 | 0.30 | 0.53 | | | | | 28～31 | 1 | 5.88 | -2.70 | -4.74 | |
| 合计 | | 19 | 100.00 | 37.90 | 66.49 | 1.99 | 19.00 | | 合计 | | 19 | 100.00 | -19.10 | -33.51 | -1.01 |
| 资产总指标数 | | | 占指标总数/% | 总资产分值 | 相对总资产/% | 总资产质量系数 | 相对总资产:相对总负债 | | 负债总指标数 | | | 占指标总数/% | 总负债分值 | 相对总负债/% | 总负债质量系数 |
| | | | | | | | 67.81 | -32.19 | | | | | | | |
| 70 | | | 100.00 | 142.40 | 67.81 | 2.03 | 相对净资产 | 35.62 | 70 | | | 100.00 | -67.60 | -32.19 | -0.97 |

# 第十二节 安徽科学发展资产负债分析

## 一、一般概况

安徽省土地面积14.01万$km^2$，人口6135万，2008年实现地区GDP 8874.17亿元，人均粮食产量493.48kg，人均水资源量1141.43$m^3$，森林覆盖率24.03%，人口自然增长率6.45‰，成人文盲率13.07%，万人在校大学生166人，专利（发明、实用新型、外观设计）授权4346件。

## 二、科学发展的资产负债分析

1）创新发展指数：在总数15个源指标中，资产累计得分15.70，相对资产15.70%，资产质量系数为1.05，表明资产质量较差。同时，负债累计得分-29.30，相对负债-65.11%，负债质量系数为-1.95，表明负债质量较差。在该大项中，相对净资产为-30.22%。

2）资源节约指数：在总数15个源指标中，资产累计得分19.50，相对资产43.33%，资产质量系数为1.30，表明资产质量一般。同时，负债累计得分-25.50，相对负债-56.67%，负债质量系数为-1.70，表明负债质量一般。在该大项中，相对净资产为-13.33%。

3）环境友好指数：在总数12个源指标中，资产累计得分19.10，相对资产53.06%，资产质量系数为1.59，表明资产质量一般。同时，负债累计得分-16.90，相对负债-46.94%，负债质量系数为-1.41，表明负债质量一般。在该大项中，相对净资产为6.11%。

4）社会公平指数：在总数9个源指标中，资产累计得分14.00，相对资产51.85%，资产质量系数为1.56，表明资产质量一般。同时，负债累计得分-13.00，相对负债-48.15%，负债质量系数为-1.44，表明负债质量一般。在该大项中，相对净资产为3.70%。

5）管理质量指数：在总数19个源指标中，资产累计得分31.80，相对资产55.79%，资产质量系数为1.67，表明资产质量一般。同时，负债累计得分-25.20，相对负债-44.21%，负债质量系数为-1.33，表明负债质量一般。在该大项中，相对净资产为11.58%。

总计上述五大项，在总数70个源指标中，总资产累计得分100.10，相对资产47.67%，资产质量系数为1.43，表明资产质量一般。同时，负债累计得分-109.90，相对负债-52.33%，负债质量系数为-1.57，表明负债质量一般，该地区科学发展水平相对总净资产为-4.67%（图24-12，表24-12）。

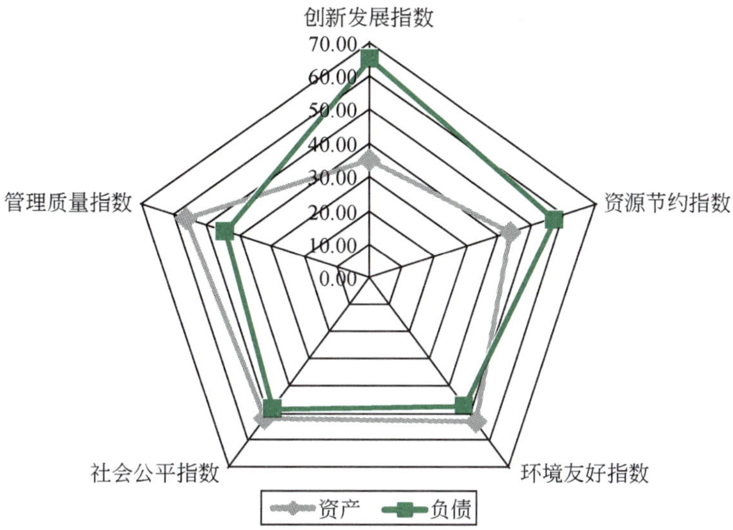


图 24-12　安徽科学发展水平资产负债图

**表 24-12　安徽科学发展水平资产负债表**

| 资产 | | | | | | | 五大指数/% | | 负债 | | | | | | |
|---|---|---|---|---|---|---|---|---|---|---|---|---|---|---|---|
| 位次 | | 指标数 | 占指标总数/% | 指标分值 | 相对资产/% | 资产质量系数 | | | 位次 | | 指标数 | 占指标总数/% | 指标分值 | 相对负债/% | 负债质量系数 |
| 创新发展指数 | 1～3 | 0 | 0.00 | 0.00 | 0.00 | | 创新发展指数 | | 创新发展指数 | 1～3 | 0 | 0.00 | 0.00 | 0.00 | |
| | 4～6 | 1 | 6.67 | 2.50 | 5.56 | | | | | 4～6 | 1 | 4.76 | －0.50 | －1.11 | |
| | 7～9 | 0 | 0.00 | 0.00 | 0.00 | | 资产: 负债 | | | 7～9 | 0 | 0.00 | 0.00 | 0.00 | |
| | 10～12 | 2 | 13.33 | 4.10 | 9.11 | | 34.89 | 65.11 | | 10～12 | 2 | 9.52 | －1.90 | －4.22 | |
| | 13～15 | 1 | 6.67 | 1.80 | 4.00 | | 相对净资产 | －30.22 | | 13～15 | 1 | 4.76 | －1.20 | －2.67 | |
| | 16～18 | 2 | 13.33 | 2.60 | 5.78 | | | | | 16～18 | 2 | 9.52 | －3.40 | －7.56 | |
| | 19～21 | 3 | 20.00 | 3.10 | 6.89 | | | | | 19～21 | 3 | 14.29 | －5.90 | －13.11 | |
| | 22～24 | 1 | 6.67 | 0.90 | 2.00 | | | | | 22～24 | 1 | 4.76 | －2.10 | －4.67 | |
| | 25～27 | 1 | 6.67 | 0.50 | 1.11 | | | | | 25～27 | 1 | 4.76 | －2.50 | －5.56 | |
| | 28～31 | 4 | 26.67 | 0.20 | 0.44 | | | | | 28～31 | 4 | 19.05 | －11.80 | －26.22 | |
| 合　计 | | 15 | 100.00 | 15.70 | 34.89 | 1.05 | 15.00 | | 合　计 | | 15 | 100.00 | －29.30 | －65.11 | －1.95 |
| 资源节约指数 | 1～3 | 0 | 0.00 | 0.00 | 0.00 | | 资源节约指数 | | 资源节约指数 | 1～3 | 0 | 0.00 | 0.00 | 0.00 | |
| | 4～6 | 1 | 6.67 | 2.50 | 5.56 | | | | | 4～6 | 1 | 3.45 | －0.50 | －1.11 | |
| | 7～9 | 0 | 0.00 | 0.00 | 0.00 | | 资产: 负债 | | | 7～9 | 0 | 0.00 | 0.00 | 0.00 | |
| | 10～12 | 2 | 13.33 | 3.90 | 8.67 | | 43.33 | 56.67 | | 10～12 | 2 | 6.90 | －2.10 | －4.67 | |
| | 13～15 | 1 | 6.67 | 1.60 | 3.56 | | 相对净资产 | －13.33 | | 13～15 | 1 | 3.45 | －1.40 | －3.11 | |
| | 16～18 | 3 | 20.00 | 4.20 | 9.33 | | | | | 16～18 | 3 | 10.34 | －4.80 | －10.67 | |
| | 19～21 | 5 | 33.33 | 5.50 | 12.22 | | | | | 19～21 | 5 | 17.24 | －9.50 | －21.11 | |
| | 22～24 | 1 | 6.67 | 0.80 | 1.78 | | | | | 22～24 | 1 | 3.45 | －2.20 | －4.89 | |
| | 25～27 | 2 | 13.33 | 1.00 | 2.22 | | | | | 25～27 | 2 | 6.90 | －5.00 | －11.11 | |
| | 28～31 | 0 | 0.00 | 0.00 | 0.00 | | | | | 28～31 | 0 | 0.00 | 0.00 | 0.00 | |
| 合　计 | | 15 | 100.00 | 19.50 | 43.33 | 1.30 | 15.00 | | 合　计 | | 15 | 100.00 | －25.50 | －56.67 | －1.70 |

续表

| 资 产 | | | | | | | 五大指数/% | | 负 债 | | | | | | |
|---|---|---|---|---|---|---|---|---|---|---|---|---|---|---|---|
| 位 次 | | 指标数 | 占指标总数/% | 指标分值 | 相对资产/% | 资产质量系数 | | | 位 次 | | 指标数 | 占指标总数/% | 指标分值 | 相对负债/% | 负债质量系数 |
| 环境友好指数 | 1~3 | 2 | 16.67 | 5.70 | 15.83 | | 环境友好指数 | | 环境友好指数 | 1~3 | 2 | 9.09 | -0.30 | -0.83 | |
| | 4~6 | 1 | 8.33 | 2.50 | 6.94 | | | | | 4~6 | 1 | 4.55 | -0.50 | -1.39 | |
| | 7~9 | 0 | 0.00 | 0.00 | 0.00 | | 资产: 负债 | | | 7~9 | 0 | 0.00 | 0.00 | 0.00 | |
| | 10~12 | 0 | 0.00 | 0.00 | 0.00 | | 53.06 | 46.94 | | 10~12 | 0 | 0.00 | 0.00 | 0.00 | |
| | 13~15 | 4 | 33.33 | 6.80 | 18.89 | | 相对净资产 | 6.11 | | 13~15 | 4 | 18.18 | -5.20 | -14.44 | |
| | 16~18 | 1 | 8.33 | 1.30 | 3.61 | | | | | 16~18 | 1 | 4.55 | -1.70 | -4.72 | |
| | 19~21 | 1 | 8.33 | 1.00 | 2.78 | | | | | 19~21 | 1 | 4.55 | -2.00 | -5.56 | |
| | 22~24 | 2 | 16.67 | 1.50 | 4.17 | | | | | 22~24 | 2 | 9.09 | -4.50 | -12.50 | |
| | 25~27 | 0 | 0.00 | 0.00 | 0.00 | | | | | 25~27 | 0 | 0.00 | 0.00 | 0.00 | |
| | 28~31 | 1 | 8.33 | 0.30 | 0.83 | | | | | 28~31 | 1 | 4.55 | -2.70 | -7.50 | |
| 合 计 | | 12 | 100.00 | 19.10 | 53.06 | 1.59 | 12.00 | | 合 计 | | 12 | 100.00 | -16.90 | -46.94 | -1.41 |
| 社会公平指数 | 1~3 | 0 | 0.00 | 0.00 | 0.00 | | 社会公平指数 | | 社会公平指数 | 1~3 | 0 | 0.00 | 0.00 | 0.00 | |
| | 4~6 | 0 | 0.00 | 0.00 | 0.00 | | | | | 4~6 | 0 | 0.00 | 0.00 | 0.00 | |
| | 7~9 | 1 | 11.11 | 2.30 | 8.52 | | 资产: 负债 | | | 7~9 | 1 | 7.14 | -0.70 | -2.59 | |
| | 10~12 | 2 | 22.22 | 4.20 | 15.56 | | 51.85 | 48.15 | | 10~12 | 2 | 14.29 | -1.80 | -6.67 | |
| | 13~15 | 1 | 11.11 | 1.70 | 6.30 | | 相对净资产 | 3.70 | | 13~15 | 1 | 7.14 | -1.30 | -4.81 | |
| | 16~18 | 1 | 11.11 | 1.30 | 4.81 | | | | | 16~18 | 1 | 7.14 | -1.70 | -6.30 | |
| | 19~21 | 3 | 33.33 | 3.60 | 13.33 | | | | | 19~21 | 3 | 21.43 | -5.40 | -20.00 | |
| | 22~24 | 1 | 11.11 | 0.90 | 3.33 | | | | | 22~24 | 1 | 7.14 | -2.10 | -7.78 | |
| | 25~27 | 0 | 0.00 | 0.00 | 0.00 | | | | | 25~27 | 0 | 0.00 | 0.00 | 0.00 | |
| | 28~31 | 0 | 0.00 | 0.00 | 0.00 | | | | | 28~31 | 0 | 0.00 | 0.00 | 0.00 | |
| 合 计 | | 9 | 100.00 | 14.00 | 51.85 | 1.56 | 9.00 | | 合 计 | | 9 | 100.00 | -13.00 | -48.15 | -1.44 |
| 管理质量指数 | 1~3 | 3 | 15.79 | 8.50 | 14.91 | | 管理质量指数 | | 管理质量指数 | 1~3 | 3 | 17.65 | -0.50 | -0.88 | |
| | 4~6 | 2 | 10.53 | 5.10 | 8.95 | | | | | 4~6 | 2 | 11.76 | -0.90 | -1.58 | |
| | 7~9 | 1 | 5.26 | 2.30 | 4.04 | | 资产: 负债 | | | 7~9 | 1 | 5.88 | -0.70 | -1.23 | |
| | 10~12 | 3 | 15.79 | 5.90 | 10.35 | | 55.79 | 44.21 | | 10~12 | 3 | 17.65 | -3.10 | -5.44 | |
| | 13~15 | 1 | 5.26 | 1.60 | 2.81 | | 相对净资产 | 11.58 | | 13~15 | 1 | 5.88 | -1.40 | -2.46 | |
| | 16~18 | 1 | 5.26 | 1.40 | 2.46 | | | | | 16~18 | 1 | 5.88 | -1.60 | -2.81 | |
| | 19~21 | 5 | 26.32 | 5.70 | 10.00 | | | | | 19~21 | 5 | 29.41 | -9.30 | -16.32 | |
| | 22~24 | 1 | 5.26 | 0.70 | 1.23 | | | | | 22~24 | 1 | 5.88 | -2.30 | -4.04 | |
| | 25~27 | 1 | 5.26 | 0.40 | 0.70 | | | | | 25~27 | 1 | 5.88 | -2.60 | -4.56 | |
| | 28~31 | 1 | 5.26 | 0.20 | 0.35 | | | | | 28~31 | 1 | 5.88 | -2.80 | -4.91 | |
| 合 计 | | 19 | 100.00 | 31.80 | 55.79 | 1.67 | 19.00 | | 合 计 | | 19 | 100.00 | -25.20 | -44.21 | -1.33 |
| 资产总指标数 | | | 占指标总数/% | 总资产分值 | 相对总资产/% | 总资产质量系数 | 相对总资产: 相对总负债 | | 负债总指标数 | | | 占指标总数/% | 总负债分值 | 相对总负债/% | 总负债质量系数 |
| | | | | | | | 47.67 | -52.33 | | | | | | | |
| 70 | | | 100.00 | 100.10 | 47.67 | 1.43 | 相对净资产 | -4.67 | 70 | | | 100.00 | -109.90 | -52.33 | -1.57 |

# 第十三节　福建科学发展资产负债分析

## 一、一般概况

福建省土地面积 12.40 万 $km^2$，人口 3604 万，2008 年实现地区 GDP 10 823.11 亿元，人均粮食产量 181.58kg，人均水资源量 2886.29$m^3$，森林覆盖率 62.96%，人口自然增长率 6.30‰，成人文盲率 9.88%，万人在校大学生 194 人，专利（发明、实用新型、外观设计）授权 7937 件。

## 二、科学发展的资产负债分析

1）创新发展指数：在总数 15 个源指标中，资产累计得分 28.00，相对资产 28.00%，资产质量系数为 1.87，表明资产质量较好。同时，负债累计得分 −17.00，相对负债 −37.78%，负债质量系数为 −1.13，表明负债质量较好。在该大项中，相对净资产为 24.44%。

2）资源节约指数：在总数 15 个源指标中，资产累计得分 29.60，相对资产 65.78%，资产质量系数为 1.85，表明资产质量较好。同时，负债累计得分 −15.40，相对负债 −34.22%，负债质量系数为 −1.03，表明负债质量较好。在该大项中，相对净资产为 31.56%。

3）环境友好指数：在总数 12 个源指标中，资产累计得分 21.40，相对资产 59.44%，资产质量系数为 1.78，表明资产质量一般。同时，负债累计得分 −14.60，相对负债 −40.56%，负债质量系数为 −1.22，表明负债质量一般。在该大项中，相对净资产为 18.89%。

4）社会公平指数：在总数 9 个源指标中，资产累计得分 16.00，相对资产 59.26%，资产质量系数为 1.78，表明资产质量一般。同时，负债累计得分 −11.00，相对负债 −40.74%，负债质量系数为 −1.22，表明负债质量一般。在该大项中，相对净资产为 18.52%。

5）管理质量指数：在总数 19 个源指标中，资产累计得分 35.80，相对资产 62.81%，资产质量系数为 1.88，表明资产质量较好。同时，负债累计得分 −21.20，相对负债 −37.19%，负债质量系数为 −1.12，表明负债质量较好。在该大项中，相对净资产为 25.61%。

总计上述五大项，在总数 70 个源指标中，总资产累计得分 130.80，相对资产 62.29%，资产质量系数为 1.84，表明资产质量较好。同时，负债累计得分 −79.20，相对负债 −37.71%，负债质量系数为 −1.13，表明负债质量较好，该地区科学发展水平相对总净资产为 24.57%（图 24-13，表 24-13）。

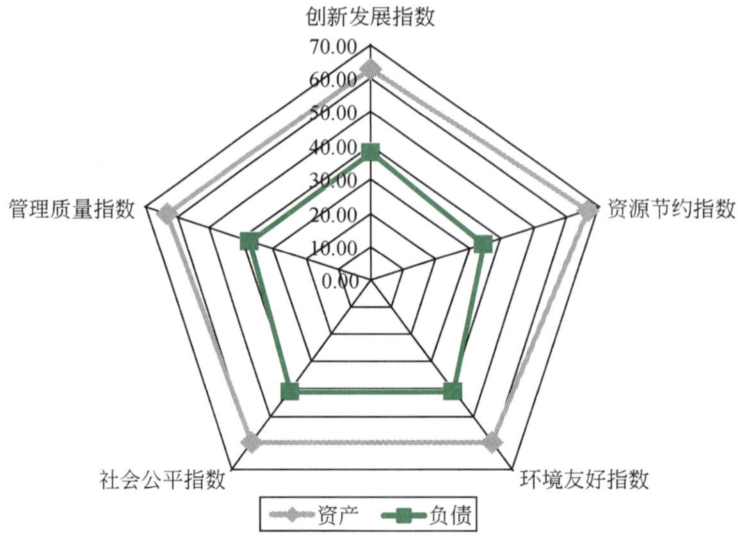


图 24-13　福建科学发展水平资产负债图

**表 24-13　福建科学发展水平资产负债表**

| 资产 | | | | | | | 五大指数/% | | 负债 | | | | | | |
|---|---|---|---|---|---|---|---|---|---|---|---|---|---|---|---|
| 位次 | | 指标数 | 占指标总数/% | 指标分值 | 相对资产/% | 资产质量系数 | | | 位次 | | 指标数 | 占指标总数/% | 指标分值 | 相对负债/% | 负债质量系数 |
| 创新发展指数 | 1～3 | 1 | 6.67 | 3.00 | 6.67 | | 创新发展指数 | | 创新发展指数 | 1～3 | 1 | 4.76 | 0.00 | 0.00 | |
| | 4～6 | 5 | 33.33 | 12.80 | 28.44 | | | | | 4～6 | 5 | 23.81 | -2.20 | -4.89 | |
| | 7～9 | 1 | 6.67 | 2.20 | 4.89 | | 资产: 负债 | | | 7～9 | 1 | 4.76 | -0.80 | -1.78 | |
| | 10～12 | 1 | 6.67 | 2.10 | 4.67 | | 62.22 | 37.78 | | 10～12 | 1 | 4.76 | -0.90 | -2.00 | |
| | 13～15 | 2 | 13.33 | 3.30 | 7.33 | | 相对净资产 | 24.44 | | 13～15 | 2 | 9.52 | -2.70 | -6.00 | |
| | 16～18 | 1 | 6.67 | 1.50 | 3.33 | | | | | 16～18 | 1 | 4.76 | -1.50 | -3.33 | |
| | 19～21 | 0 | 0.00 | 0.00 | 0.00 | | | | | 19～21 | 0 | 0.00 | 0.00 | 0.00 | |
| | 22～24 | 3 | 20.00 | 2.50 | 5.56 | | | | | 22～24 | 3 | 14.29 | -6.50 | -14.44 | |
| | 25～27 | 1 | 6.67 | 0.60 | 1.33 | | | | | 25～27 | 1 | 4.76 | -2.40 | -5.33 | |
| | 28～31 | 0 | 0.00 | 0.00 | 0.00 | | | | | 28～31 | 0 | 0.00 | 0.00 | 0.00 | |
| 合计 | | 15 | 100.00 | 28.00 | 62.22 | 1.87 | 15.00 | | 合计 | | 15 | 100.00 | -17.00 | -37.78 | -1.13 |
| 资源节约指数 | 1～3 | 0 | 0.00 | 0.00 | 0.00 | | 资源节约指数 | | 资源节约指数 | 1～3 | 0 | 0.00 | 0.00 | 0.00 | |
| | 4～6 | 3 | 20.00 | 5.00 | 11.11 | | | | | 4～6 | 3 | 10.34 | -1.00 | -2.22 | |
| | 7～9 | 5 | 33.33 | 11.50 | 25.56 | | 资产: 负债 | | | 7～9 | 5 | 17.24 | -3.50 | -7.78 | |
| | 10～12 | 2 | 13.33 | 4.00 | 8.89 | | 65.78 | 34.22 | | 10～12 | 2 | 6.90 | -2.00 | -4.44 | |
| | 13～15 | 3 | 20.00 | 4.90 | 10.89 | | 相对净资产 | 31.56 | | 13～15 | 3 | 10.34 | -4.10 | -9.11 | |
| | 16～18 | 3 | 20.00 | 4.20 | 9.33 | | | | | 16～18 | 3 | 10.34 | -4.80 | -10.67 | |
| | 19～21 | 0 | 0.00 | 0.00 | 0.00 | | | | | 19～21 | 0 | 0.00 | 0.00 | 0.00 | |
| | 22～24 | 0 | 0.00 | 0.00 | 0.00 | | | | | 22～24 | 0 | 0.00 | 0.00 | 0.00 | |
| | 25～27 | 0 | 0.00 | 0.00 | 0.00 | | | | | 25～27 | 0 | 0.00 | 0.00 | 0.00 | |
| | 28～31 | 0 | 0.00 | 0.00 | 0.00 | | | | | 28～31 | 0 | 0.00 | 0.00 | 0.00 | |
| 合计 | | 16 | 100.00 | 29.60 | 65.78 | 1.85 | 15.00 | | 合计 | | 16 | 100.00 | -15.40 | -34.22 | -1.03 |

续表

| 资产 | | | | | | | 五大指数/% | | 负债 | | | | | | |
|---|---|---|---|---|---|---|---|---|---|---|---|---|---|---|---|
| 位次 | | 指标数 | 占指标总数/% | 指标分值 | 相对资产/% | 资产质量系数 | | | 位次 | | 指标数 | 占指标总数/% | 指标分值 | 相对负债/% | 负债质量系数 |
| 环境友好指数 | 1～3 | 1 | 8.33 | 3.00 | 8.33 | | 环境友好指数 | | 环境友好指数 | 1～3 | 1 | 4.55 | 0.00 | 0.00 | |
| | 4～6 | 3 | 25.00 | 7.70 | 21.39 | | | | | 4～6 | 3 | 13.64 | -1.30 | -3.61 | |
| | 7～9 | 2 | 16.67 | 4.40 | 12.22 | | 资产：负债 | | | 7～9 | 2 | 9.09 | -1.60 | -4.44 | |
| | 10～12 | 0 | 0.00 | 0.00 | 0.00 | | 59.44 | 40.56 | | 10～12 | 0 | 0.00 | 0.00 | 0.00 | |
| | 13～15 | 1 | 8.33 | 1.60 | 4.44 | | 相对净资产 | 18.89 | | 13～15 | 1 | 4.55 | -1.40 | -3.89 | |
| | 16～18 | 2 | 16.67 | 2.80 | 7.78 | | | | | 16～18 | 2 | 9.09 | -3.20 | -8.89 | |
| | 19～21 | 0 | 0.00 | 0.00 | 0.00 | | | | | 19～21 | 0 | 0.00 | 0.00 | 0.00 | |
| | 22～24 | 1 | 8.33 | 0.90 | 2.50 | | | | | 22～24 | 1 | 4.55 | -2.10 | -5.83 | |
| | 25～27 | 2 | 16.67 | 1.00 | 2.78 | | | | | 25～27 | 2 | 9.09 | -5.00 | -13.89 | |
| | 28～31 | 0 | 0.00 | 0.00 | 0.00 | | | | | 28～31 | 0 | 0.00 | 0.00 | 0.00 | |
| 合计 | | 12 | 100.00 | 21.40 | 59.44 | 1.78 | 12.00 | | 合计 | | 12 | 100.00 | -14.60 | -40.56 | -1.22 |
| 社会公平指数 | 1～3 | 0 | 0.00 | 0.00 | 0.00 | | 社会公平指数 | | 社会公平指数 | 1～3 | 0 | 0.00 | 0.00 | 0.00 | |
| | 4～6 | 1 | 11.11 | 2.70 | 10.00 | | | | | 4～6 | 1 | 7.14 | -0.30 | -1.11 | |
| | 7～9 | 4 | 44.44 | 9.30 | 34.44 | | 资产：负债 | | | 7～9 | 4 | 28.57 | -2.70 | -10.00 | |
| | 10～12 | 0 | 0.00 | 0.00 | 0.00 | | 59.26 | 40.74 | | 10～12 | 0 | 0.00 | 0.00 | 0.00 | |
| | 13～15 | 1 | 11.11 | 1.70 | 6.30 | | 相对净资产 | 18.52 | | 13～15 | 1 | 7.14 | -1.30 | -4.81 | |
| | 16～18 | 1 | 11.11 | 1.30 | 4.81 | | | | | 16～18 | 1 | 7.14 | -1.70 | -6.30 | |
| | 19～21 | 0 | 0.00 | 0.00 | 0.00 | | | | | 19～21 | 0 | 0.00 | 0.00 | 0.00 | |
| | 22～24 | 0 | 0.00 | 0.00 | 0.00 | | | | | 22～24 | 0 | 0.00 | 0.00 | 0.00 | |
| | 25～27 | 2 | 22.22 | 1.00 | 3.70 | | | | | 25～27 | 2 | 14.29 | -5.00 | -18.52 | |
| | 28～31 | 0 | 0.00 | 0.00 | 0.00 | | | | | 28～31 | 0 | 0.00 | 0.00 | 0.00 | |
| 合计 | | 9 | 100.00 | 16.00 | 59.26 | 1.78 | 9.00 | | 合计 | | 9 | 100.00 | -11.00 | -40.74 | -1.22 |
| 管理质量指数 | 1～3 | 2 | 10.53 | 5.80 | 10.18 | | 管理质量指数 | | 管理质量指数 | 1～3 | 2 | 11.76 | -0.20 | -0.35 | |
| | 4～6 | 1 | 5.26 | 2.50 | 4.39 | | | | | 4～6 | 1 | 5.88 | -0.50 | -0.88 | |
| | 7～9 | 5 | 26.32 | 11.60 | 20.35 | | 资产：负债 | | | 7～9 | 5 | 29.41 | -3.40 | -5.96 | |
| | 10～12 | 4 | 21.05 | 8.10 | 14.21 | | 62.81 | 37.19 | | 10～12 | 4 | 23.53 | -3.90 | -6.84 | |
| | 13～15 | 2 | 10.53 | 3.50 | 6.14 | | 相对净资产 | 25.61 | | 13～15 | 2 | 11.76 | -2.50 | -4.39 | |
| | 16～18 | 2 | 10.53 | 2.60 | 4.56 | | | | | 16～18 | 2 | 11.76 | -3.40 | -5.96 | |
| | 19～21 | 1 | 5.26 | 1.10 | 1.93 | | | | | 19～21 | 1 | 5.88 | -1.90 | -3.33 | |
| | 22～24 | 0 | 0.00 | 0.00 | 0.00 | | | | | 22～24 | 0 | 0.00 | 0.00 | 0.00 | |
| | 25～27 | 0 | 0.00 | 0.00 | 0.00 | | | | | 25～27 | 0 | 0.00 | 0.00 | 0.00 | |
| | 28～31 | 2 | 10.53 | 0.60 | 1.05 | | | | | 28～31 | 2 | 11.76 | -5.40 | -9.47 | |
| 合计 | | 19 | 100.00 | 35.80 | 62.81 | 1.88 | 19.00 | | 合计 | | 19 | 100.00 | -21.20 | -37.19 | -1.12 |
| 资产总指标数 | | | 占指标总数/% | 总资产分值 | 相对总资产/% | 总资产质量系数 | 相对总资产：相对总负债 | | 负债总指标数 | | | 占指标总数/% | 总负债分值 | 相对总负债/% | 总负债质量系数 |
| | | | | | | | 62.29 | -37.71 | | | | | | | |
| 71 | | | 100.00 | 130.80 | 62.29 | 1.84 | 相对净资产 | 24.57 | 70 | | | 100.00 | -79.20 | -37.71 | -1.13 |

# 第十四节　江西科学发展资产负债分析

## 一、一般概况

江西省土地面积 16.69 万 $km^2$，人口 4400 万，2008 年实现地区 GDP 6480.33 亿元，人均粮食产量 446.65kg，人均水资源量 3093.52$m^3$，森林覆盖率 55.86%，人口自然增长率 7.91‰，成人文盲率 6.16%，万人在校大学生 206 人，专利（发明、实用新型、外观设计）授权 2295 件。

## 二、科学发展的资产负债分析

1）创新发展指数：在总数 15 个源指标中，资产累计得分 16.70，相对资产 16.70%，资产质量系数为 1.11，表明资产质量较差。同时，负债累计得分 -28.30，相对负债 -62.89%，负债质量系数为 -1.89，表明负债质量较差。在该大项中，相对净资产为 -25.78%。

2）资源节约指数：在总数 15 个源指标中，资产累计得分 23.80，相对资产 52.89%，资产质量系数为 1.59，表明资产质量一般。同时，负债累计得分 -21.20，相对负债 -47.11%，负债质量系数为 -1.41，表明负债质量一般。在该大项中，相对净资产为 5.78%。

3）环境友好指数：在总数 12 个源指标中，资产累计得分 19.40，相对资产 53.89%，资产质量系数为 1.62，表明资产质量一般。同时，负债累计得分 -16.60，相对负债 -46.11%，负债质量系数为 -1.38，表明负债质量一般。在该大项中，相对净资产为 7.78%。

4）社会公平指数：在总数 9 个源指标中，资产累计得分 14.10，相对资产 52.22%，资产质量系数为 1.57，表明资产质量一般。同时，负债累计得分 -12.90，相对负债 -47.78%，负债质量系数为 -1.43，表明负债质量一般。在该大项中，相对净资产为 4.44%。

5）管理质量指数：在总数 19 个源指标中，资产累计得分 24.20，相对资产 42.46%，资产质量系数为 1.27，表明资产质量一般。同时，负债累计得分 -32.80，相对负债 -57.54%，负债质量系数为 -1.73，表明负债质量一般。在该大项中，相对净资产为 -15.09%。

总计上述五大项，在总数 70 个源指标中，总资产累计得分 98.20，相对资产 46.76%，资产质量系数为 1.40，表明资产质量一般。同时，负债累计得分 -111.80，相对负债 -53.24%，负债质量系数为 -1.60，表明负债质量一般，该地区科学发展水平相对总净资产为 -6.48%（图 24-14，表 24-14）。

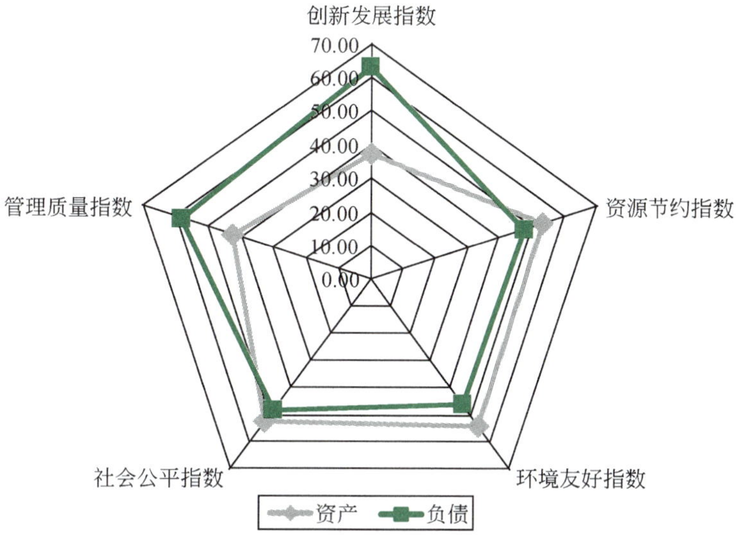


图 24-14　江西科学发展水平资产负债图

**表 24-14　江西科学发展水平资产负债表**

| 资产 | | | | | | | 五大指数/% | | 负债 | | | | | | |
|---|---|---|---|---|---|---|---|---|---|---|---|---|---|---|---|
| 位次 | | 指标数 | 占指标总数/% | 指标分值 | 相对资产/% | 资产质量系数 | | | 位次 | | 指标数 | 占指标总数/% | 指标分值 | 相对负债/% | 负债质量系数 |
| 创新发展指数 | 1～3 | 0 | 0.00 | 0.00 | 0.00 | | 创新发展指数 | | 创新发展指数 | 1～3 | 0 | 0.00 | 0.00 | 0.00 | |
| | 4～6 | 0 | 0.00 | 0.00 | 0.00 | | | | | 4～6 | 0 | 0.00 | 0.00 | 0.00 | |
| | 7～9 | 0 | 0.00 | 0.00 | 0.00 | | 资产: 负债 | | | 7～9 | 0 | 0.00 | 0.00 | 0.00 | |
| | 10～12 | 3 | 20.00 | 6.00 | 13.33 | | 37.11 | 62.89 | | 10～12 | 3 | 14.29 | -3.00 | -6.67 | |
| | 13～15 | 2 | 13.33 | 3.50 | 7.78 | | 相对净资产 | -25.78 | | 13～15 | 2 | 9.52 | -2.50 | -5.56 | |
| | 16～18 | 0 | 0.00 | 0.00 | 0.00 | | | | | 16～18 | 0 | 0.00 | 0.00 | 0.00 | |
| | 19～21 | 2 | 13.33 | 2.20 | 4.89 | | | | | 19～21 | 2 | 9.52 | -3.80 | -8.44 | |
| | 22～24 | 4 | 26.67 | 3.30 | 7.33 | | | | | 22～24 | 4 | 19.05 | -8.70 | -19.33 | |
| | 25～27 | 3 | 20.00 | 1.60 | 3.56 | | | | | 25～27 | 3 | 14.29 | -7.40 | -16.44 | |
| | 28～31 | 1 | 6.67 | 0.10 | 0.22 | | | | | 28～31 | 1 | 4.76 | -2.90 | -6.44 | |
| 合计 | | 15 | 100.00 | 16.70 | 37.11 | 1.11 | 15.00 | | 合计 | | 15 | 100.00 | -28.30 | -62.89 | -1.89 |
| 资源节约指数 | 1～3 | 1 | 6.67 | 3.00 | 6.67 | | 资源节约指数 | | 资源节约指数 | 1～3 | 1 | 3.45 | 0.00 | 0.00 | |
| | 4～6 | 1 | 6.67 | 2.70 | 6.00 | | | | | 4～6 | 1 | 3.45 | -0.30 | -0.67 | |
| | 7～9 | 1 | 6.67 | 2.20 | 4.89 | | 资产: 负债 | | | 7～9 | 1 | 3.45 | -0.80 | -1.78 | |
| | 10～12 | 3 | 20.00 | 6.00 | 13.33 | | 52.89 | 47.11 | | 10～12 | 3 | 10.34 | -3.00 | -6.67 | |
| | 13～15 | 2 | 13.33 | 3.50 | 7.78 | | 相对净资产 | 5.78 | | 13～15 | 2 | 6.90 | -2.50 | -5.56 | |
| | 16～18 | 2 | 13.33 | 2.80 | 6.22 | | | | | 16～18 | 2 | 6.90 | -3.20 | -7.11 | |
| | 19～21 | 2 | 13.33 | 2.10 | 4.67 | | | | | 19～21 | 2 | 6.90 | -3.90 | -8.67 | |
| | 22～24 | 0 | 0.00 | 0.00 | 0.00 | | | | | 22～24 | 0 | 0.00 | 0.00 | 0.00 | |
| | 25～27 | 2 | 13.33 | 1.20 | 2.67 | | | | | 25～27 | 2 | 6.90 | -4.80 | -10.67 | |
| | 28～31 | 1 | 6.67 | 0.30 | 0.67 | | | | | 28～31 | 1 | 3.45 | -2.70 | -6.00 | |
| 合计 | | 15 | 100.00 | 23.80 | 52.89 | 1.59 | 15.00 | | 合计 | | 15 | 100.00 | -21.20 | -47.11 | -1.41 |

续表

| 资产 | | | | | | | 五大指数/% | | 负债 | | | | | | |
|---|---|---|---|---|---|---|---|---|---|---|---|---|---|---|---|
| 位次 | | 指标数 | 占指标总数/% | 指标分值 | 相对资产/% | 资产质量系数 | | | 位次 | | 指标数 | 占指标总数/% | 指标分值 | 相对负债/% | 负债质量系数 |
| 环境友好指数 | 1~3 | 1 | 8.33 | 2.90 | 8.06 | | 环境友好指数 | | 环境友好指数 | 1~3 | 1 | 4.55 | -0.10 | -0.28 | |
| | 4~6 | 1 | 8.33 | 2.70 | 7.50 | | | | | 4~6 | 1 | 4.55 | -0.30 | -0.83 | |
| | 7~9 | 0 | 0.00 | 0.00 | 0.00 | | 资产:负债 | | | 7~9 | 0 | 0.00 | 0.00 | 0.00 | |
| | 10~12 | 3 | 25.00 | 6.10 | 16.94 | | 53.89 | 46.11 | | 10~12 | 3 | 13.64 | -2.90 | -8.06 | |
| | 13~15 | 3 | 25.00 | 4.90 | 13.61 | | 相对净资产 | 7.78 | | 13~15 | 3 | 13.64 | -4.10 | -11.39 | |
| | 16~18 | 0 | 0.00 | 0.00 | 0.00 | | | | | 16~18 | 0 | 0.00 | 0.00 | 0.00 | |
| | 19~21 | 1 | 8.33 | 1.10 | 3.06 | | | | | 19~21 | 1 | 4.55 | -1.90 | -5.28 | |
| | 22~24 | 2 | 16.67 | 1.40 | 3.89 | | | | | 22~24 | 2 | 9.09 | -4.60 | -12.78 | |
| | 25~27 | 0 | 0.00 | 0.00 | 0.00 | | | | | 25~27 | 0 | 0.00 | 0.00 | 0.00 | |
| | 28~31 | 1 | 8.33 | 0.30 | 0.83 | | | | | 28~31 | 1 | 4.55 | -2.70 | -7.50 | |
| 合计 | | 12 | 100.00 | 19.40 | 53.89 | 1.62 | 12.00 | | 合计 | | 12 | 100.00 | -16.60 | -46.11 | -1.38 |
| 社会公平指数 | 1~3 | 1 | 11.11 | 2.90 | 10.74 | | 社会公平指数 | | 社会公平指数 | 1~3 | 1 | 7.14 | -0.10 | -0.37 | |
| | 4~6 | 1 | 11.11 | 2.50 | 9.26 | | | | | 4~6 | 1 | 7.14 | -0.50 | -1.85 | |
| | 7~9 | 2 | 22.22 | 4.50 | 16.67 | | 资产:负债 | | | 7~9 | 2 | 14.29 | -1.50 | -5.56 | |
| | 10~12 | 0 | 0.00 | 0.00 | 0.00 | | 52.22 | 47.78 | | 10~12 | 0 | 0.00 | 0.00 | 0.00 | |
| | 13~15 | 1 | 11.11 | 1.80 | 6.67 | | 相对净资产 | 4.44 | | 13~15 | 1 | 7.14 | -1.20 | -4.44 | |
| | 16~18 | 0 | 0.00 | 0.00 | 0.00 | | | | | 16~18 | 0 | 0.00 | 0.00 | 0.00 | |
| | 19~21 | 1 | 11.11 | 1.00 | 3.70 | | | | | 19~21 | 1 | 7.14 | -2.00 | -7.41 | |
| | 22~24 | 1 | 11.11 | 0.90 | 3.33 | | | | | 22~24 | 1 | 7.14 | -2.10 | -7.78 | |
| | 25~27 | 0 | 0.00 | 0.00 | 0.00 | | | | | 25~27 | 0 | 0.00 | 0.00 | 0.00 | |
| | 28~31 | 2 | 22.22 | 0.50 | 1.85 | | | | | 28~31 | 2 | 14.29 | -5.50 | -20.37 | |
| 合计 | | 9 | 100.00 | 14.10 | 52.22 | 1.57 | 9.00 | | 合计 | | 9 | 100.00 | -12.90 | -47.78 | -1.43 |
| 管理质量指数 | 1~3 | 0 | 0.00 | 0.00 | 0.00 | | 管理质量指数 | | 管理质量指数 | 1~3 | 0 | 0.00 | 0.00 | 0.00 | |
| | 4~6 | 0 | 0.00 | 0.00 | 0.00 | | | | | 4~6 | 0 | 0.00 | 0.00 | 0.00 | |
| | 7~9 | 2 | 10.53 | 4.70 | 8.25 | | 资产:负债 | | | 7~9 | 2 | 11.76 | -1.30 | -2.28 | |
| | 10~12 | 1 | 5.26 | 1.90 | 3.33 | | 42.46 | 57.54 | | 10~12 | 1 | 5.88 | -1.10 | -1.93 | |
| | 13~15 | 4 | 21.05 | 6.90 | 12.11 | | 相对净资产 | -15.09 | | 13~15 | 4 | 23.53 | -5.10 | -8.95 | |
| | 16~18 | 3 | 15.79 | 4.20 | 7.37 | | | | | 16~18 | 3 | 17.65 | -4.80 | -8.42 | |
| | 19~21 | 3 | 15.79 | 3.20 | 5.61 | | | | | 19~21 | 3 | 17.65 | -5.80 | -10.18 | |
| | 22~24 | 2 | 10.53 | 1.60 | 2.81 | | | | | 22~24 | 2 | 11.76 | -4.40 | -7.72 | |
| | 25~27 | 3 | 15.79 | 1.60 | 2.81 | | | | | 25~27 | 3 | 17.65 | -7.40 | -12.98 | |
| | 28~31 | 1 | 5.26 | 0.10 | 0.18 | | | | | 28~31 | 1 | 5.88 | -2.90 | -5.90 | |
| 合计 | | 19 | 100.00 | 24.20 | 42.46 | 1.27 | 19.00 | | 合计 | | 19 | 100.00 | -32.80 | -57.54 | -1.73 |
| 资产总指标数 | | | 占指标总数/% | 总资产分值 | 相对总资产/% | 总资产质量系数 | 相对总资产:相对总负债 | | 负债总指标数 | | | 占指标总数/% | 总负债分值 | 相对总负债/% | 总负债质量系数 |
| | | | | | | | 46.76 | -53.24 | | | | | | | |
| 70 | | | 100.00 | 98.20 | 46.76 | 1.40 | 相对净资产 | -6.48 | 70 | | | 100.00 | -111.80 | -53.24 | -1.60 |

# 第十五节 山东科学发展资产负债分析

## 一、一般概况

山东省土地面积 15.71 万 $km^2$，人口 9417 万，2008 年实现地区 GDP 31 072.06 亿元，人均粮食产量 453.63kg，人均水资源量 349.98$m^3$，森林覆盖率 13.44%，人口自然增长率 5.09‰，成人文盲率 7.76%，万人在校大学生 207 人，专利（发明、实用新型、外观设计）授权 26 688 件。

## 二、科学发展的资产负债分析

1）创新发展指数：在总数 15 个源指标中，资产累计得分 25.80，相对资产 25.80%，资产质量系数为 1.72，表明资产质量一般。同时，负债累计得分 －19.20，相对负债 －42.67%，负债质量系数为 －1.28，表明负债质量一般。在该大项中，相对净资产为 14.67%。

2）资源节约指数：在总数 15 个源指标中，资产累计得分 30.90，相对资产 68.67%，资产质量系数为 2.21，表明资产质量较好。同时，负债累计得分 －14.10，相对负债 －31.33%，负债质量系数为 －0.94，表明负债质量较好。在该大项中，相对净资产为 37.33%。

3）环境友好指数：在总数 12 个源指标中，资产累计得分 15.00，相对资产 41.67%，资产质量系数为 1.25，表明资产质量一般。同时，负债累计得分 －21.00，相对负债 －58.33%，负债质量系数为 －1.75，表明负债质量一般。在该大项中，相对净资产为 －16.67%。

4）社会公平指数：在总数 9 个源指标中，资产累计得分 18.10，相对资产 67.04%，资产质量系数为 2.01，表明资产质量较好。同时，负债累计得分 －8.90，相对负债 －32.96%，负债质量系数为 －0.99，表明负债质量较好。在该大项中，相对净资产为 34.07%。

5）管理质量指数：在总数 19 个源指标中，资产累计得分 27.90，相对资产 48.95%，资产质量系数为 1.47，表明资产质量一般。同时，负债累计得分 －29.10，相对负债 －51.05%，负债质量系数为 －1.53，表明负债质量一般。在该大项中，相对净资产为 －2.11%。

总计上述五大项，在总数 70 个源指标中，总资产累计得分 117.70，相对资产 56.05%，资产质量系数为 1.71，表明资产质量一般。同时，负债累计得分 －92.30，相对负债 －43.95%，负债质量系数为 －1.32，表明负债质量一般，该地区科学发展水平相对总净资产为 12.10%（图 24-15，表 24-15）。

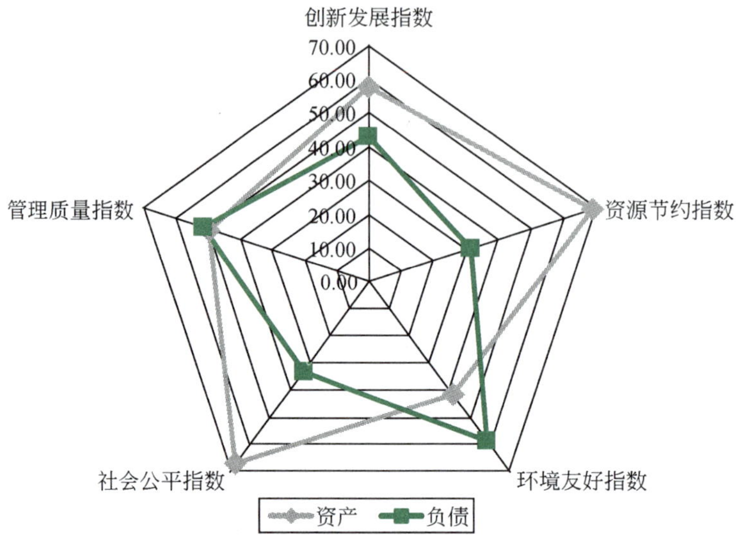


图 24-15　山东科学发展水平资产负债图

**表 24-15　山东科学发展水平资产负债表**

| 资产 | | | | | | | 五大指数/% | | 负债 | | | | | | |
|---|---|---|---|---|---|---|---|---|---|---|---|---|---|---|---|
| 位次 | | 指标数 | 占指标总数/% | 指标分值 | 相对资产/% | 资产质量系数 | | | 位次 | | 指标数 | 占指标总数/% | 指标分值 | 相对负债/% | 负债质量系数 |
| 创新发展指数 | 1～3 | 1 | 6.67 | 2.90 | 6.44 | | 创新发展指数 | | 创新发展指数 | 1～3 | 1 | 4.76 | -0.10 | -0.22 | |
| | 4～6 | 2 | 13.33 | 5.30 | 11.78 | | | | | 4～6 | 2 | 9.52 | -0.70 | -1.56 | |
| | 7～9 | 1 | 6.67 | 2.40 | 5.33 | | 资产∶负债 | | | 7～9 | 1 | 4.76 | -0.60 | -1.33 | |
| | 10～12 | 2 | 13.33 | 3.80 | 8.44 | | 57.33 | 42.67 | | 10～12 | 2 | 9.52 | -2.20 | -4.89 | |
| | 13～15 | 3 | 20.00 | 4.90 | 10.89 | | 相对净资产 | 14.67 | | 13～15 | 3 | 14.29 | -4.10 | -9.11 | |
| | 16～18 | 2 | 13.33 | 2.80 | 6.22 | | | | | 16～18 | 2 | 9.52 | -3.20 | -7.11 | |
| | 19～21 | 3 | 20.00 | 3.60 | 8.00 | | | | | 19～21 | 3 | 14.29 | -5.40 | -12.00 | |
| | 22～24 | 0 | 0.00 | 0.00 | 0.00 | | | | | 22～24 | 0 | 0.00 | 0.00 | 0.00 | |
| | 25～27 | 0 | 0.00 | 0.00 | 0.00 | | | | | 25～27 | 0 | 0.00 | 0.00 | 0.00 | |
| | 28～31 | 1 | 6.67 | 0.10 | 0.22 | | | | | 28～31 | 1 | 4.76 | -2.90 | -6.44 | |
| 合　计 | | 15 | 100.00 | 25.80 | 57.33 | 1.72 | 15.00 | | 合　计 | | 15 | 100.00 | -19.20 | -42.67 | -1.28 |
| 资源节约指数 | 1～3 | 3 | 20.00 | 8.50 | 18.89 | | 资源节约指数 | | 资源节约指数 | 1～3 | 3 | 10.34 | -0.50 | -1.11 | |
| | 4～6 | 1 | 6.67 | 5.20 | 11.56 | | | | | 4～6 | 1 | 3.45 | -0.80 | -1.78 | |
| | 7～9 | 3 | 20.00 | 7.00 | 15.56 | | 资产∶负债 | | | 7～9 | 3 | 10.34 | -2.00 | -4.44 | |
| | 10～12 | 4 | 26.67 | 7.60 | 16.89 | | 68.67 | 31.33 | | 10～12 | 4 | 13.79 | -4.40 | -9.78 | |
| | 13～15 | 1 | 6.67 | 1.60 | 3.56 | | 相对净资产 | 37.33 | | 13～15 | 1 | 3.45 | -1.40 | -3.11 | |
| | 16～18 | 0 | 0.00 | 0.00 | 0.00 | | | | | 16～18 | 0 | 0.00 | 0.00 | 0.00 | |
| | 19～21 | 0 | 0.00 | 0.00 | 0.00 | | | | | 19～21 | 0 | 0.00 | 0.00 | 0.00 | |
| | 22～24 | 1 | 6.67 | 0.70 | 1.56 | | | | | 22～24 | 1 | 3.45 | -2.30 | -5.11 | |
| | 25～27 | 0 | 0.00 | 0.00 | 0.00 | | | | | 25～27 | 0 | 0.00 | 0.00 | 0.00 | |
| | 28～31 | 1 | 6.67 | 0.30 | 0.67 | | | | | 28～31 | 1 | 3.45 | -2.70 | -6.00 | |
| 合　计 | | 14 | 100.00 | 30.90 | 68.67 | 2.21 | 15.00 | | 合　计 | | 14 | 100.00 | -14.10 | -31.33 | -0.94 |

续表

| 资产 | | | | | | | 五大指数/% | | 负债 | | | | | | |
|---|---|---|---|---|---|---|---|---|---|---|---|---|---|---|---|
| 位次 | | 指标数 | 占指标总数/% | 指标分值 | 相对资产/% | 资产质量系数 | | | 位次 | | 指标数 | 占指标总数/% | 指标分值 | 相对负债/% | 负债质量系数 |
| 环境友好指数 | 1～3 | 0 | 0.00 | 0.00 | 0.00 | | 环境友好指数 | | 环境友好指数 | 1～3 | 0 | 0.00 | 0.00 | 0.00 | |
| | 4～6 | 0 | 0.00 | 0.00 | 0.00 | | | | | 4～6 | 0 | 0.00 | 0.00 | 0.00 | |
| | 7～9 | 3 | 25.00 | 6.70 | 18.61 | | 资产: 负债 | | | 7～9 | 3 | 13.64 | -2.30 | -6.39 | |
| | 10～12 | 2 | 16.67 | 4.10 | 11.39 | | 41.67 | 58.33 | | 10～12 | 2 | 9.09 | -1.90 | -5.28 | |
| | 13～15 | 0 | 0.00 | 0.00 | 0.00 | | 相对净资产 | -16.67 | | 13～15 | 0 | 0.00 | 0.00 | 0.00 | |
| | 16～18 | 1 | 8.33 | 1.50 | 4.17 | | | | | 16～18 | 1 | 4.55 | -1.50 | -4.17 | |
| | 19～21 | 1 | 8.33 | 1.10 | 3.06 | | | | | 19～21 | 1 | 4.55 | -1.90 | -5.28 | |
| | 22～24 | 1 | 8.33 | 0.90 | 2.50 | | | | | 22～24 | 1 | 4.55 | -2.10 | -5.83 | |
| | 25～27 | 0 | 0.00 | 0.00 | 0.00 | | | | | 25～27 | 0 | 0.00 | 0.00 | 0.00 | |
| | 28～31 | 4 | 33.33 | 0.70 | 1.94 | | | | | 28～31 | 4 | 18.18 | -11.30 | -31.39 | |
| 合计 | | 12 | 100.00 | 15.00 | 41.67 | 1.25 | 12.00 | | 合计 | | 12 | 100.00 | -21.00 | -58.33 | -1.75 |
| 社会公平指数 | 1～3 | 1 | 11.11 | 3.00 | 11.11 | | 社会公平指数 | | 社会公平指数 | 1～3 | 1 | 7.14 | 0.00 | 0.00 | |
| | 4～6 | 0 | 0.00 | 0.00 | 0.00 | | | | | 4～6 | 0 | 0.00 | 0.00 | 0.00 | |
| | 7～9 | 2 | 22.22 | 4.60 | 17.04 | | 资产: 负债 | | | 7～9 | 2 | 14.29 | -1.40 | -5.19 | |
| | 10～12 | 2 | 22.22 | 4.10 | 15.19 | | 67.04 | 32.96 | | 10～12 | 2 | 14.29 | -1.90 | -7.04 | |
| | 13～15 | 2 | 22.22 | 3.60 | 13.33 | | 相对净资产 | 34.07 | | 13～15 | 2 | 14.29 | -2.40 | -8.89 | |
| | 16～18 | 2 | 22.22 | 2.80 | 10.37 | | | | | 16～18 | 2 | 14.29 | -3.20 | -11.85 | |
| | 19～21 | 0 | 0.00 | 0.00 | 0.00 | | | | | 19～21 | 0 | 0.00 | 0.00 | 0.00 | |
| | 22～24 | 0 | 0.00 | 0.00 | 0.00 | | | | | 22～24 | 0 | 0.00 | 0.00 | 0.00 | |
| | 25～27 | 0 | 0.00 | 0.00 | 0.00 | | | | | 25～27 | 0 | 0.00 | 0.00 | 0.00 | |
| | 28～31 | 0 | 0.00 | 0.00 | 0.00 | | | | | 28～31 | 0 | 0.00 | 0.00 | 0.00 | |
| 合计 | | 9 | 100.00 | 18.10 | 67.04 | 2.01 | 9.00 | | 合计 | | 9 | 100.00 | -8.90 | -32.96 | -0.99 |
| 管理质量指数 | 1～3 | 0 | 0.00 | 0.00 | 0.00 | | 管理质量指数 | | 管理质量指数 | 1～3 | 0 | 0.00 | 0.00 | 0.00 | |
| | 4～6 | 1 | 5.26 | 2.50 | 4.39 | | | | | 4～6 | 1 | 5.88 | -0.50 | -0.88 | |
| | 7～9 | 5 | 26.32 | 11.80 | 20.70 | | 资产: 负债 | | | 7～9 | 5 | 29.41 | -3.20 | -5.61 | |
| | 10～12 | 3 | 15.79 | 6.10 | 10.70 | | 48.95 | 51.05 | | 10～12 | 3 | 17.65 | -2.90 | -5.09 | |
| | 13～15 | 1 | 5.26 | 1.60 | 2.81 | | 相对净资产 | -2.11 | | 13～15 | 1 | 5.88 | -1.40 | -2.46 | |
| | 16～18 | 2 | 10.53 | 2.80 | 4.91 | | | | | 16～18 | 2 | 11.76 | -3.20 | -5.61 | |
| | 19～21 | 1 | 5.26 | 1.10 | 1.93 | | | | | 19～21 | 1 | 5.88 | -1.90 | -3.33 | |
| | 22～24 | 1 | 5.26 | 0.80 | 1.40 | | | | | 22～24 | 1 | 5.88 | -2.20 | -3.86 | |
| | 25～27 | 2 | 10.53 | 0.90 | 1.58 | | | | | 25～27 | 2 | 11.76 | -5.10 | -8.95 | |
| | 28～31 | 3 | 15.79 | 0.30 | 0.53 | | | | | 28～31 | 3 | 17.65 | -8.70 | -15.26 | |
| 合计 | | 19 | 100.00 | 27.90 | 48.95 | 1.47 | 19.00 | | 合计 | | 19 | 100.00 | -29.10 | -51.05 | -1.53 |
| 资产总指标数 | | | 占指标总数/% | 总资产分值 | 相对总资产/% | 总资产质量系数 | 相对总资产: 相对总负债 | | 负债总指标数 | | | 占指标总数/% | 总负债分值 | 相对总负债/% | 总负债质量系数 |
| | | | | | | | 56.05 | -43.95 | | | | | | | |
| 69 | | | 100.00 | 117.70 | 56.05 | 1.71 | 相对净资产 | 12.10 | 70 | | | 100.00 | -92.30 | -43.95 | -1.32 |

# 第十六节　河南科学发展资产负债分析

## 一、一般概况

河南省土地面积 16.55 万 $km^2$，人口 9429 万，2008 年实现地区 GDP 为 18 407.78亿元，人均粮食产量 571.13kg，人均水资源量 395.23$m^3$，森林覆盖率 16.19%，人口自然增长率4.97‰，成人文盲率 7.07%，万人在校大学生 165 人，专利（发明、实用新型、外观设计）授权 9133 件。

## 二、科学发展的资产负债分析

1）创新发展指数：在总数 15 个源指标中，资产累计得分 16.60，相对资产 16.60%，资产质量系数为 1.11，表明资产质量较差。同时，负债累计得分 -28.40，相对负债 -63.11%，负债质量系数为 -1.89，表明负债质量较差。在该大项中，相对净资产为 -26.22%。

2）资源节约指数：在总数 15 个源指标中，资产累计得分 24.10，相对资产 53.56%，资产质量系数为 1.61，表明资产质量一般。同时，负债累计得分 -20.90，相对负债 -46.44%，负债质量系数为 -1.39，表明负债质量一般。在该大项中，相对净资产为 7.11%。

3）环境友好指数：在总数 12 个源指标中，资产累计得分 10.40，相对资产 28.89%，资产质量系数为 0.87，表明资产质量较差。同时，负债累计得分 -25.60，相对负债 -71.11%，负债质量系数为 -2.13，表明负债质量较差。在该大项中，相对净资产为 -42.22%。

4）社会公平指数：在总数 9 个源指标中，资产累计得分 16.10，相对资产 59.63%，资产质量系数为 1.79，表明资产质量一般。同时，负债累计得分 -10.90，相对负债 -40.37%，负债质量系数为 -1.21，表明负债质量一般。在该大项中，相对净资产为 19.26%。

5）管理质量指数：在总数 19 个源指标中，资产累计得分 21.00，相对资产 36.84%，资产质量系数为 1.11，表明资产质量较差。同时，负债累计得分 -36.00，相对负债 -63.16%，负债质量系数为 -1.89，表明负债质量较差。在该大项中，相对净资产为 -26.32%。

总计上述五大项，在总数 70 个源指标中，总资产累计得分 88.20，相对资产 42.00%，资产质量系数为 1.26，表明资产质量一般。同时，负债累计得分 -121.80，相对负债 -58.00%，负债质量系数为 -1.74，表明负债质量一般，该地区科学发展水平相对总净资产为 -16.00%（图 24-16，表 24-16）。

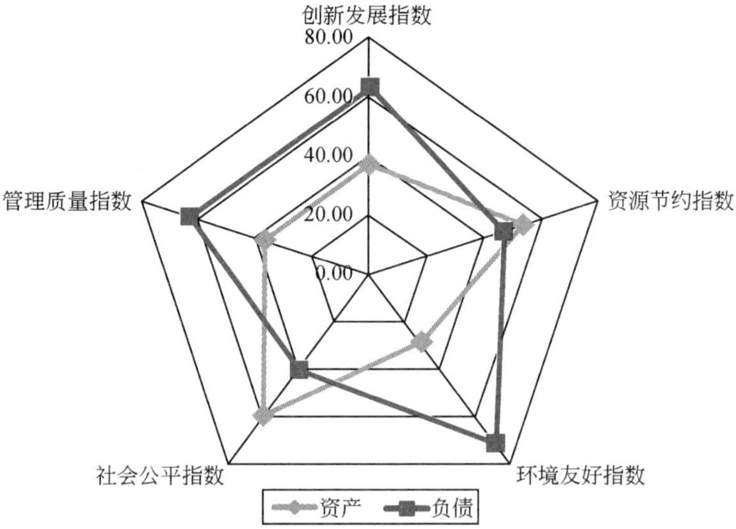


图 24-16　河南科学发展水平资产负债图

**表 24-16　河南科学发展水平资产负债表**

| 资产 | | | | | | | 五大指数/% | | 负债 | | | | | | |
|---|---|---|---|---|---|---|---|---|---|---|---|---|---|---|---|
| 位次 | | 指标数 | 占指标总数/% | 指标分值 | 相对资产/% | 资产质量系数 | | | 位次 | | 指标数 | 占指标总数/% | 指标分值 | 相对负债/% | 负债质量系数 |
| 创新发展指数 | 1~3 | 1 | 6.67 | 3.00 | 6.67 | | 创新发展指数 | | 创新发展指数 | 1~3 | 1 | 4.76 | 0.00 | 0.00 | |
| | 4~6 | 0 | 0.00 | 0.00 | 0.00 | | | | | 4~6 | 0 | 0.00 | 0.00 | 0.00 | |
| | 7~9 | 1 | 6.67 | 2.40 | 5.33 | | 资产：负债 | | | 7~9 | 1 | 4.76 | -0.60 | -1.33 | |
| | 10~12 | 0 | 0.00 | 0.00 | 0.00 | | 36.89 | 63.11 | | 10~12 | 0 | 0.00 | 0.00 | 0.00 | |
| | 13~15 | 1 | 6.67 | 1.80 | 4.00 | | 相对净资产 | -26.22 | | 13~15 | 1 | 4.76 | -1.20 | -2.67 | |
| | 16~18 | 2 | 13.33 | 2.80 | 6.22 | | | | | 16~18 | 2 | 9.52 | -3.20 | -7.11 | |
| | 19~21 | 1 | 6.67 | 1.10 | 2.44 | | | | | 19~21 | 1 | 4.76 | -1.90 | -4.22 | |
| | 22~24 | 4 | 26.67 | 3.40 | 7.56 | | | | | 22~24 | 4 | 19.05 | -8.60 | -19.11 | |
| | 25~27 | 4 | 26.67 | 1.80 | 4.00 | | | | | 25~27 | 4 | 19.05 | -10.20 | -22.67 | |
| | 28~31 | 1 | 6.67 | 0.30 | 0.67 | | | | | 28~31 | 1 | 4.76 | -2.70 | -6.00 | |
| 合计 | | 15 | 100.00 | 16.60 | 36.89 | 1.11 | 15.00 | | 合计 | | 15 | 100.00 | -28.40 | -63.11 | -1.89 |
| 资源节约指数 | 1~3 | 1 | 6.67 | 2.80 | 6.22 | | 资源节约指数 | | 资源节约指数 | 1~3 | 1 | 3.45 | -0.20 | -0.44 | |
| | 4~6 | 0 | 0.00 | 0.00 | 0.00 | | | | | 4~6 | 0 | 0.00 | 0.00 | 0.00 | |
| | 7~9 | 3 | 20.00 | 7.10 | 15.78 | | 资产：负债 | | | 7~9 | 3 | 10.34 | -1.90 | -4.22 | |
| | 10~12 | 2 | 13.33 | 4.10 | 9.11 | | 53.56 | 46.44 | | 10~12 | 2 | 6.90 | -1.90 | -4.22 | |
| | 13~15 | 1 | 6.67 | 1.70 | 3.78 | | 相对净资产 | 7.11 | | 13~15 | 1 | 3.45 | -1.30 | -2.89 | |
| | 16~18 | 3 | 20.00 | 4.20 | 9.33 | | | | | 16~18 | 3 | 10.34 | -4.80 | -10.67 | |
| | 19~21 | 2 | 13.33 | 2.30 | 5.11 | | | | | 19~21 | 2 | 6.90 | -3.70 | -8.22 | |
| | 22~24 | 2 | 13.33 | 1.40 | 3.11 | | | | | 22~24 | 2 | 6.90 | -4.60 | -10.22 | |
| | 25~27 | 1 | 6.67 | 0.50 | 1.11 | | | | | 25~27 | 1 | 3.45 | -2.50 | -5.56 | |
| | 28~31 | 0 | 0.00 | 0.00 | 0.00 | | | | | 28~31 | 0 | 0.00 | 0.00 | 0.00 | |
| 合计 | | 15 | 100.00 | 24.10 | 53.56 | 1.61 | 15.00 | | 合计 | | 15 | 100.00 | -20.90 | -46.44 | -1.39 |

续表

| 资产 | | | | | | | 五大指数/% | | 负债 | | | | | | |
|---|---|---|---|---|---|---|---|---|---|---|---|---|---|---|---|
| 位次 | | 指标数 | 占指标总数/% | 指标分值 | 相对资产/% | 资产质量系数 | | | 位次 | | 指标数 | 占指标总数/% | 指标分值 | 相对负债/% | 负债质量系数 |
| 环境友好指数 | 1~3 | 0 | 0.00 | 0.00 | 0.00 | | 环境友好指数 | | 环境友好指数 | 1~3 | 0 | 0.00 | 0.00 | 0.00 | |
| | 4~6 | 0 | 0.00 | 0.00 | 0.00 | | | | | 4~6 | 0 | 0.00 | 0.00 | 0.00 | |
| | 7~9 | 0 | 0.00 | 0.00 | 0.00 | | 资产：负债 | | | 7~9 | 0 | 0.00 | 0.00 | 0.00 | |
| | 10~12 | 0 | 0.00 | 0.00 | 0.00 | | 28.89 | 71.11 | | 10~12 | 0 | 0.00 | 0.00 | 0.00 | |
| | 13~15 | 2 | 16.67 | 3.30 | 9.17 | | 相对净资产 | -42.22 | | 13~15 | 2 | 9.09 | -2.70 | -7.50 | |
| | 16~18 | 2 | 16.67 | 2.80 | 7.78 | | | | | 16~18 | 2 | 9.09 | -3.20 | -8.89 | |
| | 19~21 | 3 | 25.00 | 3.00 | 8.33 | | | | | 19~21 | 3 | 13.64 | -6.00 | -16.67 | |
| | 22~24 | 0 | 0.00 | 0.00 | 0.00 | | | | | 22~24 | 0 | 0.00 | 0.00 | 0.00 | |
| | 25~27 | 2 | 16.67 | 0.90 | 2.50 | | | | | 25~27 | 2 | 9.09 | -5.10 | -14.17 | |
| | 28~31 | 3 | 25.00 | 0.40 | 1.11 | | | | | 28~31 | 3 | 13.64 | -8.60 | -23.89 | |
| 合计 | | 12 | 100.00 | 10.40 | 28.89 | 0.87 | 12.00 | | 合计 | | 12 | 100.00 | -25.60 | -71.11 | -2.13 |
| 社会公平指数 | 1~3 | 1 | 11.11 | 2.90 | 10.74 | | 社会公平指数 | | 社会公平指数 | 1~3 | 1 | 7.14 | -0.10 | -0.37 | |
| | 4~6 | 1 | 11.11 | 2.50 | 9.26 | | | | | 4~6 | 1 | 7.14 | -0.50 | -1.85 | |
| | 7~9 | 0 | 0.00 | 0.00 | 0.00 | | 资产：负债 | | | 7~9 | 0 | 0.00 | 0.00 | 0.00 | |
| | 10~12 | 1 | 11.11 | 2.10 | 7.78 | | 59.63 | 40.37 | | 10~12 | 1 | 7.14 | -0.90 | -3.33 | |
| | 13~15 | 2 | 22.22 | 3.20 | 11.85 | | 相对净资产 | 19.26 | | 13~15 | 2 | 14.29 | -2.80 | -10.37 | |
| | 16~18 | 3 | 33.33 | 4.40 | 16.30 | | | | | 16~18 | 3 | 21.43 | -4.60 | -17.04 | |
| | 19~21 | 1 | 11.11 | 1.00 | 3.70 | | | | | 19~21 | 1 | 7.14 | -2.00 | -7.41 | |
| | 22~24 | 0 | 0.00 | 0.00 | 0.00 | | | | | 22~24 | 0 | 0.00 | 0.00 | 0.00 | |
| | 25~27 | 0 | 0.00 | 0.00 | 0.00 | | | | | 25~27 | 0 | 0.0 | 0.00 | 0.00 | |
| | 28~31 | 0 | 0.00 | 0.00 | 0.00 | | | | | 28~31 | 0 | 0.00 | 0.00 | 0.00 | |
| 合计 | | 9 | 100.00 | 16.10 | 59.63 | 1.79 | 9.00 | | 合计 | | 9 | 100.00 | -10.90 | -40.37 | -1.21 |
| 管理质量指数 | 1~3 | 0 | 0.00 | 0.00 | 0.00 | | 管理质量指数 | | 管理质量指数 | 1~3 | 0 | 0.00 | 0.00 | 0.00 | |
| | 4~6 | 1 | 5.26 | 2.60 | 4.56 | | | | | 4~6 | 1 | 5.88 | -0.40 | -0.70 | |
| | 7~9 | 1 | 5.26 | 2.40 | 4.21 | | 资产：负债 | | | 7~9 | 1 | 5.88 | -0.60 | -1.05 | |
| | 10~12 | 1 | 5.26 | 2.00 | 3.51 | | 36.84 | 63.16 | | 10~12 | 1 | 5.88 | -1.00 | -1.75 | |
| | 13~15 | 4 | 21.05 | 7.00 | 12.28 | | 相对净资产 | -26.32 | | 13~15 | 4 | 23.53 | -5.00 | -8.77 | |
| | 16~18 | 2 | 10.53 | 2.90 | 5.09 | | | | | 16~18 | 2 | 11.76 | -3.10 | -5.44 | |
| | 19~21 | 1 | 5.26 | 1.20 | 2.11 | | | | | 19~21 | 1 | 5.88 | -1.80 | -3.16 | |
| | 22~24 | 3 | 15.79 | 2.40 | 4.21 | | | | | 22~24 | 3 | 17.65 | -6.60 | -11.58 | |
| | 25~27 | 0 | 0.00 | 0.00 | 0.00 | | | | | 25~27 | 0 | 0.00 | 0.00 | 0.00 | |
| | 28~31 | 6 | 31.58 | 0.50 | 0.88 | | | | | 28~31 | 6 | 35.29 | -17.50 | -30.70 | |
| 合计 | | 19 | 100.00 | 21.00 | 36.84 | 1.11 | 19.00 | | 合计 | | 19 | 100.00 | -36.00 | -63.16 | -1.89 |
| 资产总指标数 | | | 占指标总数/% | 总资产分值 | 相对总资产/% | 总资产质量系数 | 相对总资产：相对总负债 | | 负债总指标数 | | | 占指标总数/% | 总负债分值 | 相对总负债/% | 总负债质量系数 |
| | | | | | | | 42.00 | -58.00 | | | | | | | |
| 70 | | | 100.00 | 88.20 | 42.00 | 1.26 | 相对净资产 | -16.00 | 70 | | | 100.00 | -121.80 | -58.00 | -1.74 |

# 第十七节　湖北科学发展资产负债分析

## 一、一般概况

湖北省土地面积18.59万$km^2$，人口5711万，2008年实现地区GDP为11 330.38亿元，人均粮食产量390.40kg，人均水资源量1812.27$m^3$，森林覆盖率26.77%，人口自然增长率2.71‰，成人文盲率7.59%，万人在校大学生272人，专利（发明、实用新型、外观设计）授权8374件。

## 二、科学发展的资产负债分析

1）创新发展指数：在总数15个源指标中，资产累计得分25.50，相对资产25.50%，资产质量系数为1.70，表明资产质量一般。同时，负债累计得分－19.50，相对负债－43.33%，负债质量系数为－1.30，表明负债质量一般。在该大项中，相对净资产为13.33%。

2）资源节约指数：在总数15个源指标中，资产累计得分21.60，相对资产48.00%，资产质量系数为1.44，表明资产质量一般。同时，负债累计得分－23.40，相对负债－52.00%，负债质量系数为－1.56，表明负债质量一般。在该大项中，相对净资产为－4.00%。

3）环境友好指数：在总数12个源指标中，资产累计得分14.00，相对资产38.89%，资产质量系数为1.17，表明资产质量较差。同时，负债累计得分－22.00，相对负债－61.11%，负债质量系数为－1.83，表明负债质量较差。在该大项中，相对净资产为－22.22%。

4）社会公平指数：在总数9个源指标中，资产累计得分15.30，相对资产56.67%，资产质量系数为1.70，表明资产质量一般。同时，负债累计得分－11.70，相对负债－43.33%，负债质量系数为－1.30，表明负债质量一般。在该大项中，相对净资产为13.33%。

5）管理质量指数：在总数19个源指标中，资产累计得分29.70，相对资产52.11%，资产质量系数为1.56，表明资产质量一般。同时，负债累计得分－27.30，相对负债－47.89%，负债质量系数为－1.44，表明负债质量一般。在该大项中，相对净资产为4.21%。

总计上述五大项，在总数70个源指标中，总资产累计得分106.10，相对资产50.52%，资产质量系数为1.52，表明资产质量一般。同时，负债累计得分－103.90，相对负债－49.48%，负债质量系数为－1.48，表明负债质量一般，该地区科学发展水平相对总净资产为1.05%（图24-17，表24-17）。

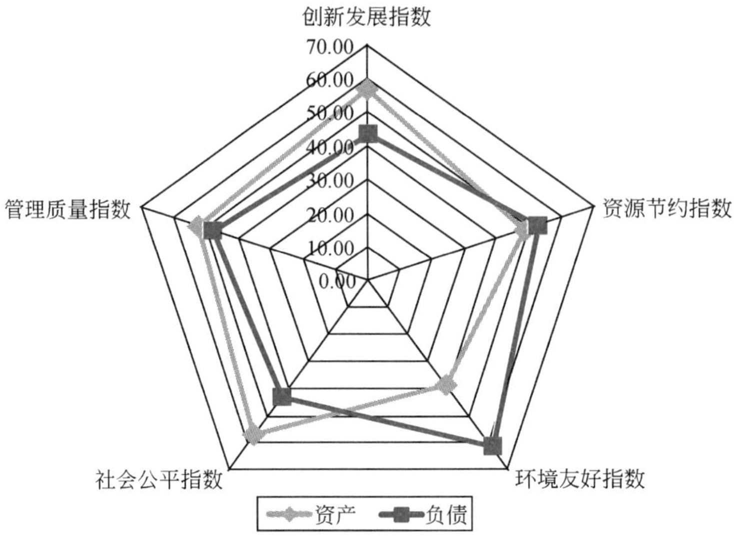


图 24-17　湖北科学发展水平资产负债图

**表 24-17　湖北科学发展水平资产负债表**

| 资　产 | | | | | | | 五大指数/% | | 负　债 | | | | | | |
|---|---|---|---|---|---|---|---|---|---|---|---|---|---|---|---|
| 位　次 | | 指标数 | 占指标总数/% | 指标分值 | 相对资产/% | 资产质量系数 | | | 位　次 | | 指标数 | 占指标总数/% | 指标分值 | 相对负债/% | 负债质量系数 |
| 创新发展指数 | 1～3 | 0 | 0.00 | 0.00 | 0.00 | | 创新发展指数 | | 创新发展指数 | 1～3 | 0 | 0.00 | 0.00 | 0.00 | |
| | 4～6 | 1 | 6.67 | 2.60 | 5.78 | | | | | 4～6 | 1 | 4.76 | -0.40 | -0.89 | |
| | 7～9 | 3 | 20.00 | 6.70 | 14.89 | | 资产：负债 | | | 7～9 | 3 | 14.29 | -2.30 | -5.11 | |
| | 10～12 | 3 | 20.00 | 6.00 | 13.33 | | 56.67 | 43.33 | | 10～12 | 3 | 14.29 | -3.00 | -6.67 | |
| | 13～15 | 1 | 6.67 | 1.60 | 3.56 | | 相对净资产 | 13.13 | | 13～15 | 1 | 4.76 | -1.40 | -3.11 | |
| | 16～18 | 4 | 26.67 | 5.70 | 12.67 | | | | | 16～18 | 4 | 19.05 | -6.30 | -14.00 | |
| | 19～21 | 2 | 13.33 | 2.10 | 4.67 | | | | | 19～21 | 2 | 9.52 | -3.90 | -8.67 | |
| | 22～24 | 1 | 6.67 | 0.80 | 1.78 | | | | | 22～24 | 1 | 4.76 | -2.20 | -4.89 | |
| | 25～27 | 0 | 0.00 | 0.00 | 0.00 | | | | | 25～27 | 0 | 0.00 | 0.00 | 0.00 | |
| | 28～31 | 0 | 0.00 | 0.00 | 0.00 | | | | | 28～31 | 0 | 0.00 | 0.00 | 0.00 | |
| 合　计 | | 15 | 100.00 | 25.50 | 56.67 | 1.70 | 15.00 | | 合　计 | | 15 | 100.00 | -19.50 | -43.33 | -1.30 |
| 资源节约指数 | 1～3 | 0 | 0.00 | 0.00 | 0.00 | | 资源节约指数 | | 资源节约指数 | 1～3 | 0 | 0.00 | 0.00 | 0.00 | |
| | 4～6 | 0 | 0.00 | 0.00 | 0.00 | | | | | 4～6 | 0 | 0.00 | 0.00 | 0.00 | |
| | 7～9 | 1 | 6.67 | 2.20 | 4.89 | | 资产：负债 | | | 7～9 | 1 | 3.45 | -0.80 | -1.78 | |
| | 10～12 | 1 | 6.67 | 1.90 | 4.22 | | 48.00 | 52.00 | | 10～12 | 1 | 3.45 | -1.10 | -2.44 | |
| | 13～15 | 3 | 20.00 | 5.10 | 11.33 | | 相对净资产 | -4.00 | | 13～15 | 3 | 10.34 | -3.90 | -8.67 | |
| | 16～18 | 6 | 40.00 | 8.20 | 18.22 | | | | | 16～18 | 6 | 20.69 | -9.80 | -21.78 | |
| | 19～21 | 4 | 26.67 | 4.20 | 9.33 | | | | | 19～21 | 4 | 13.79 | -7.80 | -17.33 | |
| | 22～24 | 0 | 0.00 | 0.00 | 0.00 | | | | | 22～24 | 0 | 0.00 | 0.00 | 0.00 | |
| | 25～27 | 0 | 0.00 | 0.00 | 0.00 | | | | | 25～27 | 0 | 0.00 | 0.00 | 0.00 | |
| | 28～31 | 0 | 0.00 | 0.00 | 0.00 | | | | | 28～31 | 0 | 0.00 | 0.00 | 0.00 | |
| 合　计 | | 15 | 100.00 | 21.60 | 48.00 | 1.44 | 15.00 | | 合　计 | | 15 | 100.00 | -23.40 | -52.00 | -1.56 |

续表

| 资产 | | | | | | | 五大指数/% | | 负债 | | | | | | |
|---|---|---|---|---|---|---|---|---|---|---|---|---|---|---|---|
| 位次 | | 指标数 | 占指标总数/% | 指标分值 | 相对资产/% | 资产质量系数 | | | 位次 | | 指标数 | 占指标总数/% | 指标分值 | 相对负债/% | 负债质量系数 |
| 环境友好指数 | 1~3 | 0 | 0.00 | 0.00 | 0.00 | | 环境友好指数 | | 环境友好指数 | 1~3 | 0 | 0.00 | 0.00 | 0.00 | |
| | 4~6 | 0 | 0.00 | 0.00 | 0.00 | | | | | 4~6 | 0 | 0.00 | 0.00 | 0.00 | |
| | 7~9 | 0 | 0.00 | 0.00 | 0.00 | | 资产：负债 | | | 7~9 | 0 | 0.00 | 0.00 | 0.00 | |
| | 10~12 | 1 | 8.33 | 2.10 | 5.83 | | 38.89 | 61.11 | | 10~12 | 1 | 4.55 | -0.90 | -2.50 | |
| | 13~15 | 1 | 8.33 | 1.20 | 4.72 | | 相对净资产 | -22.22 | | 13~15 | 1 | 4.55 | -1.30 | -3.61 | |
| | 16~18 | 4 | 33.33 | 5.80 | 16.11 | | | | | 16~18 | 4 | 18.18 | -6.20 | -17.22 | |
| | 19~21 | 1 | 8.33 | 1.20 | 3.33 | | | | | 19~21 | 1 | 4.55 | -1.80 | -5.00 | |
| | 22~24 | 1 | 16.67 | 1.60 | 4.44 | | | | | 22~24 | 2 | 9.09 | -4.40 | -12.22 | |
| | 25~27 | 3 | 25.00 | 1.60 | 4.44 | | | | | 25~27 | 3 | 13.64 | -7.40 | -20.56 | |
| | 28~31 | 0 | 0.00 | 0.00 | 0.00 | | | | | 28~31 | 0 | 0.00 | 0.00 | 0.00 | |
| 合计 | | 12 | 100.00 | 14.00 | 38.89 | 1.17 | 12.00 | | 合计 | | 12 | 100.00 | -22.00 | -61.11 | -1.83 |
| 社会公平指数 | 1~3 | 0 | 0.00 | 0.00 | 0.00 | | 社会公平指数 | | 社会公平指数 | 1~3 | 0 | 0.00 | 0.00 | 0.00 | |
| | 4~6 | 1 | 11.11 | 2.50 | 9.26 | | | | | 4~6 | 1 | 7.14 | -0.50 | -1.85 | |
| | 7~9 | 0 | 0.00 | 0.00 | 0.00 | | 资产：负债 | | | 7~9 | 0 | 0.00 | 0.00 | 0.00 | |
| | 10~12 | 1 | 11.11 | 2.00 | 7.41 | | 56.67 | 43.33 | | 10~12 | 1 | 7.14 | -1.00 | -3.70 | |
| | 13~15 | 3 | 33.33 | 5.30 | 19.63 | | 相对净资产 | 13.33 | | 13~15 | 3 | 21.43 | -3.70 | -13.70 | |
| | 16~18 | 3 | 33.33 | 4.30 | 15.93 | | | | | 16~18 | 3 | 21.43 | -4.70 | -17.41 | |
| | 19~21 | 1 | 11.11 | 1.20 | 4.44 | | | | | 19~21 | 1 | 7.14 | -1.80 | -6.67 | |
| | 22~24 | 0 | 0.00 | 0.00 | 0.00 | | | | | 22~24 | 0 | 0.00 | 0.00 | 0.00 | |
| | 25~27 | 0 | 0.00 | 0.00 | 0.00 | | | | | 25~27 | 0 | 0.00 | 0.00 | 0.00 | |
| | 28~31 | 0 | 0.00 | 0.00 | 0.00 | | | | | 28~31 | 0 | 0.00 | 0.00 | 0.00 | |
| 合计 | | 9 | 100.00 | 15.30 | 56.67 | 1.70 | 9.00 | | 合计 | | 9 | 100.00 | -11.70 | -43.33 | -1.30 |
| 管理质量指数 | 1~3 | 1 | 5.26 | 2.90 | 5.09 | | 管理质量指数 | | 管理质量指数 | 1~3 | 1 | 5.88 | -0.10 | -0.18 | |
| | 4~6 | 1 | 5.26 | 2.50 | 4.39 | | | | | 4~6 | 1 | 5.88 | -0.50 | -0.88 | |
| | 7~9 | 2 | 10.53 | 4.50 | 7.89 | | 资产：负债 | | | 7~9 | 2 | 11.76 | -1.50 | -2.63 | |
| | 10~12 | 1 | 5.26 | 1.90 | 3.33 | | 52.11 | 47.89 | | 10~12 | 1 | 5.88 | -1.10 | -1.93 | |
| | 13~15 | 6 | 31.58 | 10.20 | 17.89 | | 相对净资产 | 4.21 | | 13~15 | 6 | 35.29 | -7.80 | -13.68 | |
| | 16~18 | 3 | 15.79 | 4.20 | 7.37 | | | | | 16~18 | 3 | 17.65 | -4.80 | -8.42 | |
| | 19~21 | 1 | 5.26 | 1.00 | 1.75 | | | | | 19~21 | 1 | 5.88 | -2.00 | -3.51 | |
| | 22~24 | 2 | 10.53 | 1.70 | 2.98 | | | | | 22~24 | 2 | 11.76 | -4.30 | -7.54 | |
| | 25~27 | 1 | 5.26 | 0.60 | 1.05 | | | | | 25~27 | 1 | 5.88 | -2.40 | -4.21 | |
| | 28~31 | 1 | 5.26 | 0.20 | 0.35 | | | | | 28~31 | 1 | 5.88 | -2.80 | -4.91 | |
| 合计 | | 19 | 100.00 | 29.70 | 52.11 | 1.56 | 19.00 | | 合计 | | 19 | 100.00 | -27.30 | -47.89 | -1.44 |
| 资产总指标数 | | | 占指标总数/% | 总资产分值 | 相对总资产/% | 总资产质量系数 | 相对总资产：相对总负债 | | 负债总指标数 | | | 占指标总数/% | 总负债分值 | 相对总负债/% | 总负债质量系数 |
| | | | | | | | 50.52 | -49.48 | | | | | | | |
| 70 | | | 100.00 | 106.10 | 50.52 | 1.52 | 相对净资产 | 1.05 | 70 | | | 100.00 | -103.90 | -49.48 | -1.48 |

# 第十八节　湖南科学发展资产负债分析

## 一、一般概况

湖南省土地面积 21.19 万 $km^2$，人口 6380 万，2008 年实现地区 GDP 为 11 156.64亿元，人均粮食产量 440.52kg，人均水资源量 2512.76$m^3$，森林覆盖率 40.63%，人口自然增长率 5.40‰，成人文盲率 5.81%，万人在校大学生 197 人，专利（发明、实用新型、外观设计）授权 6133 件。

## 二、科学发展的资产负债分析

1）创新发展指数：在总数 15 个源指标中，资产累计得分 20.40，相对资产 20.40%，资产质量系数为 1.36，表明资产质量一般。同时，负债累计得分 -24.60，相对负债 -54.67%，负债质量系数为 -1.64，表明负债质量一般。在该大项中，相对净资产为 -9.33%。

2）资源节约指数：在总数 15 个源指标中，资产累计得分 24.30，相对资产 54.00%，资产质量系数为 1.62，表明资产质量一般。同时，负债累计得分 -20.70，相对负债 -46.00%，负债质量系数为 -1.38，表明负债质量一般。在该大项中，相对净资产为 8.00%。

3）环境友好指数：在总数 12 个源指标中，资产累计得分 14.70，相对资产 40.83%，资产质量系数为 1.23，表明资产质量一般。同时，负债累计得分 -21.30，相对负债 -59.17%，负债质量系数为 -1.78，表明负债质量一般。在该大项中，相对净资产为 -18.33%。

4）社会公平指数：在总数 9 个源指标中，资产累计得分 16.20，相对资产 60.00%，资产质量系数为 1.80，表明资产质量一般。同时，负债累计得分 -10.80，相对负债 -40.00%，负债质量系数为 -1.20，表明负债质量一般。在该大项中，相对净资产为 20.00%。

5）管理质量指数：在总数 19 个源指标中，资产累计得分 24.80，相对资产 43.51%，资产质量系数为 1.31，表明资产质量一般。同时，负债累计得分 -32.20，相对负债 -56.49%，负债质量系数为 -1.69，表明负债质量一般。在该大项中，相对净资产为 -12.98%。

总计上述五大项，在总数 70 个源指标中，总资产累计得分 100.40，相对资产 47.81%，资产质量系数为 1.43，表明资产质量一般。同时，负债累计得分 -109.60，相对负债 -52.19%，负债质量系数为 -1.57，表明负债质量一般，该地区科学发展水平相对总净资产为 -4.38%（图 24-18，表 24-18）。

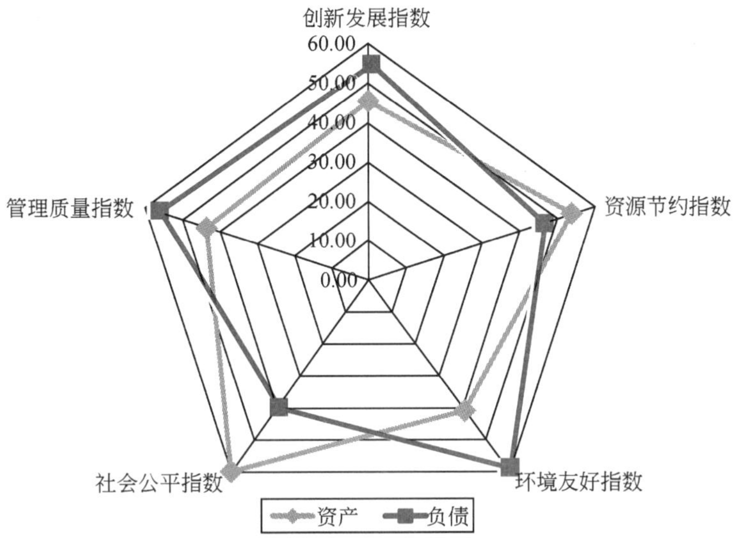


图 24-18　湖南科学发展水平资产负债图

**表 24-18　湖南科学发展水平资产负债表**

| 资产 | | | | | | | 五大指数/% | | 负债 | | | | | | |
|---|---|---|---|---|---|---|---|---|---|---|---|---|---|---|---|
| 位次 | | 指标数 | 占指标总数/% | 指标分值 | 相对资产/% | 资产质量系数 | | | 位次 | | 指标数 | 占指标总数/% | 指标分值 | 相对负债/% | 负债质量系数 |
| 创新发展指数 | 1～3 | 0 | 0.00 | 0.00 | 0.00 | | 创新发展指数 | | 创新发展指数 | 1～3 | 0 | 0.00 | 0.00 | 0.00 | |
| | 4～6 | 2 | 13.33 | 5.20 | 11.56 | | | | | 4～6 | 2 | 9.52 | -0.80 | -1.78 | |
| | 7～9 | 0 | 0.00 | 0.00 | 0.00 | | 资产：负债 | | | 7～9 | 0 | 0.00 | 0.00 | 0.00 | |
| | 10～12 | 1 | 6.67 | 1.90 | 4.22 | | 45.33 | 54.67 | | 10～12 | 1 | 4.76 | -1.10 | -2.44 | |
| | 13～15 | 2 | 13.33 | 3.40 | 7.56 | | 相对净资产 | -9.33 | | 13～15 | 2 | 9.52 | -2.60 | -5.78 | |
| | 16～18 | 4 | 26.67 | 5.60 | 12.44 | | | | | 16～18 | 4 | 19.05 | -6.40 | -14.22 | |
| | 19～21 | 1 | 6.67 | 1.00 | 2.22 | | | | | 19～21 | 1 | 4.76 | -2.00 | -4.44 | |
| | 22～24 | 3 | 20.00 | 2.40 | 5.33 | | | | | 22～24 | 3 | 14.29 | -6.60 | -14.67 | |
| | 25～27 | 1 | 6.67 | 0.60 | 1.33 | | | | | 25～27 | 1 | 4.76 | -2.40 | -5.33 | |
| | 28～31 | 1 | 6.67 | 0.30 | 0.67 | | | | | 28～31 | 1 | 4.76 | -2.70 | -6.00 | |
| 合计 | | 15 | 100.00 | 20.40 | 45.33 | 1.36 | 15.00 | | 合计 | | 15 | 100.00 | -24.60 | -54.67 | -1.64 |
| 资源节约指数 | 1～3 | 0 | 0.00 | 0.00 | 0.00 | | 资源节约指数 | | 资源节约指数 | 1～3 | 0 | 0.00 | 0.00 | 0.00 | |
| | 4～6 | 1 | 6.67 | 2.60 | 5.78 | | | | | 4～6 | 1 | 3.45 | -0.40 | -0.89 | |
| | 7～9 | 2 | 13.33 | 4.70 | 10.44 | | 资产：负债 | | | 7～9 | 2 | 6.90 | -1.30 | -2.89 | |
| | 10～12 | 1 | 6.67 | 2.10 | 4.67 | | 54.00 | 46.00 | | 10～12 | 1 | 3.45 | -0.90 | -2.00 | |
| | 13～15 | 6 | 40.00 | 10.20 | 22.67 | | 相对净资产 | 8.00 | | 13～15 | 6 | 20.69 | -7.80 | -17.33 | |
| | 16～18 | 0 | 0.00 | 0.00 | 0.00 | | | | | 16～18 | 0 | 0.00 | 0.00 | 0.00 | |
| | 19～21 | 3 | 20.00 | 3.20 | 7.11 | | | | | 19～21 | 3 | 10.34 | -5.80 | -12.89 | |
| | 22～24 | 2 | 13.33 | 1.50 | 3.33 | | | | | 22～24 | 2 | 6.90 | -4.50 | -10.00 | |
| | 25～27 | 0 | 0.00 | 0.00 | 0.00 | | | | | 25～27 | 0 | 0.00 | 0.00 | 0.00 | |
| | 28～31 | 0 | 0.00 | 0.00 | 0.00 | | | | | 28～31 | 0 | 0.00 | 0.00 | 0.00 | |
| 合计 | | 15 | 100.00 | 24.30 | 54.00 | 1.62 | 15.00 | | 合计 | | 15 | 100.00 | -20.70 | -46.00 | -1.38 |

续表

| 资产 | | | | | | | 五大指数/% | | 负债 | | | | | | |
|---|---|---|---|---|---|---|---|---|---|---|---|---|---|---|---|
| 位次 | | 指标数 | 占指标总数/% | 指标分值 | 相对资产/% | 资产质量系数 | 五大指数/% | | 位次 | | 指标数 | 占指标总数/% | 指标分值 | 相对负债/% | 负债质量系数 |
| 环境友好指数 | 1～3 | 0 | 0.00 | 0.00 | 0.00 | | 环境友好指数 | | 环境友好指数 | 1～3 | 0 | 0.00 | 0.00 | 0.00 | |
| | 4～6 | 0 | 0.00 | 0.00 | 0.00 | | | | | 4～6 | 0 | 0.00 | 0.00 | 0.00 | |
| | 7～9 | 1 | 8.33 | 2.30 | 6.39 | | 资产：负债 | | | 7～9 | 1 | 4.55 | -0.70 | -1.94 | |
| | 10～12 | 0 | 0.00 | 0.00 | 0.00 | | 40.83 | 59.17 | | 10～12 | 0 | 0.00 | 0.00 | 0.00 | |
| | 13～15 | 3 | 25.00 | 5.10 | 14.17 | | 相对净资产 | -18.33 | | 13～15 | 3 | 13.64 | -3.90 | -10.83 | |
| | 16～18 | 1 | 8.33 | 1.30 | 3.61 | | | | | 16～18 | 1 | 4.55 | -1.70 | -4.72 | |
| | 19～21 | 2 | 16.67 | 2.30 | 6.39 | | | | | 19～21 | 2 | 9.09 | -3.70 | -10.28 | |
| | 22～24 | 3 | 25.00 | 2.50 | 6.94 | | | | | 22～24 | 3 | 13.64 | -6.50 | -18.06 | |
| | 25～27 | 2 | 16.67 | 1.20 | 3.33 | | | | | 25～27 | 2 | 9.09 | -4.80 | -13.33 | |
| | 28～31 | 0 | 0.00 | 0.00 | 0.00 | | | | | 28～31 | 0 | 0.00 | 0.00 | 0.00 | |
| 合计 | | 12 | 100.00 | 14.70 | 40.83 | 1.23 | 12.00 | | 合计 | | 12 | 100.00 | -21.30 | -59.17 | -1.78 |
| 社会公平指数 | 1～3 | 2 | 22.22 | 5.80 | 21.48 | | 社会公平指数 | | 社会公平指数 | 1～3 | 2 | 14.29 | -0.20 | -0.74 | |
| | 4～6 | 0 | 0.00 | 0.00 | 0.00 | | | | | 4～6 | 0 | 0.00 | 0.00 | 0.00 | |
| | 7～9 | 1 | 11.11 | 2.40 | 8.89 | | 资产：负债 | | | 7～9 | 1 | 7.14 | -0.60 | -2.22 | |
| | 10～12 | 0 | 0.00 | 0.00 | 0.00 | | 60.00 | 40.00 | | 10～12 | 0 | 0.00 | 0.00 | 0.00 | |
| | 13～15 | 2 | 22.22 | 3.40 | 12.59 | | 相对净资产 | 20.00 | | 13～15 | 2 | 14.29 | -2.60 | -9.63 | |
| | 16～18 | 3 | 33.33 | 4.40 | 16.30 | | | | | 16～18 | 3 | 21.43 | -4.60 | -17.04 | |
| | 19～21 | 0 | 0.00 | 0.00 | 0.00 | | | | | 19～21 | 0 | 0.00 | 0.00 | 0.00 | |
| | 22～24 | 0 | 0.00 | 0.00 | 0.00 | | | | | 22～24 | 0 | 0.00 | 0.00 | 0.00 | |
| | 25～27 | 0 | 0.00 | 0.00 | 0.00 | | | | | 25～27 | 0 | 0.00 | 0.00 | 0.00 | |
| | 28～31 | 1 | 11.11 | 0.20 | 0.74 | | | | | 28～31 | 1 | 7.14 | -2.80 | -10.37 | |
| 合计 | | 9 | 100.00 | 16.20 | 60.00 | 1.80 | 9.00 | | 合计 | | 9 | 100.00 | -10.80 | -40.00 | -1.20 |
| 管理质量指数 | 1～3 | 0 | 0.00 | 0.00 | 0.00 | | 管理质量指数 | | 管理质量指数 | 1～3 | 0 | 0.00 | 0.00 | 0.00 | |
| | 4～6 | 2 | 10.53 | 5.20 | 9.12 | | | | | 4～6 | 2 | 11.76 | -0.80 | -1.40 | |
| | 7～9 | 3 | 15.79 | 6.70 | 11.75 | | 资产：负债 | | | 7～9 | 3 | 17.65 | -2.30 | -4.04 | |
| | 10～12 | 0 | 0.00 | 0.00 | 0.00 | | 43.51 | 56.49 | | 10～12 | 0 | 0.00 | 0.00 | 0.00 | |
| | 13～15 | 0 | 0.00 | 0.00 | 0.00 | | 相对净资产 | -12.98 | | 13～15 | 0 | 0.00 | 0.00 | 0.00 | |
| | 16～18 | 3 | 15.79 | 4.30 | 7.54 | | | | | 16～18 | 3 | 17.65 | -4.70 | -8.25 | |
| | 19～21 | 4 | 21.05 | 4.60 | 8.07 | | | | | 19～21 | 4 | 23.53 | -7.40 | -12.98 | |
| | 22～24 | 1 | 5.26 | 0.90 | 1.58 | | | | | 22～24 | 1 | 5.88 | -2.10 | -3.68 | |
| | 25～27 | 6 | 31.58 | 3.10 | 5.44 | | | | | 25～27 | 6 | 35.29 | -14.90 | -26.14 | |
| | 28～31 | 0 | 0.00 | 0.00 | 0.00 | | | | | 28～31 | 0 | 0.00 | 0.00 | 0.00 | |
| 合计 | | 19 | 100.00 | 24.80 | 43.51 | 1.31 | 19.00 | | 合计 | | 19 | 100.00 | -32.20 | -56.49 | -1.69 |
| 资产总指标数 | | | 占指标总数/% | 总资产分值 | 相对总资产/% | 总资产质量系数 | 相对总资产：相对总负债 | | 负债总指标数 | | | 占指标总数/% | 总负债分值 | 相对总负债/% | 总负债质量系数 |
| | | | | | | | 47.81 | -52.19 | | | | | | | |
| 70 | | | 100.00 | 100.40 | 47.81 | 1.43 | 相对净资产 | -4.38 | 70 | | | 100.00 | -109.60 | -52.19 | -1.57 |

# 第十九节　广东科学发展资产负债分析

## 一、一般概况

广东省土地面积17.98万$km^2$，人口9544万，2008年实现地区GDP为35 696.46亿元，人均粮食产量130.94kg，人均水资源量2323.80$m^3$，森林覆盖率46.49%，人口自然增长率7.25‰，成人文盲率4.06%，万人在校大学生182人，专利（发明、实用新型、外观设计）授权62 031件。

## 二、科学发展的资产负债分析

1）创新发展指数：在总数15个源指标中，资产累计得分31.90，相对资产31.90%，资产质量系数为2.13，表明资产质量较好。同时，负债累计得分-13.10，相对负债-29.11%，负债质量系数为-0.87，表明负债质量较好。在该大项中，相对净资产为41.78%。

2）资源节约指数：在总数15个源指标中，资产累计得分35.30，相对资产78.44%，资产质量系数为2.52，表明资产质量优良。同时，负债累计得分-9.70，相对负债-21.56%，负债质量系数为-0.65，表明负债质量较好。在该大项中，相对净资产为56.89%。

3）环境友好指数：在总数12个源指标中，资产累计得分15.20，相对资产42.22%，资产质量系数为1.27，表明资产质量一般。同时，负债累计得分-20.80，相对负债-57.78%，负债质量系数为-1.73，表明负债质量一般。在该大项中，相对净资产为-15.56%。

4）社会公平指数：在总数9个源指标中，资产累计得分12.80，相对资产47.41%，资产质量系数为1.42，表明资产质量一般。同时，负债累计得分-14.20，相对负债-52.59%，负债质量系数为-1.58，表明负债质量一般。在该大项中，相对净资产为-5.19%。

5）管理质量指数：在总数19个源指标中，资产累计得分35.60，相对资产62.46%，资产质量系数为1.87，表明资产质量较好。同时，负债累计得分-21.40，相对负债-37.54%，负债质量系数为-1.13，表明负债质量较好。在该大项中，相对净资产为24.91%。

总计上述五大项，在总数70个源指标中，总资产累计得分130.80，相对资产62.29%，资产质量系数为1.90，表明资产质量较好。同时，负债累计得分-79.20，相对负债-37.71%，负债质量系数为-1.13，表明负债质量较好，该地区科学发展水平相对总净资产为24.57%（图24-19，表24-19）。

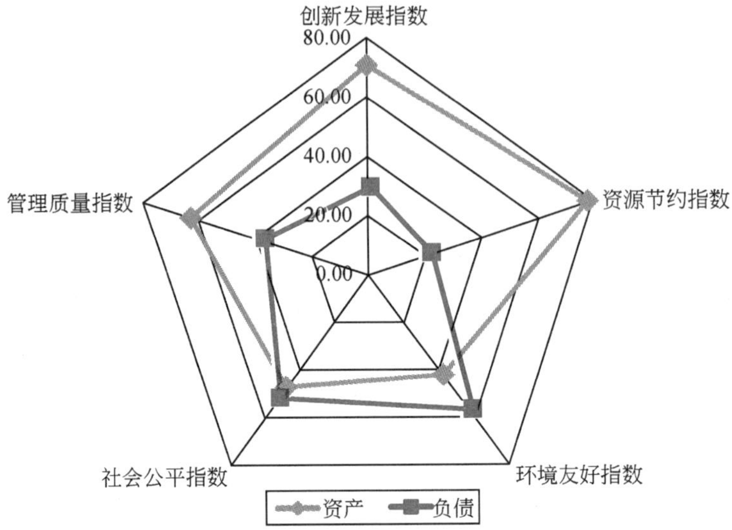


图 24-19　广东科学发展水平资产负债图

**表 24-19　广东科学发展水平资产负债表**

| 资产 | | | | | | | 五大指数/% | | 负债 | | | | | | |
|---|---|---|---|---|---|---|---|---|---|---|---|---|---|---|---|
| 位次 | | 指标数 | 占指标总数/% | 指标分值 | 相对资产/% | 资产质量系数 | | | 位次 | | 指标数 | 占指标总数/% | 指标分值 | 相对负债/% | 负债质量系数 |
| 创新发展指数 | 1～3 | 3 | 20.00 | 8.40 | 18.67 | | 创新发展指数 | | 创新发展指数 | 1～3 | 3 | 14.29 | -0.60 | -1.33 | |
| | 4～6 | 4 | 26.67 | 10.30 | 22.89 | | | | | 4～6 | 4 | 19.05 | -1.70 | -3.78 | |
| | 7～9 | 2 | 13.33 | 4.60 | 10.22 | | 资产:负债 | | | 7～9 | 2 | 9.52 | -1.40 | -3.11 | |
| | 10～12 | 2 | 13.33 | 4.10 | 9.11 | | 70.89 | 29.11 | | 10～12 | 2 | 9.52 | -1.90 | -4.22 | |
| | 13～15 | 1 | 6.67 | 1.70 | 3.78 | | 相对净资产 | 41.78 | | 13～15 | 1 | 4.76 | -1.30 | -2.89 | |
| | 16～18 | 1 | 6.67 | 1.40 | 3.11 | | | | | 16～18 | 1 | 4.76 | -1.60 | -3.56 | |
| | 19～21 | 1 | 6.67 | 1.20 | 2.67 | | | | | 19～21 | 1 | 4.76 | -1.80 | -4.00 | |
| | 22～24 | 0 | 0.00 | 0.00 | 0.00 | | | | | 22～24 | 0 | 0.00 | 0.00 | 0.00 | |
| | 25～27 | 0 | 0.00 | 0.00 | 0.00 | | | | | 25～27 | 0 | 0.00 | 0.00 | 0.00 | |
| | 28～31 | 1 | 6.67 | 0.20 | 0.44 | | | | | 28～31 | 1 | 4.76 | -2.80 | -6.22 | |
| 合计 | | 15 | 100.00 | 31.90 | 70.89 | 2.13 | 15.00 | | 合计 | | 15 | 100.00 | -13.10 | -29.11 | -0.87 |
| 资源节约指数 | 1～3 | 4 | 26.67 | 11.50 | 25.56 | | 资源节约指数 | | 资源节约指数 | 1～3 | 4 | 13.79 | -0.50 | -1.11 | |
| | 4～6 | 5 | 33.33 | 15.20 | 33.78 | | | | | 4～6 | 5 | 17.24 | -2.80 | -6.22 | |
| | 7～9 | 3 | 20.00 | 6.80 | 15.11 | | 资产:负债 | | | 7～9 | 3 | 10.34 | -2.20 | -4.89 | |
| | 10～12 | 0 | 0.00 | 0.00 | 0.00 | | 78.44 | 21.56 | | 10～12 | 0 | 0.00 | 0.00 | 0.00 | |
| | 13～15 | 0 | 0.00 | 0.00 | 0.00 | | 相对净资产 | 56.89 | | 13～15 | 0 | 0.00 | 0.00 | 0.00 | |
| | 16～18 | 0 | 0.00 | 0.00 | 0.00 | | | | | 16～18 | 0 | 0.00 | 0.00 | 0.00 | |
| | 19～21 | 1 | 6.67 | 1.00 | 2.22 | | | | | 19～21 | 1 | 3.45 | -2.00 | -4.44 | |
| | 22～24 | 1 | 6.67 | 0.80 | 1.78 | | | | | 22～24 | 1 | 3.45 | -2.20 | -4.89 | |
| | 25～27 | 0 | 0.00 | 0.00 | 0.00 | | | | | 25～27 | 0 | 0.00 | 0.00 | 0.00 | |
| | 28～31 | 0 | 0.00 | 0.00 | 0.00 | | | | | 28～31 | 0 | 0.00 | 0.00 | 0.00 | |
| 合计 | | 14 | 100.00 | 35.30 | 78.44 | 2.52 | 15.00 | | 合计 | | 14 | 100.00 | -9.70 | -21.56 | -0.65 |

续表

| 资产 | | | | | | | 五大指数/% | | 负债 | | | | | | |
|---|---|---|---|---|---|---|---|---|---|---|---|---|---|---|---|
| 位次 | | 指标数 | 占指标总数/% | 指标分值 | 相对资产/% | 资产质量系数 | | | 位次 | | 指标数 | 占指标总数/% | 指标分值 | 相对负债/% | 负债质量系数 |
| 环境友好指数 | 1~3 | 1 | 8.33 | 3.00 | 8.33 | | 环境友好指数 | | 环境友好指数 | 1~3 | 1 | 4.55 | 0.00 | 0.00 | |
| | 4~6 | 1 | 8.33 | 2.60 | 7.22 | | | | | 4~6 | 1 | 4.55 | -0.40 | -1.11 | |
| | 7~9 | 1 | 8.33 | 2.20 | 6.11 | | 资产:负债 | | | 7~9 | 1 | 4.55 | -0.80 | -2.22 | |
| | 10~12 | 0 | 0.00 | 0.00 | 0.00 | | 42.22 | 57.78 | | 10~12 | 0 | 0.00 | 0.00 | 0.00 | |
| | 13~15 | 2 | 16.67 | 3.40 | 9.44 | | 相对净资产 | -15.56 | | 13~15 | 2 | 9.09 | -2.60 | -7.22 | |
| | 16~18 | 2 | 16.67 | 2.60 | 7.22 | | | | | 16~18 | 2 | 9.09 | -3.40 | -9.44 | |
| | 19~21 | 0 | 0.00 | 0.00 | 0.00 | | | | | 19~21 | 0 | 0.00 | 0.00 | 0.00 | |
| | 22~24 | 1 | 8.33 | 0.90 | 2.50 | | | | | 22~24 | 1 | 4.55 | -2.10 | -5.83 | |
| | 25~27 | 1 | 8.33 | 0.40 | 1.11 | | | | | 25~27 | 1 | 4.55 | -2.60 | -7.22 | |
| | 28~31 | 3 | 25.00 | 0.10 | 0.28 | | | | | 28~31 | 3 | 13.64 | -8.90 | -24.72 | |
| 合计 | | 12 | 100.00 | 15.20 | 42.22 | 1.27 | 12.00 | | 合计 | | 12 | 100.00 | -20.80 | -57.78 | -1.73 |
| 社会公平指数 | 1~3 | 0 | 0.00 | 0.00 | 0.00 | | 社会公平指数 | | 社会公平指数 | 1~3 | 0 | 0.00 | 0.00 | 0.00 | |
| | 4~6 | 3 | 33.33 | 7.80 | 28.89 | | | | | 4~6 | 3 | 21.43 | -1.20 | -4.44 | |
| | 7~9 | 0 | 0.00 | 0.00 | 0.00 | | 资产:负债 | | | 7~9 | 0 | 0.00 | 0.00 | 0.00 | |
| | 10~12 | 1 | 11.11 | 2.10 | 7.78 | | 47.41 | 52.59 | | 10~12 | 1 | 7.14 | -0.90 | -3.33 | |
| | 13~15 | 0 | 0.00 | 0.00 | 0.00 | | 相对净资产 | -5.19 | | 13~15 | 0 | 0.00 | 0.00 | 0.00 | |
| | 16~18 | 1 | 11.11 | 1.30 | 4.81 | | | | | 16~18 | 1 | 7.14 | -1.70 | -6.30 | |
| | 19~21 | 0 | 0.00 | 0.00 | 0.00 | | | | | 19~21 | 0 | 0.00 | 0.00 | 0.00 | |
| | 22~24 | 1 | 11.11 | 0.90 | 3.33 | | | | | 22~24 | 1 | 7.14 | -2.10 | -7.78 | |
| | 25~27 | 1 | 11.11 | 0.40 | 1.48 | | | | | 25~27 | 1 | 7.14 | -2.60 | -9.63 | |
| | 28~31 | 2 | 22.22 | 0.30 | 1.11 | | | | | 28~31 | 2 | 14.29 | -5.70 | -21.11 | |
| 合计 | | 9 | 100.00 | 12.80 | 47.41 | 1.42 | 9.00 | | 合计 | | 9 | 100.00 | -14.20 | -52.59 | -1.58 |
| 管理质量指数 | 1~3 | 1 | 10.53 | 5.80 | 10.18 | | 管理质量指数 | | 管理质量指数 | 1~3 | 2 | 11.76 | -0.20 | -0.35 | |
| | 4~6 | 4 | 21.05 | 10.40 | 18.25 | | | | | 4~6 | 4 | 23.53 | -1.60 | -2.81 | |
| | 7~9 | 1 | 5.26 | 2.30 | 4.04 | | 资产:负债 | | | 7~9 | 1 | 5.88 | -0.70 | -1.23 | |
| | 10~12 | 5 | 26.32 | 10.10 | 17.72 | | 62.46 | 37.54 | | 10~12 | 5 | 29.41 | -4.90 | -8.60 | |
| | 13~15 | 1 | 5.26 | 1.80 | 3.16 | | 相对净资产 | 24.91 | | 13~15 | 1 | 5.88 | -1.20 | -2.11 | |
| | 16~18 | 0 | 0.00 | 0.00 | 0.00 | | | | | 16~18 | 0 | 0.00 | 0.00 | 0.00 | |
| | 19~21 | 2 | 10.53 | 2.40 | 4.21 | | | | | 19~21 | 2 | 11.76 | -3.60 | -6.32 | |
| | 22~24 | 3 | 15.79 | 2.50 | 4.39 | | | | | 22~24 | 3 | 17.65 | -6.50 | -11.40 | |
| | 25~27 | 0 | 0.00 | 0.00 | 0.00 | | | | | 25~27 | 0 | 0.00 | 0.00 | 0.00 | |
| | 28~31 | 1 | 5.26 | 0.30 | 0.53 | | | | | 28~31 | 1 | 5.88 | -2.70 | -4.74 | |
| 合计 | | 19 | 100.00 | 35.60 | 62.46 | 1.87 | 19.00 | | 合计 | | 19 | 100.00 | -21.40 | -37.54 | -1.13 |
| 资产总指标数 | | | 占指标总数/% | 总资产分值 | 相对总资产/% | 总资产质量系数 | 相对总资产:相对总负债 | | 负债总指标数 | | | 占指标总数/% | 总负债分值 | 相对总负债/% | 总负债质量系数 |
| | | | | | | | 62.29 | -37.71 | | | | | | | |
| 69 | | | 100.00 | 130.80 | 62.29 | 1.90 | 相对净资产 | 24.57 | 70 | | | 100.00 | -79.20 | -37.71 | -1.13 |

# 第二十节　广西科学发展资产负债分析

## 一、一般概况

广西壮族自治区土地面积23.76万$km^2$，人口4816万，2008年实现地区GDP为7171.58亿元，人均粮食产量291.05kg，人均水资源量4763.15$m^3$，森林覆盖率41.41%，人口自然增长率8.70‰，成人文盲率5.56%，万人在校大学生135人，专利（发明、实用新型、外观设计）授权2228件。

## 二、科学发展的资产负债分析

1）创新发展指数：在总数15个源指标中，资产累计得分13.50，相对资产13.50%，资产质量系数为0.90，表明资产质量较差。同时，负债累计得分－31.50，相对负债－70.00%，负债质量系数为－2.10，表明负债质量较差。在该大项中，相对净资产为－40.00%。

2）资源节约指数：在总数15个源指标中，资产累计得分15.50，相对资产34.44%，资产质量系数为1.03，表明资产质量较差。同时，负债累计得分－29.50，相对负债－65.56%，负债质量系数为－1.97，表明负债质量较差。在该大项中，相对净资产为－31.11%。

3）环境友好指数：在总数12个源指标中，资产累计得分16.30，相对资产45.28%，资产质量系数为1.36，表明资产质量一般。同时，负债累计得分－19.70，相对负债－54.72%，负债质量系数为－1.64，表明负债质量一般。在该大项中，相对净资产为－9.44%。

4）社会公平指数：在总数9个源指标中，资产累计得分9.50，相对资产35.19%，资产质量系数为1.06，表明资产质量较差。同时，负债累计得分－17.50，相对负债－64.81%，负债质量系数为－1.94，表明负债质量较差。在该大项中，相对净资产为－29.63%。

5）管理质量指数：在总数19个源指标中，资产累计得分22.80，相对资产40.00%，资产质量系数为1.20，表明资产质量较差。同时，负债累计得分－34.20，相对负债－60.00%，负债质量系数为－1.80，表明负债质量较差。在该大项中，相对净资产为－20.00%。

总计上述五大项，在总数70个源指标中，总资产累计得分77.60，相对资产36.95%，资产质量系数为1.11，表明资产质量较差。同时，负债累计得分－132.40，相对负债－63.05%，负债质量系数为－1.89，表明负债质量较差，该地区科学发展水平相对总净资产为－26.10%（图24-20，表24-20）。

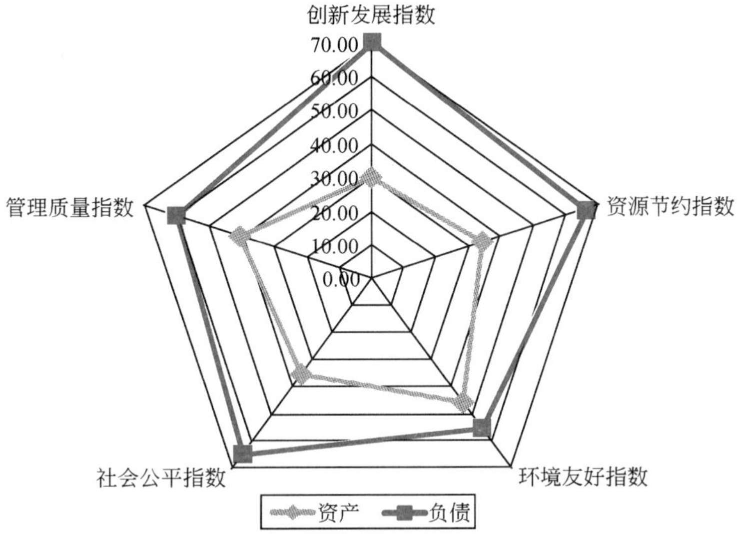


图 24-20　广西科学发展水平资产负债图

**表 24-20　广西科学发展水平资产负债表**

| 资产 | | | | | | | 五大指数/% | | 负债 | | | | | | |
|---|---|---|---|---|---|---|---|---|---|---|---|---|---|---|---|
| 位次 | | 指标数 | 占指标总数/% | 指标分值 | 相对资产/% | 资产质量系数 | | | 位次 | | 指标数 | 占指标总数/% | 指标分值 | 相对负债/% | 负债质量系数 |
| 创新发展指数 | 1～3 | 0 | 0.00 | 0.00 | 0.00 | | 创新发展指数 | | 创新发展指数 | 1～3 | 0 | 0.00 | 0.00 | 0.00 | |
| | 4～6 | 0 | 0.00 | 0.00 | 0.00 | | | | | 4～6 | 0 | 0.00 | 0.00 | 0.00 | |
| | 7～9 | 0 | 0.00 | 0.00 | 0.00 | | 资产：负债 | | | 7～9 | 0 | 0.00 | 0.00 | 0.00 | |
| | 10～12 | 1 | 6.67 | 1.90 | 4.22 | | 30.00 | 70.00 | | 10～12 | 1 | 4.76 | -1.10 | -2.44 | |
| | 13～15 | 2 | 13.33 | 3.30 | 7.33 | | 相对净资产 | -40.00 | | 13～15 | 2 | 9.52 | -2.70 | -6.00 | |
| | 16～18 | 2 | 13.33 | 2.70 | 6.00 | | | | | 16～18 | 2 | 9.52 | -3.30 | -7.33 | |
| | 19～21 | 1 | 6.67 | 1.20 | 2.67 | | | | | 19～21 | 1 | 4.76 | -1.80 | -4.00 | |
| | 22～24 | 3 | 20.00 | 2.30 | 5.11 | | | | | 22～24 | 3 | 14.29 | -6.70 | -14.89 | |
| | 25～27 | 4 | 26.67 | 1.80 | 4.00 | | | | | 25～27 | 4 | 19.05 | -10.20 | -22.67 | |
| | 28～31 | 2 | 13.33 | 0.30 | 0.67 | | | | | 28～31 | 2 | 9.52 | -5.70 | -12.67 | |
| 合计 | | 15 | 100.00 | 13.50 | 30.00 | 0.90 | 15.00 | | 合计 | | 15 | 100.00 | -31.50 | -70.00 | -2.10 |
| 资源节约指数 | 1～3 | 1 | 6.67 | 2.80 | 6.22 | | 资源节约指数 | | 资源节约指数 | 1～3 | 1 | 3.45 | -0.20 | -0.44 | |
| | 4～6 | 0 | 0.00 | 0.00 | 0.00 | | | | | 4～6 | 0 | 0.00 | 0.00 | 0.00 | |
| | 7～9 | 2 | 13.33 | 4.40 | 9.78 | | 资产：负债 | | | 7～9 | 2 | 6.90 | -1.60 | -3.56 | |
| | 10～12 | 0 | 0.00 | 0.00 | 0.00 | | 34.44 | 65.56 | | 10～12 | 0 | 0.00 | 0.00 | 0.00 | |
| | 13～15 | 1 | 6.67 | 1.80 | 4.00 | | 相对净资产 | -31.11 | | 13～15 | 1 | 3.45 | -1.20 | -2.67 | |
| | 16～18 | 2 | 13.33 | 2.80 | 6.22 | | | | | 16～18 | 2 | 6.90 | -3.20 | -7.11 | |
| | 19～21 | 1 | 6.67 | 1.00 | 2.22 | | | | | 19～21 | 1 | 3.45 | -2.00 | -4.44 | |
| | 22～24 | 0 | 0.00 | 0.00 | 0.00 | | | | | 22～24 | 0 | 0.00 | 0.00 | 0.00 | |
| | 25～27 | 3 | 20.00 | 1.40 | 3.11 | | | | | 25～27 | 3 | 10.34 | -7.60 | -16.89 | |
| | 28～31 | 5 | 33.33 | 1.30 | 2.89 | | | | | 28～31 | 5 | 17.24 | -13.70 | -30.44 | |
| 合计 | | 15 | 100.00 | 15.50 | 34.44 | 1.03 | 15.00 | | 合计 | | 15 | 100.00 | -29.50 | -65.56 | -1.97 |

续表

| 资产 | | | | | | | 五大指数/% | | 负债 | | | | | | |
|---|---|---|---|---|---|---|---|---|---|---|---|---|---|---|---|
| 位次 | | 指标数 | 占指标总数/% | 指标分值 | 相对资产/% | 资产质量系数 | | | 位次 | | 指标数 | 占指标总数/% | 指标分值 | 相对负债/% | 负债质量系数 |
| 环境友好指数 | 1~3 | 0 | 0.00 | 0.00 | 0.00 | | 环境友好指数 | | 环境友好指数 | 1~3 | 0 | 0.00 | 0.00 | 0.00 | |
| | 4~6 | 2 | 16.67 | 5.00 | 13.89 | | | | | 4~6 | 2 | 9.09 | -1.00 | -2.78 | |
| | 7~9 | 1 | 8.33 | 2.40 | 6.67 | | 资产:负债 | | | 7~9 | 1 | 4.55 | -0.60 | -1.67 | |
| | 10~12 | 1 | 8.33 | 2.00 | 5.56 | | 45.28 | 54.72 | | 10~12 | 1 | 4.55 | -1.00 | -2.78 | |
| | 13~15 | 0 | 0.00 | 0.00 | 0.00 | | 相对净资产 | -9.44 | | 13~15 | 0 | 0.00 | 0.00 | 0.00 | |
| | 16~18 | 3 | 25.00 | 4.10 | 11.39 | | | | | 16~18 | 3 | 13.64 | -4.90 | -13.61 | |
| | 19~21 | 0 | 0.00 | 0.00 | 0.00 | | | | | 19~21 | 0 | 0.00 | 0.00 | 0.00 | |
| | 22~24 | 3 | 25.00 | 2.60 | 7.22 | | | | | 22~24 | 3 | 13.64 | -6.40 | -17.78 | |
| | 25~27 | 0 | 0.00 | 0.00 | 0.00 | | | | | 25~27 | 0 | 0.00 | 0.00 | 0.00 | |
| | 28~31 | 2 | 16.67 | 0.20 | 0.56 | | | | | 28~31 | 2 | 9.09 | -5.80 | -16.11 | |
| 合计 | | 12 | 100.00 | 16.30 | 45.28 | 1.36 | 12.00 | | 合计 | | 12 | 100.00 | -19.70 | -54.72 | -1.64 |
| 社会公平指数 | 1~3 | 0 | 0.00 | 0.00 | 0.00 | | 社会公平指数 | | 社会公平指数 | 1~3 | 0 | 0.00 | 0.00 | 0.00 | |
| | 4~6 | 0 | 0.00 | 0.00 | 0.00 | | | | | 4~6 | 0 | 0.00 | 0.00 | 0.00 | |
| | 7~9 | 1 | 11.11 | 2.40 | 8.89 | | 资产:负债 | | | 7~9 | 1 | 7.14 | -0.60 | -2.22 | |
| | 10~12 | 1 | 11.11 | 1.90 | 7.04 | | 35.19 | 64.81 | | 10~12 | 1 | 7.14 | -1.10 | -4.07 | |
| | 13~15 | 0 | 0.00 | 0.00 | 0.00 | | 相对净资产 | -29.63 | | 13~15 | 0 | 0.00 | 0.00 | 0.00 | |
| | 16~18 | 1 | 11.11 | 1.40 | 5.19 | | | | | 16~18 | 1 | 7.14 | -1.60 | -5.93 | |
| | 19~21 | 1 | 11.11 | 1.20 | 4.44 | | | | | 19~21 | 1 | 7.14 | -1.80 | -6.67 | |
| | 22~24 | 2 | 22.22 | 1.50 | 5.56 | | | | | 22~24 | 2 | 14.29 | -4.50 | -16.67 | |
| | 25~27 | 1 | 11.11 | 0.50 | 1.85 | | | | | 25~27 | 1 | 7.14 | -2.50 | -9.26 | |
| | 28~31 | 2 | 22.22 | 0.60 | 2.22 | | | | | 28~31 | 2 | 14.29 | -5.40 | -20.00 | |
| 合计 | | 9 | 100.00 | 9.50 | 35.19 | 1.06 | 9.00 | | 合计 | | 9 | 100.00 | -17.50 | -64.81 | -1.94 |
| 管理质量指数 | 1~3 | 1 | 5.26 | 3.00 | 5.26 | | 管理质量指数 | | 管理质量指数 | 1~3 | 1 | 5.88 | 0.00 | 0.00 | |
| | 4~6 | 0 | 0.00 | 0.00 | 0.00 | | | | | 4~6 | 0 | 0.00 | 0.00 | 0.00 | |
| | 7~9 | 2 | 10.53 | 4.60 | 8.07 | | 资产:负债 | | | 7~9 | 2 | 11.76 | -1.40 | -2.46 | |
| | 10~12 | 0 | 0.00 | 0.00 | 0.00 | | 40.00 | 60.00 | | 10~12 | 0 | 0.00 | 0.00 | 0.00 | |
| | 13~15 | 3 | 15.79 | 5.00 | 8.77 | | 相对净资产 | -20.00 | | 13~15 | 3 | 17.65 | -4.00 | -7.02 | |
| | 16~18 | 2 | 10.53 | 2.90 | 5.09 | | | | | 16~18 | 2 | 11.76 | -3.10 | -5.44 | |
| | 19~21 | 2 | 10.53 | 2.20 | 3.86 | | | | | 19~21 | 2 | 11.76 | -3.80 | -6.67 | |
| | 22~24 | 3 | 15.79 | 2.50 | 4.39 | | | | | 22~24 | 3 | 17.65 | -6.50 | -11.40 | |
| | 25~27 | 6 | 31.58 | 2.60 | 4.56 | | | | | 25~27 | 6 | 35.29 | -15.40 | -27.02 | |
| | 28~31 | 0 | 0.00 | 0.00 | 0.00 | | | | | 28~31 | 0 | 0.00 | 0.00 | 0.00 | |
| 合计 | | 19 | 100.00 | 22.80 | 40.00 | 1.20 | 19.00 | | 合计 | | 19 | 100.00 | -34.20 | -60.00 | -1.80 |
| 资产总指标数 | | | 占指标总数/% | 总资产分值 | 相对总资产/% | 总资产质量系数 | 相对总资产:相对总负债 | | 负债总指标数 | | | 占指标总数/% | 总负债分值 | 相对总负债/% | 总负债质量系数 |
| | | | | | | | 36.95 | -63.05 | | | | | | | |
| 70 | | | 100.00 | 77.60 | 36.95 | 1.11 | 相对净资产 | -26.10 | 70 | | | 100.00 | -132.40 | -63.05 | -1.89 |

# 第二十一节　海南科学发展资产负债分析

## 一、一般概况

海南省土地面积3.54万$km^2$，人口854万，2008年实现地区GDP为1459.23亿元，人均粮食产量215.98kg，人均水资源量4933.49$m^3$，森林覆盖率48.87%，人口自然增长率8.99‰，成人文盲率7.80%，万人在校大学生180人，专利（发明、实用新型、外观设计）授权341件。

## 二、科学发展的资产负债分析

1）创新发展指数：在总数15个源指标中，资产累计得分23.30，相对资产23.30%，资产质量系数为1.55，表明资产质量一般。同时，负债累计得分-21.70，相对负债-48.22%，负债质量系数为-1.45，表明负债质量一般。在该大项中，相对净资产为3.56%。

2）资源节约指数：在总数15个源指标中，资产累计得分22.90，相对资产50.89%，资产质量系数为1.53，表明资产质量一般。同时，负债累计得分-22.10，相对负债-49.11%，负债质量系数为-1.47，表明负债质量一般。在该大项中，相对净资产为1.78%。

3）环境友好指数：在总数12个源指标中，资产累计得分28.10，相对资产78.06%，资产质量系数为2.34，表明资产质量较好。同时，负债累计得分-7.90，相对负债-21.94%，负债质量系数为-0.66，表明负债质量较好。在该大项中，相对净资产为56.11%。

4）社会公平指数：在总数9个源指标中，资产累计得分8.40，相对资产31.11%，资产质量系数为0.93，表明资产质量较差。同时，负债累计得分-18.60，相对负债-68.89%，负债质量系数为-2.07，表明负债质量较差。在该大项中，相对净资产为-37.78%。

5）管理质量指数：在总数19个源指标中，资产累计得分26.80，相对资产47.02%，资产质量系数为1.41，表明资产质量一般。同时，负债累计得分-30.20，相对负债-52.98%，负债质量系数为-1.59，表明负债质量一般。在该大项中，相对净资产为-5.96%。

总计上述五大项，在总数70个源指标中，总资产累计得分109.50，相对资产52.14%，资产质量系数为1.56，表明资产质量一般。同时，负债累计得分-100.50，相对负债-47.86%，负债质量系数为-1.44，表明负债质量一般，该地区科学发展水平相对总净资产为4.29%（图24-21，表24-21）。

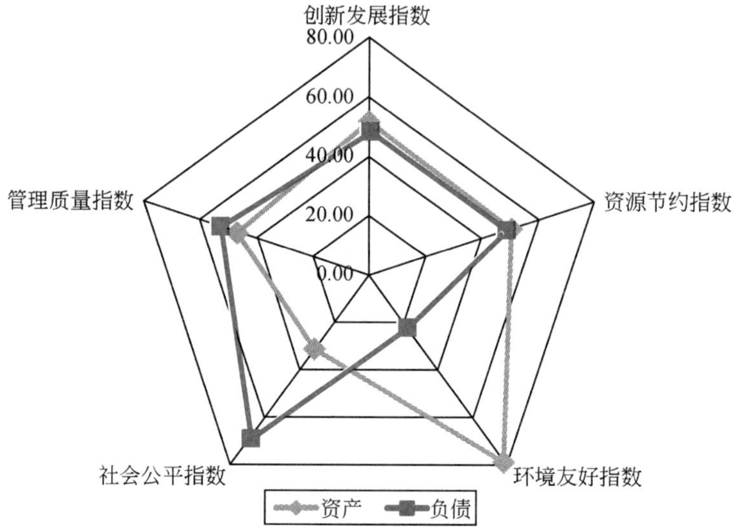


图 24-21　海南科学发展水平资产负债图

**表 24-21　海南科学发展水平资产负债表**

| 资产 | | | | | | | 五大指数/% | | 负债 | | | | | | |
|---|---|---|---|---|---|---|---|---|---|---|---|---|---|---|---|
| 位次 | | 指标数 | 占指标总数/% | 指标分值 | 相对资产/% | 资产质量系数 | | | 位次 | | 指标数 | 占指标总数/% | 指标分值 | 相对负债/% | 负债质量系数 |
| 创新发展指数 | 1～3 | 1 | 6.67 | 3.00 | 6.67 | | 创新发展指数 | | 创新发展指数 | 1～3 | 1 | 4.76 | 0.00 | 0.00 | |
| | 4～6 | 1 | 6.67 | 2.60 | 5.78 | | | | | 4～6 | 1 | 4.76 | −0.40 | −0.89 | |
| | 7～9 | 2 | 13.33 | 4.60 | 10.22 | | 资产：负债 | | | 7～9 | 2 | 9.52 | −1.40 | −3.11 | |
| | 10～12 | 2 | 13.33 | 4.00 | 8.89 | | 51.78 | 48.22 | | 10～12 | 2 | 9.52 | −2.00 | −4.44 | |
| | 13～15 | 1 | 6.67 | 1.60 | 3.56 | | 相对净资产 | 3.56 | | 13～15 | 1 | 4.76 | −1.40 | −3.11 | |
| | 16～18 | 4 | 26.67 | 5.80 | 12.89 | | | | | 16～18 | 4 | 19.05 | −6.20 | −13.78 | |
| | 19～21 | 1 | 6.67 | 1.20 | 2.67 | | | | | 19～21 | 1 | 4.76 | −1.80 | −4.00 | |
| | 22～24 | 0 | 0.00 | 0.00 | 0.00 | | | | | 22～24 | 0 | 0.00 | 0.00 | 0.00 | |
| | 25～27 | 0 | 0.00 | 0.00 | 0.00 | | | | | 25～27 | 0 | 0.00 | 0.00 | 0.00 | |
| | 28～31 | 3 | 20.00 | 0.50 | 1.11 | | | | | 28～31 | 3 | 14.29 | −8.50 | −18.89 | |
| 合计 | | 15 | 100.00 | 23.30 | 51.78 | 1.55 | 15.00 | | 合计 | | 15 | 100.00 | −21.70 | −48.22 | −1.45 |
| 资源节约指数 | 1～3 | 2 | 13.33 | 5.80 | 12.89 | | 资源节约指数 | | 资源节约指数 | 1～3 | 2 | 6.90 | −0.20 | −0.44 | |
| | 4～6 | 1 | 6.67 | 2.50 | 5.56 | | | | | 4～6 | 1 | 3.45 | −0.50 | −1.11 | |
| | 7～9 | 3 | 20.00 | 6.90 | 15.33 | | 资产：负债 | | | 7～9 | 3 | 10.34 | −2.10 | −4.67 | |
| | 10～12 | 0 | 0.00 | 0.00 | 0.00 | | 50.89 | 49.11 | | 10～12 | 0 | 0.00 | 0.00 | 0.00 | |
| | 13～15 | 0 | 0.00 | 0.00 | 0.00 | | 相对净资产 | 1.78 | | 13～15 | 0 | 0.00 | 0.00 | 0.00 | |
| | 16～18 | 1 | 6.67 | 1.40 | 3.11 | | | | | 16～18 | 1 | 3.45 | −1.60 | −3.56 | |
| | 19～21 | 1 | 6.67 | 1.10 | 2.44 | | | | | 19～21 | 1 | 3.45 | −1.90 | −4.22 | |
| | 22～24 | 5 | 33.33 | 4.30 | 9.56 | | | | | 22～24 | 5 | 17.24 | −10.70 | −23.78 | |
| | 25～27 | 2 | 13.33 | 0.90 | 2.00 | | | | | 25～27 | 2 | 6.90 | −5.10 | −11.33 | |
| | 28～31 | 0 | 0.00 | 0.00 | 0.00 | | | | | 28～31 | 0 | 0.00 | 0.00 | 0.00 | |
| 合计 | | 15 | 100.00 | 22.90 | 50.89 | 1.53 | 15.00 | | 合计 | | 15 | 100.00 | −22.10 | −48.11 | −1.47 |

续表

| 资产 | | | | | | | 五大指数/% | | 负债 | | | | | | |
|---|---|---|---|---|---|---|---|---|---|---|---|---|---|---|---|
| 位次 | | 指标数 | 占指标总数/% | 指标分值 | 相对资产/% | 资产质量系数 | | | 位次 | | 指标数 | 占指标总数/% | 指标分值 | 相对负债/% | 负债质量系数 |
| 环境友好指数 | 1～3 | 5 | 41.67 | 14.40 | 40.00 | | 环境友好指数 | | 环境友好指数 | 1～3 | 5 | 22.73 | -0.60 | -1.67 | |
| | 4～6 | 3 | 25.00 | 7.90 | 21.94 | | | | | 4～6 | 3 | 13.64 | -1.10 | -3.06 | |
| | 7～9 | 1 | 8.33 | 2.20 | 6.11 | | 资产：负债 | | | 7～9 | 1 | 4.55 | -0.80 | -2.22 | |
| | 10～12 | 0 | 0.00 | 0.00 | 0.00 | | 78.06 | 21.94 | | 10～12 | 0 | 0.00 | 0.00 | 0.00 | |
| | 13～15 | 0 | 0.00 | 0.00 | 0.00 | | 相对净资产 | 56.11 | | 13～15 | 0 | 0.00 | 0.00 | 0.00 | |
| | 16～18 | 1 | 8.33 | 1.40 | 3.89 | | | | | 16～18 | 1 | 4.55 | -1.60 | -4.44 | |
| | 19～21 | 2 | 16.67 | 2.20 | 6.11 | | | | | 19～21 | 2 | 9.09 | -3.80 | -10.56 | |
| | 22～24 | 0 | 0.00 | 0.00 | 0.00 | | | | | 22～24 | 0 | 0.00 | 0.00 | 0.00 | |
| | 25～27 | 0 | 0.00 | 0.00 | 0.00 | | | | | 25～27 | 0 | 0.00 | 0.00 | 0.00 | |
| | 28～31 | 0 | 0.00 | 0.00 | 0.00 | | | | | 28～31 | 0 | 0.00 | 0.00 | 0.00 | |
| 合计 | | 12 | 100.00 | 28.10 | 78.06 | 2.34 | 12.00 | | 合计 | | 12 | 100.00 | -7.90 | -21.94 | -0.66 |
| 社会公平指数 | 1～3 | 0 | 0.00 | 0.00 | 0.00 | | 社会公平指数 | | 社会公平指数 | 1～3 | 0 | 0.00 | 0.00 | 0.00 | |
| | 4～6 | 0 | 0.00 | 0.00 | 0.00 | | | | | 4～6 | 0 | 0.00 | 0.00 | 0.00 | |
| | 7～9 | 0 | 0.00 | 0.00 | 0.00 | | 资产：负债 | | | 7～9 | 0 | 0.00 | 0.00 | 0.00 | |
| | 10～12 | 1 | 11.11 | 1.90 | 7.04 | | 31.11 | 68.89 | | 10～12 | 1 | 7.14 | -1.10 | -4.07 | |
| | 13～15 | 1 | 11.11 | 1.60 | 5.93 | | 相对净资产 | -37.78 | | 13～15 | 1 | 7.14 | -1.40 | -4.19 | |
| | 16～18 | 1 | 11.11 | 1.30 | 4.81 | | | | | 16～18 | 1 | 7.14 | -1.70 | -6.30 | |
| | 19～21 | 0 | 0.00 | 0.00 | 0.00 | | | | | 19～21 | 0 | 0.00 | 0.00 | 0.00 | |
| | 22～24 | 2 | 22.22 | 1.60 | 5.93 | | | | | 22～24 | 2 | 14.29 | -4.40 | -16.30 | |
| | 25～27 | 4 | 44.44 | 2.00 | 7.41 | | | | | 25～27 | 4 | 28.57 | -10.00 | -37.04 | |
| | 28～31 | 0 | 0.00 | 0.00 | 0.00 | | | | | 28～31 | 0 | 0.00 | 0.00 | 0.00 | |
| 合计 | | 9 | 100.00 | 8.40 | 31.11 | 0.93 | 9.00 | | 合计 | | 9 | 100.00 | -18.60 | -68.89 | -2.07 |
| 管理质量指数 | 1～3 | 1 | 5.26 | 2.90 | 5.09 | | 管理质量指数 | | 管理质量指数 | 1～3 | 1 | 5.88 | -0.10 | -0.18 | |
| | 4～6 | 0 | 0.00 | 0.00 | 0.00 | | | | | 4～6 | 0 | 0.00 | 0.00 | 0.00 | |
| | 7～9 | 2 | 10.53 | 4.40 | 7.72 | | 资产：负债 | | | 7～9 | 2 | 11.76 | -1.60 | -2.81 | |
| | 10～12 | 3 | 15.79 | 6.10 | 10.70 | | 47.02 | 52.98 | | 10～12 | 3 | 17.65 | -2.90 | -5.09 | |
| | 13～15 | 3 | 15.79 | 5.20 | 9.12 | | 相对净资产 | -5.96 | | 13～15 | 3 | 17.65 | -3.80 | -6.67 | |
| | 16～18 | 2 | 10.53 | 2.90 | 5.09 | | | | | 16～18 | 2 | 11.76 | -3.10 | -5.44 | |
| | 19～21 | 1 | 5.26 | 1.10 | 1.93 | | | | | 19～21 | 1 | 5.88 | -1.90 | -3.33 | |
| | 22～24 | 4 | 21.05 | 3.30 | 5.79 | | | | | 22～24 | 4 | 23.53 | -8.70 | -15.26 | |
| | 25～27 | 1 | 5.26 | 0.40 | 0.70 | | | | | 25～27 | 1 | 5.88 | -2.60 | -4.56 | |
| | 28～31 | 2 | 10.53 | 0.50 | 0.88 | | | | | 28～31 | 2 | 11.76 | -5.50 | -9.65 | |
| 合计 | | 19 | 100.00 | 26.80 | 47.02 | 1.41 | 19.00 | | 合计 | | 19 | 100.00 | -30.20 | -52.98 | -1.59 |
| 资产总指标数 | | | 占指标总数/% | 总资产分值 | 相对总资产/% | 总资产质量系数 | 相对总资产：相对总负债 | | 负债总指标数 | | | 占指标总数/% | 总负债分值 | 相对总负债/% | 总负债质量系数 |
| | | | | | | | 52.14 | -47.86 | | | | | | | |
| 70 | | | 100.00 | 109.50 | 52.14 | 1.56 | 相对净资产 | 4.29 | 70 | | | 100.00 | -100.50 | -47.86 | -1.44 |

# 第二十二节　重庆科学发展资产负债分析

## 一、一般概况

重庆市土地面积8.23万$km^2$，人口2839万，2008年实现地区GDP为5096.66亿元，人均粮食产量407.85kg，人均水资源量2040.32$m^3$，森林覆盖率22.25%，人口自然增长率3.80‰，成人文盲率7.25%，万人在校大学生219人，专利（发明、实用新型、外观设计）授权4820件。

## 二、科学发展的资产负债分析

1）创新发展指数：在总数15个源指标中，资产累计得分26.90，相对资产26.90%，资产质量系数为1.79，表明资产质量一般。同时，负债累计得分-18.10，相对负债-40.22%，负债质量系数为-1.21，表明负债质量一般。在该大项中，相对净资产为19.56%。

2）资源节约指数：在总数15个源指标中，资产累计得分21.80，相对资产48.44%，资产质量系数为1.45，表明资产质量一般。同时，负债累计得分-23.20，相对负债-51.56%，负债质量系数为-1.55，表明负债质量一般。在该大项中，相对净资产为-3.11%。

3）环境友好指数：在总数12个源指标中，资产累计得分18.50，相对资产51.39%，资产质量系数为1.54，表明资产质量一般。同时，负债累计得分-17.50，相对负债-48.61%，负债质量系数为-1.46，表明负债质量一般。在该大项中，相对净资产为2.78%。

4）社会公平指数：在总数9个源指标中，资产累计得分12.20，相对资产45.19%，资产质量系数为1.36，表明资产质量一般。同时，负债累计得分-14.80，相对负债-54.81%，负债质量系数为-1.64，表明负债质量一般。在该大项中，相对净资产为-9.63%。

5）管理质量指数：在总数19个源指标中，资产累计得分36.10，相对资产63.33%，资产质量系数为1.90，表明资产质量较好。同时，负债累计得分-20.90，相对负债-36.67%，负债质量系数为-1.10，表明负债质量较好。在该大项中，相对净资产为26.67%。

总计上述五大项，在总数70个源指标中，总资产累计得分115.50，相对资产55.00%，资产质量系数为1.65，表明资产质量一般。同时，负债累计得分-94.50，相对负债-45.00%，负债质量系数为-1.35，表明负债质量一般，该地区科学发展水平相对总净资产为10.00%（图24-22，表24-22）。

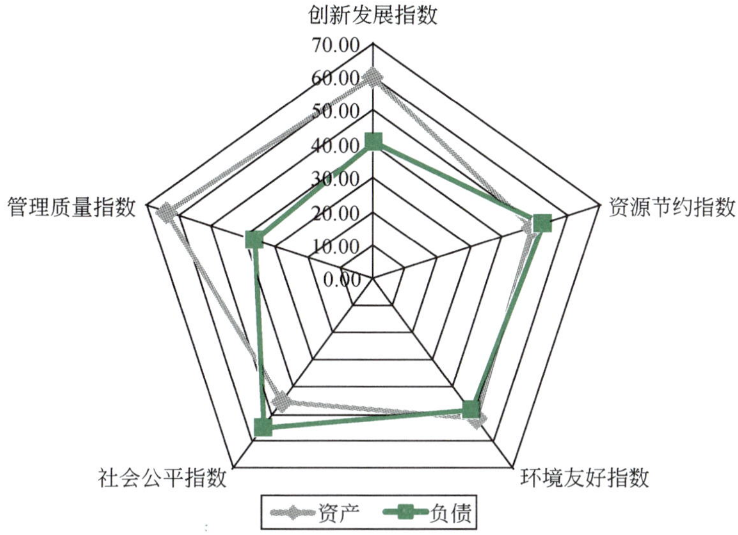


图 24-22　重庆科学发展水平资产负债图

**表 24-22　重庆科学发展水平资产负债表**

| 资产 | | | | | | | 五大指数/% | | 负债 | | | | | | |
|---|---|---|---|---|---|---|---|---|---|---|---|---|---|---|---|
| 位次 | | 指标数 | 占指标总数/% | 指标分值 | 相对资产/% | 资产质量系数 | | | 位次 | | 指标数 | 占指标总数/% | 指标分值 | 相对负债/% | 负债质量系数 |
| 创新发展指数 | 1～3 | 1 | 6.67 | 3.00 | 6.67 | | 创新发展指数 | | 创新发展指数 | 1～3 | 1 | 4.76 | 0.00 | 0.00 | |
| | 4～6 | 1 | 6.67 | 2.70 | 6.00 | | | | | 4～6 | 1 | 4.76 | -0.30 | -0.67 | |
| | 7～9 | 1 | 6.67 | 2.40 | 5.33 | | 资产：负债 | | | 7～9 | 1 | 4.76 | -0.60 | -1.33 | |
| | 10～12 | 3 | 20.00 | 6.10 | 13.56 | | 59.78 | 40.22 | | 10～12 | 3 | 14.29 | -2.90 | -6.44 | |
| | 13～15 | 5 | 33.33 | 8.60 | 19.11 | | 相对净资产 | 19.56 | | 13～15 | 5 | 23.81 | -6.40 | -14.22 | |
| | 16～18 | 2 | 13.33 | 2.60 | 5.78 | | | | | 16～18 | 2 | 9.52 | -3.40 | -7.56 | |
| | 19～21 | 0 | 0.00 | 0.00 | 0.00 | | | | | 19～21 | 0 | 0.00 | 0.00 | 0.00 | |
| | 22～24 | 2 | 13.33 | 1.50 | 3.33 | | | | | 22～24 | 2 | 9.52 | -4.50 | -10.00 | |
| | 25～27 | 0 | 0.00 | 0.00 | 0.00 | | | | | 25～27 | 0 | 0.00 | 0.00 | 0.00 | |
| | 28～31 | 0 | 0.00 | 0.00 | 0.00 | | | | | 28～31 | 0 | 0.00 | 0.00 | 0.00 | |
| 合计 | | 15 | 100.00 | 26.90 | 59.78 | 1.79 | 15.00 | | 合计 | | 15 | 100.00 | -18.10 | -40.22 | -1.21 |
| 资源节约指数 | 1～3 | 0 | 0.00 | 0.00 | 0.00 | | 资源节约指数 | | 资源节约指数 | 1～3 | 0 | 0.00 | 0.00 | 0.00 | |
| | 4～6 | 0 | 0.00 | 0.00 | 0.00 | | | | | 4～6 | 0 | 0.00 | 0.00 | 0.00 | |
| | 7～9 | 1 | 6.67 | 2.20 | 4.89 | | 资产：负债 | | | 7～9 | 1 | 3.45 | -0.80 | -1.78 | |
| | 10～12 | 0 | 0.00 | 0.00 | 0.00 | | 48.44 | 51.56 | | 10～12 | 0 | 0.00 | 0.00 | 0.00 | |
| | 13～15 | 6 | 40.00 | 10.20 | 22.67 | | 相对净资产 | -3.11 | | 13～15 | 6 | 20.69 | -7.80 | -17.33 | |
| | 16～18 | 4 | 26.67 | 5.70 | 12.67 | | | | | 16～18 | 4 | 13.79 | -6.30 | -14.00 | |
| | 19～21 | 1 | 6.67 | 1.20 | 2.67 | | | | | 19～21 | 1 | 3.45 | -1.80 | -4.00 | |
| | 22～24 | 3 | 20.00 | 2.50 | 5.56 | | | | | 22～24 | 3 | 10.34 | -6.50 | -14.44 | |
| | 25～27 | 0 | 0.00 | 0.00 | 0.00 | | | | | 25～27 | 0 | 0.00 | 0.00 | 0.00 | |
| | 28～31 | 0 | 0.00 | 0.00 | 0.00 | | | | | 28～31 | 0 | 0.00 | 0.00 | 0.00 | |
| 合计 | | 15 | 100.00 | 21.80 | 48.44 | 1.45 | 15.00 | | 合计 | | 15 | 100.00 | -23.20 | -51.56 | -1.55 |

续表

| 资产 | | | | | | | 五大指数/% | | 负债 | | | | | | |
|---|---|---|---|---|---|---|---|---|---|---|---|---|---|---|---|
| 位次 | | 指标数 | 占指标总数/% | 指标分值 | 相对资产/% | 资产质量系数 | | | 位次 | | 指标数 | 占指标总数/% | 指标分值 | 相对负债/% | 负债质量系数 |
| 环境友好指数 | 1~3 | 0 | 0.00 | 0.00 | 0.00 | | 环境友好指数 | | 环境友好指数 | 1~3 | 0 | 0.00 | 0.00 | 0.00 | |
| | 4~6 | 1 | 8.33 | 2.60 | 7.22 | | | | | 4~6 | 1 | 4.55 | -0.40 | -1.11 | |
| | 7~9 | 2 | 16.67 | 4.60 | 12.78 | | 资产：负债 | | | 7~9 | 2 | 9.09 | -1.40 | -3.89 | |
| | 10~12 | 1 | 8.33 | 1.90 | 5.28 | | 51.39 | 48.61 | | 10~12 | 1 | 4.55 | -1.10 | -3.06 | |
| | 13~15 | 1 | 8.33 | 1.70 | 4.72 | | 相对净资产 | 2.78 | | 13~15 | 1 | 4.55 | -1.30 | -3.61 | |
| | 16~18 | 4 | 33.33 | 5.80 | 16.11 | | | | | 16~18 | 4 | 18.18 | -6.20 | -17.22 | |
| | 19~21 | 1 | 8.33 | 1.10 | 3.06 | | | | | 19~21 | 1 | 4.55 | -1.90 | -5.28 | |
| | 22~24 | 0 | 0.00 | 0.00 | 0.00 | | | | | 22~24 | 0 | 0.00 | 0.00 | 0.00 | |
| | 25~27 | 1 | 8.33 | 0.60 | 1.67 | | | | | 25~27 | 1 | 4.55 | -2.40 | -6.67 | |
| | 28~31 | 1 | 8.33 | 0.20 | 0.56 | | | | | 28~31 | 1 | 4.55 | -2.80 | -7.78 | |
| 合计 | | 12 | 100.00 | 18.50 | 51.39 | 1.54 | 12.00 | | 合计 | | 12 | 100.00 | -17.50 | -48.61 | -1.46 |
| 社会公平指数 | 1~3 | 0 | 0.00 | 0.00 | 0.00 | | 社会公平指数 | | 社会公平指数 | 1~3 | 0 | 0.00 | 0.00 | 0.00 | |
| | 4~6 | 1 | 11.11 | 2.50 | 9.26 | | | | | 4~6 | 1 | 7.14 | -0.50 | -1.85 | |
| | 7~9 | 2 | 22.22 | 4.50 | 16.67 | | 资产：负债 | | | 7~9 | 2 | 14.29 | -1.50 | -5.56 | |
| | 10~12 | 1 | 11.11 | 2.00 | 7.41 | | 45.19 | 54.81 | | 10~12 | 1 | 7.14 | -1.00 | -3.70 | |
| | 13~15 | 0 | 0.00 | 0.00 | 0.00 | | 相对净资产 | -9.63 | | 13~15 | 0 | 0.00 | 0.00 | 0.00 | |
| | 16~18 | 1 | 11.11 | 1.30 | 4.81 | | | | | 16~18 | 1 | 7.14 | -1.70 | -6.30 | |
| | 19~21 | 1 | 11.11 | 1.10 | 4.07 | | | | | 19~21 | 1 | 7.14 | -1.90 | -7.04 | |
| | 22~24 | 1 | 11.11 | 0.80 | 2.96 | | | | | 22~24 | 1 | 7.14 | -2.20 | -8.15 | |
| | 25~27 | 0 | 0.00 | 0.00 | 0.00 | | | | | 25~27 | 0 | 0.00 | 0.00 | 0.00 | |
| | 28~31 | 2 | 22.22 | 0.00 | 0.00 | | | | | 28~31 | 2 | 14.29 | -6.00 | -22.22 | |
| 合计 | | 9 | 100.00 | 12.20 | 45.19 | 1.36 | 9.00 | | 合计 | | 9 | 100.00 | -14.80 | -54.81 | -1.64 |
| 管理质量指数 | 1~3 | 1 | 5.26 | 2.80 | 4.91 | | 管理质量指数 | | 管理质量指数 | 1~3 | 1 | 5.88 | -0.20 | -0.35 | |
| | 4~6 | 4 | 21.05 | 10.30 | 18.07 | | | | | 4~6 | 4 | 23.53 | -1.70 | -2.98 | |
| | 7~9 | 3 | 15.79 | 7.00 | 12.28 | | 资产：负债 | | | 7~9 | 3 | 17.65 | -2.00 | -3.51 | |
| | 10~12 | 5 | 26.32 | 9.90 | 17.37 | | 63.33 | 36.67 | | 10~12 | 5 | 29.41 | -5.10 | -8.95 | |
| | 13~15 | 0 | 0.00 | 0.00 | 0.00 | | 相对净资产 | 26.67 | | 13~15 | 0 | 0.00 | 0.00 | 0.00 | |
| | 16~18 | 1 | 5.26 | 1.50 | 2.63 | | | | | 16~18 | 1 | 5.88 | -1.50 | -2.63 | |
| | 19~21 | 2 | 10.53 | 2.40 | 4.21 | | | | | 19~21 | 2 | 11.76 | -3.60 | -6.32 | |
| | 22~24 | 3 | 15.79 | 2.20 | 3.86 | | | | | 22~24 | 3 | 17.65 | -6.80 | -11.93 | |
| | 25~27 | 0 | 0.00 | 0.00 | 0.00 | | | | | 25~27 | 0 | 0.00 | 0.00 | 0.00 | |
| | 28~31 | 0 | 0.00 | 0.00 | 0.00 | | | | | 28~31 | 0 | 0.00 | 0.00 | 0.00 | |
| 合计 | | 19 | 100.00 | 36.10 | 63.33 | 1.90 | 19.00 | | 合计 | | 19 | 100.00 | -20.90 | -36.67 | -1.10 |
| 资产总指标数 | | | 占指标总数/% | 总资产分值 | 相对总资产/% | 总资产质量系数 | 相对总资产：相对总负债 | | 负债总指标数 | | | 占指标总数/% | 总负债分值 | 相对总负债/% | 总负债质量系数 |
| | | | | | | | 55.00 | -45.00 | | | | | | | |
| 70 | | | 100.00 | 115.50 | 55.00 | 1.65 | 相对净资产 | 10.00 | 70 | | | 100.00 | -94.50 | -45.00 | -1.35 |

# 第二十三节　四川科学发展资产负债分析

## 一、一般概况

四川省土地面积48.41万$km^2$，人口8138万，2008年实现地区GDP为12 506.25亿元，人均粮食产量386.11kg，人均水资源量3061.67$m^3$，森林覆盖率30.27%，人口自然增长率2.39‰，成人文盲率9.73%，万人在校大学生164人，专利（发明、实用新型、外观设计）授权13 369件。

## 二、科学发展的资产负债分析

1）创新发展指数：在总数15个源指标中，资产累计得分16.90，相对资产16.90%，资产质量系数为1.13，表明资产质量较差。同时，负债累计得分－28.10，相对负债－62.44%，负债质量系数为－1.87，表明负债质量较差。在该大项中，相对净资产为－24.89%。

2）资源节约指数：在总数15个源指标中，资产累计得分22.90，相对资产50.89%，资产质量系数为1.53，表明资产质量一般。同时，负债累计得分－22.10，相对负债－49.11%，负债质量系数为－1.47，表明负债质量一般。在该大项中，相对净资产为1.78%。

3）环境友好指数：在总数12个源指标中，资产累计得分16.00，相对资产44.44%，资产质量系数为1.33，表明资产质量一般。同时，负债累计得分－20.00，相对负债－55.56%，负债质量系数为－1.67，表明负债质量一般。在该大项中，相对净资产为－11.11%。

4）社会公平指数：在总数9个源指标中，资产累计得分10.90，相对资产40.37%，资产质量系数为1.21，表明资产质量一般。同时，负债累计得分－16.10，相对负债－59.63%，负债质量系数为－1.79，表明负债质量一般。在该大项中，相对净资产为－19.26%。

5）管理质量指数：在总数19个源指标中，资产累计得分27.10，相对资产47.54%，资产质量系数为1.43，表明资产质量一般。同时，负债累计得分－29.90，相对负债－52.46%，负债质量系数为－1.57，表明负债质量一般。在该大项中，相对净资产为－4.91%。

总计上述五大项，在总数70个源指标中，总资产累计得分93.80，相对资产44.67%，资产质量系数为1.34，表明资产质量一般。同时，负债累计得分－116.20，相对负债－55.33%，负债质量系数为－1.66，表明负债质量一般，该地区科学发展水平相对总净资产为－10.67%（图24-23，表24-23）。

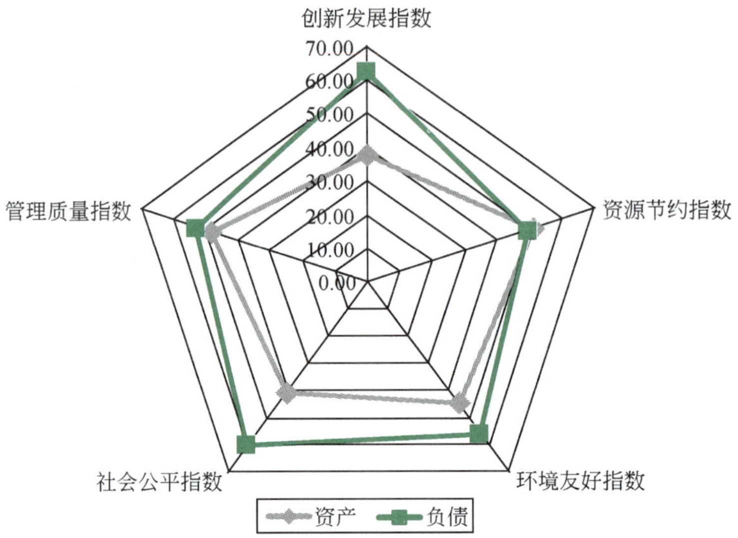


图 24-23　四川科学发展水平资产负债图

**表 24-23　四川科学发展水平资产负债表**

| 资产 | | | | | | | 五大指数/% | | 负债 | | | | | | |
|---|---|---|---|---|---|---|---|---|---|---|---|---|---|---|---|
| 位次 | | 指标数 | 占指标总数/% | 指标分值 | 相对资产/% | 资产质量系数 | | | 位次 | | 指标数 | 占指标总数/% | 指标分值 | 相对负债/% | 负债质量系数 |
| 创新发展指数 | 1~3 | 0 | 0.00 | 0.00 | 0.00 | | 创新发展指数 | | 创新发展指数 | 1~3 | 0 | 0.00 | 0.00 | 0.00 | |
| | 4~6 | 0 | 0.00 | 0.00 | 0.00 | | | | | 4~6 | 0 | 0.00 | 0.00 | 0.00 | |
| | 7~9 | 2 | 13.33 | 4.80 | 10.67 | | 资产:负债 | | | 7~9 | 2 | 9.52 | -1.20 | -2.67 | |
| | 10~12 | 1 | 6.67 | 2.00 | 4.44 | | 37.56 | 62.44 | | 10~12 | 1 | 4.76 | -1.00 | -2.22 | |
| | 13~15 | 2 | 13.33 | 3.40 | 7.56 | | 相对净资产 | -24.89 | | 13~15 | 2 | 9.52 | -2.60 | -5.78 | |
| | 16~18 | 0 | 0.00 | 0.00 | 0.00 | | | | | 16~18 | 0 | 0.00 | 0.00 | 0.00 | |
| | 19~21 | 3 | 20.00 | 3.10 | 6.89 | | | | | 19~21 | 3 | 14.29 | -5.90 | -13.11 | |
| | 22~24 | 1 | 6.67 | 0.70 | 1.56 | | | | | 22~24 | 1 | 4.76 | -2.30 | -5.11 | |
| | 25~27 | 5 | 33.33 | 2.60 | 5.78 | | | | | 25~27 | 5 | 23.81 | -12.40 | -27.56 | |
| | 28~31 | 1 | 6.67 | 0.30 | 0.67 | | | | | 28~31 | 1 | 4.76 | -2.70 | -6.00 | |
| 合计 | | 15 | 100.00 | 16.90 | 37.56 | 1.13 | 15.00 | | 合计 | | 15 | 100.00 | -28.10 | -62.44 | -1.87 |
| 资源节约指数 | 1~3 | 0 | 0.00 | 0.00 | 0.00 | | 资源节约指数 | | 资源节约指数 | 1~3 | 0 | 0.00 | 0.00 | 0.00 | |
| | 4~6 | 1 | 6.67 | 2.60 | 5.78 | | | | | 4~6 | 1 | 3.45 | -0.40 | -0.89 | |
| | 7~9 | 2 | 13.33 | 4.70 | 10.44 | | 资产:负债 | | | 7~9 | 2 | 6.90 | -1.30 | -2.89 | |
| | 10~12 | 3 | 20.00 | 5.70 | 12.67 | | 50.89 | 49.11 | | 10~12 | 3 | 10.34 | -3.30 | -7.33 | |
| | 13~15 | 2 | 13.33 | 3.40 | 7.56 | | 相对净资产 | 1.78 | | 13~15 | 2 | 6.90 | -2.60 | -5.78 | |
| | 16~18 | 1 | 6.67 | 1.30 | 2.89 | | | | | 16~18 | 1 | 3.45 | -1.70 | -3.78 | |
| | 19~21 | 2 | 13.33 | 2.30 | 5.11 | | | | | 19~21 | 2 | 6.90 | -3.70 | -8.22 | |
| | 22~24 | 3 | 20.00 | 2.30 | 5.11 | | | | | 22~24 | 3 | 10.34 | -6.70 | -14.89 | |
| | 25~27 | 1 | 6.67 | 0.60 | 1.33 | | | | | 25~27 | 1 | 3.45 | -2.40 | -5.33 | |
| | 28~31 | 0 | 0.00 | 0.00 | 0.00 | | | | | 28~31 | 0 | 0.00 | 0.00 | 0.00 | |
| 合计 | | 15 | 100.00 | 22.90 | 50.89 | 1.53 | 15.00 | | 合计 | | 15 | 100.00 | -22.10 | -49.11 | -1.47 |

续表

| 资产 | | | | | | | 五大指数/% | | 负债 | | | | | | |
|---|---|---|---|---|---|---|---|---|---|---|---|---|---|---|---|
| 位次 | | 指标数 | 占指标总数/% | 指标分值 | 相对资产/% | 资产质量系数 | | | 位次 | | 指标数 | 占指标总数/% | 指标分值 | 相对负债/% | 负债质量系数 |
| 环境友好指数 | 1～3 | 1 | 8.33 | 2.80 | 7.78 | | 环境友好指数 | | 环境友好指数 | 1～3 | 1 | 4.55 | -0.20 | -0.56 | |
| | 4～6 | 1 | 8.33 | 2.50 | 6.94 | | | | | 4～6 | 1 | 4.55 | -0.50 | -1.39 | |
| | 7～9 | 2 | 16.67 | 4.50 | 12.50 | | 资产：负债 | | | 7～9 | 2 | 9.09 | -1.50 | -4.17 | |
| | 10～12 | 0 | 0.00 | 0.00 | 0.00 | | 44.44 | 55.56 | | 10～12 | 0 | 0.00 | 0.00 | 0.00 | |
| | 13～15 | 1 | 8.33 | 1.80 | 5.00 | | 相对净资产 | -11.11 | | 13～15 | 1 | 4.55 | -1.20 | -3.33 | |
| | 16～18 | 0 | 0.00 | 0.00 | 0.00 | | | | | 16～18 | 0 | 0.00 | 0.00 | 0.00 | |
| | 19～21 | 0 | 0.00 | 0.00 | 0.00 | | | | | 19～21 | 0 | 0.00 | 0.00 | 0.00 | |
| | 22～24 | 4 | 33.33 | 3.00 | 8.33 | | | | | 22～24 | 4 | 18.18 | -9.00 | -25.00 | |
| | 25～27 | 2 | 16.67 | 1.10 | 3.06 | | | | | 25～27 | 2 | 9.09 | -4.90 | -13.61 | |
| | 28～31 | 1 | 8.33 | 0.30 | 0.83 | | | | | 28～31 | 1 | 4.55 | -2.70 | -7.50 | |
| 合计 | | 12 | 100.00 | 16.00 | 44.44 | 1.33 | 12.00 | | 合计 | | 12 | 100.00 | -20.00 | -55.56 | -1.67 |
| 社会公平指数 | 1～3 | 0 | 0.00 | 0.00 | 0.00 | | 社会公平指数 | | 社会公平指数 | 1～3 | 0 | 0.00 | 0.00 | 0.00 | |
| | 4～6 | 0 | 0.00 | 0.00 | 0.00 | | | | | 4～6 | 0 | 0.00 | 0.00 | 0.00 | |
| | 7～9 | 2 | 22.22 | 4.60 | 17.04 | | 资产：负债 | | | 7～9 | 2 | 14.29 | -1.40 | -5.19 | |
| | 10～12 | 0 | 0.00 | 0.00 | 0.00 | | 40.37 | 59.63 | | 10～12 | 0 | 0.00 | 0.00 | 0.00 | |
| | 13～15 | 0 | 0.00 | 0.00 | 0.00 | | 相对净资产 | -19.26 | | 13～15 | 0 | 0.00 | 0.00 | 0.00 | |
| | 16～18 | 1 | 11.11 | 1.40 | 5.19 | | | | | 16～18 | 1 | 7.14 | -1.60 | -5.93 | |
| | 19～21 | 3 | 33.33 | 3.00 | 11.11 | | | | | 19～21 | 3 | 21.43 | -6.00 | -22.22 | |
| | 22～24 | 1 | 11.11 | 0.70 | 2.59 | | | | | 22～24 | 1 | 7.14 | -2.30 | -8.52 | |
| | 25～27 | 2 | 22.22 | 1.20 | 4.44 | | | | | 25～27 | 2 | 14.29 | -4.80 | -17.78 | |
| | 28～31 | 0 | 0.00 | 0.00 | 0.00 | | | | | 28～31 | 0 | 0.00 | 0.00 | 0.00 | |
| 合计 | | 9 | 100.00 | 10.90 | 40.37 | 1.21 | 9.00 | | 合计 | | 9 | 100.00 | -16.10 | -59.63 | -1.79 |
| 管理质量指数 | 1～3 | 1 | 5.26 | 2.90 | 5.09 | | 管理质量指数 | | 管理质量指数 | 1～3 | 1 | 5.88 | -0.10 | -0.18 | |
| | 4～6 | 3 | 15.79 | 8.00 | 14.04 | | | | | 4～6 | 3 | 17.65 | -1.00 | -1.75 | |
| | 7～9 | 1 | 5.26 | 2.20 | 3.86 | | 资产：负债 | | | 7～9 | 1 | 5.88 | -0.80 | -1.40 | |
| | 10～12 | 1 | 5.26 | 2.10 | 3.68 | | 47.54 | 52.46 | | 10～12 | 1 | 5.88 | -0.90 | -1.58 | |
| | 13～15 | 0 | 0.00 | 0.00 | 0.00 | | 相对净资产 | -4.91 | | 13～15 | 0 | 0.00 | 0.00 | 0.00 | |
| | 16～18 | 4 | 21.05 | 5.50 | 9.65 | | | | | 16～18 | 4 | 23.53 | -6.50 | -11.40 | |
| | 19～21 | 3 | 15.79 | 3.20 | 5.61 | | | | | 19～21 | 3 | 17.65 | -5.80 | -10.18 | |
| | 22～24 | 3 | 15.79 | 2.30 | 4.04 | | | | | 22～24 | 3 | 17.65 | -6.70 | -11.75 | |
| | 25～27 | 1 | 5.26 | 0.60 | 1.05 | | | | | 25～27 | 1 | 5.88 | -2.40 | -4.21 | |
| | 28～31 | 2 | 10.53 | 0.30 | 0.53 | | | | | 28～31 | 2 | 11.76 | -5.70 | -10.00 | |
| 合计 | | 19 | 100.00 | 27.10 | 47.54 | 1.43 | 19.00 | | 合计 | | 19 | 100.00 | -29.90 | -52.46 | -1.57 |
| 资产总指标数 | | | 占指标总数/% | 总资产分值 | 相对总资产/% | 总资产质量系数 | 相对总资产：相对总负债 | | 负债总指标数 | | | 占指标总数/% | 总负债分值 | 相对总负债/% | 总负债质量系数 |
| | | | | | | | 44.67 | -55.33 | | | | | | | |
| 70 | | | 100.00 | 93.80 | 44.67 | 1.34 | 相对净资产 | -10.67 | 70 | | | 100.00 | -116.20 | -55.33 | -1.66 |

# 第二十四节　贵州科学发展资产负债分析

## 一、一般概况

贵州省土地面积 17.62 万 $km^2$，人口 3793 万，2008 年实现地区 GDP 3333.40 亿元，人均粮食产量 306.56kg，人均水资源量 3019.72$m^3$，森林覆盖率 23.83%，人口自然增长率 6.72‰，成人文盲率 12.70%，万人在校大学生 97 人，专利（发明、实用新型、外观设计）授权 1728 件。

## 二、科学发展的资产负债分析

1）创新发展指数：在总数 15 个源指标中，资产累计得分 7.00，相对资产 7.00%，资产质量系数为 0.47，表明资产质量很差。同时，负债累计得分 -38.00，相对负债 -84.44%，负债质量系数为 -2.53，表明负债质量很差。在该大项中，相对净资产为 -68.89%。

2）资源节约指数：在总数 15 个源指标中，资产累计得分 10.40，相对资产 23.11%，资产质量系数为 0.69，表明资产质量较差。同时，负债累计得分 -34.60，相对负债 -76.89%，负债质量系数为 -2.31，表明负债质量较差。在该大项中，相对净资产为 -53.78%。

3）环境友好指数：在总数 12 个源指标中，资产累计得分 16.60，相对资产 46.11%，资产质量系数为 1.38，表明资产质量一般。同时，负债累计得分 -19.40，相对负债 -53.89%，负债质量系数为 -1.62，表明负债质量一般。在该大项中，相对净资产为 -7.78%。

4）社会公平指数：在总数 9 个源指标中，资产累计得分 5.70，相对资产 21.11%，资产质量系数为 0.63，表明资产质量较差。同时，负债累计得分 -21.30，相对负债 -78.89%，负债质量系数为 -2.37，表明负债质量较差。在该大项中，相对净资产为 -57.78%。

5）管理质量指数：在总数 19 个源指标中，资产累计得分 18.70，相对资产 32.81%，资产质量系数为 0.98，表明资产质量较差。同时，负债累计得分 -38.30，相对负债 -67.19%，负债质量系数为 -2.02，表明负债质量较差。在该大项中，相对净资产为 -34.39%。

总计上述五大项，在总数 70 个源指标中，总资产累计得分 58.40，相对资产 27.81%，资产质量系数为 0.83，表明资产质量较差。同时，负债累计得分 -151.60，相对负债 -72.19%，负债质量系数为 -2.17，表明负债质量较差，该地区科学发展水平相对总净资产为 -44.38%（图 24-24，表 24-24）。

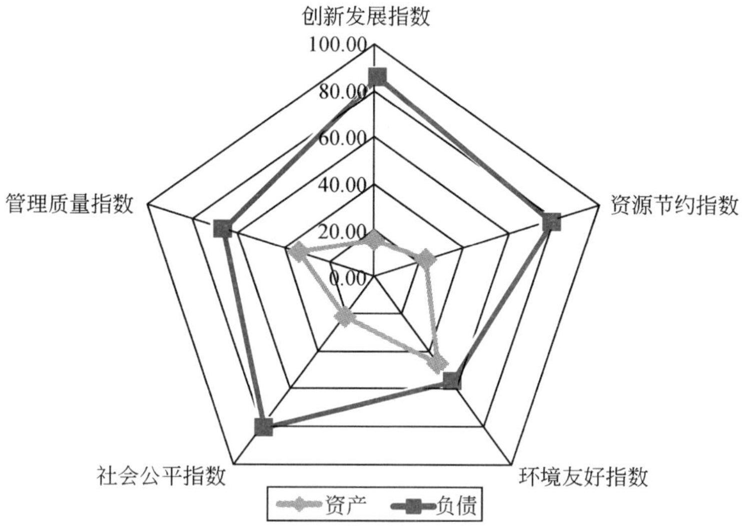


图 24-24 贵州科学发展水平资产负债图

**表 24-24 贵州科学发展水平资产负债表**

| 资产 | | | | | | | 五大指数/% | | 负债 | | | | | | |
|---|---|---|---|---|---|---|---|---|---|---|---|---|---|---|---|
| 位次 | | 指标数 | 占指标总数/% | 指标分值 | 相对资产/% | 资产质量系数 | | | 位次 | | 指标数 | 占指标总数/% | 指标分值 | 相对负债/% | 负债质量系数 |
| 创新发展指数 | 1～3 | 0 | 0.00 | 0.00 | 0.00 | | 创新发展指数 | | 创新发展指数 | 1～3 | 0 | 0.00 | 0.00 | 0.00 | |
| | 4～6 | 0 | 0.00 | 0.00 | 0.00 | | | | | 4～6 | 0 | 0.00 | 0.00 | 0.00 | |
| | 7～9 | 0 | 0.00 | 0.00 | 0.00 | | 资产：负债 | | | 7～9 | 0 | 0.00 | 0.00 | 0.00 | |
| | 10～12 | 1 | 6.67 | 2.00 | 4.44 | | 15.56 | 84.44 | | 10～12 | 1 | 4.76 | -1.00 | -2.22 | |
| | 13～15 | 0 | 0.00 | 0.00 | 0.00 | | 相对净资产 | -68.89 | | 13～15 | 0 | 0.00 | 0.00 | 0.00 | |
| | 16～18 | 0 | 0.00 | 0.00 | 0.00 | | | | | 16～18 | 0 | 0.00 | 0.00 | 0.00 | |
| | 19～21 | 1 | 6.67 | 1.20 | 2.67 | | | | | 19～21 | 1 | 4.76 | -1.80 | -4.00 | |
| | 22～24 | 2 | 13.33 | 1.60 | 3.56 | | | | | 22～24 | 2 | 9.52 | -4.40 | -9.78 | |
| | 25～27 | 2 | 13.33 | 1.00 | 2.22 | | | | | 25～27 | 2 | 9.52 | -5.00 | -11.11 | |
| | 28～31 | 9 | 60.00 | 1.20 | 2.67 | | | | | 28～31 | 9 | 42.86 | -25.80 | -57.33 | |
| 合计 | | 15 | 100.00 | 7.00 | 15.56 | 0.47 | 15.00 | | 合计 | | 15 | 100.00 | -38.00 | -84.44 | -2.53 |
| 资源节约指数 | 1～3 | 0 | 0.00 | 0.00 | 0.00 | | 资源节约指数 | | 资源节约指数 | 1～3 | 0 | 0.00 | 0.00 | 0.00 | |
| | 4～6 | 0 | 0.00 | 0.00 | 0.00 | | | | | 4～6 | 0 | 0.00 | 0.00 | 0.00 | |
| | 7～9 | 0 | 0.00 | 0.00 | 0.00 | | 资产：负债 | | | 7～9 | 0 | 0.00 | 0.00 | 0.00 | |
| | 10～12 | 2 | 13.33 | 4.00 | 8.89 | | 23.11 | 76.89 | | 10～12 | 2 | 6.90 | -2.00 | -4.44 | |
| | 13～15 | 0 | 0.00 | 0.00 | 0.00 | | 相对净资产 | -53.78 | | 13～15 | 0 | 0.00 | 0.00 | 0.00 | |
| | 16～18 | 1 | 6.67 | 1.50 | 3.33 | | | | | 16～18 | 1 | 3.45 | -1.50 | -3.33 | |
| | 19～21 | 1 | 6.67 | 1.10 | 2.44 | | | | | 19～21 | 1 | 3.45 | -1.90 | -4.22 | |
| | 22～24 | 2 | 13.33 | 1.60 | 3.56 | | | | | 22～24 | 2 | 6.90 | -4.40 | -9.78 | |
| | 25～27 | 2 | 13.33 | 1.20 | 2.67 | | | | | 25～27 | 2 | 6.90 | -4.80 | -10.67 | |
| | 28～31 | 7 | 46.67 | 1.00 | 2.22 | | | | | 28～31 | 7 | 24.14 | -20.00 | -44.44 | |
| 合计 | | 15 | 100.00 | 10.40 | 23.11 | 0.69 | 15.00 | | 合计 | | 15 | 100.00 | -34.60 | -76.89 | -2.31 |

续表

| 资产 | | | | | | | 五大指数/% | | 负债 | | | | | | |
|---|---|---|---|---|---|---|---|---|---|---|---|---|---|---|---|
| 位次 | | 指标数 | 占指标总数/% | 指标分值 | 相对资产/% | 资产质量系数 | | | 位次 | | 指标数 | 占指标总数/% | 指标分值 | 相对负债/% | 负债质量系数 |
| 环境友好指数 | 1～3 | 0 | 0.00 | 0.00 | 0.00 | | 环境友好指数 | | 环境友好指数 | 1～3 | 0 | 0.00 | 0.00 | 0.00 | |
| | 4～6 | 1 | 8.33 | 2.70 | 7.50 | | | | | 4～6 | 1 | 4.55 | -0.30 | -0.83 | |
| | 7～9 | 1 | 8.33 | 2.30 | 6.39 | | 资产：负债 | | | 7～9 | 1 | 4.55 | -0.70 | -1.94 | |
| | 10～12 | 2 | 16.67 | 3.80 | 10.56 | | 46.11 | 53.89 | | 10～12 | 2 | 9.09 | -2.20 | -6.11 | |
| | 13～15 | 1 | 8.33 | 1.80 | 5.00 | | 相对净资产 | -7.78 | | 13～15 | 1 | 4.55 | -1.20 | -3.33 | |
| | 16～18 | 2 | 16.67 | 3.00 | 8.33 | | | | | 16～18 | 2 | 9.09 | -3.00 | -8.33 | |
| | 19～21 | 2 | 16.67 | 2.30 | 6.39 | | | | | 19～21 | 2 | 9.09 | -3.70 | -10.28 | |
| | 22～24 | 0 | 0.00 | 0.00 | 0.00 | | | | | 22～24 | 0 | 0.00 | 0.00 | 0.00 | |
| | 25～27 | 1 | 8.33 | 0.40 | 1.11 | | | | | 25～27 | 1 | 4.55 | -2.60 | -7.22 | |
| | 28～31 | 2 | 16.67 | 0.30 | 0.83 | | | | | 28～31 | 2 | 9.09 | -5.70 | -15.83 | |
| 合计 | | 12 | 100.00 | 16.60 | 45.11 | 1.38 | 12.00 | | 合计 | | 12 | 100.00 | -19.40 | -53.89 | -1.62 |
| 社会公平指数 | 1～3 | 1 | 11.11 | 2.80 | 10.37 | | 社会公平指数 | | 社会公平指数 | 1～3 | 1 | 7.14 | -0.20 | -0.74 | |
| | 4～6 | 0 | 0.00 | 0.00 | 0.00 | | | | | 4～6 | 0 | 0.00 | 0.00 | 0.00 | |
| | 7～9 | 0 | 0.00 | 0.00 | 0.00 | | 资产：负债 | | | 7～9 | 0 | 0.00 | 0.00 | 0.00 | |
| | 10～12 | 0 | 0.00 | 0.00 | 0.00 | | 21.11 | 78.89 | | 10～12 | 0 | 0.00 | 0.00 | 0.00 | |
| | 13～15 | 0 | 0.00 | 0.00 | 0.00 | | 相对净资产 | -57.78 | | 13～15 | 0 | 0.00 | 0.00 | 0.00 | |
| | 16～18 | 0 | 0.00 | 0.00 | 0.00 | | | | | 16～18 | 0 | 0.00 | 0.00 | 0.00 | |
| | 19～21 | 0 | 0.00 | 0.00 | 0.00 | | | | | 19～21 | 0 | 0.00 | 0.00 | 0.00 | |
| | 22～24 | 2 | 22.22 | 1.50 | 5.56 | | | | | 22～24 | 2 | 14.29 | -4.50 | -16.67 | |
| | 25～27 | 2 | 22.22 | 1.00 | 3.70 | | | | | 25～27 | 2 | 14.29 | -5.00 | -18.52 | |
| | 28～31 | 4 | 44.44 | 0.40 | 1.48 | | | | | 28～31 | 4 | 28.57 | -11.60 | -42.96 | |
| 合计 | | 9 | 100.00 | 5.70 | 21.11 | 0.63 | 9.00 | | 合计 | | 9 | 100.00 | -21.30 | -78.89 | -2.37 |
| 管理质量指数 | 1～3 | 1 | 5.26 | 3.00 | 5.26 | | 管理质量指数 | | 管理质量指数 | 1～3 | 1 | 5.88 | 0.00 | 0.00 | |
| | 4～6 | 1 | 5.26 | 2.60 | 4.56 | | | | | 4～6 | 1 | 5.88 | -0.40 | -0.70 | |
| | 7～9 | 1 | 5.26 | 2.40 | 4.21 | | 资产：负债 | | | 7～9 | 1 | 5.88 | -0.60 | -1.05 | |
| | 10～12 | 1 | 5.26 | 2.00 | 3.51 | | 32.81 | 67.19 | | 10～12 | 1 | 5.88 | -1.00 | -1.75 | |
| | 13～15 | 1 | 5.26 | 1.60 | 2.81 | | 相对净资产 | -34.39 | | 13～15 | 1 | 5.88 | -1.40 | -2.46 | |
| | 16～18 | 1 | 5.26 | 1.50 | 2.63 | | | | | 16～18 | 1 | 5.88 | -1.50 | -2.63 | |
| | 19～21 | 2 | 10.53 | 2.20 | 3.86 | | | | | 19～21 | 2 | 11.76 | -3.80 | -6.67 | |
| | 22～24 | 1 | 5.26 | 0.80 | 1.40 | | | | | 22～24 | 1 | 5.88 | -2.20 | -3.86 | |
| | 25～27 | 3 | 15.79 | 1.50 | 2.63 | | | | | 25～27 | 3 | 17.65 | -7.50 | -13.16 | |
| | 28～31 | 7 | 36.84 | 1.10 | 1.93 | | | | | 28～31 | 7 | 41.18 | -19.90 | -34.91 | |
| 合计 | | 19 | 100.00 | 18.70 | 32.81 | 0.98 | 19.00 | | 合计 | | 19 | 100.00 | -38.30 | -67.19 | -2.02 |
| 资产总指标数 | | | 占指标总数/% | 总资产分值 | 相对总资产/% | 总资产质量系数 | 相对总资产：相对总负债 | | 负债总指标数 | | | 占指标总数/% | 总负债分值 | 相对总负债/% | 总负债质量系数 |
| | | | | | | | 27.81 | -72.19 | | | | | | | |
| 70 | | | 100.00 | 58.40 | 27.81 | 0.83 | 相对净资产 | -44.38 | 70 | | | 100.00 | -151.60 | -72.19 | -2.17 |

# 第二十五节　云南科学发展资产负债分析

## 一、一般概况

云南省土地面积 38.32 万 $km^2$，人口 4543 万，2008 年实现地区 GDP 5700.10 亿元，人均粮食产量 335.35kg，人均水资源量 5110.96$m^3$，森林覆盖率 40.77%，人口自然增长率 6.32‰，成人文盲率 12.18%，万人在校大学生 117 人，专利（发明、实用新型、外观设计）授权 2021 件。

## 二、科学发展的资产负债分析

1）创新发展指数：在总数 15 个源指标中，资产累计得分 10.90，相对资产 10.90%，资产质量系数为 0.73，表明资产质量较差。同时，负债累计得分 -34.10，相对负债 -75.78%，负债质量系数为 -2.27，表明负债质量较差。在该大项中，相对净资产为 -51.56%。

2）资源节约指数：在总数 15 个源指标中，资产累计得分 14.60，相对资产 32.44%，资产质量系数为 0.97，表明资产质量较差。同时，负债累计得分 -30.40，相对负债 -67.56%，负债质量系数为 -2.03，表明负债质量较差。在该大项中，相对净资产为 -35.11%。

3）环境友好指数：在总数 12 个源指标中，资产累计得分 21.10，相对资产 58.61%，资产质量系数为 1.76，表明资产质量一般。同时，负债累计得分 -14.90，相对负债 -41.39%，负债质量系数为 -1.24，表明负债质量一般。在该大项中，相对净资产为 17.22%。

4）社会公平指数：在总数 9 个源指标中，资产累计得分 10.00，相对资产 37.04%，资产质量系数为 1.11，表明资产质量较差。同时，负债累计得分 -17.00，相对负债 -62.96%，负债质量系数为 -1.89，表明负债质量较差。在该大项中，相对净资产为 -25.93%。

5）管理质量指数：在总数 19 个源指标中，资产累计得分 25.50，相对资产 44.74%，资产质量系数为 1.34，表明资产质量一般。同时，负债累计得分 -31.50，相对负债 -55.26%，负债质量系数为 -1.66，表明负债质量一般。在该大项中，相对净资产为 -10.53%。

总计上述五大项，在总数 70 个源指标中，总资产累计得分 82.10，相对资产 39.10%，资产质量系数为 1.17，表明资产质量较差。同时，负债累计得分 -127.90，相对负债 -60.90%，负债质量系数为 -1.83，表明负债质量较差，该地区科学发展水平相对总净资产为 -21.81%（图 24-25，表 24-25）。

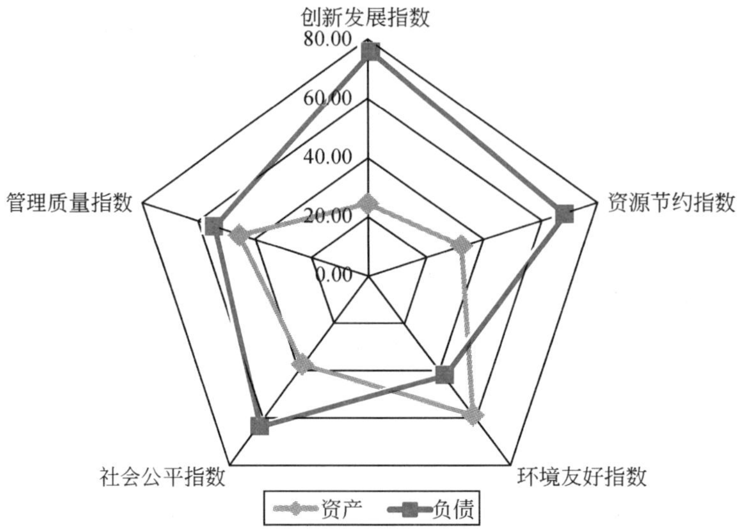


图 24-25　云南科学发展水平资产负债图

**表 24-25　云南科学发展水平资产负债表**

| 资产 | | | | | | | 五大指数/% | | 负债 | | | | | | |
|---|---|---|---|---|---|---|---|---|---|---|---|---|---|---|---|
| 位次 | | 指标数 | 占指标总数/% | 指标分值 | 相对资产/% | 资产质量系数 | | | 位次 | | 指标数 | 占指标总数/% | 指标分值 | 相对负债/% | 负债质量系数 |
| 创新发展指数 | 1～3 | 0 | 0.00 | 0.00 | 0.00 | | 创新发展指数 | | 创新发展指数 | 1～3 | 0 | 0.00 | 0.00 | 0.00 | |
| | 4～6 | 1 | 6.67 | 2.50 | 5.56 | | | | | 4～6 | 1 | 4.76 | -0.50 | -1.11 | |
| | 7～9 | 0 | 0.00 | 0.00 | 0.00 | | 资产：负债 | | | 7～9 | 0 | 0.00 | 0.00 | 0.00 | |
| | 10～12 | 0 | 0.00 | 0.00 | 0.00 | | 24.22 | 75.78 | | 10～12 | 0 | 0.00 | 0.00 | 0.00 | |
| | 13～15 | 0 | 0.00 | 0.00 | 0.00 | | 相对净资产 | -51.56 | | 13～15 | 0 | 0.00 | 0.00 | 0.00 | |
| | 16～18 | 2 | 13.33 | 2.70 | 6.00 | | | | | 16～18 | 2 | 9.52 | -3.30 | -7.33 | |
| | 19～21 | 2 | 13.33 | 2.00 | 4.44 | | | | | 19～21 | 2 | 9.52 | -4.00 | -8.89 | |
| | 22～24 | 2 | 13.33 | 1.70 | 3.78 | | | | | 22～24 | 2 | 9.52 | -4.30 | -9.56 | |
| | 25～27 | 3 | 20.00 | 1.20 | 2.67 | | | | | 25～27 | 3 | 14.29 | -7.80 | -17.33 | |
| | 28～31 | 5 | 33.33 | 0.80 | 1.78 | | | | | 28～31 | 5 | 23.81 | -14.20 | -31.56 | |
| 合计 | | 15 | 100.00 | 10.90 | 24.22 | 0.73 | 15.00 | | 合计 | | 15 | 100.00 | -34.10 | -75.78 | -2.27 |
| 资源节约指数 | 1～3 | 0 | 0.00 | 0.00 | 0.00 | | 资源节约指数 | | 资源节约指数 | 1～3 | 0 | 0.00 | 0.00 | 0.00 | |
| | 4～6 | 0 | 0.00 | 0.00 | 0.00 | | | | | 4～6 | 0 | 0.00 | 0.00 | 0.00 | |
| | 7～9 | 0 | 0.00 | 0.00 | 0.00 | | 资产：负债 | | | 7～9 | 0 | 0.00 | 0.00 | 0.00 | |
| | 10～12 | 2 | 13.33 | 4.20 | 9.33 | | 32.44 | 67.56 | | 10～12 | 2 | 6.90 | -1.80 | -4.00 | |
| | 13～15 | 1 | 6.67 | 1.80 | 4.00 | | 相对净资产 | -35.11 | | 13～15 | 1 | 3.45 | -1.20 | -2.67 | |
| | 16～18 | 1 | 6.67 | 1.50 | 3.33 | | | | | 16～18 | 1 | 3.45 | -1.50 | -3.33 | |
| | 19～21 | 1 | 6.67 | 1.20 | 2.67 | | | | | 19～21 | 1 | 3.45 | -1.80 | -4.00 | |
| | 22～24 | 5 | 33.33 | 4.40 | 9.78 | | | | | 22～24 | 5 | 17.24 | -10.60 | -23.56 | |
| | 25～27 | 2 | 13.33 | 0.90 | 2.00 | | | | | 25～27 | 2 | 6.90 | -5.10 | -11.33 | |
| | 28～31 | 3 | 20.00 | 0.60 | 1.33 | | | | | 28～31 | 3 | 10.34 | -8.40 | -18.67 | |
| 合计 | | 15 | 100.00 | 14.60 | 32.44 | 0.97 | 15.00 | | 合计 | | 15 | 100.00 | -30.40 | -67.56 | -2.03 |

续表

| 资产 | | | | | | | 五大指数/% | | 负债 | | | | | | |
|---|---|---|---|---|---|---|---|---|---|---|---|---|---|---|---|
| 位次 | | 指标数 | 占指标总数/% | 指标分值 | 相对资产/% | 资产质量系数 | | | 位次 | | 指标数 | 占指标总数/% | 指标分值 | 相对负债/% | 负债质量系数 |
| 环境友好指数 | 1～3 | 1 | 8.33 | 2.90 | 8.06 | | 环境友好指数 | | 环境友好指数 | 1～3 | 1 | 4.55 | －0.10 | －0.28 | |
| | 4～6 | 1 | 8.33 | 2.70 | 7.50 | | | | | 4～6 | 1 | 4.55 | －0.30 | －0.83 | |
| | 7～9 | 4 | 33.33 | 9.00 | 25.00 | | 资产：负债 | | | 7～9 | 4 | 18.18 | －3.00 | －8.33 | |
| | 10～12 | 2 | 16.67 | 4.10 | 11.39 | | 58.61 | 41.39 | | 10～12 | 2 | 9.09 | －1.90 | －5.28 | |
| | 13～15 | 0 | 0.00 | 0.00 | 0.00 | | 相对净资产 | －17.22 | | 13～15 | 0 | 0.00 | 0.00 | 0.00 | |
| | 16～18 | 0 | 0.00 | 0.00 | 0.00 | | | | | 16～18 | 0 | 0.00 | 0.00 | 0.00 | |
| | 19～21 | 0 | 0.00 | 0.00 | 0.00 | | | | | 19～21 | 0 | 0.00 | 0.00 | 0.00 | |
| | 22～24 | 2 | 16.67 | 1.60 | 4.44 | | | | | 22～24 | 2 | 9.09 | －4.40 | －12.22 | |
| | 25～27 | 1 | 8.33 | 0.60 | 1.67 | | | | | 25～27 | 1 | 4.55 | －2.40 | －6.67 | |
| | 28～31 | 1 | 8.33 | 0.20 | 0.56 | | | | | 28～31 | 1 | 4.55 | －2.80 | －7.78 | |
| 合计 | | 12 | 100.00 | 21.10 | 58.61 | 1.76 | 12.00 | | 合计 | | 12 | 100.00 | －14.90 | －41.39 | －1.24 |
| 社会公平指数 | 1～3 | 0 | 0.00 | 0.00 | 0.00 | | 社会公平指数 | | 社会公平指数 | 1～3 | 0 | 0.00 | 0.00 | 0.00 | |
| | 4～6 | 0 | 0.00 | 0.00 | 0.00 | | | | | 4～6 | 0 | 0.00 | 0.00 | 0.00 | |
| | 7～9 | 1 | 11.11 | 2.40 | 8.89 | | 资产：负债 | | | 7～9 | 1 | 7.14 | －0.60 | －2.22 | |
| | 10～12 | 1 | 11.11 | 11.90 | 7.04 | | 37.04 | 62.96 | | 10～12 | 1 | 7.14 | －1.10 | －4.07 | |
| | 13～15 | 2 | 22.22 | 3.40 | 12.59 | | 相对净资产 | －25.93 | | 13～15 | 2 | 14.29 | －2.60 | －9.63 | |
| | 16～18 | 0 | 0.00 | 0.00 | 0.00 | | | | | 16～18 | 0 | 0.00 | 0.00 | 0.00 | |
| | 19～21 | 1 | 11.11 | 1.20 | 4.44 | | | | | 19～21 | 1 | 7.14 | －1.80 | －6.67 | |
| | 22～24 | 1 | 11.11 | 0.70 | 2.59 | | | | | 22～24 | 1 | 7.14 | －2.30 | －8.52 | |
| | 25～27 | 0 | 0.00 | 0.00 | 0.00 | | | | | 25～27 | 0 | 0.00 | 0.00 | 0.00 | |
| | 28～31 | 3 | 33.33 | 0.40 | 1.48 | | | | | 28～31 | 3 | 21.43 | －8.60 | －31.85 | |
| 合计 | | 9 | 100.00 | 10.00 | 37.04 | 1.11 | 9.00 | | 合计 | | 9 | 100.00 | －17.30 | －62.96 | －1.89 |
| 管理质量指数 | 1～3 | 0 | 0.00 | 0.00 | 0.00 | | 管理质量指数 | | 管理质量指数 | 1～3 | 0 | 0.00 | 0.00 | 0.00 | |
| | 4～6 | 2 | 10.53 | 5.10 | 8.95 | | | | | 4～6 | 2 | 11.76 | －0.90 | －1.58 | |
| | 7～9 | 1 | 5.26 | 2.30 | 4.04 | | 资产：负债 | | | 7～9 | 1 | 5.88 | －0.70 | －1.23 | |
| | 10～12 | 3 | 15.79 | 5.90 | 10.35 | | 44.74 | 55.26 | | 10～12 | 3 | 17.65 | －3.10 | －5.44 | |
| | 13～15 | 1 | 5.26 | 1.80 | 3.16 | | 相对净资产 | －10.53 | | 13～15 | 1 | 5.88 | －1.20 | －2.11 | |
| | 16～18 | 2 | 10.53 | 2.70 | 4.74 | | | | | 16～18 | 2 | 11.76 | －3.30 | －5.79 | |
| | 19～21 | 5 | 26.32 | 5.70 | 10.00 | | | | | 19～21 | 5 | 29.41 | －9.30 | －16.32 | |
| | 22～24 | 0 | 0.00 | 0.00 | 0.00 | | | | | 22～24 | 0 | 0.00 | 0.00 | 0.00 | |
| | 25～27 | 3 | 15.79 | 1.50 | 2.63 | | | | | 25～27 | 3 | 17.65 | －7.50 | －13.16 | |
| | 28～31 | 2 | 10.53 | 0.50 | 0.88 | | | | | 28～31 | 2 | 11.76 | －5.50 | －9.65 | |
| 合计 | | 19 | 100.00 | 25.50 | 44.74 | 1.34 | 19.00 | | 合计 | | 19 | 100.00 | －31.50 | －55.26 | －1.66 |
| 资产总指标数 | | | 占指标总数/% | 总资产分值 | 相对总资产/% | 总资产质量系数 | 相对总资产：相对总负债 | | 负债总指标数 | | | 占指标总数/% | 总负债分值 | 相对总负债/% | 总负债质量系数 |
| | | | | | | | 39.10 | －60.90 | | | | | | | |
| 70 | | | 100.00 | 82.10 | 39.10 | 1.17 | 相对净资产 | －21.81 | 70 | | | 100.00 | －127.90 | －60.90 | －1.83 |

# 第二十六节　西藏科学发展资产负债分析

## 一、一般概况

西藏自治区土地面积 120.21 万 $km^2$，人口 287 万，2008 年实现地区 GDP 395.91 亿元，人均粮食产量 332.85kg，人均水资源量 159726.80$m^3$，森林覆盖率 11.31%，人口自然增长率 10.30‰，成人文盲率 34.30%，万人在校大学生 128 人，专利（发明、实用新型、外观设计）授权 93 件。

## 二、科学发展的资产负债分析

1）创新发展指数：在总数 15 个源指标中，资产累计得分 9.80，相对资产 9.80%，资产质量系数为 0.65，表明资产质量较差。同时，负债累计得分 -35.20，相对负债 -78.22%，负债质量系数为 -2.35，表明负债质量较差。在该大项中，相对净资产为 -56.44%。

2）资源节约指数：在总数 15 个源指标中，资产累计得分 19.80，相对资产 44.00%，资产质量系数为 1.41，表明资产质量一般。同时，负债累计得分 -25.20，相对负债 -56.00%，负债质量系数为 -1.68，表明负债质量一般。在该大项中，相对净资产为 -12.00%。

3）环境友好指数：在总数 12 个源指标中，资产累计得分 18.70，相对资产 51.94%，资产质量系数为 1.56，表明资产质量一般。同时，负债累计得分 -17.30，相对负债 -48.06%，负债质量系数为 -1.44，表明负债质量一般。在该大项中，相对净资产为 3.89%。

4）社会公平指数：在总数 9 个源指标中，资产累计得分 6.00，相对资产 22.22%，资产质量系数为 0.67，表明资产质量较差。同时，负债累计得分 -21.00，相对负债 -77.78%，负债质量系数为 -2.33，表明负债质量较差。在该大项中，相对净资产为 -55.56%。

5）管理质量指数：在总数 19 个源指标中，资产累计得分 13.70，相对资产 24.04%，资产质量系数为 0.72，表明资产质量较差。同时，负债累计得分 -43.30，相对负债 -75.96%，负债质量系数为 -2.28，表明负债质量较差。在该大项中，相对净资产为 -51.93%。

总计上述五大项，在总数 70 个源指标中，总资产累计得分 68.00，相对资产 32.38%，资产质量系数为 0.99，表明资产质量较差。同时，负债累计得分 -142.00，相对负债 -67.62%，负债质量系数为 -2.03，表明负债质量较差，该地区科学发展水平相对总净资产为 -35.24%（图 24-26，表 24-26）。

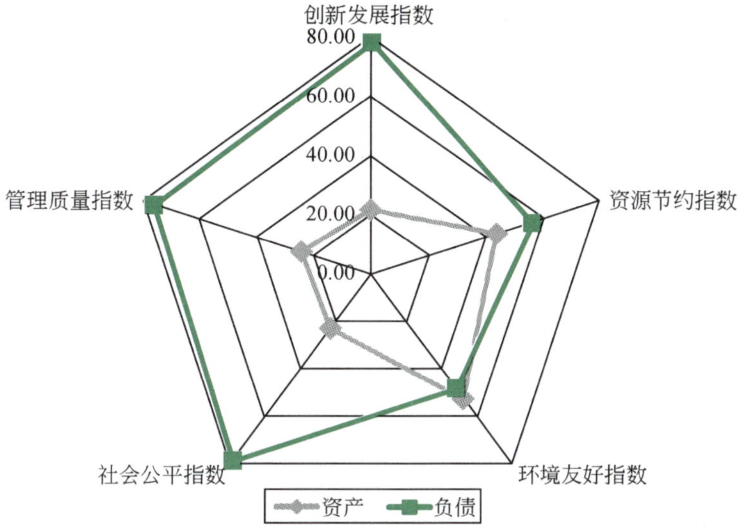


图 24-26　西藏科学发展水平资产负债图

**表 24-26　西藏科学发展水平资产负债表**

| 资产 | | | | | | | 五大指数/% | | 负债 | | | | | | |
|---|---|---|---|---|---|---|---|---|---|---|---|---|---|---|---|
| 位次 | | 指标数 | 占指标总数/% | 指标分值 | 相对资产/% | 资产质量系数 | | | 位次 | | 指标数 | 占指标总数/% | 指标分值 | 相对负债/% | 负债质量系数 |
| 创新发展指数 | 1～3 | 1 | 6.67 | 2.80 | 6.22 | | 创新发展指数 | | 创新发展指数 | 1～3 | 1 | 4.76 | −0.20 | −0.44 | |
| | 4～6 | 0 | 0.00 | 0.00 | 0.00 | | | | | 4～6 | 0 | 0.00 | 0.00 | 0.00 | |
| | 7～9 | 0 | 0.00 | 0.00 | 0.00 | | 资产：负债 | | | 7～9 | 0 | 0.00 | 0.00 | 0.00 | |
| | 10～12 | 1 | 6.67 | 2.10 | 4.67 | | 21.78 | 78.22 | | 10～12 | 1 | 4.76 | −0.90 | −2.00 | |
| | 13～15 | 0 | 0.00 | 0.00 | 0.00 | | 相对净资产 | −56.44 | | 13～15 | 0 | 0.00 | 0.00 | 0.00 | |
| | 16～18 | 2 | 13.33 | 2.80 | 6.22 | | | | | 16～18 | 2 | 9.52 | −3.20 | −7.11 | |
| | 19～21 | 1 | 6.67 | 1.10 | 2.44 | | | | | 19～21 | 1 | 4.76 | −1.90 | −4.22 | |
| | 22～24 | 0 | 0.00 | 0.00 | 0.00 | | | | | 22～24 | 0 | 0.00 | 0.00 | 0.00 | |
| | 25～27 | 0 | 0.00 | 0.00 | 0.00 | | | | | 25～27 | 0 | 0.00 | 0.00 | 0.00 | |
| | 28～31 | 10 | 66.67 | 1.00 | 2.22 | | | | | 28～31 | 10 | 47.62 | −29.00 | −64.44 | |
| 合计 | | 15 | 100.00 | 9.80 | 21.78 | 0.65 | 15.00 | | 合计 | | 15 | 100.00 | −35.20 | −78.22 | −2.35 |
| 资源节约指数 | 1～3 | 5 | 33.33 | 15.00 | 33.33 | | 资源节约指数 | | 资源节约指数 | 1～3 | 5 | 17.24 | 0.00 | 0.00 | |
| | 4～6 | 0 | 0.00 | 2.60 | 5.78 | | | | | 4～6 | 0 | 0.00 | −0.40 | −0.89 | |
| | 7～9 | 0 | 0.00 | 0.00 | 0.00 | | 资产：负债 | | | 7～9 | 0 | 0.00 | 0.00 | 0.00 | |
| | 10～12 | 0 | 0.00 | 0.00 | 0.00 | | 44.00 | 56.00 | | 10～12 | 0 | 0.00 | 0.00 | 0.00 | |
| | 13～15 | 0 | 0.00 | 0.00 | 0.00 | | 相对净资产 | −12.00 | | 13～15 | 0 | 0.00 | 0.00 | 0.00 | |
| | 16～18 | 1 | 6.67 | 1.50 | 3.33 | | | | | 16～18 | 1 | 3.45 | −1.50 | −3.33 | |
| | 19～21 | 0 | 0.00 | 0.00 | 0.00 | | | | | 19～21 | 0 | 0.00 | 0.00 | 0.00 | |
| | 22～24 | 0 | 0.00 | 0.00 | 0.00 | | | | | 22～24 | 0 | 0.00 | 0.00 | 0.00 | |
| | 25～27 | 0 | 0.00 | 0.00 | 0.00 | | | | | 25～27 | 0 | 0.00 | 0.00 | 0.00 | |
| | 28～31 | 8 | 53.33 | 0.70 | 1.56 | | | | | 28～31 | 8 | 27.59 | −23.30 | −51.78 | |
| 合计 | | 14 | 100.00 | 19.80 | 44.00 | 1.41 | 15.00 | | 合计 | | 14 | 100.00 | −25.20 | −56.00 | −1.68 |

续表

| 资产 | | | | | | | 五大指数/% | | 负债 | | | | | | |
|---|---|---|---|---|---|---|---|---|---|---|---|---|---|---|---|
| 位次 | | 指标数 | 占指标总数/% | 指标分值 | 相对资产/% | 资产质量系数 | | | 位次 | | 指标数 | 占指标总数/% | 指标分值 | 相对负债/% | 负债质量系数 |
| 环境友好指数 | 1~3 | 5 | 41.67 | 15.00 | 41.67 | | 环境友好指数 | | 环境友好指数 | 1~3 | 5 | 22.73 | 0.00 | 0.00 | |
| | 4~6 | 1 | 8.33 | 2.60 | 7.22 | | | | | 4~6 | 1 | 4.55 | -0.40 | -1.11 | |
| | 7~9 | 0 | 0.00 | 0.00 | 0.00 | | 资产：负债 | | | 7~9 | 0 | 0.00 | 0.00 | 0.00 | |
| | 10~12 | 0 | 0.00 | 0.00 | 0.00 | | 51.94 | 48.06 | | 10~12 | 0 | 0.00 | 0.00 | 0.00 | |
| | 13~15 | 0 | 0.00 | 0.00 | 0.00 | | 相对净资产 | 3.89 | | 13~15 | 0 | 0.00 | 0.00 | 0.00 | |
| | 16~18 | 0 | 0.00 | 0.00 | 0.00 | | | | | 16~18 | 0 | 0.00 | 0.00 | 0.00 | |
| | 19~21 | 0 | 0.00 | 0.00 | 0.00 | | | | | 19~21 | 0 | 0.00 | 0.00 | 0.00 | |
| | 22~24 | 1 | 8.33 | 0.70 | 1.94 | | | | | 22~24 | 1 | 4.55 | -2.30 | -6.39 | |
| | 25~27 | 1 | 8.33 | 0.40 | 1.11 | | | | | 25~27 | 1 | 4.55 | -2.60 | -7.22 | |
| | 28~31 | 4 | 33.33 | 0.00 | 0.00 | | | | | 28~31 | 4 | 18.18 | -12.00 | -33.33 | |
| 合计 | | 12 | 100.00 | 18.70 | 51.94 | 1.56 | 12.00 | | 合计 | | 12 | 100.00 | -17.30 | -48.06 | -1.44 |
| 社会公平指数 | 1~3 | 0 | 0.00 | 0.00 | 0.00 | | 社会公平指数 | | 社会公平指数 | 1~3 | 0 | 0.00 | 0.00 | 0.00 | |
| | 4~6 | 1 | 11.11 | 2.70 | 10.00 | | | | | 4~6 | 1 | 7.14 | -0.30 | -1.11 | |
| | 7~9 | 0 | 0.00 | 0.00 | 0.00 | | 资产：负债 | | | 7~9 | 0 | 0.00 | 0.00 | 0.00 | |
| | 10~12 | 0 | 0.00 | 0.00 | 0.00 | | 22.22 | 77.78 | | 10~12 | 0 | 0.00 | 0.00 | 0.00 | |
| | 13~15 | 1 | 11.11 | 1.70 | 6.30 | | 相对净资产 | -55.56 | | 13~15 | 1 | 7.14 | -1.30 | -4.81 | |
| | 16~18 | 0 | 0.00 | 0.00 | 0.00 | | | | | 16~18 | 0 | 0.00 | 0.00 | 0.00 | |
| | 19~21 | 0 | 0.00 | 0.00 | 0.00 | | | | | 19~21 | 0 | 0.00 | 0.00 | 0.00 | |
| | 22~24 | 0 | 0.00 | 0.00 | 0.00 | | | | | 22~24 | 0 | 0.00 | 0.00 | 0.00 | |
| | 25~27 | 3 | 33.33 | 1.40 | 5.19 | | | | | 25~27 | 3 | 21.43 | -7.60 | -28.15 | |
| | 28~31 | 4 | 44.44 | 0.20 | 0.74 | | | | | 28~31 | 4 | 28.57 | -11.80 | -43.70 | |
| 合计 | | 9 | 100.00 | 6.00 | 22.22 | 0.67 | 9.00 | | 合计 | | 9 | 100.00 | -21.00 | -77.78 | -2.33 |
| 管理质量指数 | 1~3 | 1 | 5.26 | 3.00 | 5.26 | | 管理质量指数 | | 管理质量指数 | 1~3 | 1 | 5.88 | 0.00 | 0.00 | |
| | 4~6 | 0 | 0.00 | 0.00 | 0.00 | | | | | 4~6 | 0 | 0.00 | 0.00 | 0.00 | |
| | 7~9 | 0 | 0.00 | 0.00 | 0.00 | | 资产：负债 | | | 7~9 | 0 | 0.00 | 0.00 | 0.00 | |
| | 10~12 | 2 | 10.53 | 4.00 | 7.02 | | 24.04 | 75.96 | | 10~12 | 2 | 11.76 | -2.00 | -3.51 | |
| | 13~15 | 2 | 10.53 | 3.30 | 5.79 | | 相对净资产 | -51.93 | | 13~15 | 2 | 11.76 | -2.70 | -4.74 | |
| | 16~18 | 0 | 0.00 | 0.00 | 0.00 | | | | | 16~18 | 0 | 0.00 | 0.00 | 0.00 | |
| | 19~21 | 1 | 5.26 | 1.00 | 1.75 | | | | | 19~21 | 1 | 5.88 | -2.00 | -3.51 | |
| | 22~24 | 1 | 5.26 | 0.90 | 1.58 | | | | | 22~24 | 1 | 5.88 | -2.10 | -3.68 | |
| | 25~27 | 1 | 5.26 | 0.40 | 0.70 | | | | | 25~27 | 1 | 5.88 | -2.60 | -4.56 | |
| | 28~31 | 11 | 57.89 | 1.10 | 1.93 | | | | | 28~31 | 11 | 64.71 | -31.90 | -55.96 | |
| 合计 | | 19 | 100.00 | 13.70 | 24.04 | 0.72 | 19.00 | | 合计 | | 19 | 100.00 | -43.30 | -75.96 | -2.28 |
| 资产总指标数 | | | 占指标总数/% | 总资产分值 | 相对总资产/% | 总资产质量系数 | 相对总资产：相对总负债 | | 负债总指标数 | | | 占指标总数/% | 总负债分值 | 相对总负债/% | 总负债质量系数 |
| | | | | | | | 32.38 | -67.62 | | | | | | | |
| 69 | | | 100.00 | 68.00 | 32.38 | 0.99 | 相对净资产 | -35.24 | 70 | | | 100.00 | -142.00 | -67.62 | -2.03 |

# 第二十七节 陕西科学发展资产负债分析

## 一、一般概况

陕西省土地面积20.58万$km^2$，人口3762万，2008年实现地区GDP 6851.32亿元，人均粮食产量295.87kg，人均水资源量809.59$m^3$，森林覆盖率32.55%，人口自然增长率4.08‰，成人文盲率7.79%，万人在校大学生288人，专利（发明、实用新型、外观设计）授权4392件。

## 二、科学发展的资产负债分析

1）创新发展指数：在总数15个源指标中，资产累计得分28.00，相对资产28.00%，资产质量系数为1.87，表明资产质量较好。同时，负债累计得分-17.00，相对负债-37.78%，负债质量系数为-1.13，表明负债质量较好。在该大项中，相对净资产为24.44%。

2）资源节约指数：在总数15个源指标中，资产累计得分22.80，相对资产50.67%，资产质量系数为1.63，表明资产质量一般。同时，负债累计得分-22.20，相对负债-49.33%，负债质量系数为-1.48，表明负债质量一般。在该大项中，相对净资产为1.33%。

3）环境友好指数：在总数12个源指标中，资产累计得分19.10，相对资产53.06%，资产质量系数为1.59，表明资产质量一般。同时，负债累计得分-16.90，相对负债-46.94%，负债质量系数为-1.41，表明负债质量一般。在该大项中，相对净资产为6.11%。

4）社会公平指数：在总数9个源指标中，资产累计得分12.20，相对资产45.19%，资产质量系数为1.36，表明资产质量一般。同时，负债累计得分-14.80，相对负债-54.81%，负债质量系数为-1.64，表明负债质量一般。在该大项中，相对净资产为-9.63%。

5）管理质量指数：在总数19个源指标中，资产累计得分26.60，相对资产46.67%，资产质量系数为1.40，表明资产质量一般。同时，负债累计得分-30.40，相对负债-53.33%，负债质量系数为-1.60，表明负债质量一般。在该大项中，相对净资产为-6.67%。

总计上述五大项，在总数70个源指标中，总资产累计得分108.70，相对资产51.76%，资产质量系数为1.58，表明资产质量一般。同时，负债累计得分-101.30，相对负债-48.24%，负债质量系数为-1.45，表明负债质量一般，该地区科学发展水平相对总净资产为3.52%（图24-27，表24-27）。

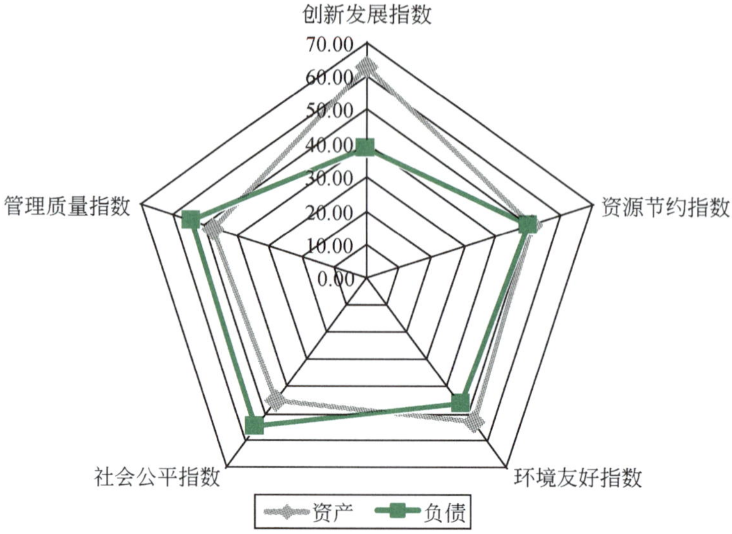


图 24-27　陕西科学发展水平资产负债图

**表 24-27　陕西科学发展水平资产负债表**

| 资产 | | | | | | | 五大指数/% | | 负债 | | | | | | |
|---|---|---|---|---|---|---|---|---|---|---|---|---|---|---|---|
| 位次 | | 指标数 | 占指标总数/% | 指标分值 | 相对资产/% | 资产质量系数 | | | 位次 | | 指标数 | 占指标总数/% | 指标分值 | 相对负债/% | 负债质量系数 |
| 创新发展指数 | 1～3 | 1 | 6.67 | 2.90 | 6.44 | | 创新发展指数 | | 创新发展指数 | 1～3 | 1 | 4.76 | -0.10 | -0.22 | |
| | 4～6 | 2 | 13.33 | 5.30 | 11.78 | | | | | 4～6 | 2 | 9.52 | -0.70 | -1.56 | |
| | 7～9 | 1 | 6.67 | 2.30 | 5.11 | | 资产：负债 | | | 7～9 | 1 | 4.76 | -0.70 | -1.56 | |
| | 10～12 | 4 | 26.67 | 7.90 | 17.56 | | 62.22 | 37.78 | | 10～12 | 4 | 19.05 | -4.10 | -9.11 | |
| | 13～15 | 4 | 26.67 | 6.80 | 15.11 | | 相对净资产 | 24.44 | | 13～15 | 4 | 19.05 | -5.20 | -11.56 | |
| | 16～18 | 1 | 6.67 | 1.30 | 2.89 | | | | | 16～18 | 1 | 4.76 | -1.70 | -3.78 | |
| | 19～21 | 0 | 0.00 | 0.00 | 0.00 | | | | | 19～21 | 0 | 0.00 | 0.00 | 0.00 | |
| | 22～24 | 2 | 13.33 | 1.50 | 3.33 | | | | | 22～24 | 2 | 9.52 | -4.50 | -10.00 | |
| | 25～27 | 0 | 0.00 | 0.00 | 0.00 | | | | | 25～27 | 0 | 0.00 | 0.00 | 0.00 | |
| | 28～31 | 0 | 0.00 | 0.00 | 0.00 | | | | | 28～31 | 0 | 0.00 | 0.00 | 0.00 | |
| 合计 | | 15 | 100.00 | 28.00 | 62.22 | 1.87 | 15.00 | | 合计 | | 15 | 100.00 | -17.00 | -37.78 | -1.13 |
| 资源节约指数 | 1～3 | 0 | 0.00 | 0.00 | 0.00 | | 资源节约指数 | | 资源节约指数 | 1～3 | 0 | 0.00 | 0.00 | 0.00 | |
| | 4～6 | 1 | 6.67 | 5.30 | 11.78 | | | | | 4～6 | 1 | 3.45 | -0.70 | -1.56 | |
| | 7～9 | 0 | 0.00 | 0.00 | 0.00 | | 资产：负债 | | | 7～9 | 0 | 0.00 | 0.00 | 0.00 | |
| | 10～12 | 3 | 20.00 | 5.80 | 12.89 | | 50.67 | 49.33 | | 10～12 | 3 | 10.34 | -3.20 | -7.11 | |
| | 13～15 | 2 | 13.33 | 3.40 | 7.56 | | 相对净资产 | 1.33 | | 13～15 | 2 | 6.90 | -2.60 | -5.78 | |
| | 16～18 | 3 | 20.00 | 4.00 | 8.89 | | | | | 16～18 | 3 | 10.34 | -5.00 | -11.11 | |
| | 19～21 | 3 | 20.00 | 3.30 | 7.33 | | | | | 19～21 | 3 | 10.34 | -5.70 | -12.67 | |
| | 22～24 | 0 | 0.00 | 0.00 | 0.00 | | | | | 22～24 | 0 | 0.00 | 0.00 | 0.00 | |
| | 25～27 | 2 | 13.33 | 1.00 | 2.22 | | | | | 25～27 | 2 | 6.90 | -5.00 | -11.11 | |
| | 28～31 | 0 | 0.00 | 0.00 | 0.00 | | | | | 28～31 | 0 | 0.00 | 0.00 | 0.00 | |
| 合计 | | 14 | 100.00 | 22.80 | 50.67 | 1.63 | 15.00 | | 合计 | | 14 | 100.00 | -22.20 | -49.33 | -1.48 |

续表

| 资产 | | | | | | | 五大指数/% | | 负债 | | | | | | |
|---|---|---|---|---|---|---|---|---|---|---|---|---|---|---|---|
| 位次 | | 指标数 | 占指标总数/% | 指标分值 | 相对资产/% | 资产质量系数 | | | 位次 | | 指标数 | 占指标总数/% | 指标分值 | 相对负债/% | 负债质量系数 |
| 环境友好指数 | 1～3 | 0 | 0.00 | 0.00 | 0.00 | | 环境友好指数 | | 环境友好指数 | 1～3 | 0 | 0.00 | 0.00 | 0.00 | |
| | 4～6 | 1 | 8.33 | 2.60 | 7.22 | | | | | 4～6 | 1 | 4.55 | -0.40 | -1.11 | |
| | 7～9 | 2 | 16.67 | 4.60 | 12.78 | | 资产：负债 | | | 7～9 | 2 | 9.09 | -1.40 | -3.89 | |
| | 10～12 | 2 | 16.67 | 3.90 | 10.83 | | 53.06 | 46.94 | | 10～12 | 2 | 9.09 | -2.10 | -5.83 | |
| | 13～15 | 1 | 8.33 | 1.60 | 4.44 | | 相对净资产 | 6.11 | | 13～15 | 1 | 4.55 | -1.40 | -3.89 | |
| | 16～18 | 2 | 16.67 | 2.80 | 7.78 | | | | | 16～18 | 2 | 9.09 | -3.20 | -8.89 | |
| | 19～21 | 2 | 16.67 | 2.10 | 5.83 | | | | | 19～21 | 2 | 9.09 | -3.90 | -10.83 | |
| | 22～24 | 1 | 8.33 | 0.90 | 2.50 | | | | | 22～24 | 1 | 4.55 | -2.10 | -5.83 | |
| | 25～27 | 1 | 8.33 | 0.60 | 1.67 | | | | | 25～27 | 1 | 4.55 | -2.40 | -6.67 | |
| | 28～31 | 0 | 0.00 | 0.00 | 0.00 | | | | | 28～31 | 0 | 0.00 | 0.00 | 0.00 | |
| 合计 | | 12 | 100.00 | 19.10 | 53.06 | 1.59 | 12.00 | | 合计 | | 12 | 100.00 | -16.90 | -46.94 | -1.41 |
| 社会公平指数 | 1～3 | 1 | 11.11 | 2.80 | 10.37 | | 社会公平指数 | | 社会公平指数 | 1～3 | 1 | 7.14 | -0.20 | -0.74 | |
| | 4～6 | 0 | 0.00 | 0.00 | 0.00 | | | | | 4～6 | 0 | 0.00 | 0.00 | 0.00 | |
| | 7～9 | 2 | 22.22 | 4.60 | 17.04 | | 资产：负债 | | | 7～9 | 2 | 14.29 | -1.40 | -5.19 | |
| | 10～12 | 0 | 0.00 | 0.00 | 0.00 | | 45.19 | 54.81 | | 10～12 | 0 | 0.00 | 0.00 | 0.00 | |
| | 13～15 | 1 | 11.11 | 1.60 | 5.93 | | 相对净资产 | -9.63 | | 13～15 | 1 | 7.14 | -1.40 | -5.19 | |
| | 16～18 | 0 | 0.00 | 0.00 | 0.00 | | | | | 16～18 | 0 | 0.00 | 0.00 | 0.00 | |
| | 19～21 | 1 | 11.11 | 1.20 | 4.44 | | | | | 19～21 | 1 | 7.14 | -1.80 | -6.67 | |
| | 22～24 | 1 | 11.11 | 0.90 | 3.33 | | | | | 22～24 | 1 | 7.14 | -2.10 | -7.78 | |
| | 25～27 | 2 | 22.22 | 0.90 | 3.33 | | | | | 25～27 | 2 | 14.29 | -5.10 | -18.89 | |
| | 28～31 | 1 | 11.11 | 0.20 | 0.74 | | | | | 28～31 | 1 | 7.14 | -2.80 | -10.37 | |
| 合计 | | 9 | 100.00 | 12.20 | 45.19 | 1.36 | 9.00 | | 合计 | | 9 | 100.00 | -14.80 | -54.81 | -1.64 |
| 管理质量指数 | 1～3 | 0 | 0.00 | 0.00 | 0.00 | | 管理质量指数 | | 管理质量指数 | 1～3 | 0 | 0.00 | 0.00 | 0.00 | |
| | 4～6 | 3 | 15.79 | 7.90 | 13.86 | | | | | 4～6 | 3 | 17.65 | -1.10 | -1.93 | |
| | 7～9 | 1 | 5.26 | 2.20 | 3.86 | | 资产：负债 | | | 7～9 | 1 | 5.88 | -0.80 | -1.40 | |
| | 10～12 | 1 | 5.26 | 2.00 | 3.51 | | 46.67 | 53.33 | | 10～12 | 1 | 5.88 | -1.00 | -1.75 | |
| | 13～15 | 3 | 15.79 | 4.90 | 8.60 | | 相对净资产 | -6.67 | | 13～15 | 3 | 17.65 | -4.10 | -7.19 | |
| | 16～18 | 4 | 21.05 | 5.20 | 9.12 | | | | | 16～18 | 4 | 23.53 | -6.80 | -11.93 | |
| | 19～21 | 0 | 0.00 | 0.00 | 0.00 | | | | | 19～21 | 0 | 0.00 | 0.00 | 0.00 | |
| | 22～24 | 4 | 21.05 | 3.10 | 5.44 | | | | | 22～24 | 4 | 23.53 | -8.90 | -15.61 | |
| | 25～27 | 2 | 10.53 | 1.10 | 1.93 | | | | | 25～27 | 2 | 11.76 | -4.90 | -8.60 | |
| | 28～31 | 1 | 5.26 | 0.20 | 0.35 | | | | | 28～31 | 1 | 5.88 | -2.80 | -4.91 | |
| 合计 | | 19 | 100.00 | 26.60 | 46.67 | 1.40 | 19.00 | | 合计 | | 19 | 100.00 | -30.40 | -53.33 | -1.60 |
| 资产总指标数 | | 占指标总数/% | 总资产分值 | 相对总资产/% | 总资产质量系数 | | 相对总资产：相对总负债 | | 负债总指标数 | | 占指标总数/% | 总负债分值 | 相对总负债/% | 总负债质量系数 | |
| | | | | | | | 51.76 | -48.24 | | | | | | | |
| 69 | | 100.00 | 108.70 | 51.76 | 1.58 | | 相对净资产 | 3.52 | 70 | | 100.00 | -101.30 | -48.24 | -1.45 | |

# 第二十八节　甘肃科学发展资产负债分析

## 一、一般概况

甘肃省土地面积 40.41 万 $km^2$，人口 2628 万，2008 年实现地区 GDP 3176.11 亿元，人均粮食产量 338.79kg，人均水资源量 714.97$m^3$，森林覆盖率 6.66%，人口自然增长率 6.54‰，成人文盲率 15.86%，万人在校大学生 169 人，专利（发明、实用新型、外观设计）授权 1047 件。

## 二、科学发展的资产负债分析

1）创新发展指数：在总数 15 个源指标中，资产累计得分 12.40，相对资产 12.40%，资产质量系数为 0.83，表明资产质量较差。同时，负债累计得分 -32.60，相对负债 -72.44%，负债质量系数为 -2.17，表明负债质量较差。在该大项中，相对净资产为 -44.89%。

2）资源节约指数：在总数 15 个源指标中，资产累计得分 12.30，相对资产 27.33%，资产质量系数为 0.88，表明资产质量较差。同时，负债累计得分 -32.70，相对负债 -72.67%，负债质量系数为 -2.18，表明负债质量较差。在该大项中，相对净资产为 -45.33%。

3）环境友好指数：在总数 12 个源指标中，资产累计得分 18.00，相对资产 50.00%，资产质量系数为 1.50，表明资产质量一般。同时，负债累计得分 -18.00，相对负债 -50.00%，负债质量系数为 -1.50，表明负债质量一般。在该大项中，相对净资产为 0.00%。

4）社会公平指数：在总数 9 个源指标中，资产累计得分 6.50，相对资产 24.07%，资产质量系数为 0.72，表明资产质量较差。同时，负债累计得分 -20.50，相对负债 -75.93%，负债质量系数为 -2.28，表明负债质量较差。在该大项中，相对净资产为 -51.85%。

5）管理质量指数：在总数 19 个源指标中，资产累计得分 21.00，相对资产 36.84%，资产质量系数为 1.11，表明资产质量较差。同时，负债累计得分 -36.00，相对负债 -63.16%，负债质量系数为 -1.89，表明负债质量较差。在该大项中，相对净资产为 -26.32%。

总计上述五大项，在总数 70 个源指标中，总资产累计得分 70.20，相对资产 33.43%，资产质量系数为 1.02，表明资产质量较差。同时，负债累计得分 -139.80，相对负债 -66.57%，负债质量系数为 -2.00，表明负债质量较差，该地区科学发展水平相对总净资产为 -33.14%（图 24-28，表 24-28）。

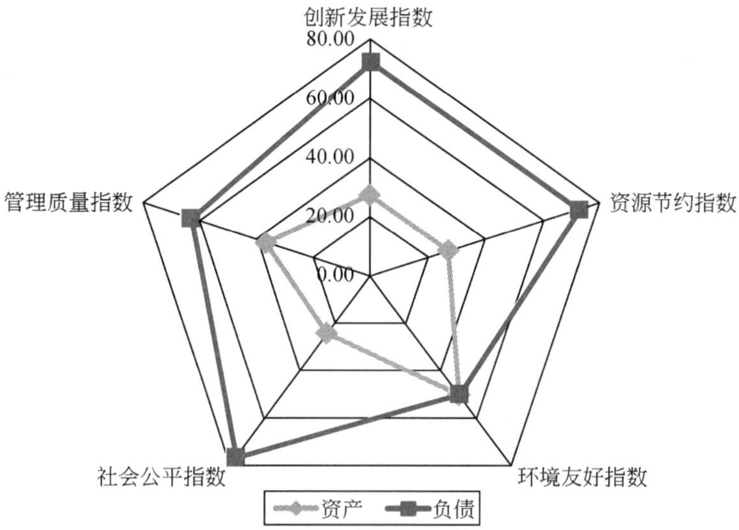


图 24-28 甘肃科学发展水平资产负债图

**表 24-28 甘肃科学发展水平资产负债表**

| 资产 | | | | | | | 五大指数/% | | 负债 | | | | | | |
|---|---|---|---|---|---|---|---|---|---|---|---|---|---|---|---|
| 位次 | | 指标数 | 占指标总数/% | 指标分值 | 相对资产/% | 资产质量系数 | | | 位次 | | 指标数 | 占指标总数/% | 指标分值 | 相对负债/% | 负债质量系数 |
| 创新发展指数 | 1～3 | 0 | 0.00 | 0.00 | 0.00 | | 创新发展指数 | | 创新发展指数 | 1～3 | 0 | 0.00 | 0.00 | 0.00 | |
| | 4～6 | 1 | 6.67 | 2.60 | 5.78 | | | | | 4～6 | 1 | 4.76 | -0.40 | -0.89 | |
| | 7～9 | 0 | 0.00 | 0.00 | 0.00 | | 资产：负债 | | | 7～9 | 0 | 0.00 | 0.00 | 0.00 | |
| | 10～12 | 0 | 0.00 | 0.00 | 0.00 | | 27.56 | 72.44 | | 10～12 | 0 | 0.00 | 0.00 | 0.00 | |
| | 13～15 | 1 | 6.67 | 1.70 | 3.78 | | 相对净资产 | -44.89 | | 13～15 | 1 | 4.76 | -1.30 | -2.89 | |
| | 16～18 | 1 | 6.67 | 1.50 | 3.33 | | | | | 16～18 | 1 | 4.76 | -1.50 | -3.33 | |
| | 19～21 | 3 | 20.00 | 3.40 | 7.56 | | | | | 19～21 | 3 | 14.29 | -5.60 | -12.44 | |
| | 22～24 | 1 | 6.67 | 0.70 | 1.56 | | | | | 22～24 | 1 | 4.76 | -2.30 | -5.11 | |
| | 25～27 | 3 | 20.00 | 1.50 | 3.33 | | | | | 25～27 | 3 | 14.29 | -7.50 | -16.67 | |
| | 28～31 | 5 | 33.33 | 1.00 | 2.22 | | | | | 28～31 | 5 | 23.81 | -14.00 | -31.11 | |
| 合计 | | 15 | 100.00 | 12.40 | 27.56 | 0.83 | 15.00 | | 合计 | | 15 | 100.00 | -32.60 | -72.44 | -2.17 |
| 资源节约指数 | 1～3 | 0 | 0.00 | 0.00 | 0.00 | | 资源节约指数 | | 资源节约指数 | 1～3 | 0 | 0.00 | 0.00 | 0.00 | |
| | 4～6 | 1 | 6.67 | 5.40 | 12.00 | | | | | 4～6 | 1 | 3.45 | -0.60 | -1.33 | |
| | 7～9 | 0 | 0.00 | 0.00 | 0.00 | | 资产：负债 | | | 7～9 | 0 | 0.00 | 0.00 | 0.00 | |
| | 10～12 | 1 | 6.67 | 2.10 | 4.67 | | 27.33 | 72.67 | | 10～12 | 1 | 3.45 | -0.90 | -2.00 | |
| | 13～15 | 0 | 0.00 | 0.00 | 0.00 | | 相对净资产 | -45.33 | | 13～15 | 0 | 0.00 | 0.00 | 0.00 | |
| | 16～18 | 0 | 0.00 | 0.00 | 0.00 | | | | | 16～18 | 0 | 0.00 | 0.00 | 0.00 | |
| | 19～21 | 0 | 0.00 | 0.00 | 0.00 | | | | | 19～21 | 0 | 0.00 | 0.00 | 0.00 | |
| | 22～24 | 1 | 6.67 | 0.70 | 1.56 | | | | | 22～24 | 1 | 3.45 | -2.30 | -5.11 | |
| | 25～27 | 8 | 53.33 | 3.70 | 8.22 | | | | | 25～27 | 8 | 27.59 | -20.30 | -45.11 | |
| | 28～31 | 3 | 20.00 | 0.40 | 0.89 | | | | | 28～31 | 3 | 10.34 | -8.60 | -19.11 | |
| 合计 | | 14 | 100.00 | 12.30 | 27.33 | 0.88 | 15.00 | | 合计 | | 14 | 100.00 | -32.70 | -72.67 | -2.18 |

续表

| 资产 | | | | | | | 五大指数/% | | 负债 | | | | | | |
|---|---|---|---|---|---|---|---|---|---|---|---|---|---|---|---|
| 位次 | | 指标数 | 占指标总数/% | 指标分值 | 相对资产/% | 资产质量系数 | | | 位次 | | 指标数 | 占指标总数/% | 指标分值 | 相对负债/% | 负债质量系数 |
| 环境友好指数 | 1～3 | 1 | 8.33 | 3.00 | 8.33 | | 环境友好指数 | | 环境友好指数 | 1～3 | 1 | 4.55 | 0.00 | 0.00 | |
| | 4～6 | 1 | 8.33 | 2.60 | 7.22 | | | | | 4～6 | 1 | 4.55 | -0.40 | -1.11 | |
| | 7～9 | 1 | 8.33 | 2.30 | 6.39 | | 资产：负债 | | | 7～9 | 1 | 4.55 | -0.70 | -1.94 | |
| | 10～12 | 3 | 25.00 | 6.30 | 17.50 | | 50.00 | 50.00 | | 10～12 | 3 | 13.64 | -2.70 | -7.50 | |
| | 13～15 | 0 | 0.00 | 0.00 | 0.00 | | 相对净资产 | 0.00 | | 13～15 | 0 | 0.00 | 0.00 | 0.00 | |
| | 16～18 | 0 | 0.00 | 0.00 | 0.00 | | | | | 16～18 | 0 | 0.00 | 0.00 | 0.00 | |
| | 19～21 | 1 | 8.33 | 1.20 | 3.33 | | | | | 19～21 | 1 | 4.55 | -1.80 | -5.00 | |
| | 22～24 | 2 | 16.67 | 1.60 | 4.44 | | | | | 22～24 | 2 | 9.09 | -4.40 | -12.22 | |
| | 25～27 | 2 | 16.67 | 0.80 | 2.22 | | | | | 25～27 | 2 | 9.09 | -5.20 | -14.44 | |
| | 28～31 | 1 | 8.33 | 0.20 | 0.56 | | | | | 28～31 | 1 | 4.55 | -2.80 | -7.78 | |
| 合计 | | 12 | 100.00 | 18.00 | 50.00 | 1.50 | 12.00 | | 合计 | | 12 | 100.00 | -18.00 | -50.00 | -1.50 |
| 社会公平指数 | 1～3 | 0 | 0.00 | 0.00 | 0.00 | | 社会公平指数 | | 社会公平指数 | 1～3 | 0 | 0.00 | 0.00 | 0.00 | |
| | 4～6 | 1 | 11.11 | 2.60 | 9.63 | | | | | 4～6 | 1 | 7.14 | -0.40 | -1.48 | |
| | 7～9 | 0 | 0.00 | 0.00 | 0.00 | | 资产：负债 | | | 7～9 | 0 | 0.00 | 0.00 | 0.00 | |
| | 10～12 | 0 | 0.00 | 0.00 | 0.00 | | 24.07 | 75.93 | | 10～12 | 0 | 0.00 | 0.00 | 0.00 | |
| | 13～15 | 0 | 0.00 | 0.00 | 0.00 | | 相对净资产 | -51.85 | | 13～15 | 0 | 0.00 | 0.00 | 0.00 | |
| | 16～18 | 0 | 0.00 | 0.00 | 0.00 | | | | | 16～18 | 0 | 0.00 | 0.00 | 0.00 | |
| | 19～21 | 1 | 11.11 | 1.10 | 4.07 | | | | | 19～21 | 1 | 7.14 | -1.90 | -7.04 | |
| | 22～24 | 2 | 22.22 | 1.60 | 5.93 | | | | | 22～24 | 2 | 14.29 | -4.40 | -16.30 | |
| | 25～27 | 2 | 22.22 | 0.90 | 3.33 | | | | | 25～27 | 2 | 14.29 | -5.10 | -18.89 | |
| | 28～31 | 3 | 33.33 | 0.30 | 1.11 | | | | | 28～31 | 3 | 21.43 | -8.70 | -32.22 | |
| 合计 | | 9 | 100.00 | 6.50 | 24.07 | 0.72 | 9.00 | | 合计 | | 9 | 100.00 | -20.50 | -75.93 | -2.28 |
| 管理质量指数 | 1～3 | 2 | 10.53 | 5.90 | 10.35 | | 管理质量指数 | | 管理质量指数 | 1～3 | 2 | 11.76 | -0.10 | -0.18 | |
| | 4～6 | 2 | 10.53 | 5.20 | 9.12 | | | | | 4～6 | 2 | 11.76 | -0.80 | -1.40 | |
| | 7～9 | 0 | 0.00 | 0.00 | 0.00 | | 资产：负债 | | | 7～9 | 0 | 0.00 | 0.00 | 0.00 | |
| | 10～12 | 1 | 5.26 | 2.00 | 3.51 | | 36.84 | 63.16 | | 10～12 | 1 | 5.88 | -1.00 | -1.75 | |
| | 13～15 | 1 | 5.26 | 1.60 | 2.81 | | 相对净资产 | -26.32 | | 13～15 | 1 | 5.88 | -1.40 | -2.46 | |
| | 16～18 | 1 | 5.26 | 1.40 | 2.46 | | | | | 16～18 | 1 | 5.88 | -1.60 | -2.81 | |
| | 19～21 | 1 | 5.26 | 1.00 | 1.75 | | | | | 19～21 | 1 | 5.88 | -2.00 | -3.51 | |
| | 22～24 | 3 | 15.79 | 2.30 | 4.04 | | | | | 22～24 | 3 | 17.65 | -6.70 | -11.75 | |
| | 25～27 | 1 | 5.26 | 0.50 | 0.88 | | | | | 25～27 | 1 | 5.88 | -2.50 | -4.39 | |
| | 28～31 | 7 | 36.84 | 1.10 | 1.93 | | | | | 28～31 | 7 | 41.18 | -19.90 | -34.91 | |
| 合计 | | 19 | 100.00 | 21.00 | 36.84 | 1.11 | 19.00 | | 合计 | | 19 | 100.00 | -36.00 | -63.16 | -1.89 |
| 资产总指标数 | | | 占指标总数/% | 总资产分值 | 相对总资产/% | 总资产质量系数 | 相对总资产：相对总负债 | | 负债总指标数 | | | 占指标总数/% | 总负债分值 | 相对总负债/% | 总负债质量系数 |
| | | | | | | | 33.43 | -66.57 | | | | | | | |
| 69 | | | 100.00 | 70.20 | 33.43 | 1.02 | 相对净资产 | -33.14 | 70 | | | 100.00 | -139.80 | -66.57 | -2.00 |

# 第二十九节　青海科学发展资产负债分析

## 一、一般概况

青海省土地面积 71.75 万 $km^2$，人口 554 万，2008 年实现地区 GDP 961.53 亿元，人均粮食产量 184.04kg，人均水资源量 11900.54$m^3$，森林覆盖率 4.40%，人口自然增长率 8.35‰，成人文盲率 15.16%，万人在校大学生 103 人，专利（发明、实用新型、外观设计）授权 228 件。

## 二、科学发展的资产负债分析

1）创新发展指数：在总数 15 个源指标中，资产累计得分 13.90，相对资产 13.90%，资产质量系数为 0.93，表明资产质量较差。同时，负债累计得分 −31.10，相对负债 −69.11%，负债质量系数为 −2.07，表明负债质量较差。在该大项中，相对净资产为 −38.22%。

2）资源节约指数：在总数 15 个源指标中，资产累计得分 17.30，相对资产 38.44%，资产质量系数为 1.08，表明资产质量较差。同时，负债累计得分 −27.70，相对负债 −61.56%，负债质量系数为 −1.85，表明负债质量较差。在该大项中，相对净资产为 −23.11%。

3）环境友好指数：在总数 12 个源指标中，资产累计得分 23.80，相对资产 66.11%，资产质量系数为 1.98，表明资产质量较好。同时，负债累计得分 −12.20，相对负债 −33.89%，负债质量系数为 −1.02，表明负债质量较好。在该大项中，相对净资产为 32.22%。

4）社会公平指数：在总数 9 个源指标中，资产累计得分 9.00，相对资产 33.33%，资产质量系数为 1.00，表明资产质量较差。同时，负债累计得分 −18.00，相对负债 −66.67%，负债质量系数为 −2.00，表明负债质量较差。在该大项中，相对净资产为 −33.33%。

5）管理质量指数：在总数 19 个源指标中，资产累计得分 15.00，相对资产 26.32%，资产质量系数为 0.79，表明资产质量较差。同时，负债累计得分 −42.00，相对负债 −73.68%，负债质量系数为 −2.21，表明负债质量较差。在该大项中，相对净资产为 −47.37%。

总计上述五大项，在总数 70 个源指标中，总资产累计得分 79.00，相对资产 37.62%，资产质量系数为 1.11，表明资产质量较差。同时，负债累计得分 −131.00，相对负债 −62.38%，负债质量系数为 −1.87，表明负债质量较差，该地区科学发展水平相对总净资产为 −24.76%（图 24-29，表 24-29）。

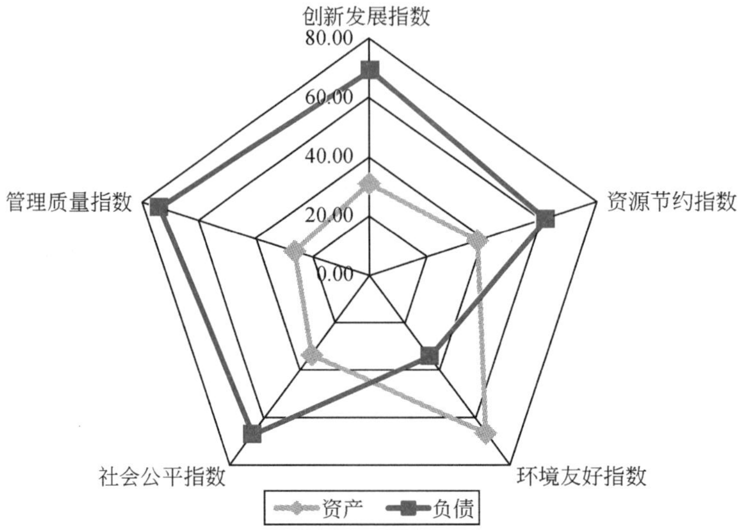


图 24-29　青海科学发展水平资产负债图

**表 24-29　青海科学发展水平资产负债表**

| 资产 | | | | | | | 五大指数/% | | 负债 | | | | | | |
|---|---|---|---|---|---|---|---|---|---|---|---|---|---|---|---|
| 位次 | | 指标数 | 占指标总数/% | 指标分值 | 相对资产/% | 资产质量系数 | | | 位次 | | 指标数 | 占指标总数/% | 指标分值 | 相对负债/% | 负债质量系数 |
| 创新发展指数 | 1~3 | 0 | 0.00 | 0.00 | 0.00 | | 创新发展指数 | | 创新发展指数 | 1~3 | 0 | 0.00 | 0.00 | 0.00 | |
| | 4~6 | 2 | 13.33 | 5.20 | 11.56 | | | | | 4~6 | 2 | 9.52 | -0.80 | -1.78 | |
| | 7~9 | 0 | 0.00 | 0.00 | 0.00 | | 资产：负债 | | | 7~9 | 0 | 0.00 | 0.00 | 0.00 | |
| | 10~12 | 1 | 6.67 | 1.90 | 4.22 | | 30.89 | 69.11 | | 10~12 | 1 | 4.76 | -1.10 | -2.44 | |
| | 13~15 | 2 | 13.33 | 3.50 | 7.78 | | 相对净资产 | -38.22 | | 13~15 | 2 | 9.52 | -2.50 | -5.56 | |
| | 16~18 | 0 | 0.00 | 0.00 | 0.00 | | | | | 16~18 | 0 | 0.00 | 0.00 | 0.00 | |
| | 19~21 | 1 | 6.67 | 1.20 | 2.67 | | | | | 19~21 | 1 | 4.76 | -1.80 | -4.00 | |
| | 22~24 | 0 | 0.00 | 0.00 | 0.00 | | | | | 22~24 | 0 | 0.00 | 0.00 | 0.00 | |
| | 25~27 | 1 | 6.67 | 0.40 | 0.89 | | | | | 25~27 | 1 | 4.76 | -2.60 | -5.78 | |
| | 28~31 | 8 | 53.33 | 1.70 | 3.78 | | | | | 28~31 | 8 | 38.10 | -22.30 | -49.56 | |
| 合计 | | 15 | 100.00 | 13.90 | 30.89 | 0.93 | 15.00 | | 合计 | | 15 | 100.00 | -31.00 | -69.11 | -2.07 |
| 资源节约指数 | 1~3 | 2 | 13.33 | 5.70 | 12.67 | | 资源节约指数 | | 资源节约指数 | 1~3 | 2 | 6.90 | -0.30 | -0.67 | |
| | 4~6 | 1 | 6.67 | 0.00 | 0.00 | | | | | 4~6 | 1 | 3.45 | 0.00 | 0.00 | |
| | 7~9 | 1 | 6.67 | 2.20 | 4.89 | | 资产：负债 | | | 7~9 | 1 | 3.45 | -0.80 | -1.78 | |
| | 10~12 | 0 | 0.00 | 0.00 | 0.00 | | 38.44 | 61.56 | | 10~12 | 0 | 0.00 | 0.00 | 0.00 | |
| | 13~15 | 2 | 13.33 | 3.30 | 7.33 | | 相对净资产 | -23.11 | | 13~15 | 2 | 6.90 | -2.70 | -6.00 | |
| | 16~18 | 0 | 0.00 | 0.00 | 0.00 | | | | | 16~18 | 0 | 0.00 | 0.00 | 0.00 | |
| | 19~21 | 2 | 13.33 | 2.20 | 4.89 | | | | | 19~21 | 2 | 6.90 | -3.80 | -8.44 | |
| | 22~24 | 3 | 20.00 | 2.50 | 5.56 | | | | | 22~24 | 3 | 10.34 | -6.50 | -14.44 | |
| | 25~27 | 2 | 13.33 | 1.10 | 2.44 | | | | | 25~27 | 2 | 6.90 | -4.90 | -10.89 | |
| | 28~31 | 3 | 20.00 | 0.30 | 0.67 | | | | | 28~31 | 3 | 10.34 | -8.70 | -19.33 | |
| 合计 | | 16 | 100.00 | 17.30 | 38.44 | 1.08 | 15.00 | | 合计 | | 15 | 100.00 | -27.70 | -61.56 | -1.85 |

续表

| 资产 | | | | | | | 五大指数/% | | 负债 | | | | | | |
|---|---|---|---|---|---|---|---|---|---|---|---|---|---|---|---|
| 位次 | | 指标数 | 占指标总数/% | 指标分值 | 相对资产/% | 资产质量系数 | | | 位次 | | 指标数 | 占指标总数/% | 指标分值 | 相对负债/% | 负债质量系数 |
| 环境友好指数 | 1~3 | 3 | 8.33 | 2.90 | 8.06 | | 环境友好指数 | | 环境友好指数 | 1~3 | 1 | 4.55 | -0.10 | -0.28 | |
| | 4~6 | 6 | 50.00 | 15.70 | 43.61 | | | | | 4~6 | 6 | 27.27 | -2.30 | -6.39 | |
| | 7~9 | 1 | 8.33 | 2.40 | 6.67 | | 资产：负债 | | | 7~9 | 1 | 4.55 | -0.60 | -1.67 | |
| | 10~12 | 0 | 0.00 | 0.00 | 0.00 | | 66.11 | 33.89 | | 10~12 | 0 | 0.00 | 0.00 | 0.00 | |
| | 13~15 | 1 | 8.33 | 1.80 | 5.00 | | 相对净资产 | 32.22 | | 13~15 | 1 | 4.55 | -1.20 | -3.33 | |
| | 16~18 | 0 | 0.00 | 0.00 | 0.00 | | | | | 16~18 | 0 | 0.00 | 0.00 | 0.00 | |
| | 19~21 | 0 | 0.00 | 0.00 | 0.00 | | | | | 19~21 | 0 | 0.00 | 0.00 | 0.00 | |
| | 22~24 | 1 | 8.33 | 0.70 | 1.94 | | | | | 22~24 | 1 | 4.55 | -2.30 | -6.39 | |
| | 25~27 | 0 | 0.00 | 0.00 | 0.00 | | | | | 25~27 | 0 | 0.00 | 0.00 | 0.00 | |
| | 28~31 | 2 | 16.67 | 0.30 | 0.83 | | | | | 28~31 | 2 | 9.09 | -5.70 | -15.83 | |
| 合计 | | 12 | 100.00 | 23.80 | 66.11 | 1.98 | 12.00 | | 合计 | | 12 | 100.00 | -12.20 | -33.89 | -1.02 |
| 社会公平指数 | 1~3 | 0 | 0.00 | 0.00 | 0.00 | | 社会公平指数 | | 社会公平指数 | 1~3 | 0 | 0.00 | 0.00 | 0.00 | |
| | 4~6 | 1 | 11.11 | 2.60 | 9.63 | | | | | 4~6 | 1 | 7.14 | -0.40 | -1.48 | |
| | 7~9 | 0 | 0.00 | 0.00 | 0.00 | | 资产：负债 | | | 7~9 | 0 | 0.00 | 0.00 | 0.00 | |
| | 10~12 | 2 | 22.22 | 3.80 | 14.07 | | 33.33 | 66.67 | | 10~12 | 2 | 14.29 | -2.20 | -8.15 | |
| | 13~15 | 0 | 0.00 | 0.00 | 0.00 | | 相对净资产 | -33.33 | | 13~15 | 0 | 0.00 | 0.00 | 0.00 | |
| | 16~18 | 0 | 0.00 | 0.00 | 0.00 | | | | | 16~18 | 0 | 0.00 | 0.00 | 0.00 | |
| | 19~21 | 0 | 0.00 | 0.00 | 0.00 | | | | | 19~21 | 0 | 0.00 | 0.00 | 0.00 | |
| | 22~24 | 1 | 11.11 | 0.80 | 2.96 | | | | | 22~24 | 1 | 7.14 | -2.20 | -8.15 | |
| | 25~27 | 2 | 22.22 | 1.00 | 3.70 | | | | | 25~27 | 2 | 14.29 | -5.00 | -18.52 | |
| | 28~31 | 3 | 33.33 | 0.80 | 2.96 | | | | | 28~31 | 3 | 21.43 | -8.20 | -30.37 | |
| 合计 | | 9 | 100.00 | 9.00 | 33.33 | 1.00 | 9.00 | | 合计 | | 9 | 100.00 | -18.00 | -66.67 | -2.00 |
| 管理质量指数 | 1~3 | 0 | 0.00 | 0.00 | 0.00 | | 管理质量指数 | | 管理质量指数 | 1~3 | 0 | 0.00 | 0.00 | 0.00 | |
| | 4~6 | 1 | 5.26 | 2.60 | 4.56 | | | | | 4~6 | 1 | 5.88 | -0.40 | -0.70 | |
| | 7~9 | 0 | 0.00 | 0.00 | 0.00 | | 资产：负债 | | | 7~9 | 0 | 0.00 | 0.00 | 0.00 | |
| | 10~12 | 1 | 5.26 | 2.00 | 3.51 | | 26.32 | 73.68 | | 10~12 | 1 | 5.88 | -1.00 | -1.75 | |
| | 13~15 | 1 | 5.26 | 1.80 | 3.16 | | 相对净资产 | -47.37 | | 13~15 | 1 | 5.88 | -1.20 | -2.11 | |
| | 16~18 | 1 | 5.26 | 1.40 | 2.46 | | | | | 16~18 | 1 | 5.88 | -1.60 | -2.81 | |
| | 19~21 | 2 | 10.53 | 2.20 | 3.86 | | | | | 19~21 | 2 | 11.76 | -3.80 | -6.67 | |
| | 22~24 | 4 | 21.05 | 3.30 | 5.79 | | | | | 22~24 | 4 | 23.53 | -8.70 | -15.26 | |
| | 25~27 | 2 | 10.53 | 0.90 | 1.58 | | | | | 25~27 | 2 | 11.76 | -5.10 | -8.95 | |
| | 28~31 | 7 | 36.84 | 0.80 | 1.40 | | | | | 28~31 | 7 | 41.18 | -20.20 | -35.44 | |
| 合计 | | 19 | 100.00 | 15.00 | 26.32 | 0.79 | 19.00 | | 合计 | | 19 | 100.00 | -42.00 | -73.68 | -2.21 |

| 资产总指标数 | 占指标总数/% | 总资产分值 | 相对总资产/% | 总资产质量系数 | 相对总资产：相对总负债 | | 负债总指标数 | 占指标总数/% | 总负债分值 | 相对总负债/% | 总负债质量系数 |
|---|---|---|---|---|---|---|---|---|---|---|---|
| | | | | | 37.62 | -62.38 | | | | | |
| 71 | 100.00 | 79.00 | 37.62 | 1.11 | 相对净资产 | -24.76 | 70 | 100.00 | -131.00 | -62.38 | -1.87 |

# 第三十节　宁夏科学发展资产负债分析

## 一、一般概况

宁夏回族自治区土地面积 5.20 万 $km^2$，人口 618 万，2008 年实现地区 GDP 1098.51 亿元，人均粮食产量 536.36kg，人均水资源量 149.84$m^3$，森林覆盖率 6.08%，人口自然增长率 9.69‰，成人文盲率 8.99%，万人在校大学生 161 人，专利（发明、实用新型、外观设计）授权 606 件。

## 二、科学发展的资产负债分析

1）创新发展指数：在总数 15 个源指标中，资产累计得分 15.90，相对资产 15.90%，资产质量系数为 1.06，表明资产质量较差。同时，负债累计得分 -29.10，相对负债 -64.67%，负债质量系数为 -1.94，表明负债质量较差。在该大项中，相对净资产为 -29.33%。

2）资源节约指数：在总数 15 个源指标中，资产累计得分 7.70，相对资产 17.11%，资产质量系数为 0.51，表明资产质量很差。同时，负债累计得分 -37.30，相对负债 -82.89%，负债质量系数为 -2.49，表明负债质量很差。在该大项中，相对净资产为 -65.78%。

3）环境友好指数：在总数 12 个源指标中，资产累计得分 23.20，相对资产 64.44%，资产质量系数为 1.93，表明资产质量较好。同时，负债累计得分 -12.80，相对负债 -35.56%，负债质量系数为 -1.07，表明负债质量较好。在该大项中，相对净资产为 28.89%。

4）社会公平指数：在总数 9 个源指标中，资产累计得分 10.00，相对资产 37.04%，资产质量系数为 1.11，表明资产质量较差。同时，负债累计得分 -17.00，相对负债 -62.96%，负债质量系数为 -1.89，表明负债质量较差。在该大项中，相对净资产为 -25.93%。

5）管理质量指数：在总数 19 个源指标中，资产累计得分 19.00，相对资产 33.33%，资产质量系数为 1.00，表明资产质量较差。同时，负债累计得分 -38.00，相对负债 -66.67%，负债质量系数为 -2.00，表明负债质量较差。在该大项中，相对净资产为 -33.33%。

总计上述五大项，在总数 70 个源指标中，总资产累计得分 75.80，相对资产 36.10%，资产质量系数为 1.08，表明资产质量较差。同时，负债累计得分 -134.20，相对负债 -63.90%，负债质量系数为 -1.92，表明负债质量较差，该地区科学发展水平相对总净资产为 -27.81%（图 24-30，表 24-30）。

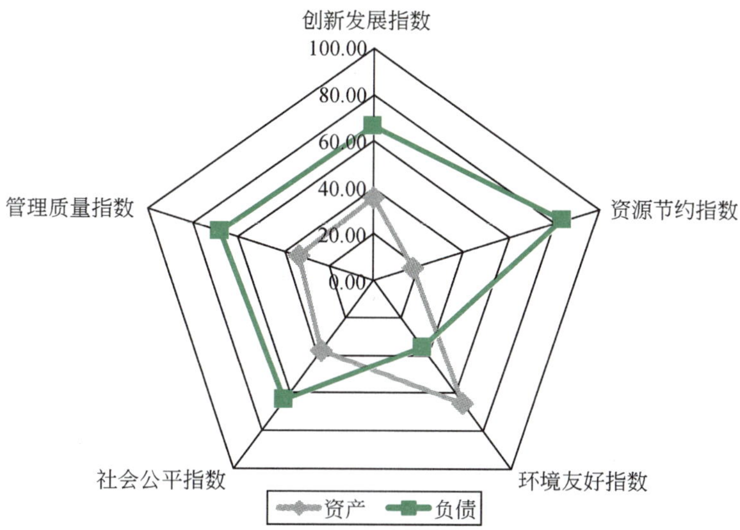


图 24-30　宁夏科学发展水平资产负债图

**表 24-30　宁夏科学发展水平资产负债表**

| 资产 | | | | | | | 五大指数/% | | 负债 | | | | | | |
|---|---|---|---|---|---|---|---|---|---|---|---|---|---|---|---|
| 位次 | | 指标数 | 占指标总数/% | 指标分值 | 相对资产/% | 资产质量系数 | | | 位次 | | 指标数 | 占指标总数/% | 指标分值 | 相对负债/% | 负债质量系数 |
| 创新发展指数 | 1～3 | 0 | 0.00 | 0.00 | 0.00 | | 创新发展指数 | | 创新发展指数 | 1～3 | 0 | 0.00 | 0.00 | 0.00 | |
| | 4～6 | 0 | 0.00 | 0.00 | 0.00 | | | | | 4～6 | 0 | 0.00 | 0.00 | 0.00 | |
| | 7～9 | 2 | 13.33 | 4.50 | 10.00 | | 资产：负债 | | | 7～9 | 2 | 9.52 | -1.50 | -3.33 | |
| | 10～12 | 1 | 6.67 | 2.00 | 4.44 | | 35.33 | 64.67 | | 10～12 | 1 | 4.76 | -1.00 | -2.22 | |
| | 13～15 | 0 | 0.00 | 0.00 | 0.00 | | 相对净资产 | -29.33 | | 13～15 | 0 | 0.00 | 0.00 | 0.00 | |
| | 16～18 | 2 | 13.33 | 2.80 | 6.22 | | | | | 16～18 | 2 | 9.52 | -3.20 | -7.11 | |
| | 19～21 | 4 | 26.67 | 4.40 | 9.78 | | | | | 19～21 | 4 | 19.05 | -7.60 | -16.89 | |
| | 22～24 | 1 | 6.67 | 0.80 | 1.78 | | | | | 22～24 | 1 | 4.76 | -2.20 | -4.89 | |
| | 25～27 | 1 | 6.67 | 0.60 | 1.33 | | | | | 25～27 | 1 | 4.76 | -2.40 | -5.33 | |
| | 28～31 | 4 | 26.67 | 0.80 | 1.78 | | | | | 28～31 | 4 | 19.05 | -11.20 | -24.89 | |
| 合计 | | 15 | 100.00 | 15.90 | 35.33 | 1.06 | 15.00 | | 合计 | | 15 | 100.00 | -29.10 | -64.67 | -1.94 |
| 资源节约指数 | 1～3 | 0 | 0.00 | 0.00 | 0.00 | | 资源节约指数 | | 资源节约指数 | 1～3 | 0 | 0.00 | 0.00 | 0.00 | |
| | 4～6 | 0 | 0.00 | 0.00 | 0.00 | | | | | 4～6 | 0 | 0.00 | 0.00 | 0.00 | |
| | 7～9 | 0 | 0.00 | 0.00 | 0.00 | | 资产：负债 | | | 7～9 | 0 | 0.00 | 0.00 | 0.00 | |
| | 10～12 | 0 | 0.00 | 0.00 | 0.00 | | 17.11 | 82.89 | | 10～12 | 0 | 0.00 | 0.00 | 0.00 | |
| | 13～15 | 1 | 6.67 | 1.70 | 3.78 | | 相对净资产 | -65.78 | | 13～15 | 1 | 3.45 | -1.30 | -2.89 | |
| | 16～18 | 1 | 6.67 | 1.40 | 3.11 | | | | | 16～18 | 1 | 3.45 | -1.60 | -3.56 | |
| | 19～21 | 2 | 13.33 | 2.20 | 4.89 | | | | | 19～21 | 2 | 6.90 | -3.80 | -8.44 | |
| | 22～24 | 1 | 6.67 | 0.80 | 1.78 | | | | | 22～24 | 1 | 3.45 | -2.20 | -4.89 | |
| | 25～27 | 1 | 6.67 | 0.60 | 1.33 | | | | | 25～27 | 1 | 3.45 | -2.40 | -5.33 | |
| | 28～31 | 9 | 60.00 | 1.00 | 2.22 | | | | | 28～31 | 9 | 31.03 | -26.00 | -57.78 | |
| 合计 | | 15 | 100.00 | 7.70 | 17.11 | 0.51 | 15.00 | | 合计 | | 15 | 100.00 | -37.30 | -82.89 | -2.49 |

续表

| 资产 | | | | | | 五大指数/% | | 负债 | | | | | |
|---|---|---|---|---|---|---|---|---|---|---|---|---|---|
| 位次 | 指标数 | 占指标总数/% | 指标分值 | 相对资产/% | 资产质量系数 | | | 位次 | 指标数 | 占指标总数/% | 指标分值 | 相对负债/% | 负债质量系数 |
| 环境友好指数 1～3 | 4 | 33.33 | 11.50 | 31.94 | | 环境友好指数 | | 环境友好指数 1～3 | 4 | 18.18 | -0.50 | -1.39 | |
| 4～6 | 1 | 8.33 | 2.70 | 7.50 | | | | 4～6 | 1 | 4.55 | -0.30 | -0.83 | |
| 7～9 | 1 | 8.33 | 2.30 | 6.39 | | 资产：负债 | | 7～9 | 1 | 4.55 | -0.70 | -1.94 | |
| 10～12 | 1 | 8.33 | 1.90 | 5.28 | | 64.44 | 35.56 | 10～12 | 1 | 4.55 | -1.10 | -3.06 | |
| 13～15 | 1 | 8.33 | 1.80 | 5.00 | | 相对净资产 | 28.89 | 13～15 | 1 | 4.55 | -1.20 | -3.33 | |
| 16～18 | 1 | 8.33 | 1.30 | 3.61 | | | | 16～18 | 1 | 4.55 | -1.70 | 4.72 | |
| 19～21 | 0 | 0.00 | 0.00 | 0.00 | | | | 19～21 | 0 | 0.00 | 0.00 | 0.00 | |
| 22～24 | 1 | 8.33 | 0.90 | 2.50 | | | | 22～24 | 1 | 4.55 | -2.10 | -5.83 | |
| 25～27 | 1 | 8.33 | 0.50 | 1.39 | | | | 25～27 | 1 | 4.55 | -2.50 | -6.94 | |
| 28～31 | 1 | 8.33 | 0.30 | 0.83 | | | | 28～31 | 1 | 4.55 | -2.70 | -7.50 | |
| 合计 | 12 | 100.00 | 23.20 | 64.44 | 1.93 | 12.00 | | 合计 | 12 | 100.00 | -12.80 | -35.56 | -1.07 |
| 社会公平指数 1～3 | 0 | 0.00 | 0.00 | 0.00 | | 社会公平指数 | | 社会公平指数 1～3 | 0 | 0.00 | 0.00 | 0.00 | |
| 4～6 | 0 | 0.00 | 0.00 | 0.00 | | | | 4～6 | 0 | 0.00 | 0.00 | 0.00 | |
| 7～9 | 0 | 0.00 | 0.00 | 0.00 | | 资产：负债 | | 7～9 | 0 | 0.00 | 0.00 | 0.00 | |
| 10～12 | 1 | 11.11 | 2.00 | 7.41 | | 37.04 | 62.96 | 10～12 | 1 | 7.14 | -1.00 | -3.70 | |
| 13～15 | 1 | 11.11 | 1.70 | 6.30 | | 相对净资产 | -25.93 | 13～15 | 1 | 7.14 | -1.30 | -4.81 | |
| 16～18 | 0 | 0.00 | 0.00 | 0.00 | | | | 16～18 | 0 | 0.00 | 0.00 | 0.00 | |
| 19～21 | 3 | 33.33 | 3.30 | 12.22 | | | | 19～21 | 3 | 21.43 | -5.70 | -21.11 | |
| 22～24 | 4 | 44.44 | 3.00 | 11.11 | | | | 22～24 | 4 | 28.57 | -9.00 | -33.33 | |
| 25～27 | 0 | 0.00 | 0.00 | 0.00 | | | | 25～27 | 0 | 0.00 | 0.00 | 0.00 | |
| 28～31 | 0 | 0.00 | 0.00 | 0.00 | | | | 28～31 | 0 | 0.00 | 0.00 | 0.00 | |
| 合计 | 9 | 100.00 | 10.00 | 37.04 | 1.11 | 9.00 | | 合计 | 9 | 100.00 | -17.00 | -62.96 | -1.89 |
| 管理质量指数 1～3 | 1 | 5.26 | 2.80 | 4.91 | | 管理质量指数 | | 管理质量指数 1～3 | 1 | 5.88 | -0.20 | -0.35 | |
| 4～6 | 1 | 5.26 | 2.60 | 4.56 | | | | 4～6 | 1 | 5.88 | -0.40 | -0.70 | |
| 7～9 | 0 | 0.00 | 0.00 | 0.00 | | 资产：负债 | | 7～9 | 0 | 0.00 | 0.00 | 0.00 | |
| 10～12 | 0 | 0.00 | 0.00 | 0.00 | | 33.33 | 66.67 | 10～12 | 0 | 0.00 | 0.00 | 0.00 | |
| 13～15 | 2 | 10.53 | 3.40 | 5.96 | | 相对净资产 | -33.33 | 13～15 | 2 | 11.76 | -2.60 | -4.56 | |
| 16～18 | 2 | 10.53 | 2.90 | 5.09 | | | | 16～18 | 2 | 11.76 | -3.10 | -5.44 | |
| 19～21 | 3 | 15.79 | 3.30 | 5.79 | | | | 19～21 | 3 | 17.65 | -5.70 | -10.00 | |
| 22～24 | 3 | 15.79 | 2.20 | 3.86 | | | | 22～24 | 3 | 17.65 | -6.80 | -11.93 | |
| 25～27 | 2 | 10.53 | 1.00 | 1.75 | | | | 25～27 | 2 | 11.76 | -5.00 | -8.77 | |
| 28～31 | 5 | 26.32 | 0.80 | 1.40 | | | | 28～31 | 5 | 29.41 | -14.20 | -24.91 | |
| 合计 | 19 | 100.00 | 19.00 | 33.33 | 1.00 | 19.00 | | 合计 | 19 | 100.00 | -38.00 | -66.67 | -2.00 |
| 资产总指标数 | | 占指标总数/% | 总资产分值 | 相对总资产/% | 总资产质量系数 | 相对总资产：相对总负债 | | 负债总指标数 | | 占指标总数/% | 总负债分值 | 相对总负债/% | 总负债质量系数 |
| | | | | | | 36.10 | -63.90 | | | | | | |
| 70 | | 100.00 | 75.80 | 36.10 | 1.08 | 相对净资产 | -27.81 | 70 | | 100.00 | -134.20 | -63.90 | -1.92 |

# 第三十一节　新疆科学发展资产负债分析

## 一、一般概况

新疆维吾尔自治区土地面积 166.49 万 $km^2$，人口 2131 万，2008 年实现地区 GDP 4203.41 亿元，人均粮食产量 440.39kg，人均水资源量 3859.91$m^3$，森林覆盖率 2.94%，人口自然增长率 11.17‰，成人文盲率 4.85%，万人在校大学生 141 人，专利（发明、实用新型、外观设计）授权 1493 件。

## 二、科学发展的资产负债分析

1）创新发展指数：在总数 15 个源指标中，资产累计得分 18.90，相对资产 18.90%，资产质量系数为 1.26，表明资产质量一般。同时，负债累计得分 −26.10，相对负债 −58.00%，负债质量系数为 −1.74，表明负债质量一般。在该大项中，相对净资产为 −16.00%。

2）资源节约指数：在总数 15 个源指标中，资产累计得分 20.90，相对资产 46.44%，资产质量系数为 1.39，表明资产质量一般。同时，负债累计得分 −24.10，相对负债 −53.56%，负债质量系数为 −1.61，表明负债质量一般。在该大项中，相对净资产为 −7.11%。

3）环境友好指数：在总数 12 个源指标中，资产累计得分 15.00，相对资产 41.67%，资产质量系数为 1.25，表明资产质量一般。同时，负债累计得分 −21.00，相对负债 −58.33%，负债质量系数为 −1.75，表明负债质量一般。在该大项中，相对净资产为 −16.67%。

4）社会公平指数：在总数 9 个源指标中，资产累计得分 8.60，相对资产 31.85%，资产质量系数为 0.96，表明资产质量较差。同时，负债累计得分 −18.40，相对负债 −68.15%，负债质量系数为 −2.04，表明负债质量较差。在该大项中，相对净资产为 −36.30%。

5）管理质量指数：在总数 19 个源指标中，资产累计得分 20.80，相对资产 36.49%，资产质量系数为 1.09，表明资产质量较差。同时，负债累计得分 −36.20，相对负债 −63.51%，负债质量系数为 −1.91，表明负债质量较差。在该大项中，相对净资产为 −27.02%。

总计上述五大项，在总数 70 个源指标中，总资产累计得分 84.20，相对资产 40.10%，资产质量系数为 1.20，表明资产质量一般。同时，负债累计得分 −125.80，相对负债 −59.90%，负债质量系数为 −1.80，表明负债质量一般，该地区科学发展水平相对总净资产为 −19.81%（图 24-31，表 24-31）。

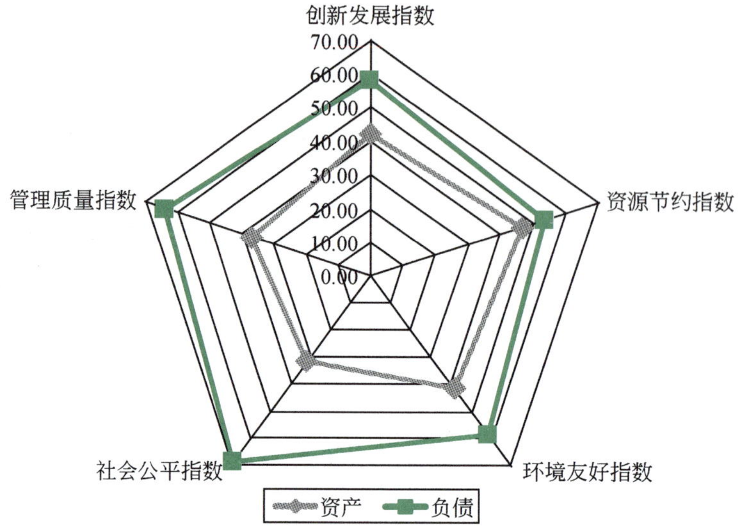


图 24-31　新疆科学发展水平资产负债图

**表 24-31　新疆科学发展水平资产负债表**

| 资产 | | | | | | | 五大指数/% | | 负债 | | | | | | |
|---|---|---|---|---|---|---|---|---|---|---|---|---|---|---|---|
| 位次 | | 指标数 | 占指标总数/% | 指标分值 | 相对资产/% | 资产质量系数 | | | 位次 | | 指标数 | 占指标总数/% | 指标分值 | 相对负债/% | 负债质量系数 |
| 创新发展指数 | 1~3 | 0 | 0.00 | 0.00 | 0.00 | | 创新发展指数 | | 创新发展指数 | 1~3 | 0 | 0.00 | 0.00 | 0.00 | |
| | 4~6 | 1 | 6.67 | 2.70 | 6.00 | | | | | 4~6 | 1 | 4.76 | -0.30 | -0.67 | |
| | 7~9 | 3 | 20.00 | 6.80 | 15.11 | | 资产:负债 | | | 7~9 | 3 | 14.29 | -2.20 | -4.89 | |
| | 10~12 | 1 | 6.67 | 2.00 | 4.44 | | 42.00 | 58.00 | | 10~12 | 1 | 4.76 | -1.00 | -2.22 | |
| | 13~15 | 1 | 6.67 | 1.70 | 3.78 | | 相对净资产 | -16.00 | | 13~15 | 1 | 4.76 | -1.30 | -2.89 | |
| | 16~18 | 0 | 0.00 | 0.00 | 0.00 | | | | | 16~18 | 0 | 0.00 | 0.00 | 0.00 | |
| | 19~21 | 3 | 20.00 | 3.20 | 7.11 | | | | | 19~21 | 3 | 14.29 | -5.80 | -12.89 | |
| | 22~24 | 0 | 0.00 | 0.00 | 0.00 | | | | | 22~24 | 0 | 0.00 | 0.00 | 0.00 | |
| | 25~27 | 5 | 33.33 | 2.40 | 5.33 | | | | | 25~27 | 5 | 23.81 | -12.60 | -28.00 | |
| | 28~31 | 1 | 6.67 | 0.10 | 0.22 | | | | | 28~31 | 1 | 4.76 | -2.90 | -6.44 | |
| 合计 | | 15 | 100.00 | 18.90 | 42.00 | 1.26 | 15.00 | | 合计 | | 15 | 100.00 | -26.10 | -58.00 | -1.74 |
| 资源节约指数 | 1~3 | 3 | 20.00 | 8.60 | 19.11 | | 资源节约指数 | | 资源节约指数 | 1~3 | 3 | 10.34 | -0.40 | -0.89 | |
| | 4~6 | 0 | 0.00 | 0.00 | 0.00 | | | | | 4~6 | 0 | 0.00 | 0.00 | 0.00 | |
| | 7~9 | 1 | 6.67 | 2.40 | 5.33 | | 资产:负债 | | | 7~9 | 1 | 3.45 | -0.60 | -1.33 | |
| | 10~12 | 1 | 6.67 | 2.10 | 4.67 | | 46.44 | 53.56 | | 10~12 | 1 | 3.45 | -0.90 | -2.00 | |
| | 13~15 | 2 | 13.33 | 3.30 | 7.33 | | 相对净资产 | -7.11 | | 13~15 | 2 | 6.90 | -2.70 | -6.00 | |
| | 16~18 | 0 | 0.00 | 0.00 | 0.00 | | | | | 16~18 | 0 | 0.00 | 0.00 | 0.00 | |
| | 19~21 | 2 | 13.33 | 2.10 | 4.67 | | | | | 19~21 | 2 | 6.90 | -3.90 | -8.67 | |
| | 22~24 | 2 | 13.33 | 1.50 | 3.33 | | | | | 22~24 | 2 | 6.90 | -4.50 | -10.00 | |
| | 25~27 | 1 | 6.67 | 0.60 | 1.33 | | | | | 25~27 | 1 | 3.45 | -2.40 | -5.33 | |
| | 28~31 | 3 | 20.00 | 0.30 | 0.67 | | | | | 28~31 | 3 | 10.34 | -8.70 | -19.33 | |
| 合计 | | 15 | 100.00 | 20.90 | 46.44 | 1.39 | 15.00 | | 合计 | | 15 | 100.00 | -24.10 | -53.56 | -1.61 |

续表

| 资产 | | | | | | | 五大指数/% | | 负债 | | | | | | |
|---|---|---|---|---|---|---|---|---|---|---|---|---|---|---|---|
| 位次 | | 指标数 | 占指标总数/% | 指标分值 | 相对资产/% | 资产质量系数 | | | 位次 | | 指标数 | 占指标总数/% | 指标分值 | 相对负债/% | 负债质量系数 |
| 环境友好指数 | 1～3 | 1 | 8.33 | 2.80 | 7.78 | | 环境友好指数 | | 环境友好指数 | 1～3 | 1 | 4.55 | -0.20 | -0.56 | |
| | 4～6 | 0 | 0.00 | 0.00 | 0.00 | | | | | 4～6 | 0 | 0.00 | 0.00 | 0.00 | |
| | 7～9 | 1 | 8.33 | 2.20 | 6.11 | | 资产：负债 | | | 7～9 | 1 | 4.55 | -0.80 | -2.22 | |
| | 10～12 | 1 | 8.33 | 2.10 | 5.83 | | 41.67 | 58.33 | | 10～12 | 1 | 4.55 | -0.90 | -2.50 | |
| | 13～15 | 3 | 25.00 | 5.10 | 14.17 | | 相对净资产 | -16.67 | | 13～15 | 3 | 13.64 | -3.90 | -10.83 | |
| | 16～18 | 0 | 0.00 | 0.00 | 0.00 | | | | | 16～18 | 0 | 0.00 | 0.00 | 0.00 | |
| | 19～21 | 1 | 8.33 | 1.00 | 2.78 | | | | | 19～21 | 1 | 4.55 | -2.00 | -5.56 | |
| | 22～24 | 0 | 0.00 | 0.00 | 0.00 | | | | | 22～24 | 0 | 0.00 | 0.00 | 0.00 | |
| | 25～27 | 3 | 25.00 | 1.60 | 4.44 | | | | | 25～27 | 3 | 13.64 | -7.40 | -20.56 | |
| | 28～31 | 2 | 16.67 | 0.20 | 0.56 | | | | | 28～31 | 2 | 9.09 | -5.80 | -16.11 | |
| 合计 | | 12 | 100.00 | 15.00 | 41.67 | 1.25 | 12.00 | | 合计 | | 12 | 100.00 | -21.00 | -58.33 | -1.75 |
| 社会公平指数 | 1～3 | 0 | 0.00 | 0.00 | 0.00 | | 社会公平指数 | | 社会公平指数 | 1～3 | 0 | 0.00 | 0.00 | 0.00 | |
| | 4～6 | 0 | 0.00 | 0.00 | 0.00 | | | | | 4～6 | 0 | 0.00 | 0.00 | 0.00 | |
| | 7～9 | 1 | 11.11 | 2.30 | 8.52 | | 资产：负债 | | | 7～9 | 1 | 7.14 | -0.70 | -2.59 | |
| | 10～12 | 0 | 0.00 | 0.00 | 0.00 | | 31.85 | 68.15 | | 10～12 | 0 | 0.00 | 0.00 | 0.00 | |
| | 13～15 | 0 | 0.00 | 0.00 | 0.00 | | 相对净资产 | -36.30 | | 13～15 | 0 | 0.00 | 0.00 | 0.00 | |
| | 16～18 | 1 | 11.11 | 1.40 | 5.19 | | | | | 16～18 | 1 | 7.14 | -1.60 | -5.93 | |
| | 19～21 | 2 | 22.22 | 2.00 | 7.41 | | | | | 19～21 | 2 | 14.29 | -4.00 | -14.81 | |
| | 22～24 | 2 | 22.22 | 1.70 | 6.30 | | | | | 22～24 | 2 | 14.29 | -4.30 | -15.93 | |
| | 25～27 | 2 | 22.22 | 1.10 | 4.07 | | | | | 25～27 | 2 | 14.29 | -4.90 | -18.15 | |
| | 28～31 | 1 | 11.11 | 0.10 | 0.37 | | | | | 28～31 | 1 | 7.14 | -2.90 | -10.74 | |
| 合计 | | 9 | 100.00 | 8.60 | 31.85 | 0.96 | 9.00 | | 合计 | | 9 | 100.00 | -18.40 | -68.15 | -2.04 |
| 管理质量指数 | 1～3 | 1 | 5.26 | 2.90 | 5.09 | | 管理质量指数 | | 管理质量指数 | 1～3 | 1 | 5.88 | -0.10 | -0.18 | |
| | 4～6 | 0 | 0.00 | 0.00 | 0.00 | | | | | 4～6 | 0 | 0.00 | 0.00 | 0.00 | |
| | 7～9 | 1 | 5.26 | 2.40 | 4.21 | | 资产：负债 | | | 7～9 | 1 | 5.88 | -0.60 | -1.05 | |
| | 10～12 | 1 | 5.26 | 2.10 | 3.68 | | 36.49 | 63.51 | | 10～12 | 1 | 5.88 | -0.90 | -1.58 | |
| | 13～15 | 2 | 10.53 | 3.30 | 5.79 | | 相对净资产 | -27.02 | | 13～15 | 2 | 11.76 | -2.70 | -4.74 | |
| | 16～18 | 2 | 10.53 | 2.80 | 4.91 | | | | | 16～18 | 2 | 11.76 | -3.20 | -5.61 | |
| | 19～21 | 2 | 10.53 | 2.30 | 4.04 | | | | | 19～21 | 2 | 11.76 | -3.70 | -6.49 | |
| | 22～24 | 3 | 15.79 | 2.60 | 4.56 | | | | | 22～24 | 3 | 17.65 | -6.40 | -11.23 | |
| | 25～27 | 3 | 15.79 | 1.70 | 2.98 | | | | | 25～27 | 3 | 17.65 | -7.30 | -12.81 | |
| | 28～31 | 4 | 21.05 | 0.70 | 1.23 | | | | | 28～31 | 4 | 23.53 | -11.30 | -19.82 | |
| 合计 | | 19 | 100.00 | 20.80 | 36.49 | 1.09 | 19.00 | | 合计 | | 19 | 100.00 | -36.20 | -63.51 | -1.91 |

| 资产总指标数 | 占指标总数/% | 总资产分值 | 相对总资产/% | 总资产质量系数 | 相对总资产：相对总负债 | | 负债总指标数 | 占指标总数/% | 总负债分值 | 相对总负债/% | 总负债质量系数 |
|---|---|---|---|---|---|---|---|---|---|---|---|
| | | | | | 40.10 | -59.90 | | | | | |
| 70 | 100.00 | 84.20 | 40.10 | 1.20 | 相对净资产 | -19.81 | 70 | 100.00 | -125.80 | -59.90 | -1.80 |